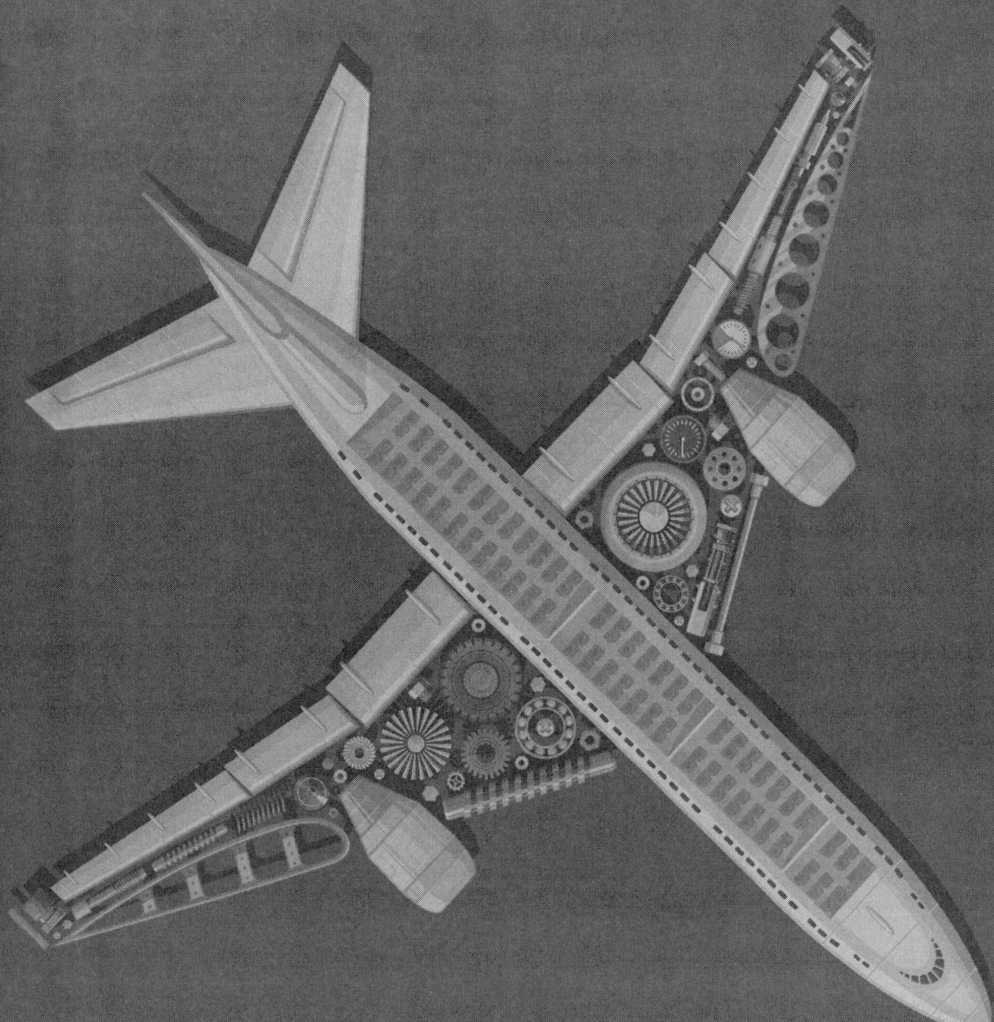

항공기 세부계통

AIRCRAFT SUBSYSTEMS

이부일 지음

경문사

머리말

2015년 《항공기 서브시스템》이란 책이 나온 이후 많은 세월이 흐르진 않았지만, 국내의 항공산업도 많은 진전이 있었습니다. 이제 차세대 전투기인 KFX에 필요한 주요 핵심기술이 성공리에 개발됐다는 소식과 함께 비행시험 준비에 한창입니다. LCH/LAH는 한창 비행시험이 진행되고 있어 간혹 제 사무실의 창문 너머로 보이곤 합니다. 때로는 블레이드 소음 소리만 들리고 보이지 않는 헬리콥터를 찾기 위해 파란 하늘을 쳐다보다 눈이 부시곤 했습니다. 머지않아 귀청을 찢는 엔진 소리와 함께 힘차게 비상하는 KFX의 모습을 볼 날도 얼마 남지 않은 것 같습니다. 또한 다음 항공기개발 프로그램을 준비하고 있다는 짤막한 소식을 전해 들을 때면 안도의 한숨도 들곤 합니다.

지난 《항공기 서브시스템》을 처음 출간하고 난 후 주위의 여러분들이 많은 관심을 보여주셔서 이 자리를 빌려 감사의 마음을 드립니다. 당시에는 빨리 출간하고 싶은 욕심에 부족한 부분이 있음에도 다 내용을 담지 못해 아쉬웠던 기억이 납니다. 모르는 어떤 분이 제 책으로 공부했다는 얘기를 들을 때면 부족함에 송구한 마음이 들었습니다. 이제 지난번 책에서 부족했던 내용, 몇 년간 새로이 접한 기술 내용과 특히, 한창 범지구적 주요 이슈인 탄소중립 달성을 위한 항공 분야의 노력에 관한 내용을 많이 보완하였습니다. 책 제목도 현업에서 많이 쓰는 한글 용어인 《항공기 세부계통》으로 변경하였습니다.

그동안 이 책의 출간을 위해 도와주셨던 많은 분과 경문사 편집부 여러분들 그리고 얼마 전 돌아가신 아버님과 소중한 가족들에게 고마움을 느낍니다.

2021년 10월
이 부 일

차례

01 유압 시스템 hydraulic systems

02 공압 시스템 pneumatic systems

03 비행제어 시스템 flight control systems

04 연료 시스템 fuel systems

05 환경제어 시스템 environmental control systems

06 전기 시스템 electrical systems

07 방빙, 제빙 및 제우 시스템
anti/de-icing & rain protection systems

08 화재/과열 감지 및 소화 시스템
fire detection & fire suppression systems

09 산소 공급 시스템 oxygen systems

10 착륙 시스템 landing gear systems

11 비상 시스템 emergency systems

12 회전익기 시스템 rotary wing systems

01

유압 시스템 (hydraulic systems)

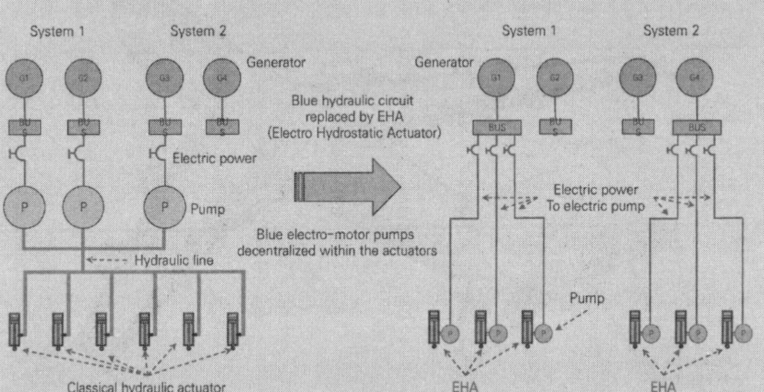

1.1 개요

유압의 영어단어인 “Hydraulics”는 원래 물이라는 의미의 그리스어로 정지된 혹은 움직이는 물에 대한 물리학적인 특성을 연구하는 분야를 의미하였다. 그러나 최근에는 물뿐만 아니라 유압유를 포함하는 모든 유체에 대한 것으로 의미가 확대되어 쓰이고 있다. 유압 시스템은 항공 분야뿐만 아니라 일반 산업에서도 큰 힘이 필요한 장치들을 구동시키기 위한 중요한 수단의 하나이다. 항공기 유압 시스템은 **그림 1.1**에서 보듯이 1차 비행조종면(primary flight control surface: rudder, elevator, aileron), 2차 비행조종면(flap, spoiler 등), 착륙장치, 브레이크, 각종 도어(door, 문) 등 매우 중요한 시스템을 구동시킨다. 항공기 유압 시스템은 1930년대 접이식 착륙장치를 채택하면서 적용되기 시작하였다. 그 이후 유압 동력의 수요는 큰 폭으로 늘어나기 시작하여 소형 항공기에서 브레이크를 작동시키는 단순한 것부터 대형 항공기의 복잡하고 대형화된 유압 시스템까지 폭넓게 사용되고 있다. 유압 시스템의 유압 압력은 소형 항공기에서 사용하는 수백 psi에서부터 최근의 대형 민간 항공기에서 사용하기 시작한 5,000 psi까지 사용되고 있다. 조종석에서의 작은 에너지 운동을 큰 에너지를 가지는 운동으로 변화시키는 과정에 유압 동력은 아주 효과적인 방법이며, 현재 민간 항공기나 군용 항공기에서 모두 사용하고 있는 시스템이다.

항공기에서 기동성을 확보하기 위해서는 강한 동력이 요구되는 비행조종면의 조작이 필요하고 이는 유압 시스템을 사용함으로써 가능해졌다. 또한 항공기의 단일고장(single failure)

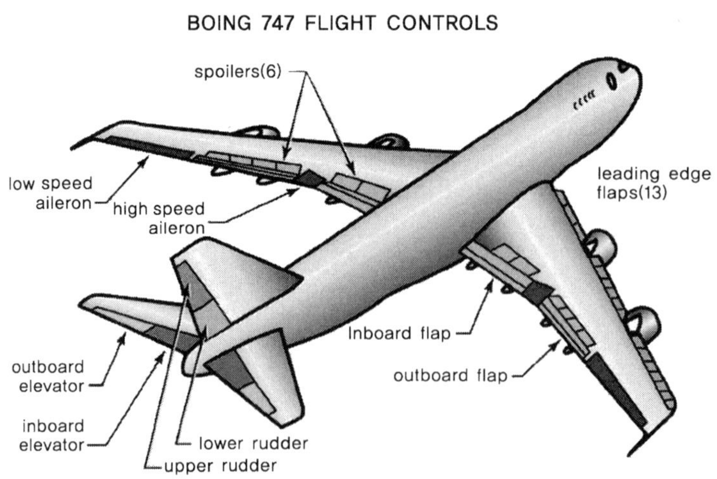

그림 1.1 유압 시스템으로 작동하는 B747 비행조종면

으로 인해 항공기가 치명적인 위험에 빠지지 않도록 하기 위한 필수 안전 시스템(safety critical system)에 유압 시스템을 적용하기 시작하였다. 이를 위해 에너지를 생성하고, 저장하는 펌프(pump), 저유기(reservoir)나 축압기(accumulator) 및 유압유의 흐름, 압력을 제어하는 각종 밸브 등을 설치한다.

오늘날 유압 시스템은 1차 혹은 2차 비행조종면, 착륙장치, 브레이크, 안티스키드(anti-skid) 장치에 동력을 전달할 수 있는 가장 효과적인 방법이 되었다. 그러나 가까운 미래에는 기존의 유압 시스템이 전기로 구동되는 장치로 대체될 것으로 보인다. 전기가 모든 동력의 근원이 되는 전기(All-Electric Aircraft) 항공기에 대한 도전은 앞으로도 계속될 것이며, 수많은 기술 자료들에서 유압 시스템과의 상대적인 비교평가가 이루어지고 있다. 그러나 그런 추세 속에서도 유압 시스템은 지금까지 무게당 동력비(power-to-weight)가 높은 장점이 있어서 당분간 혼용해서 사용될 것으로 보인다. 현재도 지구상의 희귀자성물질을 이용한다고 하더라도 전기모터는 현재 유압 시스템의 무게당 동력비(3kW 이상)에 미치지 못하고 있다. 가벼운 무게와 체적, 낮은 초기비용, 높은 신뢰성 및 낮은 유지비용 측면에서 유압 시스템은 아직 우월한 위치에 있다고 볼 수 있다.

▷ 유압 시스템의 장점

- 효율적인 동력 증대가 가능하여 적은 힘으로 큰 동력을 발생시킬 수 있다.
- 부하량, 위치제어를 정확하게 할 수 있고, 직선 혹은 회전 운동 구현이 가능하다.
- 여러 개의 하중을 동시에 처리할 수 있다.
- 부드럽고 진동이 없는 출력이 가능하다.
- 조작이 쉽고 과부하에 대한 안전성이 비교적 높다.
- 유압유는 내부 열을 흡수하고 윤활유 역할도 가능하다.

▷ 유압 시스템의 단점

- 배관이 복잡하고 유압유의 누설이 생길 수 있다.
- 유압유와 높은 온도로 인한 화재의 위험성이 있다.
- 유압유 온도에 따른 작동 속도의 변화가 있다.

그림 1.2는 유압을 생성시켜 최종 기계적 동력을 발생시키는 유압 시스템의 개념도이다. 고압의 유압을 만들기 위해 유압펌프를 사용하는데 유압펌프는 일반적으로 엔진의 기계적 동력과 전기동력으로 구동된다. 고압의 유압은 여러 가지 유압 구성품(각종 밸브류, 압력조절기, 축압기 등)에 의해 조절되어 최종 기계적 동력으로 이용하기 위한 작동기(actuator)로 공급되고, 에너지를 소비한 다음 다시 유압유를 저장하는 저유기(reservoir)로 귀환시킨다.

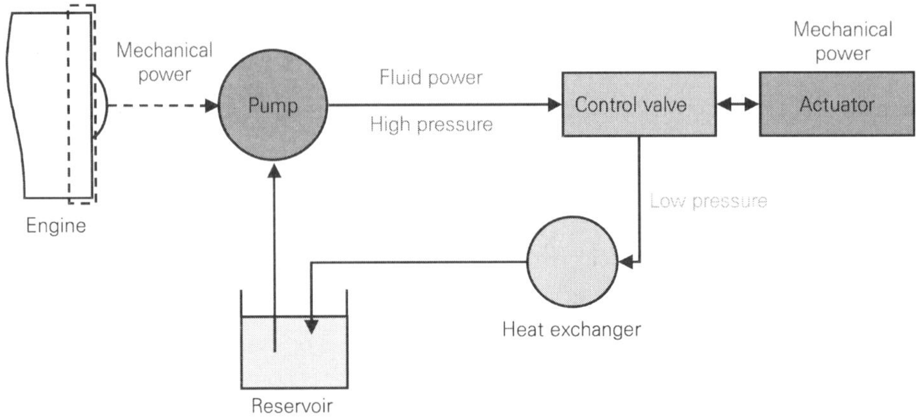

그림 1.2 유압 시스템 작동 개념

1.2 유압 시스템의 설계 요구 조건

1.2.1 유압 시스템 설계 기준 문서

유압 시스템을 설계하는 데 참조해야 할 국내외 기술문서는 다음과 같은 것들이 있다.

- 미국 군사규격
  - JSSG 2009 , MIL-DTL-5495, MIL-STD-5522, MIL-A-5503, MIL-P-19692, MIL-R-8931, MIL-A-8897, MIL-F-8815, MIL-B-5087, MIL-T-8504, MIL-V-8813, MIL-STD-461, MIL-STD-464, MIL-STD-810, MIL-PRF-83282, MIL-PRF-5606, MIL-PRF-87257
- 민간 항공기 규격(FAA 및 국내 인증기준 문서)
  - FAR-23 · 25 · 27 · 29, RTCA DO-160, KAS-23 · 25 · 27 · 29
- 군용 항공기 표준감항 인증기준(방위사업청)
- 미국자동차 규격
  - SAE-AS19692, SAE-AS5586, SAE ARP 603, SAE ARP 1383, SAE AS 5440, SAE AS 8775, SAE AS 4059, SAE ARP 598, SAE ARP 994, SAE AS 1241(skydrol)
- 나토 규격 STANAG-4671

여기서 국내 기술 기준인 KAS(Korea Airworthiness Standard) 중에서 수송류(transport category) 항공기에 대한 기준인 KAS part 25에 명시된 유압 계통의 설계 요구 조건을 간략히 기술하도록 한다.

1.2.2 유압 시스템 주요 설계 요구 조건

(a) **부품설계:** 유압 시스템의 각 부품은 다음의 규정을 만족하도록 설계하여야 한다.

(1) 소정의 기능 발휘를 막는 영구변형을 일으키지 않으면서 내압을 견딜 수 있어야 하며 파괴되지 않으면서 극한압력을 견딜 수 있어야 한다. 내압 및 극한압력은 다음과 같이 설계작동압력(design operating pressure; DOP)에 대한 비율로 정의한다.

요소	내압 (× DOP)	극한압력 (× DOP)
1. 튜브 및 피팅	1.5	3.0
2. 압력가스를 담는 압력용기 - 고압(축압기 등) - 저압(저유기 등)	 3.0 1.5	 4.0 3.0
3. 호스	2.0	4.0
4. 기타	1.5	2.0

(2) 소정의 기능 발휘를 막는 영구변형을 일으키지 않으면서 발생할 수 있는 제한구조하중과 설계작동압력을 견딜 수 있어야 한다.

(3) 발생할 수 있는 극한구조하중과 설계작동압력의 1.5배의 압력을 동시에 받아도 파괴되지 않고 기능을 유지해야 한다.

(4) 순간적인 압력을 포함하여 주기적으로 발생하는 모든 형태의 압력 및 이로 인해 외부에서 유도되는 하중으로 인한 피로 효과를 견디어야 하며, 이때 부품 결함으로 인한 영향을 고려하여야 한다.

(5) 비행기는 인증을 받은 모든 환경 조건에서 소정의 기능을 발휘하여야 한다.

(b) **시스템 설계:** 각 유압 시스템은 다음의 규정을 만족하여야 한다.

(1) 다음의 경우에 대하여 적절한 시스템 요소를 지시하는 수단이 조종실에 있어야 한다.

(i) 안전하게 비행을 계속하고 착륙하는 데 필요한 기능을 발휘하는 경우

(ii) 유압 시스템에 결함이 발생하였을 때, 안전하게 비행을 계속하고 착륙하기 위하여 승무원이 시정조치를 취하여야 하는 경우

(2) 순간적으로 발생하는 압력을 포함하여 시스템에 걸리는 압력과 오랜 시간 밀폐된 상태가 될 수 있는 부품에서의 유체 부피 변화로 인하여 발생하는 압력이 각 부품의 설계 범위 내에 있어야 하며 (a)(1)부터 (a)(5)까지에서 규정한 요구 사항을 만족하여야 한다.

(3) 비행 중에 승무원실 또는 객실 내부로 유해한 농도의 유체 또는 기체가 방출되는 것을 최소화하는 방법이 있어야 한다.

(4) 비행기 제조업체가 규정한 적절한 유체를 사용하도록 설계하여야 하며, 적절하게 표식이 되어 식별 가능해야 한다.

(c) **시험**: 유압 시스템 및 유압 시스템을 구성하는 하위 시스템과 부품에 대하여 시험을 하여야 한다. 단, 분석이 신뢰성이 있으며 적절하다고 입증한 경우에는 분석이 시험을 대체하거나 보완할 수 있다. 내·외부의 모든 영향성에 대하여 그로 인한 효과를 평가하고 시스템이 신뢰성이 있으며 부품이 제대로 기능을 발휘하고 정상적으로 조립되어 있음을 보증할 수 있는 정도까지 모든 영향성을 고려하여야 한다. 부품이나 시스템의 결함은 시정해야 하며 필요한 경우에는 충분히 재시험하여야 한다.

(1) 시스템, 시스템을 구성하는 하위 시스템 또는 부품은 비행기의 대표적인 지상 및 비행운용 환경에서 성능시험, 피로시험 및 내구성시험을 하여야 한다.

(2) 전체 시스템은 시험을 통하여 결함 조건의 모사를 포함한 상태에서 정상적으로 성능을 발휘하며 다른 시스템과 적절하게 연결되어 있음을 확인하여야 하고, 또한 부품의 설계를 보완하거나 유효성을 확인하여야 한다.

(3) 전체 유압 시스템은 정상적으로 운용되는 비행기 내에서 사용자의 모든 시스템 운동 범위에 걸쳐 기능시험을 하여야 한다. 시스템 압력조절 장치가 시스템 설계를 구성하는 부품이 아니면 시험은 시스템의 조절압력(relief pressure) 또는 설계작동압력의 1.25배의 압력에서 수행하여야 한다. 유압 시스템의 부품과 다른 시스템 또는 구조의 부품 사이의 여유는 적절하게 유지되어야 하며 해로운 효과가 있어서는 아니된다.

1.2.3 유압 시스템 주요 설계업무

설계 분야	설계 업무
1. 압력·유량분석	1.1 항공기 유압 계통 요구도 분석 1.2 비행 프로파일에 따른 압력 및 유량, 저장용량을 분석 1.3 항공기 유압 계통의 기능 분석 1.4 항공기 유압 구성품에 대한 성능 분석 1.5 항공기 임무와 지상 작동 시 유압유 온도-시간 곡선에 따른 열 해석 1.6 유압 계통과 연계된 항공기 각 계통에 대해 분석
2. 유압공급·작동방식 분석	2.1 유압 구성품에 대한 국내·외 기술 수준 파악 2.2 유사 항공기 유압 계통 및 유압 부품에 대한 적용 사례 분석 2.3 유압유 저장·분배·정류·시스템 경고 기능 분석 2.4 항공기 유압 계통의 다중화(redundancy) 구현 2.5 구성품의 기능과 성능 파악
3. 유압공급 계통 배치설계	3.1 유압 구성품에 대한 화재, 파손 및 안전 등을 고려한 위치 선정 및 설계 3.2 유압 세부 계통 압력강하 해석 3.3 설계 요구도에 따른 유압배관 설계 3.4 기계적, 전기적, 기능적 인터페이스 설계 3.5 유압배관 배치에 따른 진동 억제 설계 3.6 분리 튜브 이음쇠 및 영구 튜브 결합의 최적 설계 3.7 유압 계통의 전기적 부분에 대한 회로도를 구성
4. 설계 규격제정	4.1 유압 계통에 대한 정적 해석 4.2 임무 비행 프로파일에 따른 유압 계통에 내구·피로 해석 4.3 유압 계통 및 구성품에 대한 설계규격서 작성 4.4 정적·피로 해석기준서 작성 4.5 감항인증규정을 고려한 규격서 작성

1.3 유압의 원리

1.3.1 파스칼의 원리

유압이 항공기뿐만 아니라 일반 산업에서도 많이 사용되는 이유는 큰 힘을 낼 수 있기 때문이다. 즉 작은 힘을 주어 큰 힘을 발생할 수 있다는 것인데, 1653년 물리학자 파스칼(Pascal)이 발견한 원리를 이용해 만든 시스템이다. 파스칼의 원리는 수학적 표현 없이 간략

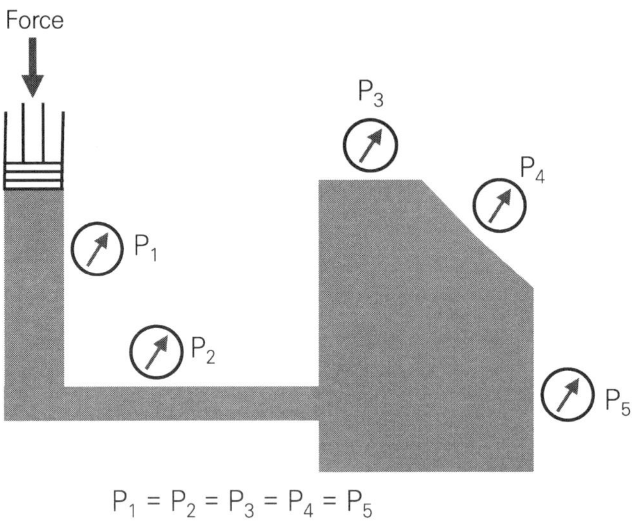

그림 1.3 파스칼 원리에 의한 유압의 작용

한 설명으로 표현된다.

- 밀폐된 용기의 유체에 작용한 압력은 용기 내부의 모든 점에서 압력의 크기가 같다.
- 압력의 작용 방향은 면에 직각 방향으로 작용한다.

1.3.2 힘의 확대

파스칼의 원리를 이용하여 큰 힘을 만드는 방법을 간단한 예제를 통해 설명하도록 하겠다. **그림 1.4**처럼 양쪽에 면적이 서로 다른 피스톤에 의해 밀폐된 용기가 있다.

피스톤의 면적이 A_1인 곳에 작용하는 힘을 F_1이라 할 때 압력은 $P_1 = \dfrac{F_1}{A_1}$이다.

이 압력 P_1은 파스칼의 원리에 의하면 밀폐된 용기 내부의 모든 면에 같은 크기의 압력 P_1이 작용하게 된다. 물론 압력의 작용 방향은 면에 직각 방향으로 작용한다. 이때 면적이 A_2인 피스톤의 아래 면에도 P_1이 작용하게 되며 이때 피스톤에서 생기는 힘 F_2는 P_1A_2가 된다.

파스칼의 원리에 의해 모든 넓이에 같은 압력 P_1이 작용하므로

$$P_1 = \frac{F_1}{A_1} = \frac{F_2}{A_2}, \quad F_2 = \frac{A_2}{A_1}F_1$$

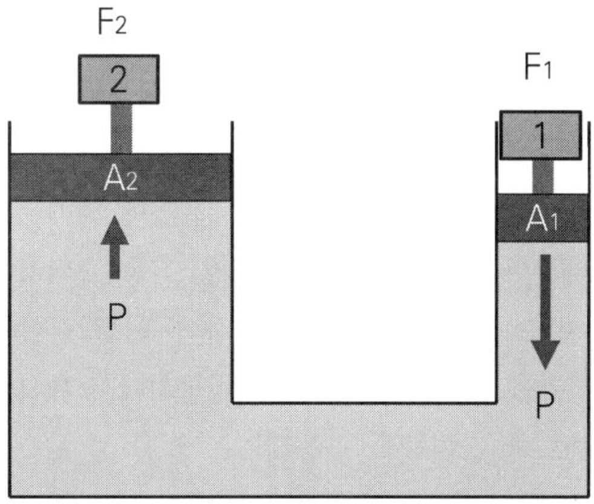

F: 힘, A: 면적, P: 압력, L: Piston 이동거리

그림 1.4 파스칼 원리에 의한 힘의 확대

여기서 $\dfrac{A_2}{A_1}$을 배력비(mechanical advantage)라 하며, 면적의 비율만큼 힘이 변하는 걸 알 수 있다. F_2에 작용하는 힘은 피스톤의 면적의 비, 즉 배력비에 비례한다. 피스톤 면적의 비가 6 : 1이라면 F_2에서 나오는 힘은 작용하는 힘 F_1의 6배가 커져 나온다.

1.3.3 피스톤 이동 거리

㉮ 피스톤의 면적이 A_1인 곳에서 유체의 움직인 유량을 Q_1이라고 하면 $Q_1 = A_1L_1$(L_1: 피스톤의 이동 거리)

㉯ 피스톤의 면적이 A_2인 곳에서 유체의 움직인 유량을 Q_2라고 하면

$$Q_2 = A_2L_2$$

여기서 유체의 움직인 유량은 같으므로 $Q_1 = Q_2$이다.

따라서 $A_1L_1 = A_2L_2$고 피스톤의 이동 거리에 관한 관계는

$$L_2 = \frac{A_1}{A_2}L_1$$

이다. 앞의 결과를 반영하여 힘, 면적, 피스톤 이동 거리와의 관계식을 정리하면 다음과 같다.

$$\frac{F_2}{F_1} = \frac{A_2}{A_1} = \frac{L_1}{L_2}$$

1.4 유압 시스템의 구성

오늘날 대부분 항공기에서 유압 동력이 필요하고, 유압에 의해 작동되는 기능들은 항공기 안전성에 매우 중요하기 때문에 오작동이 없는 안전한 작동이 되어야 한다. 즉, 명령을 받아 작동하고, 명령이 없으면 반드시 작동하지 않아야 하며, 단일 결함(single failure)으로 인해 전체 결함(total failure) 상황을 유발하면 안 된다. 항공기에서 유압 시스템을 사용하는 분야는 다음과 같은데 매우 중요한 장치들을 구동시키는 것을 알 수 있다.

- 1차(primary) 비행조종면: rudder, aileron, elevator, canard
- 2차(secondary) 비행조종면: spoiler, speed brakes, high lift devices(flap, slat), stabilizer
- 착륙장치: gear extension, gear retraction, locking, nose wheel steering, braking
- 기타: thrust reverser, cargo handling, utility door, ramps, inflight refueling probe, canopy actuation, passenger stairs

그림 1.5는 유압 시스템의 기본 구성을 나타낸 그림이다. 유압 시스템의 구성은 항공기의 개별 설계에 따라 다르게 설계하여 장착한다. 유압 시스템은 기본적으로 유압을 만들고 전달해 주는데 필요한 최소한의 부품들로 구성되어 있다. 그 부품에는 펌프, 저유기(reservoir), 축압기(accumulator), 방향제어 밸브(체크 밸브, 선택 밸브 등), 압력제어 밸브(압력 완화 밸브 등), 유량제어 밸브, 작동기(actuator), 필터 등이 있다.

유압 시스템의 기본 작동 절차를 살펴보면 다음과 같다.

- 유압 저유기(reservoir)에 저장됐던 유압유는 엔진이나 전기에 의해 작동되는 동력펌프(**그림 1.5**는 엔진에 의해 구동)에 의해서 압력(보통 3,000psi, 최근 나온 민간여객기는 5,000psi 사용)이 생성된다.
- 생성된 유압은 축압기(accumulator)에 유압유와 유압 에너지를 일부 저장하고 각종 제어 밸브 및 센서를 거쳐 유압 작동기(actuator)로 공급된다.
- 선택 밸브에 의해 결정된 유압유의 공급 방향에 따라 유압 작동기가 작동함으로써 기계적 에너지로 전환되어 일하게 된다.
- 유압 에너지를 기계적 에너지로 소모한 유압유는 다시 저유기로 귀환하여 저장된다. 저유기로 돌아가기 전에 필터를 거쳐서 이물질을 제거하게 된다.

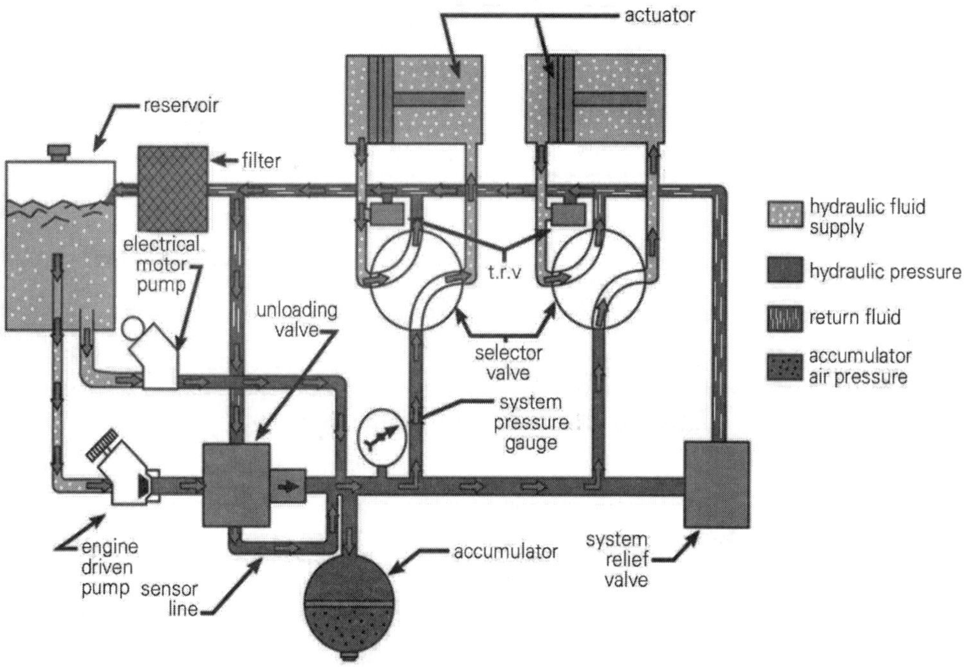

그림 1.5 유압 시스템의 기본 구성

유압 시스템의 구성은 크게 오픈센터 유압 시스템(open center hydraulic systems)과 클로즈드 센터 유압 시스템(closed center hydraulic systems)으로 나뉠 수 있다.

1.4.1 클로즈드 센터 유압 시스템

이 시스템은 펌프가 작동될 때는 항상 유압이 작용하는 시스템이다. 이 시스템은 오픈센터 시스템과 달리 선택 밸브나 방향제어 밸브가 병렬(parallel)로 연결되어 있다. 유압을 조절하는 방법에는 여러 가지가 있는데 만일 정량 공급 펌프(constant delivery pump)를 사용하면 압력조절기에 의해 조절되고, 압력완화 밸브는 압력조절기가 고장 날 경우를 대비할 수 있는 대체 밸브로서 작동된다. 그러나 만일 가변 공급 펌프(variable displacement pump)를 사용하면 펌프 내부에 있는 압력 보상기(compensator)에 의해 압력이 조절된다. 즉, 압력 보상기에 의해 펌프에서 나오는 유압유의 체적을 조절할 수 있다. 유압이 규정된 정상 압력에 근접하면 보상기는 펌프에서 나오는 유압유의 흐름이 줄어들게 조절한다.

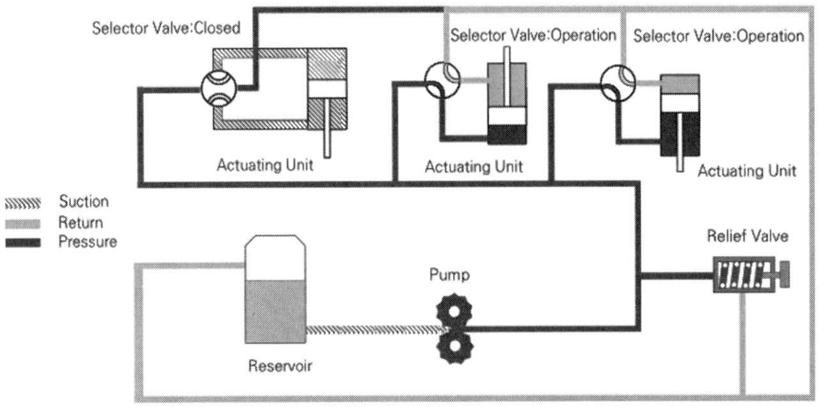

그림 1.6 Closed center hydraulic systems

1.4.2 오픈센터 유압 시스템

이 유압 시스템은 펌프가 작동되더라도 작동기가 작동하지 않는 조건(idle, 상태)에서는 유압유의 흐름은 있지만, 작동기로 유압유는 공급되지 않는 시스템 방식이다. **그림 1.7A**에서 보듯이 펌프에서 나온 유압유는 작동기에 공급되지 않고 선택 밸브를 거쳐 바로 저유기로 보내진다. 이 시스템에 있는 선택 밸브들은 항상 직렬(in series)로 연결되어 있다. 만일 어떤 작동기(actuator)가 작동될 때는 펌프에서 나온 유압유가 작동 중인 작동기에만 유압이 공급되도록 선택 밸브의 위치가 변하게 된다(**그림 1.7B**).

오픈센터 시스템과 클로즈드 센터 시스템의 차이점은 다음과 같다.

- 오픈센터 시스템은 작동기가 작동하지 않을 때는 유압 시스템 내부에 유압이 작용하지 않는다.
- 작동기가 작동할 때 선택 밸브가 움직인 후 압력이 올라가기 때문에 압력 서지(pressure surges)로 인한 충격이 작다.
- 작동기가 부드럽게 작동되며 속도가 느리다.
- 대부분 항공기 유압 시스템의 작동은 빠른 응답을 원하기 때문에 클로즈드 센터 시스템을 많이 사용하고 있다.

유압 시스템을 설계할 때는 비행 안전이 우선되는 1차 비행조종면의 경우 반드시 단일 결함(single failure)으로 인해 전체가 고장 나지 않게 설계해야 한다. 여기서 고장의 정도는 일정 수준의 성능저하가 일어나도 된다는 의미가 아니며, 만일 발생한다면 체계적으로 성능저하가 일어나지 않도록 하며 조종사에게 반드시 알려주도록 설계해야 한다. 2차 비행조종면

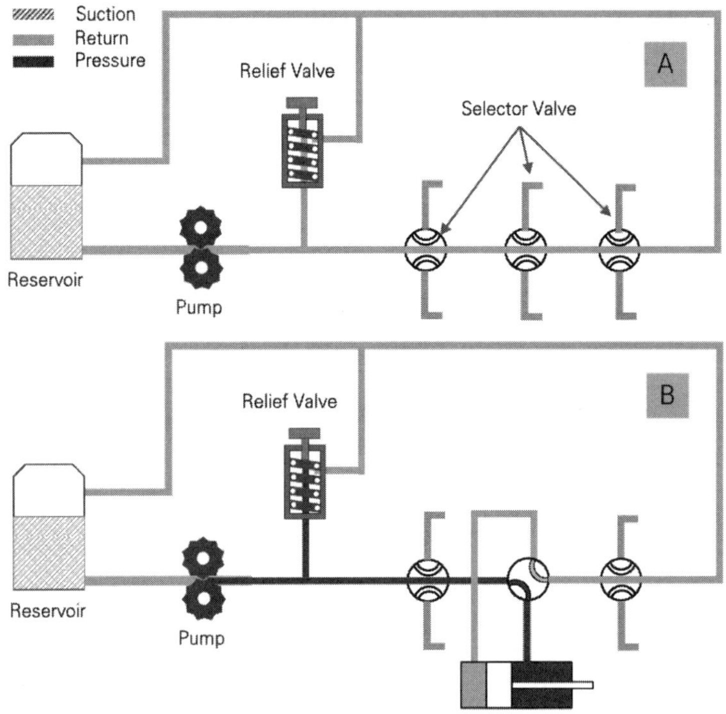

그림 1.7 오픈센터 유압 시스템

도 같은 개념으로 설계하여야 한다.

기타 장치는 고장이 날 때 소모성 장치의 개념으로 설계하거나, 비상 상황에서는 특정한 방향으로 작동되도록 설계해야 한다. 그 예로 착륙장치는 비상시 반드시 내려와 있도록 하며, 공중 재급유 장치(probe)는 반드시 돌출되어 나와 있어 재급유가 가능하게 해야 한다. 이런 장치들은 비상시에 반드시 원래의 위치로 복원될 필요성은 없다.

유압 시스템 기능의 정상적인 작동 여부를 판단할 수 있는 몇 가지 지시계기를 갖추어야 한다. 압력센서를 설치하여 유압 시스템의 압력을 지시 및 관찰해야 하며, 시스템의 압력이 낮아지는 것을 지시해 주기 위한 압력스위치를 설치한다. 필터가 막히는 경우를 알려주는 필터 막힘 지시계를 설치하고, 유압유 온도를 지시하도록 한다. 요즘은 자동연산제어장치(microprocessor)를 장착한 관리 장치를 많이 사용하는데 이 장치는 모든 주요 부품들의 상태를 관찰하여 그 결과를 지상요원에게 모니터로 알려준다.

민간 항공기는 군용 항공기보다 좀 더 안전하게 설계되어야 하므로 설계 요구 조건에 상당한 차이가 있다. 예로 군용기의 경우는 2개의 독립적인 유압 시스템으로 구성해야 하지만, 대형 민간 항공기 같은 경우 3개 이상의 유압 시스템으로 구성된다. 그리고 민간이든 군용 항공기든 모두 추가의 보조동력장치와 동력이송장치가 설치되어야 한다.

1.5 유압 시스템의 구성품

1.5.1 유압 파이프

유압 시스템의 구성이 이루어지고 나면 항공기에 설치해야 할 유압 파이프라인을 설계해야 한다. 군용기일 경우는 파이프라인 설계 시 전쟁에서 발생할 수 있는 손상이나 사고로 인한 고장을 피하려고 별도의 분리된 파이프를 설치해야 하는지 고려해야 한다. 파이프라인의 배치가 끝나면 파이프의 길이와 부분별로 유량을 계산해야 한다.

만일 유압 시스템의 허용 가능 압력손실을 25%로 가정했다면, 각 파이프의 부분별로 분리 산출하고, 이 결과를 가지고 설계자는 각 부품의 규격을 관리해야 한다. 설계자는 부품별 압력손실을 할당할 수 있지만, 전체 크기가 증가하지 않게 설계해야만 한다.

파이프 길이, 유량과 허용 가능 압력손실이 계산되면 일반적인 파이프에서의 마찰을 고려해서 파이프 지름을 결정할 수 있다. 이때 유압유의 온도는 0℃, 파이프 내의 흐름은 난류로 가정하는 것이 일반적인 방법으로 볼 수 있다. 파이프의 압력손실은 파이프의 지름을 산출하기 위한 매우 중요한 요소가 된다.

유압 파이프(piping)의 재질은 보통 티타늄(titanium)을 사용하며 강도는 철(steel)보다 30% 정도 높지만, 무게는 약 50% 정도 가볍다. 튜빙(tubing) 방법으로는 보통 cryofit나 swaged fit 방법을 사용한다. 티타늄이나 티타늄 합금 파이프는 산소 시스템 주변에는 설치하지 않는데 낮은 압력 조건에서 산소와 반응하여 연소(spontaneous combustion)가 발생할 수 있기 때문이다. 유압 파이프는 보통 파랑, 노랑, 녹색의 색깔을 가진 태그를 사용하여 분류한다.

1.5.2 저유기

유압 시스템의 저유기(reservoir)는 유압유를 저장하고 펌프로 공급하는 일종의 저장조 역할을 한다. 유압 저유기는 다음과 같은 기능을 한다.

- 유압유를 공급하고 귀환하는 유압유의 저장소
- 열팽창에 의한 유압유의 체적 증가를 흡수하는 공간 제공
- 공기 및 각종 불순물을 제거하는 장소
- 온도 하강 시 유압유 수축으로 인한 유압유 보충 공급

• 유압유에 포함된 공기나 거품을 제거하는 기능
• 펌프에 가압된 유압유(pressure head)를 제공

저유기의 요구 조건은 항공기의 형태에 따라 달라진다. 대부분 군용기의 저유기는 곡예비행 조건에서도 작동되어야 한다. 즉, 항공기의 어떤 자세나 'g' 조건에서도 유압유와 공기가 접촉되면 안 되며, 원활한 유압유 공급이 가능해야 한다. 저유기 내부의 압력은 펌프 입구에 유압유를 빠르게 공급될 수 있는 충분한 압력이어야 한다.

저유기의 유압유가 누설이 생겨도 미리 정해놓은 수준 이하로 내려가지 않도록 하는 장치를 설치해야 한다. 즉, 비행 안전에 필수적인 유압유 용량 이하로 누설되지 않도록 하는데 보통 저유기 내부에 스탠드 파이프(stand pipe)를 설치한다. 대형 여객기는 보통 2개 이상의 유압 시스템이 있고 각 유압 시스템의 저유기 내부에는 2개 스탠드 파이프가 설치되어 있다. 스탠드 파이프의 높이는 모두 다르게 설계되어 있으며, 유압유는 높은 높이의 스탠드 파이프를 통해 주 유압펌프로 공급되고 낮은 높이의 스탠드 파이프로는 비상 유압펌프가 연결되어 있다. 또한 유압유 공급 또는 귀환 시 저유기의 유압유가 넘치는 경우 저유기 외부로 자동배출될 수 있도록 압력완화 밸브(pressure relief valve)를 설치해야 한다.

1.5.2.1 저유기 종류

저유기에 저장된 유압유의 가압 여부에 따라 다음과 같이 나뉜다.

• 비압축형(non pressurized type) 저유기
• 가압형(pressurized type) 저유기

비압축형 저유기는 급기동을 하지 않는 비행기, 고고도(high altitude) 비행을 하지 않는 비행기나 저유기가 이미 압력이 높은 장소(pressurized area)에 설치된 항공기에서 사용한다. 대부분의 비압축형 저유기는 실린더 형태로 되어 있고 외부 하우징(housing)은 부식에 매우 강한 재질로 제작된다. 비압축형 저유기는 보통 유압유의 열팽창으로 인해 약간 압력이 가해지고 있으며, 이 압력으로 유압펌프로 유압이 공급될 수 있다. 대부분의 저유기는 대기로 벤트(Vent)되도록 하고 압력완화 밸브(pressure relief valve)나 진공완화 밸브(vacuum relief valve)를 설치하여 저유기 내·외부의 압력 차이를 적절하게 유지한다.

가압형 저유기는 고고도를 비행하는 비행기에서 주로 사용하며 대기압이 낮은 고고도에서 유압유를 가압하여 펌프로 공급이 원활하게 한다. 가압하는 방식에는 많은 민간여객기에서 사용하는 방법으로 엔진 블리드 공기를 이용하는 방법과 유압 시스템의 압력을 이용하는

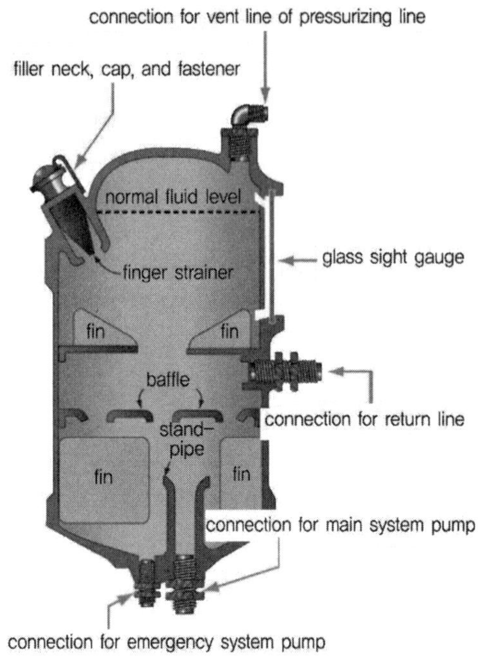

그림 1.8 저유기의 내부 구조

방법이 있다. 유압 압력을 이용하는 방식은 유압펌프의 출구 압력을 적절히 조절하여 저유기로 보내면 내부의 피스톤이 움직이면서 저유기 내부 압력이 올라간다. 또한 대기압이 낮아 유압유에서 발생할 수 있는 기포 생성을 억제할 수 있다. 저유기의 유압유에서 기포(cavitations)가 생기는 이유는 다음과 같은 것들이 있다.

- 대기압이 낮아지는 고고도에서 기포 발생
- 점성이 있는 유압유가 빠르게 흘러가면 그 영역에서 유압유의 압력이 떨어지는데 증기압(vapor pressure) 보다 낮아지면서 유압유 내부에 기포 발생
- 펌프의 흡입(suction) 부위처럼 압력이 낮은 부위로 유압유가 흘러가는 경우 에너지 손실에 의한 압력 저하로 기포 발생

유압유 내부에 생성된 기포는 압력이 높은 영역으로 흘러가면서 기포 외부의 높은 압력으로 인해 기포가 꺼지는 현상이 발생한다. 이때 기포가 꺼지면서 유압유에는 모든 방향으로 전달되는 고압의 압력파(pressure wave)가 발생된다. 이로 인해 부품의 손상, 소음, 진동뿐만 아니라 유압 시스템의 성능을 저하하는 결과를 초래할 수 있다. 일반적으로 기포를 제거하기 위해서 서지탱크(surge tanks), relief valve, burst plate를 설치하는 경우가 있고 근본적으로 유체속도를 작게 하거나 시스템 압력을 높이는 방법을 사용한다. 보통 고고도로 비

행하는 항공기는 기포의 발생을 억제하기 위해 유압유를 가압하는 방법, 배플(baffle) 설치 같은 방법을 사용한다.

1.5.2.2 저유기 구조

저유기는 보통 5052 알루미늄 재질을 사용하며 용접할 수 있고 연성인 재질을 사용한다. 저유기의 형태는 원형인 경우 내부 압력에 의한 응력이 일정하여서 가장 좋은 형태이지만 장착에 어려움이 있다. 따라서 장착하기도 좋고 제작성이 좋은 반원형의 실린더 형태를 많이 사용하고 있다. 저유기 내부는 다음과 같은 구조로 되어 있다.

- **여압구**

  여압구(connection for pressurizing line)는 고고도에서 유압유에 생기는 기포를 방지하고 유압유가 펌프까지 확실하게 공급되도록 저유기 안을 가압시키는 압축 공기의 연결구이다.

- **사이트 게이지**

  사이트 게이지(sight glass gage)는 저유기 안의 유압유의 양을 육안으로 확인할 수 있는 게이지이다.

- **귀환관**

  귀환관(return)은 저유기의 정상유면 아래 위치하고 저유기 안에서 유압유의 기포 생성을 방지하여 공기와의 혼합을 최소로 한다.

- **배플과 핀**

  배플(baffle)과 핀(fin)은 저유기 내부의 유압유가 불규칙적으로 움직여 기포가 생기는 것을 방지하고 펌프 안에 공기가 유입되는 것을 방지한다. 부가적으로 저유기의 압력 하중에 대해 보강구조물 역할도 한다.

- **스탠드 파이프**

  스탠드 파이프(stand pipe)는 유압 시스템 일부가 파손되어 유압유가 누설되는 경우 비상 유압 시스템을 작동시킬 수 있는 유압유를 확보할 수 있도록 저유기 내부에 설치한 파이프를 말한다. 간단한 구조이지만 비상 상황에 대처할 수 있는 아주 중요한 구조물로, 민간여객기의 경우 각 저유기에 서로 다른 스탠드 파이프의 높이로 설치하여 여러 가지 비상 상황에 대처할 수 있도록 설계되어 있다. 저유기 내부의 스탠드 파이프를 통해 유압유가 펌프로 공급되며, 만일 누설이 생겨 유압유 높이가 스탠드 파이프 아래로 내려가면 더 이상의 누설이 발생하지 않게 된다. 이런 경우 스탠드 파이프 아래에 남아 있는 유압유가 저유기 바닥에 설치된 출구나 더 낮은 높이의 스탠드 파이프를 통해 펌프로 공급되어 정상적으로 유압 시스템이 작동한다.

1.5.2.3 저유기의 용량

유압유의 전체 용량을 결정하는 데는 여러 가지 요소들을 고려해야 한다.

- 보통 2개 이상의 유압 시스템을 갖추는데 모든 유압 시스템이 정상 작동 모드(normal mode)인 경우와 어느 하나의 유압 시스템이 고장 난 경우의 고장 모드(failure mode)별로 유압을 공급하는 작동기를 고려해야 한다.
- 비행조종면 작동기인 경우 조종면의 이동범위(travel length), 조종면의 각속도(angular velocity), 비행 조건별 힌지 모멘트(hinge moment), 혼 길이(horn length), 강성(stiffness) 등을 고려한 유압유 용량을 고려해야 한다.
- 비행기의 가능 비행 조건별로 높은 유량의 유압유가 필요한 비행 조건을 고려해야 한다.
- 조종면을 포함하여 각종 작동기 내부의 유량, 축압기 내부의 유량, 배관 내부의 유량, 구성품 내부의 유량, 저유기 동작을 위한 최소 유량, 온도 변화에 의한 유압유의 수축/팽창량, 누유 허용량 등을 고려해야 한다.

1.5.3 유압펌프

펌프는 유압유의 압력을 높여 공급하는 장치로서 크게 수동펌프(hand pump)와 엔진, 공기터빈(ram air turbine), 전기모터, 유압모터에 의해 작동하는 동력펌프(power driven pump)로 구분할 수 있다. 항공기에서 동력펌프는 주로 엔진의 동력이나 전기에 의해 구동된다. 펌프는 비압축성 유압유의 유량을 생성하여 압력을 높이는 것으로서 엔진 혹은 전기모터와 같은 기계적 에너지를 유압 에너지로 변환시키는 장치이다. 만일 펌프에서 나온 유압유를 대기 중으로 방출시킨다면 압력은 높아지지 않는다. 보통 펌프의 입구 쪽은 부분 진공 혹은 낮은 압력이 작용하여 저유기에서 들어온 유압유를 기계적으로 출구 쪽으로 밀어내게 된다.

1.5.3.1 수동펌프

수동펌프는 오래전 항공기에서 사용하던 펌프이며 일부 현대 항공기의 경우에는 주동력 펌프의 고장 시 비상용으로 사용하거나 유압 시스템을 지상에서 점검할 때 사용하기도 한다. **그림 1.9**에서 보듯이 1회 왕복 때 한 번씩 유압을 배출하는 싱글 액팅(single acting)식과 1회

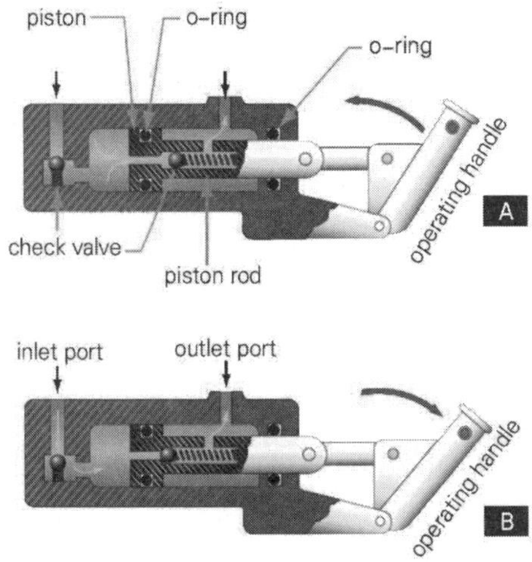

그림 1.9 수동펌프의 구조 및 작동방법

그림 1.10 회전식 수동펌프

왕복에 두 번씩 배출하는 더블 액팅(double acting)식이 있는데 더블 액팅식이 많이 사용된다.

그림 1.10은 수동펌프의 다른 종류로서 회전식 수동펌프(rotary hand pump)이며 핸들이 돌아가는 동안 연속적인 유압유 공급이 가능하다.

1.5.3.2 동력펌프

동력펌프(power-driven pump)에는 일정 유량식(constant displacement pump)과 가변 유량식(variable displacement pump)으로 구분된다. 일정 유량식은 배출되는 유량이 일정하여 유량을 바꾸고 싶으면 펌프의 회전수를 바꿔야 하지만 가변 유량식은 같은 회전수에서도 유량을 변경시킬 수 있다. 대부분의 현대 항공기는 가변 유량식 펌프를 사용하고 있다. 현대 항공기들은 주 펌프로서 동력펌프인 엔진구동펌프(engine-driven pump)를 사용하며 일부 항공기에서 전기구동 펌프(electrical driven pump)를 사용하기도 한다. 비상 상황에는 전기구동 펌프, 공기구동 펌프(air-driven pump), PTU(Power Turbine Units), RAT(Ram Air Turbine)로 구동되는 펌프들을 사용하고 있다. 그 예로 2개의 주 유압 시스템으로 구성된 A380의 경우 8개의 엔진구동펌프, 3개의 전기구동 펌프를 가지고 있다. 또한 3개의 주 유압 시스템으로 구성된 B777의 경우에는 2개의 엔진구동펌프, 4개의 전기구동펌프, 2개의 공기구동펌프 및 RAT로 구동되는 펌프들을 가지고 있다.

1.5.3.2.1 일정 유량식 펌프

요구되는 압력과 관계없이 펌프 회전수가 일정하면 고정된 양의 유압유를 공급한다. 즉, 유량을 변경하고 싶으면 펌프의 회전수를 변경시켜야 한다. 유압이 일정하지 않아 일정한 유압이 필요한 경우 압력 조절기(pressure regulator)를 사용해야 한다. **그림 1.11**은 일정 유량식 펌프(constant volume pump) 종류를 나타낸 그림이다. 왼쪽 위에서부터 시계방향으로 베인 펌프(vane type pump), 제로터 펌프(gerotor type pump), 1,500psi(105kg/㎠) 이내의 압력에서 사용하는 기어 펌프(gear type pump), 3,000psi(210.8㎏/㎟) 이내의 고압이 필요한 유압 시스템에 사용하는 피스톤 펌프(piston type pump)가 있다. 피스톤형 펌프는 일정 유량식 펌프뿐만 아니라 다음에 설명할 가변 유량식 펌프에도 사용하는 형태이다. 기어 펌프는 유압유 오염에도 잘 작동하며 1,500psi 이하의 압력에 사용하며 엔진의 연료 조절이나 기어박스의 윤활계통에 사용한다. 제로터 펌프는 1,000psi 이하의 압력에서 사용하며 오염에 강하며 주로 기어박스의 윤활계통에 사용한다. 베인 펌프는 일정 유량식과 가변 유량식 펌프에 적용할 수 있는 형상이며 오염에 강하고 2,000psi의 압력 조건에서 사용할 수 있으나 파손의 경우 catastrophic failure mode 성향이 있다. 피스톤 펌프는 일정 유량식과 가변 유량식 펌프에 적용할 수 있는 형상이고 오염에는 약하다. 5,000psi 이상의 고압에서도 사용할 수 있어서 항

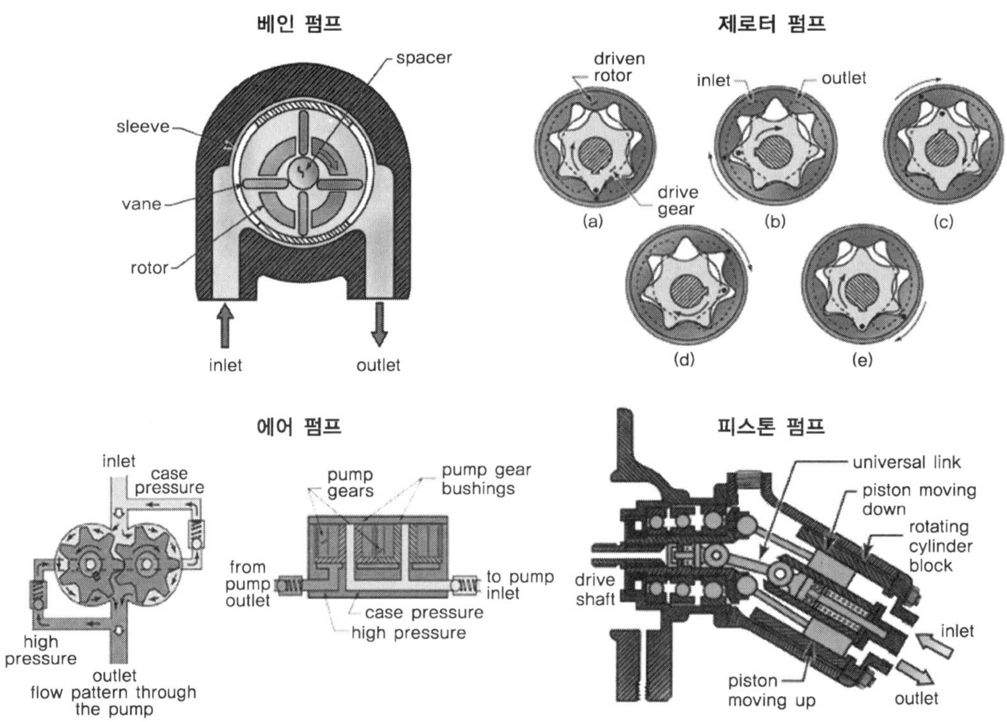

그림 1.11 일정 유량식 펌프의 종류

공기에서 주로 사용하는 형상이다. 이외에 일정 유량식 펌프에는 100psi 이하의 저압에서 사용할 수 있고 신뢰성이 좋은 원심형 펌프(centrifugal pump)가 있다.

1.5.3.2.2. 가변 유량식 펌프

펌프 내부에 유량 조절 밸브나 보상기(compensator)가 있어 시스템이 요구하는 압력을 맞출 수 있도록 일정한 펌프 회전수에서도 유압유 유량을 변화시켜 시스템에 보낸다. 주로 펌프의 형태는 피스톤의 왕복 행정(stroke)을 통해 유압유를 공급하는 피스톤 펌프를 많이 사용한다. 펌프 출구의 압력을 측정하여 피드백(feedback) 시켜 **그림 1.12**에서 보듯이 펌프의 경사판(swash plate)의 각도를 조절하고, 이는 펌프 피스톤의 왕복 행정 거리(stroke)를 변화시켜 유량과 압력을 조절한다. 경사판은 회전축에 대해서 각도를 자유롭게 조절할 수 있다. 보통 9개의 피스톤이 설치된 펌프를 사용한다. 경사판이 회전축에 대해 90도인 경우는 피스톤의 움직임이 없어 유압유를 배출시키지 못한다. 만일 요구 유량이 한계치를 벗어나면 유압 압력은 급격하게 0으로 떨어진다. 이런 경우는 짧은 시간 동안 축압기에서 보충해 줄 수 있다.

유압펌프는 안전을 위해 보통 1개 이상을 장착한다. 유압펌프는 엔진의 기어박스에 연결돼 엔진에 의해 구동되기 때문에 엔진 회전수와 밀접한 관계가 있으며, 넓은 회전수 영역 내에서 작동해야 한다. 펌프와 엔진 기어박스의 기어비(gear ratio)는 엔진의 형태나 설계자가 요구하는 특정 비율에 따라 결정한다. 현대 군용기에 적용된 펌프의 일반적인 최대 회전수는 6,000rpm 정도이며, 이는 펌프 크기와 밀접한 관계가 있다. 즉 펌프의 크기가 작을수록

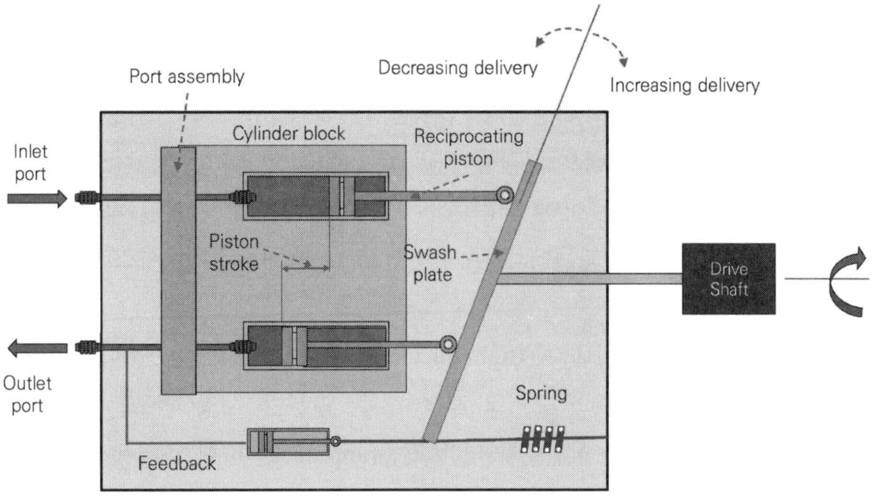

그림 1.12 가변 유량식 피스톤 펌프

펌프의 회전수는 높아진다.

가장 많이 사용하는 펌프 형태는 가변 유량식 정압펌프(variable delivery constant pressure pump)로서 피스톤 형태의 펌프이다. 이 펌프는 항공기 유압 시스템에서 요구하는 3,000psi 이상의 압력을 만들어낼 수 있다. 펌프의 체적효율(volumetric efficiency)이 98% 이상으로 펌프 형태 중 가장 높은 수준이다. 비행 중 계속해서 변하는 펌프 요구 유량 조건에서 가변 유량식 정압펌프가 동력손실 없이도 요구 유량을 만족시킬 수 있는 형태이다. 또한 낮은 유량 조건에서 높은 유량 조건으로 짧은 시간 동안 변하는 과정을 제외하고 거의 5% 정도의 오차를 가지고 압력을 일정하게 유지할 수 있다. 이 형태의 펌프는 전체 유압 시스템의 효율을 최적화하는 데 가장 좋은 형태이다.

참고로 펌프의 효율과 관련 식은 다음과 같다.

$$Volumetric\ output\ of\ fluid = \text{피스톤 면적} \times \text{피스톤 stroke} \times \text{피스톤 개수}$$

$$Volumetric\ efficiency(\%) = \frac{actual\ volumetric\ output}{theoretical\ output} \times 100$$

$$Pump\ horsepower = \frac{pressure \times rate\ of\ flow \times 0.000583}{efficiency}$$

* 여기서 0.000583는 lb-ft/s에서 horsepower(HP)로 변환시키는 conversion factor

1.5.3.2.3 펌프 유량

유압유 유량의 결정은 매우 복잡하고 어려운 문제이다. 이상적으로 유압유의 누설이 없고 압력손실이 없다면 좀 더 간단한 문제가 되지만, 실제 조건에서는 약간의 누설과 밸브, 작동기나 펌프 등의 유압 부품을 거치면서 압력손실이 발생된다. 압력손실을 정확히 해석해야만 정확한 유량 계산도 가능하기 때문이다. 예로 펌프 출구에서 축압기(accumulator)까지 약 20~25% 정도의 압력손실이 발생한다. 압력손실이 계산되고 나면 비행조종면에 걸리는 공기역학 하중과 비행 조종 법칙으로 작동기 피스톤(actuator piston)의 직경과 작동 속도를 결정할 수 있다. 또한 설계자는 어떤 작동기들이 동시에 작동되고, 어떤 속도로 작동되어야 하는지 결정해야 한다. 이런 결과들이 모두 합산되고 나면 최종 유압 시스템의 최대 유량을 결정할 수 있다.

보통 이륙, 순항과 같은 비행 단계(flight phase)별로 요구 유량을 산출한다. 계산된 최대 유량을 가지고 반드시 유압펌프의 크기를 결정하지는 않는다. 보통 펌프는 엔진에 의해 회전하며 엔진 회전수 즉, 펌프의 회전수가 낮은 접근(approach) 비행 조건에서 요구되는 유량으로 결정하게 된다.

실제 절대 최대유량(absolute maximum flow demand)이 요구되는 조건은 아주 짧은 시간 동안 일어난다. 즉. 필요한 유압유 유량의 체적은 크지만 짧은 시간 동안 빠르게 작동하는 상황이다. 그러나 이런 조건에 요구되는 유량을 맞추기 위해 펌프의 크기를 결정하지는 않는다. 보통 축압기(accumulator)를 통해 이런 조건에서 추가의 유량을 공급하도록 한다. 또한 축압기에는 압축된 기체가 채워져 있어 유압유 압력을 보강하는 데 필요한 에너지를 압축된 기체로부터 공급받을 수 있다. 그리고 축압기에서 보상해 줄 수 있는 유압유 유량과 압력은 온도에 영향을 받는다. 짧은 시간 동안 요구 유량이 펌프의 용량을 초과하는 상황이 생긴다면, 펌프와 함께 축압기에 의해 유압 압력을 조절하도록 한다. 설계자는 이런 최대 요구량이 발생하는 빈도수와 시간을 알아야만 최적화된 펌프를 설계할 수 있다.

1.5.4 축압기

축압기(accumulator)는 펌프의 출구 쪽이면서 작동기로 공급되기 전에 설치하며 축압기는 보통 유압 시스템 내에 여러 개를 설치하는 것이 보통이다. 주로 주 유압 시스템과 비상용 유압 시스템 용으로 별도로 설치한다. 축압기의 기능은 다음과 같다.

- 동력펌프의 압력 하중이 최대일 때 펌프의 하중을 분담
- 동력펌프의 고장이나 펌프 작동이 안 되는 경우 제한된 유압기기(braking system 등)에 동력을 공급
- 유압 시스템의 급격한 압력변화(pressure surge)로 인한 충격 흡수

축압기 형태는 철재로 된 공 형태(spherical)와 실린더(cylinder) 형태로 되어 있다. 공 형태의 축압기에는 다이아프램(diaphram)형과 블래더(bladder)형이 있다. 공 형태의 축압기는 내부를 2개의 영역으로 나누는데 한쪽은 유압유로 채워지고 다른 한쪽은 비압축성인 유압유에 압력에너지를 공급할 수 있도록 비활성 기체를 채운다. 이 두 영역은 다이아프램(diaphragm)이나 블래더(bladder) 혹은 피스톤에 의해 구분된다. 충전하는 비활성 기체는 주로 질소나 할론 기체를 사용하며 산소는 폭발 위험성 때문에 사용하지 않고 이산화탄소는 낮은 압력(800~900psi)에서 액화되기 때문에 사용하지 않는다. 이 기체에 고압이 작용하면 다이아프램이나 블래더가 팽창되면서 축압기 내부에 압력에너지를 저장하게 된다. 만일 유압 시스템의 압력이 떨어지는 경우 축압기 유압유는 기체의 높은 압력으로 인해 시스템 쪽으로 밀려나면서 고압의 유압유가 시스템에 공급된다. **그림 1.13**은 축압기의 3가지 형태를 나타낸 그림이다.

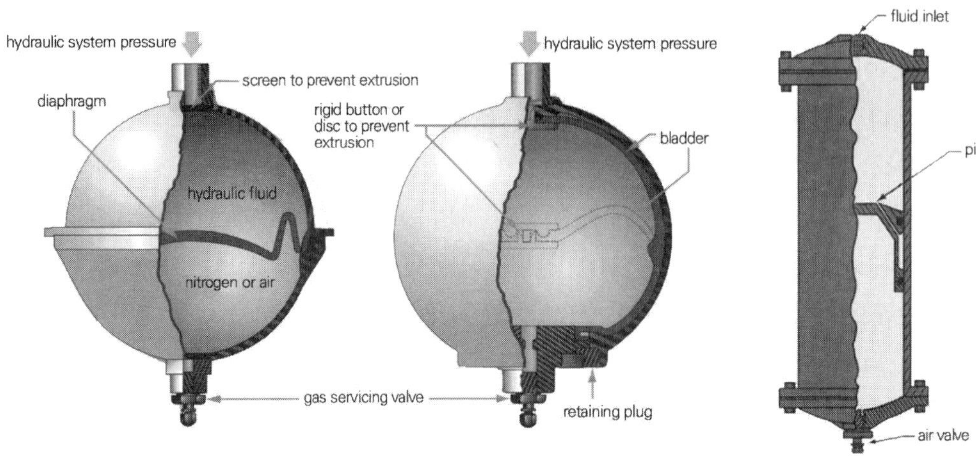

그림 1.13 축압기 종류(블래더, 다이아프램, 피스톤 형태)

- 다이어프램형 축압기

  유압 시스템 최대 압력의 1/3에 해당하는 압력으로 기체를 충전하며, 시스템 압력이 1,500psi 이하인 항공기에 사용

- 블래더형 축압기

  3,000psi 이상의 유압 시스템에 사용하며 항공기에서 일반적으로 많이 사용

- 피스톤 축압기

  피스톤 축압기는 피스톤에 의해 2개의 영역으로 나뉘고 아래쪽은 질소, 위쪽은 유압유로 채워지며 압축성인 질소를 압축하여 에너지를 저장한다. 보통 3,000psi의 유압 시스템이면 유압이 없는 조건에서 질소는 대략 1,300psi로 미리 가압시키고 3,000psi의 유압유가 공급되면 피스톤이 움직이면서 질소를 압축시키게 된다. 압축이 종료되면 피스톤의 위치는 질소층이 실린더의 1/2 길이 이하로 내려간다. 이런 작동조건에서 유압 시스템의 압력이 떨어지면 압축된 질소가 팽창하면서 유압유를 공급한다.

1.5.5 유압 밸브

유압 시스템에서 유압의 제어는 각종 밸브를 통해서 하게 된다. 제어의 대상으로 볼 때 방향 제어 밸브(directional control valve), 유량 제어 밸브, 압력 제어 밸브가 있다. 방향 제어 밸브는 유압유의 흐름방향을 결정하여 작동기나 유압모터의 작동방향을 결정해 준다. 유량 제어 밸브는 유량을 제어함으로써 작동기의 속도를 제어해 주는 기능을 한다. 압력 제어 밸브는 시스템의 과부하나 밸브가 닫혀 생기는 과도한 압력을 완화해주는 기능을 한다.

1.5.5.1 방향 제어 밸브

1.5.5.1.1 선택 밸브

선택 밸브(selector valve)는 유압유 흐름방향을 변경하여 작동기(actuator)의 작동방향을 결정해 주는 밸브이다. 보통 이 밸브를 이용하여 작동기 실린더의 양쪽 중 한쪽에 유압유를 공급하여 작동기의 방향을 결정한다. **그림 1.14**에서 보는 것처럼, 즉 선택 밸브의 한쪽 유로를 통해 유압유가 공급되면 실린더를 밀어 움직이게 하고 실린더 반대쪽의 밀려나는 유압유는 선택 밸브를 거쳐 저유기 방향으로 보내진다. 오픈센터와 클로즈드센터 선택 밸브 두 가지 종류가 있다. 밸브의 형태로 보면 포펫(poppet) 형태, 스풀(spool)형태, 피스톤(piston) 형태와 로타리(rotary) 혹은 플러그(plug) 형태가 있다.

- **오픈센터 시스템(open center system) 선택 밸브**
  그림 1.7에서 보듯이 선택 밸브가 중립 위치에 있을 때 펌프에서 공급되는 유압유가 곧바로 저유기로 귀환하도록 하여 펌프가 무부하 상태에 놓이게 한다. 피스톤의 위치에 따라 유로가 바뀌도록 한 밸브이다.
- **클로즈 센터 시스템 선택 밸브**
  선택 밸브가 중립 위치에 있을 때 펌프에서 공급하는 방향의 통로와 귀환관 방향의 통로가 모두 막혀 펌프에서 공급되는 유압유는 압력조절기나 릴리프 밸브를 통하여 저유기로 귀환하여 시스템 내부는 항상 일정한 압력에 놓이게 된다. 그 종류의 하나로서 포펫(poppet) 형태의 선택 밸브가 있는데 포펫의 개폐에 따라 흐름의 방향이 바뀐다. 포펫의 개폐는 연결된 캠(cam)의 회전 위치에 따라 달라진다. 이 원리는 자동차의 흡배기 밸브의 개폐 방식과 같은 방식이다. 항공기에서는 보통 앞의 **그림 1.14**에서 보는 4-way 클로즈 센터 선택 밸브를 가장 많이 사용하고 있다. 4-way 선택 밸브는 4개의 포트(port)

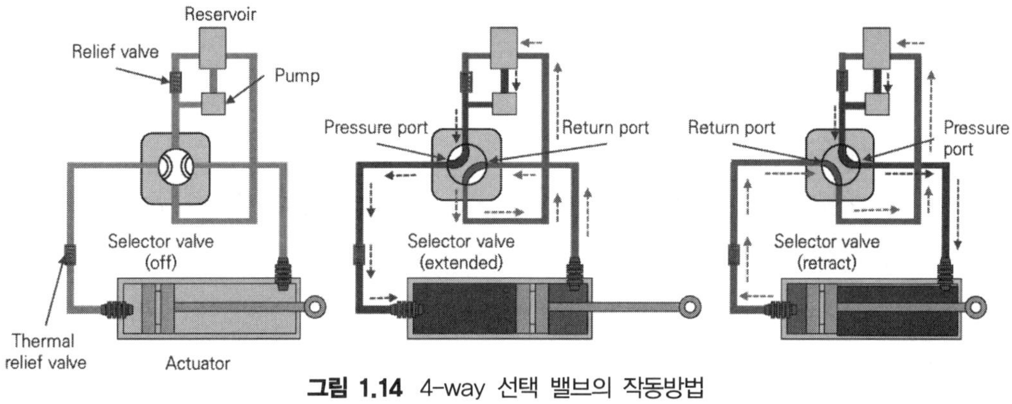

그림 1.14 4-way 선택 밸브의 작동방법

로 구성되어 한쪽은 펌프에서 나온 유압유가 지나가고, 다른 쪽 1개는 저유기 쪽으로 남은 2개는 작동기와 연결되어 있다.

그림 1.15의 스풀 형태의 선택 밸브는 솔레노이드(solenoid)로 구동되는 밸브를 통해 유입되는 유압유를 이용하여 스풀을 좌우 방향으로 이동시키면 펌프에서 공급하는 유압유가 작동기로 공급된다. 만일 왼쪽의 솔레노이드 밸브가 닫히면 스풀의 왼쪽에 유압유가 공급되어 스풀은 오른쪽으로 이동한다. 이때 귀환관(return) 쪽의 통로를 막음과 동시에 펌프에서 공급되는 유압유(pressure쪽)가 왼쪽의 작동기(left actuator line)로 공급되어 작동기가 작동하게 된다.

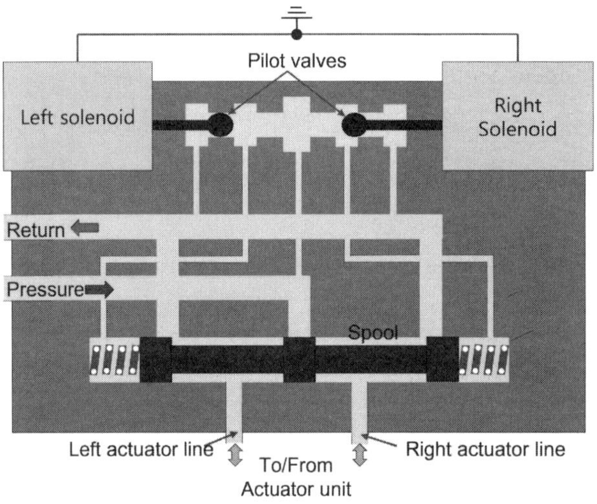

그림 1.15 서버제어로 작동되는 스풀(spool)형의 선택 밸브

1.5.5.1.2 체크 밸브

체크 밸브(check valve)는 유압유의 흐름을 한쪽으로는 허용하지만 반대 방향으로는 흐르지 못하게 하는 밸브이다. 구조는 매우 간단하지만, 유압 시스템에서 유압유 흐름방향을 제어하는 데 아주 유용하게 사용하고 있다.

1.5.5.1.3 셔틀 밸브

일부의 유압장치는 여러 군데로부터 유압을 공급받도록 설계해야 할 경우가 있다. 때로는 주 유압 공급 장치가 고장 나는 경우를 대비해 비상 유압이 공급되어야 하는 때도 있다. 이처럼 유압 공급원을 바꿔야 하는 경우 셔틀 밸브(shuttle valve)를 사용한다. **그림 1.17**은 셔틀 밸브의 한 종류를 나타낸 것이다.

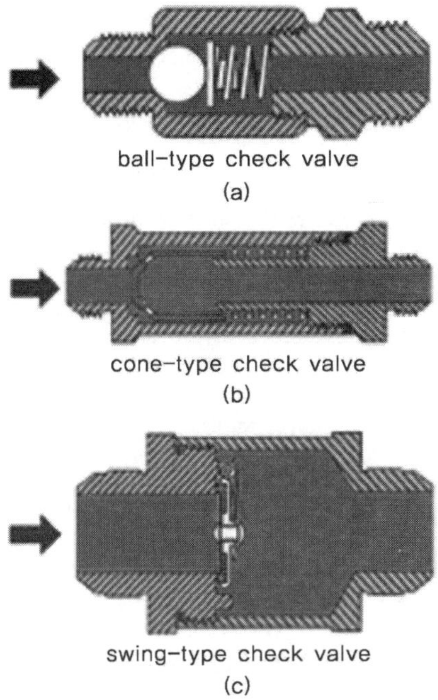

그림 1.16 체크 밸브의 종류

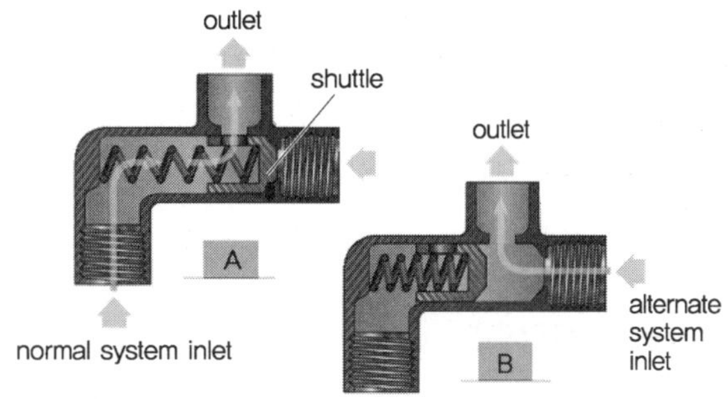

그림 1.17 셔틀 밸브

1.5.5.2 유량 제어 밸브

1.5.5.2.1 흐름 제한기

유압 작동기의 작동 속도는 유압유의 유량과 관계가 있다. 작동기의 속도를 제어하기 위한 밸브(flow control valve)에는 흐름 제한기(orifice, flow restrictor)를 사용하며, 고정식과 가변식이 있다. 고정식은 **그림 1.18** 왼쪽처럼 출구의 면적이 고정되어 있고, 가변식은 니들 밸브의 조절을 통해 출구 면적을 변화시켜 흐름을 제어할 수 있다.

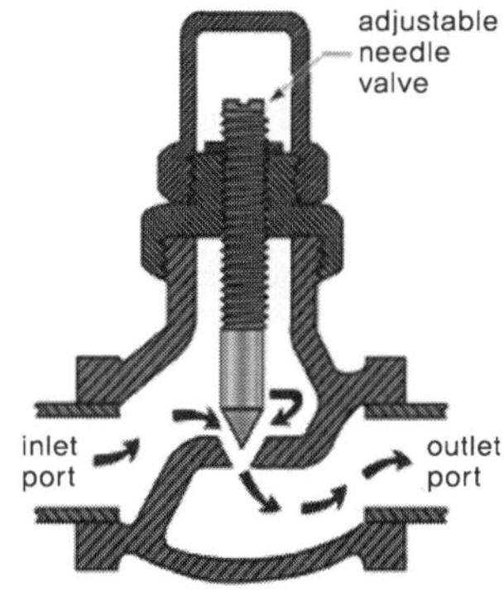

그림 1.18 흐름 제한기의 종류

1.5.5.2.2 오리피스 체크 밸브

체크 밸브처럼 한쪽 방향의 흐름을 완전히 차단하는 것이 아니고 다른 쪽에 비해 유량이 작게 흐르도록 하는 밸브이다. 유압유 유량을 감소시키면 작동기의 속도가 감소한다. 따라서 주로 양쪽의 작동기 속도 차이가 필요한 곳에 사용한다. 그 예로 착륙장치(landing gear)를 들 수 있는데 착륙장치를 접을 때는 무거운 착륙장치를 되도록 최대속도로 접어 동체로 들여보내고 반대로 착륙장치를 내릴 때는 유압유의 흐름을 감소시켜 서서히 내려오도록 할 수 있다. **그림 1.19**의 오리피스 체크 밸브(orifice check valve)를 통해 피스톤 아래로 유출입되는 유량은 위쪽의 피스톤으로 유출입되는 유량에 비해 작다.

1.5.5.2.3 유압퓨즈

유압퓨즈(hydraulic fuse)는 유압 시스템에서 쓰이는 안전장치로 필요한 유압장치마다 설치한다. 만일 갑작스럽게 유압유의 흐름이 증가하는 경우나 압력이 증가하는 경우 유압퓨즈에 의해 밸브를 닫히게 함으로써 유압유를 보존할 수 있다. 보통 항공기에서는 브레이크, 앞전플랩(leading edge flap), 슬레트(slat), 노즈기어(nose gear), 역추력장치(thrust reverser) 등에 사용한다.

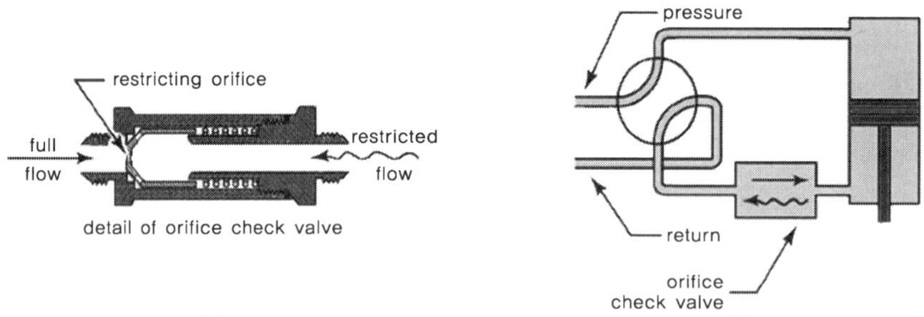

그림 1.19 오리피스 체크 밸브

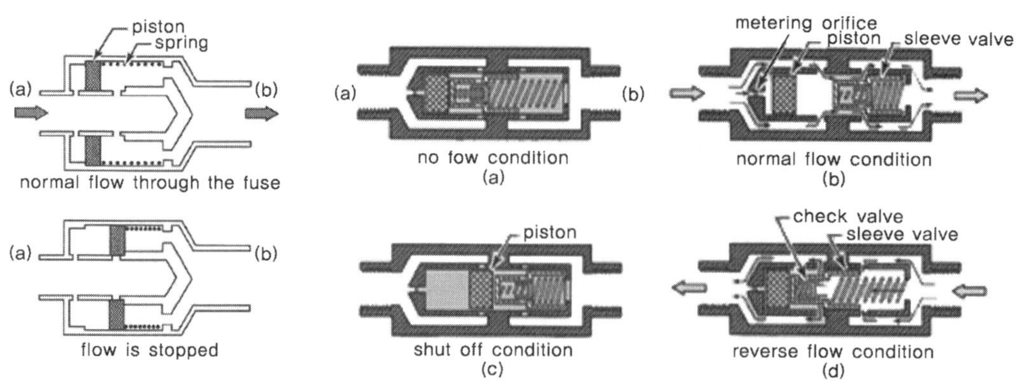

그림 1.20 유압퓨즈의 종류

이외에도 시스템 압력이 비교적 일정하고 작동 속도가 민감하지 않을 때 사용하는 압력무보상밸브(non-pressure compensated valve)와 작동기의 부하 변화가 심해서 시스템 압력변화가 심할 때 사용하는 압력보상밸브(pressure compensated valve)가 있다. 압력보상밸브는 압력의 크기에 따라 밸브를 열거나 닫음으로써 유량을 제어하는 밸브이다.

1.5.6 압력제어 밸브

유압 시스템의 안전하고 효율적인 작동을 위해서는 반드시 압력을 조절해야 한다. 압력제어 밸브(pressure control valves)에는 여러 가지가 있으며 규정압력 초과를 방지하거나, 저압을 요구하는 장치를 위해 압력을 감소시키고 혹은 규정된 범위 내에서 압력이 유지되도록 하는 것들이 있다.

1.5.6.1 압력 조절기

압력 조절기(pressure regulator)는 일정 유량식 펌프를 적용한 유압 시스템에서만 적용하는 장치이다. 압력조절기의 기능은 불규칙한 펌프의 배출압력을 규정 범위로 조절하고 시스템에서 압력이 요구하지 않을 때는 펌프에 부하가 걸리지 않도록 하는 기능이 있다.

- kick in pressure
  시스템의 압력이 규정 값보다 낮을 때 시스템으로 유압을 보내기 위하여 **그림 1.21**에서 볼 때 귀환관(ret urn line)에 연결된 바이패스 밸브가 닫히고 체크 밸브가 열릴 때의 압력
- kick out pressure
  시스템의 압력이 규정 값보다 높을 때 펌프에서 배출되는 압력을 저유기로 되돌려 보내기 보내기 위해 체크 밸브가 닫히고 귀환관에 연결된 바이패스 밸브가 열려 바이패스라인(bypass line)을 거쳐 저유기로 돌아갈 때의 압력

1.5.6.2 릴리프 밸브

유압 시스템의 압력이 규정된 값 이상으로 올라가지 않도록 하는 안전 밸브(safety valve)이다. 만일 규정치 이상의 유압이 발생하면 유압 부품의 고장이나 유압유 라인이 파열될 수 있다. **그림 1.22**에서 압력이 미리 정해둔 값 이상으로 올라갈 때는 볼(ball)에 걸리는 압력힘이 스프링을 위로 올리게 되어 밸브가 열리게 된다. 밸브가 열리면 유압유는 귀환관(return line)으로 빠져나가 압력이 낮아진다. 조정 나사(adjustment screw)를 돌려 규정압력 값을

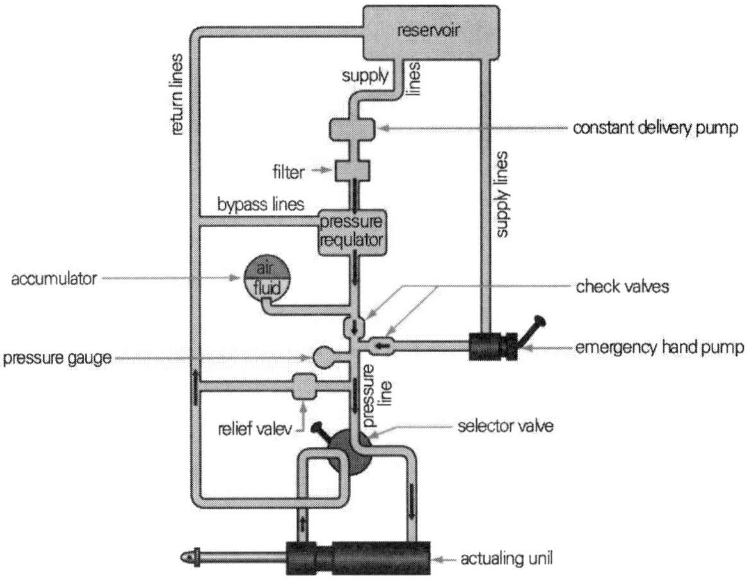

그림 1.21 압력 조절기의 작동

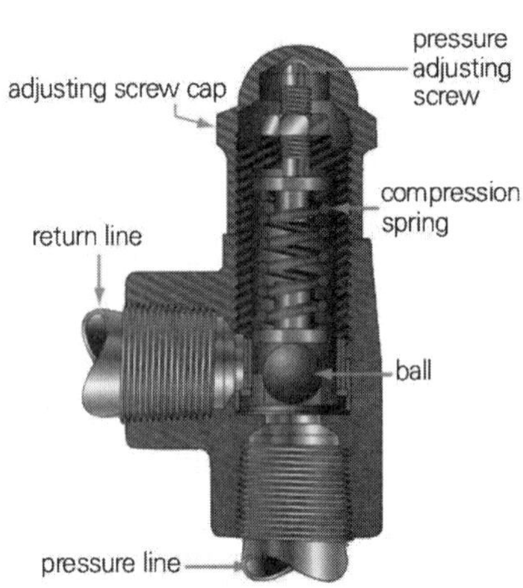

그림 1.22 릴리프 밸브의 내부구조

변화시킬 수 있다. 규정 값은 보통 시스템 압력의 125% 정도로 설정해 둔다. 유압 시스템의 릴리프 밸브는 크게 두 가지 용도로 쓰이는데 압력 릴리프 밸브(pressure relief valve), 온도 릴리프 밸브(thermal relief valve)의 기능을 가진다.

- **압력 릴리프 밸브**

  유압 시스템의 압력 조절기나 펌프 고장, 혹은 유압라인의 막힘으로 발생하는 규정치 이상의 압력상승을 방지하기 위한 안전밸브의 기능을 한다. 유압펌프를 가지는 모든 유압 시스템에는 압력 릴리프 밸브(pressure relief valve)가 설치되어 있다.

• **온도 릴리프 밸브**

온도의 상승으로 인해 유압유가 팽창하면 시스템의 압력을 증가시키고 심하면 유압라인을 파열시킬 수 있다. 이런 현상을 막기 위해 보통 귀환관에 연결되도록 한다. 보통 시스템 압력의 150%로 설정하도록 하며 선택 밸브가 중립 위치에 있을 때 작동한다.

1.5.6.3 퍼지 밸브

온도 상승으로 인하여 공기가 섞여 거품이 생긴 유압유를 출구 쪽으로 빠지게 하여 공기를 제거하는 것이 퍼지 밸브(purge valve)이다.

1.5.6.4 시퀀스 밸브

2개 이상의 작동기를 정해진 순서에 따라 작동하도록 유압을 공급하기 위한 밸브로서 시퀀스 밸브(sequence valve)가 있다. 시퀀스 밸브는 기계식과 압력식이 있다. 기계식 시퀀스 밸브의 작동원리는 **그림 1.23**에서 보듯이 플런저(plunger)가 이동하여 볼 스프링을 위로 밀어 올리면 밸브가 열리는 방식이다.

압력식 시퀀스 밸브는 **그림 1.24**에서 보듯이 입구로 유입된 유압은 피스톤의 아래쪽에 작용함과 동시에 1차 출구(outlet to primary unit)로 나가 첫 번째 작동기를 구동시킨다. 작동기의 구동이 멈추게 되면 유압이 증가하여 피스톤을 위로 올리게 된다. 이때 아래쪽의 출구(outlet to secondary unit)로 유압이 공급되어 두 번째 작동기를 구동시킨다.

그림 1.25는 시퀀스 밸브의 이용 사례로서 착륙장치와 착륙장치 도어의 개폐가 순차적으로 구현되도록 구성한 것이다. 항공기에서 착륙장치가 내려올 때는 도어가 열리고나서 착륙장치가 내려오고 반대로 동체로 들어가는 경우(retract)는 착륙장치가 동체로 접혀 들어가고 난

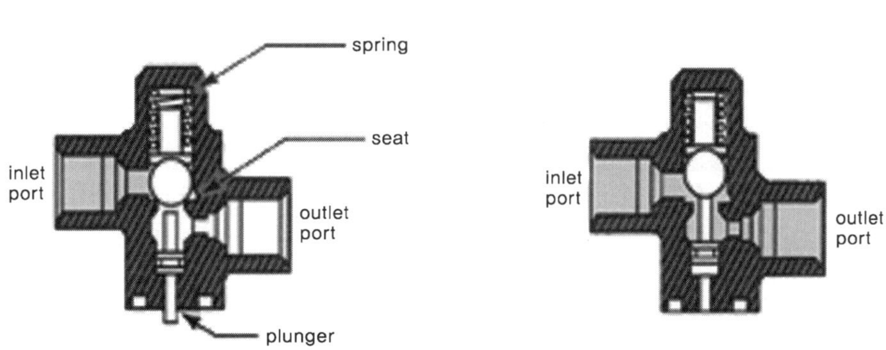

그림 1.23 기계식 시퀀스 밸브

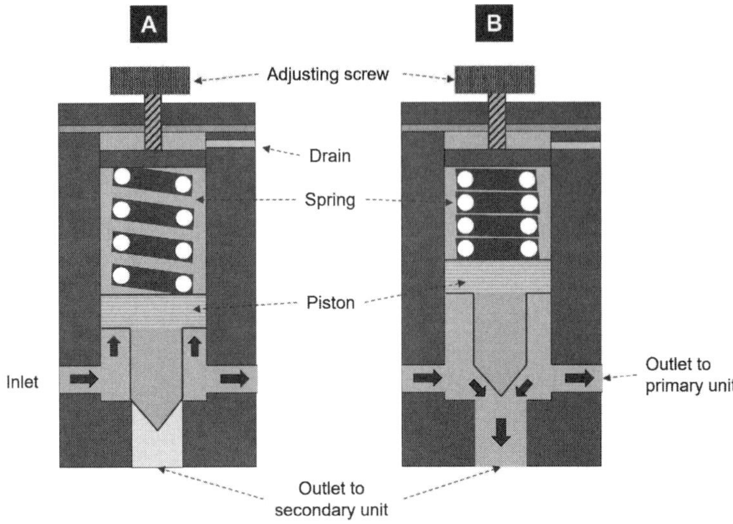

그림 1.24 압력식 시퀀스 밸브

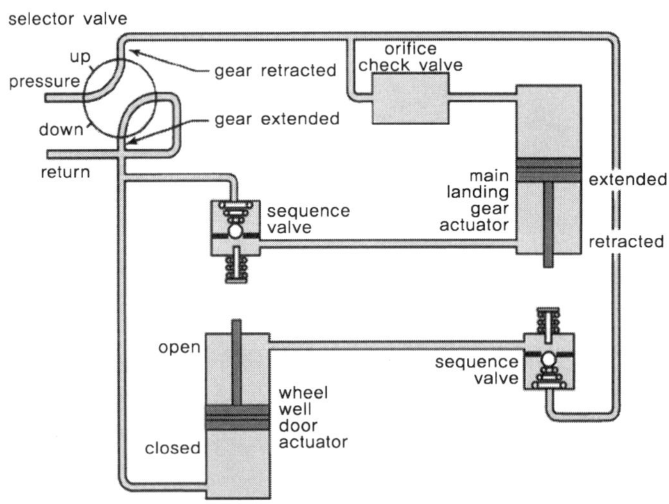

그림 1.25 시퀀스 밸브를 이용한 착륙장치 제어

후 도어가 닫히는 순서이다. 이 순서는 어떤 경우라도 반드시 지켜야 하기 때문에 이런 경우 시퀀스 밸브를 적용한다. 그림은 착륙장치가 접혀 올라가는 상황을 표현한 것이다.

- 우선 그림에서 선택 밸브(selector valve)를 통해 들어 온 유압유는 오리피스 체크(orifice check) 밸브와 오른쪽 아래 시퀀스 밸브 쪽으로 공급된다.
- 그러나 시퀀스 밸브 쪽의 유압유는 더는 흐르지 못하고 오리피스 체크 밸브로 흘러간 유압유로 인해 서서히 착륙장치 작동기(main landing gear actuator) 피스톤이 아래쪽으

로 움직이면서 착륙장치가 접혀 올라가고 있다.

- 착륙장치 작동기 피스톤이 완전히 아래쪽으로 이동하게 되면 착륙장치는 동체 안으로 접혀 들어간 상태이고 이 조건이 되면 착륙장치 작동기 피스톤 로드가 아래 오른쪽 시퀀스 밸브의 플런저를 비로소 아래 방향으로 밀기 시작한다.
- 플런저가 아래로 움직여 볼 스프링을 아래로 밀어내면 밸브가 열리게 되고 유압유가 흐르기 시작하게 된다. 이 유압유는 도어 작동기(wheel well door actuator) 피스톤의 위로 공급되면 피스톤은 아래로 내려가면서 도어가 닫히게 된다.

1.5.5.5 프라이어티 밸브

여러 개의 작동기 중 중요도(priority)에 따라 작동을 제한할 때 사용하는 밸브로서 압력이 일정 이상 될 때 밸브가 열리고, 규정 이하의 압력으로 내려가면 밸브는 닫히게 된다. 한 예로 항공기 유압 시스템 압력이 떨어지는 상황이 발생하면 중요하지 않은 유압장치의 작동을 제한하고자 할 때 사용할 수 있다. **그림 1.26**은 유압 시스템의 압력이 규정치 이하로 떨어져 중요하지 않은 유압장치(secondary system)로 유압유 공급이 차단된 상태를 보여주고 있으며, 만일 압력이 올라가면 스프링을 위로 올려 모든 유압장치로 유압 공급이 가능해진다.

1.5.5.6 감압 밸브(pressure reducing valve)

이 밸브는 평상시에는 열려 있으며 하류 압력에 의해 작동되고 압력이 설정값에 이르면

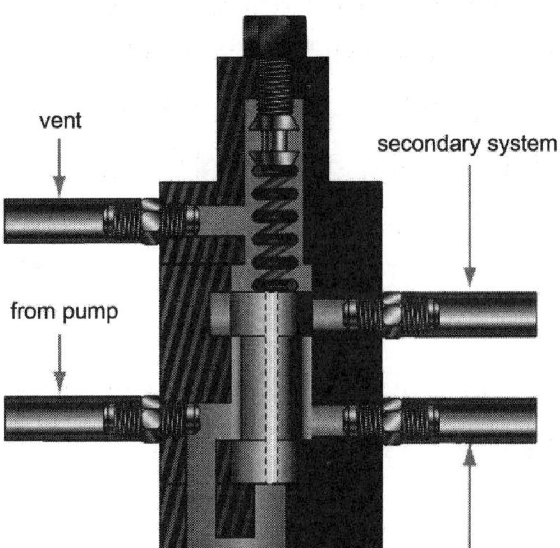

그림 1.26 프라이어티 밸브(priority valve)

닫히게 된다. 유압 시스템의 특정 위치에서 감소한 압력을 유지하는 데 사용한다.

1.5.5.7 무부하 밸브(unloading valve)

유압이 과도하게 압축되지 않도록 펌프의 부하를 덜어 주는 장치를 말한다. 일정한 조건에서 펌프를 무부하 시키기 위해 사용하는 밸브로서, 시스템의 압력이 규정 값에 이르면 펌프를 무부하로 유지하며, 시스템의 압력이 규정 값까지 저하되면 다시 유압 시스템에 유압유를 공급하는 압력제어 밸브이다. 무부하 상태를 유지하기 위해 펌프에서 나온 유압유를 바로 저유기로 보내게 된다.

1.5.5.8 하중제한 밸브(force limiting relief valve)

예로 어떤 비행조종면이 작동하는 데 1,000lb의 힘이 필요하다고 가정해 본다. 유압 시스템의 압력이 3,000psi고 작동기 피스톤 헤드의 면적이 2inch^{2}라고 한다면 비행조종면에 걸리는 힘은 6,000lb로서 원하는 힘인 1,000lb보다 커지게 된다. 이런 경우 이 밸브를 설치하여 압력이 500psi에 도달할 때 작동하도록 할 수 있다. 이 밸브가 작동될 때 선택 밸브는 중립 위치에 오도록 하여 시스템 압력의 손실이 없도록 한다.

1.5.7 유압 작동기

작동기는 유압유 압력을 이용하여 기계적 운동을 하는 장치를 말한다. 주로 작동기 실린더 내부의 피스톤에 고압의 유압유가 공급되면 피스톤이 움직이고 피스톤에 연결된 로드(rod)에 의해 기계적 운동을 한다. 작동기의 구조는 실린더 하우징, 1개 혹은 여러 개의 피스톤과 로드와 실(seal)로 구성되어 있다. 작동기 종류는 기계적 운동 방향에 따라 선형(직선운동) 작동기, 회전운동 작동기로 나뉠 수 있으며 구조로 보면 다양한 형태의 작동기가 있다.

1.5.7.1 선형 작동기

작동기의 기계적 운동이 직선운동을 하는 경우로서 유압 피스톤의 양쪽에 유압유 공급의 여부에 따라 다음과 같이 나뉠 수 있다.

- 싱글 액팅 작동기

  한쪽으로는 유압에 의해서 작동되고 반대쪽으로는 스프링에 의해 귀환되는 형식으로 주로 브레이크 시스템에 쓰인다. 피스톤의 왼쪽에 유압이 작용하면 피스톤은 스프링을 압

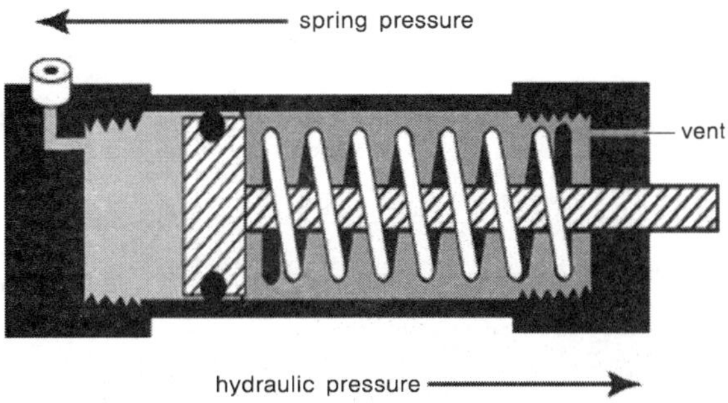

그림 1.27 싱글 액팅 선형 작동기

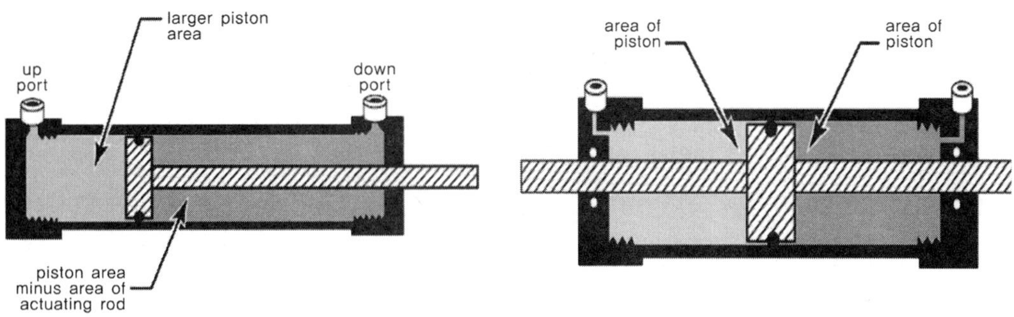

그림 1.28 더블 액팅 선형 작동기

축하면서 오른쪽으로 움직인다. 이때 피스톤의 왼쪽에 있던 공기는 벤트 구멍을 통해 외부로 빠져나간다. 피스톤이 왼쪽으로 움직일 때는 스프링의 힘에 가능해진다. 싱글 액팅 작동기(single acting actuator)를 사용할 때는 보통 3-way 선택 밸브를 사용하게 된다.

- **더블 액팅 작동기**

  피스톤의 양쪽에 모두 유압이 작용하여 4-way 선택 밸브의 유로 선택에 따라 피스톤을 움직이는 형식이다. 피스톤 양쪽에 로드가 있는지에 따라 다른 특성을 가지게 된다. 로드가 하나인 경우는 로드가 있는 쪽의 유압유 작용면적이 로드 면적만큼 줄어들게 되어 힘의 차이가 발생하지만, 양쪽에 로드가 있는 경우는 운동 방향에 따른 힘의 차이는 없다.

기타 선형 작동기로는 **그림 1.29**의 경우처럼 피스톤의 운동 속도를 조절할 수 있는 작동기가 있는데 피스톤 행정 중간에는 속도가 빠르고 행정 끝부분에 와서는 속도를 줄여주는 완충 작동기(cushioned actuator)가 있다. 피스톤의 위치에 따라 메터링 로드(metering rod)가 오리피스 안으로 들어가면 유압유의 유로가 좁아져서 통과하는 유압유의 흐름양이 줄어들면

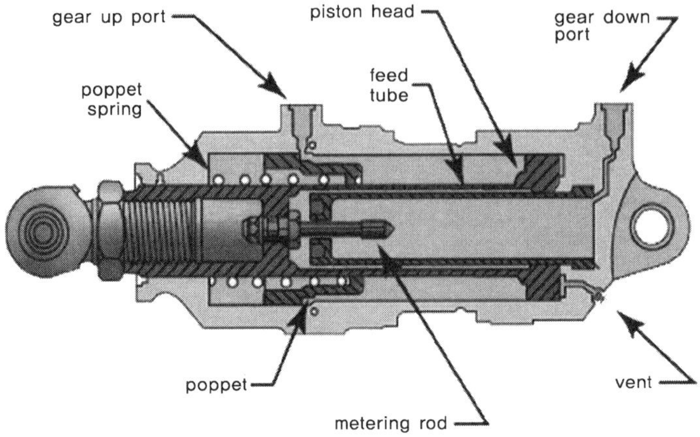

그림 1.29 완충 작동기

서 피스톤을 감속시키고 스프링에 의해 완충된다.

그 외의 선형 작동기로는 작동기 피스톤 로드가 한쪽으로 가면 자물쇠처럼 걸어 고정시키는 작동기로서 잠금 작동기(lock actuator)가 있다. 착륙장치처럼 착륙장치가 내려오고 나면 자물쇠처럼 잠가버려 작동되지 않도록 해줘야 할 때 사용한다.

텔레스코프 작동기는 telescoping cylinder로서 짧은 피스톤 로드를 이용하여 긴 작동기 행정거리(stroke)를 구현할 때 사용하는 작동기이다. 주로 공간이 작은 부분에 설치하면서 긴 행정거리가 필요한 시스템에 적용한다. 그림은 실린더가 2개로 구성되어 있어 외부 실린더가 유압에 의해 이동하고 나면 실린더 내부의 또 다른 피스톤이 다시 이동할 수 있으므로 긴 행정거리를 구현할 수 있게 된다.

1.5.7.2 회전 운동 작동기

피스톤의 직선운동을 렉(rack)과 피니언(pinion) 기어에 의하여 제한적인 회전운동으로 바꿔주는 작동기(rotary actuator)로 윈드실드 와이퍼(windshield wiper)나 노즈 스티어링(nose steering)시스템에 사용된다. **그림 1.30**에서 보듯이 피스톤이 좌우로 선형 운동하면 피스톤 내부의 렉 기어도 선형 운동하고 같이 맞물려 있는 원형의 피니언 기어에 의해 회전운동을 만들 수 있다.

1.5.7.3 유압작동기 작동

유압작동기의 작동 방법은 비행기별로 설계 요구 조건에 맞춰 다른 설계개념을 가지고 있

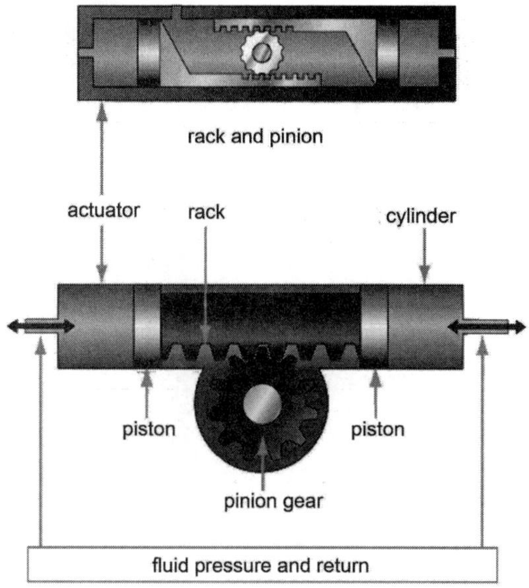

그림 1.30 회전운동 작동기

다. 군용기에 주로 적용하는 방법으로서 1차 비행조종면에 사용하는 작동기(actuator)는 조종면을 움직이는 작동기 로드(actuator rod)에 2개의 피스톤이 나란히 연결되어 있다. 각 피스톤은 별개의 유압 시스템을 통해 해당 실린더 내에서 구동하게 된다. 즉 2개의 피스톤이 하나의 비행조종면을 구동시킨다. 또 다른 작동 방법으로는 주로 각 비행조종면은 2개 이상의 분리된 시스템으로 구성되며, 개별 유압 시스템을 가지고 개별 작동기를 구동시키는 방법을 사용한다. 이 방법은 민간 항공기에서 주로 적용하는 방식으로 1차 비행조종면 같은 중요 작동기는 **그림 1.31**처럼 양쪽 혹은 다중의 유압 공급이 되도록 하지만 **그림 1.32**처럼 각각의 조종면에 별도의 유압 시스템이 지정되어 공급되는 방식을 취한다.

대부분의 작동기는 airbrake의 경우처럼 IN/OUT, 착륙장치처럼 UP/DOWN의 2개의 위

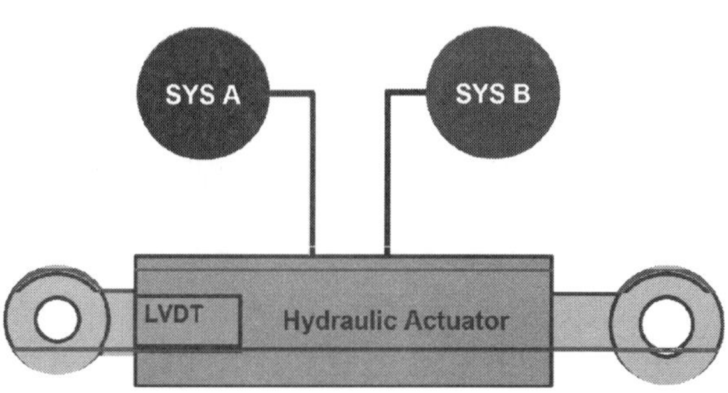

그림 1.31 군용 항공기 유압작동기 사례

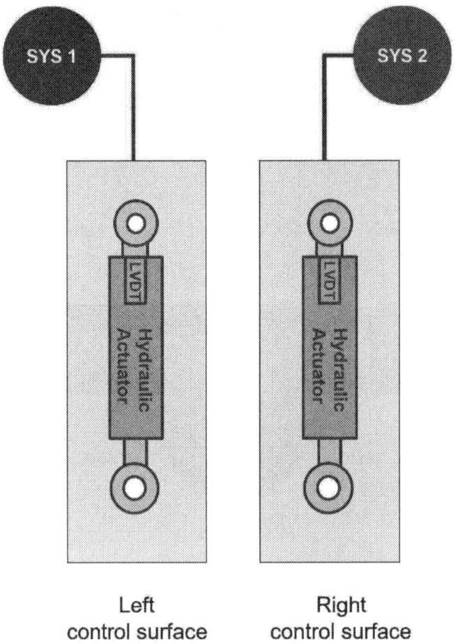

그림 1.32 민간 항공기 유압작동기 사례

치로만 움직이는 방식(2-state devices)이다. 이런 작동기의 경우 작동 중간에 멈춰서는 경우가 발생해서는 안 되며, 기계적 혹은 전기적인 신호로 명령을 받아 작동된다. 기계적인 명령은 조종사의 입력이 기계적인 케이블, 레버, 로드(cable, lever, rod) 때문에 전달된다. 전기적인 신호는 주로 솔레노이드(solenoid)나 모터에 전달되어 작동된다. 명령을 전달받으면 유압 시스템의 밸브가 작동되고, 고압의 유압유가 유입되면 작동기는 원하는 위치와 방향으로 구동하게 된다.

조종사의 입력 요구에 맞는 작동기의 위치제어를 위해서는 작동기의 이동 위치가 다시 피드백(feedback)되어야 한다. 2개의 위치로만 작동하는 작동기의 경우에는 위치 신호를 만들기 위해 양 끝단에 포텐시오미터(potentiometer)나 마이크로스위치(microswitch)를 설치하여 이 신호가 조종실의 램프(lamp)나 지시계에 구현되도록 한다. 혹은 비행조종면이나 엔진의 노즐처럼 2개의 위치만 이동하지 않고 원하는 어떤 위치라도 작동기가 이동하는 경우는 전기적인 위치 신호를 받아 토크(torque) 모터나 스테퍼(stepper) 모터로 밸브를 작동시켜 작동기를 원하는 위치로 작동시킨다. 위치 신호는 길이 방향의 선형 위치 변위 센서인 LVDT (linear variable differential transformer)와 각도 변위를 측정하는 RVDT(rotary variable differential transformer)의 신호를 컴퓨터 서보 루프(servo loop)에 다시 피드백되어 정확한 위치조절이 되도록 한다. 보통 작동기, 모터, 위치 센서는 여러 개를 설치하여 고장에 대비하게 되는데 비행조종면의 경우 토크 모터, 위치 센서를 4개 설치하는 quadruplex redundant를 가지도록 한다.

1.5.8 유압모터

그림 1.33은 피스톤의 왕복운동에 의해 생기는 유압 힘으로 구동축을 회전 운동시킬 수 있다. 유압펌프와 반대의 개념을 가지고 있다. 즉, 펌프는 구동축을 회전시킬 때 만들어지는 피스톤의 왕복운동으로 유압유를 내보낸다. 장점으로는 회전 방향을 바꿀 수 있고 고출력이 가능하여 대형 항공기에 주로 사용한다. 공회전할 때도 화재의 위험이 적은 장점도 가지고 있다.

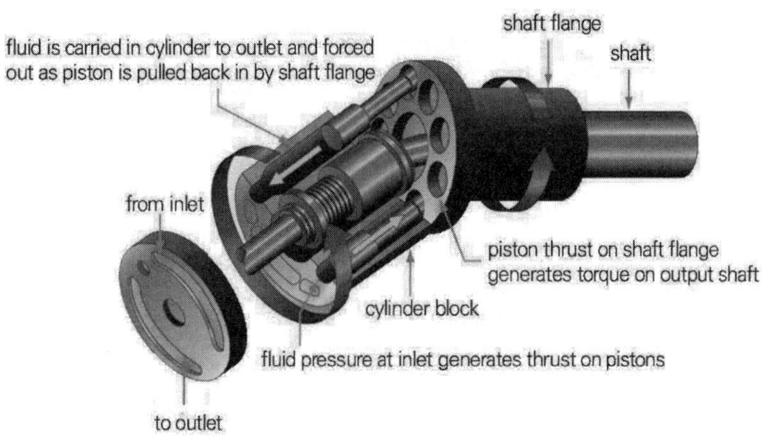

그림 1.33 유압모터(hydraulic motor)

1.5.9 압력 감쇄장치

압력을 감압시키기 위한 장치 중 압력 감쇄장치(pressure debooster)는 필요한 수준으로 압력을 낮춰야 할 때 사용하는 유압장치이다. 이 장치는 보통 항공기의 동력제동(power brake) 장치에 많이 사용한다. 항공기 제동을 하려면 매우 큰 힘이 제동장치에 필요하다. 보통 제동장치는 브레이크 페달을 사용하는데 이 큰 힘을 페달을 이용하여 조종사가 감당하는 건 불가능하므로 압력 감쇄장치를 이용한다. 이 장치는 페달에 걸리는 압력을 감압시키는 대신 작용면적을 넓히면 적은 압력으로 큰 힘을 낼 수 있다. **그림 1.34**에서 위쪽이 브레이크 페달 쪽이며 제동을 하는 데 필요한 힘으로 압력을 계산해본 결과 필요 압력이 1,500psi라고 가정해 보자. 이 압력은 조종사가 밟기에는 너무 크기 때문에 그림처럼 출구 쪽의 면적을 키

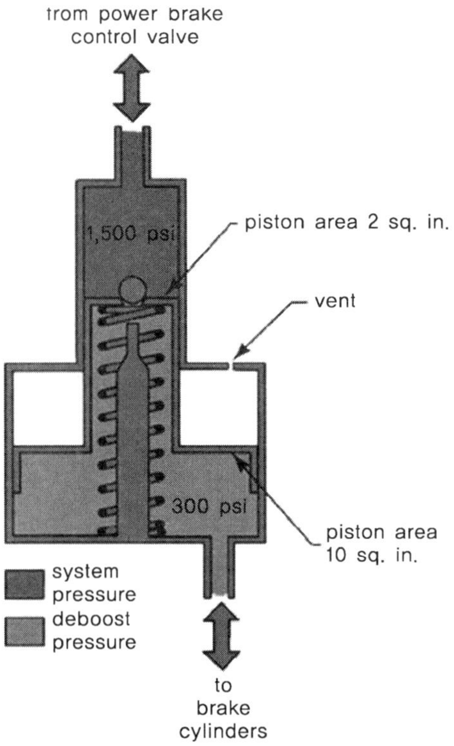

그림 1.34 압력 감쇄장치

우게 되면 그 면적 비율만큼 압력이 낮아질 수 있다. 그림에서는 면적을 5배 크게 함으로써 입력은 1/5만큼 줄어 300psi로 만들었다. 이 압력은 조종사가 페달을 누를 수 있는 압력 수준이라고 보는 것이다.

1.6 유압유

1.6.1 유압유의 특성

유압유(hydraulic fluid)는 비압축성 유체로서 유압 동력을 전달하는 매질이며 최대온도, 최대 유량과 같은 작동환경이 명시되어 있다. 유압유는 동력전달뿐만 아니라 열의 발산, 윤활, 틈새 밀봉기능을 한다. 유압유는 펌프에서 최종 작동기까지 가는 과정에서 압력, 유속,

온도가 변하면서 특성이 변화하여 유압 계통 성능에 영향을 줄 수 있다. 유압유의 안전 규정은 군용기와 민간기 사이에 약간의 차이가 있다. 아주 일부의 예외 항공기를 제외하고 현대의 군용기는 최근까지도 광물성 유압유를 사용하였다. 광물성 유압유는 DTD 585(영국), MIL-H-5606(미국), AIR 320(프랑스), H 515(NATO)의 규격에 맞춰 제작된다. 이 유압유는 많은 장점이 있는데 전 세계에서 합리적인 가격으로 쉽게 구할 수 있고, 다른 유압유에 비해 온도에 따른 점성 변화가 적다. 그러나 석유 계열의 유압유이기 때문에 인화성이 있어 약 130℃ 이하의 온도 조건에서 사용해야 한다. 그러나 최근에는 군용 항공기나 소형 민간 항공기에 MIL-PRF-83282 규격의 합성유 종류의 유압유를 사용하며 내화성이 좋고 MIL-H-5606를 사용하는 유압 시스템에도 사용할 수 있다. 대형 민간여객기는 인산염 에스테르계의 합성유를 사용한다. 유압유가 갖춰야 할 기본 조건은 다음과 같다.

1.6.1.1 유압유 작동압력

유압유의 작동압력은 수백 psi에서 5,000psi로 다양하다. 작동압력을 높이려는 연구를 많이 하고 있으며 목표 압력은 5,000에서 8,000psi이다. 작동압력을 높이면 유압 시스템을 작게 설계할 수 있고 무게도 줄일 수 있는 장점이 있다. 현재 DTD 585의 경우 5,000psi 이상에서는 작동할 수 없다.

1.6.1.2 유압유 온도

DTD 585 계열 유압유의 작동 한계 온도는 130℃이며 관련 부품과 seals도 이 온도에 맞춰 만들어져 있다. 합성유인 MIL-PRF-83282는 200℃까지 사용할 수 있다. 고온에서 유압유는 가수분해와 산화작용으로 성능이 떨어지고, 점성이 낮아지고 작동기의 고장 원인이 될 수 있는 윤활 성능이 떨어진다. 유압유는 항공기의 작동환경에 맞는 유압유를 사용해야 하며, 설계 단계에서 열 해석을 통해 확인이 필요하다. 실제 주변에서 온도가 변하면서 유압유 특성 변화가 발생하여 작동기의 속도가 떨어지는 경우는 쉽게 경험할 수 있다.

1.6.1.3 유압유 점성

점성은 유압유 성질 중에서 가장 중요한 요소이다. 점성(viscosity)이 낮으면 유압유의 유동이 쉽게 일어나 누설이 증가하고 유막이 쉽게 사라져 마모가 커진다. 점성이 높으면 유동이 둔해져 작동이 느려지고, 마찰손실 때문에 동력손실이 증가하고, 밸브와 유압라인에서 압력손실이 커진다. 따라서 항공기는 정해진 규격으로 제작된 유압유를 반드시 사용해야 한다. 유압유의 점성을 측정하는 방법 중에 세이볼트(sayvolt)가 있는데, 100℃에서 유압유 60mL

에 대해 표준 오리피스(standard orifice)를 거쳐 지나가는 시간을 초 단위로 측정하여 확인한다.

1.6.1.4 화학적 안정성

화학적 안정성(stability)은 점성과 함께 유압유가 가져야 하는 중요한 특성 중의 하나이다. 화학적 안정성은 장기간 산화되지 않고 다른 물질과의 접촉으로 인한 화학변화가 적어야 한다. 고온에 노출된 유압유는 유압유의 탄화 또는 침전물이 발생할 수 있다. 높은 압력이나 열을 받는 유압유는 물, 소금에 노출되면 분해되며, 아연, 납, 황동, 구리와 같은 일부 금속과 만나면 화학반응이 일어나 침전물, 수지, 탄소 등이 발생되어 유압장치의 기능을 방해할 수 있다.

1.6.1.5 높은 인화점과 연소점

인화점(Flash point)이란 인화점은 외부로부터 불씨와 같은 점화원을 접촉하여 연소를 개시할 수 있는 최저온도로서 가연성증기를 발생할 수 있는 온도를 말한다. 즉, 인화가 일어나는 최저의 온도이다. 인화점은 주로 상온에서 액체 상태로 존재하는 인화성 물질의 연소하기 쉬운 상태의 정도를 측정하는 데 사용된다. 연소점(Fire point)은 점화원에 노출되었을 때 계속해서 연소하기 위한 충분한 증기를 방출하는 온도를 말한다. 보통 인화점보다 약간 높은 온도를 가진다. 또한 인화점(Ignition point)은 외부의 점화원 없이 자연 발화하여 연소하는 최저의 온도를 말한다. 인화점은 연소점보다 높은 온도를 가진다.

1.6.1.6 유압유 체적탄성계수

유압 시스템은 높은 동력 대 무게비와 높은 강성도를 가지고 있어, 큰 동력이 필요한 데에 사용된다. 유압 시스템의 강성도는 유압유의 비압축성과 관련이 깊으며 이를 나타내는 척도는 체적탄성계수(bulk modulus)이다. 유압유의 체적탄성계수는 압력과 온도에 따라 변하긴 하지만, 작동 범위 안에서 변화량은 거의 없으며 보통 체적탄성계수는 250,000psi 정도이다.

1.6.2 유압유 종류

유압 시스템이 적절하게 작동되고 비금속 재질 부품의 손상을 방지하기 위해서는 해당 시스템에 적절한 유압유를 선정하여 사용해야 한다. 따라서 유압유를 공급할 때 항공기 제작사의 매뉴얼 지침에 따라야 한다. 만일 규격이 다른 유압유를 공급했을 때는 반드시 배출시키고 플러쉬(flush) 해야 한다. 베트남 전쟁 이후로 많은 유압유 제작회사들은 전쟁 시 발생할 수 있는 사고로부터 안정성을 높이기 위해 유압유의 인화성을 개선하기 위해 많은 연구를 하였다. 이런 연구를 통해 나온 유압유가 MIL-PRF-83282의 규격을 가진 합성유이며 현재 미 해군의 모든 항공기에서 사용하고 있다. 현재는 대부분 광물성 유압유를 많이 사용하고 있으며 유압유 종류는 다음과 같다.

- **식물성유**

  식물성유(Vegetable Based Fluid)는 피마자기름과 알코올의 혼합물로 파란색이며, 이 유압유에는 천연 고무실(seal)을 사용하고 알코올로 세척하며 고온에서는 부적합하다. 규격은 MIL-H-7644로서 현재는 거의 사용하지 않는다.

- **광물성유**

  광물성유(Mineral Based Fluid)는 석유제품으로서 붉은색이며 윤활성이 좋고 기포억제제 및 부식방지제를 혼합해서 사용한다. 기본 규격은 MIL-H-5606이며 녹 방지를 위한 첨가제를 넣은 MIL-H-6083 규격의 유압유도 있는데 두 가지 규격은 거의 같은 제품으로서 호환하여 사용할 수 있다. 화학적으로 안정되어 있고 고온에서의 점도 변화가 적으나 가연성이 있다. 가장 오래된 종류로서 화재 위험성이 낮은 항공기에 주로 사용하고 있다. 사용온도 범위는 대략 -54~71℃이다. 나프타, valsol, solvent로 세척하며 neoprene rubber seal과 같은 synthetic seal을 사용한다.

- **폴리알파올레핀계 합성유**

  규격은 MIL-PRF-83282(polyalphaolefin based fluid)이며 MIL-H-5606보다 좋은 내화성 성질을 가지기 위해 1960년대에 개발된 유압유이다. 녹 방지를 위한 첨가제를 넣은 MIL-H-46170 규격의 유압유도 있다. 그러나 낮은 온도에서 높은 점성을 가지는 단점을 가지고 있어 -40℉ 온도 이하에서는 사용이 제한된다. MIL-H-5606 규격을 사용하는 유압 시스템에 그대로 사용 가능할 수 있는 이점이 있다. 주로 대부분 소형 항공기에서 사용되고 있다.

- **인산염 에스테르계 합성유**

  합성유의 다른 종류로는 인삼염과 에스테르의 혼합물로 만든 인산염 에스테르계 유압유(phosphate easter-based fluid, skydrol)가 있으며 내화성이 가장 좋아 대부분의 민간 항공기에서 사용하고 있다. 합성유의 단점으로는 수분에 오염되기 쉽고, polyvinyl chloride를 부식시키고 전선의 절연을 훼손하기 쉽다. butyle, silicon rubber, teflon seal을 사용하고 세척은 trichloro-ethylene을 사용한다. 오늘날에는 type IV, type V의 합성유가 2가지를 사용하는데 type IV는 저밀도인 class I, 표준 밀도인 class II가 있으며, 고온에서 가수분해로 인한 성능저하를 보완한 type V 유압유가 있다.

실제 군용기에서는 유압유을 선택할 수 있는 폭이 그리 넓지 않은데 그 이유는 해당 국가에서 이미 규격을 정해놓고 있기 때문이다. 그러나 규격 대부분이 DTD585나 MIL-H-5606의 규격에 부합하는 시스템을 요구하고 있다.

민간 항공기의 경우 어느 정도의 내화 특성(fire resistant)을 갖는 인산염 에스테르(phosphate ester) 합성유 유압유를 사용한다.

- Solutia Skydrol LD-4, Skydrol 500B-4 or Skydrol 5
- Exxon type IV HJ4AP, type V HJ5MP(type V가 높은 온도에서 hydrolytic, oxidative degradation 같은 열안전성이 높음)

1.6.3 유압유 처리

정상적인 작동조건에서 유압유는 세척 과정과 냉각이 필요하다. 또한 현대의 유압유 저유기(reservoir)는 공기 축적이 안 되도록 제작되긴 하지만 때때로 지상 장비를 사용하여 공기를 제거하는 작업을 해야 한다.

유압유의 냉각은 연료를 이용하는 열교환기를 사용하며, 이 방법은 지상에서도 가능한 방법이다. 비행 중에는 공기를 이용하는 열교환기를 설치하는 예도 있다. 보통 열교환기는 저압 장치이기 때문에 사용하고 난 후 저유기로 돌아오는 유압유 귀환라인(return line)에 설치한다.

무부하 조건에서 펌프가 가동되는 경우는 모든 열이 펌프 case drain line을 통해 빠져나가기 때문에 저유기로 돌아오기 전에 열교환기를 거쳐 오도록 해야 한다. 열교환기에 발생하는 압력손실을 정확히 해석하여 열교환기의 손상이 일어나지 않도록 설계해야 한다.

만일 서보 밸브(servo-valve)를 적용하였으면 아주 깨끗한 유압유가 필요하므로 필터가 있어야 하며, 또한 보통 유압 압력의 1.5배 정도의 압력 차이도 견디도록 필터가 설계된다. 필터는 5microns 이상의 크기를 갖는 오염물질은 모두 여과할 수 있어야 하고 그 이하의 크기라도 오염물질 대부분을 여과할 수 있어야 한다. 이런 필터의 여과특성을 absolute rating이란 호칭을 사용하여 필터의 기능을 표시하는데 앞의 사례는 5microns absolute라고 표시하게 된다. 때로는 필터 전후의 오염물질의 비를 이용한 표기법을 쓰기도 하는데 이런 경우는 ‘beta’ rating이라 한다.

유압유의 청결도(cleanliness)를 표시하는 여러 가지 표준이 있는데, 특정 유압유 용량 내에 함유된 오염물질의 크기 범위를 몇 개로 구분하고 그 오염물질의 개수로 표시하는 방법이다. 예로 유압유 100mL의 부피 안에 5~15microns, 15~25microns, 25~50microns, 50~100 microns, 100micron 이상으로 크기 영역을 구분해 놓고 있다.

필터의 선정은 많은 경험과 시험을 통해 선정하지만 보통 대부분이 저유기로 돌아오는 리턴라인(return line)에 5microns absolute rating의 필터와 고압 유압유가 공급되는 압력라인(pressure line)에 15microns absolute rating 필터를 조합해서 설치하면 유압유의 청결도와 필터 수명이 만족스러운 걸로 알려져 있다. 보통 펌프 입구에는 필터를 설치하지 않는다.

유압유의 청결도를 요구하는 만큼 이를 측정하는 방법들이 필요해졌다. 현재 5%의 반복도(repeatability)를 가지는 electronic automatic counter를 사용하고 있으며, 비교적 빠르고 쉽게 사용할 수 있는 장비이다.

1.7 유압 시스템의 비상 동력

모든 유압 시스템은 어떤 형태로든 비상 동력원을 가지고 있다. 축압기의 경우 휠브레이크(wheelbrake)의 동력원들이 작동하지 못할 경우를 대비해 미리 정해둔 숫자만큼의 브레이크(brake)를 의무적으로 작동시켜야 한다. 조종석의 캐노피(canopy)도 비상시에는 축압기의 동력을 이용하여 열도록 되어 있다. 또한 전체 항공기의 고장이 발생하면 조종사가 안전하게 탈출할 수 있도록 축압기는 직선 수평비행이 가능하게 비행조종면 작동기를 작동시킬 수 있어야 한다.

장시간 동안 비상 동력을 제공하기 위해 전기로 구동되는 유압펌프가 설치되어야 하는데, 이 경우 배터리 크기와 무게가 제한조건이 될 수 있다. 또한 필수적으로 작동해야 하는 장치들을 구동시킬 수 있도록 스탠드 파이프를 설치하여 최소한의 유압유 유량이 유지될 수 있도록 해야 한다.

연속적으로 비상동력을 제공하기 위해 램공기터빈(RAT: ram air turbine)을 사용하기도 하는데 관련 장비들은 내부에 장착해야 하는 공간이 필요하며 비상시 터빈(turbine)을 전개하기 위한 축압기가 있어야 하고 속도조절기와 블레이드 페더링(feathering)을 위한 복잡한 장비들이 필요한 단점이 있다. 램공기 터빈에서 동력을 만드는 방법은 터빈의 회전축에 비상 발전기나 유압펌프를 설치하는 것이다. 여러 가지 램공기터빈의 단점에도 불구하고 비상 동력원으로 민간 항공기에서는 많이 사용하고 있다.

그림 1.35 램공기 터빈(RAT) 사례

비상 동력의 다른 형태는 동력전달장치(PTU: Power Transfer Unit)이다. 동력전달장치는 2개의 다른 유압 시스템 간의 동력전달이 가능하게 한다. 한 방향으로만 전달되거나 혹은 양방향으로 동력전달이 가능할 수도 있다. 이 장치는 유압펌프와 유압모터로 구성된 장치로 동력 전달 방향에 따라 유압모터 혹은 유압펌프로 작동한다.

1.8 항공기 유압 시스템 사례

유압 시스템은 항공기의 형태에 따라 다양하게 설계할 수 있다. 몇 가지 항공기 사례를 통해 유압 시스템의 구성을 살펴보기로 한다.

1.8.1 B737 유압 시스템

B737의 유압 시스템은 **그림 1.36**에서 보듯이 독립적인 시스템 A, 시스템 B, 스탠바이(standby) 시스템으로 구성되어 있다. 유압을 만들기 위한 펌프는 시스템마다 엔진구동 펌프와 전기구동 펌프 2개씩이 설치되어 있다. 시스템 A의 유압은 1번 엔진에 의한 구동펌프와 2번 엔진의 발전기 전원을 이용한 전기구동 펌프에 의해서 만들어진다. 반대로 시스템 B의 유압은 2번 엔진에 의한 구동펌프와 1번 엔진 발전기의 전원을 이용한 전기구동 펌프에 의해서 만들어진다. 이렇게 한 이유는 동력원인 엔진의 고장으로 인해 어느 한쪽의 유압 시

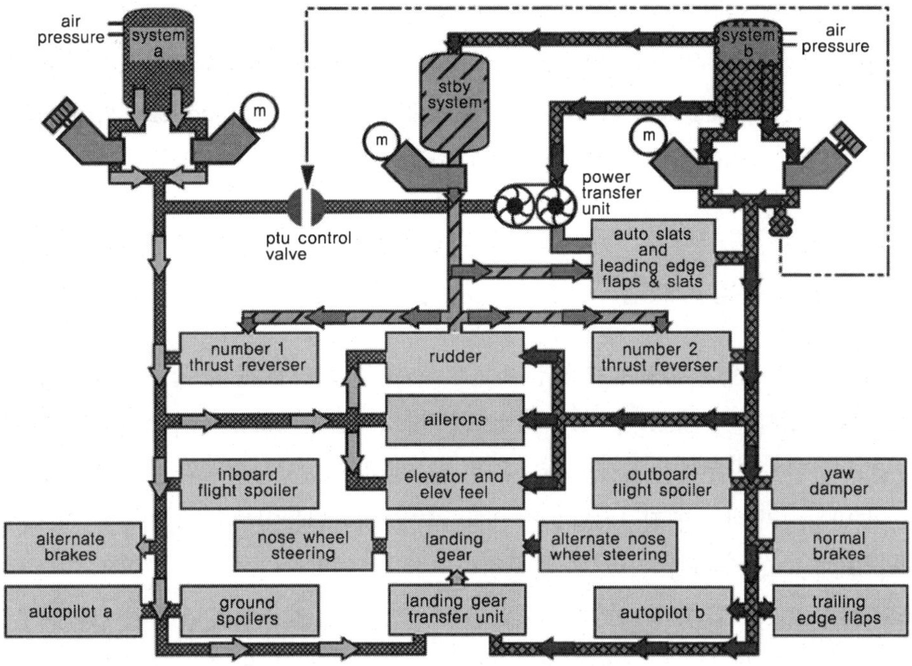

그림 1.36 B737 유압 시스템

스템 전체의 손실을 방지하기 위한 설계이다. 스탠바이 시스템은 시스템 A, B 중 하나가 고장일 때 작동되며 전기구동 펌프에 의해 유압을 만들어낸다. 유압 시스템의 압력은 모두 3,000psi를 이용한다. 또한 동력전달장치(PTU: Power Turbine Unit)를 설치하여 앞전플랩(flap)과 슬랫(slat) 그리고 자동슬랫(auto slat)에 필요한 경우 대체 유압원으로서 작동한다. PTU는 유압모터와 유압펌프가 하나의 장치에 통합된 형태이며, 시스템 B의 엔진구동펌프에서 나오는 유압이 규정치 이하로 내려가면 작동한다. 이때 시스템 A의 유압에 의해 유압모터를 구동하고, 이 유압모터는 내장된 유압펌프를 가동해 시스템 B에 유압을 공급한다.

시스템 A의 경우 엔진구동펌프나 관련 유압라인에서 유압유 누설이 생기면 저유기 내부의 스탠드 파이프에 의해 전체 유압유 손실을 막아준다. 스탠드 파이프 높이까지 유압이 내려가면 대략 전체 유압유의 22% 정도가 되며, 이 유압유를 이용하여 전기구동 펌프로 시스템 A를 작동시킨다. 시스템 A의 유압을 받는 것에는 러더(rudder), 왼쪽 역추력발생장치(thrust reverser), 엘리베이터, 안쪽 스포일러(inboard spoiler), 지상 스포일러(ground spoiler), autopilot A, 착륙장치, 노즈휠 스티어링(nose wheel steering) 그리고 PTU가 있다.

시스템 B의 경우 저유기 내부에 2개의 스탠드 파이프가 있으며, 각각 엔진구동펌프와 전기구동 펌프로 공급한다. 엔진구동 펌프로 공급하는 스탠드 파이프 높이까지 유압유가 누설될 경우 전체의 40%가 남고, 전기구동 펌프 공급용의 스탠드 파이프 높이 아래까지 누설이 생기면 시스템 B에 의한 유압은 모두 손실된다. 그러나 PTU를 가동할 만큼의 유압유는 남기게 된다. 시스템 B의 유압을 받는 것에는 에일러론(aileron), 러더(rudder), 오른쪽 역추력 발생장치(thrust reverser), 엘리베이터, 바깥쪽 스포일러(outboard spoiler), 브레이크, autopilot B, 착륙장치, 앞전플랩, 뒷전플랩, 요댐퍼(yaw damper) 등이 있다.

1.8.2 B787 유압 시스템

B787의 유압 시스템은 **그림 1.37**에서 보듯이 좌/우측 그리고 중앙 모두 3개의 유압 시스템이 설치되어 있다. 이 시스템은 1차 비행조종면, 착륙장치, 노즈 기어 스티어링, 역추력장치, 앞/뒷전 플랩을 작동시킨다. 좌/우측 유압 시스템은 엔진구동펌프와 전기구동 펌프에 의해 유압이 만들어지는데, 엔진구동펌프에 의해 주 유압이 만들어지고, 전기구동 펌프는 지상 운용이나 최대 유압 부하가 걸릴 때 작동한다.

기존의 보잉 항공기와 B787의 주요 차이점은 중앙 유압 시스템의 동력원이다. 기존의 항공기는 3,000psi의 유압을 약 50GPM(Gallons Per Minute)의 용량을 만들어내는 RAT 유압펌프 2개와 6GPM 용량을 만드는 2개의 소형 전기구동 펌프에 의해서 유압을 만들어냈

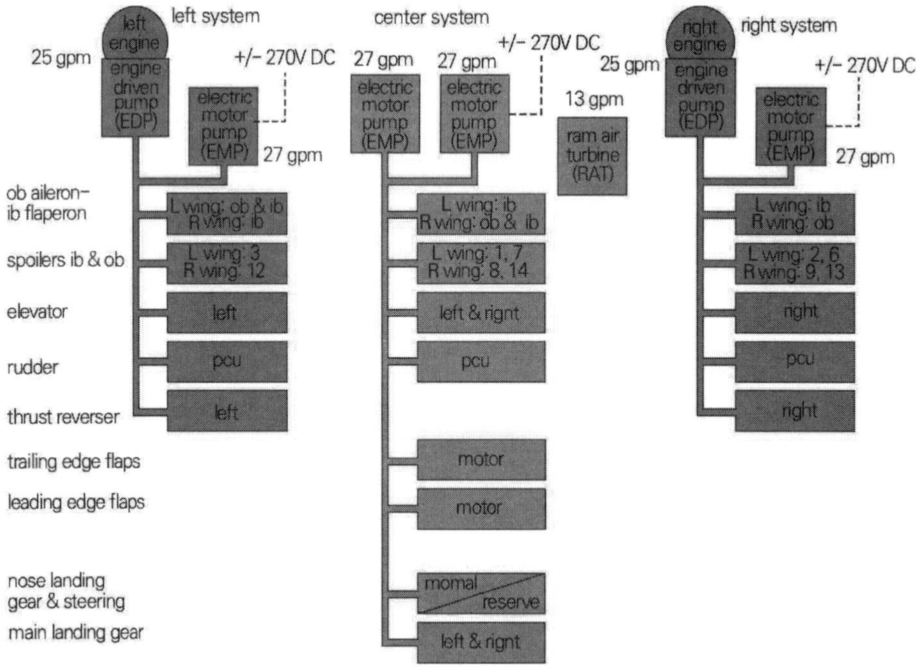

그림 1.37 B787 유압 시스템(5,000psi 시스템)

다. RAT 유압펌프는 이/착륙 시에 발생하는 착륙장치 작동, 고양력장치 작동, 1차 비행조종면 작동과 같이 부하가 많이 걸리는 작동(peak load)에 이용하고, 소형 전기구동펌프는 나머지 비행구간에서 사용되었다.

그러나 B787의 중앙 유압 시스템은 2개의 30GPM 전기구동펌프를 사용한다. 2개의 펌프 중 하나는 대부분의 비행에 사용되고 다른 펌프는 주로 이/착륙할 때만 작동된다. 또한 기존의 3,000psi 유압 대신에 5,000psi 유압을 사용함으로써 유압부품의 크기를 줄여 장착공간과 무게를 경감시킬 수 있었다.

1.8.3 A380 유압 시스템

A380은 유압 시스템 구성이 기존의 민간 항공기와는 많은 차이점이 있다. 일단 보통 대형 민간 항공기는 비상 유압 시스템을 포함하여 보통 3개의 유압 시스템이 설치되나 A380은 2개의 유압 시스템만 설치되어 있다. 또한 민간 항공기로는 **그림 1.38**에서 보듯이 최초로 전기로 구동하는 EHA(Electro-Hydrostaic Actuator)를 채용한 항공기이다.

유압 시스템의 압력은 B787처럼 5,000psi를 사용함으로써 무게와 장착공간을 줄일 수 있었고, 유압 시스템은 비행조종면의 주 유압원으로 사용하여 정상 비행 중일 때는 기존의 유압 시스템처럼 작동된다. 그러나 고장이 발생했거나 부하가 크게 걸리는 작동에서는 EHA mode로 작동하여 대체 혹은 지원해주게 되어 있다. 에일러론(aileron), 엘리베이터(elevator), 러더(rudder) 모두 EHA를 장착하고 있다. 특히 러더는 EBHA(Electro Hydrostatic backup

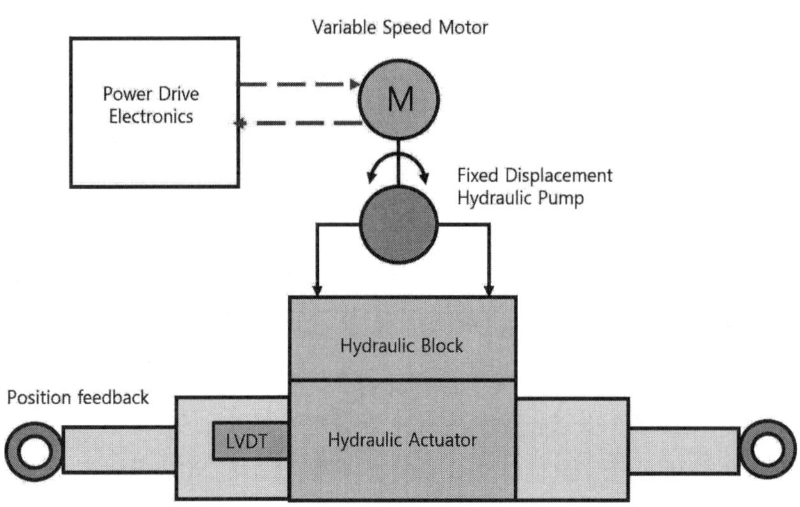

그림 1.38 A380 Electro Hydrostatic Actuator

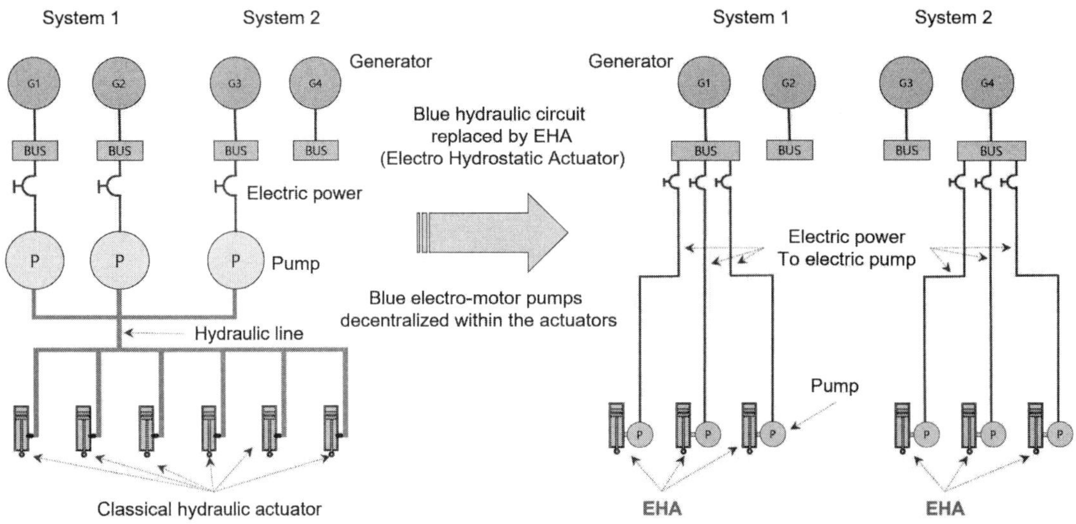

그림 1.39 A380 유압 시스템

Actuator)가 별도로 장착되어 있다. 대부분의 기존 항공기는 주 유압 시스템이 고장 날 때 다른 비상 유압 시스템으로 대체하는 데 반해 A380은 전기로 구동되는 EHA mode로 대체하게 되어 있다. 일반적인 민간여객기는 3개의 유압 시스템을 설치하는 데 반해 A380은 2개의 유압 공급원과 2개의 전기공급원을 이용한 다중 공급체계로 구성되어 있다. 따라서 A380은 power-by-wire flight control actuator를 장착한 최초의 민간 항공기이다.

1.8.4 착륙장치 유압 시스템

항공기 착륙장치(landing gear)는 주 기어(main gear), 노즈 기어(nose gear), 도어(door), 조향장치(steering), 제동장치(brake), 앤티스키드(anti-skid) 장치로 구성되며 대부분 유압에 의해 작동된다. 노즈 기어, 주 기어와 착륙장치 도어는 유압에 의해 작동되며 기어와 도어는 열고 닫히는 순서가 반드시 정해져 작동된다. 기후 조건과 활주로의 표면 상태, 온도 등 다양한 조건에서 고속의 항공기를 안전하게 제동시키는 제동장치도 유압에 의해 작동한다. 제동거리가 최소한 짧게 자동 제동장치(auto-braing)를 설치하기도 하며, 고장을 대비한 대책(redundancy)이 되어 있어야 한다. 제동장치는 착륙과정과 지상 활주 등에서 제동장치를 쓸수록 높은 온도가 발생하며 유압유에서 화재가 발생하지 않아야 한다. 앤티스키드 장치는 보통 가속도를 감지하는 플라이휠에 의해 조절되는 유압 밸브에 의해 유압을 공급하여 제동을 조절하는 장치이다. 즉, 착륙 바퀴의 미끄러짐을 감지하여 적절한 유압 조절을 하여 제동하는 것이다. A380의 착륙장치는 노즈 기어, 바디 랜딩기어(body landing gear), 날개 랜딩기어(wing landing gear)와 제동장치, 조향장치(nose wheel/body wheel steering), 랜딩기어 접이장치(extention/retraction), 모니터링장치로 구성되어 있다. 유압압력은 5,000psi를 사용한다.

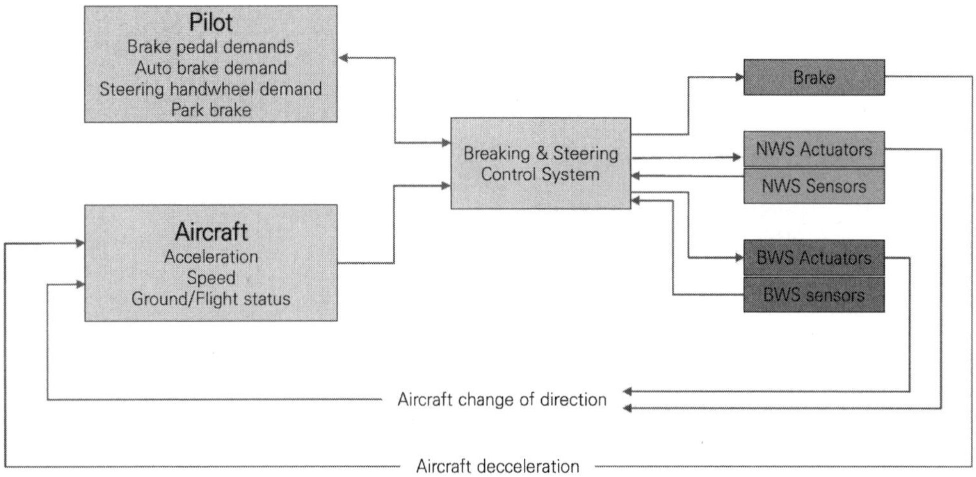

그림 1.40 브레이크 장치 사례

02

공압 시스템 (pneumatic systems)

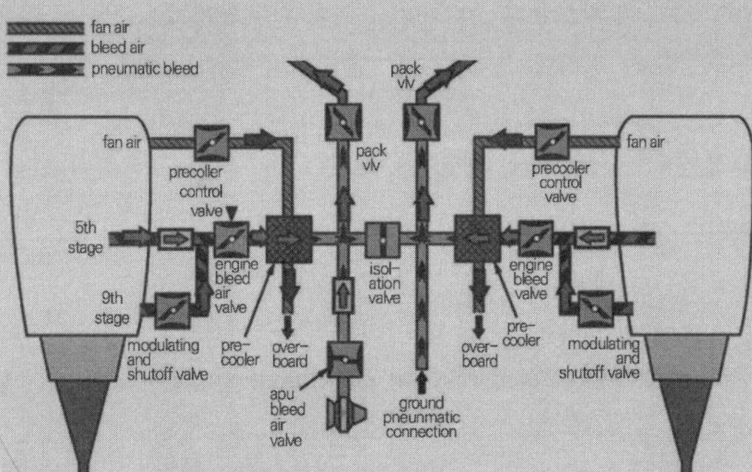

2.1 개요

보통 공압 시스템은 공기가 갖는 에너지인 압력과 온도를 이용하는 시스템을 말한다. 현대의 항공기는 터보팬(turbofan) 엔진의 압축기에서 뽑아낸 블리드 공기(bleed air)의 에너지를 이용하여 이차동력의 생성, 방빙/제빙, 조종실 및 객실의 냉난방과 여압(pressurization) 같은 환경제어를 하는 데 사용하고 있다. 과거의 일부 항공기(예: Fokker F27)에서는 3,000psi의 공압을 사용하여 유압 시스템처럼 사용하기도 하였다. 동력을 전달하는 기능 측면에서 공압 시스템과 유압 시스템은 공통점을 가지고 있으며 유사한 부품들로 시스템을 구성하고 있다. 그러나 두 시스템의 차이점은 공압 시스템의 공기는 압축성이지만 유압유는 비압축성 유체이고, 공압 시스템은 동력전달뿐만 아니라 방빙, 제빙, 항공기의 환경제어계통, 엔진 시동과 같은 기능을 하는 데도 사용할 수 있다.

공압은 사용하는 압력크기에 따라 고압, 중압, 저압시스템으로 구분할 수 있으며 고압인 경우는 1,000~3,000psi의 압력을 가지며 대부분 실린더형 용기(air bottles)에 저장하여 사용한다. 중압 및 저압의 경우는 항공기 엔진에서 뽑아낸 블리드 공기를 사용한다. 항공기에서 사용하는 공압 시스템은 대부분 엔진 블리드 공기를 사용하는 경우가 많으며 보조 동력장치(APU) 블리드 공기를 사용하기도 한다. 블리드 공기를 사용하는 분야를 크게 엔진과 항공기 기체로 구분하여 정리하면 다음과 같다.

▷ 엔진에서 블리드 공기를 사용하는 분야

- 고압의 블리드 공기를 이용하여 블리드 공기 추출과 관련된 각종 밸브의 동력원으로 사용
- 중간 압력의 블리드 공기는 엔진을 시동하는 데 사용하기도 하는데, 블리드 공기 공급원에는 지상 장비, APU 혹은 2개 이상의 엔진을 가진 항공기의 경우에 이미 작동하고 있는 엔진으로부터 추출한 블리드 공기를 다른 엔진 시동을 위해 이송
- 엔진 흡입구 카울의 방빙
- 엔진의 역추력장치(thrust reverser) 작동

▷ 항공기에서 블리드 공기를 사용하는 분야

- 조종실, 객실, 화물실의 냉난방을 위한 환경조절 장치
- 조종실, 객실 여압(cabin pressurization)을 위한 공기공급원
- 산소 발생장치(OBOGS: On Board Oxygen Generating System)
- 주익의 방빙장치

- 브레이크
- 항공기 도어(doors)의 개폐
- 기타 분야로는 유압 저유기(reservoir)의 가압, 조종실 windshield의 제우(rain dispersal) 장치, 자이로 계기, 비상장치(emergency devices)의 작동, 기내에서 사용하는 물을 가압하고 버릴 때 사용

이 장에서는 앞의 설명에서 언급한 분야에 대해서 간략히 설명하고 또한, 항공기 안전 운항에 필수적인 대기 자료(air data)를 측정하고 제공하는 pitot-static systems에 대해서도 소개하도록 하겠다. 이 시스템도 공기의 압력을 이용한다는 점에서 공압 시스템의 한 종류로 볼 수 있다. 항공기의 고도, 속도 등을 계산하기 위해 외부 공기압력을 측정하는 기계장비로서 아주 오래전부터 사용되어온 시스템이다. 요즘은 전자기술의 출현으로 중앙 집중화된 Air Data Computers가 나오고, 아주 최근에는 Air Data and Inertial Reference System과 같이 좀 더 집적화된 장비들이 개발되어 나오고 있다.

2.2 공압 압력

항공기에서 사용하는 공압 압력(pneumatic pressure)은 저압에서 고압까지 다양한 압력을 이용하고 있다. 크게 고압(high pressure), 중압(medium pressure), 저압(low pressure)으로 구분될 수 있으며 공급원, 저장, 공급 방법, 사용 분야에서 차이점들이 있다.

2.2.1 고압 시스템

보통 고압의 공압은 1,000~3,000psi 범위를 말하며 금속제로 된 실린더형 용기에 저장되어 있다. 용기에는 충전을 위한 밸브와 압력조절 및 개폐를 위한 밸브 등이 설치되어 있다. 충전 시에는 지상에서 운용하는 압축기와 밸브를 연결하여 충전하게 된다. 고압의 공압을 저장 용기에 담아 사용하는 공압 시스템은 무게가 가볍긴 하지만 비행 중에 재충전할 수 없고 사용 시간이 제한된다는 단점이 있다. 많은 항공기에서 주 유압 시스템의 고장으로 인한 비상 상황에 착륙 장치와 브레이크를 작동시킬 수 있는 고압의 공압을 공급하는 장치를 설치하고 있다. 일부 항공기에서는 이런 경우 질소(nitrogen)를 사용하는데 질소를 직접 착륙 장

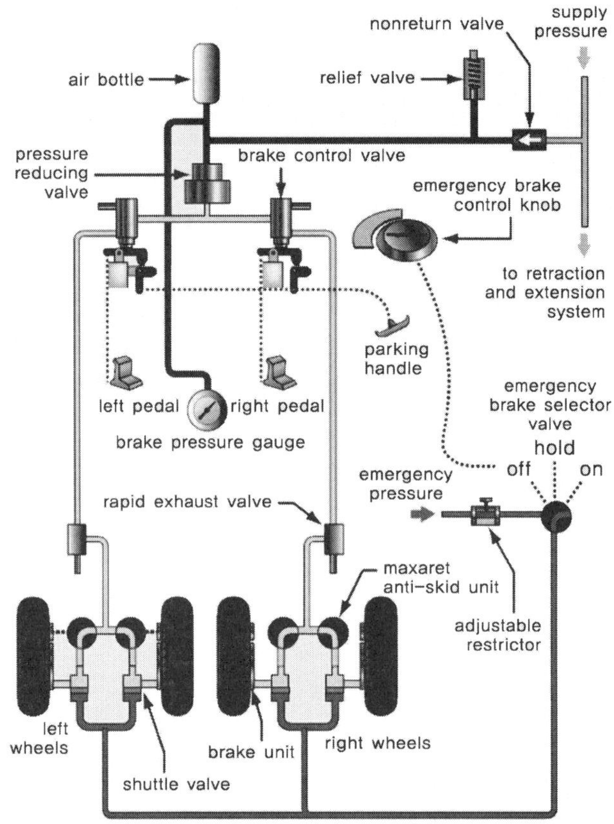

그림 2.1 고압 시스템을 이용한 브레이크 시스템

치 작동기(actuator)나 브레이크에 공급하는 방식이 아니고 고압의 질소를 이용하여 유압유를 작동기로 보내는 축압기 기능을 하게 된다.

2.2.2 중압 시스템

중압은 보통 50~150psi 정도의 압력을 말하며 보통 저장 용기를 사용하지 않는다. 주로 엔진의 블리드 공기를 이용하며 항공기의 많은 시스템에서 사용하고 있다. 사용 분야에 대한 자세한 내용은 다음 절에서 설명할 예정이다.

2.2.3 저압 시스템

보통 저압 시스템은 왕복 엔진을 장착한 많은 항공기에서 사용하며 베인펌프(vane pump)

를 통해 얻을 수 있다. 베인펌프는 보통 전기모터나 엔진에 의해서 구동된다. 압력의 범위는 1~10psi 정도이며, 그 예로 항공기 날개에 생성된 얼음 제거를 위한 제빙부츠(deicing boots)를 들 수 있다.

2.3 블리드 공기 공급원

항공기의 많은 시스템에서 사용하고 있는 공압 공급원은 블리드 공기(bleed air)이다. 항공기에서 사용할 수 있는 고온 고압의 블리드 공기를 제공하는 방법은 보통 세 가지이며, 엔진 블리드 공기, 보조 동력장치(APU) 블리드 공기, 지상 장비에서 공급하는 고압 공기가 있다.

그림 2.2는 공압 시스템 간의 상호관계를 간단히 보여주는 그림으로 블리드 공기를 사용하는 주요 항공기 시스템은 다음과 같다.

- Ice protection: 엔진 나셀(nacelle), wing, tailplane, fin leading edge의 방빙(anti-icing)을 위해 고온의 공기를 사용하거나 항공기에 생성된 얼음을 제거하는 제빙(de-icing)에 사용
- ECS: 객실의 냉난방과 항공전자 장비의 냉방을 시키는 ECS(Environmental Control Systems)에 고온 고압 공기 공급
- Pressurization: 승객과 승무원을 위한 여압(pressurization)장치의 공급원
- 엔진 시동(engine start)

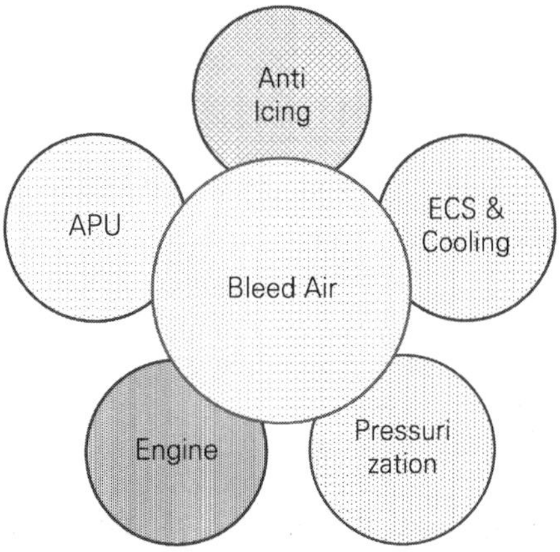

그림 2.2 고압 블리드 공기의 사용 사례

• 엔진 역추력장치(thrust reverser) 작동
• 물탱크 가압, 유압유 저유기(reservoir) 가압
• 유압 시스템 주 펌프를 대체하는 공기 구동 유압펌프(air driven pump)

2.3.1 엔진 블리드 공기

엔진에서 고압의 블리드 공기를 뽑아 사용할 수 있다는 점은 항공기 동력원으로 사용하거나 에너지를 전달하는 방법을 쉽게 얻을 수 있는 장점이 있다. 그 이유는 엔진이 작동되고 있는 동안에는 사용 제한 없이 사용할 수 있기 때문이다.

원래 터보제트, 터보팬과 같은 가스터빈엔진은 추력을 만들어내는 것이 일차적인 목적이다. 엔진 내부에서 보면 유입된 공기가 압축기에서 압축되어 연소실로 들어가면 연료가 분사되면서 점화가 일어난다. 이 폭발 과정에서 나온 고온 고압의 공기는 터빈을 돌리고 터빈과 같은 축에 연결된 엔진의 저압 팬(fan)과 압축기(compressor)를 돌리는 일로 바뀐다. 엔진이 스스로 유지할 수 있는(self-sustaining speed) 회전수에 도달하면 저압 팬과 압축기를 구동시키는데 필요한 축동력(shaft power)을 만들어내며, 이때 엔진은 안정된 상태를 유지하게 된다. 현대의 터보팬 엔진은 유입되는 공기질량의 상당 부분을 엔진 주위로 통과시키고, 나머지 부분은 엔진 코어 내부로 보내는데 보통 이 두 가지 공기질량의 비를 바이패스비(bypass ratio)라 한다. 현대의 민간 항공기들의 엔진은 대략 4:1에서 5:1의 바이패스비를 가지고 있으며 점차 이 비율을 높게 하는 추세이다. 엔진 내부로 통과하는 공기의 압력과 온도를 살펴보면 엔진의 작동조건에 따라 넓은 범위의 압력과 온도를 가지는 것을 알 수 있고, 이 사실은 엔진 블리드 공기를 사용하기 위해서 이 압력과 온도 수치들을 조절하는 제어기능이 필요하다는 것을 알 수 있다. 한 엔진의 사례에서 보면 블리드 공기의 조건은 ground idle에서 50psi/150℃, take-off 조건에서 410psi/540℃로 급등하고, cruise 조건에서 150psi/400℃로 변한다. 또한 엔진 특성의 변화는 여러 엔진회사가 제작하는 동급의 엔진에서도 차이가 발생한다. B777의 경우 3개의 엔진 회사인 Pratt & Whitney, General Electric, Rolls-Royce가 공급한 엔진 모두 다른 특성이 있다.

2.3.2 APU 블리드 공기

항공기 엔진 외에도 APU(Auxillary Power Unit)를 통하여 고온 고압의 공기를 얻을 수 있다. APU는 소형 가스터빈엔진으로서 설계의 목적이 엔진처럼 추력 발생이 아니고 에너지

나 동력을 발생시키기 위한 것이다. 항공기가 지상에 있을 때 엔진의 시동, 전기나 공압의 제공이 일차 목적이며, 때로는 비행 중 대체 동력원으로 사용하기도 한다. 일부 항공기에서는 비행 중 엔진 재점화 기능을 도와주거나 비행 영역 중 일부 영역에서 엔진의 과부하를 완화하는 역할도 할 수 있도록 비행 중에도 가동되는 APU를 요구하기도 한다.

2.3.3 지상장비

지상에서 엔진 시동을 위해 ground power cart에서 공급하는 고압 공기를 사용하기도 한다. 블리드 공기를 제공하는 가장 중요한 공급원은 엔진이며, 엔진의 블리드 공기 공급 기능을 보여주는 것이 **그림 2.3**이다.

그림 2.3을 간단히 설명하면 엔진의 블리드 공기는 PRSOV 밸브(Pressure Regulating and Shut Off Valve)를 통과해서 나온다. 이 밸브는 압력을 낮게 조절하고 필요한 경우 블리드 공기의 공급을 차단하는 역할을 한다. PRSOV 밸브 이후에는 다양한 방법으로 사용할 수 있으며 기종마다 차이가 날 수 있다. **그림 2.3**의 경우, 2개의 엔진을 장착한 항공기의 사례로서 엔진의 블리드 공기와 APU 블리드 공기를 사용할 수 있는 시스템으로 구성되어 있다. 이 시스템의 블리드 공기는 ECS, 엔진 anti-icing, pressurization 시스템에 공급되고 있다. 블리드 공기는 SOV(Shut-Off Valve)를 통해 공급 혹은 차단될 수 있으며, 2개의 엔진 사이에 iso-

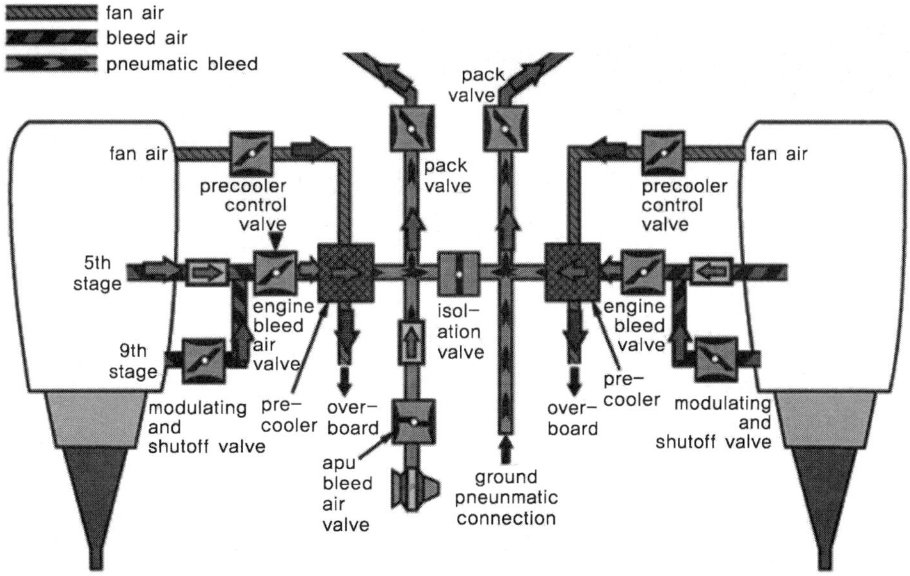

그림 2.3 엔진 블리드 공기의 공급방법

lation valve를 설치하여 어떤 이유에서든 한쪽 엔진이 블리드 공기를 공급하지 못하는 상황이 되면 다른 엔진의 블리드 공기가 공급될 수 있도록 밸브를 열게 된다. 블리드 공기는 엔진의 추력 상태에 따라 압축기의 중간(intermediate stage, 5th stage) 혹은 고압단(high pressure stage, 9th stage)에서 추출한다. 보통 충분한 블리드 공기압력을 사용하기 위해 낮은 추력 조건에서는 압축기 고압단에서, 높은 추력 조건에서는 중간단에서 뽑아낸다. 이 엔진의 경우 막 나온 블리드 공기는 HP SOV(High Pressure Shut-Off Valve)를 거치면서 100psi 정도의 압력으로 조절하고 공기량도 함께 조절해서 내보낸다. 이 조절된 공기는 PRSOV를 거치면서 다시 40psi 정도로 압력이 조절되고 나서 pre-cooler로 보내져 온도가 조절된다. 이때 pre-cooler의 cooling air는 저압 팬(LP fan)에서 나온 공기를 이용한다. 또한 적절한 위치에 온도와 압력센서를 설치하여 감시하며 감지된 값을 이용하여 원하는 수치로 조절되도록 사용된다.

압력조절 및 엔진 블리드 밸브 개폐 기능을 하는 PRSOV 밸브는 보통 전기적으로 제어되고(electrically controlled) 공압에 의해 작동된다(pneumatically operated). 컨트롤러로부터 명령을 받은 솔레노이드(solenoid) 밸브가 작동되면 공압에 의해 밸브가 작동된다. 밸브의 위치 신호는 디지털 신호로 변환되어 컨트롤러로 보내진다. 이렇게 해서 약 40psi 정도의 압력으로 조절이 가능해진다.

2.4 블리드 공기의 사용분야

엔진의 블리드 공기를 사용하는 가장 큰 시스템은 환경제어 시스템(ECS: Environmental Control System)이며, 주요 기능은 다음과 같다.

- 객실, 조종실, 항공전자 냉난방
- 객실 여압(cabin pressurization)
- 화물실 난방(cargo bay heating)
- 연료 시스템 가압(fuel system pressurization)

ECS의 설명은 별도의 절에서 설명할 것이기 때문에 이 절에서는 자세히 언급하지 않겠다. 그리고 ECS 외에 엔진 블리드 공기를 사용하는 다른 시스템은 아래와 같다.

- 날개와 엔진 방빙장치(wing, engine anti-ice protection)

• 엔진 시동(engine start)
• 역추력장치 구동(thrust reverser actuation)
• 유압 시스템(hydraulic system)

2.4.1 날개와 엔진 방빙장치

비행 중에 항공기에 발생할 수 있는 결빙을 방지하는 기능은 항공기 안전과 밀접한 매우 중요한 문제이다. 보통 비행 중에는 항상 주 날개의 앞전(leading edge)과 흡입구(inlet) 부분에 얼음 생성이 안 되도록 해야 한다. 만일 주 날개에 얼음이 생성되면 날개의 공력성능을 저하하여 항공기의 실속속도를 높일 수 있는데 이는 항공기를 제어하는 데 위험 상황을 초래할 수 있다. 또한 엔진 흡입구 주위에 얼었던 얼음이 깨져 엔진으로 유입되는 경우 엔진에 치명적인 손상과 함께 항공기 손실도 유발할 수 있다. 조종실은 전면에 얼음이나 성에로 인해 시야가 방해되는 경우가 발생하지 않도록 해야 하며, 항공기 외부에 장착된 air data 센서에도 얼음이 얼지 않게 하여 정보손실이나 잘못된 정보로 인한 항공기 추락이나 사고를 막을 수 있다.

그림 2.4는 날개의 방빙장치를 나타낸다. 날개의 anti-ice controller에 의해 20~25psi의 압력으로 조절된 고온의 공기가 anti-ice valve를 통해 날개의 앞전 부위에 설치된 덕트로 보내진다. 이 덕트에는 적당한 크기의 구멍들이 설치돼 있고, 이 구멍을 통해 날개 앞전 안쪽으로 고온 공기가 공급된다. 마치 덕트에 구멍이 나 있어 피콜로 악기와 유사하다고 하여 일명 'piccolo tube'라고도 불린다. 고정된 날개와 움직이는 slat 구조물 사이에는 telescopic

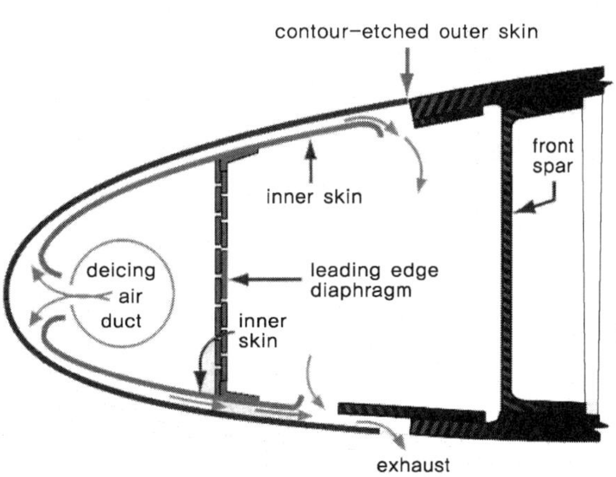

그림 2.4 고온 공기를 이용한 주 날개의 방빙

structure 형태의 덕트를 설치하고, slat 사이는 flexible coupling으로 연결한다. anti-ice 밸브 이후에 압력 스위치와 과열 스위치(overheat switch)를 설치하여 과도한 압력과 과열 조건에 보호될 수 있도록 한다.

엔진의 방빙장치도 아주 유사하게 작동된다. 엔진의 팬 케이싱에 설치된 anti-ice valve에 의해 엔진의 카울로 공급되는 고온 공기의 공급을 제어한다.

엔진과 날개의 방빙장치에 공급되는 고온의 공기는 항공기에 문제점을 일으킬 수 있는데, 고온의 공기가 누설됨으로써 위험한 상황이 생기지 않도록 해줘야 한다. 이를 위해 위험지역에 과열 감지 센서를 설치하여 조종사에게 상황을 알려주도록 한다.

보통 민간 항공기에서는 위험영역을 여러 개의 영역으로 구분해 놓는다. 각 위험영역에는 2개의 과열 감지 센서 루프가 설치된다. 현대의 기술은 과열 상태뿐만 아니라 어떤 지역에서 과열이 발생했는지도 1피트(feet) 정도의 정확도를 가지고 위치를 알 수 있게 되어 있다. 2개의 센서 루프를 설치하여 하나가 고장 나더라도 대체할 수 있도록 해야 한다. 이 이외의 방빙장치에 대해서는 향후 별도의 절에서 설명할 예정이다.

2.4.2 엔진 시동

블리드 공기의 고압은 지상에서 엔진을 시동시키는 동력을 제공할 수 있다. 지상에서 엔진을 시동시키는 방법에는 몇 가지가 있다.

- APU 공기에 의한 시동으로서 가장 선호하는 방법
- ground air supply cart에 의해 공급되는 고압 공기로 시동
- 엔진이 여러 개면 이미 작동하는 엔진으로부터 블리드 공기를 받아 엔진 시동

고압의 블리드 공기는 엔진 혹은 항공기 기어박스에 연결된 공압 터빈 시동기(air turbine starter)를 구동시킨다. 엔진 시동 과정이 시작되면 연료공급과 함께 점화 회로에 전원이 공급되고, 이후에는 엔진이 점화되어 스스로 회전한다. 대략 고압의 공기를 이용하여 엔진의 최대 회전수 대비 약 15~20% 정도까지 돌릴 수 있다.

2.4.3 역추력장치

엔진의 역추력장치(thrust reverser)는 착륙과정에서 항공기 속도를 줄이고 브레이크를 보호하기 위해 엔진의 추력방향을 앞쪽으로 바꾸는 장치이다. 보통 역추력장치는 날개 위에

있는 모든 스포일러와 함께 사용하는데 스포일러를 세워 공기항력을 증가시킨다. 유압을 많이 이용하기도 하는데, 공압을 이용한 역추력장치는 air turbine motor actuator에 의해 작동되는데 항공기가 지상에 착륙하여 'Weight On Wheel' 신호를 받게 되면 엔진 팬으로 통과하는 공기흐름을 앞쪽으로 바꿔 추력 방향을 반대로 하여 제동력을 키운다. 보통 유압이나 전기모터와는 다르게 air turbine motor는 혹독한 온도나 소음 조건에서도 아주 잘 작동한다. 비행 중 역추력장치를 실수로 작동하지 않도록 인터록(interlock) 장치가 설치되어 있다.

2.4.4 유압 시스템의 공압 이용

공압은 항공기 유압 저유기(hydraulic reservoir)를 가압하는 데 사용하기도 한다. 일부 보잉(Boeing)사 항공기의 경우 공압으로 작동하는 유압펌프를 사용하기도 하는데, 이 펌프는 특정 비행 상황에서 일반적으로 사용하는 주 펌프인 엔진 구동 펌프나 AC 모터 펌프를 보완하는 목적으로 사용하기도 한다. **그림 2.5**는 공압을 이용하는 유압 시스템의 사례를 나타내고 있다.

그림에서 보듯이 유압 저유기는 조절된 블리드 공기를 이용하여 가압되고 있으며, 유압펌프 2개 중 하나가 공기압을 이용하는 펌프이다. 2개의 유압펌프는 주 펌프(main pump)인 3상의 115VAC 전원을 사용하는 ACMP(AC Motor Pump)와 공압을 이용하는 공기압 작동 펌프(ADP; Air-Driven Pump)이다. 여기서 공기압 작동 펌프(ADP)는 28VDC 전원을 사용하는 솔레노이드로 MSOV(Modulating Shut-Off Valve)를 제어하여 얻은 압력에 의해 작동

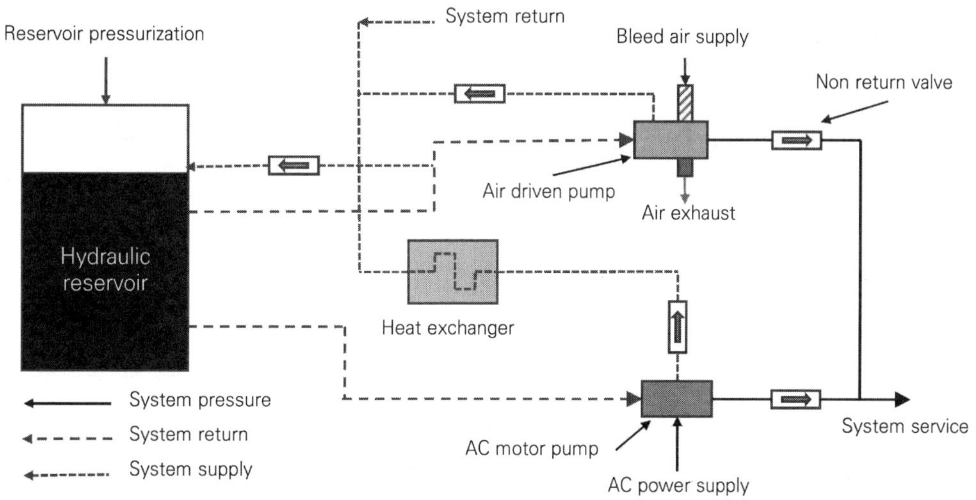

그림 2.5 유압 시스템에서 공압을 이용하는 사례

된다.

지금까지 설명한 블리드 공기를 이용하는 시스템 외에도 항공기 공압 시스템에서 블리드 공기를 사용하는 것으로는 water tank pressurization, toilet waste, fuel system pressurization이 있다.

2.5 피토 정압 측정 시스템

피토 정압 시스템(pitot-static systems)은 비행 중에 공기의 전압(pitot pressure)과 정압(static pressure)을 측정하는 계기로서 측정된 압력으로 항공기 비행에 필수적인 항공기 속도, 고도, 상승속도(vertical speed)를 계산하여 계기에 구현한다. 따라서 피토 정압 시스템은 고장에 대체할 수 있는 고도의 다중장치로 구성하여 높은 신뢰성을 가지도록 해야 한다. 이 시스템은 2개의 주요 변수를 측정한다.

- static pressure(P_s: 정압): 항공기 표면에 직각으로 작용하는 국부 압력
- pitot(total) pressure(P_t: 전압): 정압(static pressure)과 항공기의 속도에 의해 생기는 동압(dynamic pressure)의 합을 말한다.

$$Dynamic\, pressure = \frac{1}{2}\rho v^2 \quad (\rho\text{: 공기밀도, } v\text{: 공기 상대풍 속도})$$

따라서 전압 $P_t = P_s + \frac{1}{2}\rho v^2$

위의 식으로부터 항공기 속도는 전압과 정압의 차이를 측정하면 구할 수 있다. 물론 위 식은 아주 이상적인 기체와 압축성 효과가 없는 아음속에서 적용할 수 있는 식이지만, 기본적으로 정압과 전압을 측정하는 기본 원리는 동일하다.

항공기에는 보통 3개 이상의 전압(pitot), 정압(static) 센서를 장착하고 있다. **그림 2.6**에서 전압을 측정하는 pitot probe는 단면이 공기흐름에 수직 정면으로 마주 보도록 하며 항공기 표면에 생기는 경계층(boundary layer)의 영향이 없는 높이로 설치해야 정확한 측정이 가능하다. 또한 비행 중에는 얼음 생성으로 probe가 막히지 않도록 전기 열선을 설치한다.

정압을 측정하는 static probe의 단면은 공기흐름에 항상 평행이 되도록 설치하여 항공기 표면에 작용하는 압력을 측정해야 한다. 역시 얼음 생성으로 인한 부정확한 압력 측정을 막

그림 2.6 pitot probe와 static pressure hole

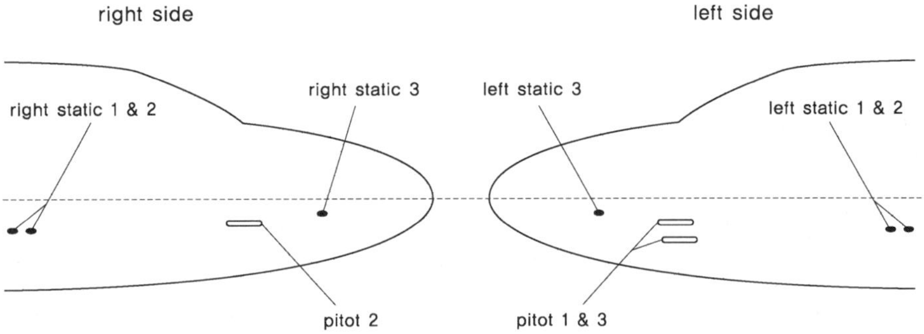

그림 2.7 pitot probe와 static pressure hole의 장착 위치

기 위해 전기 열선을 설치한다.

보통 pitot, static probe는 분리해서 설치하며, 항공기의 돌출물이나 구조물에 의해 공기흐름의 영향을 받는 지점에 설치하면 안 되기 때문에 항공기 앞쪽 부분에 설치한다. 일부 항공기에서는 2개의 pitot, staic probe가 하나로 통합된 pitot-static probe를 설치하는 때도 있다. **그림 2.7**은 pitot, static probe가 설치된 위치를 보여주는 그림이다.

그림에서 보면 3개의 pitot, 6개의 static probe가 동체 좌·우측에 분산 설치되어 있다. 설치 지점에 따라 민감한 영향을 받을 수 있으므로 오차 수정과 보정은 항공기 개발과정에서 충분히 반영되어야 한다. 또한 수분이 쌓이는 것을 방지하기 위해 수분 방출구(water drain trap)를 설치해야 하며, 파이프 정비나 관련 전용 계기를 정비하고 나면 반드시 누설검사(leak checks)를 해야 한다.

그림 2.8은 정압과 전압을 측정하여 항공기 비행계기에 구현하는 원리를 간단히 나타낸 그림이다.

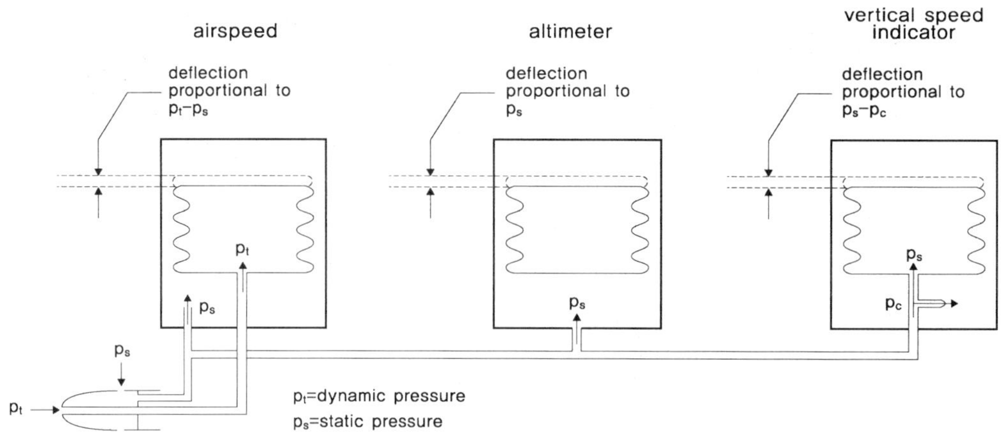

그림 2.8 전압/정압을 이용한 비행계기 원리

2.5.1 속도계

전압(Pt: total pressure)과 정압(static pressure)의 차이를 이용하여 속도로 계산한다. **그림 2.8**의 왼쪽 그림에서 보듯이 2개의 압력 차이만큼 변위가 발생하고 이 변위량을 계기판의 수치로 변환시키는 장치를 이용하면 기계식 비행계기를 구현할 수 있다. 다이아프램(diaphragm) 내부에는 전압이 작용하고 외부에는 정압이 작용한다. 압력 차이에 의해 다이아프램의 수축 팽창에 의한 변위량이 발생하며, 이 변위량을 기계적으로 확대하여 계기로 구현한다.

2.5.2 고도계

항공기 고도는 공기의 정압(static pressure)을 측정하여 구한다. 보통 기계식 계기는 정압에 따라 변하는 변위를 이용하여 계기로 구현하는데 표준대기 조건의 정압과 고도의 상관관계를 사용한다. **그림 2.8**의 가운데 그림은 고도계(altitude)의 내부구조로서 내부가 진공상태인 아네로이드(aneroid) 외부에 정압을 작용시키고 정압 크기에 따라 아네로이드의 수축팽창에 의한 변위가 발생한다. 속도계와 마찬가지로 이 변위량을 기계적으로 확대하여 고도계를 구현하게 된다.

2.5.3 상승/하강 속도계

상승/하강 속도계(vertical speed)는 승강계라고도 하며, 공기 정압의 시간에 대한 변화율을 이용하여 측정한다. 정압 변화율은 직접 static probe로부터 전달되는 정압과 오리피스를 이용하여 시간지연을 시켜 전달되는 정압의 차이로 생기는 변위량을 이용하여 이를 계기로 구현한다. **그림 2.8**의 오른쪽 그림은 승강계의 내부구조로서 다이아프램 내부에는 외부 정압이 시간지연 없이 작용하고 외부에는 오리피스를 통해 정압이 전달되어 시간지연이 생긴다. 예를 들어 항공기가 상승하게 되면 외부 정압은 떨어지게 되는데 이 정압은 다이아프램 내부에 바로 전달되지만, 외부는 오리피스를 거치기 때문에 일정 시간 지난 후에나 떨어진 정압을 감지할 수 있다. 이 차이를 이용하여 상승 및 하강 속도를 구현하게 되는 것이다.

앞에서 설명한 공기압력을 이용하는 속도계, 고도계, 승강계가 지시하는 수치는 조종사가 비행하는데 중요한 자료로서 정확성을 유지하기 위해서는 압력을 측정하는 압력구멍의 정비에 신경을 써야 한다. 과거 남미에서 정비사가 지상에서 정비할 때 이물질이 끼는 것을 방지하기 위해 구멍에 테이핑한 후에 제거하지 않은 상태로 비행하다 사고가 난 사례도 있다. 정압을 측정하는 구멍은 대부분 전면 동체에 표면에 직각으로 설치한다. 만일 정압(static pressure)을 측정하는 구멍이 막히게 되면 정압은 막히기 직전의 압력을 가지게 되어 속도계는 정압이 변하지 않아 잘못된 수치를 지시하고, 고도계는 막히기 직전의 고도로 정지된 상태로 지시하게 되며, 승강계는 정압의 변화가 없어 0을 지시하게 된다.

위에서 설명한 세 가지 계기 외에도 마하수 지시계(Mach no. indicator)도 공기의 압력을 측정하여 구현하는 계기의 하나이다.

2.5.4 에어 데이터 시스템

위에 설명한 기계식 계기는 약 40년 전부터 사용해온 방식으로 아직도 일부 항공기에서 사용하고 있다. 현재 이런 계기를 구현하는 방식에는 크게 3가지로 구분될 수 있다.

- 위에서 설명한 방식의 오래된 기계식 비행계기로 상대적으로 신뢰성이 떨어지고, 정비 비용이 많이 들며, 어떤 집적화된 시스템에 제공할 수 있는 정보가 한정된다. 그러나 현재도 standby/backup 계기로 많이 사용하고 있다.
- 측정한 압력정보를 ADC(Air Data Computers)로 보내 처리하는 집적화된 시스템(integrated system)이 있다. 측정된 압력자료를 컴퓨터로 계산하여 해당 계기에 보내는

방식으로 모든 자료가 통합 컴퓨터에서 처리할 수 있다. 현대의 항공전자 장비의 요구에 맞는 정확한 계산이 가능하며, ADC에서 디지털 자료처리와 MIL-STD-1553B, ARNIC 429, ARNIC 629와 같은 현대의 data bus를 연계시키면 매우 정확한 자료를 얻을 수 있고 항공기의 성능도 향상될 수 있다.

- 1980년대 이후에 개발된 현대의 민간 항공기에서는 ADM(Air Data Modules) 개념을 가진 시스템을 사용한다. 이 시스템은 pitot-static 측정용 라인의 길이를 최소화할 수 있어 장착 비용을 줄이고, 정비를 쉽게 할 수 있는 장점이 있다.
  현재 사용하고 있는 ADM의 사례를 아래 그림에 나타내었다. 동체 좌·우측에 총 3개의 pitot, 6개의 static probe를 가지고 있다.

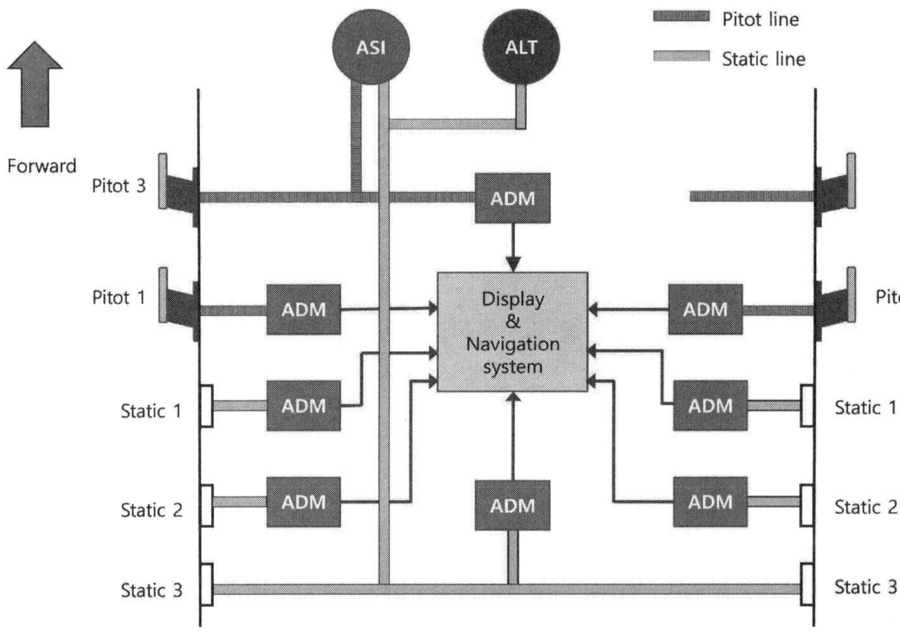

그림 2.9 ADM를 이용한 에어데이터 시스템

- 각 pitot probe는 개별 ADM에 연결되어 있어 triple redundancy를 가지게 된다. 또한 Pitot 3의 경우는 ADM과 standby용 기계식 속도계기(ASI)에 연결되어 있다.
- 동체 좌우의 static probe 1, 2 총 4개는 개별 ADM에 연결되어 quadruple redundancy를 확보하게 된다. 또한 양쪽 static probe 3은 서로 물리적으로 연결되어 있고 ADM과 standby용 기계식 속도계기와 고도계기에 연결되어 있다.
- 8개의 ADM은 모두 동일한 장치로 단지 정압과 전압을 측정한다.
- ADM은 ARNIC 429 data bus를 통해 항공기 시현 장비나 항법 시스템에 연결할 수 있다.

또 다른 최신방식은 기존의 pitot-static 방식에서 벗어나 최근에는 스텔스 항공기에 적용한 최신의 pitot-static plate 방식이 등장했다. 기존의 방식은 압력측정용 pitot-static probe가 항공기 표면에 돌출되어 나와 있어서 낮은 radar signatures를 요구하는 스텔스 항공기에는 적합하지 않다. 따라서 돌출되지 않고 표면에 설치된 pitot-static plate방식을 사용한다. 이 방식 역시 공기의 압력을 측정하는 원리는 동일하며, 내부 구조는 벤튜리(venturi) 같이 공기 속도를 가속시켜 압력 차이를 구한다.

2.6 항공기 공압 시스템의 사례

항공기 공압 시스템의 사례를 B737를 가지고 설명해 본다. 앞서 설명한 **그림 2.3**은 B737의 엔진 블리드 공기를 이용한 공압 시스템의 사례를 보여주고 있는 그림이다. B737의 공압 시스템은 엔진 블리드 공기를 이용하는 방법, APU 블리드 공기를 이용하는 방법 그리고 지상에서 공급하는 방법을 이용하고 있다. 엔진이 시동 걸리기 전에는 APU나 지상의 공압 공급장치를 이용하게 된다. B737의 공압 시스템은 항공기의 냉난방과 여압, 날개와 엔진의 thermal anti-icing 시스템, 엔진 시동(engine staring), 유압 저유기의 가압(hydraulic reservoir pressurization), 물 탱크 가압(water tank pressurization) 등을 하는 데 사용된다.

엔진 블리드 공기는 엔진 압축기의 5단과 9단에서 뽑아 사용한다. 5단에서의 블리드 공기 압력이 충분하지 않으면 9단에서 뽑은 공기의 압력을 조절하여 사용한다. 보통 이륙, 상승과 대부분의 순항 모드에서 5단의 블리드 공기압력만으로도 충분하며 5단에서 뽑는 경우 9단의 블리드 밸브는 닫혀 있게 된다. 여기서 블리드 밸브는 압력조절, 잠금 밸브(shut off valve) 그리고 역류를 방지하기 위한 체크 밸브(check valve)의 기능을 모두 가지고 있다. 또한 프리쿨러(pre-cooler) 온도가 높으면 밸브를 통해 나가는 공기 유량을 감소시키는 기능도 한다.

APU 블리드 공기는 지상이나 비행 중에 사용한다. 만일 엔진 블리드 밸브와 APU 블리드 밸브가 모두 열려 있고, 엔진이 아이들(idle)로 작동하고 있는 경우에 APU 블리드 공기압력이 높아 9단의 블리드 밸브가 닫히게 된다.

지상에서 공급하는 블리드 공기는 지상 카트(ground cart)의 공기 공급 덕트를 항공기에 연결해 사용하며 엔진의 시동과 객실의 냉난방을 하는 데 사용한다.

03

비행제어 시스템 (flight control systems)

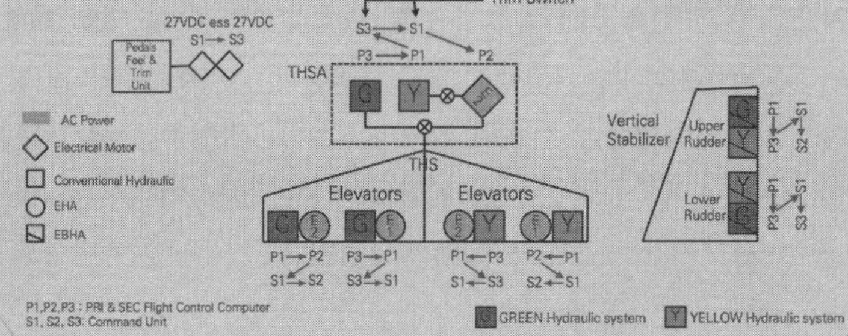

3.1 개요

비행제어 시스템은 조종사의 수동조작 혹은 자동 비행 조종장치에 의해 유도된 명령에 따라 항공기가 비행할 수 있도록 하는 시스템을 말한다. 유도명령이나 조종사의 조작으로 실제 항공기가 입력된 명령을 따라 비행하는 것은 비행조종면(flight control surfaces)의 움직임에 의해 가능해진다.

항공기에는 양력을 발생시키기 위한 주 날개(main wing)와 함께 부가적인 공기력(aerodynamic force)을 발생시키기 위한 날개 형태의 여러 가지 장치들이 설치되어 있다. 또한 수평/수직 꼬리날개에도 이와 같은 장치들이 설치되어 있다. 그 장치에는 대표적으로 공기력을 이용하여 항공기를 원하는 자세나 비행 상태로 조종하기 위한 비행조종면과 이착륙(take-off/landing)하기 위해 주로 사용하는 고양력장치(high lift device)가 있다. 전자의 경우를 보통 1차 비행조종면(primary control surfaces), 후자를 2차 비행조종면(secondary control surfaces)라고 한다.

항공기의 3가지 운동에는 날개 스팬(span) 방향의 축(lateral axis, 가로축)에 대한 피칭(pitching), 수직축(vertical axis)에 대한 요잉(yawing), 항공기 기체 방향의 축(longitudinal axis, 세로축)에 대한 롤링(rolling)이 있다. 1차 비행조종면에는 피치(pitch) 운동을 위한 엘리베이터, 요(yaw) 운동을 위한 러더 그리고 롤(roll) 운동을 위한 에일러론(aileron)이 있다. 엘리베이터는 조종실의 조종간에 의해서 작동되며, 수평꼬리날개의 끝부분에 별도의 작은 날개를 설치하거나 수평꼬리날개 전체의 각도를 변화시켜 피칭 모멘트(pitching moment)를 발생시킨다. 러더는 조종실 페달(pedal)에 의해 작동하며 보통 수직꼬리날개에 설치하여 요잉 모멘트(yawing moment)를 조절한다. 에일러론은 날개 좌우에 대칭으로 설치하며 서로 반대 방향으로 움직이게 하여 롤링 모멘트(rolling moment)를 발생시킨다. 고기동을 요구하는 전투기는 롤 조종성이 커야 하며, 롤 조종성이 너무 예민해서는 안 되는 대형 여객기의 경우에는 속도가 느릴 때 사용하는 바깥쪽 에일러론(outer aileron)과 속도가 빠를 때 사용하는 안쪽 에일러론(inner aileron)를 설치하는 때도 있다.

2차 비행조종면에는 고양력(high lift) 발생을 위한 앞전플랩(leading edge flap), 뒷전플랩(trailing edge flap), 앞전슬랫(leading edge slats), 스포일러(spoiler) 등이 있다.

가장 초창기의 비행제어 시스템은 기계적인 와이어(wire)를 가지고 비행기 날개의 뒤틀림(warping)을 발생시키거나, 비행조종면을 직접 연결해 사용하였다. 이 방식은 아주 기본적이면서 현대의 비행기에 사용하기엔 적절하지 않은 방법이었다. 초창기에는 비행조종면을 구동시키기 위해 와이어(wire)와 풀리(pulley)로 연결된 기계적 방식을 주로 사용하였다. 그러나 비행 속도가 천음속(transonic), 초음속(supersonic)으로 빨라지면서 좀 더 복잡하고 정교한 비행제어방식이 필요하게 되었다. 처음엔 고속 전투기에서 필요성이 대두되었으나 제트엔진이 폭넓게 상용화되면서 대형 민간 항공기에서도 필요하게 되었다. 고속에서는 비행조종면에 높은 힌지 모멘트(hinge moment) 하중이 걸린다. 이 높은 하중을 극복하기 위해 유압을 이용한 조종면 작동방식이 사용되기 시작하였고, 이는 조종사의 부하를 감소시켜 주는 효과를 가져다 주었다.

비행기 속도가 증가하면서 생겨난 또 다른 문제는 공기역학적인 문제이다. 그 예는 고성능의 비행기에서 많이 발생하는 롤/요(roll/yaw) 운동이 혼합된 더치 롤(dutch roll) 현상이다. 이 현상은 요 댐퍼(yaw damper)나 자동안정 시스템(auto-stabilization system)을 적용하여 감소시키게 되었고, 이는 여객기 승객의 안락함과 군용기의 목표물 추적이나 조준을 위해서 꼭 필요한 기능이다. 요 댐퍼(yaw damper)나 자동안정 시스템(auto-stabilization system)의 적용은 비행제어장치에 전기/전자 분야가 적용되는 계기가 되었다. 전기/전자 시스템은 아날로그(analog) 센서(sensor)와 작동기구(actuating devices)를 연계시켜 비행제어기능을 가능하게 하였고, 장비의 고장에 대비하기 위해 여러 개의 보상 장치를 구현함으로써 복잡하면서도 높은 건전성(high-integrity)을 가진 제어기능을 실현할 수 있게 되었다.

결국엔 조종실과 비행제어장치를 연결하는 과거의 기계 와이어(mechanical wire)에 의한 제어방식은 사라지고 전기/전자적인 방법으로 제어하는 방식으로 발전하게 되었다. 현재는 기술의 발전이 급격히 빨라지면서 디지털 전자 분야가 도입되어 fly-by-wire방식의 제어장치가 개발되었다. 이 장치는 다중채널(multi channel)의 입력이 가능해지고 고장을 사전에 감지하고, 그 고장을 처리(isolation)하는 기능도 가능하게 되었다.

현대의 대부분 전투기는 향상된 비행제어 능력과 무게 감소가 가능한 fly-by-wire 방식을 적용하고 있다. 이 방식이 도입됨으로써 안전성 측면에서 불안정한 항공기(relaxed stability system) 개발이 가능해짐으로써 기동성이 향상되고 중량을 감소시킬 수 있는 장점이 있어 많은 군용기에 적용하기 시작하였다. 최근에는 민항기에서도 fly-by-wire 방식이 채택되기 시작하여 Airbus 320 계열이나 A330/340에 최초로 적용되었다. 보잉사 비행기 중에는 B777이 fly-by-wire system을 채택한 첫 번째 항공기이다.

최근 fly-by-wire system을 도입하면서 군용 항공기의 경우 failure rate가 10^{-7}~10^{-8}, 민간 항공기의 경우 10^{-9}을 요구함으로써 시스템 설계 시 3중 또는 4중의 다중화 구조로 설계되고 있으며 항공기의 감항 요구도에 대한 기준이 더욱 엄격하다.

3.2 비행제어 시스템 설계 요구 조건

3.2.1 비행제어 시스템의 주요 설계 기준 문서

비행제어 시스템을 설계하는 데 참조해야 할 국내외 기술문서에는 다음과 같은 것들이 있다.

- 미국 군사 규격
  - MIL-F-8785C, MIL-F-9490D, JSSG-2008
- 군용 항공기 표준감항 인증기준(방위사업청)
- 민간항공기 규격
  - FAR 23, 25, 27, 29, KAS-23 · 25 · 27 · 29
- 미국자동차협회 규격
  - SAE AS94900

국내의 KAS Part 25에 명시된 주요 설계 요구 조건은 다음과 같다.

3.2.2 일반 요구 조건

(a) 모든 조종장치 및 조종계통은 쉽고, 원활하며 확실하게 작동하여야 한다.

(b) 모든 조종계통의 각 부분은 조종계통의 기능 불량이 발생할 수 있는 부정확한 조립의 가능성을 최소화하도록 설계하거나 또는 구별되는 영구적인 표시를 해야 한다.

(c) 비행기는 다음과 같은 조종계통 및 조종면(트림, 양력, 항력 및 조종력 감지계통을 포함)의 결함이나 정체(jamming)가 발생한 후에도 특별한 조종기술 또는 체력이 필요 없이 통상의 비행 영역 선도 내에서 안전한 비행을 계속하여 착륙할 수 있다는 것을 해석, 시험 또는 그 두 방법 모두를 사용하여 입증하여야 한다. 발생 가능한 기능불량은 조종계통 조작에 오직 미미한 영향만을 끼치고 조종사가 용이하게 대응할 수 있어야 한다.

(1) 정체를 제외한 단일 결함. 예를 들면, 기계적인 요소들의 분리나 결함, 또는 작동기(actuator), 조종 스풀 하우징 및 밸브와 같은 유압 계통의 구조적인 결함

(2) 정체를 제외한 거의 발생하지 않음이 입증되지 않은 결함들의 조합. 예를 들면, 이중적인 전기계통이나 유압 계통의 결함, 또는 유압이나 전기계통과 조합된 단일

결함

(3) 정체가 거의 발생하지 않거나 해제될 수 있음이 입증되지 않은 경우, 이륙, 상승, 순항, 통상적인 선회, 하강 및 착륙의 통상적인 조종위치에서 발생하는 정체. 조종계통이 부적합한 위치로 이탈하여 정체되는 상태가 거의 발생하지 않음이 입증되지 않은 경우에는 이를 고려하여야 한다.

(d) 비행기는 모든 엔진이 고장난 경우에도 조종이 가능하도록 설계하여야 한다. 이 요구조건의 적합성은 신뢰할 수 있다고 입증된 해석을 사용하여 입증할 수도 있다.

3.2.3 안정성 증가, 자동 및 동력식 계통

기술기준 Part 25의 비행 특성 요구 조건에 적합함을 입증하기 위해 안정성 증가, 자동 혹은 동력식 계통의 기능이 필요한 경우, 이들 계통은 25.671항의 기준과 다음 사항에 적합하여야 한다.

(a) 조종사가 결함을 알지 못하는 사이에 안정성 증가 계통이나 다른 자동 혹은 동력식 계통의 결함 때문에 불안전 상태로 빠져들 수 있는 경우, 모든 가능한 비행 상태에서 조종사가 주의를 기울이지 않아도 명확히 인식할 수 있는 경보장치를 구비하여야 한다. 경보장치가 조종계통을 작동시키지 않아야 한다.

(b) 안정성 증가계통이나 자동 혹은 동력식 계통은 25.671(c)항에 규정된 형태의 결함에 대해서 고장 부위 또는 계통의 작동을 해제하거나 통상의 감각으로 조종간을 움직여서 결함을 극복하는 것과 같이 특별한 조종기술 또는 체력의 필요 없이 초기 대응을 할 수 있도록 설계하여야 한다.

(c) 안정성 증가계통이나 자동 혹은 동력식 계통의 단일 결함 발생을 가정하였을 때 다음 사항이 입증되어야 한다.

(1) 승인된 운용한계 내의 모든 속도 또는 고도에서 결함의 양상이 심각한 고장 또는 기능 불량이 발생해도 비행기를 안전하게 조종할 수 있을 것.

(2) 항공기의 비행 교범에 명시된 실제 운용 비행 영역(예를 들면 속도, 고도, 정상 가속도 및 비행기의 형상) 내에서 이 기술기준에 규정되어 있는 조종성 및 운동성의 요구 조건에 적합할 것.

(3) 트림, 안정성 및 실속 특성이 계속적인 안전한 비행과 착륙에 필요한 수준 이하로 약화되지 않을 것.

3.2.4 정지장치

(a) 모든 조종계통은 그 계통에 의해 조종되는 각각의 움직이는 공기역학적 조종면의 작동범위를 확실히 제한하는 정지장치(stops)를 구비하여야 한다.

(b) 각각의 정지장치는 마모, 헐거움 또는 과도한 조정으로 조종면의 행정범위가 변하여 비행기의 조종 특성에 나쁜 영향을 미치지 않도록 장착되어야 한다.

(c) 각각의 정지장치는 조종계통의 설계 조건에 따른 어떠한 하중에도 견딜 수 있어야 한다.

3.2.5 트림 계통

(a) 트림 조종장치는 부주의하거나 급격한 조작이 불가능하고, 또 비행기의 비행평면 내에서 운동방향으로 작동하도록 설계하여야 한다.

(b) 비행기 움직임과 연계되어 조종방향을 표시하는 트림 조종장치를 조절하는 방법이 있어야 한다. 또한 조절 범위 내에서 트림 장치의 위치 표시를 분명히 볼 수 있어야 한다.

(c) 트림 조종계통은 비행 중에 저절로 움직이지 않도록 설계하여야 한다. 트림탭이 적절하게 균형이 잡혀 있고 플러터가 발생하지 않음을 입증하지 않는 한, 트림탭 조종장치가 반대로 작동하지 않아야 한다.

(d) 반대로 작동하지 않는 탭 조종계통을 사용하는 경우에는 역으로 작동하지 않는 부품 장착부의 탭과 비행기 구조부와는 확실한 연결상태를 유지하여야 한다.

3.2.6 조종계통의 돌풍대비장치

(a) 비행기가 지상 또는 수상에 있을 때 돌풍충격에 의한 조종면(탭을 포함) 및 조종계통 손상을 방지하는 장치를 구비하여야 한다. 이 장치가 조종사에 의한 조종면의 정상작동을 방해하도록 연결되어 있는 경우, 다음 (1)항 또는 (2)항의 규정에 적합하여야 한다.
   (1) 조종사가 주조종장치를 통상의 방법으로 조작하면 자동적으로 연결이 해제될 것.
   (2) 이륙 출발시 조종사에게 그 장치가 연결되어 있음을 반드시 경고함으로써 비행기의 운항을 제한할 것.

(b) 이 장치는 비행 중에 부주의하게 연결될 가능성을 방지하는 장치를 구비하여야 한다.

3.2.7 양력 및 항력 장치, 조작

(a) 각 양력 조작장치는 조종사가 25.101(d)항에 규정된 이륙, 항로운항, 진입 또는 착륙위치로 놓을 수 있도록 설계하여야 한다. 자동위치 조절장치 또는 하중제한장치에 의한 움직임을 제외하고는 양력 및 항력장치는 조종사가 별도의 주의를 기울이지 않아도 선택한 위치를 유지하여야 한다.

(b) 양력 및 항력장치는 부주의로 작동할 가능성이 없도록 설계하고 배치하여야 한다. 지상에서만 작동하는 양력 및 항력장치가 비행 중 작동되면 위험한 경우, 부주의한 작동을 방지하는 장치를 갖추어야 한다.

(c) 조종장치의 작동 및 자동위치 조절장치 또는 하중제한장치의 특성에 의해 조종면이 움직이는 비율은 비행기의 자세, 대기속도, 엔진 출력이 일정한 상태거나 변화할 때 만족할 만한 비행과 성능특성을 부여하여야 한다.

(d) 양력장치는 VF+16.7 km(VF+9.0 노트) 이하의 속도, 엔진의 최대연속출력으로 정상 비행 중에 조종면을 완전히 펼친 위치로부터 접을 수 있도록 설계하여야 한다.
(VF: 특정의 비행하중상태를 고려한 설계프랩내린속도)

3.2.8 양력 및 항력장치 지시기

(a) 조종실 내에서 분리된 조작이 가능한 각각의 양력 또는 항력장치는 위치를 조절하기 위해 조종사에게 현재의 위치를 지시하는 방법이 있어야 한다. 또한 비행특성 및 성능에 미치는 영향을 고려해서 조종사가 불안전한 비행이나 지상상태에 대한 예방 또는 대응이 가능하도록 양력 또는 항력장치의 비대칭 작동 또는 기타 기능불량을 지시하는 방법을 제공하여야 한다.

(b) 이륙, 항로운항, 진입 또는 착륙의 비행상태에 따른 양력장치 위치를 조종사에게 지시하는 방법이 있어야 한다.

(c) 착륙 시의 위치 이상으로 양력 및 항력장치를 펼칠 수가 있는 경우에는 그 조작장치에 펼칠 수 있는 범위를 분명하게 표시하여야 한다.

3.2.9 플랩의 상호연결장치

(a) 비행기의 플랩이나 슬랫 중 한쪽은 접히고 반대쪽은 펼쳐진 경우에도 안전한 비행특성이 있는 경우를 제외하고는 비행기의 대칭면에 대해 서로 반대의 위치에 있는 플랩이나 슬랫의 움직임은 기계적인 상호연결 또는 그것과 동등하다고 승인된 방법에 의해 동조되어야 한다.

(b) 날개의 플랩이나 슬랫 상호연결 혹은 이와 동등한 방법을 사용하는 경우에는, 비행기의 대칭면에 대해 한쪽에 있는 엔진이 정지하고 반대쪽에 있는 엔진은 이륙출력으로 비행하는 경우를 포함한 모든 비대칭 하중을 고려하여 설계하여야 한다.

(c) 프로펠러 후류와 같은 상태에 노출되지 않는 플랩이나 슬랫을 가진 비행기는, 날개의 플랩이나 슬랫이 한쪽에서는 규정된 대칭비행상태에서 생기는 가장 심한 하중을 받고 반대쪽에서는 이 하중의 80% 이하인 하중을 받는 부하를 고려한 구조로서 설계하여야 한다.

(d) 날개의 플랩이나 슬랫이 한쪽은 정체되어 움직일 수 없고 반대쪽은 움직임이 자유로운 상태에서 작동계통의 전 출력이 작용할 때 발생하는 부하를 고려하여 플랩의 상호연결장치를 설계하여야 한다.

3.2.10 이륙경보장치

다음과 같은 요구 조건을 충족하는 이륙경보장치를 장착하여야 한다.

(a) 해당 계통은 항공기가 안전하게 이륙할 수 없는(다음의 (1)항과 (2)항을 포함하는) 상태가 되면 이륙활주의 초기에 자동적으로 작동하여 음성 경보를 조종사에게 주어야 한다.

   (1) 날개의 플랩이나 앞전의 고양력장치 위치가 이륙 시의 허용범위를 벗어난 경우.

   (2) 날개의 스포일러(25.671항의 요구 조건에 적합한 가로방향 조종스포일러를 제외), 속도 제동장치 또는 세로방향 트림장치가 안전한 이륙을 보장하는 위치에 있지 않은 경우.

(b) 상기 (a)항에서 요구된 경보는 다음과 같은 경우가 될 때까지 계속되어야 한다.

   (1) 안전하게 이륙할 수 있는 상태로 변경될 때

   (2) 조종사가 이륙활주를 중지하는 조치를 취했을 때

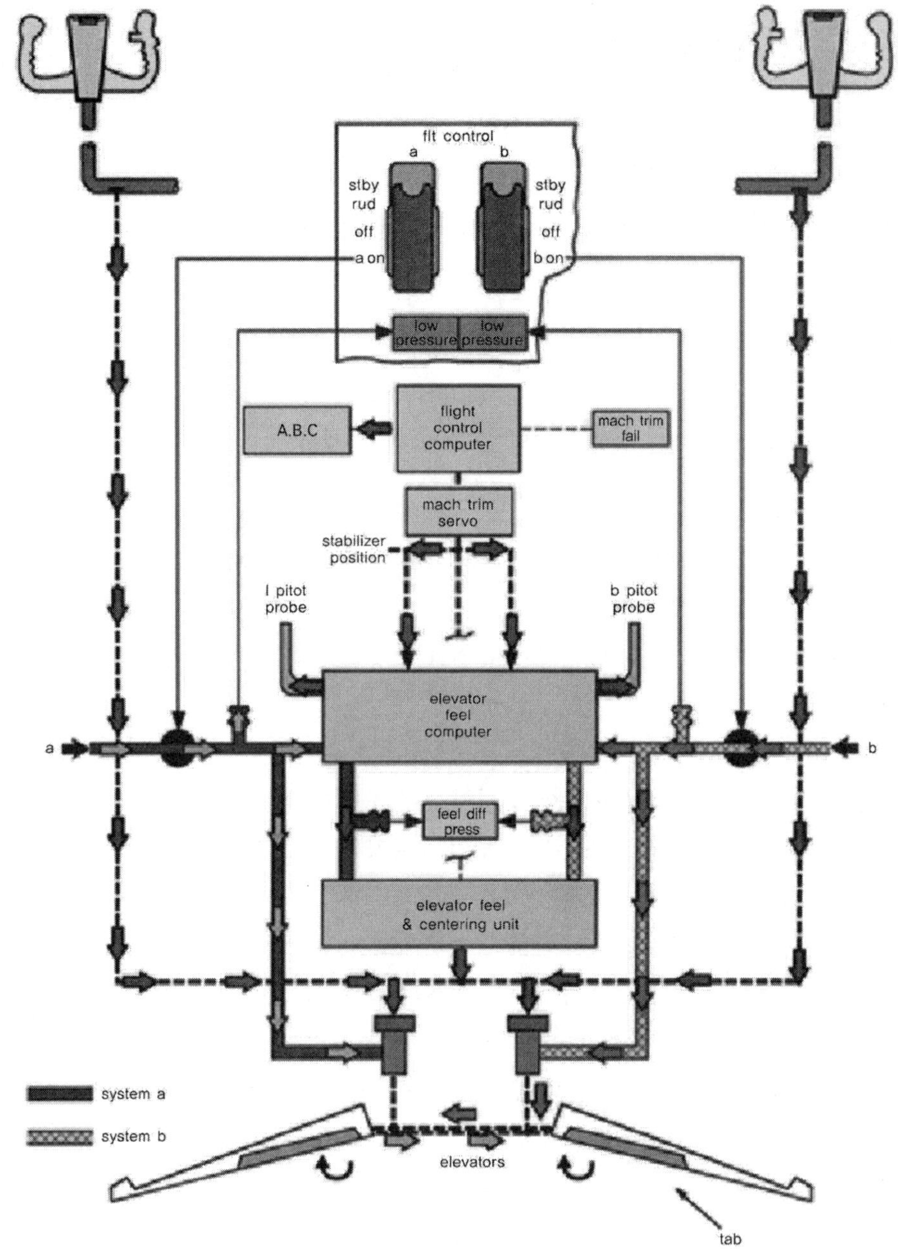

그림 3.1 B737 elevator control system

(3) 비행기가 이륙을 위해 회전했을 때

(4) 조종사가 인위적으로 경보를 껐을 때

(c) 이 계통을 동작시키기 위해 사용되는 방법은 증명과정에서 요구하는 이륙중량, 고도 및 온도의 범위에서 적절하게 작동하여야 한다.

3.3 비행제어 시스템 구성

대부분의 비행제어 시스템 구성(system architectures)은 비행조종면, 조종사의 신호전달 시스템, 트림(trim)장치 및 제어용 컴퓨터 등으로 구성된다. 그 사례로서 B737의 경우를 보면 다음과 같다.

- 1차 비행조종면
  - 피치, 롤, 요 운동을 제어하기 위한 엘리베이터, 에일러론, 러더
  - 롤 제어는 러더 외에도 스포일러의 도움을 받아 제어
- 2차 비행조종면
  - 비행 속도 조절과 착륙 후 제동을 위한 스포일러(flight spoiler, ground spoiler)
  - 트림을 위한 수평 안정판
  - 이착륙 시 양력을 추가로 발생시키기 위한 고양력장치로서 앞전플랩, 뒷전플랩, 앞전슬랫(slats)

그림 3.1은 B737의 비행조종면 중에서 피치 조종을 위한 엘리베이터 시스템 구성을 간략하게 나타낸 그림이다. 그림에는 조종실 내부의 조종장치, 신호전달 방법, 작동기의 유압 공급 방법 및 시스템의 구성에 대한 간략한 정보를 담고 있다. 사례로 제시한 B737 시리즈는 현재 민간 항공기 중 가장 많이 팔린 대표적 항공기로서 유압에 의해서 작동되는 고전적인 기존의 비행조종면 작동방식을 가지고 있다. 2개의 독립적인 유압 시스템과 스탠바이(standby) 유압 시스템에 의해서 비행조종면을 제어하며 고장을 대비하여 다중(multiple redundancy)으로 설계되어 있다. 각 비행조종면은 대부분 2개의 유압 시스템으로부터 독립적으로 유압을 받게 되어 있으며, 각 유압 시스템은 하나가 고장 나더라도 다른 하나가 모든 유압 공급이 가능할 수 있는 용량을 가지고 있다. 때에 따라서 뒷전 플랩 같은 경우는 전기에 의해 작동할 수도 있다. 이와 같은 redundancy management 설계는 작동기뿐만 아니라 rate gyro, accelerometer 등 항공기의 자세와 운동을 감지하는 센서들도 다중으로 장착되어 고장에 대한 시스템의 안전성을 증대시키고 있다.

3.3.1 비행조종면

비행조종면의 요구 조건은 기동 능력, 항속거리나 임무 조건 등에 따라 다양하게 변한다. 이런 요구 조건의 다양성은 기동성이 민첩한 군용기와 일반적인 민간 항공기 사례를 비교해 보면 쉽게 이해될 수 있다. 민항기와 전투기에서의 비행조종면은 대부분 비슷한데 차이점으로는 항공기 전체면적 대비 비행조종면의 면적에 있다. 전투기의 비행조종면 면적 비율은 민항기보다 큰 편인데 이는 전투기의 기동성과 고성능 요구 조건에서 비롯된다. 민항기는 상대적으로 기동 성능보다는 최적의 연료소비율에 초점을 맞춘 순항 조건이 대부분이기 때문이다. 또한 승객의 안전과 안락함을 중시하기 때문에 급격한 기동을 하지 않게 설계된다.

3.3.1.1 1차 비행조종면

1차 비행조종면은 피치, 롤, 요를 담당하는 주 비행제어장치로 엘리베이터, 에일러론, 러더를 말한다.

피치 제어(pitch control)는 보통 엘리베이터로 하는데 대형 민간 항공기의 경우 수평 안정판(horizontal stabilizer)에 여러 개의 엘리베이터가 있다. 각 엘리베이터는 해당 비행제어 작동기(flight control actuator)에 의해 작동되며 각 작동기는 여러 개의 유압 시스템으로부터 유압을 전달받을 수 있다. 이런 시스템 구성은 비행제어 시스템의 높은 신뢰성 요구 조건에 의한 결과이다. 수평 안정판(horizontal stabilizer) 자체는 하나 혹은 여러 개의 작동기에 의해 구동되며 이는 항공기의 트림(trim)을 잡기 위한 것이다. 일부 군용기에서는 엘리베이터 대신 주 날개(main wing) 앞에 움직이는 canard wing을 설치하는 예도 있다. 이 방법은 기동성이 민첩한 전투기에 적용하는데, 주 날개에 대한 canard wing의 위치는 항공기를 불안정하게 만들며, 만일 불안정성을 통제하기 위한 컴퓨터가 없다면 항공기는 조종 불가 상태가 되어 추락하게 될 것이다.

롤 제어(roll control)는 주익에 설치된 에일러론에 의해 조종된다. 저속영역에서는 공기력이 부족하여서 에일러론뿐만 아니라 스포일러의 도움을 받는 경우도 있다. 일부 대형 민간 항공기에서는 고속, 저속용 에일러론을 별도로 설치하는 경우도 있다. 고속에서 에일러론을 조작하면 과도한 롤링 모멘트가 걸릴 수 있기 때문이다. 에일러론 대신 canard wing으로 할 때에는 반대 방향으로의 움직임(up/down)과 플랩퍼론(flaperon)의 도움으로 가능해지는데 주로 canard wing에 의해 조절된다.

요 제어(yaw control)는 러더로 하게 된다. 대형 민간 항공기는 수직 안정판(vertical stabilizer)에 있는 여러 개의 러더에 의해서 제어된다. 일반적으로 민간 항공기에서는 요 댐퍼 시스템(yaw damper system)과 연동되어 작동한다.

일반적으로 많이 적용하는 1차 비행조종면 외에도 일부 비행기에서는 꼬리날개 전체가 움직이는 형태, 엘러본(elevon), 러더베이터(ruddervator), 플랩퍼론(flaperon)과 같은 복합 기능을 하는 조종면도 있다. 꼬리날개 전체가 움직이는 조종면은 보통 고속의 군용기에 많이 적용하고 있다. 엘러본은 보통 꼬리 날개가 없는 비행기에 있으며, 엘리베이터와 에일러론의 복합기능을 하는 조종면으로 양날개에 장착되어 서로 다른 방향으로 움직이면 에일러론, 같은 방향으로 움직이면 엘리베이터의 기능을 하는 조종면이다. 러더베이터는 러더와 엘리베이터의 기능을 하며 V자 형태의 꼬리날개를 가진 비행기에 설치된다., 플랩퍼론은 플랩과 에일러론의 기능을 하는 조종면이며, 일부 대형 항공기에서 플랩과 에일러론 사이에 설치하는 경우도 있다.

3.3.1.2 2차 비행조종면

2차 비행조종면은 피치, 롤, 요 제어보다는 고양력 제어를 위한 조종면으로서 플랩, 플랩퍼론, 앞전슬랫 등이 있다. 2차 비행조종면을 펼치면 날개 캠버(airfoil camber)와 면적을 키우는 효과를 가져다주기 때문에 양력이 증가한다. 반면에 항력도 증가하지만 추력으로 이를 극복할 수 있으며, 때로는 항력을 키워 비행 중이나 착륙과정에서 속도를 줄이기 위한 스포일러를 설치하여 air brake 역할을 하기도 한다. 스포일러를 세우는 경우 피치모멘트의 변화가 생기는데 보통 이는 비행제어장치에서 보상하도록 설계되어 있다.

고양력장치(high lift devices)의 대표적인 것으로 플랩을 들 수 있다. 플랩의 역할은 이륙시에 양력을 키우는 것이며, 착륙 시에는 양력뿐만 아니라 항력을 키워 저속으로 안전하게 착륙시키고 활주 거리를 줄이기 위한 것이다. 플랩은 캠버(camber)를 변화시켜 유효 받음각을 키우고, 날개의 면적을 증가시키며, 간혹 슬롯을 통해 공기흐름을 제어할 때도 있다. 슬롯은 저속에서는 양력 증가의 효과를 주지만, 고속일 때에는 오히려 불리하므로 필요할 때에만 사용하도록 날개 앞뒤에 설치한다. 플랩에는 날개의 앞전에 설치하는 앞전플랩과 뒷전에 설치하는 뒷전플랩이 있다. 앞전플랩에는 형태에 따라 크뤼거플랩, 슬로트 날개(slotted wing), 고정 및 이동식 슬랫(fixed/movable slat), 슬랫과 슬로트의 복합형태 등 여러 가지 종류로 구분된다. 뒷전플랩에는 평면플랩(plain flap), 스플리트플랩(split flap), 슬로트플랩(slotted flap), 잽플랩(zap flap), 파울러플랩(fowler flap) 등으로 구분된다. **그림 3.2**는 플랩의 종류를 보여주는 것이다. 왼쪽 위로부터 시계방향으로 평면플랩, 스플리트플랩, 슬로트플랩, 파울러플랩을 나타낸다. **그림 3.3**은 플랩의 공력 특성을 나타낸 것이다. 평면플랩, 스플리트플랩은 날개의 캠버를 바꾸어 받음각을 키움으로써 양력을 증가시키고 슬로트플랩은 캠버 및 날개

그림 3.2 플랩의 종류

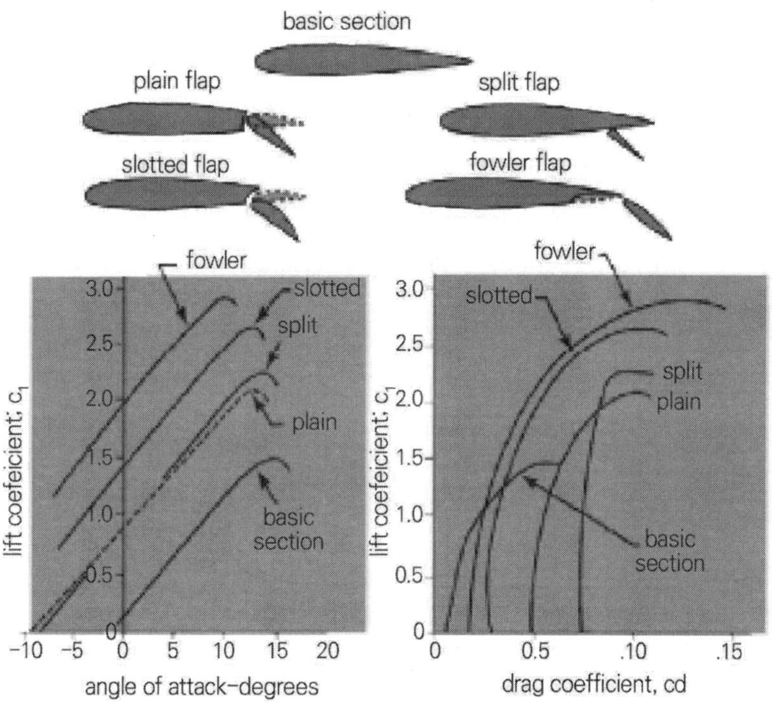

그림 3.3 플랩의 공기역학적 특성

면적을 증가시키고 슬로트(slot)로 공기흐름을 제어한다. 파울러플랩은 날개 뒷부분에서 작은 날개가 빠져나와 캠버와 날개면적을 증가시키는 효과가 있다.

3.3.1.3 트림 탭

조종간, 페달을 통해 비행조종면을 작동시킬 때 과도한 힘을 쓰지 않으면서 편안한 느낌의 조작성을 구현할 필요성이 있다. 이는 조종사의 부하(work load)를 감소시키는데 도움을 줄 수 있다. 이런 조작성을 구현하기 위해 항공기에서는 트림(trim) 및 관련 장치(feel)가 설치되어 있다. 항공기에서 트림(trim) 상태는 항공기에 작용하는 힘에 의한 모멘트가 평형을 이룬 상태로서 조종간을 조작하지 않더라도 항공기 비행자세를 그대로 유지할 수 있는 조건이다. 트림의 필요성은 **그림 3.4**에서 나타낸 것처럼 항공기에 작용하는 공기역학 힘의 변화를 통해 쉽게 이해할 수 있다.

그림은 항공기의 피칭모멘트(pitching moment)를 변화시키는 공력 힘에 대한 설명으로서 항공기 무게중심(center of gravity)에 작용하는 중량(weight)과 날개에 작용하는 양력의 관계로 설명하고 있다. 무게중심의 위치와 양력이 작용하는 풍력 중심의 상대적 위치는 항공기 안정성에 중요한 변수이다. 무게중심의 위치가 풍력 중심보다 앞에 있으면서 그 거리가 멀수록 항공기는 안정하게 된다. 그림에서 양력이 증가하면 항공기는 기수가 아래로 처지게 하는 노즈다운(nose-down) 모멘트가 생기게 되며, 이런 경향을 없애고 원래의 상태로 복원하기 위해서는 꼬리날개(tailplane)에서 노즈업(nose-up) 방향의 모멘트를 발생시키는 힘을 증가시켜야 한다. 따라서 꼬리날개에서는 양력의 반대인 아래쪽의 힘이 증가해야 하며, 이를 위해 꼬리날개의 영각(incidence angle) 변화가 생겨야 한다. 이 말은 곧 조종간을 조작해서 조절해야 한다는 의미이다. 이때 원래의 항공기 자세를 유지하기 위해 꼬리날개에서 발생해야 하는 힘을 트림 힘(trim force)이라고 한다. 항공기 피칭모멘트는 엔진 추력, 항공기 속도, 연료분포의 변화, 플랩(flap) 혹은 스포일러(spolier)의 작동에 따라 변하게 되며 이는 곧 트

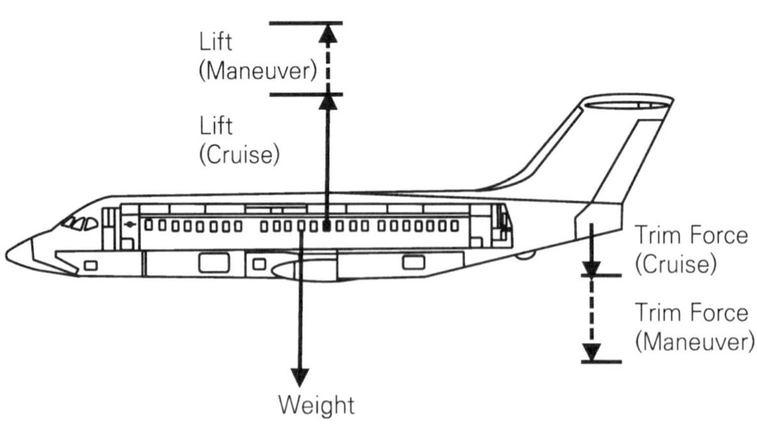

그림 3.4 수평 비행 시 작용하는 pitch forces

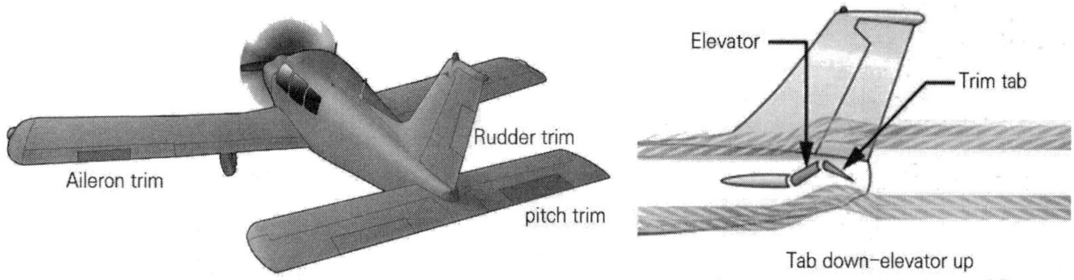

그림 3.5 trim tab

림 힘(trim force)의 변화가 필요하게 된다. 만일 수시로 변하는 트림 조건을 맞추기 위해 조종사가 끊임없이 조종간을 조작해야 한다면 부하가 증가하게 되며 피로감을 느낄 수 있다. 따라서 항공기에는 **그림 3.5**에서 보듯이 트림을 위한 트림 탭(trim tab)을 설치해서 편안한 조종을 가능하게 할 수 있는 장치가 되어 있다. 지금까지 설명한 피치 트림(pitch trim) 외에도 롤(roll) 혹은 에일러론 트림(aileron trim)과 요 혹은 러더트림(rudder trim)도 있어야 한다. 보통 항공기에는 조종간에 트림버튼(trim button)을 설치하여 피치(pitch)와 롤 트림(roll trim)이 가능하다. 트림을 위해 움직이는 조종면은 작동기에 의해 구동되고 비행제어장치에서 제어하게 된다.

3.3.1.4 조종간 휠 장치

조종간 휠(feel)은 조종간을 통해 조종사가 느끼는 인공적인 힘을 의미한다. 고성능 항공기와 같이 비행조종면에 작용하는 공력 힘이 커서 조종사가 물리적으로 조종간을 움직이기 힘든 상황이나 FBW 방식처럼 비행조종면을 움직이는 입력값이 전기신호면 조종간을 조작하는 데 필요한 힘(조종력)이 비행조종면에 걸리는 하중과 비례하도록 설계한다. 만일 조종사가 비행조종면에 걸리는 힘을 직접 느끼지 못하면 항공기에 작용하는 하중에 무관심해질 수 있고, 또는 비행조종면의 하중과 관계없이 일정한 조종력이 걸리도록 해서는 안 된다. 즉 비행조종면에 걸리는 실제 하중과 비례해서 조종사가 조종간에서 느끼는 힘도 비례하도록 하는 것이 더 유용하다고 볼 수 있다. 일반적으로 많이 사용하는 장치는 두 가지가 있으며, spring feel과 ‘Q’ feel 장치이다.

- **스프링 휠 장치**

이 장치는 미리 지정해둔 스프링(spring) 강도(stiffness)에 의해 조종간 휠(feel) 조절이 가능한 장치이다. 즉, **그림 3.6**에서 보듯이 항공기의 비행조종면에 걸리는 하중의 크기에 비례하도록 스프링 강도가 설정되고 이에 비례하는 조종력을 발생시키도록 하는 방법이다. 스

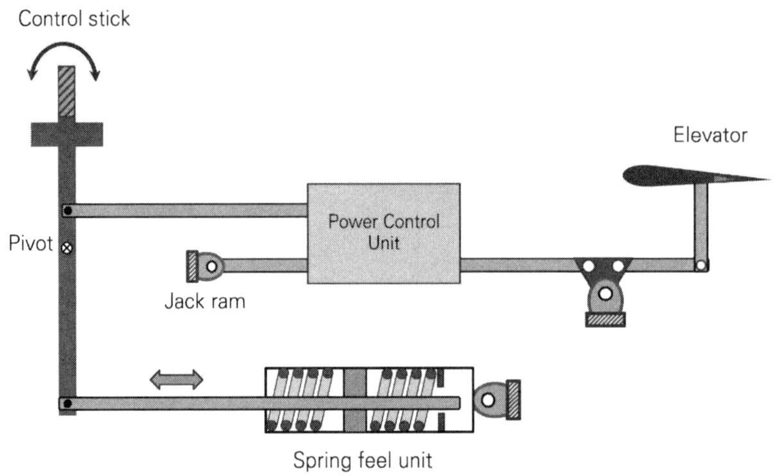

그림 3.6 스프링 휠 장치

프링의 탄성강도는 선형적으로 변하기 때문에 조종력 역시 선형적으로 변하게 된다.

- 'Q' 휠

'Q' 휠 장치는 좀 더 복잡하고 정밀한 방법으로서 조종 요구량이 적용되는 시점에서의 비행 조건과 공기력을 고려한 방법이다. 보통 다이어프램이나 피스톤의 한쪽에는 전압(pitot pressure), 반대쪽에는 정압(static pressure)이 작용하는 방식이다. 여기서 'Q'의 의미는 동압(dynamic pressure)의 의미로 해석하면 된다. 즉, 공기력은 속도의 제곱에 비례하고 그 힘에 비례하도록 조절하는 장치이다. 따라서 'Q' 휠 장치는 pitot-static pressure의 차이(dynamic pressure)를 읽어 들여 작동한다. 조종사에게 결국 항공기의 속도 제곱에 비례하는 공기력의 크기에 따라 조종력을 느끼게 해준다. **그림 3.7**을 보면 전압과 정압의 차이로 피스톤에 작용하는 힘의 차이가 나고 이 차이로 조종간의 조종력이 달라진다. **그림 3.8**에서 전압과 정압 차이인 동압이 커지면 다이아프램이 아래로 움직이고, 메터링밸브(metering valve)의 열린 면적이 커져 유압이 공급되면서 압력이 커진다. 보통 꼬리날개와 러더에 사용된다. 이 장치의 단점은 매우 복잡하고 실질적으로 고속에서만 효용성이 있다는 것이다.

보통 스프링 휠 장치는 저속이면서 조종면의 변이요구량이 큰 비행기에서 사용되고 'Q' 휠 장치는 고속에서 변위 요구량이 작은 비행기에서 사용된다.

3.3.1.5 탭

탭(tab)은 보통 꼬리날개의 뒷전에 설치하는 작은 조종면이다. 탭은 조종면을 작동시키는데 필요한 조종력을 감소시키기 위한 것이다. 이 탭에는 balance tab, servo tab, spring tab

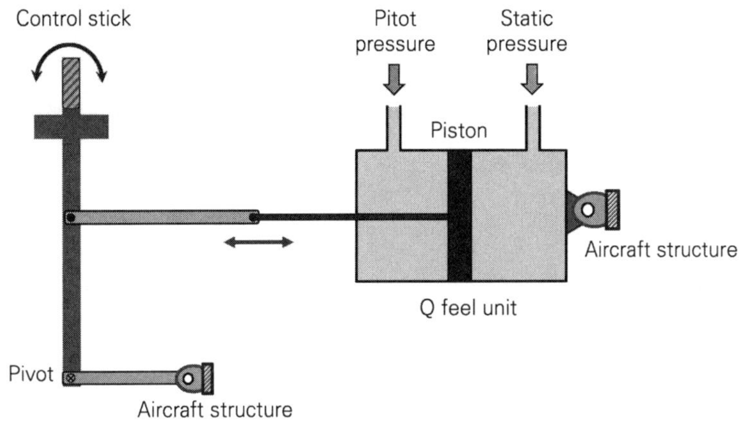

그림 3.7 'Q' 휠 시스템

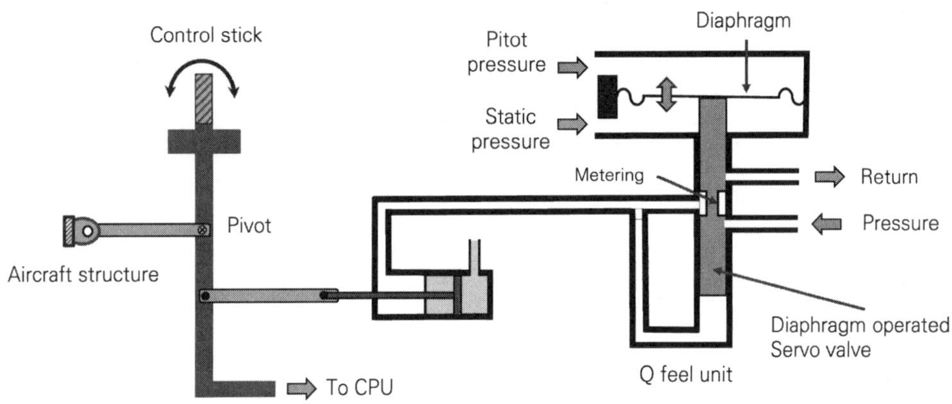

그림 3.8 유압 Q 휠 시스템

이 있으며 탭의 움직임에 따라 조종면 힌지 모멘트를 조절할 수 있다. 또한 항공기의 트림(trim) 상태를 유지하기 위해 사용하는 트림 탭이 있는데 조종사가 trim wheel, trim switch로 조작하여 각도를 바꿀 수 있다. 트림은 항공기에 작용하는 모멘트가 평형을 이뤄 조종간을 조작하지 않더라도 항공기 자세를 일정하게 유지할 수 있는 상태를 말한다.

3.3.1.6 밸런스

비행기가 대형화되고 속도가 빨라지면서 비행조종면에 걸리는 힌지 모멘트의 크기도 커진다. 이 힌지 모멘트는 조종사의 조종간에 조종력으로 작용하는데, 조종사가 쉽게 조작할 수 있도록 조종력을 감소시키는 장치를 설치한다. 조종면의 무게중심은 보통 힌지 축의 뒤쪽에 있다. 이런 경우 공기력에 의한 힘과 중력에 의한 힘이 작용하여 조종면의 변위를 크게 해야 할 때는 조종력이 크게 필요하다. 이 조종력은 공기역학적인 방법으로 감소시키는데 이것을 aerodynamic balance라고 한다. 이 밸런스(balance)의 종류에는 보통 4가지가 있으며 over-hang balance, internal balance, horn balance, trailing balance가 있다. 밸런스의 공력 특성은 비행조종면을 설계하는 데 중요한 요소가 된다.

3.3.2 비행제어방식

앞 절에서 설명한 각종 비행조종면으로 비행기를 원하는 속도, 고도, 방향, 자세로 조절하여 비행을 제어하게 된다. 이러한 비행조종면을 구동시키기 위한 조종사의 조종 입력은 조종실에 있는 조종간(control column, stick)과 러더 페달(rudder pedals)에 의해 이루어진다. 피치 제어(pitch control)는 조종간을 앞뒤로, 롤제어(roll control)를 위해서는 조종간을 좌우로 조작한다. 요제어(yaw control)는 페달(pedal)을 좌우로 밟아 조종하게 된다. 항공기는 조종간이나 페달의 조작 방향과 일치하도록 움직이게 되어 있다.

조종사의 입력이 비행 제어를 위한 작동기를 구동시키기 위해 신호가 전달되는 방법은 여러 가지로 구분할 수 있다.

- mechanical control
- hydro-mechanical control
- fly-by-wire control
- fly-by-light control
- fly-by-wireless control

3.3.2.1 기계식 제어

조종사의 입력이 기계적인 방법으로 비행조종면을 작동시키는 수동제어 방법으로서 가장 기본적인 방식이다. 즉, 조종사의 조종력에 의해서 다른 도움 없이 조종면을 직접 움직인다. 초창기 항공기나 공기력이 크지 않은 현대의 소형 항공기에도 적용하고 있는 방식이다. 아주 초창기에는 케이블을 이용하여 날개를 비틀림(wing warping)시켜 제어한 때도 있었다. 라이트 형제의 플라이어 1호에는 피치(pitch)와 롤(roll) 제어를 하기 위해 이 방식을 사용하였다.

기계식 제어(mechanical control)방식은 비행조종면에 걸리는 공기력에 의한 큰 힌지 모멘트를 조종사가 감당하지 못하며, 제어를 위한 케이블 설치가 복잡해지는 단점이 있다. 기계식 제어방식은 **그림 3.9**에서 보듯이 보통 푸시로드(push rod), 텐션 케이블(tension cable), 풀

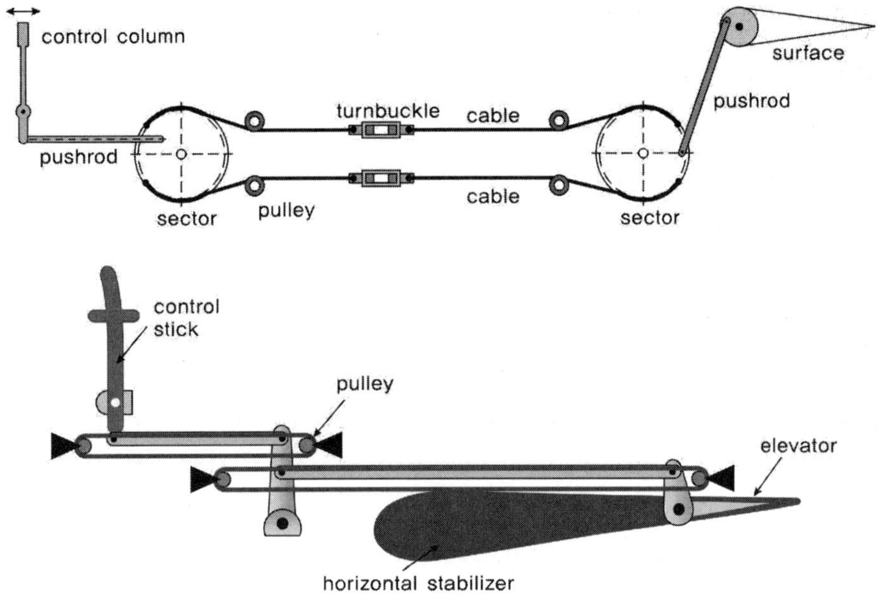

그림 3.9 mechanical cable control

리(pulleys), 혹은 체인(chain) 등으로 구성되어 있으며, 조종사의 조종력이 비행조종면에 그대로 전달된다. 턴버클(turn buckle)을 사용하여 케이블의 장력을 조절하기도 하며, 거스트럭(gust locks)을 설치하여 지상에 주기된 항공기의 비행조종면이 바람에 의해 손상되지 않도록 한다. 대형 항공기나 고속의 소형 항공기 비행조종면에 걸리는 높은 하중을 견디고 조종간을 조종하기 위해 기계식 기어(mechanical gear)를 적용하는 때도 있다.

때로는 비행조종면에 설치된 서보탭(servo tab)을 이용하여 여기에 걸리는 공기력의 도움을 받아 큰 힘이 걸리는 비행조종면을 움직일 수 있도록 한 경우도 있다. 서보탭은 초창기 왕복 엔진 항공기나 여객기에 적용되었다. B737의 경우에는 전체 유압 시스템이 고장 난 경우 서보탭에 의해 제어되게 되어 있다.

기계적 신호, 즉 기계적 케이블과 로드로 명령 및 제어 신호를 전송하는 것은 매우 단순하면서 충분히 신뢰성이 있는 장치였다. 하지만 이런 장점에도 불구하고 단점을 같이 놓고 보면 이제 그 효용성이 없어지고 있다. 기계적 신호는 장치의 질량, 부피 및 항공기 내부 설계의 통합 측면에서 제한이 있다. 또한 명령과 제어 신호를 혼합 혹은 분리하기 힘들고 백래쉬(backlash), 마찰, 열팽창 같은 요소들을 보상하는 데 제약이 많으며 전기신호 방법보다 정확도가 떨어진다. 또한 항공기 중량의 증가, 대형화에 따른 조종의 어려움으로 한계를 가지게 되었다.

3.3.2.2 유압작동기의 필요성

비행조종면은 매우 다양한 기능과 성능을 가져야 한다.

- 비행조종면의 위치 제어(position control),
- 연속적인(continuous) 동작, 간헐적인(transient) 동작, 펄스(pulse) 동작이 가능
- 다양한 범위의 작동기(actuator) 이동 거리, 출력(force), 작동기 속도에서 작동
- 작동 환경을 보면 −40에서 70℃ 온도 조건, 전자기파 노출, 진동, 습도, 압력사이클 조건
- 정해진 환경 조건에서 4,000~135,000 비행시간 조건을 만족
- 고장율(failure rate)은 10^{-9}/Flight hour 이하
- Safe life, fail operative/functional, fail safe(passive, frozen, neutral) 조건
- 기술 성숙도 98% 이상

위와 같은 조건들 외에도 출력 요구값은 정상 비행일 때보다 혹독한 비행 조건에서의 요구값을 요구하며, 정상적인 기능 외에도 overload protection, cooling/heating, energy absorbing(작동기가 endstop에 있을 때), 여러 개의 작동기가 하나의 하중을 담당해야 할 때 필요한 force equalization, 여러 개의 작동기가 여러 개의 하중을 분담할 때 필요한 syncronization과 같은 2차 기능이 있어야 한다. 이러한 조건에서 작동하는 비행조종면을 제어하기 위해서는 작동기가 필요하며, 결국 현대의 항공기는 유압작동기를 사용하고 있다. 최근 일부 군용기에서는 유압작동기를 없애고 전기모터에 의해 구동되는 작동기(EMA)가 적용되기 시작하였다.

유압작동기는 50년 이상을 사용해 왔던 방식이며 closed loop control을 적용하면서 사용처가 광범위하게 늘어났다. 항공기의 크기와 속도가 증가하면서 인간의 힘으로는 할 수 없는 동력이 필요해지고, 자동 조종장치같이 조종사의 부담을 줄이면서 비행 성능, 안정성, 공기역학적 효율을 높이는 것이 필요해졌다. 기계적 제어를 대신하여 유압작동기를 사용하면서 단점도 있지만, 그에 비해 좋은 장점이 있어 현재 주로 사용하는 방식이 되었다.

• 유압 시스템의 장점

- 유압장치 자체 수준에서 보면 power density가 매우 높다.
- 유압 시스템에 적용하면 여러 가지 주 기능과 2차 기능을 할 수 있다.
- 작동하면서 발생하는 열을 처리하기 쉽다.
- 유압작동기의 부품은 낮은 inertia를 가지며 빠른 가속을 할 수 있다.
- 전자기파에 의한 영향이 없다.

• **유압 시스템의 단점**

- 중앙의 유압이 각 계통으로 배분되면서 power density가 낮아진다.
- 유압 배분 네트워크에서의 취약성(누설, 오염 등)으로 인해 power management가 어렵다.
- 유압유를 관리해야 한다(charging, filtering, purging).
- 제어 설계를 하는데 비선형 특성이 있다.

3.3.2.3 기계 신호를 이용한 유압식 제어

기계식 제어방식은 항공기가 대형화되고 성능이 좋아지면서 사용에 제한이 따르게 되었으며, 이 단점을 극복하기 위해 유압에 의해 비행조종면을 작동하는 방식이 사용되었다. 이 방식은 유압 시스템이 추가됨으로써 많은 부품이 추가로 장착되며 크게 기계식 신호로 작동하는 방식과 기계식 신호에 의해 서보 밸브로 작동하는 2개의 방식이 있다.

• **기계적 신호에 의한 유압작동기**

조종사의 조종간과 유압회로를 연결하는 부분이 기계식 제어방법의 구성과 유사하다. 조종사의 조종 입력이 기계식 제어방식에서 사용하는 푸시로드, 케이블, 풀리에 의해 유압회로에 전달된다.

• **기계적 신호를 받는 서보 밸브에 의한 유압작동기**

일반적인 유압 시스템으로서 유압펌프, 레저버(reservoir), 밸브, 작동기로 구성된다. 조종사의 입력이 기계식으로 서보밸브에 전달되어 유압 작동기를 제어하고, 작동기는 비행조종면을 구동시키게 된다.

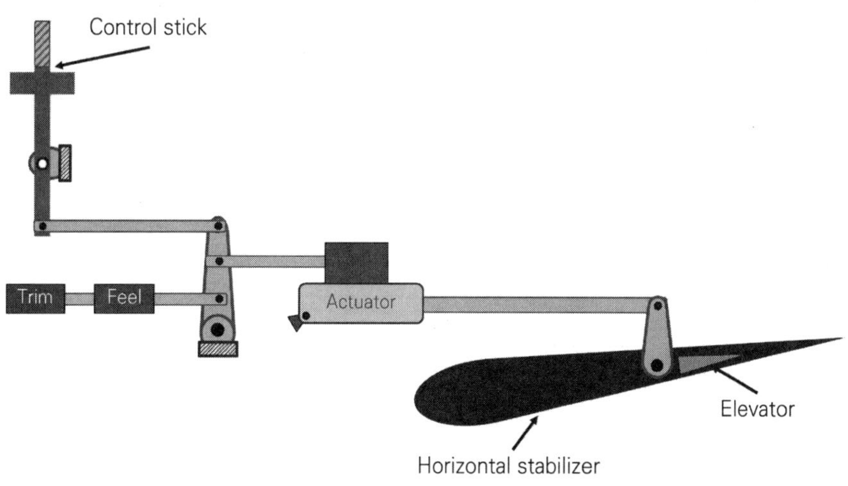

그림 3.10 유압식 제어

3.3.2.4 전기신호를 이용한 유압식 제어

전기신호로 작동하는 유압작동기를 적용한 fly-by-wire 방식은 컴퓨터와 제어기를 사용할 수 있게 되어 좀 더 정확하고 신뢰성 있는 제어가 가능하게 되었다. 기계적 신호에 의한 작동에서 전기적 신호로 작동하는 유압작동기로 가는데 몇십 년이 흘러 이젠 안정된 시스템으로 안착하였다. 처음에는 전기적 명령과 제어 신호가 최종 기계적 신호로 변환되어 작동기를 작동시켰지만, 현재는 전기 서보 밸브(EHSV)로 대체되면서 기계적 신호는 완전히 사라지게 되었다.

전기신호로 대체되면서 항공기 무게가 상당히 줄어드는 효과도 가져왔다. A300에서 A310으로 가면서 약 300kg이 줄었고, A310에서 A320으로 가면서는 200kg이 줄었다고 한다. A300에서부터 A340에서는 에일러론 작동기의 무게가 45%나 줄었다. 전기적 신호에 의한 유압작동기 적용은 민간 항공기보다 군용기에 먼저 적용하였으나 헬리콥터는 메인 로터(main rotor)를 제어하는 복잡성으로 인해 아직 완전히 적용한 것은 아니다.

무게가 줄어든 장점 외에도 이 방식의 장점으로는 조종사의 부하가 경감되고 안정성/조종성 증대장치(stability/control augmentation system)를 이용하여 정밀하고 안전한 제어가 가능해진다. 컴퓨터와 신호를 다중 채널로 구성하여 1개의 채널이 고장 나더라도 정상적인 작동이 가능한 신뢰성이 우수한 시스템이다. 또한 비행제어에 관련된 사항이 컴퓨터 소프트웨어로 구성되어, 향후 변경사항이 요구되는 경우 소프트웨어 수정이 쉽게 가능해진다.

단점으로는 컴퓨터, 센서, 작동기 등의 오작동 발생 시 조종사가 항공기 조종이 불가능하여 기계식 또는 유압식과 비교하여 상대적으로 시스템 안전성에 대한 더 많은 요구 및 검증이 필요하다. 이에 따라 3중 혹은 그 이상의 다중화 설계개념을 적용하고 있다.

작동기의 위치 제어 신호는 전선을 통해 비행제어 컴퓨터까지 가야하고 컴퓨터와 작동기까지의 거리는 대형기의 경우 몇십 미터에 이를 수도 있다. 보통 simplex 개념의 작동기 하나당 simplex 전선의 수는 16선이며 quad redundant라면 60가닥 이상의 전선으로 이루어진다. 이런 점은 전선의 네트워크 설계를 하는 데 아주 복잡해진다(**그림 3.11**). 만일 fly-by-

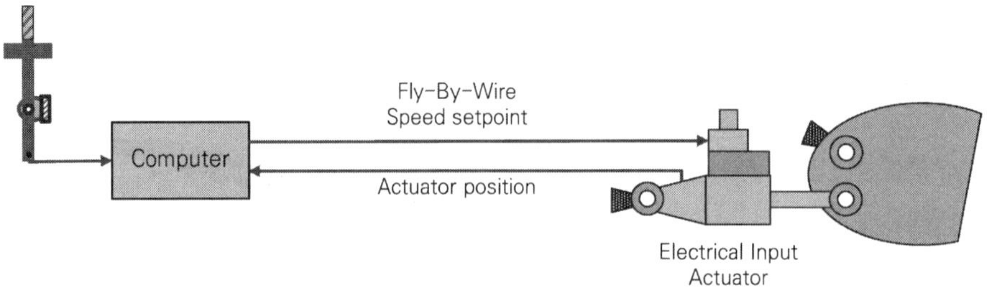

그림 3.11 fly-by-wire control (1)

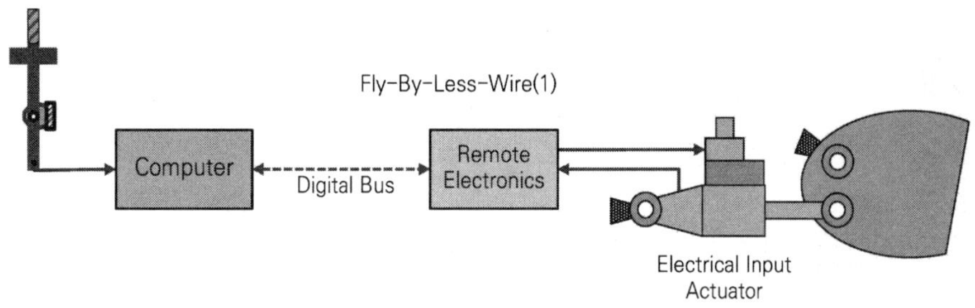

그림 3.12 fly-by-less wire control (1)

wire 방식의 하나인 fly-by-less wire 설계를 적용하면 remote electronics와 비행제어 컴퓨터를 디지털 버스로 연결하면 전선 배치의 복잡성을 줄일 수 있다(**그림 3.12**). 이 방식은 Northrop B2 폭격기와 B777에 적용되었고, remote electronics의 기능은 B2 폭격기에서 ART(actuator remore terminal), B777에서 ACE(Actuator Control Electronics)라는 장치에서 하고 있다.

최근에는 이 방식을 좀 더 개선해 remote electronics를 작동기에 통합시킨 방식도 개발되었고 B787, A350, A380에 적용되었다. 흔히 이런 방식의 작동기를 smart actuator라고도 부른다(**그림 3.13**).

작동기의 신호를 위한 전선을 더욱 줄일 수 있는 다른 방식에는 power over data(POD)와 power line communication(PLC)가 있다. POD 방식은 데이터를 보내는 전선에 전원을 같이 보내는 방식이고, 반대로 PLC는 전원선에 데이터를 같이 보내는 방식으로 아직 실제 비행기에 적용할 단계는 아니지만 많은 연구가 진행되고 있다. 이 방식이 가능해진다면 A380에서 38km의 전선 길이와 380kg의 전선 무게를 줄일 수 있는 것으로 조사되었다. 앞에 설명한 유압식 제어(hydro-mechanical control) 방식에서 기계회로 부분이 없어지는 대신에 fly-by-wire 방식은 조종사의 입력이 전기신호로 변환되어 서보 밸브로 들어간다. 물론 서보 밸브까지 가는 방식은 앞서 설명한 몇 가지가 있다(**그림 3.11 ~ 3.13**). 서보 밸브는 전기신호에 따라 유압을 제어하여 작동기를 구동시키는 방식이다. 즉, 조종간, 러더 페달의 조종

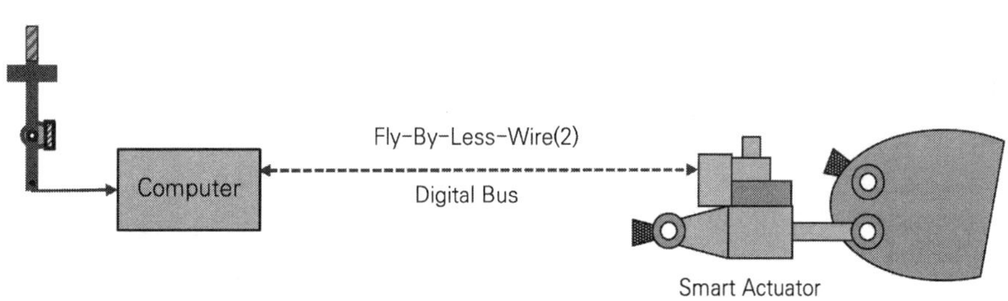

그림 3.13 fly-by-less wire control (2)

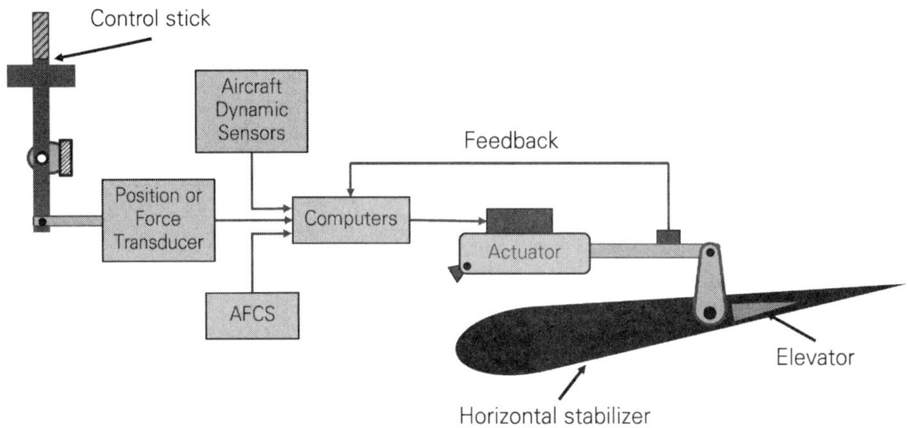

그림 3.14 fly-by-wire control 개념

입력이 케이블 및 로드를 이용하여 비행조종면에 전달되는 기계식과는 달리 조종사 조작이 변위 측정 센서 출력신호로 변환되어 전선을 통해 컴퓨터에 전달되고 컴퓨터가 비행조종면 작동기를 구동시키는 방식이다. 이 방식은 자동비행장치(autopilot)이나 안정성증대장치(stability augmentation system)와 연동하여 컴퓨터를 이용한 정밀한 제어가 가능해진다.

1950년대에 개발된 후 1969년 초음속 여객기인 콩코드(concord)에 아날로그 전기신호 제어(fly-by-wire) 기술이 적용되었고, 1979년 디지털 전기신호 방식이 양산 항공기로서는 처음으로 군용기인 F-16에 적용되었다. 민간 항공기의 경우는 1998년에 이르러 최초로 A320에 디지털 전기신호 방식(FBW)이 적용되어, 지금은 현대의 민간 항공기나 군용기 모두 이 방식이 일반화되었다.

3.3.2.4 fly-by-light control

그림 3.15에서 fly-by-light 방식은 신호 처리를 위한 전선 대신에 광섬유을 적용한 방식으로 전선과 비교해 항공기 적용에 매우 유리하다. 그 이유는 전선과 비교해 신호 감쇠(attenuation) 1/16배, 무게 1/8배, 부피 1/2배, bending radius는 15% 이상 줄일 수 있는 장

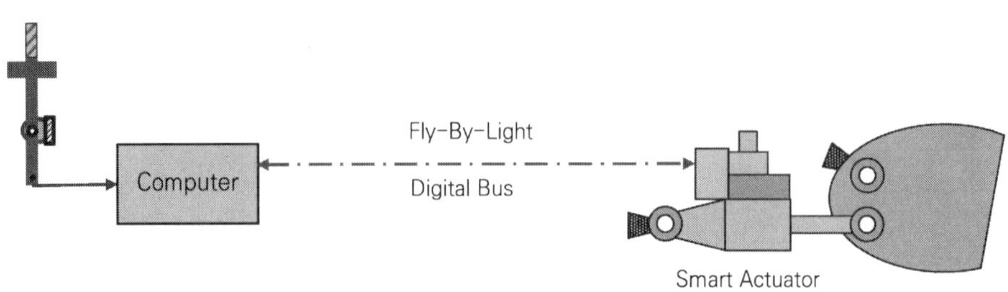

그림 3.15 fly-by-wire control

점이 있기 때문이다. 아직 기술의 성숙도가 높지 않지만, 기존의 비행기에서 안전성이 상대적으로 덜 중요한 분야에 이미 적용되고 있다. B787은 110 optical link(1.7km), A380은 171 optical data link(2.4km)가 설치되어 있다.

FBW 방식은 전자기파 간섭에 취약한 것으로 알려졌다. 현대의 항공기는 전자기파를 내는 많은 전자 장비들이 탑재돼 있고, 전자기파가 많은 주변 환경에 노출되어 있다. 이러한 문제점들을 제거하려는 방안으로 FBL 기술이 제시되었다. 광섬유 기술을 적용한 비행제어 시스템은 빛은 전자기 간섭으로부터 영향을 받지 않는다는 점에 착안한 것이다. 이 방식은 전기신호(FBW) 제어 방법보다 한 단계 진화한 비행 조종 시스템으로서 기존의 전선을 광섬유(fiber optics)로 대체해 더욱 신속하고 많은 데이터를 전송할 수 있으며, 기상이변이나 인위적인 전파 간섭에 의한 데이터 손실을 최소화할 수 있다. 세계 최초로 일본의 가와사키 중공업이 제작한 P-1 해상초계기에 적용되었다. 앞서 설명한 전기신호 방식(FBW)과 동일한 개념이나 광섬유를 사용한 통신 방법의 센서 및 작동기 개발이 아직은 초기 단계라 상대적으로 제작비용이 높다는 단점이 있다. 그러나 지난 30여 년의 기술개발을 거쳐 군용기 및 민간 항공기의 비행제어 시스템에 적용할 날이 머지 않았다.

이 방식은 광섬유 통신 기술을 적용하여 비행제어용 단위 구성품 간의 통신을 이용함으로써 1mbps 정도의 속도가 나오는 MIL-STD-1553 데이터 버스를 이용하는 기존 비행제어 시스템과 비교해 20mbps의 속도까지 나올 수 있다. 현대의 다중화된 Cross Channel Data Link(CCDL)의 요구 속도는 1mbps에 육박하고 있어 향후 좀 더 빠른 속도가 필요할 것으로 보이며, 광섬유 제어방식은 이러한 향후 발생할 문제점을 해결할 수 있는 대안이 될 수 있다. 현재 광섬유에서 사용하는 데이터 버스는 AS-1773A가 개발되어 20mbps의 속도까지

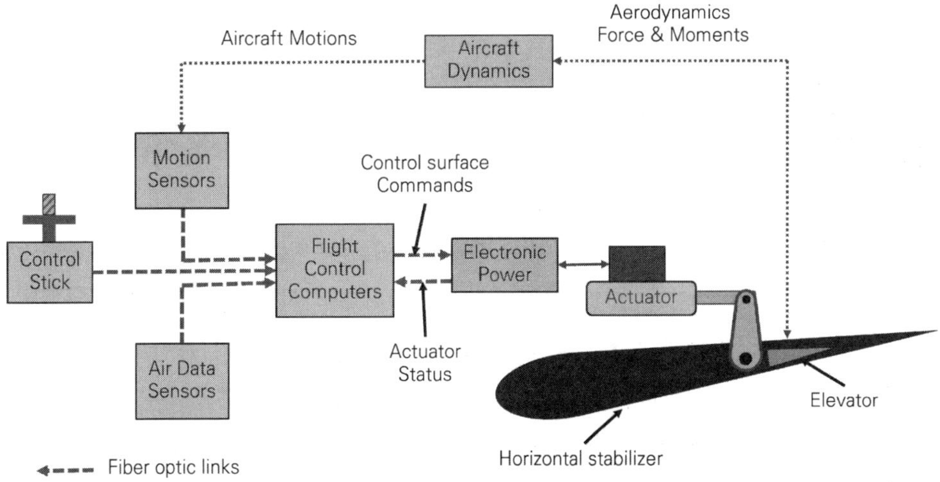

그림 3.16 fly-By-Light control 개념

낼 수 있다. 또한 전자기 펄스나 간섭의 영향을 받지 않아 차폐가 필요 없고 하나의 케이블에서 여러 개의 신호를 멀티 플렉싱(multi-plex)이 가능하여 동일한 성능을 내는 전선보다 가벼워 무게 절감을 할 수 있다.

3.3.2.5 fly-by-wireless control

그림에서 fly-by-wireless 방식은 작동기를 위한 신호를 보내기 위해 현재 고려하고 있는 궁극적 해결 방안으로 데이터를 전파로 송수신하는 방식이다. 모든 전선을 제거할 수 있다면 설계, integration, 운용 측면에 매우 좋은 해결책이 될 수 있다. 이 방식은 2008년 Gulfstream G650의 스포일러 작동기에 적용해 본 경험이 있다. 그러나 이 방식은 안전성, 보안 측면에서 해결해야 할 문제가 있어 좀 더 연구가 필요하며, 비행제어는 아니지만, B787에서 안전에 문제가 없는 객실의 대피용 비상등(emergency lighting system for cabin evacuation)에 적용되어 있다.

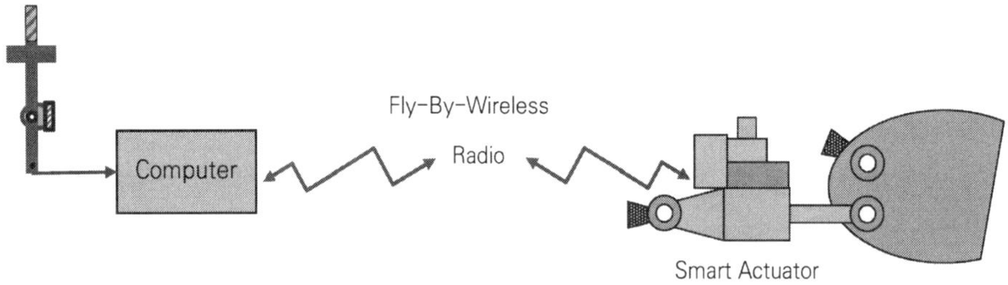

그림 3.17 fly-by-wireless control

3.4 비행조종면 작동기

비행제어 시스템에서 중요한 요소는 비행조종면을 원하는 위치로 정확하게 구동시키는 것으로 그 방식에는 여러 가지가 있다. 최근에 FBW 제어 방식이 출현하면서 비행조종면 작동방식의 중요성이 대두되기 시작하였다. 유압으로 작동하는 작동기의 등장으로 인간의 힘에 의존하지 않게 되면서 조종사의 부하를 줄여주고, 항공기의 비행 성능이 더욱 좋아졌다.

- 기계적 입력을 이용한 유압 구동 방식
- 전기신호 입력을 이용한 유압 구동 방식

3.4.1 기계적 입력을 이용한 선형작동기

조종 요구량에 대해 기계적인 응답을 주는 방법으로서 유압 시스템의 도움을 받아 작동기가 작동된다. 보통 2개 이상의 유압 시스템에서 유압이 공급되며 유압 시스템 하나가 고장 날 때 대체할 수 있게 되어 있다. **그림 3.18**에서 보듯이 조종사의 조작은 서보 밸브의 입력으로 들어간다. 유압유는 작동기 피스톤의 양쪽 중 어느 한쪽으로 공급되어 작동기가 움직이게 되고, 이 움직임이 다시 피드백 링크를 통해 원하는 값으로 제어할 수 있게 된다.

아직 많은 항공기가 이 방법을 아직도 사용하고 있으며 장점으로는 하나의 유압 시스템이 고장 나거나 유압유가 유출되더라도 온전한 작동이 가능하도록 다른 유압 시스템이 대체할 수 있다는 것이다. 또한 작동기가 고장 날 때 고장 난 상태로 비행조종면이 유지되지 않고, 비행조종면에 작용하는 공기력의 평형조건으로 움직인다는 장점도 있다. 때에 따라서는 고장 난 상태로 유지되어야 하는 경우도 고려할 수 있긴 한데 이는 안정성 분석과 함께 설계 개념으로 정할 수 있는 부분이긴 하다. 스포일러 같은 경우는 전기로 작동되는 작동기보다는 기계적 작동 방법을 많이 사용하는데 전기식은 그 이유는 고장 나더라도 공기력에 의해 스포일러가 다시 접히기 때문이다.

위에서 설명한 선형작동기(linear actuators)는 에일러론, 엘리베이터, 러더와 같이 공기력은 작으나 빠르게 응답해야 하는 비행조종면에서 많이 사용하는 방식이다. 그러나 안정판(stabilizer)처럼 항상 큰 공기력을 받지만 응답 특성이 느린 조종면의 경우에는 기계 나사식 작동기(mechanical screwjack actuator)를 사용한다. 조종사의 조종입력은 서보 밸브로 들어

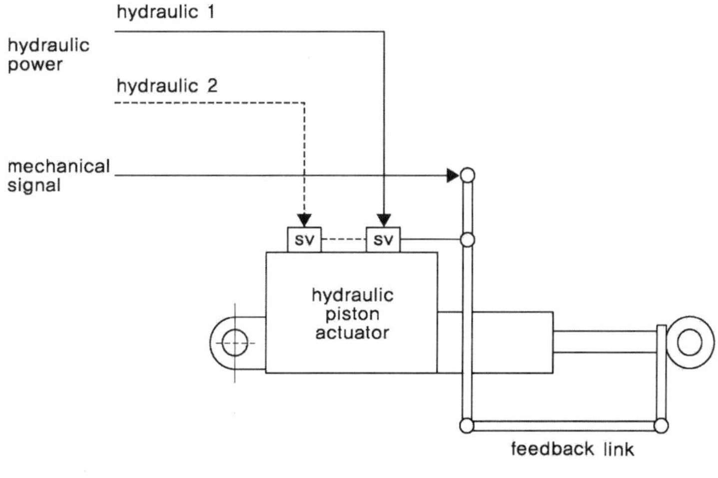

그림 3.18 전통적 선형작동기

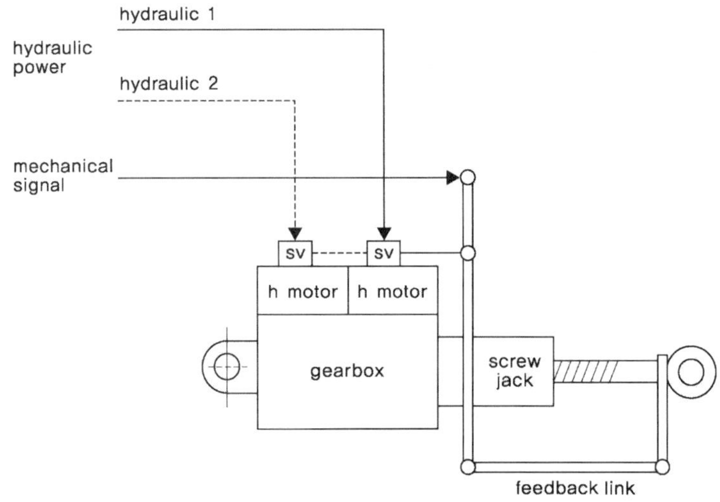

그림 3.19 기계 나사식 작동기

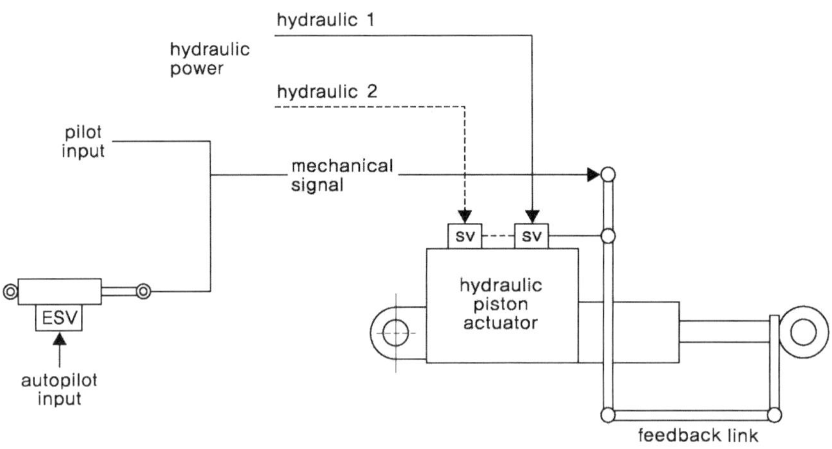

그림 3.20 전기신호를 적용한 선형 작동기

가는데 **그림 3.19**처럼 앞에서 설명한 방식과는 다르게 서보 밸브에 의해 조절된 유압이 유압 모터를 돌리고 이 모터의 회전은 기어박스를 통해 나사를 회전시켜 작동기 로드를 움직이는 방식이다.

3.4.2 전기신호를 적용한 선형작동기

대부분의 현대 항공기에서 적용하고 있는 방법으로서 전기적인 신호로 유압작동기(electrohydraulic actuator)가 작동되는 방식이다. **그림 3.20**은 이 방식의 한 사례를 간단히 그린 그림이다. 조종사의 부하를 줄이기 위해 자동조종장치(autopilots)를 적용하면서 기계식 입력과 전기식 입력을 함께 사용하게 되었다. 조종사의 조종이 기계식 입력으로 들어가 유압 시스템이 작동하는 방식은 앞에서 설명한 내용이며, 자동조종장치가 작동되면 자동조종 장치 컴퓨터에서 나온 전기신호를 기계 신호로 변환하여 서보 밸브에 전달된다. 이후의 과정은 앞의 작동방식과 같으며 자동조종장치의 입력은 조종사의 수동입력을 대신하여 들어가는 결과이다.

3.4.3 Fly-By-Wire 방식의 전기신호를 이용한 유압 구동 작동기

현대의 항공기 비행 제어는 FBW 방식으로 빠르게 변하고 있다. 이 방식을 적용하면 무게 절감, 조작성 향상 및 승객의 안락함과 같은 장점이 있다. 이 방식은 앞서 설명한 시스템처럼 기계적 입력이 모두 없어지고 **그림 3.21**에서 보듯이 다중의 전기신호 입력만을 이용하여 유압작동기를 작동시키는 방식이다. 기계적 입력과 달리 이 방식은 유압을 조절하는 서보 밸브가 전기신호로 작동하는 서보 밸브(EHSV)가 적용되었다. 이 밸브가 작동기의 위치를 직접적으로 제어하거나, 주 서보 밸브(Main servo valve) 등과 같은 증폭 시스템을 거쳐 제어하게 된다. 이러한 방식이 에어버스에서 아파치까지 적용된 많은 FBW 시스템의 근간이 되었다.

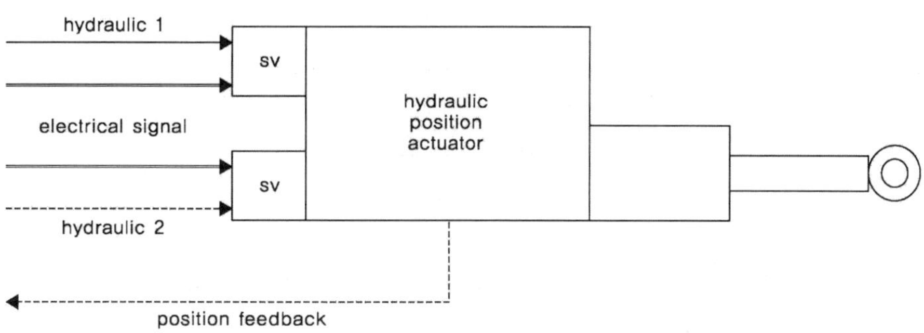

그림 3.21 다중의 전기신호를 이용한 작동기

민간 항공기에서 콩코드(concorde)가 최초로 다중의 전기신호와 유압 시스템을 이용한 작동(multiple redundancy actuation)방식을 적용한 비행기이며, 그 이후에는 A320, A330, A340, B777 같은 비행기들이 적용하고 있다. 이 방식을 적용하면 항공기 유압 시스템과 전기 시스템은 반드시 다중 시스템(multiple redundant architectures)으로 구성해야 하는데 보통은 quadruplex(4중)로 다중화되도록 구성된다. 최근에 개발된 군용기인 유로파이터(Eurofighter)

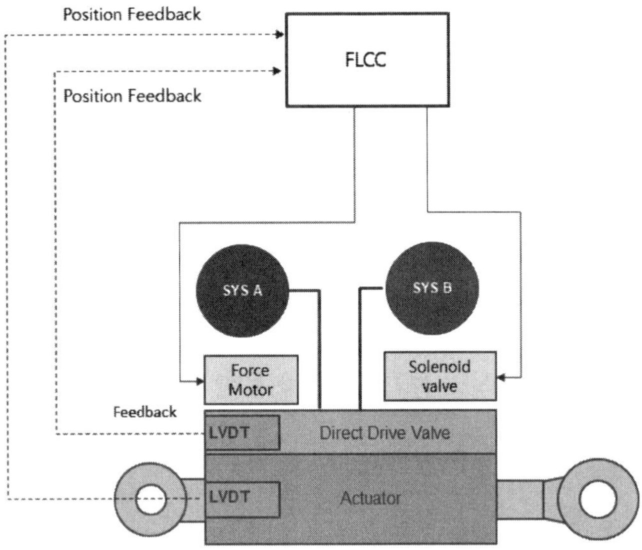

그림 3.22 Direct drive valve actuator

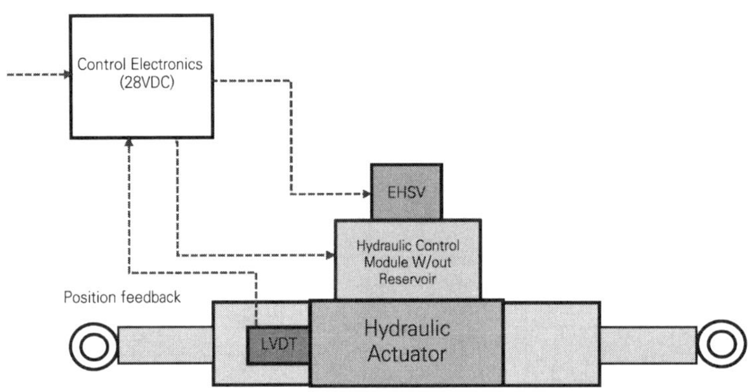

그림 3.23 Electro Hydrostatic Actuator with EHSV

의 사례를 보면 4중(quadruplex) 방식으로 비행 제어 시스템을 구성하였다. 즉 비행 제어 컴퓨터로부터 산출된 4중(quadruplex) 디지털(digital) 신호를 이용하여 작동기를 구동시킨다.

3.4.4 최근의 비행조종면 작동기

지금까지 앞 절에서 설명한 방식은 기계적 입력 혹은 전기신호 입력을 받는 서보 밸브를 이용하여 유압작동기를 구동하는 방식이었다. 현재는 전기신호를 이용하는 electrohydraulic actuator를 응용한 좀 더 진보된 형태의 작동방식들이 나타나고 있다.

3.4.4.1 서보 밸브 없는 직접 구동 작동기

앞 절에서 설명한 전기신호 입력을 이용하는 electrohydraulic actuator는 비행 제어 컴퓨터로부터 전기신호를 받은 서보 밸브에서 유압유를 조절하여 작동기를 원하는 위치로 구동시켰다. 작동기의 위치와 서보 밸브의 위치는 다시 비행 제어 컴퓨터로 피드백되어 closed loop control을 하게 되어 있다. 여기서 서보 밸브로 들어가는 신호는 10~15mA의 아주 작은 전류 신호이어서 밸브를 구동시키기 위해서는 다시 증폭시켜야 한다. 그러나 직접 구동 방식은 높은 전류를 이용하여 직접 토크 모터를 구동시켜 유압을 제어하여 작동기를 작동시키는 방식이다. 이 방식은 다중화된 군용 항공기용으로 처음 개발되었다. 직구동 유압 작동기(Direct-Drive Valve actuator)는 주 제어밸브 스풀(spool)을 전기구동장치가 직접 구동함으로써, 일반적인 EHSV 방식에서 필요로 하던 증폭부분의 필요성을 제거하였다. 따라서, 움직이는 부분(moving part)이 EHSV 방식보다 훨씬 최소화됨으로써, 신뢰성이 향상되었다.

3.4.4.2 Electro-Hydrostatic Actuator(EHA)

EHA 시스템은 기존의 중앙집중식 유압 시스템이 아니고 펌프(pump)와 레저버(reservoir)가 있는 독립적 유압 시스템이 비행조종면마다 개별적으로 설치되어 있다. EHA에 있는 전기모터가 유압펌프를 구동시켜 기존의 유압장치처럼 개별 유압장치를 작동시킨다. 따라서 조종사의 입력이 전기신호로 변환되어 작동기까지 직접 오는 방식이므로 유압라인이 모두 없어진다. **그림 3.24**에서 보듯이 보통 직류(DC)로 구동되는 가변속도 전기모터(variable speed motor)를 이용하여 일정 유량식(fixed displacements) 유압펌프를 구동시킨다. 이 유압펌프에 의해 개별적인 유압 시스템을 이용하여 작동기를 구동시킨다. 모터의 회전 방향을 변화시켜 작동기의 이동 방향을 바꿀 수도 있게 되어 있다.

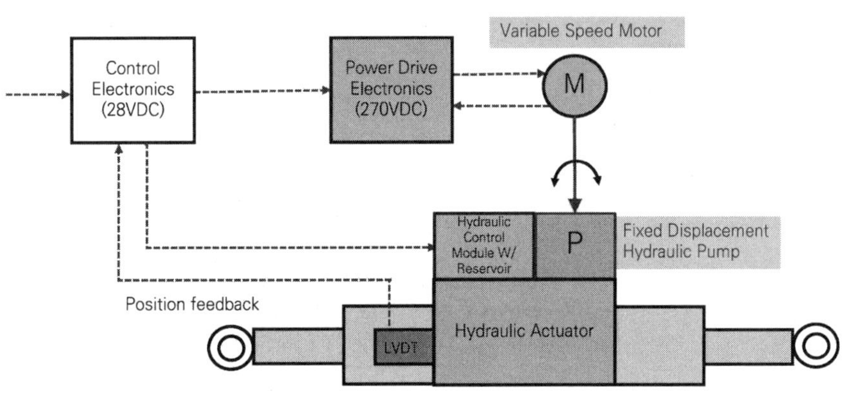

그림 3.24 일정 유량식 유압펌프를 이용한 EHA

이 방식의 특징은 비행조종면이 원하는 위치로 움직이고 나면 그 작동기 상태를 유지하게 되면서 시스템은 더 이상의 동력이 필요 없는 상태가 된다. 반면에 뒤에서 설명할 EMA (Electro-Mechanical Actuator) 같은 경우는 현재의 상태를 유지하기 위한 동력을 계속 공급시켜야 한다. 이런 특성은 비행조종면이나 안정판, 작동기를 사용하는 데 있어 EMA보다 더 유리하다. 또한 EHA는 270VDC 항공기 개념에도 잘 부합하기 때문에 계속적인 관심을 가지고 연구되고 있다. 유압펌프 구동용 서보모터 제어가 어렵고, 고응답/고정밀 제어가 불가능한 단점이 있다.

3.4.4.3 Integrated Actuator Package(IAP)

아래 **그림 3.25**는 EHA와 내부 구조가 유사하지만 다른 특성을 가지는 IAP(Integrated Actuator Package)를 간략히 그린 그림이다.

내부 구조가 EHA와 아주 유사하지만, 3상 교류(AC)전원으로 구동되는 정속모터(fixed speed motor)로 가변 유량식 유압펌프(variable displacements pump)를 작동시켜 유압이 공급되는 차이점이 있다. 유압펌프는 swash plate의 각도를 조절하여 피스톤의 행정 거리를 변화시킴으로써 유량조절이 가능하다.

EHA에 비해서 IAP 작동기가 갖는 장점으로는 다음과 같은 것들이 있다.

- 부하 조건에 따른 열 특성(thermal characteristics)이 민감하지 않다.
- 필요하면 모터가 계속 작동하기 때문에 연속적인 강제 냉각(forced cooling)을 쉽게 적용할 수 있다.
- IAP 작동기는 많은 전원을 시용하는 모터제어용 전자제어장치가 필요 없다.

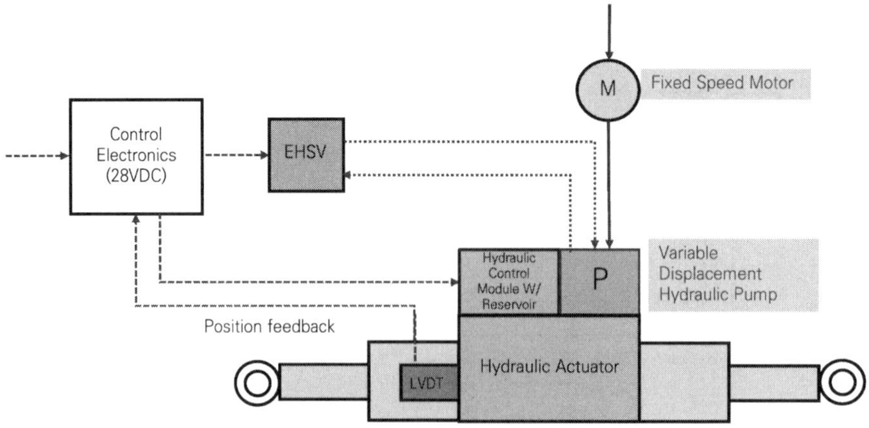

그림 3.25 가변 유량식 유압펌프를 이용한 EHA (IAP)

이 방식의 단점으로는 작동기가 움직이지 않고 정지된 상태에서도 펌프는 모터에 의해 계속 회전하면서 유압 공급이 계속되기 때문에 손실이 발생하는 점이다.

3.4.4.4 Electro-Mechanical Actuator(EMA)

EMA는 electro-hydraulic actuator의 전기신호와 유압 작동기 부분이 없어지고 전기모터와 전기모터 동력을 전달하는 기어박스로 대체된 방식이다. 기어박스는 회전식 기어박스(rotary gearbox)를 사용하고 회전운동을 직선운동(rotary-to-linear)으로 변환시키는 ball-screw에 의해 작동기가 직선운동 하게 된다.

전기모터는 일반적으로 직류(DC)전원을 사용하거나 교류(AC)전원을 받아 정류해서 직류로 전환하여 사용할 수도 있다. 모터의 속도, 방향, 토크는 작동기의 속도, 방향, 하중(load)으로 전환된다.

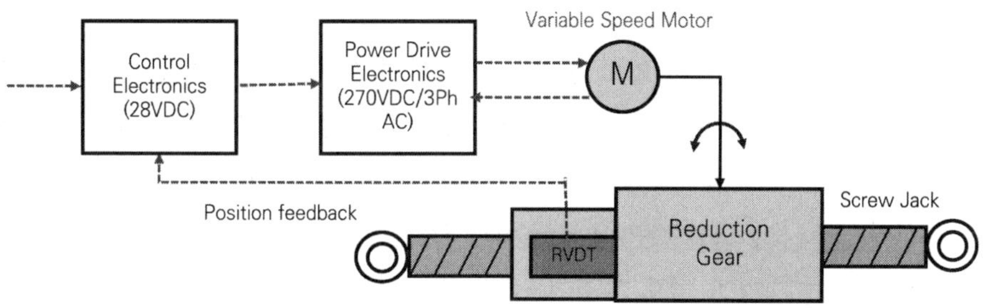

그림 3.26 Electro-Mechanical Actuator

EMA는 동력(power), 구동력(motive force) 그리고 반응시간(response time) 빠르기가 충분하지 못하고 기계적 고장(mechanical jam)을 발생시킬 수 있는 단점이 있어서 아직 1차 비행조종면(primary flight control surfaces)에 사용하지 못하고 있다. EMA는 현재 스포일러, 트림이나 도어 작동(door actuation) 부분에 제한적으로 사용되고 있다.

그러나 3가지의 기술 발전으로 인해 현재는 주 비행조종면에도 사용 가능한 수준까지 도달해 있다.

- 270V DC 전기모터에 희귀 자성물질 사용
- 높은 전원을 사용할 수 있는 반도체(solid-state) 스위칭 장치(switching devices)
- Actuator 모터제어를 위한 마이크로프로세서(microprocessor)의 개발

희귀 자성물질인 samarium/cobalt 자석은 기존에 사용하고 있는 고전적 알루미늄, 니켈, 코발트 자석보다 매우 큰 에너지를 발생한다. Grumann F-14에 Dual 270V DC로 구동되는

작동기를 사용해 본 결과 기존 대비 매우 좋은 주파수 응답특성을 가지는 걸로 나왔다. 반도체 스위칭 장치는 동력손실을 최소화하고 전 속도영역에서도 일정한 모터 토크를 유지시키는 것이 가능해졌다. 마이크로프로세서의 개발은 우선 비용이 저렴해지고 기존의 항공기가 가지는 digital data bus와의 연계가 쉽게 되었다.

현재의 EMA 무게는 기존의 유압 작동기(hydraulic actuator)에 비해 무겁지만, 전체 시스템 구성을 했을 경우 시스템 무게는 감소하는 걸로 나와 있다. 그러나 EMA에 필수적인 부품인 gearbox drive의 신뢰성에 대해선 좀 더 개선해야 할 필요성이 있다.

EMA와 EHA의 또 다른 장점으로는 다음과 같은 것들이 있다.

- 정지된 동작(standby operation)에서의 동력 사용(power consumption)이 적다.
- 빠른 작동(start-up)이 가능하다.
- AC, DC 전원 모두 사용이 가능하다.
- 공급되는 AC 전원 주파수 변화에 민감하지 않다.

지금까지 설명한 작동기 개념의 공통점은 성능이 향상된 마이크로프로세서를 사용한다는 점이다. 이점은 디지털 제어(digital control) 개념의 도입으로 인해 1553B, ARNIC 629, ARNIC 429와 같은 data bus를 활용하여 항공기의 디지털 비행제어장치와 직접 연계할 가능성이 생긴다. EMA와 EHA는 향후 270V DC 동력이 가능해질 경우 검토되고 있는 All-electric aircraft 개념에 바로 적용 가능한 장치이다.

3.4.4.5 Power-by-wire actuator 특징

항공기는 향후 전기로 구동되는 각종 시스템의 장착이 늘어나 결국에는 more-electric-aircraft, all-electric-aircraft 개념으로 전개되는 추세이다. 앞에서 설명한 전원을 공급받은 모터를 가지고 EMA, EHA를 구동하는 방식으로 power-by-wire라고도 불린다. 전기로 구동하는 작동기 방식이 가지는 장점은 다음과 같은 점들을 들 수 있다.

- **정비성(maintainability)의 향상**
  - 유압 시스템 부품의 사용이 적다.
  - 예비부품과 공구의 수요량이 적다.
  - BIT 기능이 향상되어 고장진단 능력이 향상된다.
  - 항공기 회전율(turnaround time)이 높아진다.
  - 정비 유지비용이 낮아진다.

• 시스템의 신뢰성과 유용성(availability)의 향상

- 전기로 인해 형상변화(reconfiguration)에 대한 유연성(flexibility)을 향상시킬 수 있다.
- MTBF(Mean Time Between Failures)가 향상된다.

• 비행 안전성의 향상

- 발전기의 고장에도 다른 전원 공급이 가능하고 따라서 공통모드 고장을 피할 수 있다.

• 시스템 무게 감소

- 펌프, 덕트, 유압유, 밸브 같은 기계 부품을 없앨 수 있어 무게를 절감할 수 있다.
- 연료 소비량을 줄여 비용을 줄일 수 있다.

이러한 장점에도 불구하고 아직은 기술을 향상할 여지가 남아 있고, 실제 운영할 수 있는 형상을 만들기 위한 노력이 좀 더 필요하다. 현재 기술의 수준에서 가지고 있는 기술적 문제점은 다음과 같다.

• 전기동력의 specific power density가 유압 시스템에 비해 낮다. 2kW 이하의 낮은 동력에서는 별문제가 안 되지만 그 이상의 동력에서는 매우 부족하므로 동일한 유압 시스템의 동력발생을 하기 위해선 2배 정도 크기가 커진다.
• 지엽적으로 열을 발생하는 부분이 많고 열 발산이 잘 안 되기 때문에 냉각에 더 많은 신경을 써야 한다. 전형적인 유압 시스템의 경우에는 발산된 열이 주변이나 연료, 오일 등으로 쉽게 발산되어 안전한 온도 조건으로 유지할 수 있다. 따라서 유압 시스템의 설계 시 온도 조건은 주요 고려할 사항이 아니었으나 전기로 작동하는 방식에서는 매우 중요한 요소로 고려해야 한다. 공기를 사용하는 강제 냉각 방법은 공기역학적 손실과 장착이 복잡해지는 문제가 생기기 때문에 자연대류(natural convection)에 의한 냉각에 의존해야만 한다. 특히 온도는 낮지만, 공기밀도가 낮아 전체적인 냉각 능력이 떨어지는 고고도에서 문제가 더욱 심각해진다.
• 모든 반도체는 전류를 흘려보내거나 스위치 전환(switching) 시킬 때 열이 발생한다. 높은 전류와 전환주기가 빠른 경우 125℃까지 온도가 올라갈 수 있으며, 이 온도는 동력장치의 영구 손상을 유발할 수 있다.
• 효과적인 열 흡수 혹은 발산을 시킬 방법이 필수적이며, 만일 비효율적인 방법을 사용하면 오히려 무게가 증가하는 역효과만 날 수 있다.
• 정지해 있다가 요구량이 있을 때만 작동기가 작동하는 방식(active/standby configuration)에서는 저온 특성에 문제가 발생할 수 있다. 저온의 정지 상태에서 작동기가 작동하는 경우 반도체에서 열을 발생시켜 급격한 온도상승이 일어날 수 있다. 이는 급격한 온도상승으로 인한 팽창과 수축의 반복으로 기계적 응력(stress)이 쌓이게 한다.

• 높은 전류가 빠르게 스위칭될 때는 아주 높은 전자기파 방해(electromagnetic interference)가 일어날 수 있다.
• 전기부하가 증가할수록 동력의 질(power quality)을 유지하는 데 어려움이 있다. 특히 많은 동력을 사용하는 모터 제어기(motor controller) 같은 경우는 다이오드 정류의 비선형적 특성으로 인해 동력의 왜곡이 발생한다. MIL-STD-704E와 최근에 나온 ISO 1540 문서에 관련 규격이 언급되어 있다. 특히 ISO 1540에는 좀 더 제한 조건이 엄격하게 규정되어 있으며 규정에 따르면 395Hz~25KHz 주파수 범위에서 허용 왜곡(harmonic distortion)을 8% 이내로 규정하고 있다. 또한 대형 항공기의 경우는 이 요구 조건을 만족시키기 쉽지 않은 조건으로 추가 보조장치 설치를 인정하고 있다.

3.4.4.6 Hybrid actuator

앞서 언급한 EHA, EMA는 아직 신뢰성을 가질 만큼 기술 성숙도가 완성되지 않아서 본격적으로 1차 비행조종면에 적용하지 못하고 있다. 물론 점진적으로 일부 항공기에 부분적으로 적용하고 있기는 하다. 따라서 중간 단계로서 최근에는 이런 작동기 방식을 혼합한 hybrid actuator가 나오고 있다.

• Electrical Back-up Hydraulic Actuator(EBHA)

이 방식은 A380에 처음 적용된 후 A400, A350, Gulfstream G650에 적용되었다. 고전적인 유압 시스템이 가진 신뢰성을 살려 전통적인 HSA(hydraulic servo actuator)를 변형한 방식이다. 정상 운용일 때는 고전적인 HSA 방식으로 기존 유압 시스템을 통해 유압을 받지만, 유압 시스템의 고장으로 정상 운용이 안 되는 back-up 모드에서는 EHA(electro-hydro-

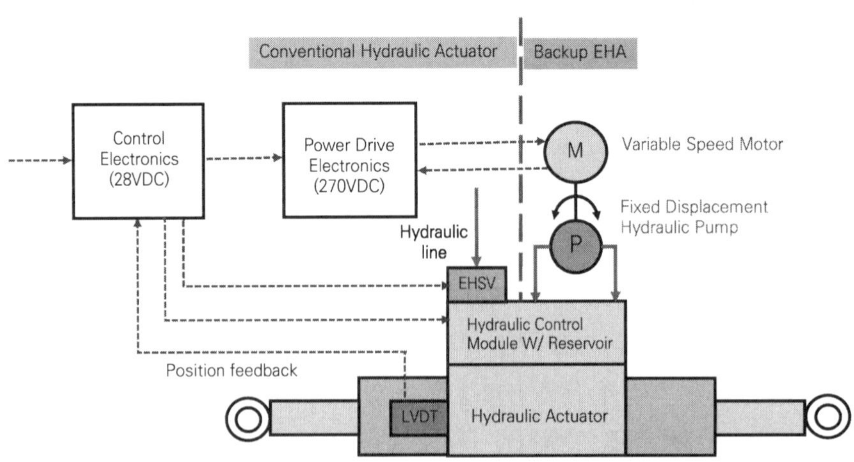

그림 3.27 Electrical Back-up Hydraulic Actuator(EBHA)

staic actuator) 방식을 사용한다.

• Electro-assisted hydrostatic actuator(EAHA)

이 방식은 EBHA 방식을 수정하여 HSA, EHA 방식을 동시에 사용할 수 있는 작동기이다. 이 2가지 방식에서 내보내는 유압유를 합해서 작동기에 보낼 수 있는데, peak load가 걸릴 때나 혹은 유압동력을 일부 손실했을 때 EHA가 HSA를 도와주는 방식이다. 아직은 연구단계의 작동기 방식이며, 작동기의 이용(availability)을 향상해 유압 시스템 네트워크의 사이즈를 줄일 수 있다.

• Electro-backup mechanical actuator(EBMA)

EMA 방식을 back-up 작동기로 사용하는 방식이며 다른 동력원인 유압동력과 전기동력을 사용할 수 있는 장점이 있다. 작동기 로드에 스크루(screw) 장치가 있어 EMA 방식을 적용할 수 있다. 아직 비행조종면에 사용하지 못하고 있지만, A400M 군 수송기의 landing gear doors에 시범적으로 적용하였다.

3.4.4.7 작동기별 특성 비교

지금까지 설명한 작동기 방식의 장단점을 **표 3.1**에 정리하였다. 일부 작동기는 현재의 기술 성숙도가 높지 않은 조건으로 비교하였으나 향후 기술개발이 이루어지면 특성은 달라질 것이다.

표 3.1 작동기별 특성 비교

Description	Electro-Hydraulic Actuator w/EHSV	Electro-Hydraulic Actuator(EHA)	Integrated Actuator Package(IAP)	Electrical Back-up Hydraulic Actuator (EBHA)	Electro-Mechanical Actuator(EMA)
Comlexity	Low	Medium	Medium	High	Medium
Weight	Low	Medium	Medium	Low	Low
Reliability	High	Medium (w/Power Switching Electronics)	High (w/o Power Switching Electronics)	High	Low (Jamming/ Backlash)
Efficiency	Medium	High (Low Power)	High (High Power)	Medium	High
Maintenance	Low	Medium	Medium	Low	High
Thermal	Medium	High	Low	Medium	High

3.5 항공기 비행제어 시스템의 사례

민간 항공기의 비행제어나 유도장치의 경우 FBW(Fly-By-Wire)와 같은 정교한 시스템의 적용이 일반적인 추세이다. 민간 항공기에서 최초로 FBW를 장착한 항공기는 콩코드(concorde) 사이며, 에어버스(Airbus)사는 A320 계열 항공기에 FBW를 적용하기 시작하여 A319, A321 계열 그리고 현재는 A330, A340, A380에도 확대하고 있다. 보잉(Boeing)사에서는 B777에 처음 도입되기 시작되었다. 비행제어 시스템의 중요성, 건전성(integrity), 유용성(availability) 관점을 보면 control loop가 안전하게 작동하고 있는지를 확인할 수 있는 monitoring 기능과 고장을 대비한 redundancy 도입이 중요하게 여겨진다.

보잉(Boeing)사의 설계개념은 Primary Flight Computers(PFC)와 Actuator Control Electronics(ACE)로 이루어져 있으며, 3개의 PFCs에는 각각 3개의 신호 라인이 있으며 동일한 소프트웨어를 사용하지만 서로 다른 하드웨어로 구성되어 있다. 각 신호 라인은 작동 중에는 별도의 독립적 기능을 하며, 이 기능은 전원이 공급되어 작동될 때마다 순환 작동하게 되어 있다. 또한 voting 기능이 있어 각 라인의 정보들 사이의 차이점들을 비교 감시해서 voting한다. 4개의 ACE는 ARNIC 629 data bus를 통해 상호 연결되어 있으며, 직접 작동기를 구동한다. 또한 분리된 별도의 직류 전원이 각 비행제어 시스템으로 공급되도록

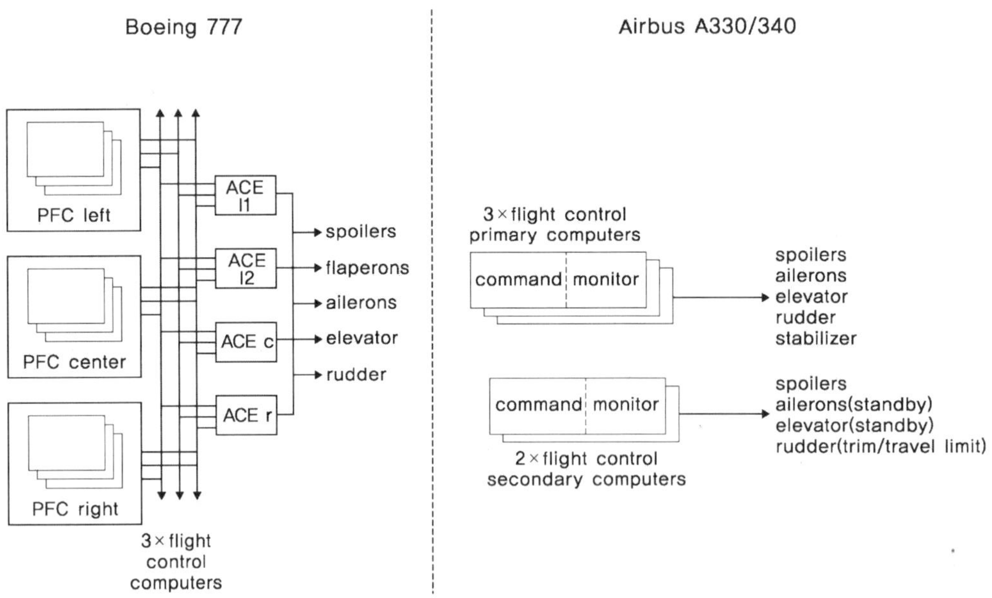

그림 3.28 보잉사와 에어버스사의 FBW 개념 차이

한다.

에어버스사는 3개의 Flight Control Primary Computers(FCPC)와 2개의 Flight Control Secondary Computers(FCSC)로 구성되어 있다. 각각의 컴퓨터는 명령을 전달하고 감시할 수 있는 기능이 있는데 각각 다른 소프트웨어를 사용하고 있고, 하드웨어 또한 다른 구성과 형태로 이루어져 있다. 이는 동일한 하드웨어와 소프트웨어를 사용하면 하나의 특정한 고장이 전체 시스템의 고장으로 갈 수 있는 상황을 막기 위한 설계개념이다. 또한 동력원과 신호라인도 각각 별도로 구성되어 있다.

3.5.1 A380 비행제어 시스템

A380 비행제어 시스템은 현재 가장 진보된 시스템으로서 에어버스사의 과거 20여 년간의 기술축적을 적용하였다. A320은 1988년 인증을 받은 최초의 에어버스사 FBW 항공기로서 이후의 항공기에 적용되기 시작하였다.

A380 비행조종면 작동을 위한 동력은 기존의 유압 시스템뿐만 아니라 전기를 이용한 장치들이 많이 적용되었다. 특히 전기동력을 이용하는 EHA, Electrical backup Hydraulic Actuator, electric motor를 적용하고 있다.

중간/안쪽 에일러론(mid/inboard aileron), 안쪽/바깥쪽 엘리베이터(inboard/outboard elevator)의 경우 유압과 electro-hydrostatic actuator에 의해 작동되며 어느 한쪽이 고장이 나도 상호 대체(backup)가 가능하게 되어 있다. 또한 스포일러와 러더의 경우에는 EBHA로

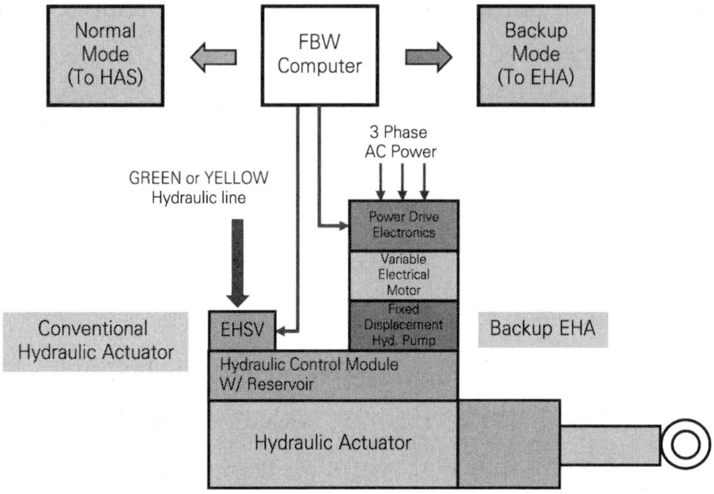

그림 3.29 A380 EBHA 작동 모드

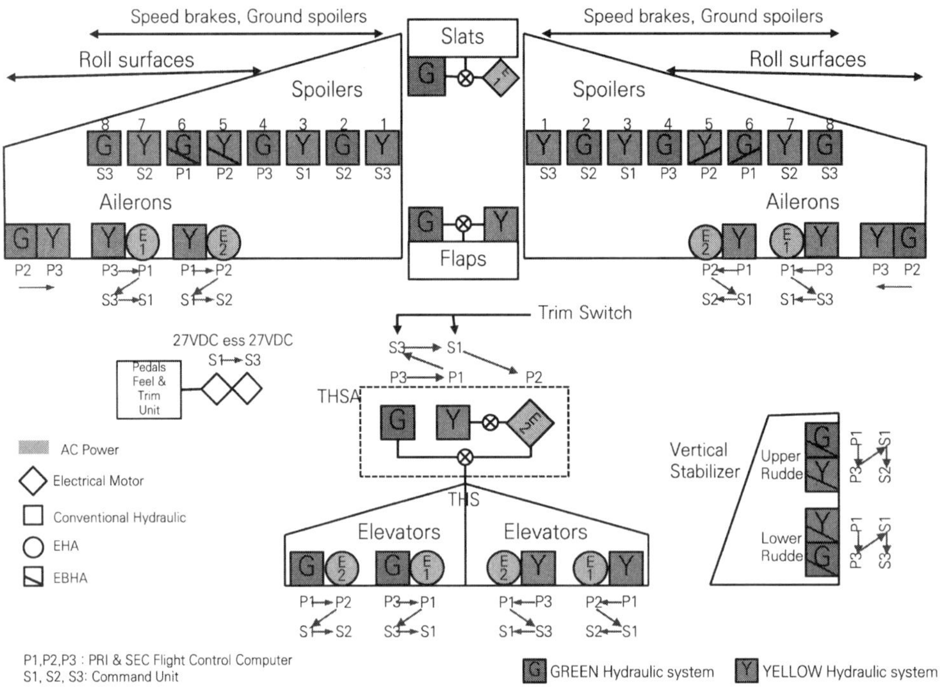

그림 3.30 A380 비행 조종면별 작동방식

작동되며, 수평안정판, 슬랫은 유압과 전기 모터에 의해 작동된다.

EBHA는 두 가지의 작동 모드를 가지고 있는데 정상(normal) 모드일 경우에는 유압 시스템에 의해 작동되지만 backup 모드일 경우에는 항공기 교류전원을 이용하여 EHA로 작동된다. FBW 컴퓨터에서 명령을 보내면 전기 모터의 방향과 속도를 제어하게 되어 있다.

비행제어용 컴퓨터는 3개의 primary flight control & guidance computer, 3개의 secondary flight computer 그리고 슬랫과 플랩제어를 위한 2개의 slats & flaps control computetr로 구성되어 있으며, 최근의 항공전자 추세인 IMA(Integrated Modular Avionics) 형태로 구성되어 있다.

3.5.2 보잉사의 사례

보잉사는 A320에 대응하기 위해 처음으로 B777에 FBW를 도입하였다. 3개의 Primary Flight Control System으로 구성되어 있고, 각각 ARNIC 629기준의 data bus를 통해 상호 연결되어 있다. PFCS는 엘리베이터, 러더, 에일러론, flaperon, 스포일러, elevator feel를 조종하고 있으며, 각 작동기는 ARNIC 629 기준에 의해 4개의 Actuator Control Electronics

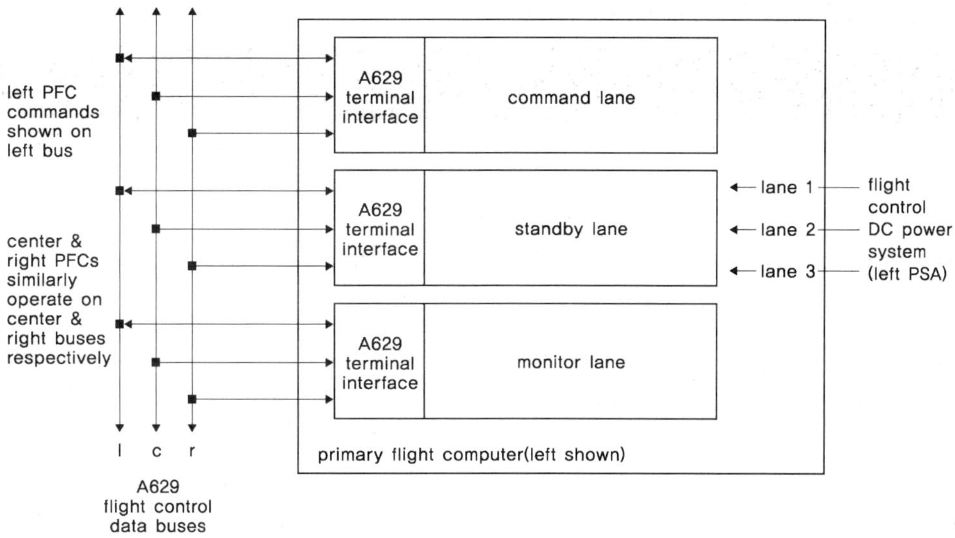

그림 3.31 B777 primary flight computer

(ACE)와 연결되어 있다. 각각의 PFCS는 3개의 A629 data bus를 가지고 있으며, 각 bus는 서로 다른 하드웨어로 구성되어 있고, 다른 기능을 하게 되어 있다. 각각의 기능으로는 주 조종을 위한 command bus, command bus가 고장 날 때 즉시 대체하는 hot stand-by bus, command bus와 동일한 계산을 하면서 command, stand-by bus 기능을 할 수 있는 monitor bus로 이루어져 있으며, 각 bus의 정보는 상호 비교 감시되고 있다. 3개의 PFCS로 이루어져 있어 총 9개의 bus를 가지게 되며, 하나가 고장 날 경우 해당 bus만 차단시키며, 총 9개 중 1개의 bus로도 비행이 무한정 가능하게 되어 있다.

2개의 bus가 고장 날 경우는 10일 정도, 1개의 PFC가 고장 났을 경우는 1일 정도의 비행이 가능하다. 그리고 autopilot을 위한 3개의 autopilot Flight director computer를 가지고 있다.

표 3.2는 EHA, EBHA를 장착해서 운용하고 있는 항공기의 장착 사례 자료를 표로 정리한 것이다. 점진적으로 이 방식의 작동기가 적용되는 추세이며 결국에는 전기만으로 작동되는 EMA의 장착도 늘어날 것이다. 현재 운용 중인 F35 전투기의 경우 기존의 유압작동기는 다 없어지고 EHA 방식을 적용하였고 일부 앞전 슬랫은 전기로 작동하는 방식을 채택하고 있다.

표 3.2 운용 중인 항공기의 EHA, EBHA 사용 사례

Aircraft	Airbus A380	Airbus A400M	Airbus A350	Gulfstream G650	Lockheed F35
Entry in service	2007	2013	2015	2012	2015
Type	Commercial	Military (Transport)	Commercial	Business	Military (Fighter)
Operating pressure	350	210	350	210	280
Actuation Numbers indicate the use of HSA/EHA/EBHA					
Ailerons	8/4/0	2/2/0	6/2/0	2/0/2	0/2*/0(Dual)
Elevators	4/4/0	2/2/0	2/2/0	2/0/2	0/2*/0(Dual)
Rudder	0/0/4	0/0/2	2/1/0	1/0/1	0/2/0
Spoilers	12/0/4	8/0/2	8/0/4	4/0/2	
Total	24/8/8	12/4/4	18/5/4	9/0/7	0/6/0

04

연료 시스템

(fuel systems)

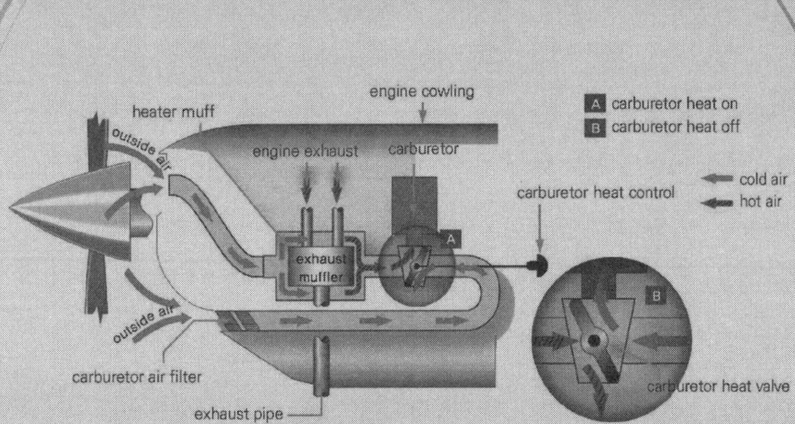

4.1 개요

항공기 연료 시스템은 지상에서부터 허용 가능한 모든 비행 조건에서 적절한 유량과 압력을 가진 연료를 엔진이나 APU(Auxiliary Power Unit)로 공급해야 하며, 연료는 오염이 되지 않도록 해야 한다.

연료 시스템의 구성은 크게 공급 및 이송 시스템(feed/transfer system), 급유 및 배출 시스템(refuel/defuel system), 벤트/가압조절 시스템(vent/pressurization system), 연료량 측정 및 표시 시스템(fuel quantity measuring/indicating system) 등으로 구성된다. 엔진으로 연료공급뿐만 아니라 연료의 자동이송 및 연료량 불균형 조절기능, 고온/저압/저연료 경고기능, 배면비행(invert flight)에도 연료공급이 가능해야 한다. 또한 연료는 각종 오일 및 윤활유 온도를 냉각시켜주는 역할도 한다. 연료의 적재중량은 항공기 중량 대비 비율이 높아서 비행하면서 소모되는 무게중심 변화와 연료이송은 항공기 안정성에 부정적 영향을 주지 않도록 설계해야 한다. 군용기의 경우 공중 재급유 기능도 있는 항공기도 있으며, 이는 임무거리가 늘어나고 더 많은 무장 장착이 가능해진다. 연료 시스템은 반드시 적절한 벤트(vent) 기능을 가져야 하며, 엔진은 일정량의 수분이 포함되더라도 작동할 수 있어야 한다(터빈 엔진의 경우 80°F에서 갤런당 0.75 cm^3).

4.2 연료 시스템의 주요 기능

연료 시스템의 목적은 엔진으로 연료를 신뢰성 있게 공급하는 것이다. 현대 항공기가 사용하는 연료는 자동차 연료와 유사한 탄화수소(hydrocarbon) 계열의 연료이다. 피스톤 엔진의 경우는 AVGAS라고 불리는 고옥탄가의 연료를 사용하며, 제트엔진의 경우는 AVTAG, AVTUR라고 불리며 다양한 화학물질(wider distillation cut)을 포함하고 인화점이 낮은 연료를 사용하며 연료의 비중은 대략 0.8 정도이다. 현대 민간이나 군용 항공기의 연료 시스템은 다음과 같은 기능이 있다.

- fuel pressurization
- fuel transfer
- engine feed
- refuel/defuel

- fuel tank vent systems
- use of fuel as heat sink
- fuel jettison
- in-flight refueling
- external fuel tank

모든 비행기의 연료 시스템이 위의 기능들을 모두 해야 하는 것은 아니며, 비행기에 따라서 기능의 차이나 설치 여부는 달라질 수 있다. 일부 비행기의 경우는 전/후방 trim tank를 설치하여 연료를 이송시킴으로써 항공기의 무게중심을 조절하여 trim drag를 줄여주는 효과도 있다.

4.3 연료 시스템의 설계 요구 조건

4.3.1 연료 시스템의 주요 설계 기준 문서

연료 시스템을 설계하는 데 참조해야 할 국내외 기술문서에는 다음과 같은 것들이 있다.

- 미국 군사 규격
  - MIL-A-87166, MIL-F-87168, MIL-T-27422, MIL-STD-461, MIL-STD-464, MIL-STD-810, MIL-STD-1290, MIL-STD-1553, MIL-DTL-5624, 83133, 27422, MIL-F-8615, MIL-G-26988, MIL-H-83796, 25579, 38360, MIL-V-27393, AFGS-87154
- 군용 항공기 표준감항인증기준(방위사업청)
- 나토규격 STANAG-4671
- 민간 항공기 규격
  - FAR-23 · 25 · 27 · 29, KAS-23 · 25 · 27 · 29, AC20-135(fire protection test), AC29-2C, TSO-C53a, RTCA DO-160
- 미국자동차협회 규격
  - SAE ARP 1401(결빙시험)

미국 FAA(Federal Aviation Administration)로부터 인증을 받기 위해서는 항공기 연료 시스템은 항공기 형태별로 14 CFR(Code of Federal Regulations)에 정의된 규정에 부합하도록 설계 및 제작하게 되어 있다. 특히 951~1001절에는 연료 시스템의 설계 요구 조건에 대해 기술하고 있다.

- 14 Part 23: normal, utility, acrobatic, and commuter category airplanes
- 14 Part 25: transport category airplanes
- 14 Part 27: normal category rotorcraft
- 14 Part 29: transport category rotorcraft
- 14 Part 31: manned free balloons

이외에 14 CFR part 33 문서는 엔진, 엔진 연료 필터 및 흡입구(intake)에 대해 규정하고 있다. 국내에서는 국토교통부 산하 항공안전본부에서 제정한 항공기 기술기준(Korean Airworthiness Standard; KAS)에 맞게 설계하도록 되어 있다. 국내의 기술기준인 KAS의 구성은 미국 FAA의 구성과 동일하다.

4.3.2 일반 요구 조건

국내의 기술기준인 KAS 중에서 수송류(transport category) 항공기에 대한 기준인 KAS part 25의 내용을 기준으로 간략히 기술하도록 한다.

(a) 연료계통은 인증된 모든 기동과 엔진과 보조동력장치의 사용이 허용되는 조건을 포함한 모든 예상 운용조건에서 엔진 및 보조동력장치의 적절한 기능을 위해 설정된 유량 및 압력으로 연료흐름이 이루어지도록 구성하고 배치하여야 한다.

(b) 모든 연료계통은 내부에 들어간 공기가 다음과 같은 상태를 유발하지 않도록 배치하여야 한다.

  (1) 왕복 엔진의 20초 이상의 출력 중단

  (2) 터빈 엔진의 운전정지

(c) 터빈 엔진의 각 연료 시스템은 초기에 26.7℃(80°F)에서 포화상태에 이른 연료에 리터당 0.198cc(0.75cc/gal)의 비율로 물을 넣고 운용 중에 예상되는 최악의 결빙조건에서 냉각시킨 연료를 사용하더라도 정상적인 유량 및 압력을 보이며 지속적으로 작동할 수 있어야 한다.

(d) 터빈 엔진을 장착한 비행기의 연료 시스템은 기술기준 Part 34에 따른 연료배출과 관련한 요구 조건을 충족해야 한다.

여기서 Part 34에 기술된 연료배출에 대한 내용을 보면 가스 터빈 엔진 항공기의 엔진은 비행이나 지상 운전 후 정지할 때 연료노즐로부터 액체연료가 대기 중으로 방출되지 않도록 설계되고 제작되어야 한다. 단, 엔진축, 연결부, 또는 연결구로부터 누출되는 연료는 예외로 한다.

4.3.3 연료 시스템 주요 요구 조건

(a) 각 엔진에 대한 연료공급 시스템으로 서로 독립된 부분을 통해 다른 엔진에도 연료를 공급할 수 있는 시스템을 갖춰야 한다.

(b) 하나의 엔진에 2조 이상의 연료탱크로부터 연료를 공급할 수 있는 경우, 연료 시스템은 다음 사항을 충족해야 한다.

(1) 왕복 엔진: 엔진 결함의 원인이 해당 엔진으로 연료를 공급하는 탱크의 연료 고갈 때문임이 분명한 경우, 사용 가능한 연료가 있는 다른 탱크로 스위치를 전환한 후 20초 이내에 최대압력의 연료가 엔진에 공급되어야 한다.

(2) 터빈 엔진: 연료탱크를 수동으로 적절히 전환할 수 있는 장치에 추가하여, 정상작동 중에 각 엔진으로 연료를 공급하는 탱크의 사용 가능한 연료가 고갈되었을 때 비행 승무원이 별도의 주의를 기울이지 않아도 연료 공급이 끊이지 않도록 하고, 통상 이 엔진에만 연료를 공급하도록 되어 있는 다른 탱크에는 가용한 연료가 남아 있도록 설계해야 한다.

(c) 각 연료탱크와 연료 시스템 구성품 내부의 사용 불가능한 연료량은 해당 탱크로부터의 연료공급을 포함하는 모든 운용 또는 비행기의 기동에 대한 최악의 연료공급 조건에서 엔진 정지의 최초 징후가 발생하는 연료량보다 적지 않도록 설정되어야 한다. 이때 연료 시스템 구성품의 결함은 고려하지 않아도 좋다.

(d) 각 연료탱크는 운용 중에 받을 수 있는 진동, 관성력, 유체 및 구조적인 하중에 결함없이 견딜 수 있어야 한다.

(e) 가압 연료탱크의 경우 탱크 내부와 외부 사이에 과도한 차압이 형성되지 않도록 페일세이프(fail-Safe) 형상의 수단을 갖추어야 한다.

(f) 연료 시스템은 높은 대기 온도에서도 충족스럽게 작동하여야 한다. 이것은 예상되는 모든 운용 상태에서 연료 증발로 인한 기포가 발생하는 것을 방지해야 한다.

(g) 모든 연료탱크에는 탱크 용량의 2% 이상의 팽창공간을 두어야 한다. 비행기가 정상적인 지상 자세에 있는 경우에는 부주의한 경우에도 연료탱크의 팽창 공간에는 연료가 공급되지 않아야 한다.

(h) 각 연료탱크는 지지되지 않은 탱크 표면에 탱크 하중(탱크 내부연료의 무게로 인한 하중)이 집중되지 않도록 지지되어야 한다.

(i) 탱크 외부 공간은 소량의 누설로 인한 연료 증기가 누적되지 않도록 환기를 시켜야 한다.

(j) 가압식 급유 시스템의 매니폴드 연결부에는, 연료유입밸브에 결함이 발생하는 경우에도 시스템으로부터 위험한 분량의 연료가 유출되는 것을 방지하기 위한 장치가 있어야 한다.

(k) 연료탱크 또는 연료탱크계통의 각 위치에서 연료나 증기의 발화로 인한 마비 상태를 일으킬 수 있는 발화원이 존재해서는 아니 된다.

위에 언급한 사항 외에도 다른 상세한 요구 조건들이 있으며 KAS part 25의 연료계통에 관한 설명을 참조하기 바란다.

4.3.4 연료 시스템의 주요 설계 업무

설계 분야	설계 업무
1. 운용환경·연료 소요량 분석	1.1 연료공급 계통 요구도에 대한 규격서 분석 1.2 외부연료탱크·공중급유 요구 조건 분석 1.3 비행 프로파일에 따른 연료소요량 추정 1.4 불용 연료량 분석
2. 연료공급·제어 계통 할당	2.1 연료구성품의 규격서(사양서) 분석 2.2 연료 구성도(schematic) 분석 2.3 계통 모드별 연료압력·용량 분석 2.4 연료의 heat sink 용량 분석 2.5 fuel jettison 용량과 시간 분석 2.6 외부연료탱크·공중급유 용량 및 시간 분석 2.7 주유(refuel)·방출(defuel)·벤트(vent) 요구 조건 분석 2.8 연료에 의한 냉각 요구량 분석
3. 연료공급 계통 배치설계	3.1 설계 요구도에 따라 연료공급 계통에 대한 세부계통 구성 3.2 계통 모드·구성품별 하중, 진동, 환경 요구 조건 분석 3.3 계통 부분별 용량, 시간, 압력 분석 3.4 연료구성품의 규격서(사양서) 분석 3.5 연료 구성도(schematic) 분석 3.6 계통 모드별 연료압력·용량 분석 3.7 연료의 heat sink 용량 분석 3.8 fuel jettison 용량과 시간 분석 3.9 외부연료탱크·공중급유 용량 및 시간 분석

설계 분야	설계 업무
	3.10 주유(refuel)·방출(defuel)·벤트(vent) 요구 조건 분석 3.11 화재위험성 및 정전기 방전을 고려한 부품 및 기체간 bonding 설계 3.12 firewall에 shut off valve 배치설계를 할 수 있다.
4. 설계 규격제정 (HW·SW)	4.1 운용모드별 연료 계통 능력 적합성 분석 4.2 기계적, 전기적, 기능적 인터페이스 설계 4.3 부품에 대한 환경 요구 조건 시험기준서 작성 4.4 연료 계통 부품에 대한 위치 선정 및 설계 4.5 성능해석용 모델링 4.6 연료량계측에 대한 알고리즘 및 coding
5. 제품규격·도면 작성	5.1 전산프로그램을 이용한 표준도면을 작성 5.2 설계결과에 따른 제품의 제작공정 파악 5.3 외부 연료공급 계통 등 확장성을 고려한 제품규격서 작성 5.4 설계결과에 따른 공정도 및 제작 기준서 작성 5.5 연료량 계측 프로그래밍
6. 자세, 온도, 중력 가속도 모의시험· 결과분석	6.1 규격서의 성능요구도 해석 6.2 시험평가 계획 수립 6.3 시험평가 계획에 따라 연료 계통에 대한 시험 절차서 및 성적서 작성 6.4 계측 및 시험장비 운용 6.5 시험결과에 대한 분석 6.6 연료 계통 모의시험장치 구성

4.4 항공기 연료의 종류 및 특성

모든 항공기는 규정된 연료만 사용하도록 설계되기 때문에 다른 연료를 혼합해서는 안 된다. 보통 항공기 연료는 일정한 성질을 가지지 않으며, 채굴한 유전지역이나 정제과정에 따라 달라질 수 있다. 연료의 밀도는 온도에 따라 매우 변화가 심하다. 한 예로 민간 항공기에서 8,000갤런을 탑재한다고 가정할 때 더운 날은 그 무게가 26t, 추운 날에는 약 28t으로 변한다. 따라서 연료 온도의 측정은 매우 중요하며, 탑재연료량(FOB: Fuel On Board) 표시 단위는 주로 질량으로 표시하도록 한다. 이유는 질량 단위가 항공기의 항속거리와 관계가 있는 탑재 연료의 에너지를 표시하는 데 적합하기 때문이다. 왕복 엔진을 사용하는 중소형 항공기의 경우에는 부피 단위로 표기하기도 한다.

연료에는 여러 가지 첨가제를 사용하는데 그 종류는 다음과 같다.

- 산화방지제
- 정전기를 소멸시키는 정전기 방지제
- 부식방지제
- 연료 내의 수분이 결빙되는 것을 방지하는 결빙방지제

이외에도 노킹방지제(anti-knock), 연료 내부의 미생물 발생을 방지하는 미생물 살균제(biocide) 그리고 연료 시스템의 고온 부위에서 생길 수 있는 침전물 형성을 방지하기 위한 첨가제(thermal stability improver) 등이 있다.

연료의 점성이 커지면 오염물질은 부유 상태로 유지하기 때문에 연료 성능에 안 좋은 영향을 줄 수 있다. 특히 AVGAS보다 점성이 높은 제트연료(Jet, JP 연료) 시스템은 오염물질에 더 민감한 성질을 가진다. 연료의 성능을 저하할 수 있는 오염물질은 다음과 같은 것들이 있다.

- 수분(water)
- 물때(scale)
- 녹(rust)
- 먼지(dirt)
- 곰팡이(fungus)
- 염분(salt)
- 기타 석유 물질(other petroleum products)

수분 성분은 주로 부스트 펌프의 스크린(screen)이나, 저압 필터(low pressure filter)에 결빙을 유발할 수 있으며, 수분의 양이 과도하면 엔진 정지를 일으킬 위험성이 있다.

4.4.1 왕복 엔진용 연료

왕복 엔진용 연료는 AVGAS(Aviation Gasoline)라 불리며 휘발유(gasoline)로서 원유에서 분류증류(fractional distillation)를 통해 얻을 수 있다. 연료의 화학성분은 탄화수소의 복합체로서 휘발성(volatility)과 인화성(flammability)이 강해 낮은 인화점(flash point)을 가지고 있다. 등유(kerosene) 형태의 가스터빈엔진 연료는 상대적으로 인화성이 약한 성질을 가지고 있다. AVGAS는 여러 가지 제조법에 따라 만들어지는데 휘발유의 강한 폭발성(detonation)을 억제하면서 얼마나 많은 에너지를 발생시키느냐와 관련이 깊다. 보통 폭발성을 억제하기 위한 화학약품을 첨가한다.

- **휘발성**

항공기 연료의 중요한 특성 중의 하나가 연료의 휘발성으로서 액체에서 기체로 기화하는

특성을 표현하는 용어이다. 왕복 엔진은 휘발성이 높은 연료를 사용해야 하므로 기화기(carburetor)를 이용하여 연료를 기화시켜 엔진으로 공급한다. 기화성이 낮아 기화가 늦게 일어나면 엔진 시동이 잘 안 되고, 가속이 원활하지 않게 된다. 그러나 휘발성이 너무 강하면 폭발(detonation)이나 증기폐색이 발생하기 쉽다.

• **증기폐색**

증기폐색(vapor lock)은 연료가 연료 공급 라인이나 연료탱크와 기화기 사이에서 기화되어 나타나는 현상이다. 기화와 관련 있는 물리량은 압력과 온도이며, 압력이 낮을수록, 온도가 높을수록 기화가 쉽게 일어난다. 증기패색은 연료탱크에서 연료를 빨아들이는 엔진 구동 연료 펌프(engine driven fuel pump)를 장착한 항공기를 고온의 대기조건에서 운용할 때 주로 발생한다. 증기폐색은 이상 고온의 연료, 저압 혹은 연료 시스템을 통과하는 연료 흐름의 과도한 난류(turbulence)로 인해 발생하며 연료의 기화가 일찍 발생하여 기화기로 가는 연료의 흐름을 차단하는 현상을 말한다.

왕복 엔진용 연료의 증기압(vapor pressure)은 온도 100°F에서 5.5psi에서 7psi 압력 범위를 가지고 있다. 따라서 엔진 구동 연료 펌프는 이 조건에 맞게 설계해야 하며, 만일 온도가 100°F 이상 올라갈 수 있는 고온(hot day) 조건이나 증기압보다 낮은 압력 조건, 연료 라인이 급격하게 구부러진(sharp bend) 조건 혹은 연료 온도가 고온인 상태에서 고도를 급격하게 상승시키면 증기폐색이 일어날 수도 있다.

따라서 증기폐색을 방지하기 위해 보통 연료탱크 내부에 승압펌프(boost pump)를 설치하여 연료를 가압시켜 엔진으로 공급하도록 한다.

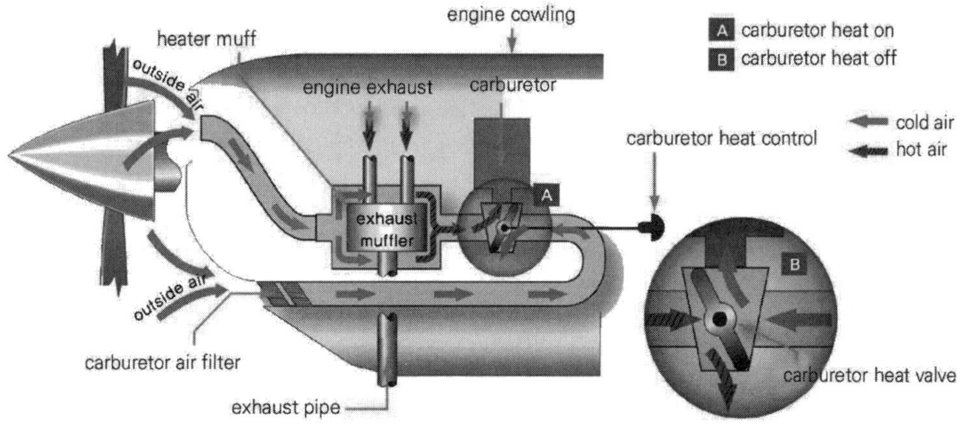

그림 4.1 왕복 엔진의 기화기 난방장치

• 기화기의 결빙

연료가 기화되면 주위의 에너지를 뺏기 때문에 온도가 낮아진다. 기화기는 연료를 기화시키는 부분이기 때문에 연료에 수분이 포함되어 있으면 낮아진 온도로 인해 결빙(carburetor icing)이 생겨 기화기나 연료 흡입계통(induction system)으로 유입될 수 있다. 이런 경우 연료/공기 혼합기체(fuel/air mixture)의 흐름을 방해하여 엔진의 출력이 떨어지거나 심한 경우 엔진이 정지될 수도 있다. 엔진의 기화기는 대기 온도인 30~40°F 범위에서도 쉽게 결빙 현상이 발생한다. 따라서 보통 결빙을 방지하기 위한 기화기 난방(carburetor heating)장치를 설치하게 된다. **그림 4.1**은 외부에서 유입되는 공기 온도를 엔진 배기가스 열을 이용하여 높여서 기화기로 보내는 기화기 난방장치를 보여준다. 기화기를 난방시킬 때는 더운 공기를 기화기로 보내고 필요 없는 경우에는 바이패스(bypass)시키도록 되어 있다.

• 디토네이션

디토네이션(detonation)은 엔진 연소실(combustion chamber) 내부의 고온, 고압 조건에서 일어나는 비정상적인 폭발 현상을 말한다. 즉, 점화기(ignitor)의 스파크(spark)가 일어나기 전에 미리 연료/공기 혼합기가 점화되어 폭발하는 현상이다. 때로는 점화기로 점화되더라도 연료가 완전히 연소하기 이전에 폭발 현상이 일어나기도 하며, 연소실 내의 특정 지점에 고온의 핫스팟(hot spot)으로 인해 일어날 수도 있다. 이런 폭발 현상으로 인해 연소실 내부에서 비정상적인 충격파(shock wave)가 발생하고, 이로 인한 힘은 피스톤에서 피스톤로드(piston rod)로 전달되고 크랭크 샤프트(crank shaft)로 전달된다. 혹은 밸브 작동에도 영향을 끼치며 심한 경우에 엔진 손상을 줄 수 있다. 디토네이션이 발생하면 엔진에서 이상한 소리(knocking sound)가 발생하고 실린더 헤드(cylinder head) 온도가 올라간다.

• 옥탄가

옥탄가(octane ratings)는 연료의 디토네이션에 대한 내폭성을 표시하는 용어이다. 옥탄가가 높으면 연료의 내폭성이 좋다는 의미로서 폭발이 발생하는 압력과 온도가 높다는 의미이다. 연료의 내폭성을 증가시키기 위해(디토네이션 감소) 두 가지의 탄화수소물을 혼합하는데, 이소옥탄(iso octane, C_8H_{18}), 헵탄(heptane, C_7H_{16})을 사용하고 있다. 두 가지 탄화수소물의 혼합비와 연료의 내폭성은 비례하게 되며, 특히 이소옥탄이 많이 첨가될수록 내폭성은 더 커지게 된다. 옥탄가는 두 가지의 탄화수소물 중 이소옥탄의 비율로 표시하게 되는데, 옥탄가 80의 연료는 80%의 이소옥탄과 20%의 헵탄이 혼합된 것을 의미한다. 만일 옥탄가 100인 연료는 100% 이소옥탄으로 구성된 연료이다. 보통 옥탄가는 80에서 100 사이의 값을 가지고 있다.

또한 연료의 폭발 압력과 온도를 높여 내폭성을 개선하기 위해 사에칠납(tetraethyl lead,

TEL)을 첨가제로 많이 사용한다. 사에칠납은 연소 후에 납(lead)를 남기게 되는데 이를 방지하기 위해 에칠렌 이브롬화물(ethylene dibromide)과 인산트리크레질(tricresyl phosphate)을 반드시 첨가한다. 사에칠납을 많이 첨가하면 옥탄가를 100 이상으로 올릴 수도 있으며, 내폭성을 개선할 뿐만 아니라 엔진 밸브를 윤활 시키는 기능도 가지고 있다.

내폭성을 표시하는 옥탄가 외에도 옥탄가 수치를 2개의 수치로 표시하는 예도 있다. 예를 들어, 80/87, 100/130과 같이 표현하는 경우 첫 번째 옥탄가는 희박 연료/공기 혼합비(lean fuel-air mixture), 두 번째는 연료/공기 혼합비가 높은 조건(rich fuel-air mixture)에서의 옥탄가를 표시하는 것이다.

항공기 왕복 엔진용의 AVGAS는 옥탄가 100이면서 납(lead)이 적은 연료를 사용하는 것이 바람직하다. 그러나 이런 연료는 80/87 연료에 맞게 설계된 엔진에는 사용할 수 없으며, 옥탄가 80인 연료보다 납이 많이 포함되어 있다. 납은 환경오염물질로써 연소 후에 엔진 점화 플러그에 부착물로 남게 되고 오버홀(overhaul)을 자주 해야 한다. 환경 보호 차원에서 향후 사에칠납(TEL)이 포함되지 않은 연료의 사용을 생각해야 할 것이다.

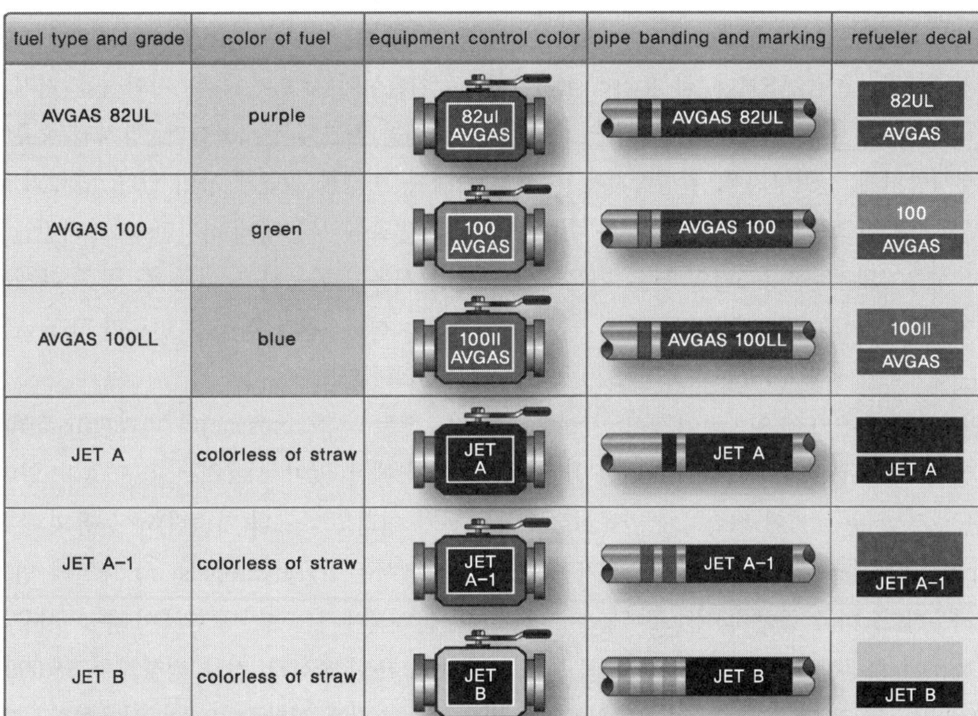

그림 4.2 민간 항공기 연료 식별방법

• AVGAS의 식별방법

항공기와 엔진 제작사는 규정에 적합한 연료를 표시해야 한다. 보통 연료는 저장탱크, 연료 트럭, 항공기 연료탱크에 라벨을 붙여 식별하도록 하며, 연료에 염료를 섞어 색깔을 다르게 한다. 또한 연료공급 노즐의 크기를 다르게 하여 원천적으로 다른 연료를 보급하지 못하도록 한다. 예로, 제트연료의 노즐은 AVGAS 노즐보다 크게 되어 있어 왕복 엔진용 연료탱크에 들어가지 않는다. **그림 4.2**는 연료 종류에 따른 식별 방법을 분류해 놓은 것이다. AVGAS의 경우 옥탄가에 따라 연료의 색깔을 달리하고 있으며 연료공급을 위한 파이프나 밸브 등에 표시하게 되어 있다.

4.4.2 가스터빈 엔진용 연료

등유(kerosene) 계열인 가스터빈 엔진용 연료는 나프타(naphtha), 휘발유(gasoline) 계열의 왕복 엔진용 연료인 AVGAS와는 많이 다른 특성이 있다. 두 가지 엔진용 연료는 절대 혼합해서 사용해서는 안 된다. 보통 가스터빈 엔진용 연료는 통칭해서 제트연료(jet fuel)이라고 부르며, 다양한 종류가 있다.

제트연료는 AVGAS보다 점성(viscosity)이 높고 휘발성이 낮으며 높은 기화점을 가지고 있다. 또한 황 성분이 많이 포함되어 있고, 각종 방지제를 첨가해서 사용한다. 방지제 종류에는 부식방지제, 산화방지제, 결빙방지제, 미생물 억제제, 미생물 살균제 등이 있다. 연료의 증기폐색이나 기화를 억제하기 위해서는 휘발성이 낮은 연료를 사용해야 하지만, 가스터빈엔진 장착 항공기의 주 운용조건인 낮은 기온에서도 엔진 시동이 가능하고 비행 중 공중 재시동이 가능하기 위해서는 휘발성이 좋은 연료를 사용해야 한다. 민간 항공기 연료인 JET A는 표준 대기조건에서 0.125psi, JET B는 2~3psi에서 기화한다.

민간부문에서 가장 일반적이고 많이 사용하는 연료에는 등유(kerosene)와 파라핀(paraffin)의 혼합(kerosene-paraffin mixture)인 JET A-1과 미국에서 많이 사용하는 JET A가 있다. 또한 주로 추운 날씨에 적합하게 만들어졌고 취급하기 어려운 나프타(가솔린)와 등유의 혼합(naphtha-kerosene mixture)인 JET B가 있다. 군용기에서는 JP(Jet Propulsion) 계열의 연료를 사용한다. 미국 공군에서는 JP-4를 사용하고 미국 해군에서는 항공모함에서 주로 사용하기 때문에 휘발성이 낮은 JP-5 연료를 주로 사용한다. 또한 SR-71 전략 정찰기는 75,000~80,000ft 고고도에서 고속(Mach 3 이상)으로 비행하는 조건에 적합한 JP-7을 사용한다. **그림 4.3**은 원유에서 분류증류법을 통해 얻은 여러 가지 연료의 형태를 나타낸 그림이다. 원유 온도를 높이면 기화점이 다른 연료를 순차적으로 얻을 수 있다. 자동차의 휘발유나 AVGAS가

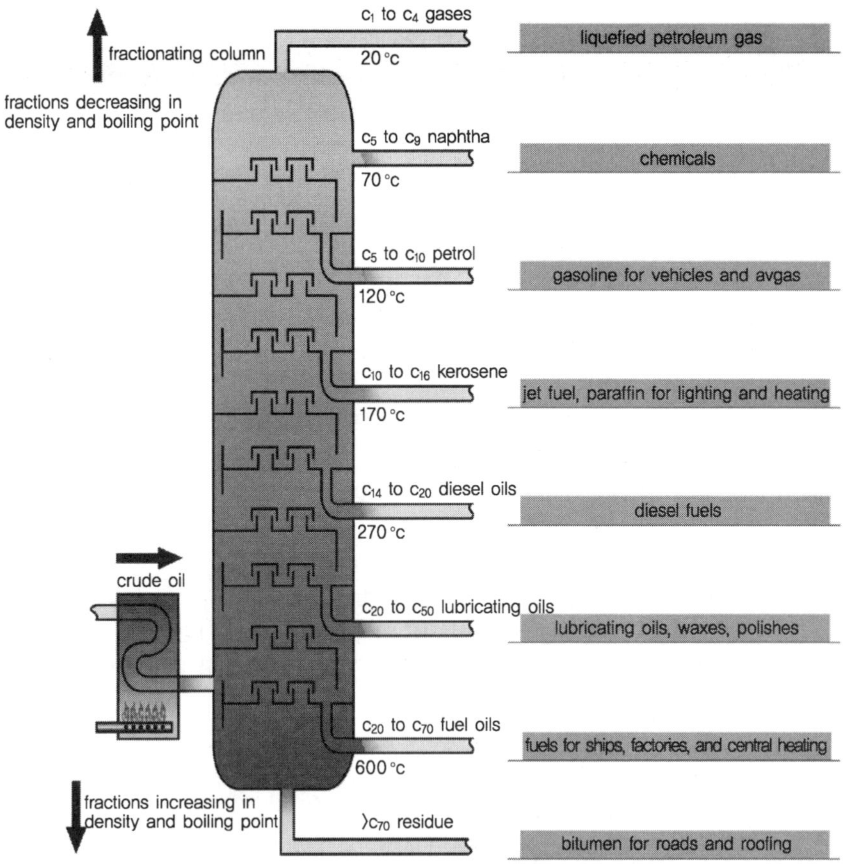

그림 4.3 원유의 분류증류법에 의한 연료 추출

가장 낮은 온도에서 추출되고 등유인 제트연료, 자동차의 디젤연료 순으로 추출된다.

표 4.1은 민간 또는 군용 항공기에서 사용하는 연료들의 특징을 정리한 것이다. 표에서 보듯이 왕복 엔진용 연료는 AVGAS, 민간 항공기의 가스터빈 엔진용 연료는 Jet A, Jet A-1, Jet B를 사용하며 군용 항공기의 가스터빈 엔진용 연료는 항공기의 운용 특성에 맞는 특정 연료를 사용하기도 하며, 최근 미군은 지상 및 항공기에 공용으로 사용할 수 있는 JP-8연료의 사용이 늘어나고 있다. 보통 군용 가스터빈엔진은 JP-4, JP-5, JP-8 연료를 주로 사용하며 엔진은 이 연료들을 모두 사용 가능하도록 설계되어 있다.

표 4.1 항공기 연료의 종류

엔진	종류	특징
Reciprocating engine fuel	AVGAS	• 밀도는 6.02lb/US gallon @ 15℃(0.721 kg/liter) • 고 옥탄가의 가솔린 연료. • 발화특성을 좋게 하기 위해 낮은 인화점(flash point)를 가짐. • 납(lead) 성분의 포함 정도에 따라 여러 가지 등급이 있으며, 일부 국가에서는 등급에 따라 염색제(보라, 파랑, 빨강 등)를 첨가하여 구분.
Turbine engine fuel(civilian)	JET A	• ASTM D1655 규격을 따르고 케로신(kerosene) 계열의 연료로서 1950년대 이래로 주로 미국에서만 사용하고 있음. • 인화점 51.1℃, 빙점 -40℃, 자동 점화온도(auto-ignition temperature) 210℃
	JET A-1	• ASTM 1655, DEF STAN 91-91 규격을 만족하는 케로신 계열의 연료로서 JET A와 유사함. • NATO code F-35로 불리며, 미국 이외의 나라에서 주로 사용하고 있음. • 낮은 온도조건에서 사용하며, 정전기 방지제를 첨가하기도 함. • 인화점 42℃, 빙점 -47℃, 자동 점화온도 210℃
	JET B	• 케로신과 가솔린(나프타 계열)의 혼합물질로 구성된 연료임. • 매우 혹한 조건에서 사용 가능하도록 개발된 연료로서 구성 성분이 가벼워 매우 높은 인화성을 가지고 있기 때문에 취급하는데 조심해야 함.
Turbine engine fuel(military)	JP-1	• Avtur라고도 불림. • 초기 항공기 연료로서 빙점(freezing point)이 -60℃이고 다른 JP계열 연료보다 높은 인화점(flash point)을 가지는 순수 등유(pure kerosene)계열의 연료임. • 현재는 구하기 힘들어 사용하고 있지 않음.
	JP-4	• 가솔린, 케로신이 50 : 50의 비율을 가지는 연료로서 JP-1보다 낮은 -18℃의 인화점을 가지며 빙점은 -60℃임. • 부식방지제, 결빙방지제가 포함된 JET B연료와 아주 유사함. • 투명 혹은 담황색(straw color)을 가짐. • 미국의 MIL-DTL-5624U, 영국의 DEF STAN 91-88 AVTAG/FSII 규격을 만족함. • Avtag, NATO code F-40으로 불리기도 함. • 1995년까지 주로 미 공군에서 사용.
	JP-5	• 케로신 계열의 연료로서 60℃의 높은 인화점을 가지며 빙점은 -46℃임. • 높은 인화점으로 화재에 대한 안전성이 좋아 주로 미 해군의 항공모함에 탑재된 항공기에서 사용함. • 노란색을 가지며 정전기 방지제는 포함하고 있지 않음. • 미국의 MIL-DTL-5624U, 영국의 DEF STAN 91-86 AVCAT/FSII 규격을 만족함. • NATO code F-44로 불리기도 함.
	JP-6	• XB-70 초음속 항공기에 장착된 GE YJ93엔진에 맞게 개발된 연료로서 XB-70 항공기 사업이 중지되면서 이 연료는 더 이상 사용하고 있지 않음. • MIL-J-25656 규격의 연료로서 이 규격도 폐지되었고, JP-5와 유사하나 인화점이 낮고 열적 산화(thermal oxidative) 안정성이 좋음.

표 4.1 항공기 연료의 종류 (계속)

엔진	종류	특징
Turbine engine fuel(military)	JP-7	• MIL-DTL-38219의 규격을 만족하는 연료로서 마하수 3 이상의 초음속으로 비행하는 SR-71 항공기용으로 특별히 제작된 연료임. • 초음속 비행의 경우 비행기 표면의 온도가 매우 높아지므로 높은 인화점을 가지는 연료가 필요하였음. • 다른 연료와 같이 탄화수소계열의 연료로서 좋은 윤활성을 위해 플루오르화탄소를 첨가했고, 연소를 돕기 위해 산화제를 첨가했음.
	JP-8	• 케로신 계열의 연료로서 1990년 미 정부에 의해 디젤연료를 사용하는 모든 차량 연료를 대체하기 위해 개발됨. • 또한 항공기 연료 이외에도 미군의 발전기, 지상 차량, 난방기 연료로 사용하고 있음. • 미 공군은 1996년 이후 주 연료로 사용하고 있으며, 인화성, 위험성이 낮은 특성을 가짐. • 부식방지제, 결빙방지제가 포함된 JET A-1 연료와 아주 유사하며 오일 같은 질감을 가지고 있음. • 미국의 MIL-DTL-83133E, 영국의 DEF STAN 91-87 AVTUR/FSII 규격을 만족함. • NATO code F-34으로 불리기도 함.
	JPTS	• JET Propellant Thermally Stable의 약자로서 1950년 개발 이래 미 공군의 U-2 정찰기 전용의 연료임. • 43℃의 높은 인화점을 가지며 빙점은 -53℃임. • 매우 고가로서 JP-8의 3배 정도임.

4.4.3 저온에서의 연료 특성

2001년 극지방을 통과하는 항공로가 공식적으로 열림으로써 이 항공로를 운항하는 장거리 항공기의 새로운 개발개념을 이끌어냈다. 현재 4개의 항공로가 개설되어 있으며, 이 항공로를 통해 미국과 아시아를 운행하면 시간과 연료뿐만 아니라 환경적인 이점을 가져다주고 있다. 장거리 운항이 가지고 있는 고유의 위험 때문에 극지방 항공로를 운항할 때는 연료 시스템에 몇 가지 특별한 신경을 써야 하는 점들이 있다. 극지방의 추운 기후조건에서의 cold fuel management는 항공기 연료 시스템의 운영과 설계에 영향을 주었다. 또한 극지방을 운항하기 위해서는 최소한의 추가 장비들을 갖추고 있어야 한다.

- 온도지시계가 포함된 연료량 지시계
- 2개의 엔진을 장착한 항공기 경우에는 APU에서 전기와 공압(블리드 공기)을 일정 이상 공급 가능해야 함

• 자동 추력 조절 장치(auto-throttle system)
• 적절한 통신장비의 설치

항공기 연료는 서로 다른 응고점 온도를 가지는 여러 가지 탄화수소 성분의 복잡한 혼합물이다. 연료 온도가 내려가면 연료에 포함된 일부 성분들이 얼기 시작하여 밀랍 같은 결정체가 증가하는 현상이 발생한다. 비행 중에 이 결정체가 생기면 연료 라인이나 필터를 막아 연료 공급이 원활하지 못해 추력이 불안정해(power fluctuations)지거나 추력 손실(power loss) 혹은 엔진정지(flame out)까지 유발할 수 있다.

연료의 결빙온도를 측정하는 표준 절차가 있으며, 연료가 유체상태를 유지하여 원활히 흐를 수 있게 하거나 펌프로 공급될 수 있는 상태를 유지하는 것이 매우 중요하다. 이 상태를 나타내는 용어로써 유동점(pour point)이 있는데 그 정의는 연료가 응고되기 시작하는 온도를 의미한다. 연료가 응고되는 일련의 과정을 보면 다음과 같다.

• 3℃ 이상에서는 연료는 맑고(clear) 균질의(homogeneous) 유체 형태를 가진다.
• 결빙온도 부근에서 연료의 특정 탄화수소 성분이 응고되기 시작하여 밀랍 같은 결정체가 생기기 시작한다. 연료는 유체상태의 연료와 밀랍 결정체 같은 물질의 혼합물 형태를 가진다.
• 유동점(pour point) 온도에서 연료는 응고되어 거의 밀랍 같은 고체 형태를 가지게 된다. 유동점 온도는 보통 결빙온도(freezing point)보다 약 6℃ 정도 낮다.

현대의 항공기는 연료 온도를 측정하여 조종실의 계기판에 구현하고 있다. 계기판의 색깔을 노란색(amber)으로 정해놓고 연료가 설정된 기준 온도 이하로 내려갈 때 조종사에게 알려주게 되어 있다. 보통 조종실에는 기준 온도를 조종사가 원하는 온도로 설정할 수 있게 되어 있다.

4.5 항공기 연료 시스템의 구성

연료 시스템의 구성은 연료탱크, 연료 공급 및 이송을 위한 펌프, 급유 및 배출, 밴트(vent) 및 가압기능을 위한 장치 및 각종 밸브로 이루어져 있다. 또한 연료량을 측정하고 지시하기 위한 시스템과 조종실에서 연료 시스템을 제어하기 위한 시스템으로 구성된다.

4.5.1 단발 엔진 장착 소형기 연료 시스템

4.5.1.1 고익 항공기

날개가 동체 위쪽에 설치된 고익 항공기(high wing aircraft)는 연료탱크가 엔진보다 높은 위치에 있어서 별도의 연료 공급 펌프뿐만 아니라 중력에 의해서도 연료 공급이 가능하다. 중력식 연료 공급은 보통 왕복 엔진을 장착한 경비행기에서 사용하는 방법이다. **그림 4.4**는 중력식 연료 공급을 받는 고익 항공기의 연료 시스템 사례이다. 탱크의 위쪽에는 연료탱크가 빌 때 대기압이 작용하도록 벤트(vent)를 설치하고 양쪽 탱크로부터 동시에 연료 공급이

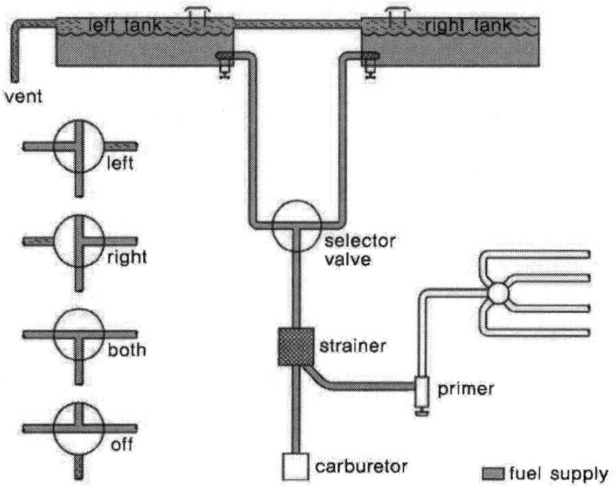

그림 4.4 고익 항공기의 중력식 연료 시스템

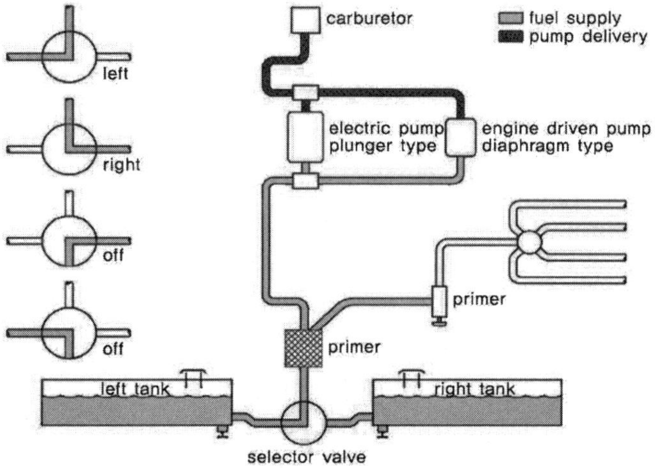

그림 4.5 저익 항공기의 펌프 동력식 연료 시스템

되는 경우 같은 크기의 압력이 작용하도록 양쪽 탱크 사이를 연결하는 벤트가 설치되어 있다. 각 연료탱크의 출구는 연료 차단밸브(fuel shutoff valve)나 위치 선택 밸브(multiposition selector valve)에 연결되어 있다. 연료 차단밸브는 ON/OFF 2개의 위치가 있고, 위치 선택 밸브는 네 개의 위치 선택이 가능한데 연료차단, 좌측 연료탱크 공급, 우측 연료탱크 공급 및 양쪽 연료탱크 공급 선택이 가능하도록 스위치 위치를 선택할 수 있다. 밸브 이후에는 스트레이너(strainer)를 거쳐 기화기(carburetor)나 엔진 시동을 위한 프라이머(primer)로 연료가 공급된다.

일부의 고익, 고성능 단발엔진 항공기에서는 **그림 4.6**에서 보듯이 기화기 대신 연료분사장치(fuel injection system)을 사용하기도 한다. 이런 항공기의 경우 중력과 연료펌프를 같이 이용하는 방식이다. 각 연료탱크에 있는 연료는 레저버 탱크(reservoir tank) 혹은 컬렉터 탱크(collector tank)로 중력에 의해 보내지고 레저버 탱크의 연료는 연료펌프에 의해 엔진으로 공급된다. 여기서 레저버 탱크나 컬렉터 탱크는 여러 연료탱크로부터 연료를 이송받아 최종 엔진으로 공급하는 연료를 저장하는 탱크를 말한다.

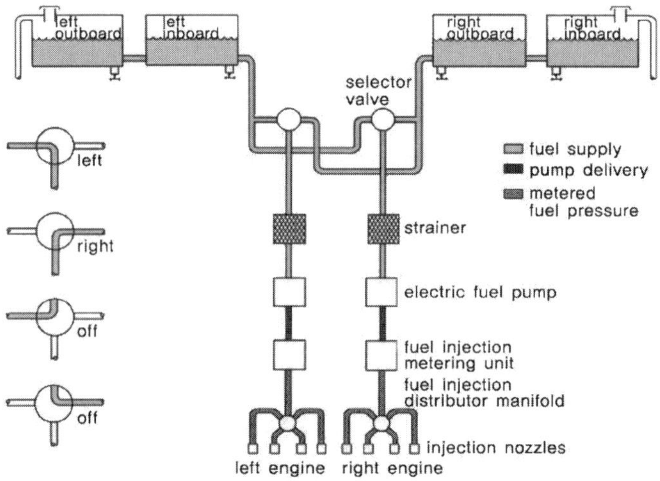

그림 4.6 고익 쌍발 엔진 항공기 연료 시스템

4.5.1.2 저익, 중익 항공기

저익(low wing) 항공기나 중익(mid wing) 항공기의 경우는 엔진의 위치가 연료탱크보다 높거나 비슷하므로 중력에 의한 연료 공급이 안되며, 따라서 1개 이상의 연료펌프를 이용하여 연료를 공급한다. 보통 주 연료펌프로 사용하는 엔진구동펌프(engine driven pump)와 주 연료펌프가 고장 날 때 사용하는 전기구동펌프(electric pump)를 설치하며, 병렬로 설치한

다. 이 방식은 보통 2개의 연료탱크로부터 동시에 연료를 쓰지 않기 때문에 탱크 간의 벤트도 설치하지 않는다. 또한 위치 선택 밸브도 좌측 연료탱크, 우측 연료탱크 및 OFF 위치만 선택할 수 있다. 연료펌프는 엔진의 기화기나 프라이머로 연료를 공급한다.

4.5.2 다발 왕복 엔진 소형 항공기 연료 시스템

4.5.2.1 저익 쌍발 엔진 항공기

저익 쌍발 엔진 항공기(low wing twin engine aircraft)는 연료탱크에 각각 선택 밸브와 주 연료펌프가 설치된다. 또한 연료탱크의 출구에 설치된 승압펌프(boost pump)로 가압시킨 연료를 선택 밸브와 스트레이너를 거쳐 연료펌프로 보내고 연료분사 장치를 이용하여 엔진 실린더로 공급한다. 선택 밸브는 탱크별로 별도 설치하여 어느 한쪽 탱크가 아닌 양쪽 탱크로부터 모두 연료를 공급받을 수 있도록 하며 왼쪽 선택 밸브는 왼쪽 엔진에 연료를 공급하고, 오른쪽 엔진도 역시 오른쪽 선택 밸브로부터 연료를 공급받는다. 양쪽 탱크로부터의 연료 공급은 크로스피드 밸브(crossfeed valve)를 통해 가능해진다. 크로스피드 기능은 보통 엔진별로 연료를 공급하는 탱크가 지정되는데, 문제가 발생하면 다른 탱크로부터 연료를 받을 수 있도록 크로스피드 밸브를 열어 연료가 공급되는 기능이다. 정상 작동일 때는 크로스피드 밸브는 닫혀 있다. 만일 주 연료탱크 외에 별도의 보조 연료탱크가 양쪽에 설치될 때는 크로스피드 밸브는 거치지 않고 한쪽 엔진으로만 공급하도록 하는 때도 있다. 또한 주 연료펌프에는 보통 압력조절기(pressure regulator)와 증기 분리기(vapor separator)가 하나의 어셈블리(assembly)로 되어 있다. 증기 분리기는 연료에 포함된 공기를 분리하여 다시 연료탱크로 보내지고 벤트를 통해 외부로 방출시킨다.

4.5.2.2 고익 쌍발 엔진 항공기(high wing twin engine aircraft)

연료분사장치를 설치한 고익 항공기의 연료 시스템은 탱크별로 연료펌프와 선택 밸브를 설치하여 운용하며 크로스피드(crossfeed) 기능도 역시 가지고 있다.

4.5.3 제트엔진 장착 민간 항공기

제트엔진을 장착한 대형 민간 항공기의 연료 시스템은 매우 복잡하고 왕복 엔진 장착 항공기에는 없는 여러 가지 특징이나 부품들이 포함되어 있다. 그 예로 고장을 대비한 여러 가지 다중시스템(redundancy system)과 연료하중의 균형을 조절하기 위한 여러 가지 선택기능들이 있다. 연료 시스템의 기능에 대해서는 별도의 절에서 상세히 다루도록 하겠다.

대부분 민간 항공기 연료탱크는 날개 구조물을 이용한 통합탱크(integral fuel tank)의 형태가 기본이며, 중앙동체 구조물을 연료탱크로 사용하기도 한다. 보통 날개 구조물을 밀봉하여 연료탱크로 사용하거나 블래더(bladder) 형태의 탱크를 가지고 있다. 장거리를 운항하는 항공기의 경우 날개 탱크 외에 동체의 일부분을 보조 연료탱크(auxiliary tank)로 사용하는 경우도 있으며, 평상시에는 비어 있는 서지 탱크(surge tank)를 설치하여 넘치는 연료를 수용하거나 연료 시스템의 벤트(vent) 목적으로 사용하기도 한다. 각 탱크에는 2개의 전기구동 연료펌프(electrical fuel pump)가 있고, 엔진마다 엔진구동 펌프(engine driven pump)가 있다. 주 연료펌프인 전기구동 펌프는 교류(AC)전원으로 구동되고 연료를 1개 혹은 양쪽 엔진에 모두 공급할 수 있다. 양쪽 엔진으로 공급하기 위해서는 크로스피드(crossfeed) 밸브가 열려 있어야 한다. 엔진구동펌프는 전기구동 펌프가 고장 났을 경우 탱크 내부의 바이패스(bypass) 밸브로부터 연료를 흡입하여 엔진으로 공급된다. 연료는 보통 중앙탱크의 연료를 먼저 사용하고 날개 탱크 연료를 사용한다.

민간 항공기의 연료 시스템은 보통 연료를 가압하여 연료 공급, 연료 배유(defueling), 연료이송(fuel transfer) 그리고 연료의 비상 배출(jettison, dump) 기능이 있다.

4.5.4 헬리콥터 연료 시스템

헬리콥터 연료 시스템(helicopter fuel system)도 기종별로 매우 다양하다. 보통 연료탱크

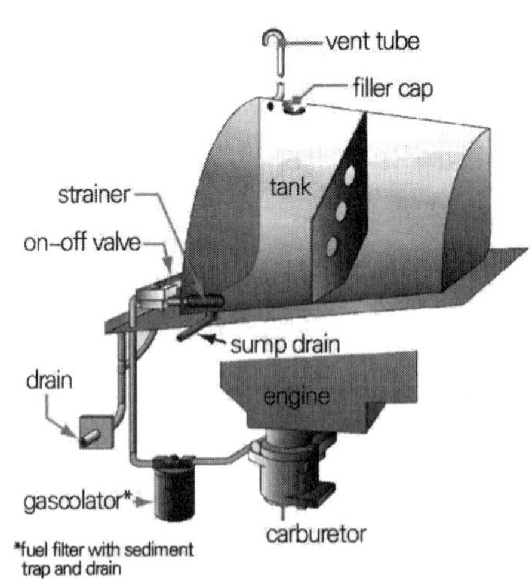

그림 4.7 헬리콥터의 중력식 연료 시스템

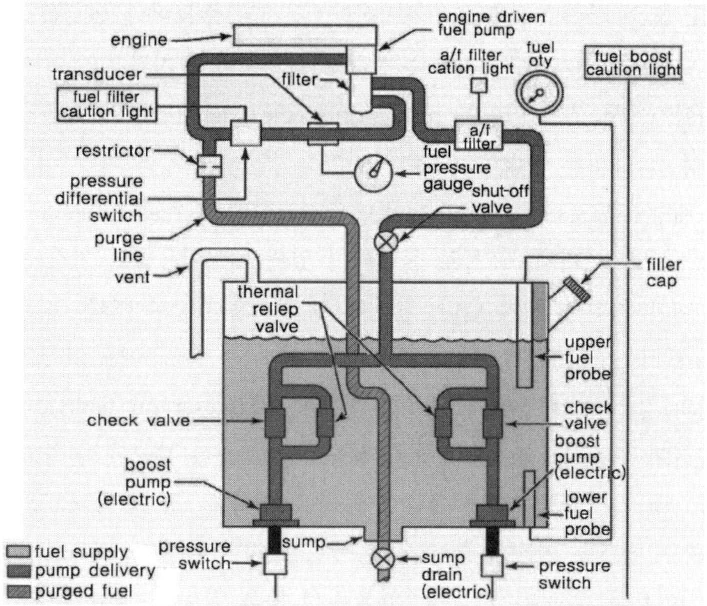

그림 4.8 헬리콥터의 동력식 연료 시스템

는 1개 혹은 2개를 가지며, 헬리콥터 무게중심(center of gravity) 부근에 설치한다. 그 위치는 대략 주 로터(main rotor)의 마스트(mast) 부근으로 후방동체 부근이다. 어떤 헬리콥터는 연료탱크가 엔진 위쪽에 설치하여 중력에 의해 공급하는 방법을 사용하기도 한다.

가스터빈엔진을 장착한 경량 헬리콥터는 중력식 공급방법이 아닌 펌프에 의한 동력식(pump feed)을 주로 사용한다. 보통 승압펌프(boost pump)를 이용하여 선택 밸브를 거치지 않고 바로 엔진으로 공급한다.

다발 가스터빈엔진을 장착한 대형 헬리콥터의 연료 시스템은 가스터빈 엔진 장착 고정익(fixed wing) 항공기처럼 매우 복잡하며 여러 개의 탱크와 크로스 피드 시스템 및 가압식 연료 급유 방법(pressure refueling)을 사용하고 있다.

4.6 연료 시스템의 구성품

4.6.1 연료탱크

연료탱크(fuel tank)는 연료와 화학반응을 일으키지 않는 알루미늄합금, 스테인레스 스틸

(stainless steel), 혹은 합성고무재질로 제작한다. 침전된 수분이나 연료를 외부로 방출시키기 위한 sump, drain을 설치하고, 대기로 벤트시키기 위한 장치가 있어야 한다. 연료탱크의 형태는 소형 비행기에서 쓰는 간단한 rigid removable tank에서부터 기체통합 탱크(integral tank), 블래더 탱크(bladder tank)로 구분하고 기능적인 측면에서 피탄 시 스스로 연료누출을 방지하는 자체방루탱크(self-sealing tank), 충격저항탱크(crash-resistant tank) 등의 형태가 있다. 기체통합탱크는 기체구조물로 둘러싸여 있어 체적이용률이 가장 좋으나 연료의 누설이나 부식에 대한 처리를 해야 한다. 블래더 탱크나 자체방루탱크는 주로 군용기에서 사용하며 충격저항탱크는 민간여객기에서 주로 사용한다. 그 외 곡예용 비행기나 기동을 심하게 하는 비행기의 경우 여러 탱크의 연료가 레저버 탱크(reservoir tank)로 이송되어 엔진으로 바로 연료공급이 가능하도록 하며 주로 항공기 무게중심 부근에 설치하게 된다. 항공기에서 연료탱크의 배치는 항공기의 무게중심에 많은 영향을 줄 수 있다. 잘못된 연료탱크의 배치는 항공기의 비행조종 안정성에 좋지 않으며, 적절한 배치를 위해서는 무게중심, 내구성, 정비성, 용적이용률, 항공기 기동에 의한 관성 등을 같이 고려해야 한다.

4.6.1.1 rigid removable fuel tanks

오래된 항공기에서 주로 사용했던 방법이며, 최근에는 고가의 경량 항공기나 왕복 엔진 항공기에 사용한다.

- 주로 3003, 5052 알루미늄 합금재질, 스테인레스로 제작
- 용접이나 리베팅(riveting)을 하여 제작한 구조물 형태

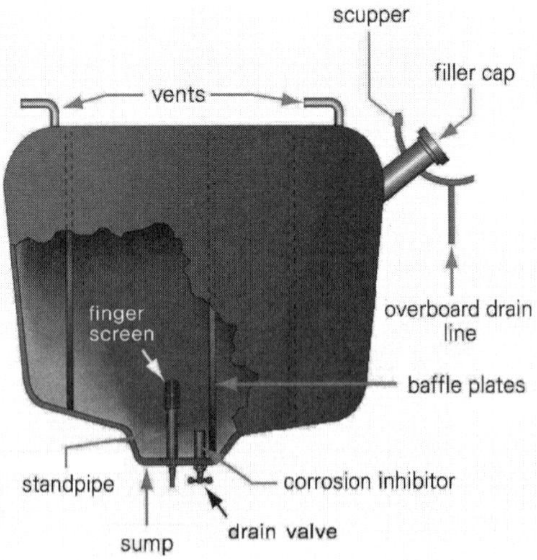

그림 4.9 rigid removable fuel tank

• 날개뿌리(wing root) 부근에 주로 설치하거나 일부 항공기는 날개의 앞전(leading edge)에 설치

4.6.1.2 bladder fuel tanks

주로 경량 항공기, 터보프롭(turbo-prop), 가스터빈 엔진 항공기에 사용하며, 유연성 있는 합성고무 재질로 만든 탱크이다.

• 합성 강화고무 재질의 주머니 형태로 되어 있고, 기체구조물 안에 설치
• 탱크 옆이나 바닥에 설치된 클립으로 고정시킴
• 승무원, 엔진 흡입구, 보조동력장치 또는 화재 위험 영역에 인접한 탱크에 설치

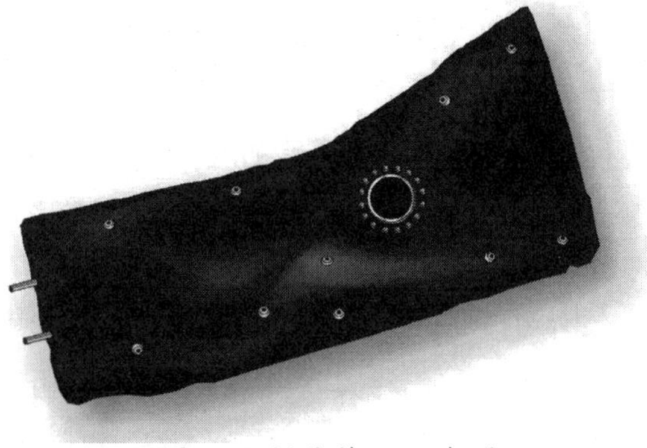

그림 4.10 블래더(bladder) 탱크

4.6.1.3 integral fuel tanks

주로 민간여객기나 고성능 항공기에 사용하는 방법으로서 날개나 동체구조물 내부를 밀봉 처리하여 연료탱크로 사용한다. 기체 구조물에 의해 구성된 탱크로서 별도로 제거하지 못하는 고정된 형태로 다음과 같은 특징을 가지고 있다.

• 탱크 부피에 대한 이용가능 부피가 가장 크기 때문에 연료 적재량이 가장 좋음
• 연료 누설을 막기 위해 구조물 이음새는 합성 고무로 밀봉 처리
• 부식방지, 탱크 내부 미생물 번식방지 처리 필요
• 승무원, 엔진 흡입구, 보조동력장치 또는 화재 위험 영역에 설치하면 안 되며, 만일 피할 수 없는 경우에는 이중 방어벽 같은 보강책이 있어야 함

▷ **최대 가용 연료량 산출법**(rule of thumb for max. fuel volume)

• 기체 통합탱크(integral tanks)

주익 날개탱크-탱크 외형 부피의 85%, 동체탱크-탱크 외형 부피의 92%

• 블래더 탱크(bladder tanks)

주익 날개탱크-77%, 동체탱크-83%

4.6.1.4 자체밀봉 탱크

주로 전투기나 군용기에서 사용하며, 피탄 가능성이 큰 부위에 사용하는데 정비성이 떨어지고 무게가 커지는 단점이 있다. 자체밀봉 탱크(self-sealing tank)는 전투 중에 총알에 맞아 생기는 구멍이나 손상을 자동으로 밀봉되는 탱크를 말한다. 그렇다고 방탄은 아니고 구멍을 밀봉하는 기능을 말한다. 총알이 탱크를 관통하기 시작하면 끈적하고 탄성이 있는 밀봉재가 탄환을 감싸고, 탱크 벽을 관통하자마자 밀봉재가 구멍을 막기 시작한다. 이때 연료와 밀봉재가 접촉하면 화학반응이 일어나 밀봉재가 연료탱크의 재질 내부로 스며들면서 완전히 밀봉하게 된다. 밀봉재는 기본적으로 천연 껌 고무를 바탕으로 만들어진다. 이 밀봉 기능은 연료의 누출로 인한 위험을 감소시키고 전투 임무를 마치고 기지로 돌아올 수 있게 한다. 자체밀봉 탱크 방식은 2가지를 주로 사용하는데 첫째는 가장 많이 사용하는 표준방식으로서 앞에 설명한 자체밀봉 탱크의 방식이며, 둘째는 블래더 탱크와 자체밀봉 탱크 방식을 혼합한 형태이다. 후자의 방식은 탱크의 아래쪽이 자체방루 재질로 되어 있고, 탱크 위쪽에 블래더 탱크 형식으로 되어 있다. 두 가지 방식 모두 약간 신축성(semi flexible)을 가지고 있다.

자체밀봉 탱크의 재질은 네 개의 적층 구조로 만들어진다. 이 방식은 현재 사용되고 있는 탱크 대부분에서 사용하고 있다. 네 개의 적층은 inner liner, nylon fuel barrier, sealant와 retainer로 이루어져 있다.

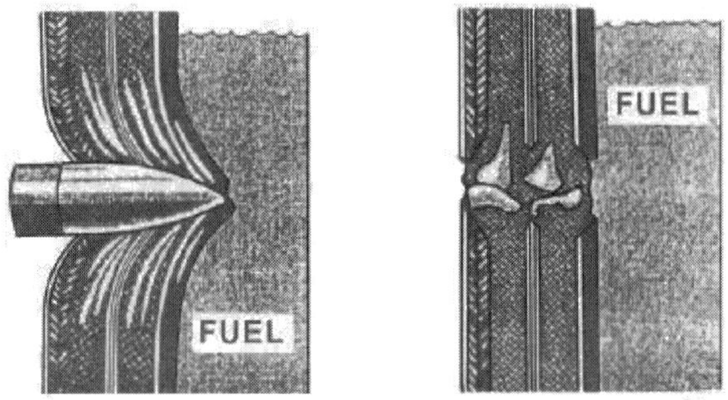

그림 4.11 자체밀봉 탱크의 밀봉 과정

4.6.1.5 내충격 탱크

내충격 탱크(crash-resistant tank)는 주로 민간 헬리콥터에 적용하는 탱크의 종류이다. 헬리콥터 사고는 지상에 추락한 이후 이차적인 화재로 인한 인명 피해가 크다고 한다. 이런 피해를 줄이기 위해 추락하더라도 2차 피해를 최소화하기 위한 요구 조건을 만족하도록 설계된 탱크이다. 미국의 FAA에서 발행하는 FAR Part 27의 27.952 조항에 자세한 요구 조건이 명시돼 있다. 이 내용은 연료누출과 이에 따른 이차적인 화재와 사고를 방지하기 위한 목적이다. 다양한 조건에서의 낙하 시험(drop test), 다양한 정적, 동적 하중 조건에서 연료탱크, 탱크의 구성품과 그에 부착된 부속품의 구조 파손이 없어야 하고, 연료의 누출이 생겼을 때 화재가 날 수 있는 점화원과 되도록 멀리 설치하도록 하고 있다. 연료관에 사용하는 커플링은 자체 밀봉이 되면서 파손되도록 해야 하는 등 여러 가지 설계 요구 조건이 있다.

4.6.1.6 연료탱크의 형상과 위치

대부분 항공기 연료탱크는 날개의 앞전(leading edge)과 뒷전(trailing edge) 스파(spar) 사이의 날개 구조물에 있다. 날개 구조물에 연료를 적재하는 경우 날개에서 발생하는 양력(lift)과 반대 방향인 연료 무게(weight)로 인해 날개 구조물의 굽힘 모멘트(bending moment)가 낮아지는 이점이 생긴다. 알루미늄 합금 계열의 날개 구조물에서의 굽힘 모멘트 감소는 구조물의 응력 사이클(stress cycle)의 감소로 인해 피로 수명(fatigue life)에 상당히 좋은 영향을 주게 된다. 어떤 항공기에서는 구조물의 피로 수명을 높이기 위해 날개의 바깥쪽 탱크(outboard tanks)의 연료가 될 수 있으면 임무 비행시간 중 오랜 시간 동안 채워져 있도록 하는 예도 있다. 반대로 단점으로는 날개 끝(wing tip) 쪽으로 갈수록 구조물의 두께가 얇아져 연료량 측정 센서를 설치하는 데 어려움이 생긴다. 특히 날개는 비행 중에 생기는 공기역학 힘(aerodynamic force)에 의한 굽힘(bending)과 뒤틀림(twisting) 현상으로 인해 더욱 어려운 문제점이 생긴다.

날개에 설치되는 연료탱크 외에 동체(fuselage) 부분에도 연료탱크를 설치하는데 주요 설치 위치로는 객실(passenger compartment) 아래쪽의 날개 사이의 공간과 압력격벽(pressure bulkhead) 뒤쪽의 꼬리날개 쪽에 설치하는 경우가 많다.

장거리를 운항하는 일부 상용 항공기에서는 화물칸 내에 추가의 연료탱크를 설치하는 때도 있다. 에어버스사에서 생산되는 많은 여객기에는 화물칸에 최소 1개 이상의 탱크(additional center tanks)가 추가로 설치되어 있다.

또한 에어버스사의 장거리용 여객기와 MD-11 같은 항공기에는 수평 안정판에 연료를 적재하는 경우도 있다. **그림 4.12**의 A330의 사례를 보면 각 날개에 inner tanks와 outer tank가 있고, 동체에 가장 연료를 많이 적재하는 중앙동체 탱크(center tank)와 후방의 stabilizer tank(trim tank)로 구성되어 있다. 여기서 stabilizer tank의 연료는 연료를 이송시켜 비행 중

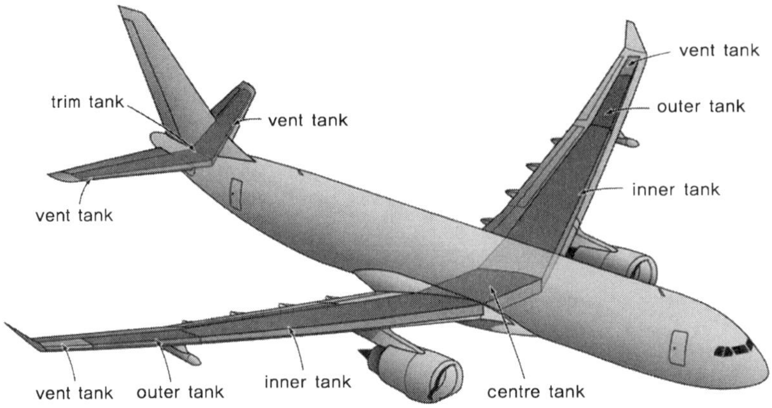

그림 4.12 A330 fuel tanks

에 항공기의 무게중심을 제어(center of gravity control)하고 trim drag를 최적화하는 데 사용한다.

그림 4.13에서 보듯이 군용전투기는 날개가 작고 두께가 얇아서 날개 외에 동체에도 탱크를 설치한다. 그러나 동체에 엔진과 무장이 장착되기 때문에 동체 연료탱크의 형상은 민간 항공기와 비교해 매우 복잡하고 탱크의 개수도 더 많다. 또한 복잡한 탱크 형상으로 인해 관련 연료 시스템은 더욱 복잡해질 수밖에 없다.

연료탱크의 개수가 많아지면 하나의 탱크가 파손되더라도 연료 손실이 적어지고, 기동 중

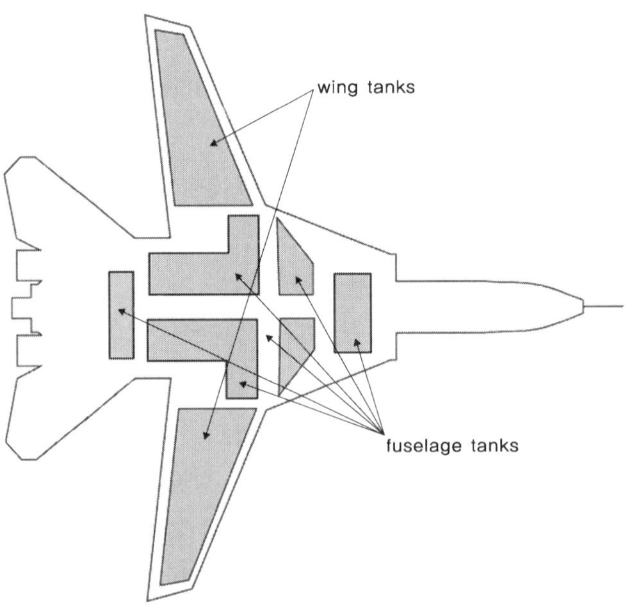

그림 4.13 군용 항공기의 연료탱크 배열

에도 연료의 출렁거림이나 쏠림현상이 적어지는 장점이 있다. 반면에 탱크의 개수가 적어지면 연료 시스템의 중량과 비용이 적어지며, 신뢰성과 정비성(maintainability)이 좋아지는 장점이 있다.

4.6.1.7 불용연료를 줄이는 탱크 설계

모든 항공기에는 사용하지 못하는 불용연료(unusable fuel)가 생긴다. 주로 평평한 형태의 중앙동체 탱크에서 많이 발생하며, 날개 탱크는 불용연료를 줄이기 위해 연료펌프를 날개뿌리(wing root) 부근에 설치한다. 그 이유는 보통 날개는 상반각(dihedral angle)이 있기 때문에 날개의 outboard tank의 연료는 inboard tank 쪽으로 유입되어 날개뿌리 부근으로 모이기 때문이다. 그리고 **그림 4.14**에서 보듯이 날개뿌리 쪽으로 모인 연료가 다시 outer tank로 가지 못하도록 baffle check valve를 설치한다. 이 밸브는 유체의 흐름을 한쪽으로만 허용하는 기능이 있다. 불용연료는 항공기의 무게를 증가시키는 요인이므로 되도록 불용연료를 최소화해야 하는데, 그 해결 방법으로 collector tank를 들 수 있다. 여러 개의 연료탱크에 있는 연료는 엔진으로 보내기 위한 특정한 탱크로 연료를 이송시키는데 이 탱크를 feed tank라고 부른다. 엔진으로 연료를 공급하는 feed tank의 일부분을 분리된 collector tank라고 불리는 별도의 탱크로 만드는데 비행 중에는 항상 연료가 가득 채워진 상태로 유지하도록 한

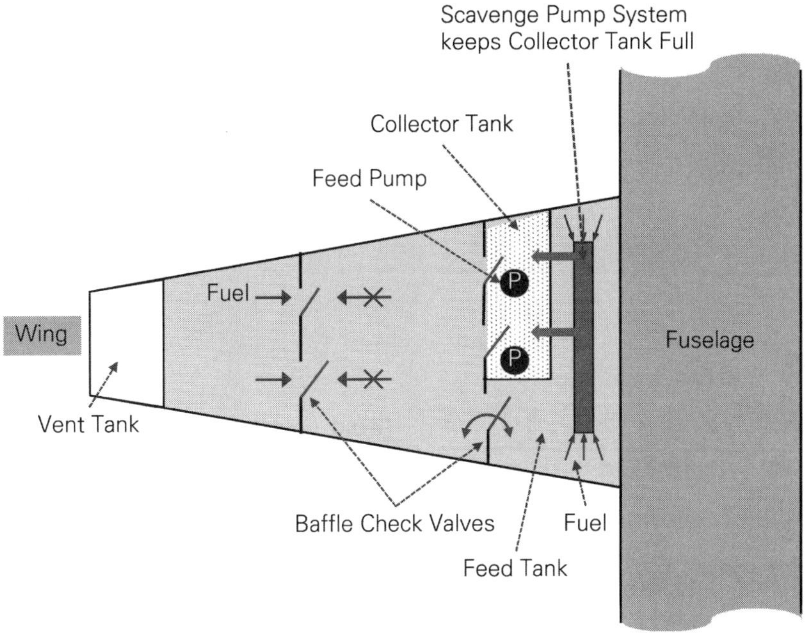

그림 4.14 collector tank의 사례

다. 이 collector tank에 모인 연료를 엔진으로 공급하기 때문에 항상 채워지도록 한다. 보통 scavenge pump(ejector pump)를 사용하여 날개뿌리 쪽에 있는 탱크의 바닥 쪽에서 연료를 빨아들여 collector tank로 보내어 불용연료를 줄일 수 있다. 여기서 scavenge pump는 feed pump에서 나온 압력이 높아진 연료를 ejector로 보내면 주위의 압력이 낮아지면서 탱크 바닥의 연료를 빨아들이게 된다.

4.6.2 연료펌프

중력식 연료공급을 하는 항공기를 제외하고 모든 항공기에는 1개 이상의 연료펌프(fuel pumps)를 가지고 있다. 보통 엔진구동펌프(engine driven pump)와 전기구동 펌프(electric pump)가 주 연료펌프로 사용되고, 기타 몇 가지의 기능을 가지는 펌프들을 추가로 사용하고 있다. 펌프의 구동 동력원에 따른 분류로는 수동으로 작동되는 수동펌프, 동력을 이용하는 동력펌프로서 주로 전기구동 펌프, 엔진구동펌프가 있다. 기능상으로 분류하면 승압펌프(boost pump), 이젝터 펌프(ejector pump), 스케벤지 펌프(scavenge pump), 이송펌프(transfer pump) 등으로 구분할 수 있다. 승압펌프(boost 혹은 booster pump)는 연료에 압력을 가해 엔진구동펌프로 보내고 엔진의 회전수가 충분하지 않은 엔진시동 과정에서 연료를 공급하는 기능을 하게 된다. 때로는 항공기 이륙 과정에서 보조기능을 하거나 고고도(high altitude)에서 증기폐색을 방지하기 위해 작동하기도 한다. 대부분 대형 항공기에서 승압펌프는 탱크와 탱크간의 연료 이송(fuel transfer)을 하는 데 사용되기도 한다. 보조 펌프에는 여러 가지 종류가 있는데 대부분 전기에 의해 구동되지만, 오래된 구형 항공기는 수동펌프(hand operated fuel pump)를 사용하기도 하였다. 때로는 전기구동 boost pump가 주 연료펌프로 사용하고, 엔진구동펌프(engine driven pump)가 보조/대체 펌프로 사용하는 경우도 있다.

4.6.2.1 수동펌프

몇몇 오래된 왕복 엔진 항공기에서 수동펌프(hand operated fuel pump)를 사용하기도 하였다. 주로 주 연료펌프인 엔진구동펌프의 대체 펌프(back-up pump)로 사용하거나 탱크 사이로 연료를 이송시키는 데 사용하였다. 베인(vane) 형태의 펌프로서 손잡이를 위아래로 움직이면 **그림 4.15**에서 보듯이 A, B 구역으로 유입된 연료가 펌프의 중심에 나 있는 구멍을 통해 연료가 C, D 구역으로 이동한 다음에 연료 출구로 나가게 된다. 이 펌프를 사용하는 경우 연료 라인이 조종실을 거쳐야 해서 위험 가능성이 존재하게 된다.

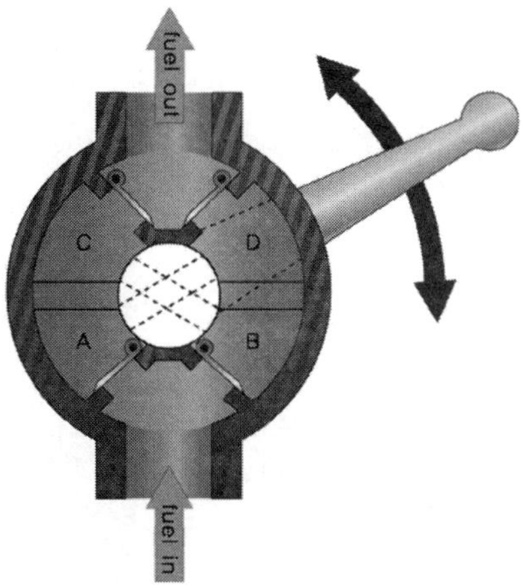

그림 4.15 수동식 wobble pump

현대의 왕복 엔진을 장착한 소형 항공기에서는 전기로 구동되는 보조 펌프를 사용하고 있으며, 엔진 시동 과정에서 프라이머(primer)로 연료를 보내거나 고고도에서 증기폐색을 방지하기 위해 수동펌프를 사용하는 경우가 있다.

4.6.2.2 엔진 구동 펌프

엔진 구동 펌프(engine driven pump)는 항공기 연료 시스템의 주요 부품의 하나이며, 주펌프(main pump)로 많이 사용한다. 이 펌프에는 일정 용량식 기어펌프(gear type constant displacement pump)와 가변 용량식 피스톤 펌프(piston type variable displacement pump) 2가지 형태가 있다. 엔진 구동 펌프는 보통 연료탱크 내부에 설치되는 승압펌프와 엔진 사이에 설치한다. 승압펌프는 압력을 높혀 엔진 구동 펌프로 연료를 보낸다. 보통 민간여객기 엔진에는 기어펌프가 설치되며, 엔진의 보조 기어박스에 장착한다. 엔진 보조 기어박스에 연결되어 엔진의 기계적 에너지를 받아 돌아간다. 펌프의 출력 유량은 보통 엔진의 요구 유량보다 크게 보내고 과도한 압력에 의한 손상을 막기 위해 압력완화밸브가 설치된다.

4.6.2.3 pulsating electric pumps

일반 범용 항공기(general aviation)에서는 보통 크기가 작고, 비교적 가격이 낮은 pulsating electric pump를 주로 사용한다. 연료탱크의 연료 출구 바깥쪽에 위치하며 엔진구동펌프와 병렬(parallel)로 설치한다. 엔진 시동 과정에서 엔진의 회전수가 충분히 도달하기까지 연료공급을 하거나 이륙 과정에 보조 펌프의 기능을 한다. 또한 고고도에서 연료의 기포발생을 방지하기 위해 사용하기도 한다.

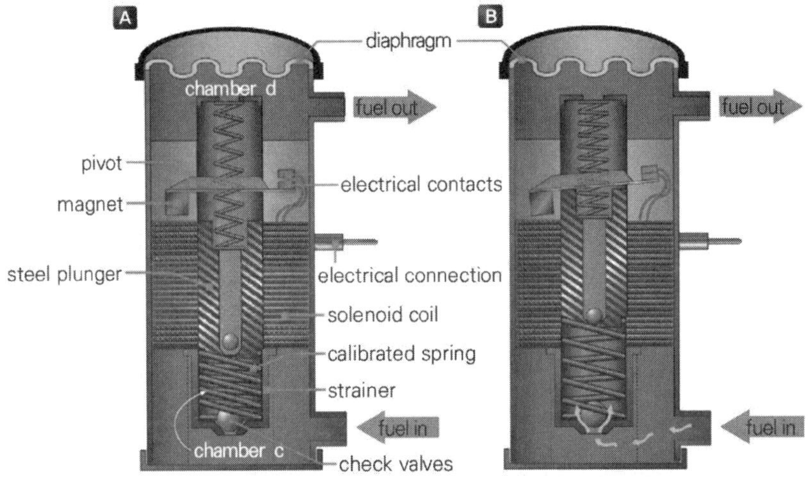

그림 4.16 pulsating electric fuel pump

그림 4.16에서 보듯이 솔레노이드(solenoid)로 작동되는 플런저(plunger)에 의해 연료를 흡입하여 펌프 출구로 보내게 된다. 솔레노이드 코일에 전류가 흐르면 플런저가 아래로 움직이고 이때 챔버 C에 있던 연료가 플런저 중심에 있는 체크 밸브를 거쳐 챔버 D로 이동한다. 이때 마그네트(magnet)와 플런저의 거리가 멀어지면서 피봇에 의해 전기 공급이 끊어진다. 코일에 전기가 흐르지 않으면 다시 스프링에 의해 플런저는 위로 이동하게 되면서 연료를 출구로 보냄과 동시에 챔버 C의 체크 밸브를 통해 연료가 흡입된다. 플런저의 작동 속도는 펌프 출구의 연료 압력에 따라 변한다. 연료의 압력이 낮으면 빠르게 작동하고 압력이 높아지면 느리게 작동하는데 이 조절 방법은 스프링 장력과 관계가 있다.

4.6.2.4 베인형 연료펌프

베인형(vane-type) 펌프는 정량 공급(constant displacement) 펌프로서 왕복 엔진 항공기에서 가장 일반적으로 사용하는 펌프 형태이다. 엔진에 의해 구동되는 주 연료펌프로 사용하면서 보조 펌프로도 동시에 사용한다. 보통 보조 펌프로 사용할 때는 전기에 의해 구동된다. 편심되어 있는 베인 로터(vane rotor)가 회전하면서 연료를 출구로 밀어낸다. 초과 공급되는 연료 유량을 펌프 입구 쪽으로 되돌리기 위한 pressure relief valve가 설치되어 있다. 초과한 연료로 인해 압력이 상승하면 밸브가 열려 연료 입구 쪽으로 되돌려 보내며, 압력 조절은 스프링의 장력 조절로 가능하게 된다. 또한 엔진 시동 과정이나 펌프 작동이 원활하지 않은 경우 바이패스 밸브(bypass valve)를 거쳐 연료공급이 가능하다.

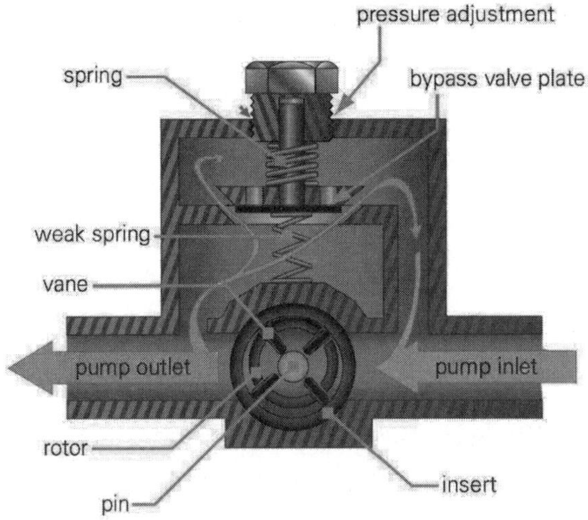

그림 4.17 vane pump

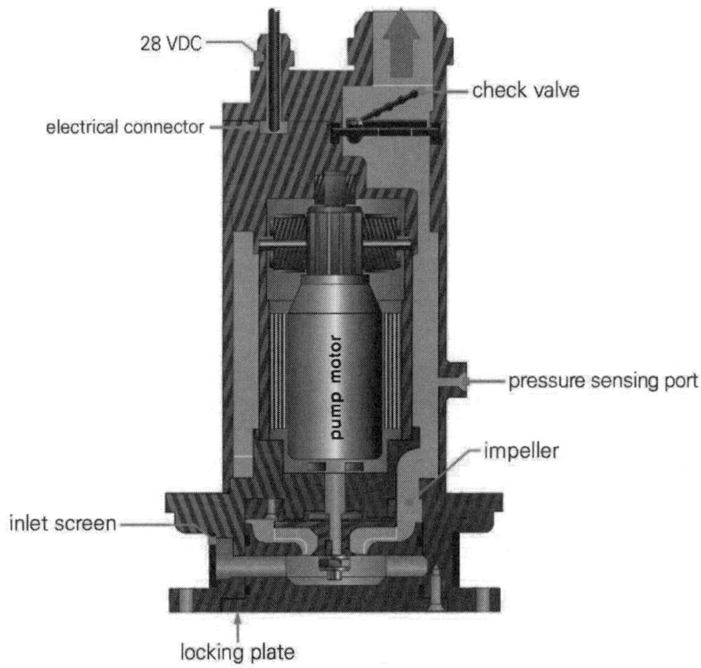

그림 4.18 centrifugal boost fuel pump

4.6.2.5 연료 승압펌프

연료 승압펌프(fuel boost pump)는 보통 고성능, 대형 항공기에서 많이 사용하는 보조 펌프로 전기에 의해 구동된다. 대부분 연료탱크 내부에 설치하지만, 탱크 외부에 설치하는 경우도 있다. 펌프의 형태는 원심식(centrifugal pump)이며 가변 용량식(variable displacement pump) 펌프를 주로 사용한다. 원심식 펌프의 임펠러(impeller)에 의해 연료를 가압하여 엔진 구동 펌프로 보낸다. 승압펌프(boost pump)가 엔진으로 연료를 공급하기 위한 목적으로 사용하면 engine feed pump 기능을 하게 되며, 연료 시스템에서 엔진으로 연료를 가압(boost)해서 공급해 주기 위한 펌프이다. 가압하는 이유는 연료 라인에 공기(vapor)가 들어가지 못하도록 하며 만일 이를 방지하지 못하면 비행 중 엔진이 꺼질 수 있는 상황까지 갈 수 있다. 군용기의 경우 고고도에서 비행하면 주위 대기압이 낮아서 생길 수 있는 기포(cavitation)를 방지하기 위한 것이고, 기포는 또한 엔진을 꺼지게 하는 원인이 될 수 있다. 기포발생(cavitation)현상은 대기압이 낮은 고고도, 상대적으로 높은 연료 온도와 높은 연료 요구량 조건에서 발생하기 쉽다. 연료가 기화되어 기포가 생기는 이유는 낮은 증기압과 높은 연료온도에 기인된 것이며, 이로 인해 연료의 흐름이 줄어들어 엔진이 꺼질 수도 있다.

승압펌프는 보통 전기로 구동되는데 소형 항공기에서는 28V DC 전원을 사용하고 10~15 psi 압력으로 가압해서 2.5kg/sec 정도의 연료를 공급한다. 대형 고성능 항공기는 3상 AC 모터를 사용하며 연료 공급량은 5kg/sec 정도이다. 또한 연료에 의해 냉각과 윤활이 된다. 연료가 없는 dry run 상태에서도 몇 시간 동안 작동될 수 있어야 하며, 전기 외에 유압이나 램 공기 터빈(ram air turbine)에 의해 구동되기도 한다. 일부 펌프는 배면비행(inverted flight)이나 negative-G 기동이 가능하도록 연료의 입구가 위/아래 두 곳에 있는 double-ended pump를 사용하는 경우도 있다.

4.6.2.6 연료 이젝터

연료탱크 내부에 승압펌프를 설치할 때는 펌프 입구로 항상 연료공급이 되도록 설계해야 한다. 이렇게 하려면 배플(baffle)과 체크 밸브(check valve)로 구성된 flapper valve에 의해 해당 탱크의 연료가 펌프로 공급되고 다른 탱크로 가지 않도록 한다. 또는 이젝터 펌프(ejector pump)를 이용하여 승압펌프(boost pump) 입구로 연료가 공급되도록 유도한다. **그림 4.19**에서 보듯이 승압펌프에 의해 엔진 쪽으로 나가는 연료 일부를 이젝터로 보내 이젝터 주위에 설치된 벤튜리(venturi)로 통과시키면 벤튜리에 낮은 압력이 형성되어 유도흐름(motive flow)이 만들어진다. 낮은 압력으로 인해 탱크 내부의 연료가 이젝터 펌프의 suction line을 통해 들어와 출구로 분사되어 연료를 승압펌프 쪽으로 모이도록 한다. 그리고 앞에서 설명했듯이 연료탱크의 불용연료량를 줄이기 위해 연료를 collector tank로 보내기도 한다.

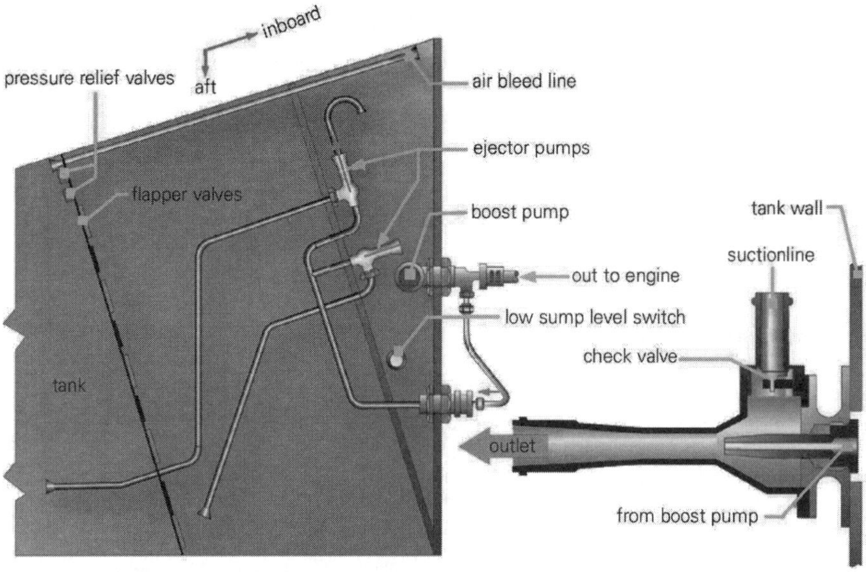

그림 4.19 ejector pump

4.6.2.7 연료 이송펌프

연료의 이송은 탱크 간의 연료 이송, 탱크에서 엔진으로의 이송을 생각할 수 있다. 많은 연료를 적재하는 항공기에서 연료 사용은 항공기 무게중심(center of gravity)에 많은 영향을 주기 때문에 연료탱크 사용 순서와 이송 순서를 정하는 것은 매우 중요하다. 또한 연료의 crossfeed system은 연료탱크의 사용 순서 및 탱크 간의 연료 이송이 가능하도록 해야 하며, 다수의 엔진을 장착한 경우에는 임의의 엔진에 연료를 공급하거나 혹은 차단할 수 있어야 한다. 허용 이송량도 다수의 엔진에 공급할 수 있도록 펌프 용량을 결정해야 한다. 정상적인 경우 연료의 이송순서는 동체 탱크의 연료를 우선 사용하기 때문에 날개 탱크에서 동체 연료탱크로 하고, 군용기처럼 외부 연료탱크를 장착한 경우에는 외부 연료탱크 연료를 가장 먼저 이송시킨다. 고고도 비행 시 연료에 포함된 수분의 결빙으로 인해 연료공급의 차질을 막기 위해 연료 filter 입구 쪽에 fuel heater를 설치하기도 한다.

따라서 연료 이송펌프(fuel transfer pump)는 여러 개의 연료탱크 간에 연료를 이송시키고자 설치하게 된다. 그 사례들을 보면 전투기의 경우 엔진으로 연료를 공급하기 전에 탱크의 연료를 collector tank(혹은 reservoir tank, 명칭이 다를 수 있음)라 불리는 특정 탱크에 연료를 이송시켜야 하는 경우가 있다. 혹은 비행기의 pitch나 lateral trim을 위한 목적으로 연료를 이송시켜야 하는 경우도 있다. 특히 pitch trim의 경우, 불안정한 비행기(unstable aircraft)일수록 연료의 이송은 더욱 중요한 요소가 되며, 연료관리장치(fuel management system)에 연료 이송을 통한 무게중심 제어(center of gravity control)기능이 들어가야만 한다. 또한 엔진별로 개별적인 연료 이송이 가능한 FAA/JAA 규정을 만족할 수 있어야 한다. 비행기에는 보통 여러 개의 연료 이송펌프를 장착하게 되는데 이는 펌프 고장으로 인한 상황을 대처하기 위한 것이다. 연료 이송펌프는 보통 연료로 윤활하며, 연료가 없는 상황에서도 안전하게 작동(dry run)되어야 하고, 과열이 안 되도록 열 차단장치가 있어야 한다.

4.6.3 연료밸브의 종류

항공기 연료 시스템에는 다양한 형태와 기능을 가진 밸브를 사용하고 있다. 밸브 기능은 주로 연료를 차단하거나 특정 위치로 연료를 공급하기 위한 것이다. 소형 경량 항공기에서는 선택 밸브(selector valve) 1개만 사용해서 연료의 차단 및 연료공급을 하며, 대형 항공기에서는 많은 종류의 밸브를 사용하고 있다. 대부분 밸브 기능은 연료의 개폐기 능이지만 위치나 기능에 따라 다른 명칭으로 불리고 있다. 밸브들은 수동, 솔레노이드(solenoid) 혹은 전기모터에 의해 구동된다. 또한 조종실에는 보통 밸브의 위치와 관련 스위치의 위치를 함께 표시하게 되어 있다.

4.6.3.1 수동밸브

수동밸브는 대표적으로 세 가지의 형태가 있으며, 그 기능은 밸브를 개폐하는 것이다. 경량 범용 항공기(light general aviation aircraft)에서 사용하는 cone-type valve, poppet-type valve가 있고, 여객용 항공기에서는 전기나 수동으로 작동하는 gate valve가 있다.

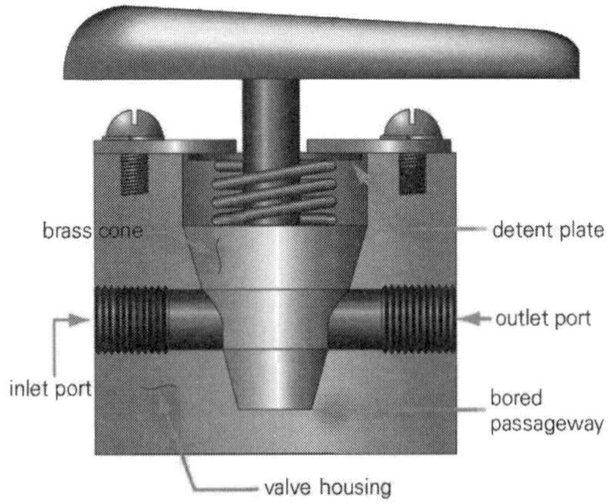

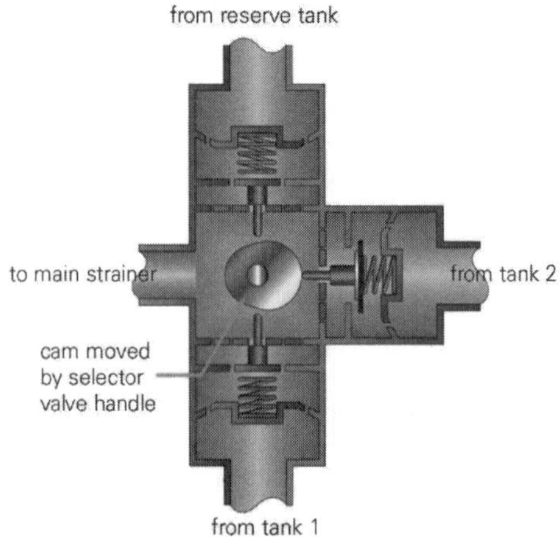

그림 4.20 cone valve & poppet valve

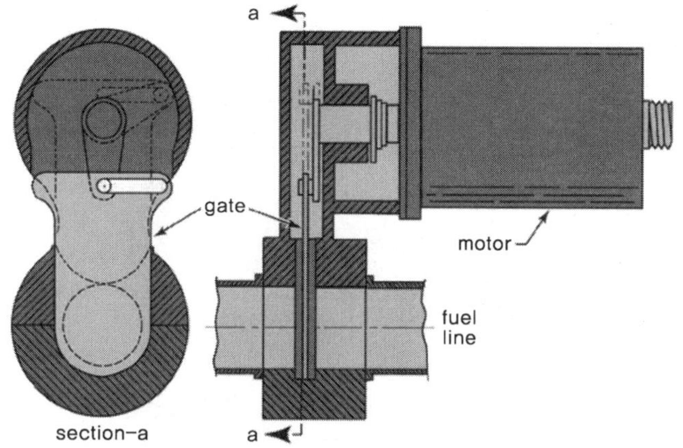

그림 4.21 gate valve

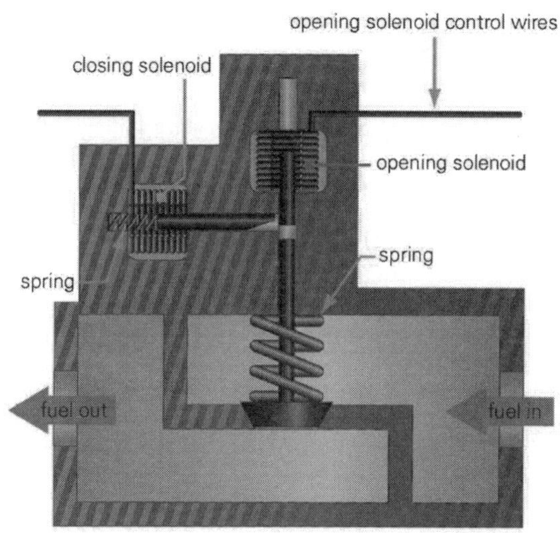

그림 4.22 솔레노이드에 작동되는 poppet valve

밸브 중 gate valve는 수동으로 작동하는 경우 보통 화재 발생 시 연료를 차단하는 밸브, 지상에서 연료를 배출시키기 위한 밸브, 승압펌프(boost pump)를 차단하기 위한 밸브로 사용되고 있다.

4.6.3.2 전기 구동 밸브

전기로 구동되는 gate valve는 대형 항공기에서 많이 사용하며 구조는 수동방식의 gate valve와 유사하나, gate를 전기모터로 작동한다. 대형 항공기는 연료탱크와 조종실이 멀리 떨어져 있어서 전기에 의해 구동되는 펌프를 주로 사용한다.

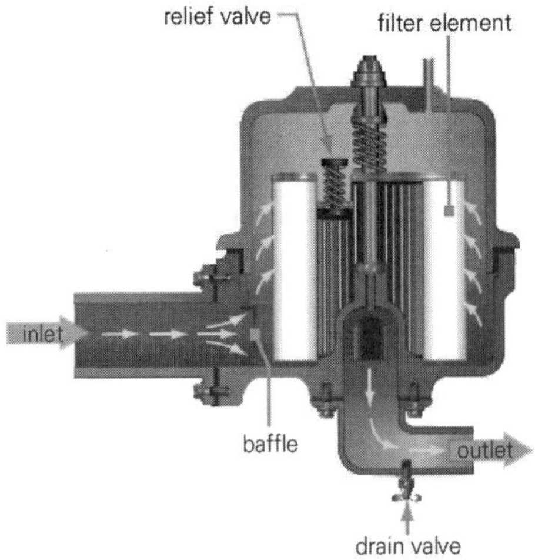

그림 4.23 연료 필터의 내부구조

전기로 구동되는 다른 형태의 poppet valve에는 솔레노이드로 작동되는 밸브가 있다. **그림 4.22**에서 보듯이 오픈닝(opening) 솔레노이드에 의해 발생하는 자기력에 의해 poppet valve를 위로 올려 밸브를 열게 된다. 이때 노치(notch)에 의해 밸브가 열린 상태가 유지된다. 밸브를 차단하기 위해서는 클로징(closing) 솔레노이드에 의해 노치를 푼 후에 스프링 힘으로 밸브가 닫힌다.

연료 시스템에서 사용되는 기타 밸브들은 여러 가지 종류가 있다. 연료펌프 밸브는 비행 중에 발생할 수 있는 비상시에 적정 수준의 연료량을 외부로 배출시키는 기능을 하며 정상 비행 중에는 작동되지 않는다. 연료 벤트(fuel vent) 밸브는 연료의 재보급과정에서 탱크 내부의 공기를 외부로 방출시키는 기능과 비행 중 초과한 연료를 외부로 방출시키는 기능을 가진다. 여러 가지 다양한 단방향(non-return) 밸브 혹은 체크 밸브(check valve)를 사용하여 연료의 흐름을 특정한 한 방향으로만 흘러가도록 할 수 있다. 이런 밸브들은 연료의 흐름을 제어하는 로직(logic)을 구현하기 위해 사용한다.

4.6.4 연료필터

연료 시스템에는 연료에 포함될 수 있는 오염물질이나 물을 제거하기 위한 필터를 반드시 설치해야 한다. 보통 필터에는 두 가지 형태가 있는데 성긴 그물망(coarse wire mesh)으로 이루어진 fuel strainer와 미세한 그물망(fine mesh)으로 만든 필터(filter)가 있다. 보통 strainer는 크기가 비교적 큰 이물질을 제거할 수 있지만 물은 제거할 수 없다. 반면 미세 그물망 필터는 가스터빈 엔진 항공기에 많이 사용하고 있으며, 10~25마이크론(microns) 크기를 가지는 미세한 이물질을 제거할 뿐만 아니라 물도 제거할 수도 있다.

보통 항공기에는 strainer와 미세 그물망 필터를 같이 사용하며 strainer는 탱크 출구와 탱크와 연료펌프 사이에도 설치하게 된다. 또한 탱크의 가장 아래쪽에 섬프(sump)를 설치하여 가라앉은 오염물질을 제거할 수 있도록 하며, 연료탱크의 출구는 섬프보다 높은 위치에 설치한다. 경량 항공기에서는 gascolator 형태의 strainer를 설치하는데 내부에는 침전물을 모으는 볼(bowl)이 있고 투명한 유리 재질(불투명 재질도 사용)로 만들어져 시각적으로 쉽게 검사할 수 있다. 엔진이 여러 개인 항공기에는 엔진별로 필터나 strainer를 설치한다.

필터의 경우 보통 엔진 구동 펌프와 연료량 측정 장치(fuel metering device) 사이에 설치하며 여러 겹의 미세한 그물망으로 만든다. 필터는 연료펌프에서 나오는 높은 압력의 연료에도 견딜 수 있다. 필터가 막히는 경우 조종실에 이 상황을 지시해 주는 계기가 설치되어 있고, 이 계기는 연료의 바이패스에 의해 작동되는 스위치(bypass activated switch)나 차압스위치(pressure differential switch)에 의해 작동된다.

4.6.5 연료 히터

가스터빈 엔진 장착 항공기는 대기 온도가 매우 낮은 고고도를 비행하는 경우가 많다. 이런 비행 조건에서는 연료에 포함된 수분이 얼음 결정체를 형성하거나 얼음과 연료의 혼합 액체의 형태가 만들어질 수 있다. 얼음 결정체가 필터를 막거나 수분이 필터에서 얼음 결정으로 변하면 엔진으로 원활하게 연료공급이 불가능해진다. 따라서 항공기에는 연료 온도를 높이는 열교환기형(heat exchanger) 히터(heater)를 설치하게 되는데 가장 일반적인 형태는

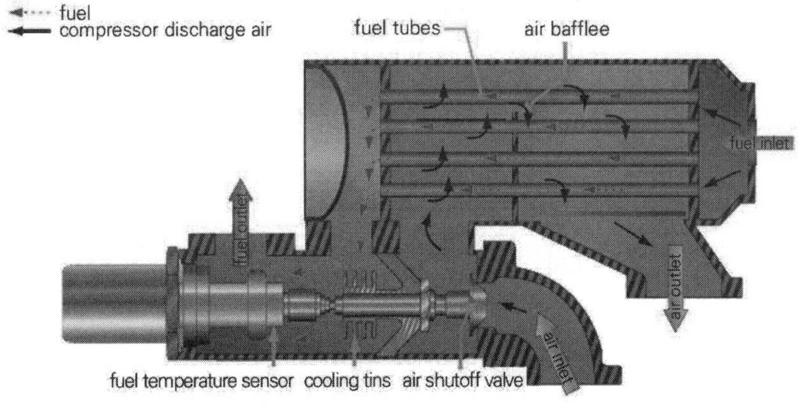

그림 4.24 air/fuel heater

air/fuel heater, oil/fuel heater가 있다. 전자의 air/fuel heater는 엔진 압축의 고온 블리드 공기를 이용하여 연료 온도를 높이고, oil/fuel heater(fuel-cooled oil cooler)는 고온의 엔진 오일을 이용하는 방식이다.

4.7 연료량 측정 장치

자동차와 달리 항공기는 비행 중에 연료가 떨어지면 피할 수 없는 사고로 이어지기 때문에 정확한 연료량 측정과 표시는 매우 중요하다. 전체 연료량 및 각각의 탱크에 남아 있는 연료량을 동시에 측정하고 표시해야 한다. 그러나 중요한 연료량 정보는 자동차처럼 쉽게 측정하기 어려운 점이 있다. 항공기 연료탱크는 자동차 연료탱크와 달리 모양이 매우 복잡하고 여러 개의 탱크를 가지며, 항공기가 기동할 때는 탱크 내부의 연료가 출렁거리기 때문에 측정이 매우 어렵다. 항공기는 특정 연료량이 남아 있을 때 조종사에게 알려주는 저 연료 경보장치가 반드시 설치되어 있다.

4.7.1 연료량 측정 정확도에 영향을 주는 요인

항공기에 탑재된 연료량을 정확하게 측정하는 데는 여러 가지 어려움이 있다. 특히 기동을 많이 하는 전투기의 경우가 더욱 어렵다. 그 근본적인 이유는 항공기가 정지해 있거나 일정한 자세를 유지하지 않고 계속해서 민첩하게 기동하기 때문이다. 마치 양동이에 물을 채우고 달리는 동안 물의 양을 측정하는 것과 유사하다고 볼 수 있다. 연료탱크 내부에서 연료의 출렁거림은 항공기 동체 프레임, 날개 리브(wing ribs)와 같은 돌출구조물이나 배플(baffles)을 설치하면 어느 정도 개선될 수 있다. 연료량의 측정에 어려움을 주는 요인은 다음과 같다.

- 움직이는 항공기에서 연료 수준(fuel level)을 측정하는 데 어려움이 있다.
- 항공기 연료탱크 형상은 원통이나 정육면체처럼 정형화된 형태가 아니다.
- 형태가 일정하지 않은 여러 개의 탱크로 구성된다.
- 연료는 다양한 성질을 가지며 채굴된 지역에 따라 다른 성분을 가지고 있다.

연료량을 나타내는 단위에는 kilograms, pounds(lb), Imperial gallons, US gallons 등이 있으며, 연료의 비중은 약 0.8 정도이다. 따라서 탱크 내부의 연료 부피를 정확히 측정할 수 있다면 연료량(질량)을 계산할 수 있다.

연료의 움직임이나 출렁거림은 최근 3차원 해석 소프트웨어를 이용해서 어느 정도 예측이 가능하기 때문에 설계단계에서 미리 모사(simulation)해 그 영향을 사전에 예측해 볼 수 있다. 연료량 측정의 정확도에 영향을 주는 요소에는 다음과 같은 것들이 있다.

• 탱크 형상

연료탱크의 형상(tank geometry)은 매우 결정하기가 어려우며 특히 설계 초기에는 어려움이 더욱 크다. 항공기 내부에서 부피가 크고 정형화된 형상을 얻기가 힘들고 더욱이 구조설계, 세부계통 설계와 추진계통 설계가 끝나는 시점이 돼서야 연료탱크의 형상을 최종적으로 결정할 수 있다. 따라서 탱크의 형상은 매우 불규칙적일 뿐만 아니라 모든 설계가 완료되는 시점에서나 최종 결정될 수 있다. 탱크 형상이 결정되고 나면 여러 가지 탱크의 자세(항공기 자세)에 따라 변하는 각 탱크의 연료 수준을 이해할 수 있는 부피 형상(volumetric shape)의 특성을 해석해야 한다.

탱크 내부의 연료는 항공기의 피치, 롤 같은 기동이나 가속, 감속으로 인해 움직이게 된다. 또한 날개 탱크 같은 경우에는 비행 중에 생기는 양력으로 날개가 구부러지는 상황이 발생한다. 이런 상황에서 연료량을 정확하게 측정하는 것은 매우 어려움이 크다. 주어진 탱크 형상에 필요한 최적의 연료 측정용 센서 probe 개수는 컴퓨터를 이용한 해석을 통해 구하게 된다. 각 probe의 출력은 연료 측정량과 전기신호의 관계가 선형 특성(linear characteristics)을 가지도록 해야 한다. 이러기 위해서는 매우 고가이면서 반복적인 제작과정을 거쳐야 한다. 또한 연료 측정 시스템을 움직이는 마이크로 프로세서에 보정 소프트웨어가 설치되어야 한다.

• 항공기 자세(attitude envelope)

정확도에 가장 큰 영향을 주는 요인은 연료량 측정 센서 probe의 배열과 자세와의 상관관계이다. 지상에서 급유할 때도 매우 높은 정확도를 요구하게 된다.

• 유전율의 변화

연료의 유전율 변화는 연료량 측정오차에 영향을 줄 수 있다. 온도의 변화를 보상해 줄 수 있는 기준장치(reference unit)를 연료 내에 설치해야 하는데 독립적으로 설치하거나 probe 내에 통합해서 설치할 수도 있다. (유전율은 물질마다 고유값을 가지는데 유전율이 커지면 양 끝에 전위를 가했을 때 쌓이는 전하량이 커진다는 것을 말한다. 전기소자의 하나인 컨덴서는 2개의 전도체 판 사이에 유전체를 채워 놓고 전도체 양 끝단에 전기를 연결하면

비전도체인 유전체의 유전율 차이만큼 컨덴서의 용량 즉 커패시턴스(capacitance)가 변하게 된다. 연료량 측정에서는 유전체가 공기와 연료가 되는 것이다.)

4.7.2 연료 측정 방법

4.7.2.1 Sight glass gauge

연료탱크에 설치한 투명한 유리 혹은 플라스틱 튜브를 통해 연료량을 시각적으로 확인하는 방법으로 오래된 경항공기에서 사용하던 방식으로 지상에서만 확인할 수 있다. 눈금 표시 방법은 연료량 단위(예: gallon)로 표시하거나 가득 채운 연료량(full tank) 대비 남은 비율로 하는 방법 등이 있다.

4.7.2.2 연료 수준 측정 센서

대부분 연료 측정 시스템은 연료량을 측정하는 gauging probe와 연료 수준 측정 센서(level sensor)를 모두 가지고 있다. 보통 연료량은 질량(mass) 단위로 측정하는데 이는 연료가 가지는 에너지의 척도로서 항공기의 비행 가능 거리와 밀접한 관계가 있기 때문이다. 반면 레벨 센서는 연료의 부피를 측정하기 때문에 연료 보급과정에서 넘치는 것을 방지하고, 적정 이하의 수준까지 내려가는 것을 감지하여 조종사에게 지시해 주는 데도 사용한다. 만일 연료가 적정 수준 이하로 내려가면 원하는 공항으로 다시 복귀하는 데 필요한 양보다 적은 양의 연료이기 때문이다. 연료 수준 측정 센서는 특정한 연료탱크의 연료수준(level)을 측정하여 연료관리장치(fuel management system)로 입력된다. 수준 센서에는 float, zener diode, optical, thermistor, capacitance, ultrasonic level sensor 등이 있다.

• 플로트 수준 센서

플로트 수준 센서(float level sensor)는 가정에 있는 화장실 수조에서 사용되는 부저(float)와 같은 작동원리를 가지고 있다. 연료 보급과정에서 연료탱크에 연료가 채워지면 부저가 연료 수준과 같이 올라가게 되며 일정 높이 이상 올라가면 차단밸브가 작동하게 되어 있다. 이 방식은 아주 간단하고 효과적이지만 부저가 손상될 수 있는 단점이 있다. 기계식 방법은 부저와 기계 링크, 피니언 기어(pinion gear)를 활용하여 눈금을 지시한다. 전기식 방법은 부저 높이에 따라 변하는 전기 저항으로 인해 코일에 걸리는 전압이 변하게 되고, 이로 인한 전자기력의 차이를 눈금으로 지시하는 방법이다.

이 방식의 단점으로는 부저 크기가 크기 때문에 설치하는 데 어려움이 있고, 연료가 출렁

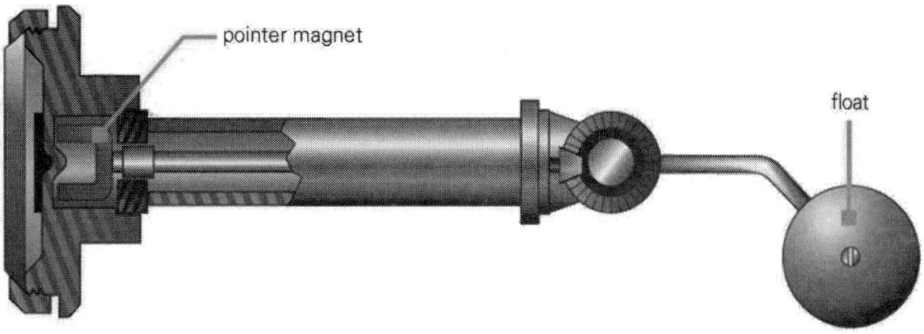

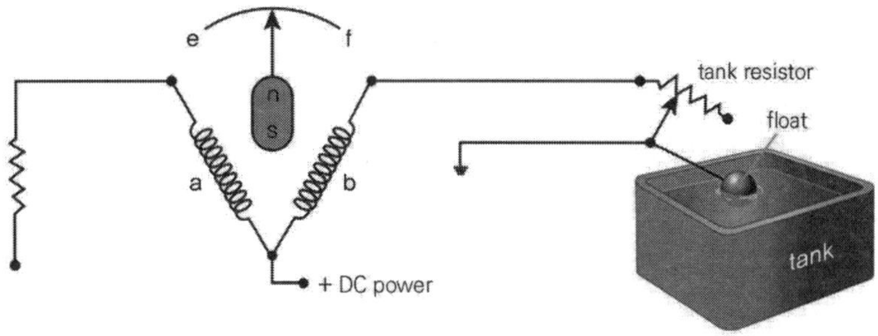

그림 4.25 float level sensor의 종류

거릴 때 측정이 부정확하며, 항공기 기동으로 인한 부저의 마찰현상, 부저 내구성 및 이력(hysteresis)현상이 있다.

• **서미스터 사용 센서**

서미스터(thermistor)는 일종의 반도체로서 온도와 저항이 반비례하는 물질이다(온도가 올라가면 저항이 내려감). 2개의 서미스터로 구성하는데 1개는 연료탱크 내부에 설치하여 연료 수준에 따라 공기와 연료에 노출되는 정도가 다르게 하고 높은 전류를 공급하여 자가 발열(self heating)이 발생하도록 한다. 또 다른 1개는 기준 서미스터로서 독립된 공간(evacuate capsule)에 설치하여 연료 수준과 관계없이 일정한 저항값을 가지며 낮은 전류가 흐르도록 한다. 발열로 인해 생기는 온도 차이는 연료에 잠겨있는 서미스터와 기준 서미스터의 저항값의 차이를 발생시키고 이를 연료 수준으로 환산하는 방법이다. 이 방식은 반응이 빠르고, 정확하며 크기가 작은 장점이 있지만 20~30 miliamps의 전류를 공급함으로써 연료탱크의 화재를 발생시킬 수 있는 위험 요소가 있다.

• **제너다이오드 사용 센서**

간단한 반도체 기술을 이용하여 비교적 정확한 연료 수준을 측정하는 방법이다. 제너 다이오드(zener diode)의 기준 작동전압과 온도와의 관계를 이용한 방식이다. 앞서 설명한 서미스터와 유사한 방식을 사용하는데 2개의 제너 다이오드를 이용하여 연료에 잠겨있는 다이오드와 기준 다이오드에 각각 높은 전류와 낮은 전류를 공급하여 생기는 발열로 인한 온도와 온도에 따라 변하는 제너 다이오드 작동전압 관계를 이용하는 방법이다. 센서의 반응시간은 공기에서 액체로 전환될 때(연료 재보급과정) 2sec, 액체에서 공기로 전환될 때(저연료 경고과정) 7sec이며, 2mm 정도의 연료 수준 정확도를 가지고 측정이 가능하다. 이 방식의 장점은 아주 정확하고, 움직이는 부품이 없다는 점이다. 단점으로는 서미스터처럼 높은 전류로 인한 화재 위험성을 가지고 있다.

• **광학식 센서**

이 방식은 빛의 반사 원리를 이용한 수준 센서이다. 직경이 대략 0.5inch를 가지는 반투명의 수직 기둥을 통해 적외선(infra red) LED의 빛을 투영시키고 빛을 감지하는 수신기로 들어오는 빛을 감지하여 연료 수준을 측정하는 방식이다. 연료로 인한 빛의 굴절이 발생하여 연료에 잠겨있는 기둥의 높이에 따라 수신기에 도달하는 빛의 시간 차이가 발생하게 된다. 이 방식은 정확도와 민감도가 우수하나 연료 내부의 곰팡이 생성(fungal growth)으로 인한 오염 때문에 빛의 굴절에 문제가 발생할 수 있다.

4.7.2.3 초음파 센서

초음파 센서(ultrasonic probes)를 사용하여 연료량을 측정하는 기술로서 최근 개발되고 있는 기술이다. 연료탱크 바닥에 설치된 센서는 연료와 공기 매질을 거쳐 되돌아오는 초음파의 시간 차이를 측정한다. 초음파는 매질의 종류에 따라 전파되는 속도가 달라지기 때문

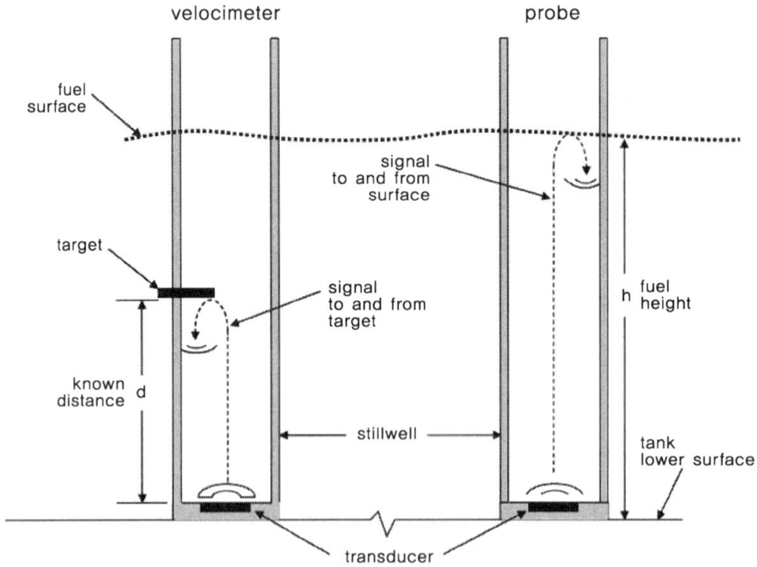

그림 4.26 ultrasonic fuel sensor의 원리

에 연료량(수준)과 공기 매질의 비율에 따라 도착시간의 차이가 발생한다. 이 측정된 시간은 이미 알고 있는 기준 시간(연료로 채워졌을 경우의 시간)과의 차이를 비교하여 연료량 높이를 산출하는 방식이다. 이 방식은 1995년도부터 비행에 들어간 보잉 777에 처음으로 적용하였다.

연료를 통해 이동하는 음파 속도(velocity of sound)를 측정하고, 음파가 연료의 표면까지 왕복하는 데 걸리는 시간을 측정하여 연료량을 산출하는 방식이다. 음파의 속도는 매질의 특성에 따라 변하는데 연료 온도에 반비례하고 연료의 종류에 따라 달라진다. 이 방식의 단점은 초음파 센서의 설치 위치가 연료탱크 바닥에 설치해야 하는 점이다. 연료탱크 위에 설치하게 되면 air/vapor mixture로 이루어진 연료탱크의 빈 공간을 초음파가 통과하여 연료 표면에 반사되도록 하는데 많은 에너지가 필요하기 때문이다.

4.7.2.4 정전용량식 센서

탱크의 기하학적 모양이나 항공기 자세와 관계없이 정확하게 측정 가능한 연료 측정 센서로는 electric capacitance 성질을 이용한 capacitance probe 센서가 대표적이다. 고성능 대형 항공기에서 일반적으로 사용하는 방식으로 설치비용이 많이 드는 단점이 있지만, 정확도가 높아 아주 오래전부터 사용해온 방식이다. 이 원리는 공기와 연료의 유전율(dielectric constant)의 차이를 이용하여 공기와 연료가 접촉하고 있는 수준(level) 차이로 인해 발생하

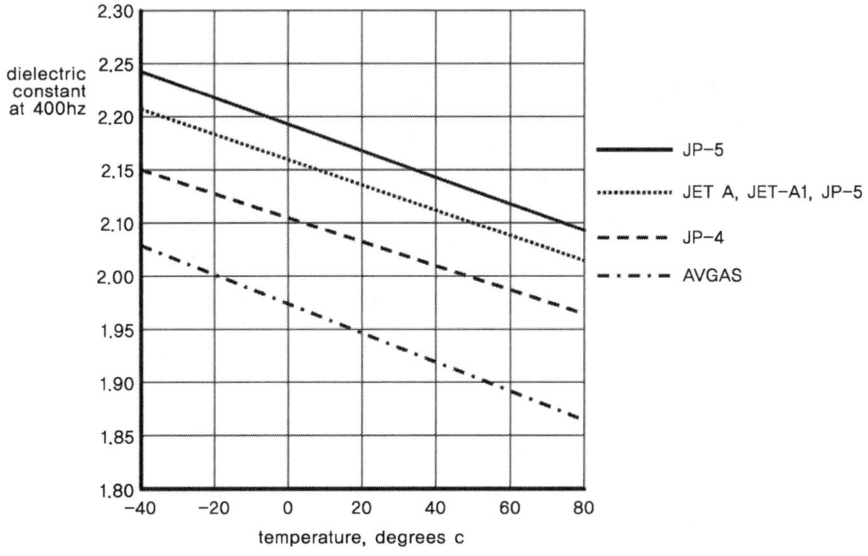

그림 4.27 항공기 연료의 온도에 따른 유전율 변화
(출처: Aircraft fuel systems, Roy Langton et al., 2009, Wiley)

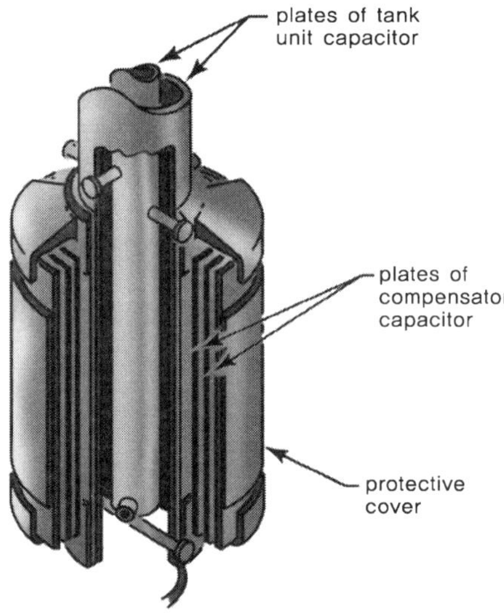

그림 4.28 capacitance type의 연료량 측정 probe의 구조

는 정전용량(capacitance) 변화를 이용하여 측정하는 방식을 말한다. 보통 capacitor는 전기를 저장하는 장치로서 전도체 재질로 만든 2개의 판(plate)과 판 사이에 채워지는 비전도체(non-conducting) 물질로 구성된다. 저장할 수 있는 전기의 양은 판의 면적, 판 사이의 간격과 판 사이에 채워진 물질의 유전율(dielectric constant)에 따라 달라진다. 연료 측정 probe는 1인치 정도의 지름을 갖는 동심의 실린더 튜브(concentric cylinder tubes) 형태의 판으로 구성되어 있다. 여기서 동심의 실린더 튜브가 capactor의 2개의 전도체 판과 같은 것이다. 판의 재질은 유리섬유(glass-fiber) probe를 사용하기도 하지만 금속으로 만들어진 probe가 더욱 신뢰성이 높고 무게가 가볍다. 2개의 판 사이의 간격과 면적은 고정되어 있기 때문에 capacitance 값은 2개의 판 사이에 채워진 물질의 유전율에 따라 달라진다. 참고로 20℃에서 공기의 유전율은 1.00059, Avgas 1.96, JP-4 2.06, Jet A 2.09, 물 80.4, 진공 1.0의 값을 갖는다.

연료탱크에 설치된 probe의 2개의 판 사이에 물질이 채워지는 경우는 연료(full tank), 공기(empty tank) 혹은 연료가 남아 있는 만큼의 연료와 공기의 비율로 채워질 수 있다. 공기와 연료는 다른 유전율을 가지며 연료 수준에 따라 달라지는 capacitance를 측정한다. 탱크별로 내부에 여러 군데 설치된 probe로부터 연료량에 따라 변하는 capacitance를 측정함으로써 전체 연료량을 산정한다.

각 probe는 브리지 회로(bridge circuit)로 구성되어 있고, 기준 정전용량(capacitance)을 위한 별도의 capacitor를 설치하여 probe의 정전용량과 비교하게 된다. 만일 기준 정전용량과 probe의 정전용량의 차이가 나면 브리지 회로에서 전압이 발생하게 되고 이 차이 값으로 연료의 질량으로 환산하게 된다. 또한 온도의 변화에 따른 연료의 유전율을 보상하기 위한 장치를 설치해야 하며, 연료 종류마다 다른 유전율도 반드시 보정(calibration)을 해야 한다.

대형기의 경우 30~40개 정도 설치한다. 오늘날의 대형 민항기 같은 경우는 1~2% 정도의 정확도를 가지며 온도, 밀도, 고도 정보 등을 이용하여 보정한다. 연료량의 정확한 측정은 주어진 항공기의 임무를 달성하는 데 아주 중요한 정보이다. 정전용량을 측정하는 probe는 항공기의 피치(pitch)나 롤(roll) 자세에 의한 효과가 최소화될 수 있는 위치에 설치한다. 연료의 수준이 달라지면 각 probe의 정전용량이 변하고 모든 probe에서 변화된 정전용량 값을 합쳐 전체 연료량을 산정한다. 만일 항공기의 자세가 바뀌게 되면 각각의 probe 정전용량 값은 크거나 작아지지만, 전체 정전용량 값은 변하지 않는다. 보통 capacitance probe를 설치한 항공기에는 기계식 연료 지시 장치를 같이 설치하는데 이는 연료량을 대조 확인하고, 전기 동력의 손실이 발생할 때 연료량을 확인하기 위함이다.

연료량을 측정하는 capacitance probe를 사용하는 연료량 측정 장치는 연료탱크의 정전용량 값을 연료량 지시계나 연료 계산 컴퓨터로 보내는 신호전달 방법에 따라 AC, DC systems으로 구분할 수 있다.

- AC system은 측정한 연료의 capacitance값 즉, 연료량을 교류전압으로 변환한다. 이 방식의 문제점으로는 EMI(Electromagnetic Interference)이며 이를 막기 위해 동축 케이블과 connector를 사용해야 하는데, 이는 복잡하고, 비싸고, 유지하는 데 어려움이 생긴다. 각 탱크에 설치되는 개별 장치는 무게가 가볍고 비용이 싸고 신뢰성이 있지만, 장치 전체를 보면 와이어 하네스(wire harness)의 무게 증가로 인해 시스템 전체 무게나 비용 측면에서 DC system에 비해 불리하다.
- DC system은 probe 신호를 diode를 이용하여 정류해서 연료량에 비례하게 나오는 아날로그 직류전압으로 만든다. 이때 diode의 온도변화에 따른 보상은 자동으로 한다. AC system에서 사용하는 복잡한 동축 케이블이나 connector는 사용하지 않는다. 전체 무게와 비용 측면에서 AC system에 비해 유리하나 신뢰성 측면에서는 불리하다. 그러나 현대의 항공기들은 DC system의 적용이 늘어나는 추세며, 단점을 보완하기 위해 연료탱크 내에 추가적인 부품들을 설치하고 있다.

최근에 DC system을 적용한 사례를 보면, 에어버스 A320의 경우 DC probe는 2개의 날개 탱크와 3개의 동체 탱크 내에 설치하였다. 2개의 날개 탱크와 중앙동체 탱크에는 밀도계(densitometers)가 설치되었고, 항공기의 자세 정보도 활용하게 되어 있다. Dual processor를 설치하여 각각 동일한 정보를 이용하도록 하며 하나의 processor가 고장 나면 나머지 것이 자동으로 연속성을 잃지 않고 대체하게 된다. 이 장치에는 탱크의 형상뿐만 아니라 연료 밀도, 유전율, 연료 온도 항공기 자세 및 관련 항공기 정보를 같이 저장하여 활용하게 되어 있다. 컴퓨터는 이런 정보들을 이용하여 실제 연료의 질량을 계산하여 ARNIC 429 data bus를 통해 연료량 지시계나 비행 관리 컴퓨터로 보낸다. 디지털 연료량 정보는 refueling valve나 transfer valve를 작동하는 데 사용하기도 한다. 연료량 지시오차는 약 ±1% 정도이다.

Capacitance probe의 한 종류로서 또 다른 형태로는 capacitance에 비례하는 주기를 갖는 펄스 신호를 만들어 연료량을 측정하는 센서가 있다. 이 방식의 장점은 EMI 문제를 감소시킬 수 있고, 복잡한 동축 케이블 대신 3개의 선으로 이루어진 연선(twisted, screened 3-wire)을 사용할 수 있다. 단점으로는 항공기 내부의 열악한 환경조건에 probe 별로 직류 전원공급과 신호 발생장치를 구성해야 한다는 점이다.

4.7.3 연료 유량계

연료 유량계(fuel flowmeters)는 엔진에서 사용하는 연료량을 지시해 주는 장치로 엔진 종류나 관련 연료 시스템에 따라 여러 가지 연료 유량계가 사용되고 있다.

연료의 유량을 정확하게 측정하는 것은 매우 복잡한데 온도에 따라 연료의 질량이 변하거나 연료 종류와 관계가 있기 때문이다. 왕복 엔진을 장착한 경량 항공기에서는 연료 부피(volume)을 측정하고 연료 질량은 연료 단위 부피당 평균 연료의 무게를 가지고 산출하는 방법을 사용한다.

가장 간단하게 연료 유량을 측정하는 방법으로는 연료의 압력을 측정하는 것으로서 fuel injection system을 가진 항공기에서 사용하는 방법이다. 압력 지시계(pressure gauge)는 연료의 시간당 부피나 무게(gallons per hour or pounds per hour)로 교정되어 있다. 엔진으로 유입되는 연료는 fuel injector orifices에서 발생하는 압력 강하와 관계가 있어서 injector에서의 연료 압력을 측정하면 연료의 유량을 아주 근접하게 측정할 수 있다. 그러나 이 방법은 injector가 막히는 경우 연료의 흐름이 감소하나 연료의 압력은 증가하기 때문에 연료의 유량이 크게 나타나는 단점이 있다.

대형 왕복 엔진의 경우에는 연료의 부피를 측정하는 베인형(vane-type)의 연료 유량계를 주로 사용한다. 보통 엔진 구동 연료펌프와 기화기(carburetor) 사이에 설치한다. 연료가 흘러가면서 생기는 힘은 베인을 돌리고 베인 축에는 보정 스프링(calibrated spring)이 연결되어 있다. 따라서 연료의 흐름으로 인한 힘이 보정 스프링으로 전달되고 힘의 크기에 따라 베

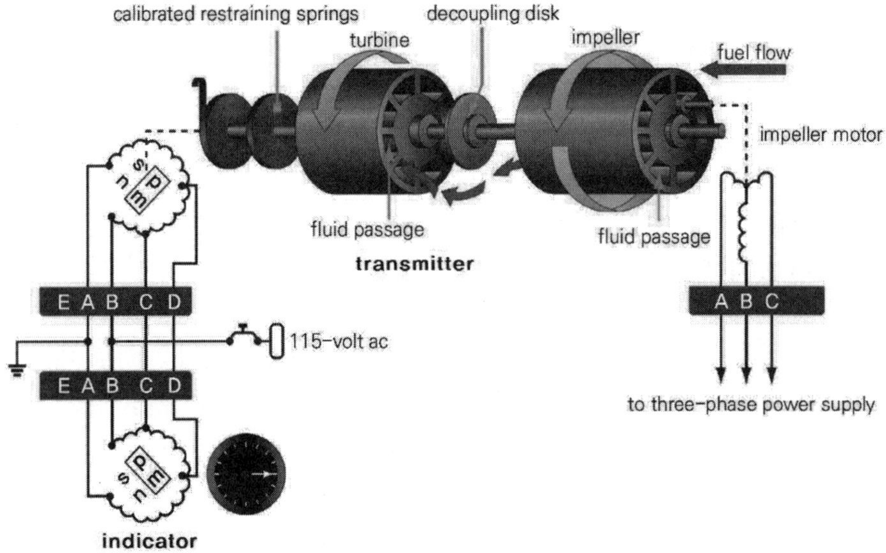

그림 4.29 연료 질량을 측정하는 연료 유량계

인 축이 회전한다. 보통 베인 축의 회전 각도를 오토신(autosyn transmitter)에 의해 조종실 지시계에 지시하게 된다.

대형 가스터빈 엔진 장착 항공기는 보통 연료의 구성 물질과 온도의 변화에 따른 연료 밀도의 변화가 크다. 따라서 정교한 연료 유량계를 사용하게 되는데 주로 연료 질량(mass)을 측정한다. **그림 4.29**에서 보듯이 임펠러(impeller)에 의해 소용돌이 흐름을 가진 연료는 임펠러 뒤에 있는 보정 스프링(calibrated spring)에 연결된 터빈(turbine)의 회전을 유발한다. 이때 임펠러의 회전수는 일정하므로 터빈의 회전변화는 연료의 질량 변화로 인해 발생하는 것으로 볼 수 있다.

4.8 연료 시스템의 기능

항공기 연료 시스템은 자동차 연료 시스템과 달리 단순히 연료를 저장하고 엔진으로 공급하는 기능 외에도 여러 가지 다양한 기능과 요구 조건을 가지고 있다. 항공기 연료 시스템의 기능이나 구성은 기종 별로 다르게 설계되며 주요 기능과 요구 조건은 다음과 같다.

4.8.1 연료의 가압

연료를 가압(pressurization)하는 이유에는 크게 두 가지가 있다.

- 고고도나 고온에서 연료를 수증기압 이상으로 유지해 연료의 비등이나 기화를 방지하여 사고의 위험을 방지
- 엔진으로 연료공급을 원활하게 하는 데 필요

항공기가 고고도로 올라가는 경우 탱크 내부의 압력이 연료 증기압 이하로 내려갈 수도 있다. 이런 경우 연료의 기화나 비등이 발생하여 탱크 내부에 폭발성이 강한 연료 증기로 채워지고 정전기나 기타 화염원으로 인해 화재나 폭발의 위험성이 생긴다. 군용기 연료인 JP-5, JP-8의 경우 증기압이 낮으므로(증기압이 낮으면 쉽게 기화되지 않음) 고고도에서만 기화될 수 있는 반면에, JP-4의 경우처럼 증기압이 높은 연료를 열 흡수원(het sink)으로 사용할 때는 문제가 될 수 있다. 가압 시스템은 탱크 내부의 압력이 과도하게 높아지지 않도록 조절할 수 있어야 하며 가압 압력원이 고장 날 때 개회로 방식으로 자동 전환되도록 설계한다. 또한 가압공기 온도는 연료의 자동발화(auto-ignition) 이상으로 올라가지 않는 범위로 조절해야 한다.

연료의 가압은 상대적으로 낮은 압력 상태에 있는 연료를 다른 탱크로 이송하는 데 필요한 때도 있다. 항공기에 따라서는 가압을 하지 않고 중력을 이용하거나 이송펌프에 의해서 공급되는 항공기도 있을 수 있다. 연료를 가압하는 방법에는 램 공기 압력을 이용하거나 엔진 블리드 공기의 압력을 이용하는 방법이 있다.

엔진 블리드 공기를 사용하는 경우는 압력을 적정한 수준으로 낮추기 위해 감압밸브를 사용한다. 전투기처럼 외부 연료탱크를 장착하는 경우에는 외부 연료탱크에서부터 내부 연료탱크로 순차적인 이송을 하기 위해 감압 밸브의 조정 압력 값을 설정해야 한다. 날개와 동체 밑에 외부 탱크가 장착된 경우의 사례를 보면 가장 먼저 날개 밑 외부 탱크, 동체 밑 외부 탱크, 내부 날개 탱크 마지막으로 내부 동체 탱크의 순으로 연료를 사용한다. 따라서 이러한 순서로 연료를 사용할 수 있도록 감압 밸브들의 압력 값이 조절되어야 한다. 즉, 가장 먼저 이송시켜야 할 탱크에 가장 큰 압력 차이가 가해지도록 설정되어야 한다. 군용기 F22 항공기 경우는 연료탱크의 가압을 질소와 같은 비활성 가스를 이용하는데 이는 OBIGGS (On-Board Inert Gas Generating System)로부터 공급받으며 가압뿐만 아니라 화재를 억제하는 기능도 하게 된다.

4.8.2 연료공급

연료탱크의 연료는 엔진과 APU로 공급하는데 연료의 공급(feed)방식에 따라 중력식(gravity feed)과 동력식(power feed) 공급으로 나눌 수 있다.

- 중력식(**그림 4.4** 참조)은 연료탱크와 엔진 간의 높이 차이에 의한 중력으로 공급하는 방식으로서 연료펌프가 없는 방식이다. 주로 고익의 소형단발 왕복기관에 주로 적용한다. 구조가 간단하여 중량이 적고 저비용으로 구성할 수 있는 장점이 있다. 연료탱크의 형상도 상대적으로 간단하고 연료량 지시계도 간단한 플로트 방식 지시계를 사용한다. 반면에 연료가 기화할 수 있는 조건에서 생길 수 있는 증기 폐색 때문에 엔진으로 연료공급이 원활하지 않은 문제가 발생할 수 있다. 이 현상은 주로 연료 온도가 높거나, 대기압이 낮고 온도가 낮은 고고도에서도 일어날 수 있다. 혹은 두 가지가 복합돼서 일어날 수도 있다. 기온이 아주 높은 더운 날(hot day)에 엔진 주변의 연료 라인에서 발생할 확률이 높다. 이 문제를 해결하기 위해서는 연료펌프를 설치하는 방법이 최선이라고 볼 수 있다.
- 동력식(**그림 4.5** 참조) 공급 방법은 연료펌프를 이용하여 엔진으로 공급하는 방식으로서 저익 항공기나 고성능 소형/대형 항공기에 사용하고 있다. 펌프 구동은 엔진이나 전기에 의해서 구동되며, 주 펌프의 고장에 대비하여 보통 대체용 펌프를 설치한다. 연료탱크와 시스템 구성은 복잡하고, 연료탱크를 가압하고, 더 정확한 연료량 지시계가 필요하다.

4.8.2.1 민간 항공기의 연료공급

항공기에서는 엔진뿐만 아니라 APU(Auxiliary Power Unit)에도 연료공급을 해야 한다. 현대의 대부분 항공기에는 APU가 설치되어 있으며, 기본 기능은 지상에서 엔진 시동장치인 ATS(Air Turbine Starter)에 압축 공기를 공급하고, 지상에서 엔진이 정지되어 있을 때 전기 공급과 객실 공기조화를 위한 압축 공기를 공급하는 것이다. 일부 항공기에서는 비행 중에 엔진 구동 발전기가 작동하지 않을 때 교류 전원의 공급원 역할을 하며, 공중에서 엔진의 공중 재시동을 도와주는 역할도 한다.

연료공급 시스템은 전 비행 가능 영역에서 연료의 종류나 연료 온도와 관계없이 연료 증기압(vapor pressure)보다 여유(margin)를 가진 압력과 엔진의 필요 유량보다 많은 연료가 공급되어야 한다. 또한 공기나 수분의 오염이 허용 한계치 이내로 유지되도록 해야 한다.

4.8.2.1.1 연료탱크와 엔진의 위치 영향

항공기 감항 요구 조건(airworthiness regulations)에 의하면 각각의 엔진은 지정된 연료탱크로부터 연료공급을 받아야 한다. 엔진에 대한 연료탱크의 상대적 위치는 연료공급 시스템을 설계하는 데 중요한 요소가 될 수 있다. 예를 들어, 후방 동체에 엔진이 있고 해당 연료탱크가 날개의 안쪽에 있는 경우라면 연료공급 라인이 길어지고, 안전 규정에 부합하도록 이중벽으로 된 연료 라인을 항공기의 압력부(pressurized section)을 통과하게 설치해야 하며, 항공기의 피치 자세가 변하는 동안 엔진의 연료 입구에서는 연료의 압력이 많이 변하게 된다.

4.8.2.1.2 연료펌프 시스템

항공기에 설치되는 연료펌프를 피드 펌프(feed pump) 혹은 부스트 펌프(boost pump)라고 하며 전기모터 구동 펌프(motor-driven pump)와 이젝터 펌프(ejector pump, 혹은 jet pump) 등 두 가지 형태가 있다.

모터 구동 펌프는 보통 원심형 펌프(centrifugal pump)를 사용하는데 높은 연료량(high volume flow), 낮은 압력상승 및 고신뢰성을 가지고 있다. 보통 연료탱크의 아래쪽에 설치하여 불용연료(unusable fuel)를 줄이도록 한다. 모터 구동 펌프가 가져야 하는 성능 요구조건은 다음과 같다.

- 연료에 공기가 포함되어 있어도 작동할 수 있어야 한다. 케로신 계열의 연료는 대략 표준 대기조건에서 공기가 약 14% 정도의 부피를 차지하고 있다.
- 연료에서 발생할 수 있는 기포 발생 조건에서도 효과적으로 작동되어야 한다.
- 펌프 입구에서 minimum inlet head condition에서도 작동이 되어야 한다. 만일 작동이 멈추게 되면 충분한 연료 수준이 확보될 때까지 재작동이 쉽지 않게 된다.
- 오염물질이나 내부 고장으로 생기는 펌프 로터의 정지된 상태(locked rotor condition)를 인지하여 안전하게 조처되어야 한다. 이 상태가 계속 유지되면 펌프의 구동 전류가 상승하고 모터 코일에 과열이 발생할 수 있다.

이젝터 펌프는 소형 여객기에서 주 연료 공급 펌프로 사용하고 있다. 펌프의 구조가 움직이는 부품이 없어서 신뢰성이 아주 높은 장점이 있다. 이젝터의 구동원(motive flow)은 보통 엔진으로부터 공급된다. 엔진이 시동되기 전 단계에서 충분한 압력을 제공하기 위해 별도의 모터 구동 펌프를 설치하게 된다. 엔진의 시동이 완료되면 이 모터 펌프의 작동은 멈추게 된다.

4.8.2.1.3 불용연료 처리

불용연료(unusable fuel)를 최소화하기 위해 보통 항공기는 scavenge pump를 설치하여 연료탱크 바닥에 있는 연료까지 빨아들여 feed pump의 입구로 보낸다. 이 경우 사용하는 펌프의 형태는 ejector 형태의 펌프를 사용하며 구동원은 특별한 조치가 없다면 feed pump 출구에서 나오는 연료를 구동원(motive flow)으로 한다. 때로는 feed tank 내부에 collector tank를 설치하여 그 안에 feed pump를 장착하기도 한다. 이때 collector tank로 연료를 보내는 기능은 scavenging pump가 하게 된다.

연료를 탱크 바닥에서부터 빨아들이면 바닥의 수분까지 포함된 연료가 feed pump로 공급될 수도 있는데 이런 경우를 대비해야 한다.

4.8.2.1.4 negative 'G' 조건의 연료공급

정상 비행이라면 민간 항공기 비행시간의 대부분은 1G 혹은 그에 가까운 상태에서 비행하게 된다. 하지만 규정에 따라 민간 항공기는 8초 동안 negative G 조건에서 비행할 수 있도록 해야 하고, 군용기의 경우는 배면비행 가능 시간이 좀 더 길어질 수 있다. 연료탱크의 연료는 negative G 상태에서 탱크 위쪽으로 쏠리기 때문에 feed pump 입구(inlet)가 연료로 채워지지 않을 수 있어서 엔진으로 연료공급이 원활하지 않게 된다. 따라서 이런 상황을 방지하기 위해 **그림 4.30**에서 보듯이 민간여객기는 다음과 같은 사항을 설계에 반영해야 한다.

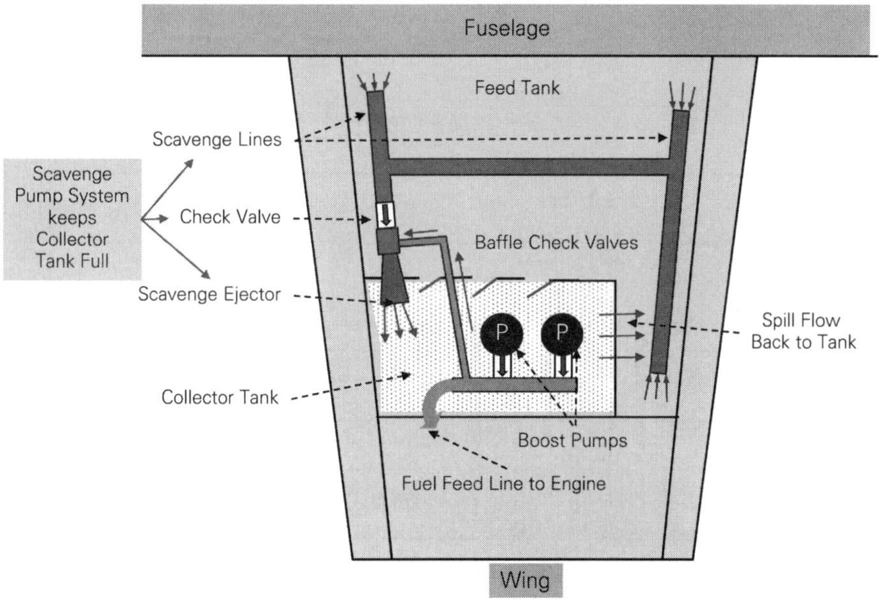

그림 4.30 negative G 비행을 위한 collector tank

• 펌프 입구로 유입된 공기는 다시 탱크 쪽으로 배출되도록 한다.
• feed tank에 collector tank를 설치하고 scavenging system을 이용하여 약간 가압된(약 1psi) 연료가 항상 채워지게 한다. 또한 baffle check valve를 feed tank와 collector tank 사이에 설치하여 scavenging system의 고장에도 연료가 collector tank로 유입되도록 설계한다. 이 방법이 현대의 대부분 민간여객기에서 채택하고 있는 방식이다.
• feed pump 입구에 연료가 머물 수 있도록 추가적인 조치를 설계한다.

4.8.2.1.5 연료공급 시스템

지금까지 설명한 내용을 정리해서 민간 항공기의 엔진 및 APU로 연료를 공급하는 시스템을 정리하면 **그림 4.31**과 같다.

엔진 연료공급은 연료 시스템의 가장 기본적이고 중요한 기능이다. 보통 엔진으로 연료를 공급하기 전에 특정한 탱크로 연료를 이송시키는데 이 탱크를 collector cell 혹은 collector tank라고 하며 feed tank 내부에 설치한다. 이 탱크 내부에 엔진으로 공급하기 위한 승압펌프(boost pump)가 설치되어 있다. 여러 개의 탱크를 갖는 항공기의 모든 연료는 collector tank로 이송시키며 보통 엔진이 여러 개면 엔진별로 collector tank을 설치한다. 보통 collector tank의 연료량은 엔진 추력에 따라 다르겠지만 몇 분간 사용 가능한 연료를 저장할 수 있다. 또한 연료량을 측정해서 지시해주어야 하며, 특히 저 연료량(low-level sensors) 측정을 통해 조종사가 대처할 수 있도록 해준다. 엔진으로 공급하는 승압펌프(boost pump)는 2

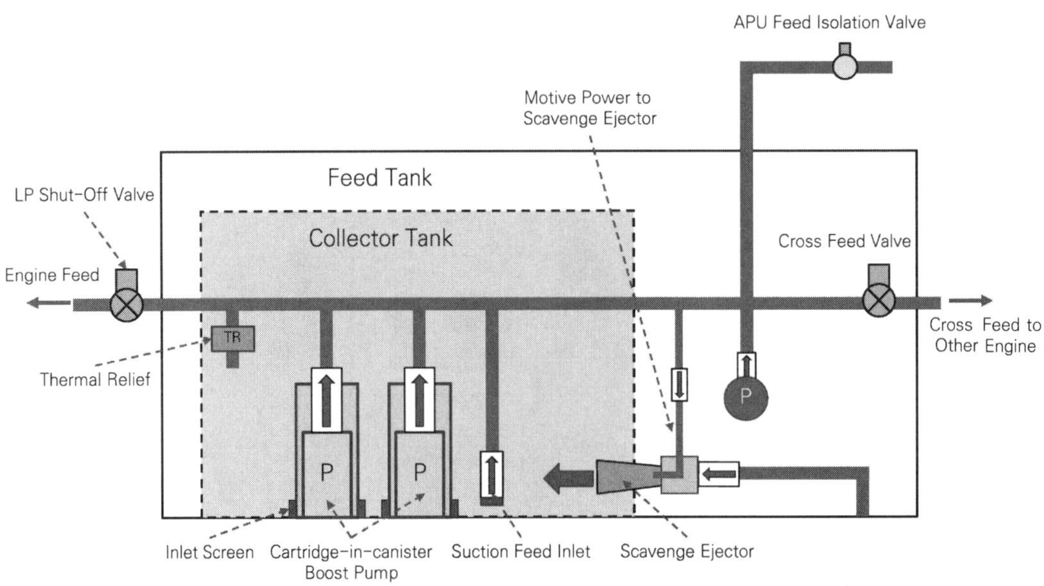

그림 4.31 엔진 연료공급 시스템

개를 설치하여 1개가 고장 나더라도 정상적인 연료공급이 이루어지도록 한다. 승압펌프는 연료 안에 잠겨 있으며 scavenging pipe를 설치하여 배면비행이나 negative-G 비행 조건에서도 펌프 입구로 연료공급이 가능하게 한다. 승압펌프를 지나면 엔진의 기어박스에 맞물려 작동하는 engine-driven pump가 있다. 보통 2단 펌프이고 1단에서는 연료가 열교환기와 필터를 거쳐 2단계 펌프로 연료를 보낼 수 있는 압력을 공급하며, 2단에서는 보통 1,500~2,000psi의 압력으로 가압해서 엔진의 연료조절시스템으로 보낸다. 연료 shut-off 밸브를 설치하여 엔진 정지 시 연료를 차단하거나 비행 중 화재 시 엔진으로 연료공급을 차단한다. crossfeed 밸브는 정상 시에는 닫혀 있으나 비상시에는 밸브를 열어서 하나의 collector tank에서 양쪽 엔진으로 다 연료공급이 가능하게 해준다.

4.8.2.1.6 crossfeed 연료공급

여러 개의 엔진을 장착한 항공기는 고장난 엔진으로 공급하던 연료탱크의 연료를 다른 엔진이 사용할 수 있도록 crossfeed 기능이 있다. 현대의 항공기는 엔진 하나가 고장 나더라도 나머지 정상인 엔진으로 장거리 임무(ETOPS)가 가능하도록 규정되어 있어 crossfeed valve를 2개 설치한다. 어느 하나의 crossfeed valve가 고장이 나더라도 임무를 마쳐야 한다. 설계할 때 crossfeed valve 주변에 물이 고이지 않도록 해야 하는데 결빙으로 인해 밸브작동이 안 되는 상황을 피해야 하기 때문이다. ETOPS는 Extended long range OPerations의 약자로 엔진 하나가 고장 난 상황에서의 장거리 순항 성능에 대한 개념이다. 보통 ETOPS ***(숫자)로 표기하는데, 예를 들어 ETOPS 180은 엔진 하나가 고장이 나도 180분간 순항 비행이 가능해야 한다는 의미이다. 결국 이 용어는 비상 상황에서 비상 착륙 공항까지 비행 가능한 성능 지표라고 볼 수 있다. 초기에는 ICAO에서 ETOPS 90을 제시한 것을 시작으로 현재는 A350XWB가 ETOPS 370까지 인증을 받았다.

4.8.2.1.7 고온 연료 조건에서의 연료공급

고려해야 할 또 다른 상황으로는 연료 온도가 높아지는 조건에서의 연료공급에 대한 안전성도 검증해야 한다. 보통 연료 종류에 따라 증기압이 달라지며, 이는 높은 고도에서의 비행에서 항공기 연료공급 장치의 기능에 제한이 가해질 수 있다. 가장 나쁜 조건은 연료 온도가 높은 조건에서 상승하는 경우인데 온도가 높고, 고도가 올라가면 대기압이 낮아지면서 연료탱크 내부의 압력도 낮아져 연료가 기화될 수 있는 좋은 조건이기 때문이다. 또한 더운 날(hot day)에 지상에 정지된 상태로 태양에 노출된 상태일 때도 고려해야 할 조건이다.

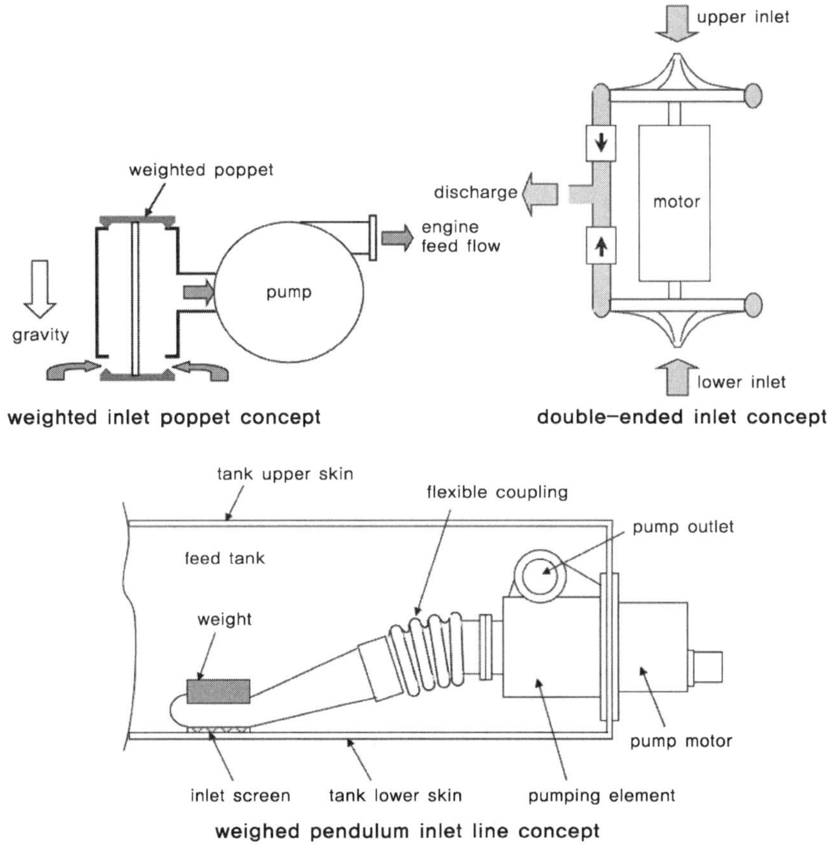

그림 4.32 negative 'G' operation을 위한 펌프 형상

4.8.2.2 군용기의 연료공급

군용기에서의 연료공급 방법도 민간 항공기의 경우와 아주 유사하다. 차이가 나는 점을 요약해 보면 다음과 같다.

- 고성능의 전투기나 장거리 폭격기의 경우 비슷한 크기의 민간 항공기보다 엔진으로의 연료 공급량이 매우 크다. 그 이유는 초음속 비행이나 고속 침투를 지원해 주기 위한 높은 추력을 요구하는 경우가 있기 때문이다.
- 군용기는 항공전자장비나 전투용 전자장비의 탑재가 매우 많은데 보통 연료를 사용하여 장비 냉각을 하기 때문에 연료탱크 온도가 민간 항공기에 비해 높다. 따라서 연료 공급 펌프(feed pump)는 고온의 연료를 공급할 수 있도록 해야 하며, 때로는 고고도에서 높은 증기압(high vapor pressure)을 가지는 JP-4 연료를 고온 조건에서 공급할 수 있어야 한다. 대부분 군용기는 연료탱크를 가압하기 때문에 고고도, 고온 조건에서도 연료공급이 가능하다.

• 전투기는 높은 negative 'G' 조건에서도 연료공급이 가능해야 한다. 이런 기능을 하기 위해 여러 가지 방법을 적용하고 있다. **그림 4.32**는 그 방법들을 보여준다. 첫 번째 weighted inlet poppet 방식은 펌프 입구가 위아래 양쪽에 있다. 중력에 의해 inlet poppet이 아래쪽으로 내려가면 펌프 입구가 열리는 형태이며 만일 배면비행을 하면 역시 inlet poppet이 아래쪽으로 이동하면서 펌프가 열리는 방식이다. double-ended inlet 방식은 펌프 입구를 위아래 양쪽에 설치하여 negative 'G'에 의해 연료가 탱크 위쪽으로 쏠리더라도 연료공급이 가능해진다. 마지막으로 weighted pendulum inlet은 무게에 의해 flexible coupling 위치가 위아래 이동하면서 펌프 입구가 움직이는 경우이다.

그림 4.33은 후기연소기(afterburner)가 있는 가스터빈 엔진을 장착한 전투기의 연료 시스템을 간략하게 보여주는 그림이다. 민간 항공기 엔진은 후기연소기가 없으며, 전투기 후기 연소기를 가동하게 되면 필요한 연료량이 매우 높아져서 연료펌프가 별도로 설치되어 있다.

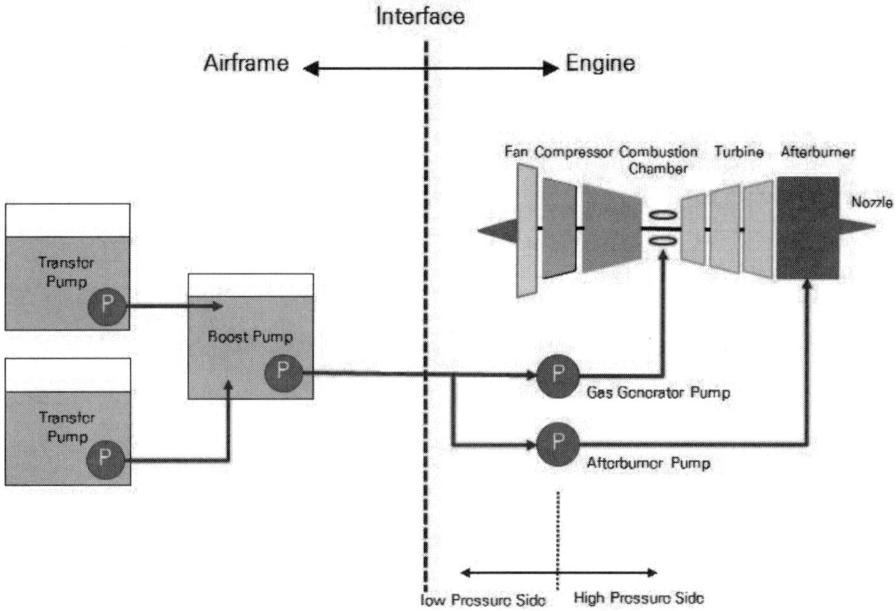

그림 4.33 군용기 기체와 엔진 연료 시스템의 인터페이스

4.8.3 연료이송

연료이송(fuel transfer)은 날개나 동체 탱크로부터 연료를 이송시키는 기능을 말한다. 연료이송 시스템은 여러 개의 탱크 중에서 미리 정해진 순서에 따라 연료를 사용하는 데 필요

한 시스템으로서 연료이송은 조종사의 수동 조작이나 자동화된 제어장치를 통해서 이루어진다. 연료이송은 탱크 간 이송(tank to tank transfer)과 탱크와 엔진 간 이송(tank to engine transfer)을 포함하고 있다. 연료탱크의 사용 순서는 여러 가지 사항을 고려해야 하는데 그중 주요한 요소는 다음과 같다.

- 연료 사용으로 인한 항공기 무게중심(CG)의 위치 변화
- 날개 구조물의 하중 경감
- feed tank의 최대/최소 연료 적재량

4.8.3.1 민간 항공기의 연료이송

연료이송 순서는 여러 가지 운용조건들을 고려해서 설계해야 하는데, 첫째, 연료 사용에 따른 항공기 무게중심(center of gravity)의 변화, 둘째, 날개의 하중(wing loading) 경감을 고려해야 한다. 연료이송 시스템의 제어는 보통 조종사가 직접 하거나, 연료 관리시스템(fuel management system)에 의해 자동으로 한다. 연료이송 시스템을 설계할 때는 고장으로 연료가 차단되어 불용 연료가 생기지 않도록 해야 한다. 그러기 위해 대체 가능(back-up)한 장치의 설치, 밸브 고장 시 미리 정해진 밸브 위치로 가도록 하며, 대체 방식으로 중력에 의해 이송되도록 한다.

비교적 간단한 연료 시스템으로서 2개의 연료탱크를 가진 쌍발 엔진 항공기의 연료이송 시스템의 필요 기능은 단순히 한쪽 엔진 고장이 발생할 때 고장 난 엔진에 연료를 공급하던 연료탱크의 연료를 crossfeed 장치로 다른 쪽 엔진으로 공급하는 것이다. 이 기능은 불용 연료를 없애고, 항공기의 lateral balance를 맞추는 데도 기여하게 된다. 따라서 보통 crossfeed 기능은 모든 민간 항공기에서 엔진 고장에 대처할 수 있는 기본 기능이라고 볼 수 있다.

여러 개의 연료탱크와 여러 개의 엔진을 장착한 항공기의 경우에는 엔진별로 독립된 연료이송 시스템을 갖춰야 하며, 한쪽 이송 장치의 고장에도 크로스 피드(crossfeed)를 통해 다른 이송 시스템으로부터 연료를 공급받을 수 있어야 한다. 또한 다른 엔진에 영향을 주지 않고 임의의 엔진에 연료공급을 중단시킬 수도 있도록 하여 단일 고장으로 인한 다른 정상 엔진의 손실을 유발해서는 안 된다. 따라서 엔진뿐 아니라 여러 고장 상황에 대처할 수 있도록 설계해야 한다.

현대 민간 항공기에서 공통으로 사용하고 있는 두 가지의 이송 장치는 다음과 같다.

- override transfer system
- quantity sequenced transfer system

첫 번째 override transfer system은 대부분의 보잉 항공기에 적용된 방법이다. 연료탱크가 3개인 경우 좌/우 날개 탱크보다 중앙 탱크(center tank)의 연료를 먼저 사용하게 되는데, 중앙 탱크의 override transfer pump를 통해 엔진으로 공급된다. 이때 중앙 탱크의 연료를 먼저 사용하기 위해서는 override transfer pump의 출구 압력을 좌/우 연료탱크의 승압펌프의 출구 연료 압력보다 높게 설정하여 승압펌프의 check valve가 닫혀서 좌/우 연료탱크의 연료가 공급되지 못하도록 한다. 결국 중앙 탱크의 연료가 모두 소모되고 나서 압력이 떨어지면 check valve가 열려 비로소 좌/우 연료탱크의 연료가 엔진으로 공급된다.

두 번째 방법은 연료 선택 밸브(selector valve)를 사용하여 연료탱크의 연료를 순차적으로 사용하는 방법이다. 연료 feed tank가 모두 채워져 있는 경우에는 연료이송이 정지되고 일정 수준 이하로 연료가 내려가면 다시 이송이 시작된다.

앞의 설명에서 언급된 이송 관련 펌프는 모터 구동 펌프(motor driven pump)로서 소형 항공기에서는 ejector pump가 사용되기도 한다. 현대의 최신 항공기의 발전기는 VF(Variable Frequency) generator 사용이 늘어가고 있는데 이 경우 전원의 주파수가 일정하지 않기 때문에 모터의 회전수도 변하게 된다. 이런 경우에는 저속 회전수에서도 충분한 연료이송량이 나오도록 oversize 설계하며, 따라서 모터 회전수가 높은 경우에는 초과의 연료이송량이 발생하고 이 초과분은 보통 transfer ejector pump의 압력원으로 사용된다.

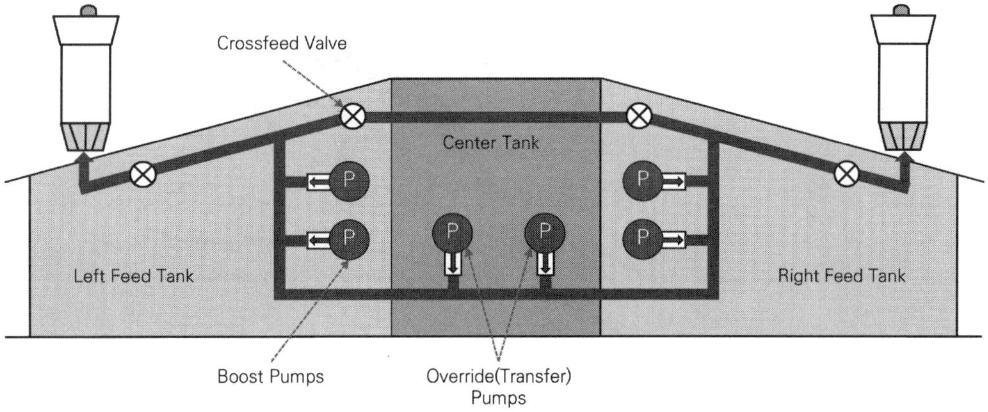

그림 4.34 override transfer system

4.8.3.1.1 무게중심 변화

여러 개의 연료탱크로부터 연료이송 순서를 정하는 것은 항공기의 무게중심에 많은 영향을 줄 수 있다. 따라서 무게중심의 변화가 적도록 순서를 정해야 하며, 취약성(vulnerability)을 같이 고려하여 결정한다. 무게중심은 항공기 세로안정성(longitudinal stability)에 중요한 역할을 한다. 무게중심을 맞추는 데 필요하면 연료를 전방 혹은 후방으로 이송시킨다. 무게중심 조절외에도 항공기의 trim을 맞춰 항력을 줄이고자 연료를 전/후방으로 이송시키는 예도 있는데 **그림 4.36**은 콩코드 비행기의 사례를 보여주고 있다. 무게중심 조절에 관한 내용은 이후에 좀 더 상세히 기술할 것이다.

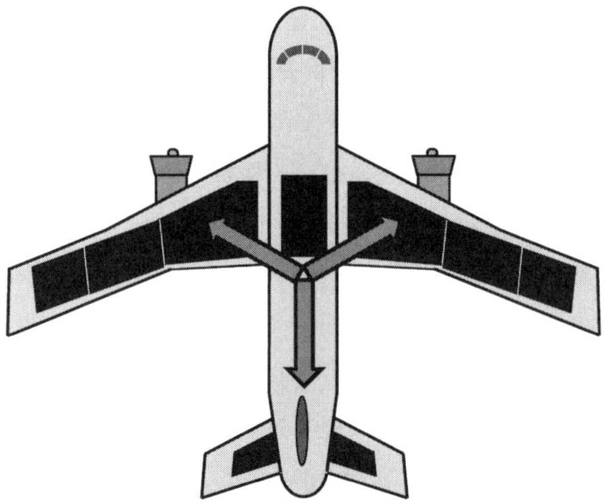

그림 4.35 Forward and Aft fuel transfer

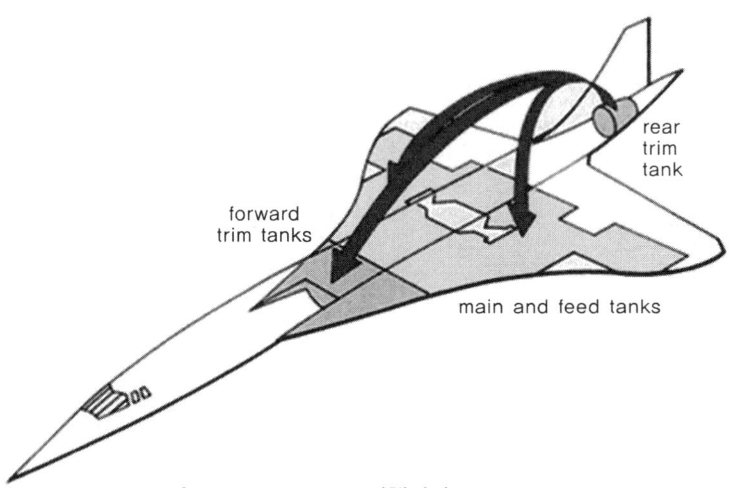

그림 4.36 concorde 비행기의 fuel transfer

4.8.3.1.2 날개 하중의 경감

전통적인 알루미늄 재질의 날개 구조물인 경우, pressurization cycle로 정의되는 항공기 operational life 혹은 full payload 상태로 이륙할 때마다 날개 구조물에 걸리는 stress cycle

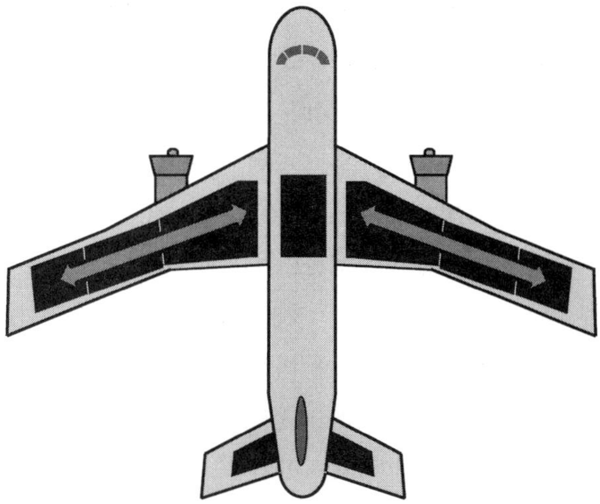

Inboard and Outboard fuel transfer

그림 4.37 Wing loading 줄이기 위한 fuel transfer

을 제어하거나 모니터함으로써 항공기의 피로수명(fatigue life)을 조절할 수 있다. 보통 후자의 stress cycle의 경우는 대형 장거리 항공기에서 일반적으로 사용하는 방법이다. 즉, 비행의 대부분 시간이 날개의 outboard tank에 연료를 채움으로써 연료 중량과 양력을 상쇄시켜 날개에 걸리는 굽힘 응력(bending stress)을 감소시킴으로써 stress cycle 크기를 감소시키는 방안이다. 일반적으로 outboard tank의 연료는 하강하는 동안이나 혹은 미리 정해진 최소 연료량에 도달할 때 연료공급 탱크인 feed tank로 이송시키게 된다.

최신 항공기인 A380의 경우 지상에 있는 경우에는 structural stress를 최소화하기 위해 연료를 inborad 쪽에 저장하고 있다가 이륙 후에 바로 굽힘 응력을 최소화하기 위해 outboard 쪽으로 연료를 즉시 이송시킨다.

4.8.3.2 군용 항공기의 연료이송

군용 항공기의 연료이송 시스템은 민간 항공기와 비교해 매우 복잡하다. 특히 여러 개의 탱크가 배치된 전투기의 경우가 더 복잡하다. 현대의 군용 항공기는 다양한 종류의 연료이송 시스템을 갖추고 있으나 기본적으로 다음의 기능이 있다.

- 중력(gravity)에 의한 이송
- 연료 이송펌프(transfer fuel pump)에 의한 이송
- 연료탱크 압력 차이에 의한 이송(fuel tank pressure differential)

군용기에서 중력(gravity)에 의한 연료이송 방법은 아주 제한적으로 사용되고 있는데 그 이유는 연료탱크의 개수가 많고 탱크 높이가 다르고 낮은 압력 차이(low pressure head)로 인해 연료이송률(tansfer rate)이 낮기 때문이다.

연료이송 펌프(transfer fuel pump)에 의한 방법은 군용기에서 가장 많이 사용하는 방법이다. 보통 전기 구동 펌프나 이젝터(motive flow powered ejector 혹은 jet pump)를 사용한다. 전기 구동 펌프는 이송 연료의 흐름이 크거나 큰 압력이 필요로 하는 경우 혹은 이젝터를 가동할 만한 유도 흐름(motive flow)이 충분하지 않을 때 사용한다. 또한 고고도(high altitude)와 높은 온도에서의 성능이 이젝터에 비해 우수하다. 반면에 이젝터 제트펌프는 무게가 가볍고, 신뢰성이 좋고, 장착이 쉽고, 저비용이면서 전기동력이 필요 없는 장점이 있다. 항공모함에서 사용하는 해군용 군용기에서는 이젝터를 많이 사용하고 있다.

그림 4.38에서 보듯이 연료탱크 압력 차이를 이용한 방법도 군용기에서 많이 사용하는 방법이다. 이 방법은 신뢰성이 좋고, 무게가 가볍고 비용이 낮은 장점이 있다. 그림에서처럼 여러 개의 연료탱크가 직렬로 배치되어 있어 압력 차이에 의해 연료이송이 이루어진다. 일부 군용기에서는 연료이송 펌프와 압력 차이를 이용한 방식을 혼용해서 사용하는 경우도 있다.

외부연료탱크가 설치된 경우에는 공기 압력을 이용하여 외부 탱크에서 항공기 내부 탱크로 이송시킨다. 외부연료탱크의 형상, 크기나 제작은 항공기 내부의 연료탱크 내부의 압력보다 큰 압력이 작용하도록 한다. **그림 4.39**에서 보듯이 오른쪽 탱크에 압력이 작용하면 내부의 transfer tube를 통해 왼쪽 탱크 그리고 가운데 탱크 순으로 연료이송이 되고 transfer line을 통해 항공기 내부 탱크로 이송된다. 또한 연료이송이 끝나 외부 연료탱크에 연료가 비게 되는 순간 공기의 높은 압력이 연료 이송 라인을 통해 항공기 내부 탱크로 작용하지 않도록 밸브가 닫히도록 해야 한다. 이러기 위해서는 그림에서 pilot valve인 플로트식 밸브(float actuated valve)를 이용하여 연료 수준(level)이 미리 정해진 한계 밑으로 내려가면 밸브가 닫히도록 한다. 일부 항공기에서는 외부 연료탱크의 연료가 채워지면서 무게중심 변화가 중요할 수가 있는데 이 경우에는 탱크 내부의 연료 저장 공간을 구조적으로 구분해서 만

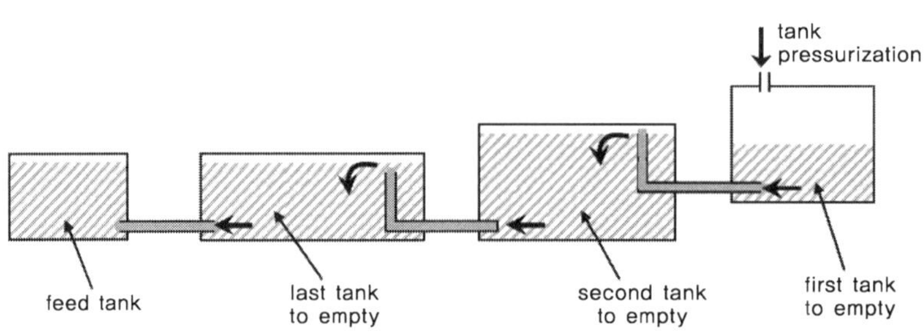

그림 4.38 fuel tank 압력 차이에 의한 연료이송

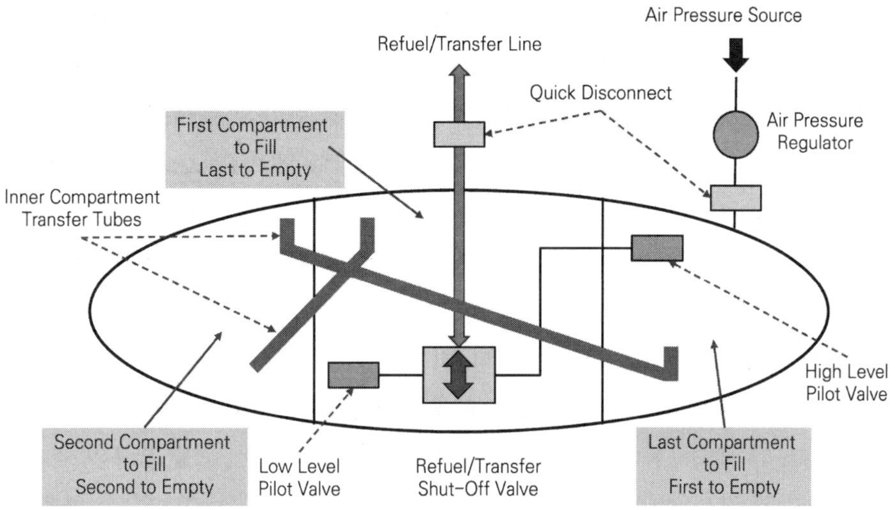

그림 4.39 외부연료탱크의 재급유/연료이송 장치

듦으로써 제어할 수 있도록 한다.

연료탱크의 사용 순서는 외부 탱크를 달았을 경우 보통 외부연료탱크, 날개탱크, 동체탱크의 순으로 사용한다. 초음속으로 비행하는 전투기의 경우에는 아음속에서 초음속으로 천이하는 과정에서 항공기의 양력중심(pressure center)의 변화가 생기는데 이에 따라 항공기 무게중심을 변화시키도록 해야 한다.

유로파이터 사례를 보면 날개 탱크에 2개, 전/후방 동체 탱크 그룹에 각 1개의 이송펌프가 설치되어 있다. 이송펌프는 항상 작동되는 것이 아니고 이송받는 탱크 연료가 적정수준 이하로 내려가면 작동된다. 전/후방 동체 탱크 그룹은 각각 좌·우측 날개 탱크로부터 연료가 이송된다. 전/후방 동체 탱크 그룹 간에는 interconnect valve가 설치되어 필요하면 crossfeed 기능을 한다. 이송펌프는 승압펌프(boost pump)와 같이 115VAC 3상 전원으로 작동된다.

4.8.4 연료 급유/배출

민간 혹은 군용 항공기의 연료 급유(refuel)는 보통 가압식(pressure refueling)을 많이 사용한다. 탱크와 항공기 안전을 위해 자동개폐기와 일정량의 연료를 공급할 수 있는 유량조절밸브가 설치된다. 연료는 열팽창에 의한 여유 공간을 확보하기 위해 2% 정도의 여유 공간을 남기고 급유한다. 연료를 급유할 때 정전기에 의한 사고를 방지하기 위해 최대로 허용하는 급유량 혹은 유량 속도(보통 30ft/sec이내)가 정해져 있으며 군용기의 경우는 재급유 소요 시간이 설계 요구 조건으로 설정될 수 있다. 항공기의 급유와 연료 배출(defuel)은 연료 시스템 내에 있는 별도의 장치로 이루어진다. 급유는 연료 배급차(fuel truck)에서 fuel receptacle로 항공기와 연결해 공급되며 유입된 연료는 연료관리시스템에 의해 작동하는 밸브에 의해 각 탱크로 공급된다. 급유가 끝나면 간단한 플로트 밸브(floating-operated valve)에 의해 연료공급이 차단된다. 정교한 장치의 경우는 연료관리장치가 solenoid 밸브나 전기모터로 구동되는 밸브들을 작동시켜 급유하게 된다. 보통은 위 두 가지 방법이 혼합된 형태의 급유장치가 설치되어 있다.

항공기 연료는 자동차 연료탱크와는 달리 비행기 하중의 변화, 비행계획에 맞추기 위해 혹은 정비와 보수를 위해 연료를 배출할 필요가 있다. 가압식 재급유 연결부위를 통해 배출하거나 혹은 별도의 배출구를 설치해야 한다. 연료 배출(defuel)은 보통 급유의 역순으로 이루어진다. 군용기의 경우 미국 군사 규격에 연료 배출 시간이 제한되어 있다. 보통 민간 항공기의 경우 연료 높이 측정을 위한 dipstick과 같은 MLI(Magnetic Level Indicators) 장치를 설치하기도 한다.

4.8.4.1 민간 항공기의 연료 급유/배출

보통 민간 항공기의 급유시스템은 다음과 같은 기능을 가져야 한다.

- 항공기의 크기나 비행 임무에 따라 대략 15분에서 40분 사이에 급유
- 항공기 무게중심 제한 조건에 적합한 연료 보급
- 탱크의 vent system을 통해 외부로 넘치지 않도록 함
- 급유 과정에서 생길 수 있는 압력 초과로 인해 항공기 구조물의 손상을 방지

항공기의 재급유 장치와 지상의 공항 급유장치 사이에는 표준화된 장치를 사용하며 보통 전 세계적으로 통용되는 Mil-S-24484의 규정을 따른다. 규정된 재급유 시간을 맞추기 위해 1개 혹은 여러 개의 급유구를 설정할 수 있다. **그림 4.40**처럼 민간 항공기의 날개 탱크처럼 여러 개의 탱크로 나뉜 경우에는 balance tube를 사용하게 되며 날개 끝부분에 high level sensor를 설치한다. 날개 끝쪽으로 갈수록 두께가 얇아지기 때문에 안쪽(inboard) 탱크부터 연료를 채우게 된다.

항공기의 defueling system은 주로 정비의 목적으로 사용하는데 항공기에 설치된 transfer pump, feed pump를 사용하는 방법과 refueling adapter에 흡입압력(suction)을 사용한다. 흡입압력을 사용하는 경우 좀 더 빠르게 연료를 배출시킬 수 있다.

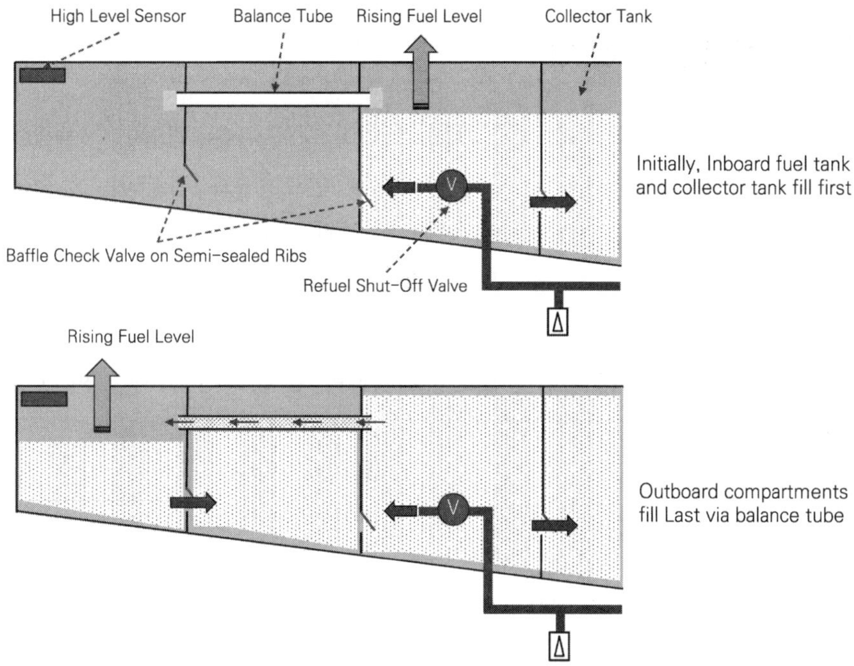

그림 4.40 wing tank 내부의 balance tubes 사례

4.8.4.2 군용 항공기의 연료 급유/배출

군용 항공기의 연료 급유 및 배출 방법은 민간 항공기와 아주 유사하며 공중 재급유가 가능한 항공기는 더욱 복잡한 시스템을 가지고 있다. 또한 군용 항공기의 연료탱크 숫자가 많아서 급유, 배출, 연료이송, 연료공급 방법이 더욱 복잡해질 수 있다. 군용 항공기의 급유 방법은 가압식 급유 방법을 주로 사용하고 중력식 급유나 날개 위쪽으로부터 공급하는 방법(over-the-wing refueling)은 사용하지 않는다.

군용기의 경우 연료 급유 시간(refueling time)을 설계조건에 규정하고 있다. 군용 항공기의 refueling system의 요구 조건에는 다음과 같은 것들이 있다.

- 가능한 빠른 refuel time
- 필요한 경우 공중 재급유와 외부 연료탱크에 급유 가능
- 탱크의 vent system을 통해 외부로 넘치지 않도록 해야 함
- 급유 과정에서 생길 수 있는 압력 초과로 인해 항공기 구조물의 손상을 방지
- 민간 공항과 군용기 공항시설과 모두 부합하는 급유 시스템 장착

4.8.5 연료탱크 벤트 시스템

연료탱크의 벤트는 탱크 내의 과도한 압력으로 인해 탱크 파손, 변형이나 불필요한 응력 발생을 방지하기 위한 것이다. 벤트는 외부 대기쪽과 연료탱크로 연결되는 통풍구이며 이 구멍을 통해 내부 압력이 조절된다. 때로는 벤트를 통해 연료가 외부로 배출될 수도 있다. 또한 복수의 연료탱크의 연료 수준 높이를 유지하게 하는 목적도 있다. 벤트 방식에는 두 가지가 있다.

- 연료탱크 내의 압력이 대기압과 같도록 유지되도록 항상 열려 있는 개회로 방식(open vent system)
- 평상시에는 밸브가 차단되어 대기압과 탱크 내부의 압력이 다른 폐회로 방식(closed vent system)

벤트를 통해 배출되는 연료의 허용량은 설계규격에 정해져 있으며, 배출된 연료가 다시 항공기 특정 부위로 유입되는 것을 방지해야 하며, 특히 엔진으로 유입되는 것을 주의해야 한다. 외부물질에 의해 벤트가 막히거나, 벤트에 모인 수분이 자연 배출되어야 하고, 결빙에 의해 막히지 않도록 해야 한다. 또한 벤트는 연료탱크와 연결돼 있어서 번개에 노출될 수 있는 위치는 피해야 한다. 따라서 벤트 위치는 설계 시 중요하게 검토해야 할 사항이다.

벤트에 의해 조절되는 압력은 탱크의 종류에 따라 차이가 있다. 유연한 비금속제나 얇은 금속제 탱크는 탱크의 압력이 대기압보다 낮아서는 안 되며, 블래더 탱크의 경우에는 탱크 구조물과 블래더 탱크 사이의 압력이 탱크 내부의 압력보다 높아서는 안 된다.

4.8.5.1 민간 항공기의 벤트 시스템

민간 항공기는 **그림 4.41**에서 보듯이 보통 개회로 방식(open vent system)을 사용하며 모든 탱크는 대기압에 노출되어 있다. 이렇게 하면 재급유 과정에서 연료탱크에 걸리는 압력 하중이나 항공기가 상승 혹은 하강할 때 연료탱크의 빈 공간에 생길 수 있는 압력 하중을 막아줄 수 있다. 벤트가 안 되면 연료탱크 내부에 있는 공기가 외부로 나가지 못하면서 연료로 인해 공기가 압축되어 구조물에 압력을 가하게 되는 것이다. 안전을 위해 벤트를 통해 연료가 배출되지 않도록 surge tank를 설치하여 벤트를 통해 나가는 연료를 가두게 된다.

대부분의 민간 항공기 surge tank는 날개의 끝부분(wing tip)에 설치한다. 보통 저익 항공기(low-wing aircraft)이면서 상반각(dihedral)을 가지기 때문에 surge tank는 자연스럽게 날개의 가장 높은 지점에 있게 된다. 반대로 군용 수송기는 고익 항공기(high wing aircraft)가

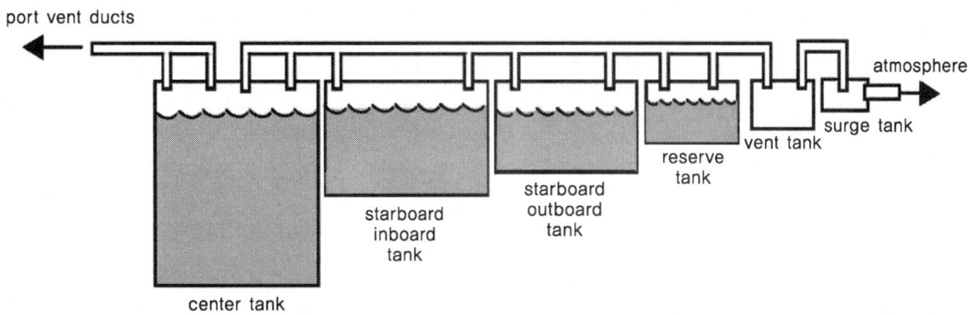

그림 4.41 민간 항공기의 open vent system

많은데 하반각(anhedral)을 가지기 때문에 보통 surge tank에 scavenge pump를 설치하여 벤트 라인(vent line)에 연료가 채워지지 않도록 한다.

저익 날개를 설계할 때는 surge tank로 들어오는 연료량을 고려해야 한다. 예를 들어 지상에서 활주하는 경우 양력도 작은 상태이면서 날개 탱크의 연료 무게와 엔진의 무게로 인해 상반각이 거의 없는 상태가 된다. 이런 조건에서 항공기가 지상 선회를 하게 되면 원심력에 의해 연료탱크 연료가 벤트 라인을 통해 surge tank로 유입될 수 있다. 따라서 surge tank의 크기는 벤트 라인에 연료가 채워지는 지상 선회 횟수를 고려해야 한다. 저익의 상반각을 갖는 항공기는 surge tank에 scavenge pump가 필요 없다. 그 이유는 지상 활주 동안 surge tank로 유입된 연료는 이륙 후 체크 밸브를 거쳐 다시 연료탱크로 돌아갈 수 있기 때문이다. 이러한 이유로 인해 저익 항공기의 surge tank의 위치는 날개 끝 쪽에 설치하게 된다.

• **벤트 구멍 위치**

연료탱크의 벤트 구멍(vent opening)의 위치는 지상과 비행 중에 일어날 수 있는 항공기 자세와 가속에 의한 힘을 고려해야 한다. 전진 가속과 pitch-up 자세에서 연료탱크의 연료는 날개 뒤쪽(aft)으로 이동하고, 후퇴익(swept wing)인 경우 날개 끝(outboard) 쪽으로 이동하게 된다. 이런 경우 벤트는 탱크의 앞 쪽(forward)이면서 날개 뿌리(wing root) 쪽에 설치해야 한다. 반대로 감속하거나 pitch-down 자세일 때는 연료는 날개의 앞쪽(forward)으로 이동하고 후퇴익의 경우 날개 뿌리(wing root) 쪽으로 연료가 이동한다. 이런 경우에는 벤트의 위치는 연료탱크의 뒤 쪽(aftward)이면서 바깥 쪽(outboard)에 설치해야만 한다. **그림 4.42**에서 날개 앞 쪽의 climb vent, 날개 뒤쪽의 dive vent가 설치된 것을 알 수 있다.

또한 **그림 4.43**에서 보는 것처럼 벤트 라인에 연료가 채워지는 경우를 최소화하기 위해 플로트식 밸브(float actuated valve)를 설치한다. 그림에서 보면 surge tank(vent box)는 외부 대기와 연결되어 있으며 flame arrestor가 내부에 설치되어 있다. 이 flame arrestor는 vent

를 통해 외부 대기로 빠져나가는 연료증기(fuel vapor)에 낙뢰가 떨어지는 경우 화염이 발생하게 되는데 이 화염이 벤트 시스템(vent system)으로 전파되지 못하도록 한다. 그리고 보통 벤트 라인의 막힘으로 인해 구조적 손상이 발생하지 않도록 압력완화밸브(pressure relief valve)를 설치하게 된다.

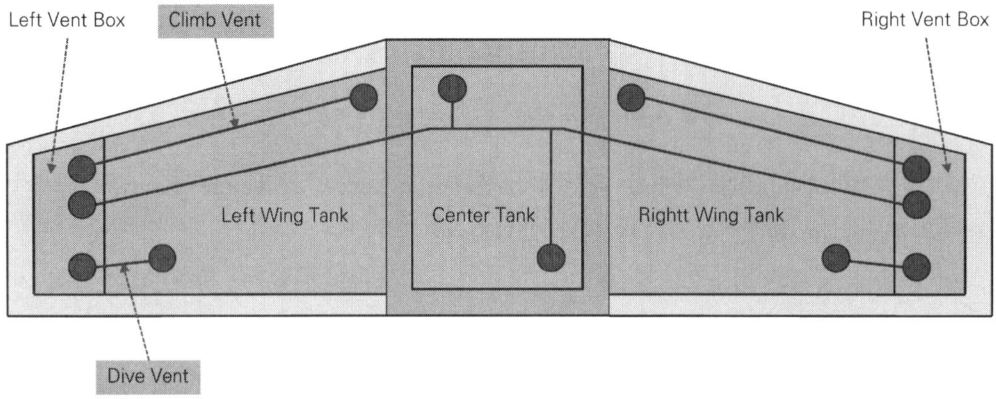

그림 4.42 항공기 vent system의 사례

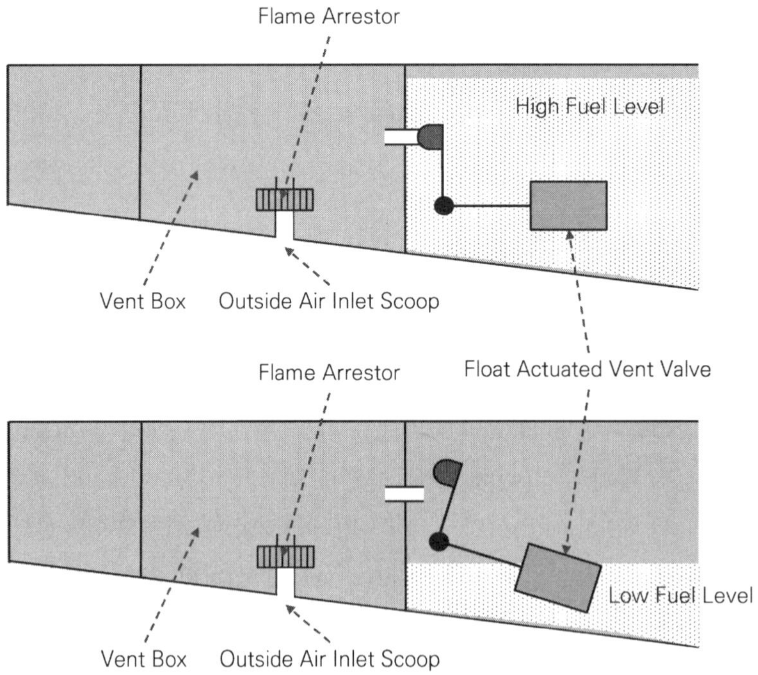

그림 4.43 플로트식(float actuated) 벤트 밸브

• Vent inlet 형상과 크기

보통 surge tank(vent box)에 연결된 inlet scoop의 형상은 NACA scoop inlet을 사용한다. 이 inlet sccop을 통해 외부 대기와 vent box가 연결된다. 이 형상은 공기의 동압(dynamic air pressure)과 항력(drag)의 최적 조합이 만들어지는 형상이다. 동압은 특히 연료가 쉽게 기화되는 고온의 연료이면서 고고도의 조건에서 연료탱크의 boost pump 성능 마진(performance margin)에 큰 영향을 줄 수 있다.

민간 항공기의 vent 크기는 비상시 하강 조건에 의해 결정될 수 있다. 가장 혹한 조건인 비상 하강 시 연료탱크의 연료를 거의 소모하여 빈 공간일 때이다. 보통 설계조건은 외부 대기압과 연료탱크의 빈 공간(ullage)에 걸리는 압력과의 차이에 의해 결정되며 규정된 압력 차이를 초과하지 않도록 크기를 결정한다.

4.8.5.2 군용 항공기의 벤트 시스템

대부분 군용 항공기는 매우 높은 고도까지 비행 가능한 비행 영역(flight envelope)을 가지고 있다. 만일 60,000ft 고도에서의 대기압은 절대압으로 1psi 이하까지 내려가며, 개회로 방식(open vent system)의 경우 비행 속도가 Mach 0.8로 가정한다고 하더라도 압력회복(pressure recovery)을 고려한 연료탱크의 압력은 1.5psi 이하의 값을 가진다. 대기압이 낮아지면 연료탱크의 압력이 증기압보다 낮아질 수 있어 연료의 기화 현상이 발생하기 쉬워진다. 또한 기온이 매우 낮아 흔히 민간 항공기용 연료에서 발생하는 연료의 응고 현상(fuel waxing)이 시작된다. 이러한 조건은 엔진으로 연료를 공급하는데 치명적인 문제점을 일으킬 수 있다. 따라서 군용 항공기는 연료탱크의 압력을 대기압보다 높게 유지하기 위해 closed vent system을 사용하게 된다.

보통 연료탱크의 압력을 조절하기 위해 가압장치, 블리드 공기 조절기(bleed air regu-

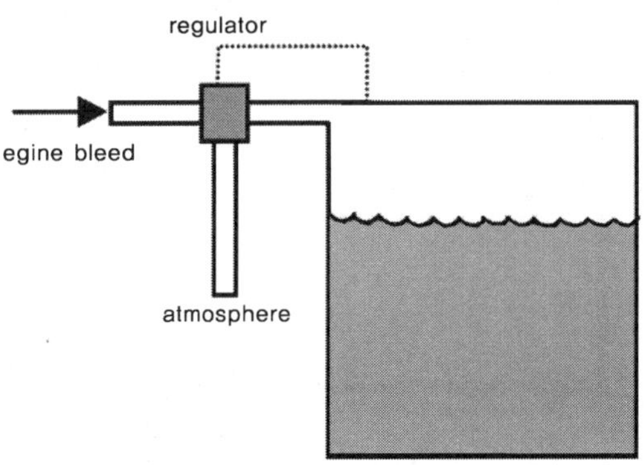

그림 4.44 closed vent system

lator)와 상승/하강 밸브(climb and dive valves)를 설치한다. 상승 비행할 때는 climb vent valve를 통해 연료탱크의 압력을 외부로 내보내 탱크와 외부 대기압과의 차이를 규정치 이내로 유지하고, 반대로 하강 비행할 때는 dive valve를 이용하여 외부 대기압이 탱크 내부로 작용하도록 하여 탱크 내부 압력과 대기압이 일정한 압력 차이를 유지하도록 한다. 블리드 공기의 압력을 이용하여 연료 사용에 따라 늘어나는 탱크의 빈 공간(ullage)에 맞춰 정해진 압력조절(pressure control schedule)을 하게 된다. 보통 압력 차이 값은 2~5.0psi의 범위에서 유지된다.

4.8.6 연료의 열 흡수원(heat sink) 기능

군용 항공기나 민간 항공기에서 연료는 비행 중에 발생하는 많은 열을 흡수하는 중요한 역할을 한다. 고속으로 비행할 때는 공기와의 표면 마찰로 인해 많은 열이 발생시킨다. 또한 항공기에 장착된 시스템 중에는 특히 유압 시스템과 환경제어 시스템에서 많은 열을 발생시킨다. 이 열을 흡수하기 위해 air-oil cooler를 사용하기도 하지만 외부의 공기를 끌어들여야 하므로 항력(drag)이 커지는 단점이 있다. 그래서 fuel-oil cooler를 많이 사용하게 된다. 또 다른 열 발생 시스템으로는 엔진 오일 시스템이다. 이 경우는 보통 고압의 연료펌프에서 나오는 초과의 연료(excess fuel)를 이용하게 된다. **그림 4.45**는 연료를 이용하여 엔진 오일을 냉각시키는 시스템을 그린 것이다. 열을 흡수하기 위하여 fuel/oil heat exchanger를 설치하여 고온의 오일을 연료로 이용하여 온도를 낮추도록 하였다.

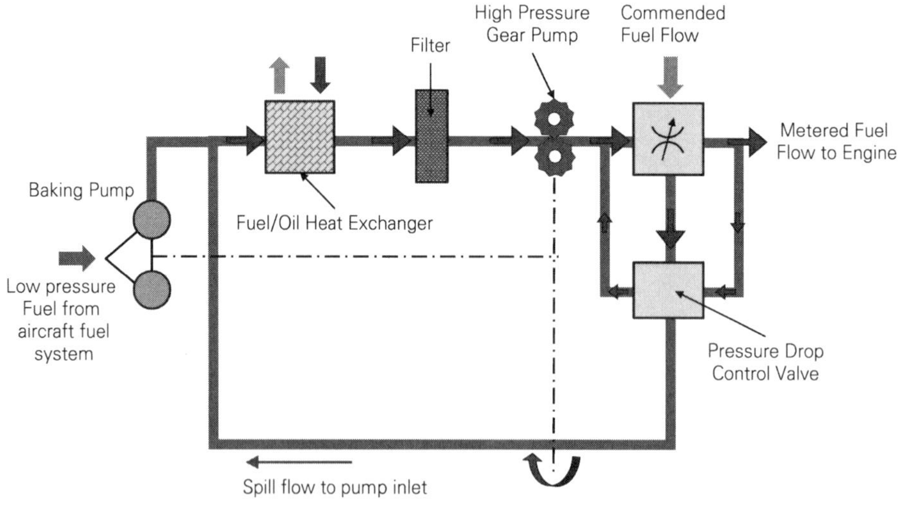

그림 4.45 fuel-oil cooling system

연료를 이용하여 열을 흡수하는 방법을 적용하는데 고려해야 할 점은 연료 온도이다. 보통 엔진으로 유입될 수 있는 연료의 최대 온도는 정해져 있기 때문에 열을 흡수하면서 올라가는 연료 온도에 주의해야 한다. 특히 엔진의 회전수가 높거나 고고도(high altitude)나 낮은 온도에서 연료가 충분하지 않으면 연료 온도가 높아져 열을 흡수하는 매개체로서 적당하지 않게 된다. 이런 문제를 해결하기 위해 연료를 feed tank로 순환시켜 온도를 낮추는 방법을 사용하기도 하는데 이 경우에도 연료량 측정 시스템에 또 다른 문제를 일으킬 수 있다. 연료량 측정 시스템은 온도에 따른 연료의 밀도, 유전율(permittivity)에 많은 영향을 받기 때문이다.

4.8.7 외부 연료탱크

외부 연료탱크(external fuel tanks)는 민간 항공기에서는 잘 사용하지 않고, 전투기의 경우 항속거리나 임무반경을 키우기 위해 장착하기도 한다. 보통 날개, 동체 밑에 설치한 ventral tank나 동체 위에 설치하는 외부 연료탱크(dosal tank)가 있다. 또한 F-15 항공기의 경우 날개 아래의 외부 연료탱크와 흡입구 옆쪽에 설치한 conformal tank라 불리는 탱크를 장착할 수 있다. 각 탱크의 연료량은 날개 아래 탱크 11,869lb, conformal tank 9,728lb가 되며 항공기 동체 내부 연료탱크는 약 10,094lb가 된다. 이 conformal tank는 필요에 따라 비행 전후에 탈 부착할 수 있게 되어 있다. conformal tank는 날개나 동체에 장착하는 연료 사용 후에 투하하는 drop tank와 달리 항공기 형상에 맞춰 부착하는 탱크이다. 장점은 drop tank보다 공기항력이 작고, tank를 장착하기 위한 장착점(hardpoints)이 없어도 된다. 단점은 항공기 연료 시스템과 연료 라인이 직접 연결되어 있어 비행 중에는 연료 사용을 다 하더라도 제거할 수 없다.

외부 연료탱크는 상당히 큰 공기항력을 발생시키고 초음속 비행에는 견디지 못하며 무게

그림 4.46 외부 연료탱크 및 ventral tank(동체 아래)

그림 4.47 conformal tank (캐노피 양쪽)

증가와 큰 구조 하중으로 인해 오히려 비행거리나 추가 연료로 인한 이점이 줄어들 수도 있다. 그래서 보통 전투기의 경우 가장 먼저 연료를 소모하고 나서 연료탱크(drop tank)를 공중에서 투하 폐기해 버린다.

4.8.8 비상 연료 배출

연료 중량은 이륙이나 비행 초기 단계에서는 전체 항공기 중량에 대해서 많은 부분을 차지한다. 만일 항공기가 이륙 직후에 비상사태나 고장이 발생하여 바로 착륙해야 할 상황이 발생한다면 항공기 무게를 신속히 줄이기 위한 연료 배출 장치(jettison)가 있어야 한다. 연료의 배출 시간과 배출량은 보통 설계 규격서에 정해져 있으며 항공기별로 내용이 상이하다.

4.8.8.1 민간 항공기의 비상 연료 배출

민간 항공기에서 비상 연료 배출(fuel jettison) 요구 조건은 MTOW(Maximum Take-Off Weight)와 MLW(Maximum Landing Weight)의 차이에 의해서 결정된다. **그림 4.48**은 민간 항공기에서 그 차이를 나타낸 그림이다. 보통 항공기의 착륙 가능한 최대중량(MLW)은 최대 이륙중량(MTOW)에 비해 적어서, 연료를 배출하지 않고 착륙하는 경우 구조물 파손이 발생하는 사고가 생길 수 있고, 연료로 인한 2차 위험성을 줄여야 할 필요성도 있다. 또한 배출된 연료는 항공기의 정상 비행자세나 하강 자세에서 항공기로 다시 유입되지 않도록 해야 한다.

그림 4.48에서 보듯이 항공기의 크기가 커질수록(MTOW가 커질수록) 비상 연료 배출(fuel jettison) 요구량은 커지게 된다. 빠른 시간 내에 연료를 외부로 버리고 안전하게 착륙하거나

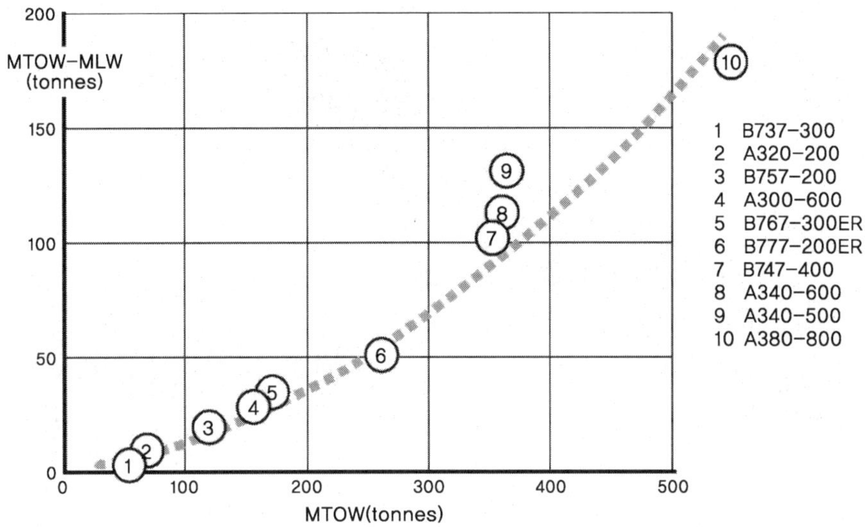

그림 4.48 maximum fuel jettison requirements
(출처: Aircraft fuel systems, Roy Langton et al., 2009, Wiley)

위급상황을 벗어나도록 필요한 배출 용량(pumping capacity)을 결정하는 것은 중요한 설계 사항이 된다. 그러나 연료를 비상 배출해야 하는 확률이 매우 낮으므로 비상 연료 배출을 위한 설계는 가급적 무게를 최소화하고 비용과 정비성을 고려해야 한다. 따라서 기존 시스템을 활용하는 방안도 함께 고려해야 하며, 일부 항공기에서는 기존의 feed pump를 보조로 사용하는 경우도 있다. 연료 비상 배출량을 고려할 때는 최대 착륙중량(MLW)까지 배출하는 방식과 조종사가 원하는 배출량(dump to gross weight)을 선택하여 비상 연료 배출을 하는 방식이 있다.

비상 연료 배출 시스템에는 몇 가지 설계 요구 조건이 있다. 1분당 최대중량의 1%의 평균 연료 배출량을 최소한 맞춰야 하며, 플랩과 랜딩기어를 올린 상태에서 실속속도의 1.4배 속도로 power-off 활강 조건과 1개의 엔진에서는 최대 출력조건 그리고 다른 엔진은 작동이 안 되는 조건에서 검증해야 한다. 또한 배출된 연료는 항공기 어느 부위로도 다시 유입되지 말아야 하며 조종성에 문제가 없어야 한다. 조종사가 비상 연료 배출 밸브를 닫을 수 있어야 한다. 왕복 엔진 항공기의 경우 최대 엔진 출력의 75%로 45분간 비행 가능한 최소 연료량은 남기도록 하나 필요에 따라 전체 연료를 배출할 수도 있다. 터빈 엔진 항공기의 경우는 해면 고도(sea level)에서 10,000ft까지 상승하여 최대 항속거리(maximum range) 속도로 45분간 비행 가능한 최소한의 연료를 남기도록 해야 한다.

일반적으로 연료 공급(feed)계통과 연료 이송계통을 활용하여 비상 연료 배출 기능이 가능하게 한다. 이런 경우 엔진으로의 연료 공급기능은 계속 유지하면서 동시에 비상 연료 배

그림 4.49 commercial aircraft fuel jettison

출 기능이 작동 가능해야 하며, 비상 연료 배출 동안 조종사의 부하(work load)는 비상사태를 해결하는 데 초점을 맞추도록 설계해야 한다. 또한 배출되는 연료는 다시 엔진의 흡입구로 유입되지 않도록 해야 한다. **그림 4.49**에서 보듯이 보통 날개의 뒷전(tailing edge)에 배출구를 설치한다. 또한 jettison pump의 입구는 feed tank 바닥에서 일정 거리 떨어진 위쪽에 설치하여 최소량의 연료가 남아 있도록 해야 한다.

4.8.8.2 군용 항공기의 비상 연료 배출

유로파이터 항공기 경우는 연료 비상 배출을 위해 jettison 밸브가 연료 공급 라인에 설치돼 있으며, 의도하지 않은 배출을 방지하기 위해 jettison master valve를 추가로 설치하였다. 민간 항공기의 경우는 군용기와 달리 양 날개 끝에 연료 배출을 위한 노즐(nozzle)이 설치되어 있다.

4.8.9 공중 재급유

오늘날 공중 재급유(in-flight refueling)는 군용 항공기의 공중임무를 증강하는 데 매우 중요한 기능이 되었다. 1920년대 최초로 공중 재급유를 시현한 이래로 최근에는 전투기뿐만 아니라 수송기, 정찰기, 헬리콥터 등과 같이 다양한 임무를 가지는 군용기에 적용되고 있다. 그러나 아직 민간 항공기에는 적용되지 않고 있다. 공중 재급유는 공중에서의 체공시간, 비행거리를 늘릴 수 있는 장점이 생긴다. 또한 항공기의 최대 이륙중량은 한정돼 있으므로 이

그림 4.50 probe-drogue 방식의 공중 재급유

륙 전에 연료 탑재량를 줄이는 대신 무장을 최대한 탑재하고 이륙한 후에 공중에서 재급유를 받음으로써 전투기의 무장 능력을 최대한 높일 수 있다.

현재 사용되고 있는 공중 재급유 방법에는 probe-drogue 방식과 boom-receptacle 방식 두 가지가 있다.

4.8.9.1 probe-drogue 방식

probe-drogue 방식은 급유기(tanker)에 낙하산 형태의 drogue가 달린 재급유 호스(refueling horse)에 수유기의 조종사가 fuel probe를 연결하면 급유기에서 가압한 연료를 보내는 방식이다. 수유기의 fuel probe는 고정식과 접이식(retractable probe)이 있으며 수유기 조종사의 책임하에 진행된다. 이 방식의 경우 급유기에 재급유 호스는 3개까지 장착할 수 있는데, 중앙동체와 좌우 날개 쪽에 설치되어 최대 3대까지 동시에 재급유가 가능하다. 미국 공군을 제외한 군용기에서 주로 사용한다.

▷ **장점**

- 간단하고 낮은 비용의 급유기
- 동시에 여러 대 급유가 가능하여 급유 시간이 줄어들 수 있고, 하나의 probe가 고장이 날 때 대체 가능
- 헬리콥터에 적용 가능
- 급유기의 조작 인원이 불필요

▷ **단점**

- boom-receptacle 방식에 비해 낮은 공급 유량으로 인해 급유 시간이 길어짐
- 수유기에 의한 공기역학 힘과 난류 기류가 drogue에 영향을 줄 수 있음

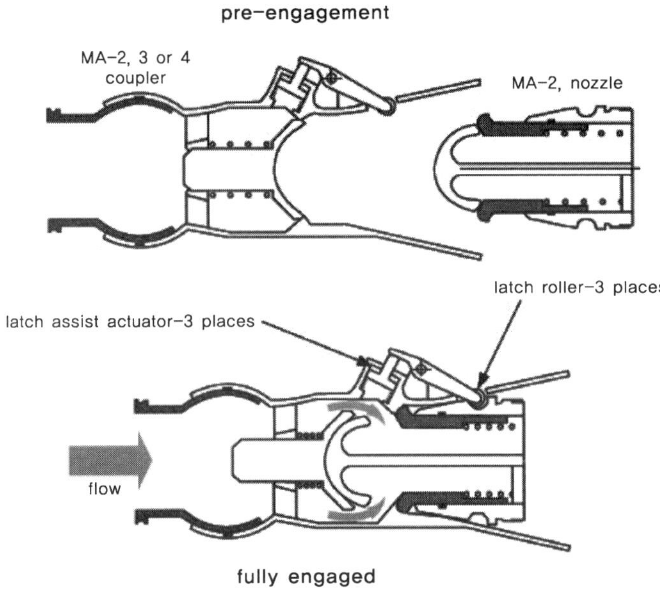

그림 4.51 probe-drogue engagement 방법

- 수유기 조종사에 의해 연결함으로써 조종사 부하가 커짐
- 수유기 probe를 앞쪽에 설치해야 하므로 민감한 항공전자 센서(pitot-static sensor, angle of attack sensor 등)에 영향을 줄 수 있고, FOD가 발생하면 엔진으로 유입될 가능성이 있음

4.8.9.2 boom-receptacle 방식

boom-receptacle 방식은 probe-drogue 방식과는 다르게 재급유를 위한 급유기의 boom과 수유기 receptacle의 연결은 급유기 탑승원 조작으로 이루어진다. 수유기 동체 위쪽에 급유기 boom이 연결되는 receptacle이 설치되어 있다. 급유기의 boom은 telescope 방식이며, 중앙 동체 한 군데만 설치되어 1대씩만 재급유가 가능하다. 미국 공군 항공기에서 주로 사용하고 있는 방식이다.

▷ **장점**

- probe-drogue 방식보다 연료공급 유량이 커서 대형 항공기에 적용할 수 있고 재급유 시간이 적음
- 수유기 조종사의 부하가 줄어듦

▷ **단점**

- 급유기 조작인력의 훈련비용 커짐

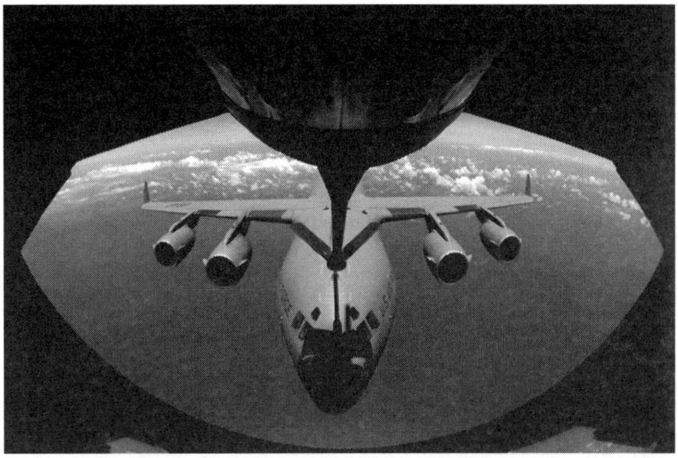

그림 4.52 boom-receptacle 방식의 공중 재급유

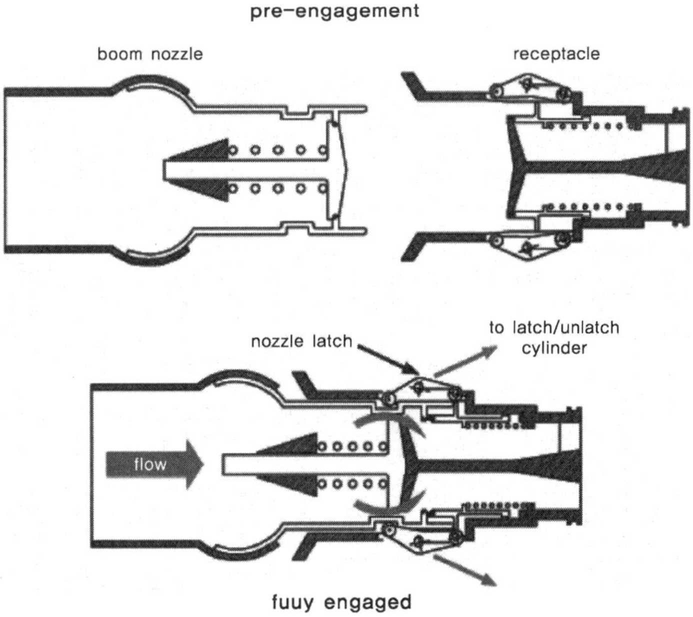

그림 4.53 boom receptacle engagement 방법

- 급유기의 설계가 복잡해짐
- 한 번에 한 대의 급유만 가능
- 헬리콥터에 적용하기 힘듦

공중 재급유는 실제 운용 중인 항공기뿐만 아니라 비행시험 중인 시제기에서도 폭넓게 적용하고 있다. 이는 공중 재급유를 통해 체공시간을 연장함으로써 비행시험을 효과적으로 수

행할 수 있는 장점이 있기 때문이다, 최근에 개발되었던 B-2 폭격기, YF-22A, YF-23A 등이 이를 적용했다.

4.9 연료 관리 및 제어

연료 관리, 제어기능 및 시스템에 대한 설명은 민간 대형 항공기의 사례를 가지고 설명해 본다. 보통 연료 관리시스템은 연료 시스템의 모든 기능을 조절, 제어 및 모니터하게 된다. 연료탱크가 2개인 소형 항공기의 경우 연료 관리시스템의 기능은 재급유 과정이나 cross-feed 장치를 이용하여 엔진이 정지됐을 때의 상황을 해결하는 정도의 간단한 기능을 가진다. 여기서 재급유 과정은 연료측정 시스템의 정보를 이용하여 정해진 수치에 도달하면 자동으로 refuel shut-off valve를 잠그고, 조종사가 직접 crossfeed 기능을 작동할 수 있어야 한다.

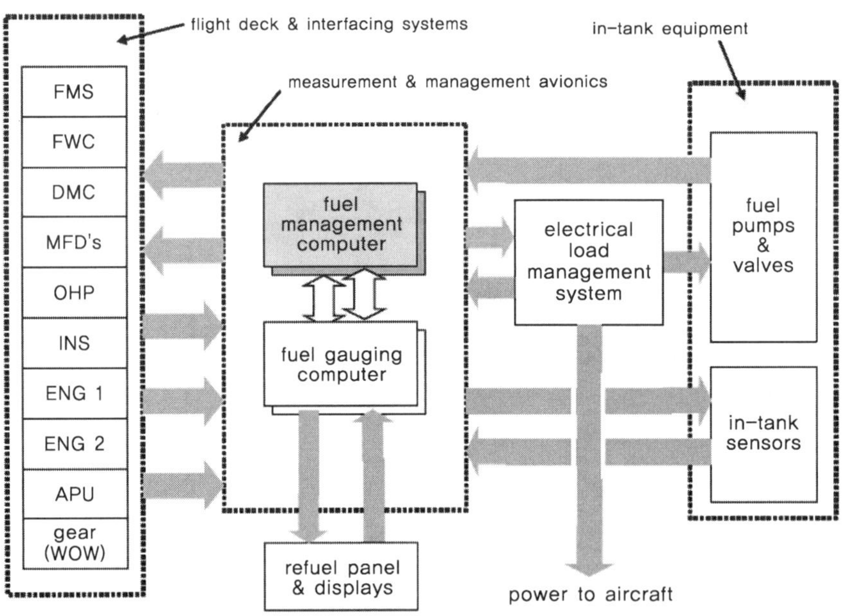

그림 4.54 연료 관리시스템 개략도
(출처: Aircraft fuel systems, Roy Langton et al., 2009, Wiley)

연료탱크가 여러 개인 대형 항공기의 경우는 연료 관리 시스템의 기능이 매우 복잡하다. 보통 연료 관리 시스템의 기능은 조종사의 업무 부하를 최소화하기 위해 자동으로 작동하게 되어 있다. **그림 4.54**는 연료 관리 시스템의 기능을 요약한 사례이다. 그림에서 보듯이 통합 연료 관리 시스템은 연료 관리와 연료 측정시스템이 주요 구성으로 되어 있으며, 각종 항공 전자나 항법장치와 연계되어 있고, 연료 시스템을 구성하는 각종 펌프, 센서와도 연계되어 그 기능을 수행한다. 항공전자, 항법장비와의 인터페이스를 요약하면 다음과 같다.

- Flight Management System(FMS)는 연료 관리 시스템과 연계하여 전체 비행계획에 관여한다.
- Flight Warning Computer(FWC)는 연료 시스템의 경보(advisory), 경고(warning) 정보를 받아 조종사에게 정보제공을 한다.
- Data Management Computer(DMC)와 MFD(Multi Function Display)는 연료 시스템에서 받은 정보를 이용하여 정보의 중요도에 맞춰 조종사에게 정보제공을 한다.
- Overhead Fuel Panel(OHP)는 탱크별 연료량, 전체 연료량을 지시해주고, 조종사가 직접 연료펌프와 밸브를 조작할 수 있는 스위치가 설치되어 있다.
- Inertial Navigation System(INS)는 항공기의 자세 정보를 연료 관리 시스템에 제공하여 연료량 측정을 지원해 준다.
- Engine master switch(ENG 1, ENG 2)는 연료 feed valve가 열리도록 신호를 보내 가압된 연료가 공급되도록 한다.
- WOW(Weight On Wheels)는 착륙기어의 현황 정보를 연료 관리 시스템에 보내 항공기가 지상 혹은 비행 중인지를 파악하고 지상일 경우는 refuel panel과 표시판(display)이 작동되도록 한다.

전원 관리 시스템(electric power management system)은 연료 관리 시스템과 연계되어 있어 전원을 사용하는 각종 펌프의 전원 공급 상태를 모니터하여 만일 고장으로 전원 공급이 안 될 때는 대체 전원을 공급하는 기능을 한다.

4.9.1 재급유 제어

여러 개의 연료탱크를 가진 대형 민간 항공기는 매우 많은 양과 무게를 갖는 연료를 급유하게 된다. 따라서 재급유 과정에서 항공기의 균형(balance)이 잘 맞도록 연료를 탱크별로 할당하여 급유해야 한다. 특히 trim fuel tank를 가진 항공기의 경우에는 trim tank의 위치가 항공기 무게중심(center of gravity)보다 아주 뒤쪽에 있어서 급유 과정에서 균형에 신경을 많이 써야 한다. 즉, 급유 과정에서 moment arm이 길어져 trim tank의 연료 무게로 인한 moment가 커지면 항공기의 기수가 들려 항공기 꼬리 부분(tail section)의 손상을 일으킬 수 있다. 보통 수평 안정판(horizontal stabilizer)에 trim tank가 있으며, trim tank의 역할은 비행 중에 항공기 무게중심을 제어하여 항속거리(range)를 최적화시키는 기능을 한다. 또한 급유 과정에서 착륙기어에 비대칭 하중이 걸리지 않도록 lateral balance에도 신경을 써야 한다. 따라서 연료 관리 시스템에는 automatic refuel distribution 기능이 있어야 한다. **그림 4.55**는 A340-600 항공기의 refuel distribution 과정을 보여주는 그림이다. 그림에서 보면 처음에 4개의 feed tank에 각 3톤씩 전체 급유량(total fuel load) 12t이 채워지고, 전체 급유량이 86t이 되면 중앙동체 탱크(center tank)와 trim tank가 채워지기 시작한다. 또한 이 지점에서 outer feed tank의 급유가 완료되고, 전체 급유량이 110t이 될 때 inner feed tank의 급유가 완료되고 중앙동체 탱크(center tank)와 trim tank의 급유는 계속 진행되고 있다. 전체 급유량 144t에서 모든 탱크가 최대로 가득 채워지도록 다시 급유되기 시작하여 177t(연료 밀도 0.88kg/liter 기준)까지 채워지게 된다.

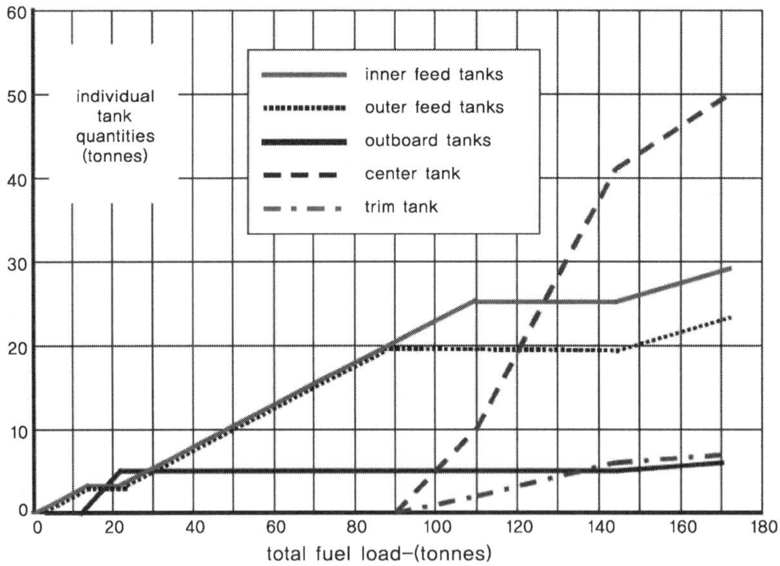

그림 4.55 A340-600 재급유 과정
(출처: Aircraft fuel systems, Roy Langton et al., 2009, Wiley)

4.9.2 비행 중 연료 관리

비행 중에 연료 관리(fuel management) 시스템은 안전한 비행과 엔진작동을 위해 펌프와 밸브의 제어를 통해 탑재된 연료를 적절하게 관리해야 한다. 연료 관리 시스템이나 기타 유틸리티 시스템을 적용하여 가급적 조종사는 비행에 모든 관심을 기울일 수 있어야 한다. 또한 시스템은 가급적 간단하게 만들어야 정비나 운용 유지비용을 낮출 수 있다. 그 예로 보잉사에서 나온 737, 757, 767, 777 같은 쌍발 엔진 여객기의 경우 조종사가 해야 하는 업무는 비행 중에 발생하는 lateral balance를 위해 crossfeed 밸브를 작동시키거나 가벼운 쪽의 boost pump의 작동을 멈춤으로써 조절하게 하였다. 즉 무거운 쪽의 탱크 연료를 양쪽 엔진에 모두 공급하여 lateral balance에 도달하게 한다. 그러나 이런 경우는 발생할 확률이 극히 희박하므로 조종사에게 큰 부담은 되지 않는다. 에어버스사의 항공기들은 장비의 고장으로 수동으로 조작하는 경우를 제외하고 연료이송, balance 조절기능들은 모두 자동으로 조절된다. 또한 tim tank와 전방 탱크 사이로 연료를 이송시켜 항공기 무게중심을 제어하기도 한다.

4.9.2.1 연료 사용 순서 제어

항공기가 대형화되고 연료탱크의 설계가 복잡해지면서 좀 더 복잡한 연료 소비 및 연료이송이 필요해졌다. **그림 4.56**은 8개의 연료탱크를 가진 에어버스 A340 항공기의 연료 소비 스케줄(fuel burn schedule)을 보여주는 그림이다. 연료탱크의 구성은 다음과 같다.

- 4개의 feed tank
- 2개의 outboard wing tank
- 1개의 중앙동체 탱크(center tank)
- horizontal stabilizer에 설치된 trim tank

모든 연료 시스템의 밸브들은 전기모터에 의해 구동되며, 만일 밸브가 고장 나면 이를 대체하는 별도의 밸브가 설치되어 있다. 이 대체 밸브들은 정상 작동일 때는 연료 관리 시스템의 제어를 받지 않는 것들이다. **그림 4.56**은 연료 관리 시스템에 입력된 탱크별 연료 소비 순서를 나타내고 있다. 우선 중앙동체 탱크(center tank)의 연료를 먼저 소비하고 이 과정에서 4개의 feed tank는 모두 채워진 상태를 유지하게 된다. 엔진은 feed tank의 연료로부터 공급받기 때문에 중앙동체 탱크(center tank)의 연료를 가장 먼저 사용하려면 중앙동체 탱크(center tank)의 연료를 먼저 feed tank로 이송시켜야 한다. 연료를 사용하여 feed tank의 연

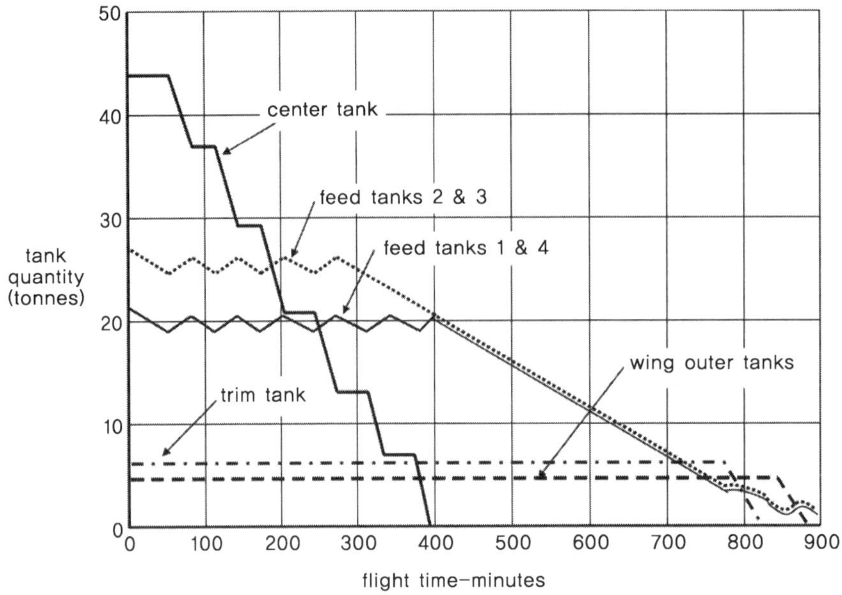

그림 4.56 A340 연료소비 및 이송순서
(출처: Aircraft fuel systems, Roy Langton et al., 2009, Wiley)

료 수준이 일정 이하로 내려오면 연료이송을 하고 다시 연료가 채워지면 중앙동체 탱크(center tank)로부터의 연료이송이 정지된다. 이런 과정을 거쳐 중앙동체 탱크(center tank)의 연료를 모두 사용하면 feed tank의 연료를 사용하게 된다. 이때 trim tank의 연료는 계획된 비행경로의 마지막 통과지점(way point)을 지나고 난 후 feed tank로 이송되어 소비한다. 마지막으로 outer wing tank의 연료는 feed tank의 연료가 정해진 최저량이 되면 feed tank로 이송된다. 중앙동체 탱크(center tank)와 inboard tank의 연료를 outer board tank 연료보다 먼저 사용하는 것은 비행 중에 걸리는 날개의 하중을 줄이기 위한 목적이다.

4.9.2.2 무게중심 제어

항공기의 active longitudinal CG control은 에어버스 330, 340 항공기에 도입되었고, 순항(cruise)하는 동안 trim drag를 최소화하려는 방안이었다. 그 과정은 horizontal stabilizer에 설치된 trim tank에 있는 연료의 양을 조절하였다. 정적으로 안정한(statically stable) 항공기의 무게중심(center of gravity) 위치는 반드시 center of lift 지점보다 앞쪽에 있어야 한다. 많은 무게를 가진 연료를 소모하면서 항공기의 무게중심 위치는 변하게 되어 있다. 따라서 어떤 장비가 고장 나더라도 항공기가 안전하게 제어될 수 있도록 active CG control 기능을 해야 한다. 앞에서 보여준 **그림 4.36**은 콩코드 비행기의 무게중심 제어의 사례이다.

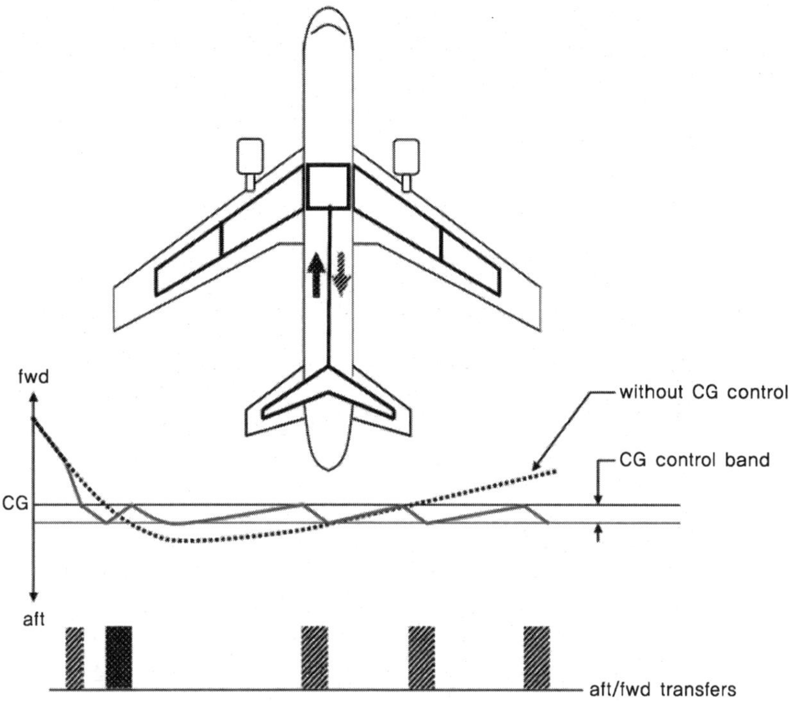

그림 4.57 항공기 무게중심 제어 사례
(출처: Aircraft fuel systems, Roy Langton et al., 2009, Wiley)

그림 4.57은 active CG control의 사례를 보여주고 있다. 그림의 항공기는 중앙동체 탱크(center tank), 2개의 wing tank와 후방의 trim tank로 이루어져 있다. 연료를 사용하면서 항공기 무게 중심위치는 변하며, trim tank에 채우는 연료량은 전체 연료량에 따라 달라진다. 우선 중앙동체 탱크(center tank)의 연료를 먼저 소비하게 되면 항공기 무게중심 위치는 뒤로 이동하며, 날개 탱크(wing tank)의 연료를 사용하기 시작하면 다시 앞쪽으로 이동하게 된다. 따라서 CG control system은 무게중심 위치가 정해진 범위 이내에서 움직이도록 연료를 앞뒤로 이송하면서 조절해야 한다. 날개의 outer tank의 연료는 날개 하중의 경감을 위해 순항이 끝나는 지점까지 가득 채워진 상태를 유지한다. 보통 CG control은 순항 구간까지만 제어하게 되며, 항공기가 계획된 비행경로의 마지막 통과지점을 지나게 되면 연료 관리시스템(FMS)은 trim tank에 남아 있는 모든 연료를 앞쪽의 feed tank로 이송시킨다. 그리고 active CG control를 하는 데 필요한 장치나 연료탱크의 설치는 항공기 획득 비용과 운영비용에 많은 영향을 줄 수 있다.

4.10 연료탱크의 안전설계

항공기 안전을 위해 신경 써야 하는 부분에는 항공기 화재 및 과열을 일으키는 위험 요소, 항공기 날개나 조종면, 주요 센서들의 결빙으로 인한 위험 요소들 그리고 최근 전자 장비 탑재의 증가로 인해 관심을 가지게 된 전자기파에 의한 위험 요소들이 있다. 특히 연료로 인한 폭발, 화재는 아주 오래전부터 중요하게 생각된 부분이며, 실제로 연료와 관련된 사고사례가 발생하여 다수의 인명이 손실된 일도 있었다. 이 절에서는 연료 시스템의 안전과 관련된 몇 가지 사항들을 정리해 보았다.

4.10.1 연료탱크의 비활성화

폭발 가능성을 고려한 연료탱크의 안전성은 오랜 기간 아주 중요한 문제로 다뤄지고 있다. 항공기 연료탱크의 폭발 방지를 위한 노력은 2차 세계대전으로 거슬러 올라간다. 특히 군용기는 적군의 공격으로 인한 연료탱크 손상으로 항공기 폭발을 일으키기 때문에 이 분야에 관심을 가지게 되었다. 초기에는 연료탱크에 폴리우레탄으로 만든 고무 재질을 충전하여 화재 가능성을 줄이려고 하였다. 1950년대와 60년대 F-86, F-100 항공기에는 일정 시간 동안만 공급되는 질소가스를 이용한 방법을 적용해 본 적이 있으나 상용화되지는 못했다. 60년대 SR-71 항공기의 경우는 고속 비행으로 인한 고온 때문에 생길 수 있는 연료 인화를 방지하기 위해 질소가스를 사용하기도 하였다. 이후에는 비용, 무게와 공급 문제가 있는 질소가스 방법의 다른 대안으로 할론(halon) 1301이 개발되어 당시 새로 개발된 F-16에 적용되었다. 그러나 할론 가스는 지구 오존을 파괴하는 환경 파괴물질이기 때문에 현재는 잘 사용하지 않고 있다. 최근에는 OBIGGS라는 시스템이 개발되어 질소를 사용하는 방법이 C-17 항공기에 최초로 적용되어 사용되고 있다.

기록에 의하면 1960년 이래 연료탱크의 폭발로 540여 명의 사망자와 11대의 항공기 손실이 발생하였다. 가장 최근에는 1996년 미국 뉴욕의 JFK 공항을 이륙하던 TWA 800이 중앙 동체 연료탱크의 폭발로 230명 승객 전원이 사망하는 사고가 발생하였다.

연료탱크에서 폭발이 일어나기 위한 조건은 첫째, 탱크 내부의 빈 공간(ullage)에 적정 농도의 연료증기(fuel vapor)와 산소가 혼합되어 있어야 하고, 둘째 연료증기와 산소 혼합가스를 점화시킬 수 있는 에너지를 제공하는 점화원(ignition source)이 존재해야 한다. 따라서 연료탱크의 폭발을 방지하기 위해서는 연료증기와 산소의 혼합가스 농도를 낮추거나 혹은

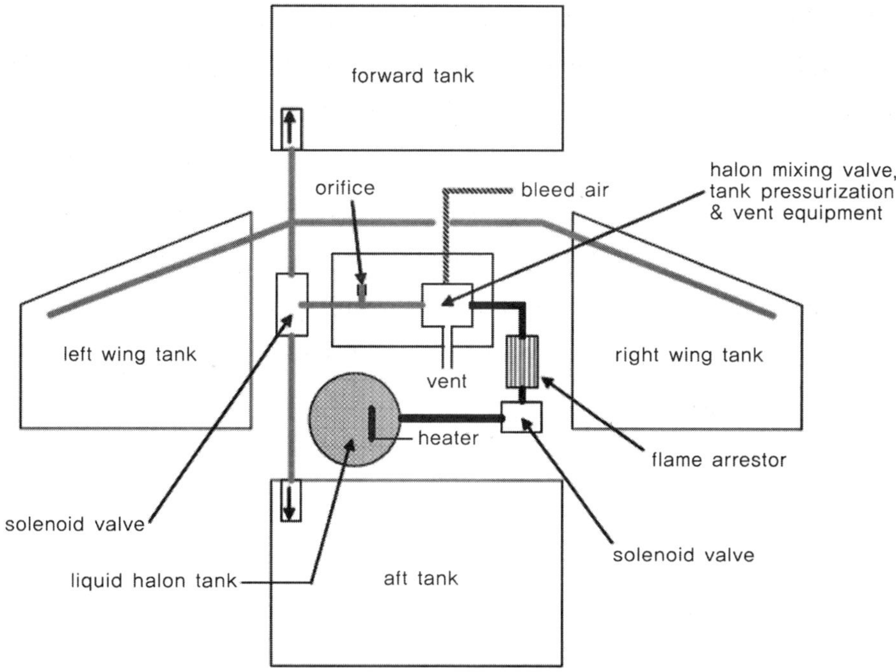

그림 4.58 할론을 이용한 비활성화 방법

점화원을 제거하는 방법을 들 수 있다.

발화 가능성(flammability)의 가장 중요한 인자는 연료탱크 내부의 연료증기와 산소의 혼합비로서 연료의 종류에 따라 그 혼합비가 달라질 수 있다. 발화 위험률(flammability exposure)은 항공기의 총 운항 시간 중 연료탱크 내부 조건이 발화 가능한 상태에 있는 시간의 비율로서 FAA 29.981(c)항에 기준이 명시되어 있다. 민간 항공기에서 연료탱크 주위에 특별한 열원이 없고, 내부 온도가 낮은 상태로 유지되는 날개 탱크의 발화위험률은 3~6% 정도로 추정되며, 주위에 열원이 많은 중앙동체 탱크의 경우는 15~35% 정도로 나타나고 있다. 그런데도 날개 탱크와 중앙동체 탱크는 실제 비슷한 비율로 사고가 나고 있다. 이는 날개 탱크의 폭발 원인이 낙뢰, 엔진 화재와 같은 외부요인에 많이 기인하고 있다는 사실로 볼 때 중앙동체 탱크는 내부의 점화원에 의해 사고가 자주 난다는 것을 의미한다. 따라서 보통 연료탱크의 안전은 내부 원인에 의해 사고가 나는 중앙동체 탱크에 초점을 맞추는 경우가 많다.

4.10.1.1 산소농도 억제

연료탱크 내부에서 연료 수준 위쪽의 빈 여유 공간에는 연료증기(fuel vapor)와 공기가 혼합되어 있다. 이 공간은 폭발 위험성이 높은 곳으로 항공기에서 IECEx, ATEX의 zone 1으로 지정된 유일한 밀폐공간이다. IECEx(International Electrotechnical Commission에서 제정한 인증), ATEX(Equioment Explosive Atmospheres)는 폭발위험환경에 있는 모든 부품, 설비, 시험에 대한 일반적인 규제 및 요구 사항을 제시하고 있다. 폭발위험이 있는 혼합물의 점화를 방지하기 위해선 폭발 위험성이 낮아지도록 연료 시스템 설계를 해야 한다. 그런데도 민간 항공기에서 사고가 자주 발생하는 원인은 번개와 낙뢰, 외부화재, 재급유 과정의 화재 그리고 온도가 높아진 연료탱크를 들 수 있다. 군용기도 동일한 위험 요소 외에도 공중재급유나 전쟁에서의 피탄 같은 추가적인 위험 요소들이 있다. 또한 연료탱크 내부에는 잠재적인 점화원이 될 수 있는 전기부품들이 설치되어 있으며 대표적인 것은 다음과 같다.

- 연료 측정 프루브(probe)
- 밀도 측정 프루브
- 연료 수준(level) 센서
- 이송펌프(transfer pump)
- 승압펌프(boost pump)

연료 시스템을 설계할 때는 FAR/JAR, FAA Advisory Circular 25.981-1B 같은 최근의 관련 규정들을 참조해서 설계하는 것이 중요하다. 예를 들어 FAA 규정에는 연료탱크 내부의 여유 공간에서 부품들이 소모할 수 있는 전류나 에너지의 한계치들을 규정하고 있다. 또한 허용 가능한 산소농도는 해면 고도 기준으로 민간 항공기의 경우 12%, 군용기의 경우 9%가 넘지 않도록 규정하고 있다. 발화 위험률을 낮추기 위해 지금까지 시도된 방법들은 연료탱크 내부의 산소농도를 희석해 화재 가능성을 낮추려는 원리를 이용하였는데 아래와 같은 몇 가지 방법들이 있다.

- inert gas

연료탱크 내부의 산소농도를 비활성 기체(inert gas)를 이용하여 희석하는 방법으로서 여러 가지 응용 방법이 적용되었다.

- 고체 CO_2를 증발시키는 방법으로 부피나 정비 측면에 단점을 가짐
- 질소가스를 저장 용기에 가압 저장하여 사용하는 방법으로 저장 용기의 크기에 제한
- 액화 질소(LN2)를 저장하여 사용하는 방법으로 일부 항공기(SR71, C135, C141)에 적용하여 사용하였으며, 저장 용기에 의한 중량 증가와 설치 공간이 필요함
- 할론 가스(halon gas)를 저장하여 사용하는 방법으로 몇몇 항공기(F16, F117, IDF)에 적용되었으나 오존층 파괴물질로 규제되어 사용하지 않음

표 4.2 inert gas별 장단점

Inert gas	장점	단점
Nitrogen(N2)	· 효과가 좋음 · 부식성이 없음(non corrosive) · 독성이 없음(nontoxic)	· 장시간 노출 시 질식 가능성
Halon 1301(CBr3F)	· 효과가 매우 좋음 · 독성이 없음	· 고비용 · 중량이 무거움
Halon 1001(CH3Br)	· 중량이 가벼움 · 쉽게 구할 수 있음 · 저비용	· 약간 독성을 가짐 · 알루미늄, 아연, 마그네슘의 급속한 부식을 일으킴
Halon 1202(CBr2F2)	· 효과가 좋음 · 알루미늄, 황동에 대해 부식성이 없음 · 중량이 가벼움	· 약간 독성을 가짐 · 고비용

• OBIGGS(On-Board Inert Gas Generating System)

가장 효율적인 방법으로 공기 중에 포함된 비활성 기체인 질소를 분리 추출하여 연료탱크로 공급하는 방법으로 산소농도를 희석할 수 있다. 현재 군용 헬기의 대부분에서 사용하고 있으며 최신 전투기에 적용하기 시작하였다. 공기 중의 질소를 이용하기 때문에 재충전할 필요가 없으나, 주기적인 필터 교체가 필요하다.

- 현재 HFM(Hollow Fiber Membrane) 방식과 PSA(Pressure Swing Adsorption) 방식 두 가지가 있음

산소농도 억제 방식 외에 reticulated foam 방식이 있는데 foam rubber를 사용하여 연료탱크의 빈 공간을 채워서 폭발의 확산을 막는 방법으로 F15, F18, A10 항공기에서 사용되었다.

그림 4.59 fuel tank에 설치된 foam 사례

중량 증가와 가용 연료의 감소를 초래할 수 있다. 또한 화재 지연용 첨가제(fire retarding additive mixing)를 사용하는 방법이 있는데 단기 동안만 보호가 가능한 방법이다.

산소농도를 감소시키는 방법뿐만 아니라 기본적으로 연료탱크는 열원 주위에 설치하지 않으며, 열원 주위에 설치해야만 할 경우에는 단열재를 사용하거나 환기/냉각 등의 방법을 사용해야 한다. 연료증기의 생성은 탱크 내부의 온도와 압력 외에도 연료의 요동(sloshing)에도 크게 영향을 받는다. 따라서 탱크 내부에 배플(baffle)을 설치하거나, 냉각에 사용된 고온의 연료를 탱크 바닥에서 재유입되도록 하거나 저속 급유 노즐을 사용하는 방법도 있다.

4.10.1.2 점화원

연료탱크의 안전을 위해서 전기부품과 전기부품의 장착 방법, 스파크, 전기 아크(arc)에 의한 점화 요인을 줄이려는 방법 등을 설계에 반영해야 하며 주요 점화원은 다음과 같다.

- **연료탱크 내부의 배선**(in-tank wiring)

  연료탱크 내부에 설치된 전선으로 인해 생기는 전기 에너지는 인화성 연료증기를 점화시킬 수 있다. 정상상태에서는 물론 회로의 단락이나 유도전류/전압에 의해 발생할 수 있다. 유입될 수 있는 전기 에너지의 제한을 과거의 200micro-joules에서 20micro-joules로 낮추었으며, 허용전류도 과거에는 구체적 규정이 없던 것을 30mAmps로 정하였다(Advisory Circular AC 25.981-1B).
- **펌프 배선**(pump wiring)

  전선에 생길 수 있는 스파크에 의한 부식, 회로 단락으로 인한 hot spot을 고려해야 한다. 또한 펌프 로터(rotor)의 고장으로 인한 국부적인 고온 발생에 대비한 보호장치를 고려해야 한다.
- **펌프 작동**(pump dry-running)

  부품의 마모로 인해 발생하는 기계적 스파크나 외부물질의 유입으로 생길 수 있는 위험요소이다.
- **electrical bonding**

  번개로 인해 발생하는 전기 방출(electrical discharges), HIRF(High Intensity Radiation Fields), 정전류(static currents), 오류 전류(fault currents)에 의한 위험 요소를 줄이는 방법이다.
- **인접 시스템에 의한 위험 요소**
  - 탱크 외부에서 발생한 전기 아크(arc)가 탱크 벽을 통해 유입되면서 발생할 수 있는 연료의 점화나 탱크 벽의 가열로 인해 생길 수 있는 자동 점화(auto-ignition)

- 인접 지역의 폭발로 인한 연료의 폭발

• **아크 간격**(arc gap)

항공기 구조와 부품 사이의 잘못된 간격은 벼락으로 인한 전기 아크를 발생시킬 수 있다.

4.10.1.3 연료의 비활성화 방법

민간 항공기에서 연료탱크의 안전에 신경을 쓰기 시작한 계기는 1996년 TWA 800 사고 때문이다. 이후 많은 연구와 해석을 통해 연료탱크를 비활성화(fuel inerting)하는 방법이 매우 효과적인 것으로 알려져 있다. 그중에서 HFM(Hollow-Fiber Membrane) 기술을 적용한 ASM(Air Separation Modules)은 매우 효과적인 방법으로 알려져 있으며, FAA와 몇몇 회사가 공동으로 ASM을 적용한 OBIGGS(On-Board Inert Gas Generation System)을 개발하게 되었다. 이 장치는 민간 항공기의 전 비행 과정 동안 엔진 블리드 공기로부터 질소만 추출해서 사용하게 된다. 공기 분리(air separation) 기술을 적용한 OBIGGS(On-Board Inert Gas Generation System)를 C-17 항공기에 적용하였고 최근엔 F-22, A400M 항공기에서 OBIGGS를 사용하고 있다.

FAA가 개발한 이 시스템은 연구 개발용으로 A320 화물실(cargo bay)에 장착하여 중앙 동체 연료탱크에 질소를 공급하여 비활성화 작업을 하였다. 이 과정에서 연료탱크 내부의 산소농도를 계속 측정하며 관찰하였다. 또한 같은 시기에 보잉사는 B747에 설치하여 시험하였다. 이 시험 과정을 통해 시스템의 성능은 입증하였으나 순항 시 블리드 공기의 사용량이 예상보다 많은 것을 알 수 있었다. 그 후 추가 연구를 통해 블리드 공기 사용을 줄이고 비용을 낮추는 작업을 진행하였다. 2001년 4월에 FAA는 미국 내의 모든 항공기에 적용되는 SFAR(Special Federal Aviation Regulation) 88 규정을 발행하였고, JAA(Joint Aviation Authorities)도 모든 에어버스사 항공기에 적용되는 JAA INT/POL 25/12 문서로 유사한 규정을 제정하여 발표하였다. 이 규정들은 연료탱크에서 발생할 수 있는 위험 요소들을 분류하는 방법들을 규정하고 있다. 대부분의 민간여객기는 **그림 4.60**에서 보듯이 중앙 동체 탱크와 좌우 양 날개의 탱크로 구성되어 있다.

중앙동체 탱크의 위험 요소에는 환경제어 시스템(air conditioning units), 펌프와 같은 기체에 설치된 주요 부품이나 시스템에서 발생하는 발열 요인과 근접해 있어서 연료탱크의 비활성화가 필요한 것으로 규정하고 있다.

좌우 날개 탱크는 비교적 위험 요소가 없는 것으로 규정하고 있는데 그 이유는 날개에 탑재된 연료는 낮은 기온에 노출되어 있기 때문이며, 고온의 부품과 떨어져 있는 것도 한 이유가 된다. 수평안정판의 trim tank도 위험 요소가 낮은 것으로 규정하고 있다.

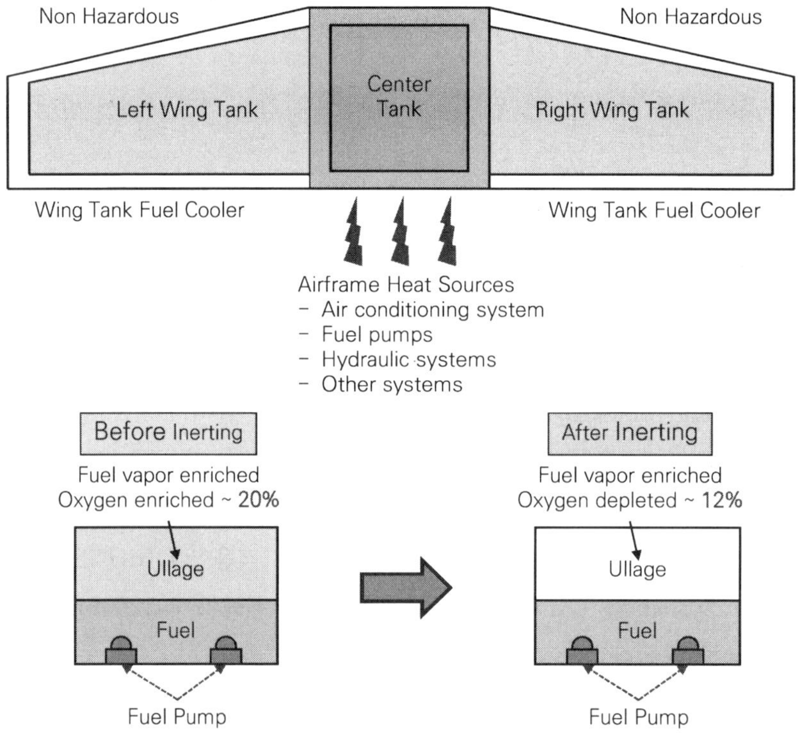

그림 4.60 OBIGGS를 이용한 연료탱크의 비활성화

보통 정상적인 연료탱크 내부의 빈 공간(ullage volume)은 연료증기(fuel enriched vapour)와 약 20%의 기체 상태의 산소로 채워져 있다. 이 연료증기와 산소의 혼합기체는 열원(heat source)이나 스파크 때문에 점화될 수 있는 폭발물질이다. 이 혼합기체의 인화를 방지하기 위해 OBIGGS에서 질소를 발생시켜 연료탱크의 빈 공간으로 공급한다. 이 과정을 통해 산소는 약 12% 이하의 비율로 줄어들게 된다.

보통 군용기의 경우 민간 항공기보다 보수적인 비율을 적용하고 있는데 약 9%를 사용하고 있다. 탱크 내부 빈 공간의 부피와 엔진에서 공급할 수 있는 블리드 공기량에 따라 다르지만, 허용 가능한 산소량은 12% 이내일 때 안전한 것으로 규정하고 있다.

가장 어려운 설계조건은 항공기가 임무를 마치고 하강하는 조건으로서 연료를 많이 소모하여 빈 공간이 많아지고 엔진 추력이 낮아 OBIGGS로 공급할 수 있는 엔진 블리드 공기량이 적기 때문이다.

4.10.1.4 공기 분자 분리 방식

공기 분자 분리(air separation) 기술은 아주 오랫동안 사용된 기술이다. 초기 화학공업에서는 저온 분리(cryogenic separation), 공기증류(air distillation) 방법들을 사용하였고, 압력변환 흡착방식(PSA: Pressure Swing Adsorption)에 이어 최근에는 중공 섬유질막 방식(HFM: Hallow Fiber Membrane)의 도입으로 많은 발전을 하게 되었다. 현재 많이 사용하고 있는 PSA, HFM 방식은 그 원리에서 차이가 있다. PSA 방식은 압력에 따라 변하는 기체의 흡착성을 이용한 방법이며, HFM 방식은 섬유질 막을 이용하여 공기 중의 기체를 분리해 내는 방법이다.

4.10.1.4.1 Pressure Swing Adsorption 방식

이 방식은 압력에 따라 변하는 기체의 흡착성을 이용한 방법으로써 질소를 분리 흡착하기 위한 소재는 zeolite(Na/Ca alumino-silicate)를 사용한다. 공기분리기는 zeolite 알갱이나 분말을 바른 다수의 판을 실린더형의 캔에 채우고 이 캔에 고압의 공기를 공급하면 질소는 zeolite 표면에 흡착되고 산소와 아르곤 가스는 버려진다. 이때 압력이 떨어지면 흡착된 질소가 떨어져 나오고 이를 다시 모아 사용하게 된다. 이 방식은 압력의 차이로 질소를 흡착, 분리의 과정을 거치게 되므로 연속적으로 질소 공급이 되지 않는다. 이를 극복하기 위해 2개 이상의 실린더를 설치하여 흡착, 분리의 순서를 조절하면 연속적인 질소의 공급이 가능해진다. 아래의 사양은 Cobham사의 한 사례이다.

Pressure swing adsorption(PSA) processes rely on the fact that under pressure, gases tend to be attracted and adhere to solid surfaces, or “adsorbed”. higher the pressure, the more gas is adsorbed. This is the same technology that is used in Cobham On-Board Oxygen Systems(OBOGS). Pressure swing adsorption technology:

- Performs well over broad range of inlet pressures & temperatures
- Excellent response time from a cold soak start-up condition
- Requires inlet air filtration to remove water and large particulates
- Not susceptible to hydrocarbons or ozone
- PSA approximately 50% heavier for a given volume
- Routes waste gas overboard

4.10.1.4.2 Hollow Fiber Membrane 방식

질소 분리 소재는 polymeric membrane fiber를 사용한다. 수만 개의 섬유질을 묶어 실린더형의 캔에 채운다. **그림 4.61**은 공기로부터 질소를 추출하는 방법을 간단히 표현한 그림이다. 그림에서 보듯이 실린더 내부에는 섬유질의 분리 소재로 채워져 있고 특수 공정으로 처

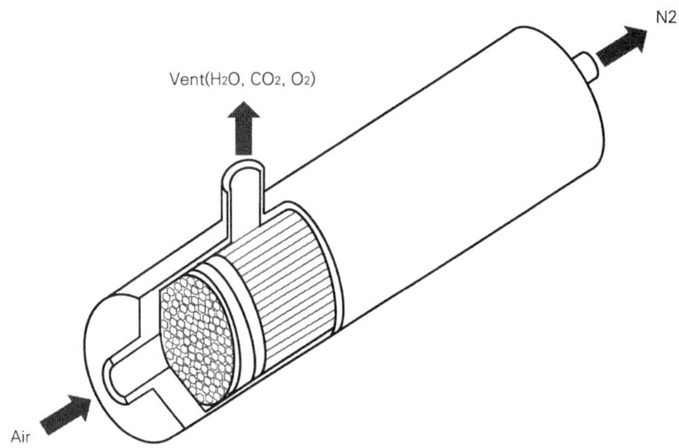

그림 4.61 hollow fiber membrane 방식

리하여 산소, 이산화탄소와 수분은 환기구(vent)를 통해 외부로 빠져나가고 질소만 통과하여 추출하게 된다. 이 과정을 위해서 공기 온도를 약 80℃ 정도로 유지해줘야 한다.

현재 장착되고 있는 공기분리기(ASM) 장치는 여러 개로 구성되어 항공기에 장착하고 있는데 B747의 경우 5개를 장착해서 시험하고 양산에는 3개로 구성하였다.

현재까지 개선해야 할 문제점은 섬유질의 수명이며, 섬유질 성능을 저하하는 오염을 줄이기 위해 가급적 양질의 공기를 공급하는 노력을 하고 있다. 아래의 사양은 Cobham사의 한 사례이다.

Hollow Fiber Membranes(HFM) use the permeation of oxygen through the walls of the membrane to ensure that nitrogen enriched air (NEA) is provided to the fuel tanks. Hollow fiber membrane technology

- Performs best with high pressures(>40 psig)
- Performs best with high operating temperatures(160－210°F)
- Relatively slow responding to changes in temperature(large thermal mass)
- For optimal performance, tight temperature control is needed
- HEPA filtration required
- Susceptible to hydrocarbons and ozone in bleed air
- Routes waste gas overboard

두 가지의 공기 분리 방법인 PSA, HFM 방식은 서로 장단점이 있다. HFM방식은 최근에 발전된 방식으로서 주입 공기 대비 질소의 생산이 많아 효율적이고(공기/질소 비율 : 3:1 대비 6:1 정도), 시스템이 간단하여 고장의 확률이 낮다. 반면에 최적의 성능을 내기 위한 공기 온도 범위가 PSA 방식에 비해 좁아서 별도의 열교환기가 필요하다. 반면 PSA 방식은 넓은 작동 온도 범위를 가지지만 질소 생산 효율이 낮고 시스템이 복잡하다. 현재 HFM방식은 민항기, 전투기, 헬리콥터에 사용하고 있으며, PSA방식은 헬리콥터, 수송기에 적용되고 있다.

4.10.1.5 연료탱크의 비활성화 사례

그림 4.62는 연료탱크 OBIGGS를 표현한 그림이다. 엔진의 블리드 공기는 shut-off 밸브를 거쳐 열교환기를 통과시켜 적절한 온도인 80℃로 유지한다. 필요한 경우 열교환기를 거치지 않은 고온의 블리드 공기를 혼합시켜 온도를 맞출 수도 있다. 이 공기는 필터를 통해 수분을 분리하고 나서 보통 3개에서 5개 정도 설치된 ASM에 유입되어 질소를 추출한다. 공기에서 뽑아낸 산소(oxygen enriched air)는 외부로 배출시키고 질소(nitrogen enriched air)는 제어 벨브(control valve)를 거쳐 연료탱크로 공급된다.

최근에 개발된 MEA(More-Electric Aircraft) 개념의 항공기인 B787은 엔진의 블리드 공기를 사용하지 않는다. 동체 방향으로 길게 연결된 덕트(duct)를 통해 항공기 내부의 공기를 뽑아내 전기구동 압축기(electrically powered compressor)로 압축시키면 고온의 공기를 얻을 수 있다. 이 고온 공기를 앞에 설명한 방법으로 ASM에 공급하여 질소를 얻는 방법을 사용하고 있다. 현재 보잉사에서 새로 개발하는 항공기에는 이런 시스템들이 설치되어 있으며, 기존의 항공기들도 새로 추가할 계획이다. 에어버스사의 항공기 중 A350XWB에는 7개에서

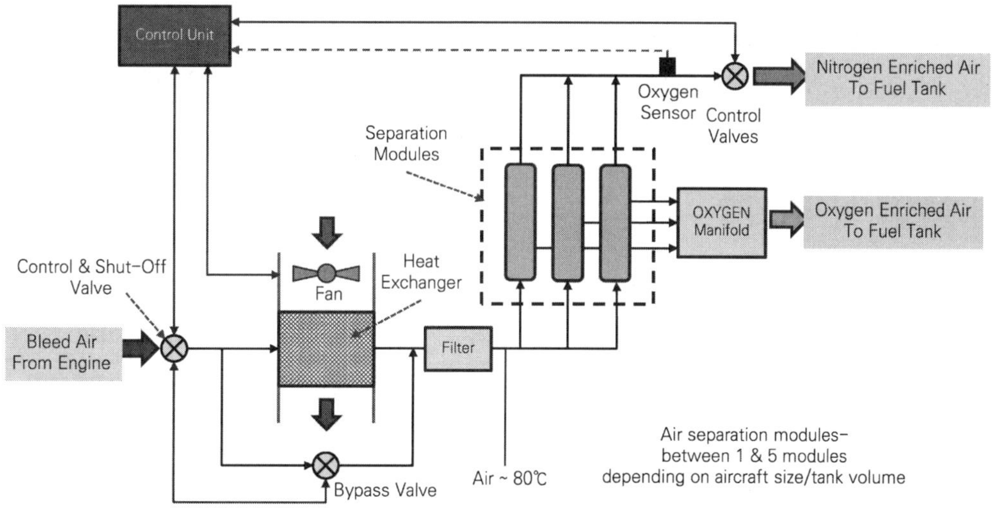

그림 4.62 연료탱크 비활성화 시스템 사례

12개의 ASM이 필요할 것으로 예측하고 있다.

4.10.2 EMI/EMC 영향

항공기 연료 시스템의 안전과 관련된 또 다른 주요 이슈는 EMI(Electro-Magnetic Interface)와 EMC(Electro Magnetic Capability) 문제이다. EMI는 전자기장에 대한 내성(susceptibility)으로서 특히 항공전자 장비나 항공전기 장비에 매우 중요한 안전 요소가 되며 항공기의 안전, 품질보증과 감항성(airworthiness)에 영향을 줄 수 있다. EMI는 Electro Magnetic Interference의 약자로 전자파 간섭, 전자파 장애를 의미한다. 전자기적인 간섭은 회로 기능을 약화시키고 동작을 불량하게 하여 전자기기의 고장을 일으키게 할 수 있는 신호로써 장치가 동작되는 동안은 불가분하게 발생한다. EMC는 Electro Magnetic Compatibility의 약자로 전자파 환경의 양립성/적합성을 의미한다. 장비와 부품이 노이즈를 내지도 않고 노이즈의 영향을 받지도 않는 양립성을 말하는데 전자파를 주는 측과 받는 측의 양쪽에 적용하여 성능을 확보할 수 있는 기기의 능력이라고 정의한다.

관련 요구 조건은 오래된 규격서인 MIL-STD-461G 규격서에 정의되어 있다. 또한 항공기에 탑재된 다른 시스템이나 장비에 의한 전자기 간섭현상도 중요한 요소이며, 관련 규격은 MIL-STD-462 규격서에 명시되어 있다. 이 규격은 미국의 군용기용으로 개발된 규격서이지만 현재 민간 항공기에도 적용되고 있다.

오늘날 가장 엄격한 EMI 요구 조건은 고 에너지(high energy)의 radar에 직접 노출되는 것을 포함하여 HIRF(High Incident Radiated Fields)의 노출에도 시스템이 견디도록 해야 한다. 이 조건은 MIL 규격서에 명시된 조건보다 매우 높은 에너지 조건이다.

4.10.3 낙뢰의 영향

낙뢰는 항공기의 연료 시스템 설계에 매우 큰 영향을 줄 수 있다. 낙뢰가 항공기를 치게 된다면 매우 큰 전류가 발생하며 항공기를 빠져나가기 전에 항공기 구조물을 따라 흘러갈 수 있다. 이때 저항이 매우 큰 부분에서 아크(arcing)가 발생할 수 있고 만일 이 아크가 휘발성이 큰 연료증기에 닿게 된다면 폭발을 일으킬 수 있다. 따라서 저 저항(low resistance)으로 된 길이라고 할 수 있는 electrical bonding을 주의 깊게 설치해야 한다.

특히 연료증기가 외부로 나가는 벤트 라인 부위에 낙뢰가 내리친다면 폭발의 위험성이 높다. 항공기의 vent tank나 surge tank의 위치가 보통 날개의 끝부분에 설치되는데 이 지점은 낙뢰가 칠 수 있는 확률이 높은 지점이기도 하다. 따라서 벤트를 위한 NACA scoop inlet 근처에 flame arrestor를 설치하는 것이 보통이다. 이 flame arrestor는 벤트 라인의 면적을 만족시키면서 벤트 라인을 타고 화염이 연료탱크로 전파되지 않도록 많은 수의 튜브 형태로 되어 있다.

최근에는 항공기 동체 구조물에 복합재를 적용하면서 금속제 날개의 낙뢰 보호 특성이 없어지기 때문에 낙뢰에 대한 안전성 확보를 위한 설계를 고려해야 한다. 아래는 낙뢰와 관련해서 주의해야 할 세 가지 사항이다.

- 노출된 전선에 낙뢰로 유도되는 전류와 전압(induced currents and voltages)에 견디는 능력
- 구조물, 파이프, 커플링(coupling) 등을 통과하는 매우 높은 유도전류에 의해 발생하는 아크의 방지
- 연료 시스템의 벤트 라인에서 나오는 연료증기로 인한 발화

1996년 TWA 880(B747) 항공기가 뉴욕 근처에서 공중 폭발 후 대서양으로 추락한 사건은 연료탱크의 안전과 관련된 매우 중요한 이슈에 대한 해결책을 만드는 계기가 되었다. 사건의 원인이 중앙동체 탱크의 폭발에 기인했던 것으로 미국 FAA에서 제정한 SFAR88 (Special Fedration Aviation Regulation)에는 연료탱크의 점화원을 제거하고자 하는 것이었다. 그 후 SFAR88과 연관된 AC(Airworthiness Circular) 25.981-1에 명시된 주요 내용을 요약하면 다음과 같다.

- 정상상태의 운용이나 고장상태에서 연료탱크에 전달되는 순간 에너지(transient energy)의 한계는 과거의 200micro-Joules에서 20micro-Joules로 낮춤
- 정상상태에서 합선(short circuit)으로 인한 전류는 10mA를 초과하면 안 됨

4.11 민간 항공기 연료 시스템 사례

4.11.1 B737 연료 시스템

B737 연료탱크는 중앙동체 탱크(center tank), 양 날개의 날개 탱크(wing tank 1, 2)로 구성되어 있고, 각 탱크에는 2개의 연료펌프가 있다. 좌우 양쪽의 날개 탱크의 연료는 좌우

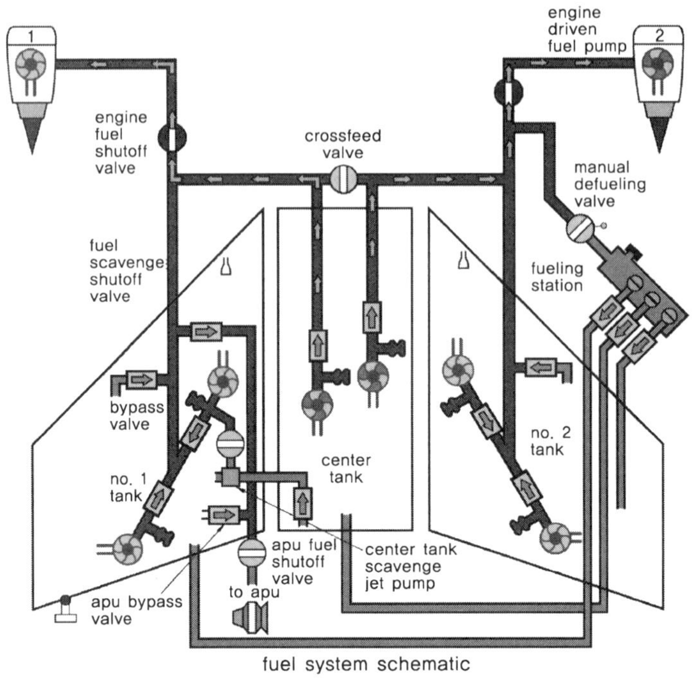

그림 4.63 B737 fuel system normal operation

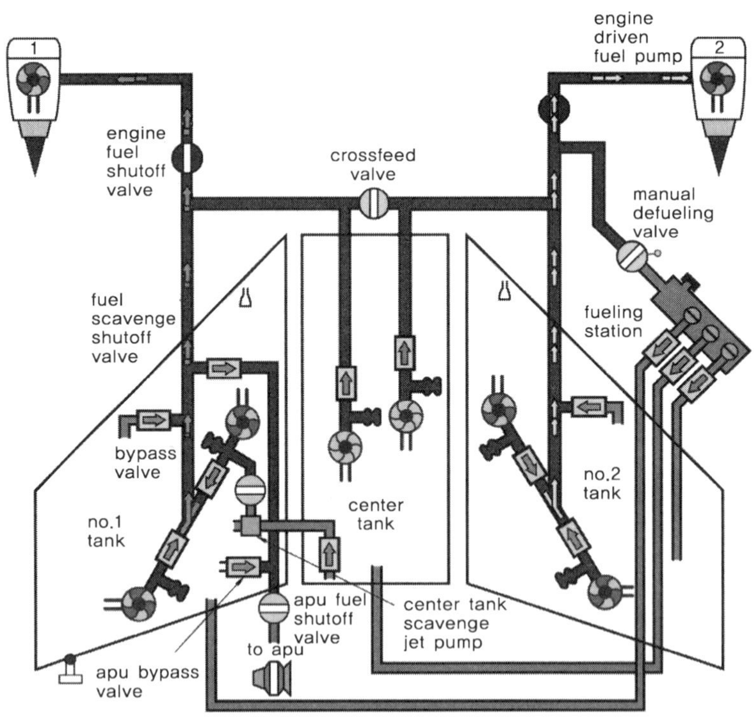

그림 4.64 B737 wing tank에서의 연료공급

의 엔진에 각각 연료를 공급하게 되고, 중앙동체 탱크의 연료는 좌우 양쪽 엔진에 모두 연료를 공급한다. 정상 작동하면 crossfeed valve는 닫혀 있다. 중앙동체 탱크의 연료를 우선 사용하고 연료량이 1,000lb 이하로 남겨지면 날개 탱크의 연료를 공급하기 시작한다. **그림 4.63**은 중앙동체 탱크에서 양쪽 엔진으로 연료를 공급하는 그림으로 2개의 펌프를 통해 각각의 엔진으로 공급한다. **그림 4.64**는 양쪽 날개 탱크에서 엔진으로 연료를 공급하는 모습이며, 좌측 탱크는 좌측 엔진, 우측 날개 탱크의 연료는 우측 엔진으로 각각 공급된다. 따라서 중앙의 crossfeed valve는 닫혀 있게 된다.

그림 4.65는 crossfeed valve가 열린 상황에서 왼쪽 날개 탱크(No1 Tank)가 양쪽의 No1, No2 엔진으로 연료를 공급하거나, No2 Tank가 No1, No2 엔진으로 연료를 공급하는 과정을 나타내고 있다.

중앙동체 탱크 내부에 있는 scavenge jet pump는 동체 탱크의 연료펌프가 고장 났을 경우 이 펌프를 통해 왼쪽 날개 탱크로 연료를 이송시킨다. 그리고 만일 날개 탱크의 연료펌프 2개가 모두 고장 날 때는 엔진 구동 펌프(engine driven pump)가 작동하면서 bypass valve를 통해 연료를 탱크로부터 흡입하여 엔진으로 공급한다.

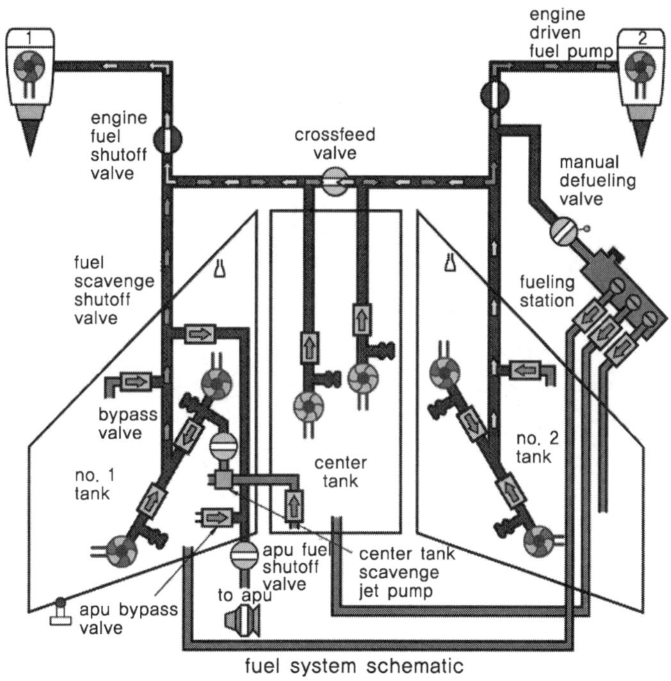

그림 4.65 B737 crossfeed valve open시 연료공급

4.11.2 A380 연료 시스템

A380 항공기는 현재 세계에서 가장 큰 민간여객기로서 최대 연료량은 81,890 US 갤런(250t @70°F) 정도이며 모든 연료가 integral wing tank에 저장된다. **그림 4.66**은 연료탱크의 배치를 나타낸 그림이다. 각 날개에는 feed tank, outer tank, vent tank가 설치되어 있고, 수평안정판(horizontal stabilizer)에는 trim tank가 설치되어 있다. 또한 날개 중간부위에 surge tank를 설치하여 지상 급유 시 공기 방울로 인해 급유가 원활하지 않은 현상을 없애준다. 중앙동체 탱크는 없지만 향후 필요에 대비하여 설치할 수 있도록 준비되어 있다. A380 연료 시스템의 주요 기능은 급유, 배유(defueling), 엔진 및 APU로의 연료공급, 연료비상배출(jettison), 연료량 측정과 관리기능이 있다. 특히 연료 관리(fuel management) 기능에는 연료 급유 시 배분 및 제어, 연료이송, 연료 사용 순서(fuel burn sequencing) 날개 하중 경감, lateral balance, 및 CG(center of gravity) 제어기능을 포함하고 있다. 이런 기능을 위해 총 21개의 연료펌프와 46개의 제어밸브가 설치되어 있다.

지상에서 연료 급유를 할 때 연료와 날개의 무게로 인해 날개에 걸리는 굽힘 모멘트(bending moment)가 제한치를 벗어나지 않도록 outer tank의 연료 적재량을 제한시킨다.

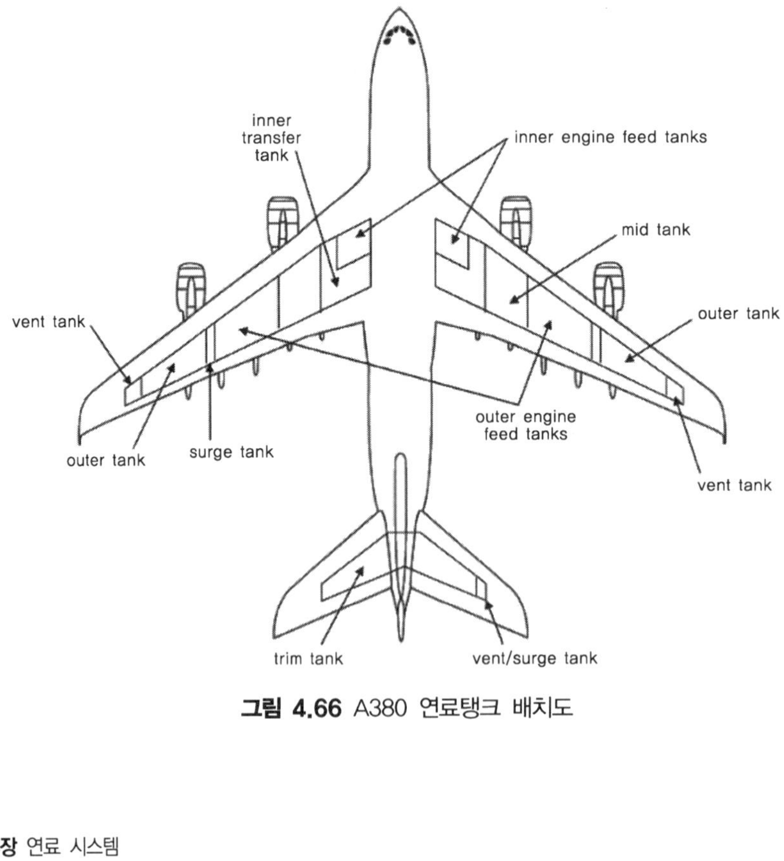

그림 4.66 A380 연료탱크 배치도

그러나 이륙하여 비행하게 되면 mid, inner tank의 연료를 이송펌프를 통해 outer tank로 이송시켜 날개 하중을 경감시킨다. 항공기 순항이 끝나고 하강이 시작되는 시점까지 outer tank의 연료는 최대로 채워진 상태를 유지한 후에 사용하기 시작한다. 이는 연료 소비로 인해 항공기 무게가 경감되어 더는 날개의 굽힘 모멘트 하중 경감의 필요성이 없어졌기 때문이다.

지상에서 급유할 때는 날개 전방의 주입구를 통해 이루어지며 급유 과정에서 항공기의 균형을 유지하기 위한 제어기능을 하며, 필요한 경우 수동으로도 조절할 수 있다. 엔진이나 APU로 연료를 공급할 때는 에어버스사의 전통적인 설계 방법인 collector tank에 채워진 연료를 공급한다. 보통 inner, outer feed tank 내부의 앞쪽 안쪽에 collector tank가 설치되어 있고, ejector pump를 통해 항상 연료가 가득 채워진 상태를 유지하도록 한다. 그리고 2개의 승압펌프(boost pump)를 설치하여 엔진으로 연료를 공급하는데 2개 중 하나의 펌프가 주 펌프(main pump)로 사용되고, 나머지 펌프는 대체용(backup) 펌프로 사용되며, 주 펌프의 압력이 떨어지면 자동으로 작동한다.

연료탱크의 연료 사용 순서는 inner, mid tank의 연료를 먼저 feed tank로 보내 사용하며 feed tank의 연료는 2개의 탱크 연료를 다 사용할 때까지 항상 채워진 상태로 유지하고, outer tank, trim tank의 연료를 마지막 단계에 feed tank로 이송시켜 사용한다. 이 과정에서 항공기의 lateral balance는 자동으로 유지된다.

항공기가 연료를 사용하면 보통 항공기 무게중심(CG) 위치는 후방으로 이동하게 되고 정해진 위치 범위를 초과해서는 안 된다. 이를 제어하기 위해 trim tank의 연료를 앞쪽의 inner tank 쪽으로 이송시킨다. 특히 inner, mid tank의 연료를 모두 사용하면 feed tank 쪽으로 이송시킨다.

비상 연료 배출(jettison)은 조종사 조작으로 이루어지며 미리 배출량을 정해 배출시키거나 혹은 최대 착륙중량에 도달할 때까지 배출시킨다.

4.11.3 B777 연료 시스템

B777의 연료탱크는 기존의 보잉사의 설계처럼 양쪽의 날개 탱크(wing tank)와 중앙동체 탱크(center tank)로 구성되어 있다. 특이한 점은 **그림 4.67**과 **그림 4.68**에서 보듯이 중앙동체 탱크(center tank)에 양쪽 inboard tank 사이를 연결하는 대형 튜브가 설치되어 있다. 이 튜브를 통해 양쪽 center tank의 연료를 중력에 의해 이동시킬 수 있게 하여 항공기 lateral balance를 맞출 수 있다.

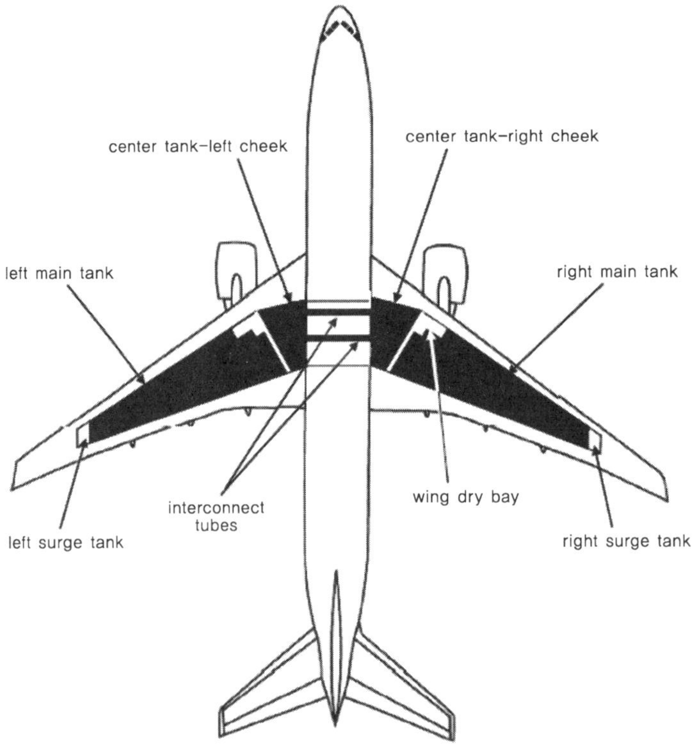

그림 4.67 B777 연료탱크 배치도

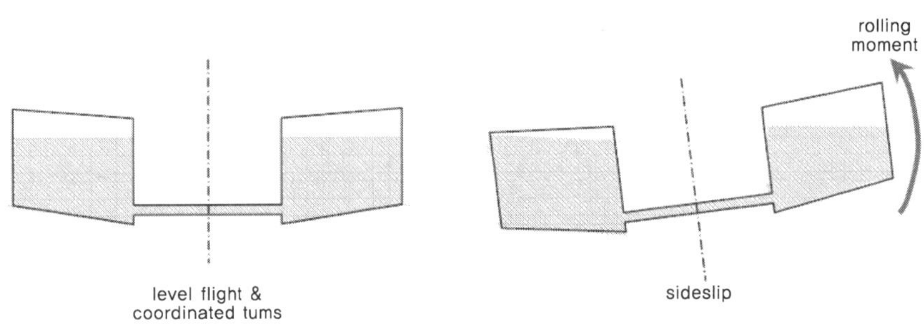

그림 4.68 interconnect tube를 통한 balancing

05

환경제어 시스템 (environmental control systems)

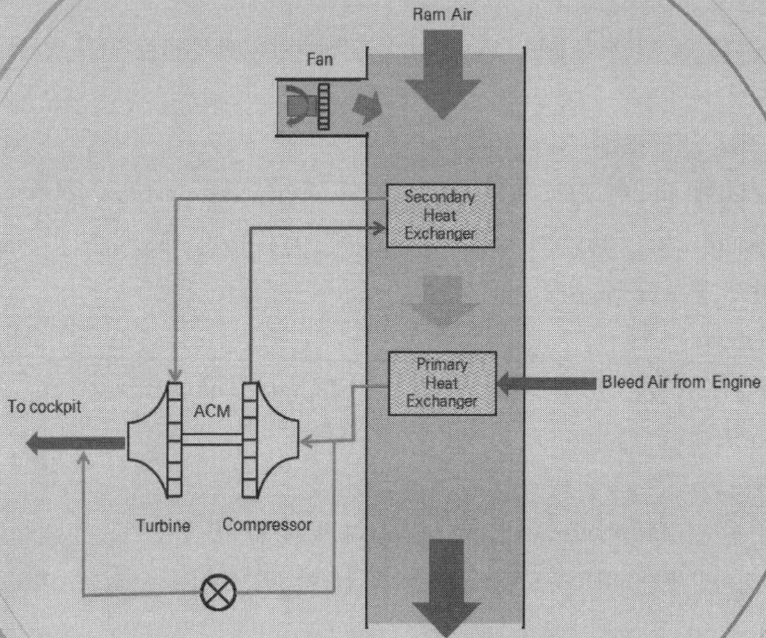

5.1 개요

항공기는 지상이든 비행 중이든 승무원과 승객에게 항상 안락한 환경을 만들어줘야 한다. 사람은 덥거나 추워서는 안 되며, 호흡할 공기가 있어야 하고, 적절한 압력이 유지되어야 한다. 따라서 군용 항공기는 비록 탑승 인원이 적지만 몹시 추운 극지방에서부터 뜨거운 사막 기후 조건에서 운용될 수 있도록 설계돼야 한다. 승객이 많이 타는 민간 항공기의 경우, 만일 승객들이 아주 불편한 느낌이 든다면 아마도 다른 항공사로 바꿀 것이다. 이런 환경을 제공하기 위해 설치한 환경제어 시스템은 폭넓게 변하는 온도와 압력 조건에 대응하고, 적절한 습도를 유지하며, 항공기 내부에 충분하고도 안전한 산소를 공급해야 한다. 현대의 항공기들은 환경제어라는 개념을 승객이나 승무원 같은 인간뿐만 아니라 항공전자장비, 연료, 유압 시스템에서 발생하는 열을 처리 제어할 수 있는 기능도 갖추고 있다. 또한 환경제어 시스템은 이런 기능 외에도 안개를 제거(anti-misting)하고, 방빙(anti-ice)을 하고 비를 제거(rain dispersal)하거나 내중력(anti-g)을 위한 기능도 있어야 한다.

환경제어 시스템의 주요 기능에는 다음과 같은 것들이 있다.

- **온도 조절**
  승무원과 승객들을 위한 적절한 온도 조절, 항공전자장비의 온도 조절, 화물칸의 온도 조절 등
- **습도 조절**
  승무원과 승객들을 위한 적절한 습도 조절, 공기냉각장비에 건조한 공기 공급, 성에제거, 제우 및 제빙기능
- **여압 조절(객실 압력 조절)**
  조종실과 객실에 적절한 압력 유지, 연료탱크의 가압(pressurization), 전투기 조종사의 생환복(pressure suits, survival suits, G-suits)에 압력 제공, 캐노피 밀봉(canopy seal)을 위한 압력 공기 공급
- **환기(ventilation)**
  객실, 조종실의 적절한 환기, 전투기의 경우 기총실(gun compartment) 내부 공기 제거(purge air)

기타 조종실 윈드 쉴드(windshield)의 안개, 서리 방지 및 제거의 기능이 있고, 산소발생기(OBOGS), 질소발생기(OBIGGS)에 공기를 공급해야 하는 기능이 있다. 이러한 기능을

갖추기 위해 민간 항공기, 군용기에서 대표적으로 사용하는 시스템은 열교환기, 공기 사이클 장치(ACM), 수분 분리기, 밸브 및 센서, 그리고 제어기 등으로 구성된다. 열 하중(heat load)에 따라서는 공기 사이클에 액체 냉각장치를 설치하는 때도 있다. 이때 액체 냉매의 냉각은 공기 사이클의 터빈에서 나오는 저온의 공기를 사용하기도 한다.

5.2 환경제어 시스템 설계 요구 조건

5.2.1 환경제어 시스템 주요 설계 기준 문서

환경제어 시스템을 설계하는 데 참조해야 할 국내외 기술문서에는 다음과 같은 것들이 있다.

• 미국 군사 규격
  – MIL-T-5842, MIL-A-9482, MIL-H-18325, MIL-T-18606, MIL-T-5842, MIL-T-18607, MIL-E-38453, MIL-D-85520, MIL-D-8683, MIL-STD-882, MIL-STD-800, MIL-STD-470, MIL-STD-1472, JSSG-2009, AR-95-1, AMCP 706-201 · 202 · 203, AFSC DH
• 군용 항공기 표준감항인증기준(방위사업청)
• 민간 항공기 규격
  – FAR-23, 25, 27, 29, 33.7, 33.66, KAS-23 · 25 · 27 · 29
• 나토 규격
  – DEF STAN 00-970의 CHAPTER705, 712, 716, 737, 740
• 미국자동차협회 규격
  – SAE ARP 1168 · 7

시스템 환경제어는 승무원, 승객들의 안전과 편안한 비행이 가능하게 하는 중요한 시스템의 하나로서 KAS part. 25에 정의된 주요 설계 요구 조건은 다음과 같다.

5.2.2 여압 시스템의 설계 요구 조건

(a) 여압실 및 비행 중 사람이 사용하는 부분은 정상 운용상태의 비행기 최대운용 고도에서 객실여압 고도가 2,400m(8,000ft) 이하로 되도록 설비하여야 한다.

(1) 7,600m(25,000ft) 이상의 고도에서의 운용에 대해서 증명을 얻으려고 하는 비행기에 있어서는 여압계통의 예상되는 고장 또는 기능불량이 일어났을 때 4,500m(15,000ft) 이하의 객실여압 고도를 유지할 수 있어야 한다.

(2) 비행기는 여압계통의 고장 또는 기능불량으로 인한 감압 후 다음을 초과하는 객실여압고도에 승객들이 노출되지 않아야 한다.

(i) 2분 이상의 7,600m(25,000ft) 이상의 고도

(ii) 모든 기간 중 12,100m(40,000ft)

(3) 동체구조, 엔진 및 계통의 고장에 따른 객실 감압을 충분히 고려하여야 한다.

(b) 여압실에는 객실여압을 제어하기 위하여 적어도 다음의 제어장치 및 지시기를 장착하여야 한다.

(1) 압축기가 발생하는 것이 가능한 최대유량의 경우에 정(+)의 압력차를 미리 결정된 값에 자동적으로 제한하는 2개의 감압 밸브. 이 감압밸브 각각의 능력은 하나라도 고장 나면 압력차가 상당 수준의 상승을 초래하면 안 된다. 또한 압력차는 외기압보다 객실의 압력이 높은 때에 정(+)으로 한다.

(2) 비행기 구조를 파손하는 부(−)의 압력차로 되는 것을 자동적으로 막는 2개의 안전밸브(또는 그것과 동등의 것). 단, 그 기능불량을 방지하는 것이 가능한 설계의 경우에는 1개의 안전밸브만을 설비하여도 된다.

(3) 압력차를 급격히 영까지 감소시키는 장치

(4) 소요 실내의 압력 및 환기율을 유지하는 것이 가능하도록 흡입공기량 혹은 배출공기량 또는 그 양자를 제어하기 위한 자동 또는 수동 조정기

(5) 조종사 또는 기관사에게 압력차, 실내압력고도 및 실내압력고도의 변화율을 지시하는 계기

(6) 압력차 및 실내압력고도가 안전한계치 또는 미리 정해둔 값을 넘는 경우에 조종사 또는 기관사에게 그것을 알리는 경보지시기. 적절한 경계표시를 부착한 객실 압력차 지시계는 압력차에 대해서 경보지시기로 간주한다. 객실압력고도가 3,000m(10,000ft) 이상으로 된 때에는 승무원에게 경보를 주는 청각 또는 시각 신호(객실고도 지시장치의 타에 장착한)는 실내압력고도에 대해서 경보지시기로 간주한다.

5.2.3 난방 및 환기계통 설계 요구 조건

(a) 객실과 승무원실은 환기하여야 하며 승무원실은 승무원이 과도의 고통 또는 피로를

느끼는 것 없이 그 임무를 수행할 수 있도록 충분한 양[승무원 1인당 0.283㎥/min (10ft3/min) 이상]의 신선한 공기를 공급해서 환기하여야 한다.

(b) 승무원실과 객실의 환기용 공기에는 해롭거나 위험한 농도의 가스 증기가 존재하지 않아야 한다. 이 요건에 적합하기 위해서 다음 기준을 적용한다.

(1) 일산화탄소의 농도는 용적에서 1/20,000 이상이면 위험한 농도로 간주한다. 소정의 일산화탄소 탐지법을 이용해서 시험해도 좋다.

(2) 비행 중 탄산 가스의 농도는 승객 또는 승무원이 거주하는 객실에서 용적(해면 상당량)의 0.5%를 초과하지 않음을 증명하여야 한다.

(c) 환기계통, 난방계통, 여압계통 또는 기타의 계통 및 장치가 예상되는 고장 또는 기능불량이 일어났을 때 (b)항에서 규정하는 조건을 만족시키는 것이 가능하도록 설치해 두어야 한다.

(d) 연소가열기 난방장치는 승인된 것이어야 한다.

5.2.4 환경제어 시스템 주요 설계업무

설계 분야	설계 업무
1. 운용환경 분석	1.1 환경제어 요구도에 대한 규격서 분석 1.2 냉난방 및 여압 요구 조건 분석 1.3 캐노피 서리 제거 기능 분석 1.4 엔진 블리드 공기 능력 분석 1.5 hot gas 수분분리에 대한 개념 파악 1.6 터빈 냉각장치에 대한 분석 1.7 공기통로, 배관 및 구조물과의 상관관계 분석 1.8 운용조건에 따른 산소·질소 요구량 분석
2. 환경제어 요구도 분석·할당	2.1 조종실 및 객실 온도 요구 조건 분석 2.2 캐노피 서리방지 관련 블리드 공기 사용량 추정 2.3 냉각 또는 가열 세부계통 요구 조건 분석 2.4 조종실 및 객실 여압 요구도 분석 2.5 산소·질소 요구량 계산
3. 사이클해석/ 배치 설계	3.1 ACM(Air Cycle Machine) 용량 분석 3.2 ACM(Air Cycle Machine)에 대한 세부계통 구성 3.3 OBOGS·OBIGGS 용량 분석 3.4 설계 요구도에 따라 조종실 및 객실 여압 요구도 분석 3.5 탑재 세부계통 구성품 발열량(BTU), 냉각 요구도 분석 3.6 공압 배관 및 비상운용 설계 3.7 서리방지 세부계통 해석

설계 분야	설계 업무
4. 인터페이스설계· 시험기준 설정	4.1 엔진 출력 대비 환경제어계통(ECS)능력 적합성 분석 4.2 기계적, 전기적, 기능적 인터페이스 설계 4.3 부품에 대한 환경 요구 조건 시험기준서를 작성 4.4 환경제어장치 주요 부품에 대한 위치 선정 및 설계 4.5 성능해석용 모델링 4.6 항공기 운용조건에 따른 열팽창 흡수 설계

5.3 난방장치

높은 고도에서 운항하는 항공기는 아주 낮은 외부 온도 조건에서 비행하게 된다. 이런 조건에서는 조종실, 객실에 난방해야 하는데 항공기에 적용된 난방장치(heating systems)에는 몇 가지 방법이 있다.

5.3.1 블리드 공기를 이용한 난방장치

엔진 혹은 보조동력장치(APU)의 블리드 공기를 사용하는 방법 중에서 가장 대표적인 시스템으로는 차후 냉방장치에서 자세히 설명하게 될 공기 사이클(ACM: Air Cycle Machine) 시스템이다. 이 시스템은 블리드 공기를 공기 사이클로 온도조절을 한 공기를 사용하는 방법으로 냉난방이 하나의 시스템에서 가능한 장점이 있다.

만일 공기 사이클을 장착하지 않은 가스터빈 엔진 장착 항공기면 엔진의 압축기에서 뽑아낸 고온의 공기와 외부의 차가운 공기를 섞어 사용하는 방법을 사용한다.

5.3.2 전기를 이용한 난방장치

일정한 전기 저항을 가진 전열선에 전기를 흐르게 하면 열이 발생하게 된다. 이때 전열선 주위에 팬(fan)에서 만든 공기를 불어주면 따뜻한 공기가 객실이나 조종실로 공급된다. 이 방법은 항공기 발전기에서 나오는 많은 부분의 출력을 사용하기 때문에 많이 사용하지 않는 방법이기도 하다. 그러나 지상에서 외부 전원을 사용할 수 있는 경우에는 승객들이 탑승하기 전에 미리 난방하는 데 사용되기도 한다.

5.3.3 엔진 배기가스 폐열을 이용한 난방장치(exhaust shroud heaters)

이 방식은 엔진의 배기가스에서 배출되는 폐열을 이용하는 방법으로 단발 엔진을 장착한 경량 항공기에서 주로 사용한다. **그림 5.1**은 이 방식을 나타낸 그림이다. 배기가스가 배출되는 매니폴드(manifold) 주위로 외부에서 유입되는 램 공기를 흐르게 하면 배기가스의 온도로 인해 공기 온도가 올라간다. 이 공기를 객실로 공급하는 아주 간단한 방식으로 전원이나 별도의 동력이 필요 없게 된다.

그러나 이 방식의 단점으로는 만일 배기가스 매니폴드에 균열이 생기면 탄소 같은 유해 물질이 공기와 혼합되어 객실로 공급될 수도 있다는 것이다. 따라서 점검 절차를 엄격하게 규정하여 검사해야 한다. 보통 배기 시스템에 압력을 가하여 물속에 넣어보거나 비눗물을 활용하여 검사하기도 한다.

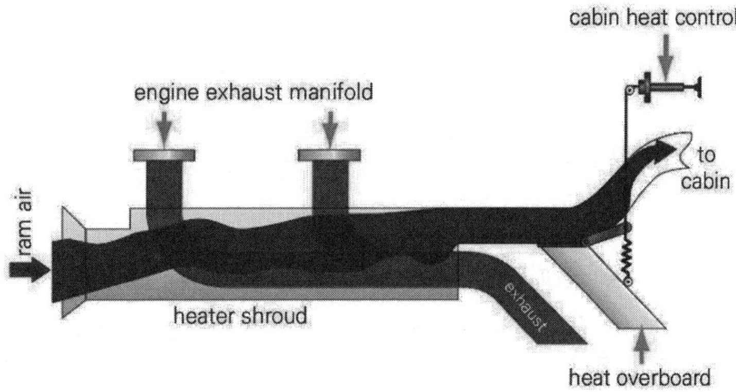

그림 5.1 exhaust shroud heater

5.3.4 연소기에 의한 난방장치(combustion heaters)

이 방식은 앞에서 설명한 exhaust shroud heater와 유사한 방법으로서 외부에서 유입된 공기 온도를 올려 객실로 공급하는 방식이다. 항공기 연료를 사용하는 별도의 연소실(combustion chamber)을 설치하고 고온의 연소실 주위로 램(ram) 공기가 흘러가도록 해서 공기 온도를 높이는 방식이다. 연소실의 배기가스는 공기와 혼합되지 않으며 외부로 방출하

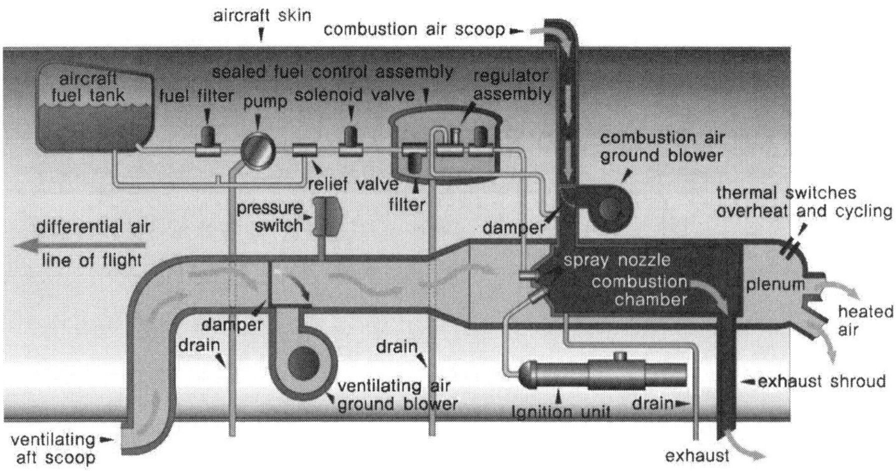

그림 5.2 combustion heater

게 된다. **그림 5.2**에서 보듯이 시스템은 combustion air system, ventilating system, fuel system, ignition system으로 구성되어 있다.

5.4 냉방장치

초기의 항공기와는 달리 현대 항공기의 성능이 향상되고 민간 항공기와 군용기의 운용 영역이 확장되면서 환경제어 시스템의 요구는 증가하기 시작했다. 장비나 계기들이 안전하고 효과적으로 작동되기 위한 주변 환경을 만들어줌으로써 조종사나 승무원들이 편안하게 일할 수 있고, 승객들에게도 안락하고 안전한 환경을 제공할 수 있게 되었다. 과거의 항공기는 특히 저속일 때, 항공기 외부의 낮은 기온으로 인해 손실되는 내부 온도를 보상하기 위해 대형 난방장치를 설치해야 했다. 그러나 현대의 민간 항공기와 군용 항공기 대부분이 추운 날씨의 야간비행이나 추운 날 지상에서 장시간 노출되어 항공기 온도를 빠르게 올려야 하는 난방장치도 필요하지만, 이제는 냉방장치(cooling systems)의 필요성도 커지게 되었다.

항공기 난방의 경우는 사실 충분한 고온의 공기를 엔진으로부터 받을 수 있어서 난방장치를 구현하는 데 큰 문제는 되지 않는다. 그러나 냉방의 경우는 고온에서 적절한 환경을 만들기 위해 충분히 온도를 감소시켜야 하고, 특히 고성능의 군용기에서 조종사와 항공전자 장비를 냉각시켜야 하는 최악의 조건에서 운용해야 하므로 냉방 장비는 매우 중요한 장치가 되었다. 그리고 현대 항공기는 다양한 전자, 기계 장비를 탑재하고 있고 장비 탑재 공간별 혹은 장비의 온도 요구 조건이 설정된다. 이 조건에 맞는 온도를 유지하기 위해 외부 기온 조건, 고도, 속도와 같은 비행 조건별로 해석하여 냉각 또는 환기를 시켜야만 한다.

5.4.1 열부하의 종류

• 공력 가열

공력 가열(kinetic heating)은 비행 중 공기 분자와 항공기 표면 사이에서 발생하는 마찰로 인해 생기는 열이다. 이 열은 조종실이나 장비실(equipment bay)로 열전달되어 온도상승을 유발하게 된다. 항공기 표면 온도는 천음속으로 저고도에서 비행하는 경우 100℃까지 올라갈 수도 있으며, 심지어 초음속으로 중고도 이상(medium and high altitudes)에서 비행할 때는 그 이상의 온도로 올라갈 수도 있다.

추운 날 저속으로 비행하는 경우는 오히려 열을 발생시켜 항공기 표면 온도를 올리기보다는 그 반대의 냉각 작용을 하는 경우도 생길 수 있으며, 이런 경우에는 오히려 난방이 필요한 경우가 생길 수 있다.

보통 항공기의 앞전(leading edge)에서는 표면 마찰로 인한 공력 가열로 인해 고려해야 하는 온도를 보통 ram temperature로 정의한다. 또한 앞전을 제외한 나머지 표면에서는 recovery temperature로 정의되는 온도까지 올라갈 수 있는데 ram temperature보다는 조금 낮은 온도이다. Recovery temperature는 항공기 표면에서 속도가 감소하면서 운동에너지가 열로 변하는 과정에서 생긴다. 즉, 공기의 점성으로 인해 항공기 표면과 공기의 상대적인 속도가 0으로 내려가는 경계층 내에서 운동에너지가 열로 변해 표면으로 갈수록 온도가 올라간다. 하지만 높은 온도인 표면에서 표면 안쪽으로 전달되는 과정을 겪으면서 ram temperature보다는 낮은 온도를 가지게 된다. 보통 공력 가열(kinetic heating)은 고속이면서 공기 밀도가 큰 저고도에서 크게 나온다. **그림 5.3**은 고속으로 비행하는 전투기의 비행 가능 영역을 나타낸 그림이다. 그림에서 오른쪽 아래의 고속 저고도 영역에서 공력가열에 주의해야 하는 비행 영역을 나타내고 있다.

초음속으로 비행했던 콩코드 여객기는 앞전 부분에 고온에 견디는 재질을 사용하고, 구조물에 열을 발산할 수 있도록 구조물설계를 하였다. 또한 SR-71 같은 초음속 항공기 경우는 단열재를 사용하기도 했으며, 극초음속으로 비행하는 미사일의 앞전 부분에는 수냉식(liquid cooling)으로 냉각시키는 방법을 적용하기도 한다. 보통 설계 시에는 ram, recovery temperature는 보통 아래의 식으로 계산한다.

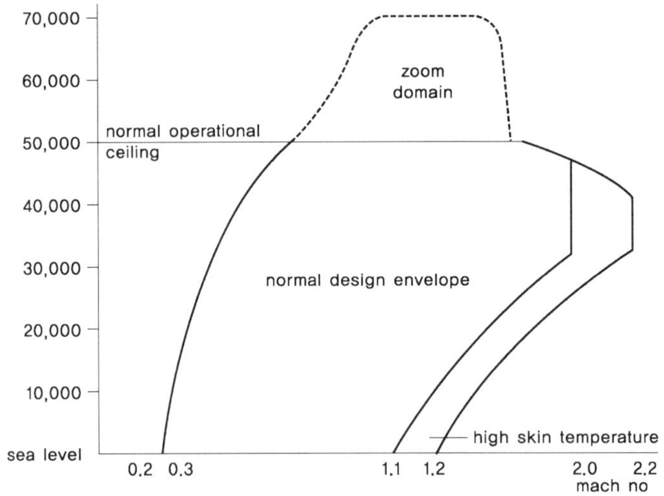

그림 5.3 고속 전투기의 공력 가열 주의 비행 영역 사례

$$
\begin{aligned}
T_{rec} &= T_{amb}(1+0.18M^2) \\
T_{ram} &= T_{amb}(1+0.2M^2) \\
T_{rec} &= Recovery\ \ air\ \ temperature\ {}^\circ\mathrm{K} \\
T_{ram} &= Ram\ \ air\ \ temperature\ {}^\circ\mathrm{K} \\
T_{amb} &= Ambient\ \ air\ \ temperature\ {}^\circ\mathrm{K} \\
M &= Mach\ \ number
\end{aligned}
$$

• 태양열에 의한 가열(solar heating)

군용기의 조종실은 캐노피와 전면유리창으로 들어오는 태양의 복사 효과가 직접적이면서 매우 크며, 민항기의 객실이나 장비실(equipment bay)은 상대적으로 작다. 군용 전투기는 조종사의 좋은 시야를 확보하기 위해 크고 투명한 재질의 캐노피를 사용하기 때문에 매우 악조건이며, 또한 민항기보다 2배 이상의 고고도에서 운용하는 경우가 있는데 이 고도에서는 태양의 복사강도가 매우 크다. 그리고 내부에서 발생하는 열과 직접적인 태양복사는 생환 장비와 내중력 조종복을 착용한 전투기 조종사에게는 아주 큰 문제가 될 수 있다.

태양복사로 인한 태양열에 직접적으로 노출되는 지상에서는 객실이나 장비실에도 영향을 줄 수 있으며 항공기 표면 재료의 열용량(thermal capacity)에 따라 다르긴 하지만 주변 온도보다 보통 20℃ 이상 올라간다. 특히 온도가 높고 온종일 지속되는 사막 지역에서는 아주 주의를 요해야 한다.

- **항공전자 장비에서 발생하는 열**(avionics heat loads)

기술의 발전으로 전자부품의 열 발생량(heat dissipation)이 줄어들긴 했지만, 전자 장비 사용의 증가와 고밀도 디지털 전자의 개발은 전자장비실의 단위 체적당 열부하의 증가를 가져오게 되었다. 특히 전자부품은 스스로 열을 발산시키지만 열에 취약한 특성이 있다.

일반적으로 전자 장비는 계속해서 전원이 공급되거나 차단되는 과정이 반복되고, 이 과정에서 계속 열을 발산하게 된다. 보통 전자 장비는 소형기의 경우 지정된 전자장비실에 표준화된 박스 형태로 장착되거나 대형기의 경우에는 캐비닛 형태로 장착된다. 따라서 특별한 냉각장치를 설치하고 공급 덕트를 통해 냉각 공기를 공급해야 하며, 이 공기는 재순환되거나 외부로 배출시키게 된다.

- **항공기 장비에서 발생하는 열**(airframe system heat loads)

열이 발생하는 요인 중 하나에는 항공기에 탑재된 장비가 있는데 환경제어 시스템 자체에서도 열을 발생시키며, 유압 시스템, 전기발전기나 연료 시스템 부품에서도 발생한다. 이 열은 보통 펌프, 모터와 같이 에너지를 소비하는 부품이나 오일을 냉각할 때 사용하는 냉각 매체(cooling fluids)에서 나오는 복사열의 형태를 가진다. 보통 작동효율을 유지하고, 성능 저하를 일으키는 유체의 화학성분 변화를 방지하기 위해서 오일은 반드시 냉각시켜야 한다.

- **인체 대사열**

많은 승객을 태우는 민간 항공기에서는 인체에서 나오는 열 하중도 고려해야 한다. 보통 군용기에서는 1인당 약 58~59watt 정도로 설정한다.

5.4.2 온도 조절의 필요성

앞서 설명한 여러 종류의 열원 혹은 열부하로 인한 조종실/객실의 냉방 필요성과 항공전자장비의 냉각 필요성을 간략히 정리해보면 다음과 같다.

- **조종실 온도 조절의 필요성**

일반적으로 공항 사이를 운항하는 단순한 임무의 아음속 민항기보다는 고성능의 전투기 조종실에 냉방(air conditioning)의 필요성이 더 크다. 고속으로 인한 고온의 항공기 표면과 넓은 면적의 투명한 캐노피로 들어오는 태양 복사열을 고려해야 하고 조종사가 착용하고 있는 조종복이나 장구도 고려해야 할 대상이다. 예로, 만일 조종사가 바다를 건너는 임무를 수행한다면 조종사는 필수적인 두꺼운 고무 재질의 잠수복을 목과 팔목이 조이도록 착용했을 것이며, 캐노피 내부에 끼는 안개 제거를 위해 고온의 공기를 캐노피 안쪽에 불어넣어야 했을 것이다.

민간 항공기는 승객과 승무원들에게 비행뿐만 아니라 탑승 시간, 활주하는 시간에도 안락한 환경을 만들어줘야 한다. 보통 냉방을 위한 공기는 객실 위 천장으로부터 공급되어 객실 바닥을 통해 빠져나간다. 이렇게 하는 이유는 특정 위치의 객실이 오염이 된 경우 이 오염이 객실 앞뒤로 퍼지지 않고 오염지역 바닥으로 빠져나가도록 하기 위함이다. 또한 바이러스나 세균의 감염을 막기 위해 필터를 설치해야 하며, 공기조화용 공기량은 2~3분의 일정한 시간 간격으로 변하도록 해야 한다.

• **항공전자 장비의 냉각 필요성**

열을 발생시키는 대부분 항공기 탑재 장비는 인간이 견딜 수 있는 온도보다 높은 조건에서도 만족스럽게 작동돼야 한다. 반도체 부품은 100℃ 이상의 온도에서도 견딜 수 있어야 하지만 만일 장시간 그 조건에서 작동한다면 신뢰성에 상당한 손상을 가져오게 될 것이다.

냉방 시스템은 일반적으로 장비실 온도가 최대 70℃ 이내에서 유지되도록 설계되는데 이 온도는 부품의 신뢰성에 심각한 손상을 피할 수 있는 온도라고 볼 수 있다. 전 세계적으로 사용한다고 볼 때 보통 장비의 운용 온도 범위는 −40℃에서 +90℃이고 이 범위 온도에서는 어떠한 손상 없이도 작동되어야 한다.

5.4.3 항공기 열 흡수원의 종류

이 절에서는 일반적으로 많이 사용하는 환경제어 시스템의 방식에 대한 설명과 최근에 개발된 진보된 방식에 대해서도 간략히 설명할 것이다. 앞에서 설명했던 열원(heat sources) 때문에 생기는 냉각 문제는 비행 중에 장비뿐만 아니라 승객이나 승무원들을 위해서 반드시 해결해야 할 문제이며, 지상에서는 지상용 냉각장치 또한 필요하다.

열원에서 열 흡수원(heat sink)으로 열을 전달해서 항공기 외부로 배출해야만 한다. 보통 열 흡수원으로는 외부의 공기나 항공기 내부의 연료를 생각할 수 있다. 외부의 공기로는 항공기 외부의 램공기나 엔진의 블리드 공기를 들 수 있다.

5.4.3.1 램 공기를 이용하는 방식

램 공기에 의한 냉각(ram air cooling)은 항공기의 열부하를 항공기 주위로 흐르는 공기로 전달하여 배출하는 방법이다. 항공기 주위로 생성된 경계층(boundary layer) 내의 공기를 항공기의 공기 보조 흡입구(scoop)로 유입시켜 열교환기(heat exchanger)를 통과시킨다. 이때 빼앗은 열은 외부로 배출시킨다. 여기서 열교환기는 마치 자동차의 라디에이터(radiator)와 같은 기능을 한다. 이 시스템은 공기 보조 흡입구와 관련 파이프 및 열교환기가 공기의 흐름

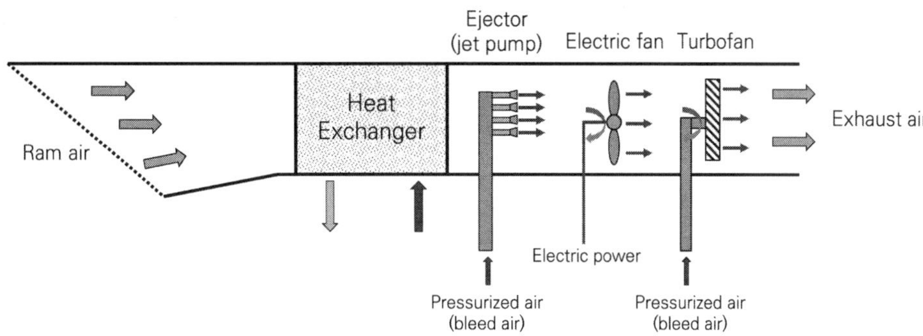

그림 5.4 램공기 유량을 증가시키기 위한 팬과 제트펌프

을 감속시킴으로써 공기저항을 증가시키는 단점이 있다.

열 흡수원(heat sink)으로서 램 공기는 항공기 속도가 증가하면 램 공기 온도가 증가하기 때문에 장비와 객실 온도를 제어하는데 필요한 온도 이상으로 올라갈 수 있는 문제점이 있다. 예를 들어, 40℃ 날씨에 해면 고도로 마하수(Mach number) 0.8로 비행할 때 램 공기의 온도는 80℃까지 올라가면서 자체가 열원(heat source)으로 바뀐다. 또한 높은 고도에서는 공기의 밀도가 낮아서 램 공기의 질량이 낮아지고 이는 냉각능력의 저하를 초래하게 된다.

지상에 정지된 상태 혹은 저속비행이나 활주 시에는 램 공기에 의한 냉각만으로는 부족하다. **그림 5.4**에서 보듯이 이를 해결하기 위해 민항기의 경우 냉각팬(cooling fan), 군용기는 제트펌프를 사용해서 램 공기의 유량을 증가시켜 해결할 수도 있다. 냉각팬을 돌리는 방법에는 전기 모터로 돌아가는 팬(electric fan), 엔진 블리드 공기의 압력을 이용하여 팬을 돌리는 터보팬 방식이 있다. 제트펌프는 엔진에서 뽑아낸 블리드 공기를 제트펌프로 분사시키면 제트펌프의 출구 쪽은 고속의 공기로 인해 압력이 낮아져 앞쪽과의 압력 차이로 공기흐름이 유도된다. 이 효과로 열교환기 주위로 흐르는 공기의 양이 증가하여 냉각능력을 향상할 수 있다. 냉각팬도 제트펌프와 마찬가지로 압력 차이를 발생시켜 공기흐름을 유도하는 방식이다. 냉각팬은 단면적이 제트펌프에 비해 크기 때문에 고속으로 비행하는 군용기의 항력을 증가시키는 단점이 있어 전투기는 제트 펌프방식을 주로 사용한다.

5.4.3.2 연료를 이용하는 방식

이 냉각시스템은 열부하(heat load)를 항공기 연료로 냉각시키는 방법(fuel cooling)으로서 제한적으로 사용하는 방법이다. 그 이유는 연료 유량이 엔진의 추력 조건에 따라 변하고, 심지어 유량이 매우 낮은 상태로 갈 수도 있기 때문이다. 그러나 냉각 매질(cooling medium)로서 연료는 공기보다 열용량(heat capacity)이 크고 열전달 계수(heat transfer coefficient)

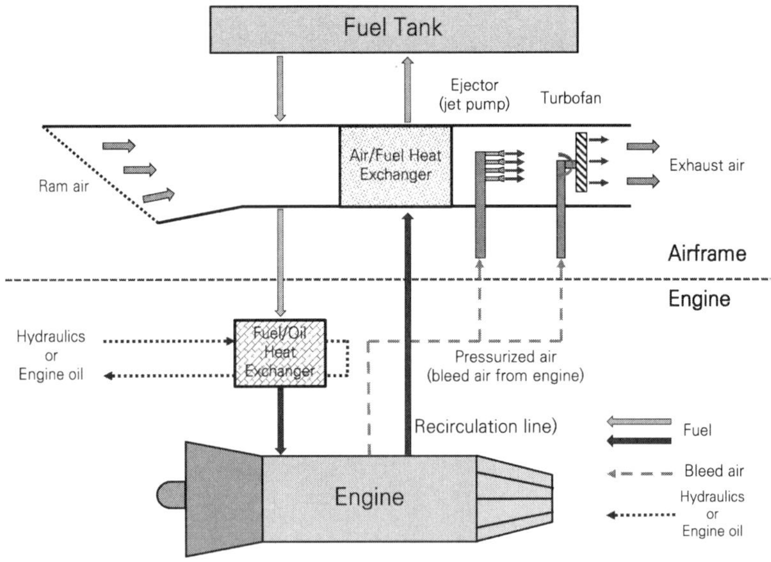

그림 5.5 항공기 연료를 사용하는 냉각시스템

가 높아서 아주 좋은 냉각 매질이다. 보통 연료는 엔진오일, 유압 유압유, 기어박스 오일의 냉각에 사용된다.

그림 5.5는 연료에 의한 냉각 시스템을 간단히 그린 것이다. 연료의 유량이 적을 때는 연료 온도가 급격히 증가할 수 있다. 따라서 연료 순환라인(recirculation lines)을 설치하여 이를 통해 다시 연료탱크로 보내게 된다. 이 과정에서 중간과정에 고온의 연료를 공기로 냉각시켜 주는 열교환기를 통과하여 온도를 낮춘 다음 연료탱크로 보내게 되며 연료가 많지 않을 때 온도의 상승을 방지하도록 한다. 이 과정은 램 공기 온도가 높지 않은 저속비행과 연료를 거의 소모한 착륙 이후의 활주 과정에서 온도상승을 방지하는 데 매우 효과적이다. 고속비행의 경우에는 연료의 유량이 크기 때문에 재순환 과정이 필요 없게 된다. 때로는 착륙 후 활주 과정에서 열교환기 주위로 흐르는 공기의 유량을 증가시키기 위해 제트펌프와 같은 이젝터를 사용하기도 한다.

5.4.3.3 엔진 블리드 공기를 이용한 방식

민항기나 군용기 모두 냉방이나 냉각을 위해 주로 사용하는 방식은 엔진의 압축기에서 추출한 블리드 공기를 이용하는 것이다. 엔진이 가동되고 있으면 언제든 공급받을 수 있는 장점이 있다. 블리드 공기를 사용하는 방식은 앞으로 설명할 공기 사이클(air cycle systems)에서 자세히 설명할 것이다.

블리드 공기를 사용하는 방법에 따라 다음의 두 가지 형식으로 나뉠 수 있다.

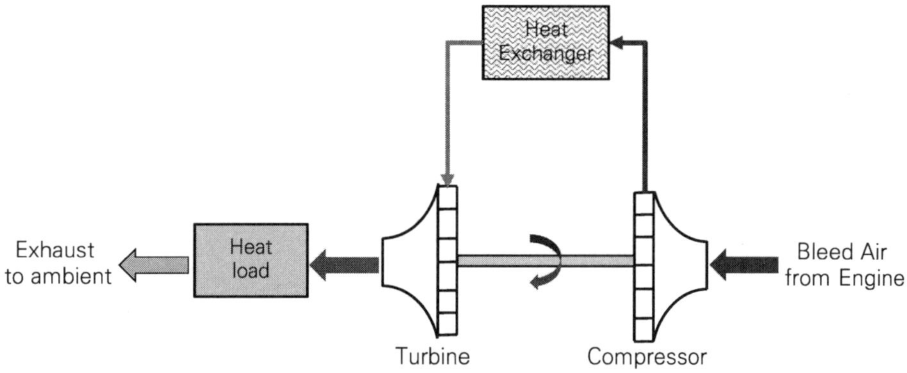

그림 5.6 개회로 방식

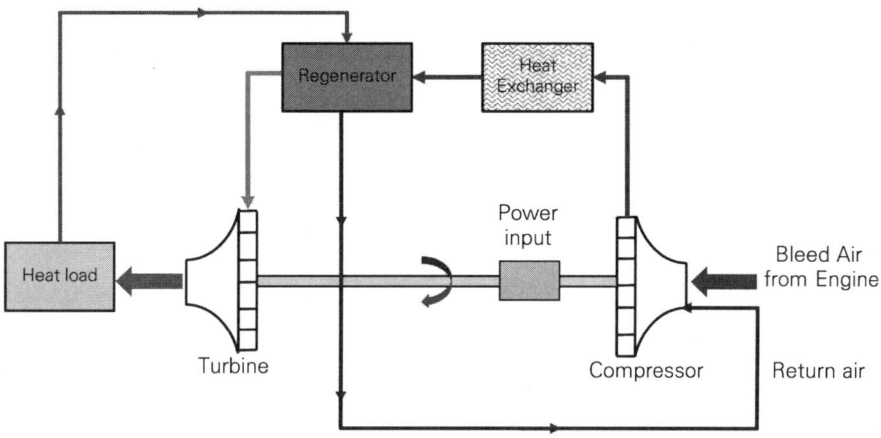

그림 5.7 폐회로 방식

- 개회로 방식(open loop system)
- 폐회로 방식(closed loop system)

그림 5.6의 개회로 방식은 엔진에서 블리드 공기를 연속적으로 뽑아서 사용하는 방식으로 블리드 공기를 냉각해서 승객이나 승무원 및 장비로 보내며, 사용한 공기는 외부로 배출해서 재사용하지 않는다.

그림 5.7의 폐회로 방식은 객실이나 장비실의 냉각을 위해 한번 사용된 공기를 외부로 배출하지 않고 regenerator, 제트펌프나 팬(fan)으로 구성된 재순환 사이클로 보내 적절한 온도로 냉각시킨 후 다시 객실로 보내는 방식이다. 일부 경우에는 개회로 방식에 비해 시스템의 효율이 두 배 정도 좋은 것으로 나와 있다. 폐회로 방식의 장점은 다음과 같다.

- 엔진 블리드 공기 사용이 적기 때문에 엔진 성능에 영향이 적다. 군용기의 경우 더 많은 가용 추력이 생기며, 장거리를 비행하는 민항기에는 연료 소모가 줄어드는 효율적인 운용이 가능해진다.
- 엔진 블리드 공기량이 적어 이를 냉각시키기 위한 램 공기량이 줄어든다.
- 장비 냉각 시 습도 문제가 없다.
- 대기압과 관계 없이 사이클 압력을 최적화할 수 있다.

폐회로 방식의 단점은 다음과 같다.

- 공기를 재사용하기 위해서는 장비실이 밀봉되어 가압 되어야 한다.
- 현재 일부의 항공기에 적용되고 있으며 공기를 다시 모아 재사용하는 데 기술적 어려움이 있고, 시스템의 중량이 무겁고 비싼 단점이 있다.
- 고고도에서 재순환할 수 있는 공기의 부족으로 고성능 군용기에서의 사용은 제한적이다.
- 별도 동력이 필요하다.
- 객실에 사용하기 위해서는 습도, 냄새 같은 요소들을 별도 제어해야 한다.

항공기에서 조종실의 성에 제거(defogging), 얼음 제거(deicing)를 공기로 할 때에 대략 공기는 절대압 95psi, 100℃ 정도의 특성을 가져야 한다. 그러나 엔진의 고압 압축기에서 공급하는 블리드 공기는 이보다 훨씬 큰 압력과 온도를 가지고 있다. 그 예로써, 고성능 전투기의 경우 블리드 공기의 압력은 500psi, 온도는 500℃ 이상이다. 이 정도의 온도는 일반적인 파이프 재질일 때 빨갛게 달아오르게 하는 정도가 된다. 그렇다고 해서 압력과 온도를 내리기 위해 엔진의 저압 압축기로부터 블리드 공기를 뽑아낸다면 이는 엔진의 성능에 아주 해로운 결과를 초래하게 된다. 민간 항공기 엔진의 경우에는 엔진의 회전수에 따라 블리드 공기를 뽑아내는 단(engine stage)을 여러 개 만든 것도 있다. 이렇게 하면 저속에서는 고압 압축기에서 고속에서는 저압 압축기에서 블리드 공기를 추출할 수 있게 된다. 지금까지 설명한 대로 엔진의 블리드 공기를 사용하기 위해서는 압력과 온도를 적절하게 조절할 필요가 있다.

• 블리드 공기 압력 조절

블리드 공기의 압력 조절은 안전성과 고압 작동을 위해 필요한 밀봉으로 인해 생기는 문제와 부품의 복잡성을 피하고자 가능하면 적절한 압력으로 낮춰서 사용해야 한다. 압력 조절을 위해 감압 밸브를 사용하여 들어오는 압력과 관계없이 일정한 압력을 유지하면 환경제어 시스템으로 들어가는 유량도 제어하게 된다.

이런 감압 밸브는 엔진의 회전수 변화가 심하지 않은 민간여객기에는 적절하지만, 전투기처럼 항공기의 속도가 크고, 공력 가열이 커져서 요구 유량이 커질 때는 적절하지 않을 수도 있다. 예를 들어, 초음속 항공기에 이 감압 밸브를 사용한다면 고속에서는 충분한 냉각용 공기를 제공할 수 있지만, 저속에서는 유량이 초과하는 현상이 발생한다. 이런 경우는 불필요한 엔진 성능의 손실을 준다. 이런 현상을 줄이기 위해 유로파이터(eurofighter typoon) 항공기의 환경제어 시스템에는 가변감압밸브(variable pressure reducing valve)를 설치하였다. 이 가변감압밸브는 엔진의 회전수에 따라 자동으로 압력을 조절함으로써 엔진 블리드 공기량을 조절할 수 있게 된다. 이렇게 하면 엔진의 성능손실을 항상 최소로 유지할 수 있게 된다.

• **블리드 공기 온도 조절**

일단 압력을 적절하게 조절하고 나면 성에나 얼음을 제거하는 데 필요한 온도로 낮춰 조절해야 한다. 앞서 설명했듯이 성에나 얼음을 제거하는 기능을 위해서는 100℃ 정도의 공기를 공급해야 한다. 그래서 보통 램 공기를 열교환기로 통과시키면 불필요한 열을 제거하여 온도를 낮출 수 있다. 몹시 추운 날씨 같은 특별한 비행 조건에서는 냉각 공기가 초과되는 현상이 발생하여 간혹 요구한 온도보다 낮아지는 현상도 발생할 수 있다. 이런 경우에는 열교환기로 유입되기 직전의 고온 공기를 열교환기 출구의 냉각 공기와 혼합하여 필요한 온도로 조절하게 된다.

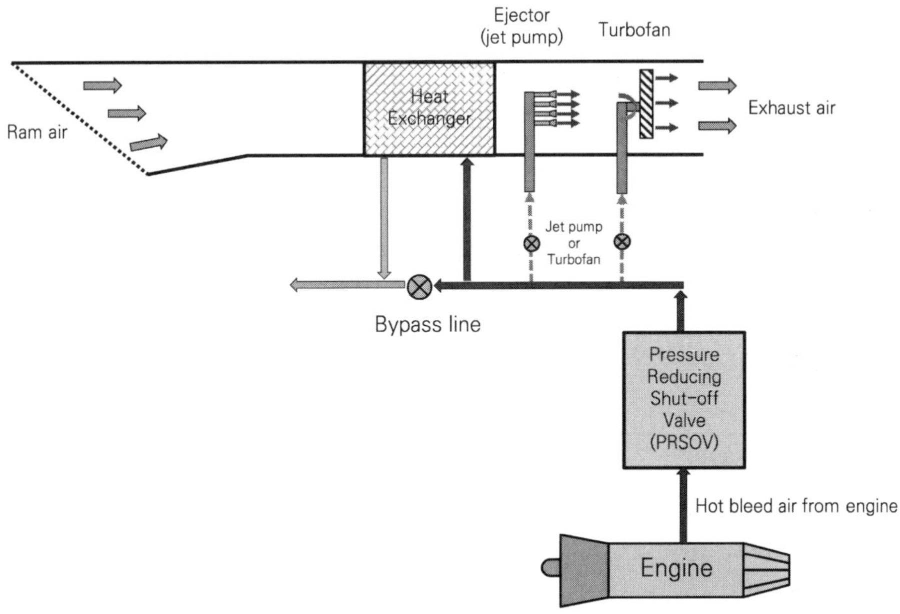

그림 5.8 블리드 공기의 압력 및 온도 조절

5.4.4 항공기 냉방 시스템

항공기에서 주로 사용하는 냉각방식에는 두 가지가 있다.

- air cycle systems(공기 사이클 시스템)
- vapor cycle systems(증기 사이클 시스템)

증기 사이클 시스템은 보통 가정이나 자동차의 에어컨과 같은 개념으로써 냉매의 잠열을 이용하고 압축기, 응축기, 팽창밸브, 증발기로 구성된 폐회로 방식이다. 보통 왕복 엔진을 장착한 항공기에서 많이 사용하지만, 일부 가스터빈 엔진 장착 항공기에서도 쓰는 경우가 있다.

가스터빈 엔진을 장착한 대부분 항공기에서 사용하는 공기 사이클은 엔진 혹은 APU의 블리드 공기를 이용하며 열교환기, 압축기와 터빈으로 구성된 ACM(Air Cycle Machine)이 주요 구성품이다. 공기 사이클은 증기 사이클과 비교해 경량이며 신뢰성이 좋고 냉난방이 모두 가능하다는 장점이 있다.

5.4.4.1 공기 사이클 시스템

브레이튼(brayton) 사이클을 사용하는 가스터빈 엔진(gas turbine engine)에 비해 공기 사이클은 열역학적 사이클로 보면 역 브레이튼 사이클(reversed Brayton cycle)을 사용하고 있다. 이 방식의 기본 원리는 엔진의 블리드 공기를 추출해서 압축기를 거쳐 열교환기를 통과하면서 압력은 올라가고 온도는 낮춘다. 이 공기는 다시 터빈을 통과하면서 팽창과정을 거치면 압력과 온도가 낮아진다. 이때 온도는 압축기 입구로 들어온 공기 온도보다 낮아진다.

이렇게 조절된 공기를 객실과 항공전자 장비실(avionics bay)에 공급하고 또한 객실 여압(cabin pressurization)에 사용한다. 이 방식의 특징은 다음과 같다.

- 엔진의 블리드 공기를 사용하기 때문에 항상 공기를 공급받을 수 있다.
- 하나의 시스템에서 냉난방과 객실여압이 가능하다.
- 시스템의 중량이 가볍고 부피가 작아서 항공기 장착에 유리하다.
- 공기의 누설(leakage)이 치명적이지 않다.
- 항공기 공압 시스템(pneumatic system)과 인터그레이션(integration)하기 용이하다.
- 열부하가 큰 경우 요구 유량이 매우 커져 관련 덕트(duct) 직경이 커지게 되어 제한된 공간에 정착하는 데 어려움이 생길 수 있다.
- 블리드 공기 요구 유량이 크면 엔진 성능에 손실을 주며, 램 공기의 유량도 커져야 하므

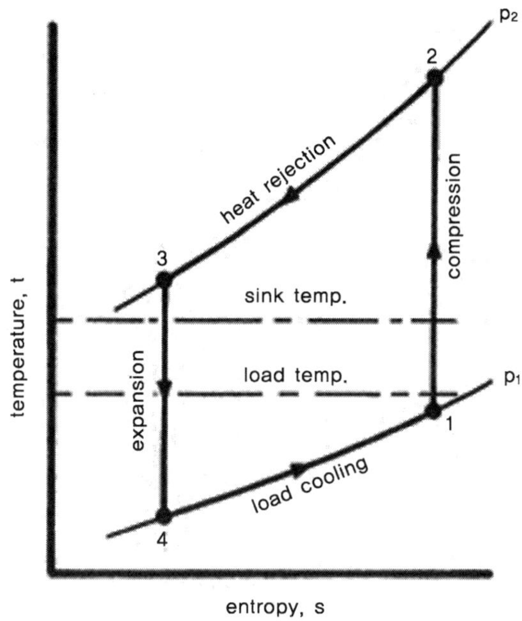

그림 5.9 역 브레이튼 사이클

로 항공기 공기저항이 커진다.

공기 사이클 방식은 아주 다양한 종류가 있다. 블리드 공기의 재사용 여부에 따라 앞에서 설명한 개회로 방식과 폐회로 방식으로 나뉠 수 있으며, 시스템의 구성에 따라 크게 basic simple bootstrap, 2-wheel bootstrap, 3-wheel bootstrap 방식 등이 있다.

5.4.4.1.1 Basic simple bootstrap system(turbofan system)

이 방식은 램 공기 온도가 높지 않은 저속의 민간 항공기에서 많이 사용한다. 열교환기로 온도를 낮춘 후 터빈을 통해 압력과 온도를 조절하는 간단한 방식이다. 필요시에는 팬을 이용하여 열교환기 주위로 흐르는 냉각 공기를 추가로 유입시킬 수 있다. 주로 압축비가 높은 엔진에 적합하고 아음속의 군용기, 민항기나 터보 샤프트 엔진을 가진 헬리콥터에 적용하고 있다.

▷ 장점

- 중량이 가볍다.
- 구성하는 부품의 수가 적다.
- 지상 정지 조건에서도 냉방이 가능하다.

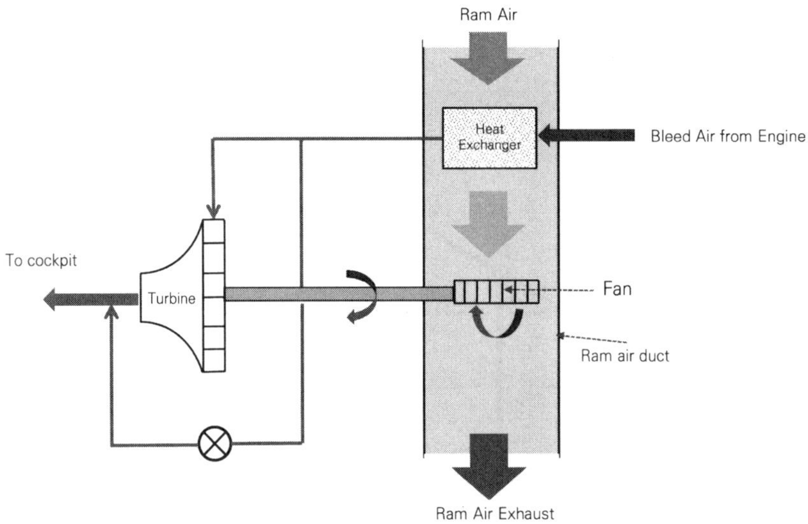

그림 5.10 simple bootstrap system

▷ 단점

- 사이클 효율이 낮다.
- 성능을 높이기 위해서는 고압 공기가 필요하다.
- 고고도에서 터빈의 회전수에 제한이 생길 수 있다.

5.4.4.1.2 2-wheel bootstrap

이 시스템은 크게 터빈과 압축기로 구성된 ACM(Air Cycle Machines)과 열교환기, 수분 분리기로 구성되어 있다. 터빈과 압축기는 같은 축으로 연결되어 있어 터빈이 회전하면서 압축기를 구동시키는 방식으로 과거에는 볼 베어링(ball bearing)으로 지지하였으나, 최근에는 공기 베어링(air bearing)을 주로 사용한다. 공기 베어링을 사용하게 되면 중량이 가볍고, 오일이 없어서 정비가 용이해진다. 따라서 bootstrap system은 엔진 블리드 공기의 압력과 터빈의 일을 사용하여 스스로 작동시킬 수 있는 방식을 의미한다.

엔진 블리드 공기는 압축기를 거치면서 압력과 온도가 증가하고 열교환기를 거치면서 온도가 낮아진다. 이 과정에서 온도가 낮아지면 특히 습도가 높은 기후에서는 공기 중의 수분이 응축되어 나온다. 이 수분은 수분 분리기(water separator)를 통해 제거한다. 수분을 제거하면 터빈 블레이드가 어는 것을 방지할 수 있고, 객실이나 장비실로 수분 유입이 안 되도록 해준다. 터빈을 거치면 공기 온도는 0℃ 가까이 떨어지게 되고 원하는 온도로 맞추기 위해 바이패스 덕트를 통해 들어온 고온의 공기와 혼합하게 된다. 이때 고온 공기의 혼합비를 조절하면 원하는 온도의 공기로 조절할 수 있게 된다. 바이패스 덕트로 유입되는 고온 공기의

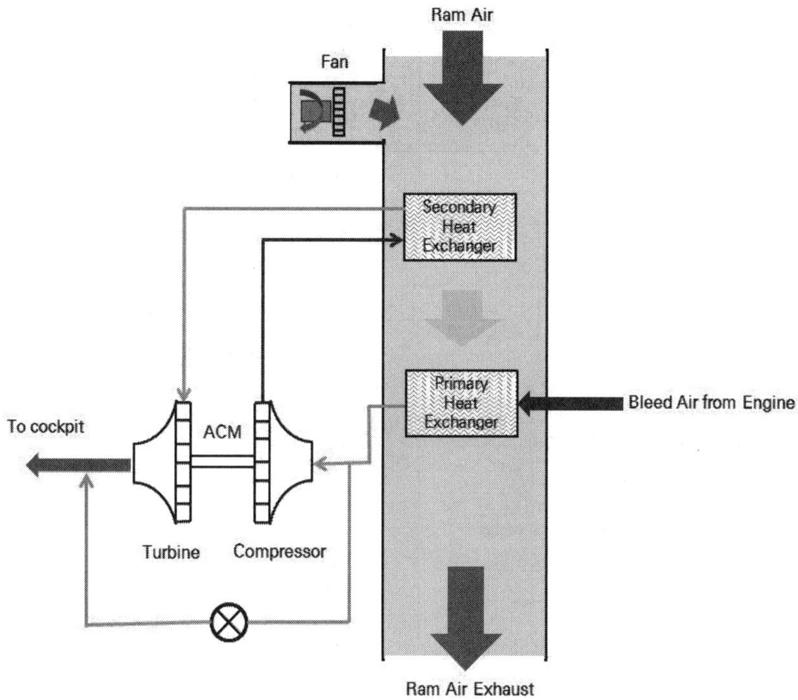

그림 5.11 2-Wheel bootstrap system

유량은 온도조절밸브(temperature control valve)를 통해 조절된다. **그림 5.11**에서 팬(fan)은 램 공기가 부족한 지상 정지, 저속, 활주할 때 열교환기로 공기를 보내는 역할을 한다. 터보팬, 터보제트 엔진 항공기에 적용하고 있으며 초음속 군용기, 대형 민간 항공기와 군용 수송기 등 대부분 항공기에서 사용하고 있다.

▷ 장점

- simple bootstrap 시스템보다 효율이 높다.
- 비교적 저압의 공기에서도 작동할 수 있다.
- 지상 냉각 능력이 있다.
- 터빈의 회전수 제한 문제가 없다.

▷ 단점

- 부품의 수가 많다.
- 지상 냉각을 위해 팬을 별도로 설치해야 하고 별도의 동력공급도 필요하다.

5.4.4.1.3 3-wheel bootstrap

터빈과 압축기로 구성된 2-wheel ACM 방식과 여기에 팬(fan)이 터빈, 압축기와 같은 축

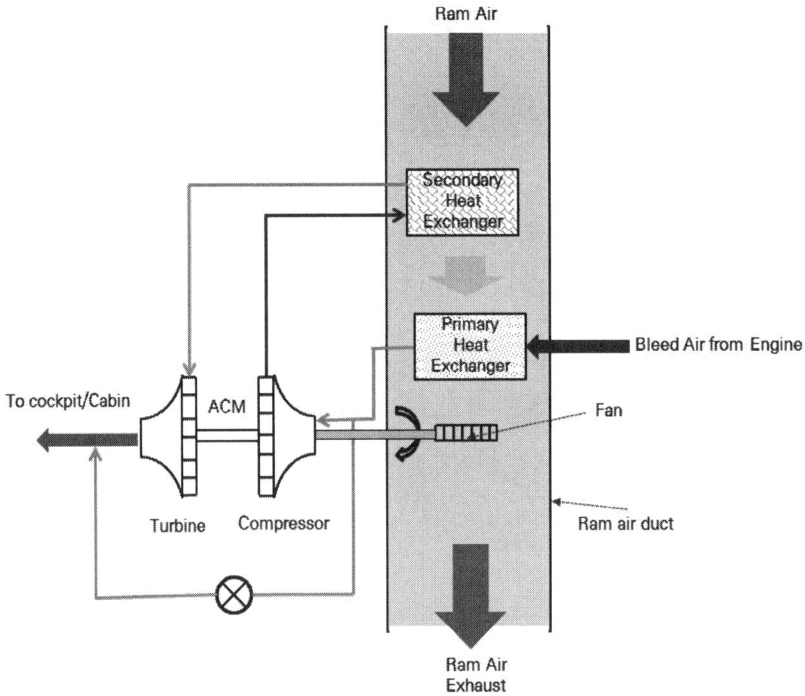

그림 5.12 3-wheel bootstrap system

에 연결된 3-wheel ACM 방식이 있다. 군용기에서는 보통 구조가 간단하고 부피가 작은 2-wheel ACM 방식과 함께 팬 대신 제트펌프(jet pump)를 적용한 시스템을 주로 사용한다. 팬이나 제트 펌프는 저속이나 지상에서 열교환기로 램 공기가 흐르도록 해준다. 3-wheel 방식은 보통 대형 항공기에서 많이 사용하는 방식으로서 아음속 항공기 특히 대형 수송기에 적용하고 있다.

▷ 장점

- 저압 공기에서 좋은 효율을 가진다.
- 지상에서의 냉각성능이 좋다.
- 별도의 냉각팬 설치와 동력원이 필요 없다.
- 부피가 작고 중량이 가볍다.

▷ 단점

- 냉각팬의 동력은 터빈이 공급하여 사이클 효율을 감소시킨다.
- 냉각팬이 필요 없는 비행 조건에서도 작동한다.
- 냉각팬으로 인해 초음속 항공기에서는 적합하지 않다.

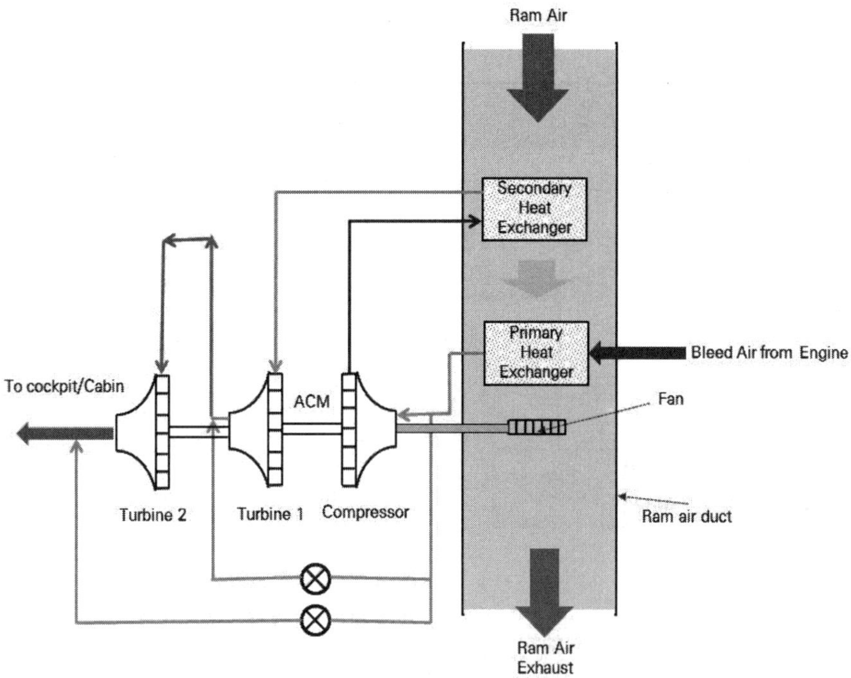

그림 5.13 4-wheel bootstrap system

5.4.4.1.4 4-wheel bootstrap

최근 대형 민간 항공기의 열원(heat load)이 증가하면서 4-wheel bootstrap cycle이 나오기 시작하였다. 앞의 3-wheel bootstrap system과 유사하나 turbine을 추가로 설치하여 온도를 더욱 낮추도록 하였다. 또한 열교환기 쪽으로 수분분리기에서 추출한 물을 분무하여 열교환기의 성능을 높였다.

5.4.4.1.5 Reversed bootstrap

이 방식은 앞서의 bootstrap 방식과 비교할 때 블리드 공기의 흐름방향이 반대이기 때문에 붙여진 이름이다. 보통 bootstrap 방식은 블리드 공기가 압축기를 거쳐 터빈으로 흐르는 데 반해 이 방식은 반대로 터빈을 거쳐 압축기로 간 다음 외부로 배출되는 방식이다.

엔진 블리드 공기는 1차 열교환기(primary heat exchanger)와 축열식 열교환기(regenerative heat exchanger)를 거치면서 온도가 낮아지고 터빈을 통과하면서 온도가 더욱 낮아진다. 터빈을 거쳐 냉각된 공기는 또 다른 열교환기로 보내져 열부하(heat load)의 열을 빼앗게 된다. 그런 다음 이 공기는 역으로 축열식 열교환기의 냉각 공기(coolant air)가 되어 열교환기 주위로 흘러가면서 블리드 공기 온도를 낮추는 데 사용된다. 이 공기는 다시 압축기로 보내져 압축하여 외부로 배출시키게 된다. 보통 화물기나 장비의 냉각에 사용된다.

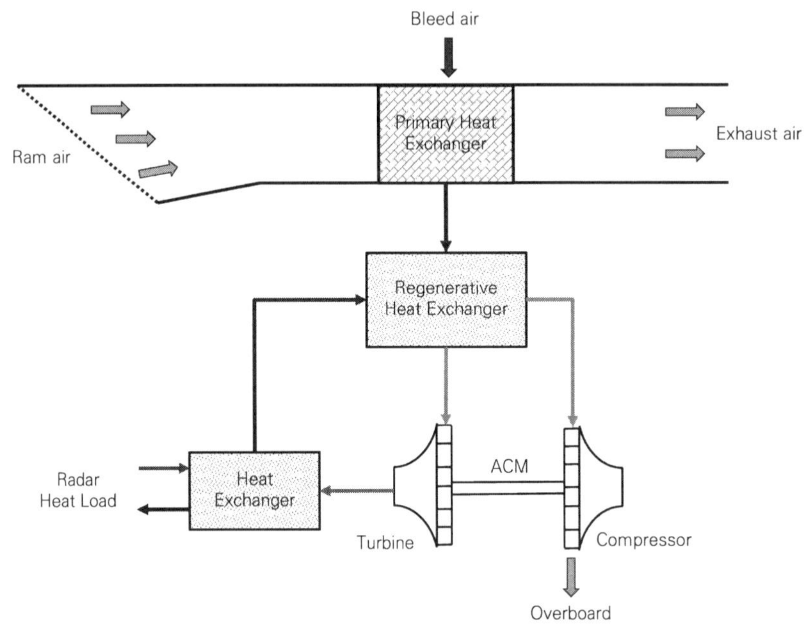

그림 5.14 reversed bootstrap

5.4.4.1.6 Ram powered reverse bootstrap

때로는 장비의 위치가 떨어져 있고 주 환경제어 시스템의 덕트를 설치하기 힘들어 냉각 공기를 공급할 수 없는 경우가 생길 수 있다. 이런 경우는 군용기(fin-tip, under-wing pods에 장비를 장착한 경우)에서 주로 발생하며 별도의 독립적인 냉각장치를 갖춰야 하는데, 이런 경우 ram powered reverse bootstrap 방식을 사용한다.

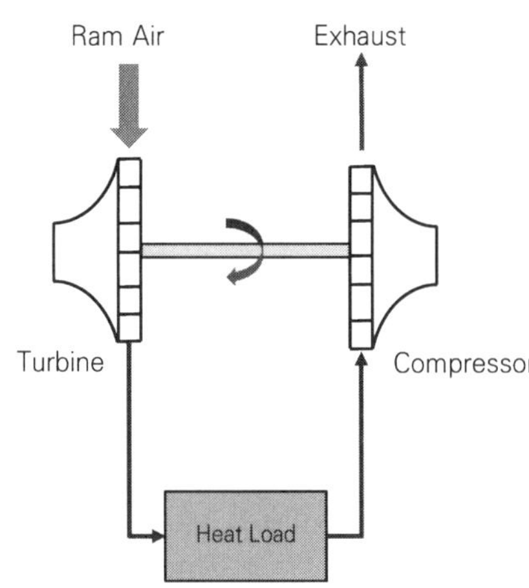

그림 5.15 ram powered reverse bootstrap

이 방식은 램 공기를 터빈으로 직접 보내 팽창시킴으로써 온도를 낮추고 이 공기를 열원의 열을 빼앗는 데 이용한다. 따라서 보통의 ACM 방식보다 더 큰 속도에서도 사용할 수 있게 된다. 그러나 램 공기가 부족한 지상이나 저속에서는 냉각 문제가 발생할 수 있다. 그러므로 이 방식은 비행 중에만 작동하는 독립적인 냉각 방법으로 사용되고 있다.

5.4.4.2 vapor cycle systems

증기 사이클(vapor cycle)은 프레온 같은 액체 냉매가 기화되면서 열을 흡수하는 원리를 이용한 냉방방식이다. 냉매의 흐름은 **그림 5.16**에서 보듯이 압축기(compressor)를 거쳐 응축기(condenser), 팽창밸브(expansion valve), 기화기(evaporator)를 거쳐 다시 압축기로 순환된다. 주로 엔진 블리드 공기를 제공할 수 없는 왕복 엔진 장착 항공기에 많이 적용하고 있다.

기화기에서 냉매가 기화되면서 주위의 열을 흡수하여 온도가 내려가면 이 냉각된 공기를 열부하로 보내 온도를 낮추게 된다. 기화된 냉매는 압축기와 응축기를 거치면서 다시 고압의 액체 냉매로 변한다. 이 액체 냉매는 팽창밸브와 기화기를 이용하여 다시 기체로 변하는 순환과정을 거치게 되는 것이다. 이때 냉매는 낮은 온도에서도 쉽게 기화가 쉽게 일어나야 하며 기화될 때의 기화열(latent heat)이 큰 물질이어야 한다. 항공기에서 사용하는 냉매는 오래전부터 프레온 종류인 R12(dichlorodifluromethane) 물질을 사용해 왔다. 그러나 환경오염의 문제로 인해 현재는 환경오염이 적은 R134a(tetrafluoroethane, CF3CFH2) 물질을 사용하고 있다. 현재도 이 두 가지 물질을 사용하고 있으며 주의할 점은 두 물질을 혼합해서 사용하거나 특정 물질로 설계된 시스템에 다른 물질을 대체 사용하면 호스(horse)나 실(seal)

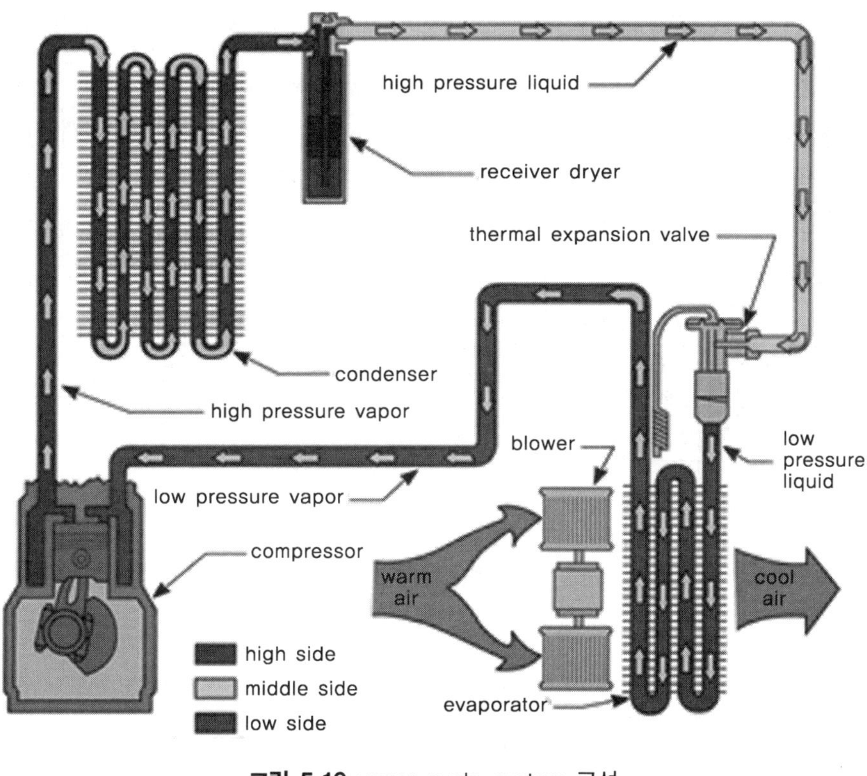

그림 5.16 vapor cycle system 구성

의 손상을 유발할 수 있다. R143a의 기화점은 −15°F로 매우 낮은 온도에서 쉽게 기화하기 때문에 대기 중에 노출되면 아주 심하게 끓는 현상이 생기므로 취급하는데 주의해야 한다.

이 방식의 특징을 요약하면 아래와 같다.

- closed air cycle system에 비해 성능계수가 약 5배 정도 좋다.
- 제한된 작동 온도 범위로 인해 사용이 제한적이다. 최대 작동 온도는 대략 65℃에서 70℃ 정도로 전 세계적으로 운용하기엔 작동 온도가 낮다.
- 블리드 공기를 사용하지 않기 때문에 엔진이 정지된 지상에서도 사용할 수 있다.
- 중량이 air cycle systems에 비해 무겁다.
- 냉매인 CFC(Chlorofluorocarbons) 물질은 지구 오존층을 파괴하기 때문에 그 사용에 대한 논란이 계속되고 있다.

5.4.4.3 수냉식 냉각장치(liquid cooling systems)

Exxon사에서 나온 Cooanol(trademark of Exxon)은 항공전자 장비의 냉각을 위해 최근 보편적으로 많이 사용하는 액체 냉각제이다. 열원으로부터 액체 냉각제가 열을 흡수하고 이 액체는 공기를 이용하여 열을 빼앗는 열교환기로 보내는 방법을 많이 사용한다. **그림 5.17**은 이 사례의 하나로서 열교환기, 액체를 공급하기 위한 펌프, 액체 냉각제를 저장하는 레저버(reservoir) 등으로 구성되어 있다. 수냉식 냉각장치를 독립적으로 사용하기도 하지만 항전 장비의 열 하중이 높은 경우에는 앞서 설명한 공기 사이클 방식과 혼합해서 사용하기도 한다. 이런 경우 수냉식 냉각장치는 항전 장비의 냉각을 담당하고 공기 사이클은 조종실 등의 냉각을 담당한다. 이때 액체 냉각제 온도를 낮추기 위해 열교환기 주위로 흘려보내는 공기

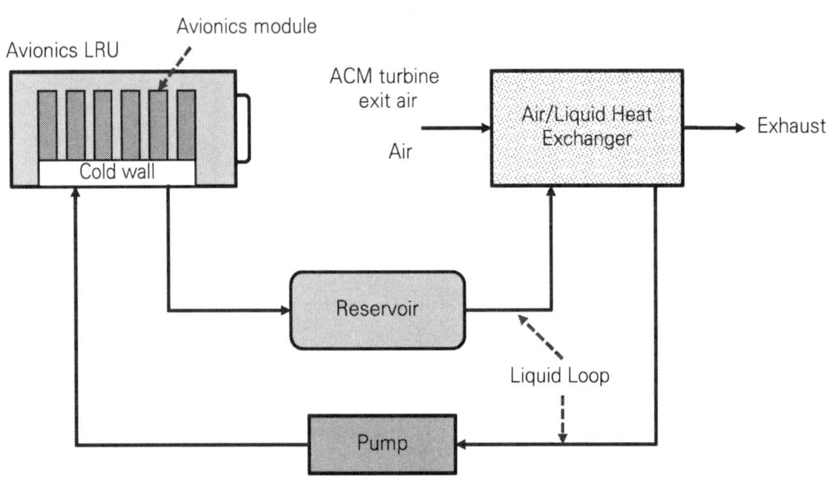

그림 5.17 liquid cooling systems

는 공기 사이클의 터빈에서 나오는 낮은 공기 일부를 사용한다.

이 방식의 특징은 아래와 같다.

- 냉각효율이 우수하다.
- 중량이 가볍고 부피가 작다.
- 가격이 비싸고, 주로 사용하는 액체 냉매인 coolanol은 유독성 물질이다. 따라서 밀봉을 위해 self sealing coupling을 사용해야 한다.

5.4.4.4 소모성 냉각제 사용방식(expendable heat sinks)

물과 같은 소모성 냉각제(expendable coolant)를 이용하면 열부하로부터 열을 쉽게 흡수할 수 있다. 물이 기화되는 과정에서 주위의 열을 흡수하는 원리(latent heat)를 이용하는 것이다. 레저버에 저장된 물을 팽창밸브를 통해 팽창시키면 증기압(vapor pressure)이 낮아져서 기화기를 통해 쉽게 기화될 수 있다. 이때 기화되면서 온도가 내려가고 이 낮아진 온도를 이용하여 열부하의 열을 흡수하도록 한 것이다. 기화된 물은 외부로 배출되어 소모해버린다.

5.4.4.5 냉각 공기 공급시스템

- avionics cooling

민간 항공기의 총 열부하는 군용기에 비해서 작은 값을 가지고 있다. 따라서 민간 항공기에서는 팬을 이용하여 단순히 객실의 공기를 항공전자 베이로 보내주기만 해도 충분하게 냉각을 시킬 수 있다. 이 과정에서 객실 온도가 올라갈 수 있지만, 민간 항공기의 항공전자 열부하가 상대적으로 크지 않고 환경제어 시스템이 충분한 냉방용량을 가지고 있어서 적절한 온도를 유지하는 데 그리 문제가 되진 않는다.

그러나 항공전자의 열부하가 매우 큰 군용기에서는 냉각 필요 장비실(conditioned equipment bay)과 냉각 불필요 장비실(unconditioned equipment bay)로 구분해서 배치돼 있다.

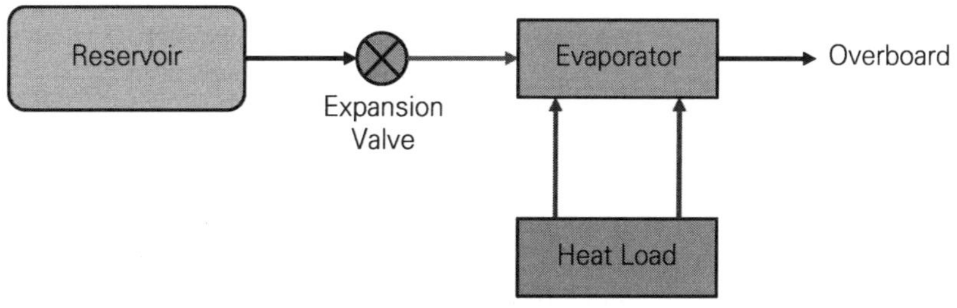

그림 5.18 소모성 냉각제 사용방식

이런 장비의 배치 기준은 장비의 냉각 요구 조건과 온도가 장비 신뢰성에 주는 영향, 그리고 가용한 엔진의 블리드 공기량 등을 고려해서 결정하게 된다. 군용기는 보통 항공전자 장비는 공간 여유 없이 밀집되어 설치되고 냉각용 덕트 설치를 위한 공간이 별로 없어서 충분히 고려해서 설계해야 한다. 반드시 장비실별로 열 해석(thermal analysis)을 하여 요구하는 온도 조건에 맞는지 확인해야 한다.

- 냉각 필요한 장비실

장비들은 여러 가지 방법을 사용해서 냉각을 시켜야 하는데, 그 방법에는 다음과 같은 것들이 있다.

- 장비 케이스의 바깥에 냉각 공기를 불어 대류에 의해 냉각하는 방법
- 냉각 공기를 직접 장비 케이스 안쪽과 인쇄회로기판(printed circuit boards)에 직접 불어넣는 방법
- 장비 케이스 안에 설치된 열교환기에 차가운 공기를 공급해서 냉각하는 방법
- 장비 케이스에 팬을 설치하여 외부의 냉각 공기를 빨아들여 공급하는 방법

첫 번째 방법은 장비의 열부하가 작은 경우에 적절한 방법으로써 열부하가 커지면 아주 비효율적이고 다른 방법들에 비해 많은 공기를 공급해야 하는 단점이 있다. 또한 열부하가 큰 경우 대류에 의해 열을 효율적으로 배출시키기 위한 장비 케이스 설계가 쉽지 않으며, 장비 내부에 지엽적인 온도상승으로 인해 부품의 신뢰성이 나빠질 수 있게 된다. 첫 번째를 제외한 나머지 방법들은 아주 효율적인 냉각 방법이지만, 냉각공기의 손실이 발생하지 않도록 장비케이스의 설계(thermal design)가 잘 이루어져야 한다. 두 번째 방법이 가장 효율적인 냉각 방법으로 볼 수 있다. 세 번째는 케이스 내부의 열부하는 케이스 외부의 열흡수원(heat sink)으로 전도(conduction)되어 손실된다. 마지막 방법은 주변의 장비에서 나온 열들이 다시 팬을 통해 들어가지 않는 전제조건이 성립될 때만 적용 가능한 방법이다.

항공기의 안전과 밀접한 관계가 될 수 있는 장비들의 냉각 요구 조건은 신중한 주의를 해서 설계에 반영해야 한다. 특히 컴퓨터들은 항공기의 비행 조종과 안전에 중요한 장비들이 될 수 있으므로 항상 냉각 공기가 제공되도록 해야 한다. 만일 그렇지 못할 때는 제한적인 장비실 온도 조건일지라도 일부 비행시간 동안 냉각이 안 되는 상태에서 작동될 수 있는 컴퓨터가 설치되어야 한다.

- 냉각이 불필요한 장비실

이 장비실의 온도는 recovery temperature까지 올라갈 수 있으나 그렇다고 이 장비실 안

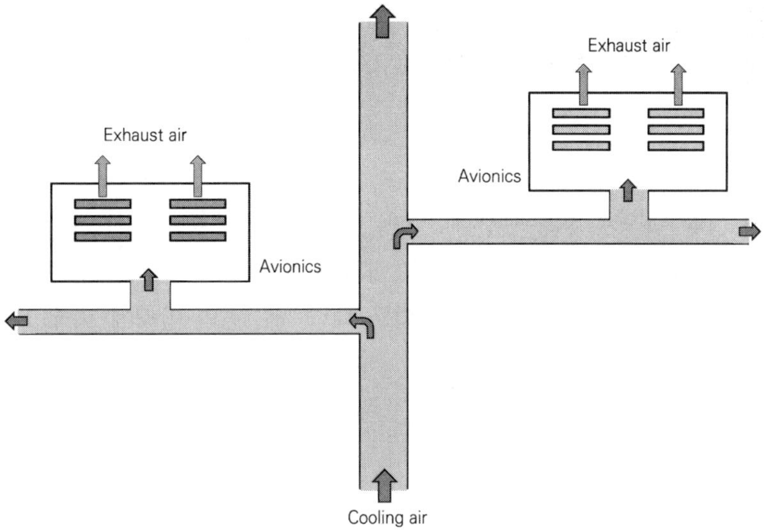

그림 5.19 장비 내부로 냉각 공기 공급

의 공기가 정체되어 있지는 않다. 항공기는 항상 각 장비실이 계속하여 통풍되도록 설계되며, 오직 객실만이 여압을 위한 밀봉이 되도록 한다. 또한 항공기가 급격하게 상승 혹은 하강할 때 장비실 간의 압력 차이가 나지 않도록 설계해야 한다. 보통 냉각 불필요 장비실을 위한 통풍 공기는 냉각 필요 장비실의 출구 공기를 사용하게 된다.

- **객실 공급시스템**

객실 공급시스템은 민간이든 군용기든 승객이나 승무원에게 쾌적한 환경이 될 수 있도록 해야 하며, 신체에 국부적으로 고온, 저온 부분이 없도록 일정하게 공급되어야 한다. 일부 항공기에서는 승객 개인별로 냉각조절이 가능하도록 머리 위쪽에 공급구가 설치되어 있긴 하지만 현대의 항공기는 개인별로 하지 않고 전체 항공기를 조절하는 방식을 사용하고 있다. 그 이유는 현대의 냉각장치의 성능이 좋아졌으며, 최근에는 객실의 높이가 높아져 개인이 조절할 수 없는 추세여서 개인별 냉각 공기 공급은 하지 않는다. 또한 최근에는 승객의 발 쪽에서도 냉각 공기를 공급해서 신체 중 머리와 다리 사이에 온도 차이가 나지 않도록 하고 있다.

보통 냉각 공기는 **그림 5.20**에서 보듯이 머리 위 천장 쪽에서 공급되어 승객 앞을 거쳐 객실 바닥 쪽으로 배출된다. 배출된 공기 중 약 50% 정도는 박테리아나 세균을 걸러낼 수 있는 필터를 거쳐 새로운 냉각 공기와 혼합되어 재사용된다. 이런 방식은 군용기같이 투명유리를 통해 복사열이 들어오는 조종실에서는 적용하기 어려운 방법이다. 그래서 마치 제트 공기같이 냉각 공기의 공급 속도를 빠르게 하고 온도도 결빙온도(35°F)에 가깝게 공급한다.

5.5 객실/조종실 여압

대기 중의 공기는 비록 느끼지 못하지만, 그 자체도 무게를 가지고 있다. 해수면에서부터 우주 높이까지 제곱 인치당 공기의 무게는 14.7lb 정도가 된다. 그래서 표준 대기 조건에서 해수면에서의 대기 압력은 14.7psi라고 한다. 대기의 압력은 고도가 올라갈수록 압력이 급격하게 낮아진다. 50,000ft 고도에서 대기 압력은 대략 해수면의 압력에 비해 1/10 정도밖에 되지 않는다.

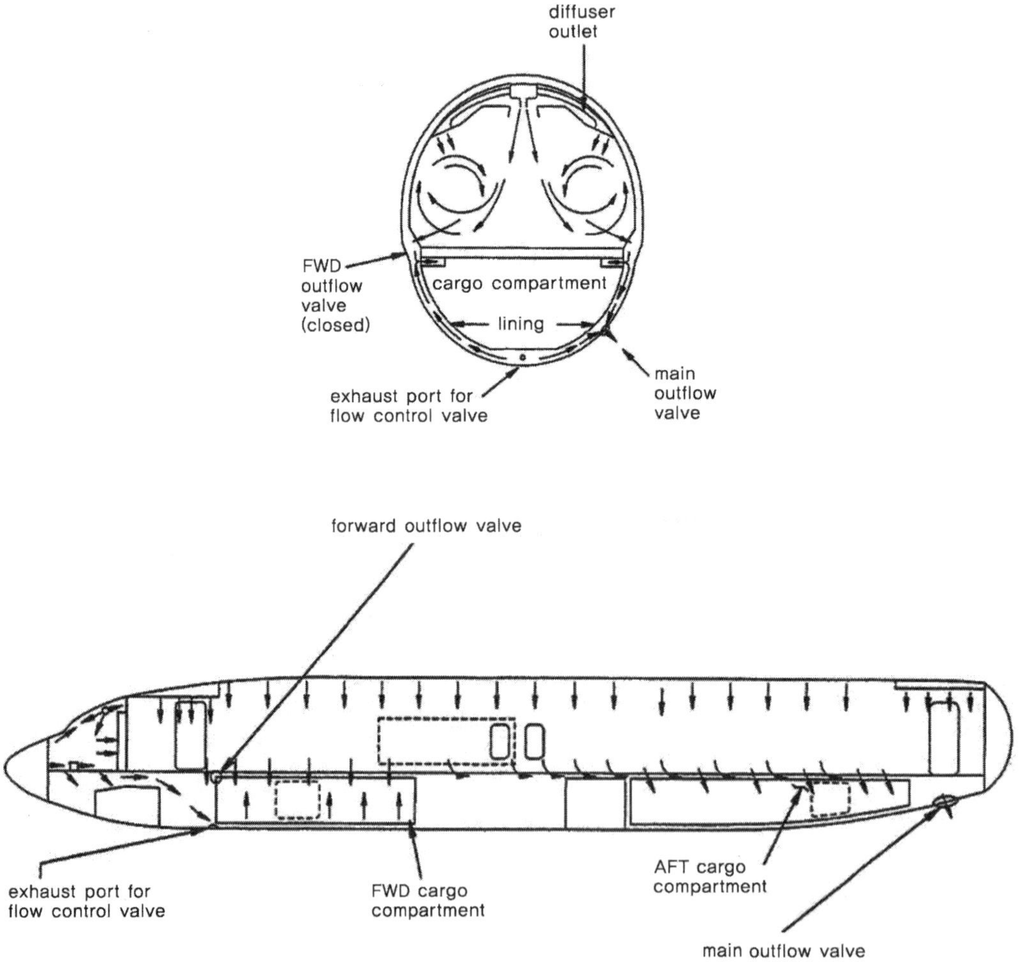

그림 5.20 민간 항공기(B737) 객실 공기 공급 방법

5.5.1 여압의 필요성

압력이 낮아지면 낮은 산소압력으로 인해 체내로 산소공급이 되지 않는다. 따라서 항공기 실내는 반드시 인간이 활동하는데 필요한 압력으로 유지해줘야 한다. 이러한 기능을 항공기의 여압(pressurization)이라 하며 조종실과 객실에 해줘야 한다. 우선 여압과 관련해서 알아야 할 간단한 용어에 관해 알아본다.

• **객실 고도**

객실 내의 압력을 고도로 표시한 항목으로서 고도 표시는 항공기 객실의 압력과 표준대기조건의 대기압과 같은 지점의 해당 고도를 나타낸다. 즉, 객실 고도(cabin altitude)가 8,000ft라고 하면 항공기 객실 내의 압력은 표준 대기에서 8,000ft 고도의 대기압인 10.92psi의 압력인 것이다. 모든 항공기는 여압의 정도를 표시할 때 압력단위 대신에 객실고도를 사용하고 있다.

• **객실 차압**

항공기 객실 내부의 압력과 외부 대기압과의 압력 차이를 표현하는 용어이다. 객실 차압(cabin differential pressure)은 의미가 큰 용어로서 압력 차이에 따라 항공기 구조물의 강도를 설계해야 한다. 반대로 항공기 구조물의 강도는 객실 차압과 직접 관련되어 있어 항공기가 올라갈 수 있는 최대고도를 제한할 수 있다.

• **객실 상승률**(cabin rate of climb)

객실 내의 압력 상승률을 분당 피트(feet per minute)로 표현한 것으로 객실 고도의 변화율을 나타낸 용어이다.

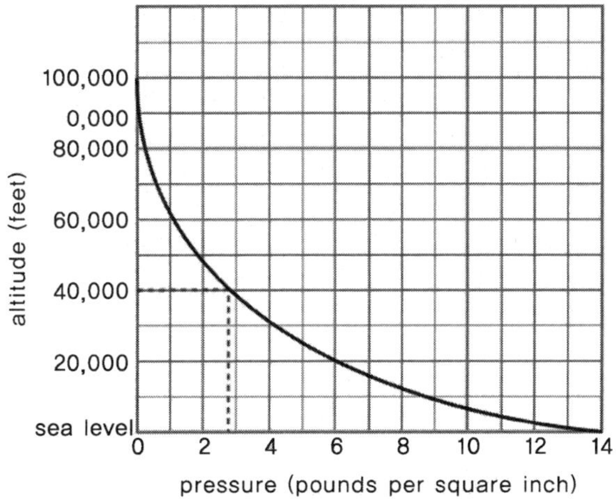

그림 5.21 표준대기 조건에서 압력과 고도의 관계

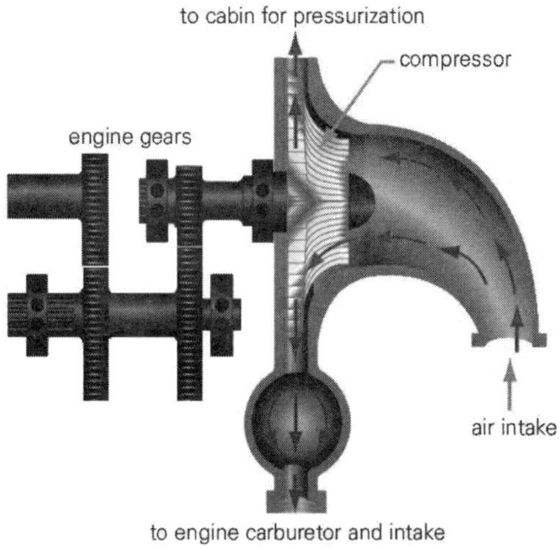

그림 5.22 왕복 엔진 supercharger를 이용하는 여압용 공기 공급원

5.5.2 여압을 위한 압력 공급원

항공기 여압을 위한 압력 공급원은 엔진의 형태, 즉 왕복 엔진과 가스터빈 엔진에 따라 달라진다. 압력이 높아지면 공기 온도도 같이 높아지기 때문에 보통 열교환기나 공기사이클(ACM)의 터빈을 이용하여 충분히 온도를 낮춰 공급해야 한다.

5.5.2.1 왕복 엔진 항공기의 여압 공급원

왕복 엔진을 장착한 항공기의 여압 공급원은 보통 세 가지 방법을 사용한다. 왕복 엔진 장착 항공기는 고고도에서 충분한 공기 유량과 공기압력을 얻을 수 없으므로 최대 상승고도가 가스터빈 엔진 항공기에 비해 높지 않다. 보통 25,000ft 이상을 초과하지 않는다. 왕복 엔진에는 보통 고고도에서 엔진으로 유입되는 공기의 유량과 압력을 높이기 위해 supercharger, turbocharger를 설치하는데 여기서 나온 고압의 공기 중 일부를 여압을 위해 사용하게 된다. 세 번째로는 엔진에 의해서 구동되는 별도의 압축기를 설치하여 여압을 위한 고압 공기를 만드는 방법이다.

• supercharger

보통 supercharger는 엔진의 공기흡입구 시스템의 일부로서 엔진에 의해 구동되는 압축기의 일종이다. 엔진에 의해 압축기를 구동시켜 유입되는 외부 공기를 압축시키고 일부의 압축한 공기를 여압용 공기로 사용하게 된다. 그러나 엔진으로 압축기를 구동하기 때문에

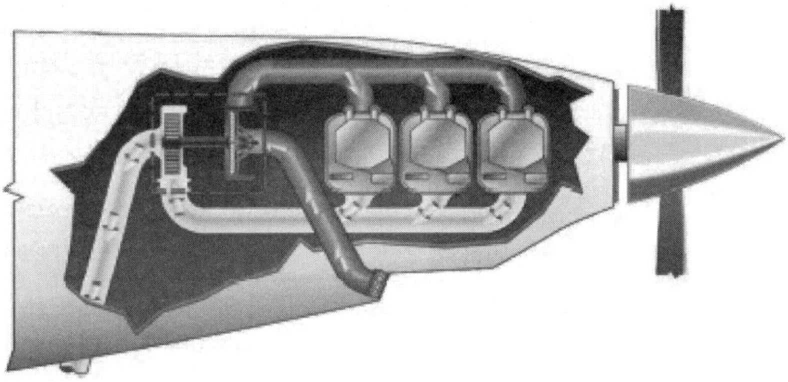

그림 5.23 왕복 엔진 turbocharger를 이용하는 여압용 공기 공급원

엔진의 성능이 떨어질 수 있다. 이 방식은 오래된 왕복 엔진 항공기에 많이 사용했던 방식이다.

• turbocharger

다른 명칭으로는 turbo supercharger라고도 불리며 엔진 동력으로 구동하는 supercharger와 달리 엔진 배기가스로 구동되기 때문에 배기가스 시스템의 일부로 포함할 수 있다. 현대의 왕복 엔진 항공기에서 대부분 사용하는 방법이다. 배기가스 에너지를 이용하여 터빈 임펠러(impeller)가 돌아가면 같은 축에 연결된 압축 임펠러에 의해 외부에서 유입되는 공기를 압축하여 엔진과 여압용으로 사용하게 된다.

• 엔진으로 구동하는 별도 압축기

벨트나 기어에 의해 엔진으로 구동되는 별도의 압축기(engine driven compressor)로서 여압용 공기를 만드는 방식이다. 앞의 2개의 시스템과 달리 공기오염의 우려가 적은 장점이 있으나 별도로 압축기를 설치하기 때문에 무게가 증가하고 엔진의 동력을 사용하므로 엔진 성능의 저하가 일어난다.

5.5.2.2 가스터빈 엔진 항공기의 여압 공급원

가스터빈 엔진 항공기는 엔진의 압축기로부터 오염이 안 된 여압용 블리드 공기를 비교적 자유롭게 뽑아 사용할 수 있다. 여압용 공기량은 연소를 위한 공기량에 비해서 아주 작긴 하지만 엔진 성능 저하가 생기기 때문에 될 수 있는 대로 최소화해야 한다. 대형 민간 항공기의 경우 여압을 위해 사용한 공기의 약 50% 정도를 재사용함으로써 엔진의 성능을 유지하도록 하고 있다. 여압용 고온 고압의 공기를 만드는 방법에는 몇 가지가 있다. 터보팬 엔진을 장착한 민간 항공기나 군용기는 엔진의 압축기에서 뽑아낸 블리드 공기를 앞에서 설명한 공기 사이클(air cycle systems)로 보내 냉난방 및 여압 기능을 같이 할 수 있다.

소형 가스터빈 엔진 항공기의 경우 **그림 5.24**에서 보듯이 블리드 공기를 뽑아 제트 펌프로 내보낸 공기는 벤투리(venturi)를 거친다. 제트 펌프에서 나온 고속의 공기로 인해 벤튜리 목(throat)의 압력이 내려간다. 이 압력으로 외부로부터 공기가 유입된다. 엔진 블리드 공기와 외부에서 유입된 공기를 혼합하여 여압용으로 사용하는데 전체 공기량이 적기 때문에 여압 공간이 좁은 곳에만 사용할 수 있다.

다른 방법으로는 **그림 5.25**에서 보듯이 엔진 블리드 공기를 이용하여 별도로 설치한 터빈으로 보내고 터빈은 같은 축에 연결된 압축기를 구동시킨다. 압축기는 외부에서 유입된 공기를 압축시킨 다음 터빈에서 나온 블리드 공기와 혼합하여 여압용 공기를 만든다. 이런 방식을 흔히 turbocompressor라 불린다.

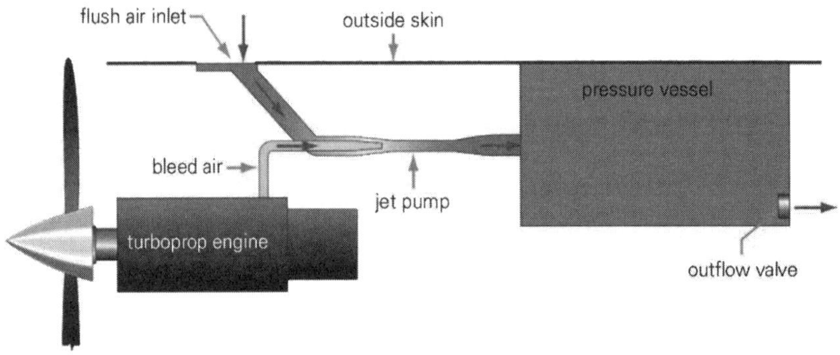

그림 5.24 제트펌프를 이용한 여압공기 공급

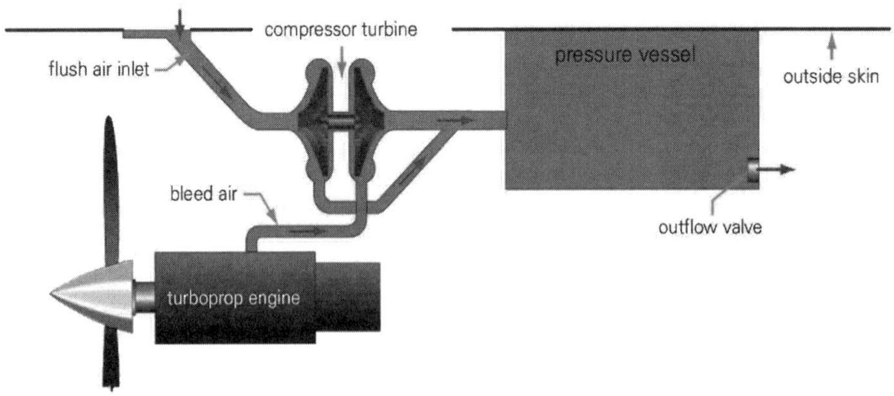

그림 5.25 turbocompressor를 이용한 여압공기 공급

5.5.3 여압 방법

5.5.3.1 여압 요구 조건

객실의 여압은 최소한 대기압과 같거나 고도가 올라갈수록 대기압보다는 높게 유지되도록 해야 한다. 객실 압력이 누설되지 않도록 보통 seals, grommets, sealants 등을 이용하게 된다. 여압용 공기는 객실 압력이 일정한 압력 상승률을 유지하도록 공급되며 필요 압력보다 약간 높은 압력까지 공급한다. 이 상태에서 기체 외부로 일정한 비율로 압력이 빠져나가도록 한 다음 원하는 객실 압력으로 조절하게 된다.

일상적으로 산소를 사용하지 않는 항공기나 승객과 승무원이 기내에서 활동하는 민간 항공기에서는 객실고도(cabin altitude)를 8,000ft 이상으로 유지해서는 안 된다. 보통 8,000ft 객실고도를 가지고 35,000ft를 비행하는 항공기의 객실 내부와 외부 대기압과의 객실 차압은 항공기마다 다른 값을 가지는데 구조물의 강도와 관계가 깊다. 조종사가 조종실에서 원하는 객실고도를 선택하면 항공기 고도가 이 고도에 도달 시 객실 여압을 시작하게 된다. 이 과정은 최대 설계 객실 차압 값에 도달할 때까지 유지된다. 객실 여압은 정찰기 종류나 공중 재급유기 같은 대형 항공기에서도 똑같은 과정을 거치게 된다. 산소를 항상 사용하고 조종사가 고정된 위치에 있는 군용 항공기에서는 여압장치가 보통 20,000ft 이상의 객실고도를 초과하지 않도록 설계되어 있다.

여압에서 중요한 다른 요소는 기체구조가 외부 대기압과 객실 내부 압력의 차이에서 생기는 압력 하중을 견딜 수 있어야 한다. 보통 객실 차압은 단발 왕복 엔진 항공기는 3.5psi 정도이고, 고성능 제트 항공기는 대략 9.0psi 정도를 가지고 있다. 만일 기체구조의 무게를 신경 쓰지 않는다면 객실 차압은 문젯거리가 될 것이 아니지만, 무게와 객실 차압을 동시에 고려해야 하는 항공기에서는 여러 가지 기술적인 고려를 해야 할 것이다. 또한 여압으로 인한 반복적 압력변화는 기체구조의 피로현상에도 신경 써야 할 문제이다. **그림 5.26**에서 객실고도를 8,000ft로 유지할 때 비행고도별 객실 차압의 차이를 볼 수 있다. 여기서 객실 차압에서 알 수 있는 것은 객실고도를 유지하면서 고도를 높이기 위해서는 높은 기체구조 하중을 견디도록 설계해야 하고, 다른 의미로 해석하면 기체구조 강도가 충분하지 않으면 최대 비행고도가 제한될 수 있다고 볼 수 있다.

보통 객실과 외부 대기와의 객실 차압은 되도록 크게 유지함으로써 고고도에서 객실 여압장치가 고장 나더라도 충분히 하강할 수 있는 시간을 확보할 수 있다. 예를 들어, 50,000ft에서 고장이 났다고 가정할 때 조종사가 안전한 고도로 하강하기 이전에 규정된 차압을 초과하는 것을 방지하기 위해 압력누설이 생기지 않도록 해야 한다. 만일 여압장치가 고장 나

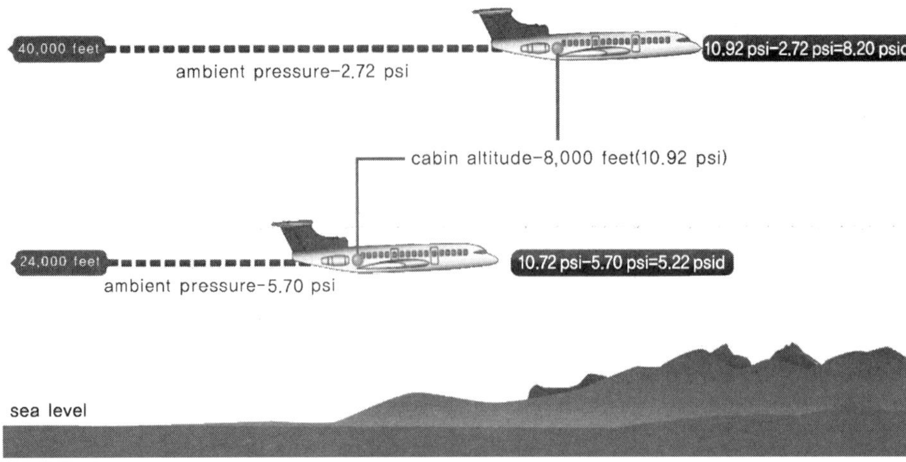

그림 5.26 객실 차압과 비행고도의 관계

면 객실 여압 조절밸브는 닫히고 압력누설은 단지 기체구조를 통해서만 일어나야 한다.

항공기 여압장치가 고장 난 상태로 안전 고도로 하강했을 때 조종사가 공기흡입구 스쿱(scoop)을 통해 유입된 램 공기가 여압 공급장치로 유입되도록 밸브를 열 수 있도록 해야 한다. 또한 램 공기를 이용해서 환경제어 시스템으로부터 유입된 스모크(smoke)나 연기를 외부로 배출시키도록 해야 한다.

군용기 같은 경우는 총알에 맞음으로 인해 항공기 구조물이나 조종실에 구멍이 났다면 이에 따른 급격한 압력 저하가 발생할 수도 있다. 조종사는 조종복, 헬멧에 의해 보호되며 별도의 호흡 장치를 사용해야 한다. 그러나 이런 상황에서도 급격한 압력변화로부터 항공전자 장치가 보호될 수 있도록 설계해야 한다.

5.5.3.2 여압 조절

5.5.3.2.1 여압 조절 모드

항공기의 여압 조절은 민간 항공기와 군용기가 다르며 아래의 **그림 5.27**은 군용기의 여압 조절 장치를 설계할 때 기준이 되는 미 군사규격(Mil SPC.)에서 나온 것이다. 항공기의 여압 조절 모드(pressurization modes)는 보통 3구간으로 나뉠 수 있다.

• **비여압 구간**

보통 최대 객실고도는 8,000ft로서 비행기 고도가 8,000ft 이하일 때는 별도의 여압 없이 대기압이 객실에 작용한다. 이 고도까지는 인간이 불편함 없이 활동할 수 있는 압력 범위라고 볼 수 있다.

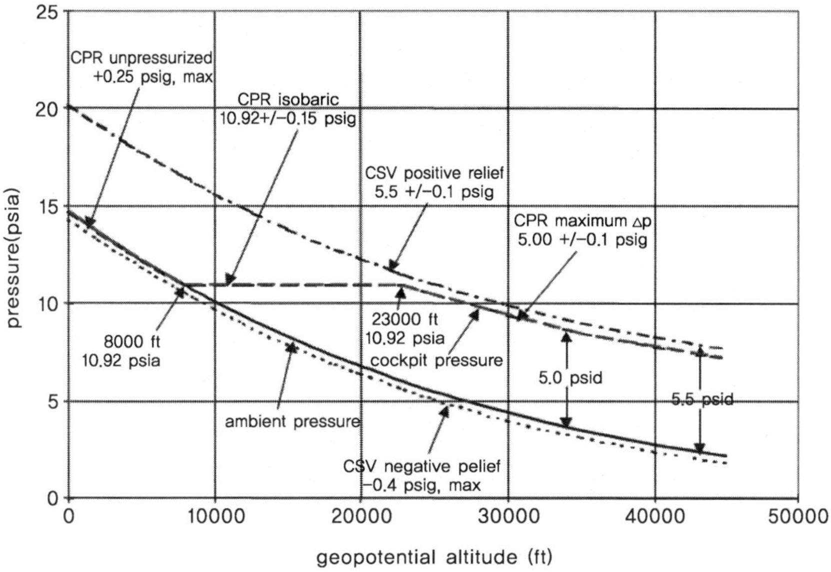

그림 5.27 군용 항공기 여압조절 모드 사례

• **등압 구간 모드**(isobaric mode)

비행고도의 변화와 관계없이 객실고도를 일정한 고도 값으로 유지해 주는 구간이다. 예로, 만일 isobaric mode로 8,000ft를 객실고도로 설정했다면 비행고도가 변하더라도 설정된 8,000ft의 객실 압력으로 유지하게 된다. **그림 5.27**은 군용기의 한 사례로 비행고도 8,000ft에서 23,000ft까지 객실고도 8,000ft의 isobaric mode로 설정해 놓은 것을 볼 수 있다.

• **일정 차압 구간 모드**(constant pressure differential mode)

이 모드는 항공기 비행고도와 상관없이 외부 대기압과 객실 압력과의 차이(객실 차압)를 일정하게 유지해 주는 구간이다. 그 압력 차이는 앞서 설명한 것처럼 기체구조 강도와 연관 있는 최대 객실 차압보다 작게 유지되어야 한다. **그림 5.27**의 사례에서 보면 23,000ft 이상의 고도에서 5psi 차이가 유지되는 것을 볼 수 있다.

위에 설명한 여압조절 모드와 함께 고려할 점은 객실고도 상승률(cabin rate of climb)도 같이 조절해야 한다는 것이다. 통상적으로 객실고도 상승률은 300에서 500fpm(feet per minute) 정도이다.

5.5.3.2.2 여압 조절 장치

그림 5.28은 민간 항공기 여압 조절 모드 사례를 나타낸 그림이다. 비행고도는 급격히 상승하더라도 객실고도는 비행고도보다 낮은 고도로 8,000ft까지 완만하게 상승하다가 순항고도에서 8,000ft 객실고도로 일정하게 유지하는 것을 볼 수 있다. 또한 최대 객실 차압은

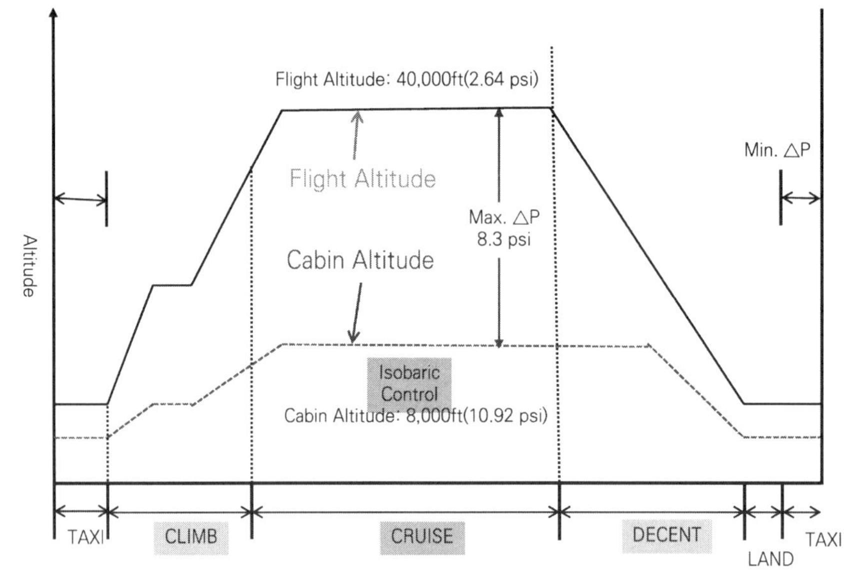

그림 5.28 민간 항공기의 여압조절 모드 사례

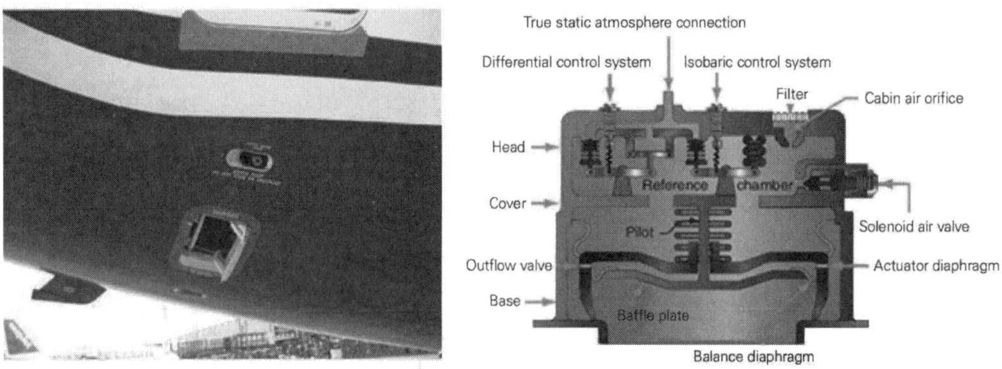

그림 5.29 outflow valve와 내부 구조

8.3psi로 설정된 것을 알 수 있다. 객실여압 조절밸브는 조종사의 어떤 조작이 없이도 항공기 고도에 따라 자동으로 여압을 조절하게 된다.

객실 압력은 조종실의 객실 압력 제어기(cabin pressure controller)에 의해 조절한다. 보통 객실고도(cabin altitude), 객실 상승률(cabin rate of climb)과 대기압(barometric setting)을 설정하게 되어 있다. 제어기에서 설정된 입력값은 압력조절기(pressure regulator)로 들어가고 압력조절기는 outflow valve(**그림 5.29** 참조)의 위치를 제어하도록 한다. **그림 5.29**처럼 민간 여객기의 outflow valve는 보통 후방 동체에 설치한다. 객실의 여압 조절 모드를 유지하도록 outflow valve의 위치가 설정되면 이 밸브를 통해 객실 내의 공기가 외부로 빠져나

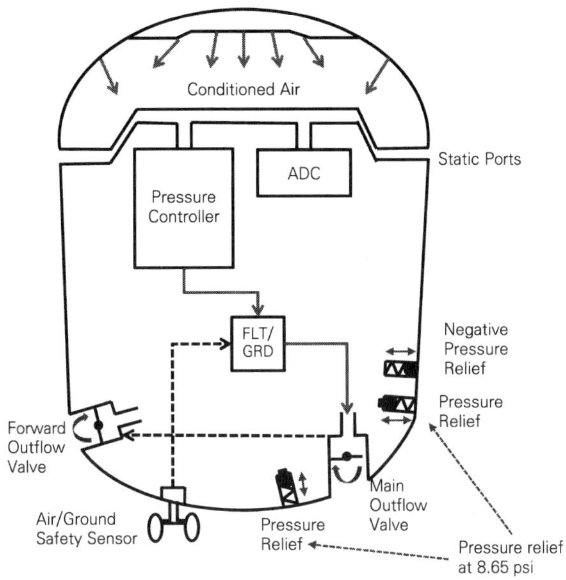

그림 5.30 B737 항공기 여압 조절 장치

가면서 정해진 압력으로 맞춰진다. 민간 항공기의 경우 보통 2개의 압력조절기를 설치하거나 1개의 압력조절기에 복수의 회로(redundant circuitry)를 설치한다. 항공기가 지상에 있는 경우나 착륙 시 지상에 접지하게 되면 WOW(Weight On Wheel) 스위치의 일종인 air/ground safety sensor 신호를 받아 outflow valve가 열려 외부 대기압이 들어오게 되어 있다.

현대 항공기의 여압 조절은 전기신호에 의한 디지털 제어를 사용하며 자동으로 제어하게 되어 있다. 비행관리 시스템(flight management system)에 비행 계획을 입력하면 자동으로 여압 조절 일정이 설정된다. 대부분의 여압 조절 장치는 수동모드가 있어 자동제어 모드를 대체(override)할 수 있게 되어 있다.

압력조절 장치에는 주 장치인 outflow valve 외에도 인간과 기체구조의 파손을 방지하기 위한 몇 가지의 안전장치들이 설치되어 있다. 그 예로 check valve를 공급 덕트에 설치하여 고장 시 객실에 있던 공기가 역으로 빠져나가지 못하도록 해야 한다. B737의 경우는 **그림 5.30**에서 보는 것처럼 안전밸브(safety valve)를 설치하여 객실여압 조절이 고장 나서 객실 내의 압력이 규정치 이상으로 증가하는 것을 방지해야 한다. 대부분 항공기에서 초과 허용 압력은 8~10psid의 범위에 있다. 그림에서 보듯이 B737 항공기는 8.65psid로 설정된 것을 알 수 있다. 객실 내의 압력이 외부 압력보다 낮은 경우에는 외부 기압이 객실을 여압 하도록 negative pressure relief valve를 설치하는 예도 있다. 보통 이 밸브는 저고도에서 혹은 착륙과정에서 작동되는 경우가 많다. 또한 어떤 항공기에서는 dump valve를 설치하여 비정상인 상황, 정비목적, 비상 상황 발생 시 객실내의 공기를 빠르게 제거하기도 한다.

5.6 습도 조절

환경제어 시스템의 기능에는 승객들의 안락함을 제공하기 위한 온도나 객실여압 기능 외에도 객실의 습도조절도 있다. 습도는 보통 지상이나 낮은 고도에서 문제가 되는데 이는 고도가 높아질수록 공기 중의 습도는 감소하기 때문이다. 특히 고온 다습한 기후에서 반드시 해결해야 할 문제이다. 북유럽에서는 공기 중의 수분 함유량은 공기 1kg당 약 30gram 정도이나 극동지방에는 40gram 이상이 포함되어 있다. 따라서 고온 다습한 기후에서는 객실로 들어오는 공급 공기의 온도는 승객이나 승무원들에게 편안할 정도로 충분히 낮은 온도를 유지해야 한다. 만일 습도조절이 잘되지 않는다면 객실 내에 김이 서리게 될 수 있다.

그리고 승객들의 편안함뿐만 아니라 적절한 습도조절을 통해 수분의 과도한 응축으로 인해 발생할 수 있는 전기나 전자 장비의 손상을 막아야 한다. 또한 습도조절을 하게 되면 객실이나 조종실 윈도의 방무(anti-misting), 제무(de-misting) 시스템의 필요성이 줄어들 수 있다.

객실로 들어오는 차가운 공급 공기에 포함된 물방울의 미세한 박무는 큰 물방울 입자로 뭉쳐져 결국 외부로 배출시켜야 한다. 현재 많이 사용하고 있는 공기 중의 수분을 제거하는 방식에는 두 가지가 있다.

- **원심력 방식**(centrifugal device)

수분이 포함된 공기를 회전시키기 위해 보통 터빈을 설치한 방식이다. 상대적으로 무거운 물방울 입자들이 한쪽에 설치된 튜브 쪽으로 모이게 되고 여기서 외부로 배출되어 수분 분리기 이후의 수분을 줄여주게 된다.

- **기계 방식**(mechanical device)

coalescer, relief valve와 water collector로 구성되어 있다. 수분을 함유한 공기를 coalescer로 강제로 흐르게 하면 물방울이 형성되어 collector로 가게 되고 여기서 외부로 방출된다. 만일 공기에 얼음이 생성되면 relief valve는 수분 분리기를 거치지 않고 바이패스 되도록 해준다.

냉방장치인 vapor cylcle system에서는 간단한 수분 분리장치가 사용되고 있는데 증발기

(evaporator)를 거치면서 공기 온도는 이슬점(dew point)까지 떨어지게 되고 자연스럽게 열교환기에 물방울이 생성된다. 이 생성된 물방울은 간단히 외부로 배출시킬 수 있다.

때로는 수분을 제거하기 위해 화학약품을 사용하는 때도 있다. 민간 항공기의 경우 객실의 창문은 이중으로 되어 있고, 그 사이는 공기층(air gap)으로 되어 있다. 여기에는 수분 응축을 방지하는 실리카 젤(silica gel)과 같은 수분 흡수물질을 거쳐 통풍되도록 하였다. 공기가 실리카 젤을 통과하면서 수분이 응축되고 이 과정에서 생기는 응축열로 인해 공기 온도는 상승하게 된다. 또 다른 방법으로는 물방울의 입자크기를 이용해서 걸러내는 방식이다. 특별한 흡수물질을 이용하면 공기 중에 포함된 큰 입자의 물방울이 걸러진다.

5.7 항공기 환경제어 시스템의 사례

5.7.1 B737 환경제어 시스템

그림 5.31은 공기 사이클(air cycle systems)을 이용한 B737 환경제어 시스템의 사례로서 대부분의 대형 민항기에 적용하는 시스템이라고 볼 수 있다. 그림에서 왼쪽 부분은 전체 환경제어 시스템을 오른쪽 그림은 핵심부품인 공기 사이클 시스템(air cycle systems)을 보여주고 있다. 엔진별로 지정된 독립적인 공기 사이클 시스템(그림에서 air conditioning pack으로 표시)이 설치되어 있고 블리드 공기도 해당 엔진에서 공급받지만, 어느 한쪽에 문제가 생기면 isolation valve를 열어 다른 쪽 엔진에서 블리드 공기 공급이 가능하다. 블리드 공기는 엔진뿐만 아니라 APU에서도 공급할 수 있고 지상인 경우는 지상장비(ground pneumatic cart)를 통해서도 가능하게 되어 있다.

블리드 공기는 pack valve를 통해 각 공기 사이클 시스템으로 공급되어 1차 열교환기(primary heat exchanger)를 거쳐 ACM(Air Cycle Machine)의 압축기를 거치면서 압력과 온도가 올라간다. 이 공기는 다시 2차 열교환기(secondary heat exchanger)를 거쳐 터빈을 통과하면서 온도와 압력이 크게 내려간다. 이 공기는 pack valve를 나와 ACM을 거치지 않고 우회해서 들어온 고온의 블리드 공기와 혼합하여 온도 조절을 한다. 온도 조절된 블리드 공기는 수분 분리기(water separator)를 거쳐 수분이 제거되어 최종적으로 객실, 조종실로 공급된다(**그림 5.20** 참조). 열교환기는 비행 중에 유입되는 램 공기를 이용하여 블리드 공기 온도를 낮추고, 램 공기가 부족한 지상 운용 시에는 터보팬을 가동해 외부 공기를 유입시킬

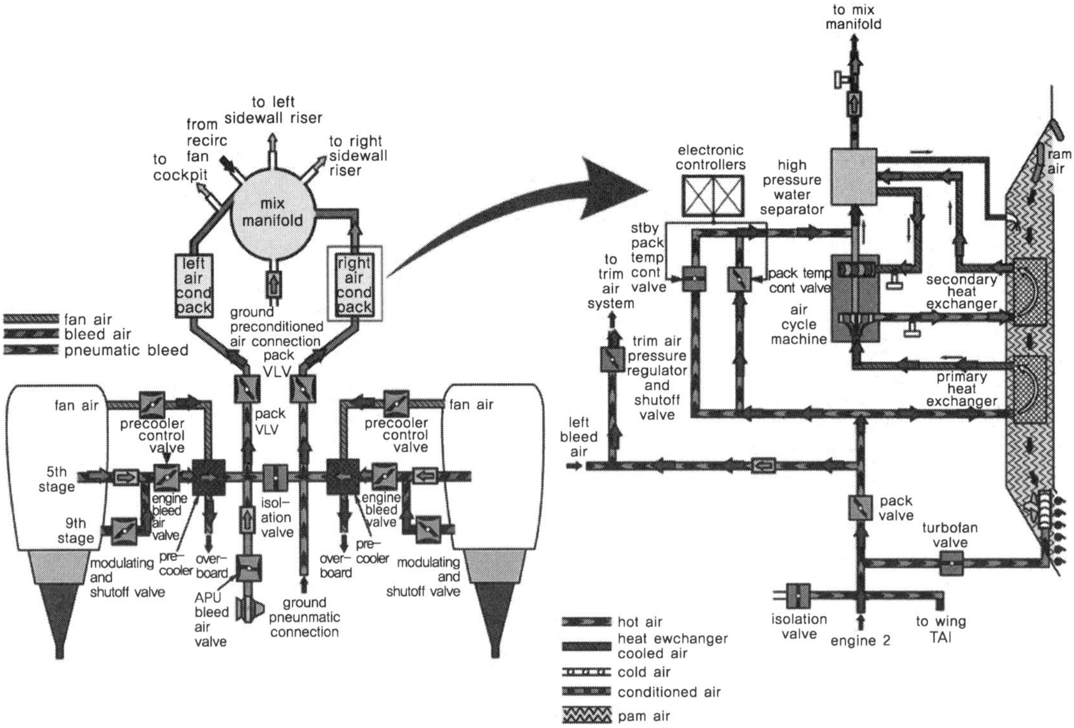

그림 5.31 ACM을 이용한 환경제어 시스템의 사례(B737)

수 있기 때문에 열교환기 주위로 공기흐름을 만들 수 있다. 이렇게 조절된 공기를 이용하여 객실과 조종실의 냉난방과 여압이 가능하게 한다. 여압은 앞서서 **그림 5.30**에서 설명했듯이 2개의 outflow valve, negative pressure relief valve, pressure relief valve를 이용하여 조절한다.

5.7.2 B787 환경제어 시스템

가장 최근에 운용하기 시작한 B787 항공기는 기존의 항공기에 비해 전기로 작동하는 여러 시스템을 대폭으로 적용하기 시작하였다. 관련 내용은 차후에 별도로 설명하도록 하겠다. 그중 환경제어 시스템 측면에서 보면 기존의 항공기와는 완전히 다른 개념을 가지고 있다. 그 이유는 대부분 항공기에서 공압(pneumatic power)의 공급원으로서 엔진 블리드 공기를 사용하는 데 반해 B787은 2차 동력원(secondary power)으로 엔진에서 블리드 공기를 전혀 뽑아내지 않는다는 점이다(단지 엔진의 방빙장치를 위한 블리드 공기만을 추출). 따라서 **그림 5.32**에서 보듯이 기존의 환경제어 시스템의 핵심 장치인 ACM(Air Cycle Machine)을 구동

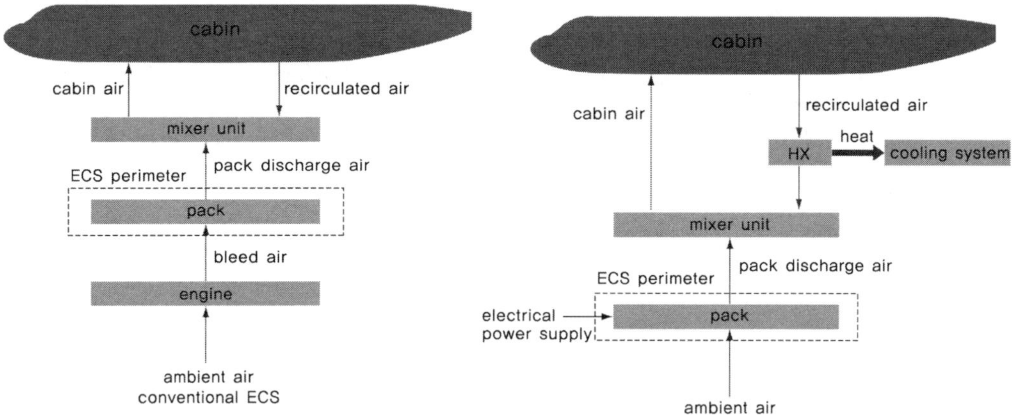

그림 5.32 기존의 환경제어 시스템(ECS)와 B787 ECS의 차이

하기 위한 고압, 고온의 엔진 블리드 공기를 사용하지 않고 대신 최초로 전기로 구동하는 압축기를 이용하여 고압의 공기를 만들어 낸다. 즉 ACM의 기존 압축기가 없어지고 전기로 구동하는 압축기로 대체된 것이다. 특히 엔진 블리드 공기의 압력과 온도는 ACM을 구동하는데 필요한 압력과 온도보다 높기 때문에 이를 낮추거나 조절하는데 필요한 에너지 손실이 발생하게 된다. 그러나 전기 구동 압축기를 이용하면 모터의 속도 조절을 통해 에너지 손실이 적은 최적의 압력과 온도 조건으로 맞출 수 있다. 따라서 효율성 측면의 비교자료를 보면 대략 기존의 B777에 비해 2배 정도 높은 것으로 알려져 있다.

또한 엔진 블리드 공기를 사용하지 않기 때문에 엔진 성능 저하 문제가 없어졌다. 특히 엔진이 2대인 민간 대형 항공기의 추력 요구 조건은 보통 1개 엔진이 고장 난 상태로도 이륙할 수 있어야 하므로 정상적인 비행 조건에 비해 높은 추력 조건으로 설계되어 있다. 따라서 순항 비행 시에는 엔진이 전반적으로 낮은 운용조건에서 작동하기 때문에 이 조건에서 많은 블리드 공기를 뽑아내는 것은 엔진 성능에 나쁘게 작용할 수밖에 없어 연료 소모가 많다. 그리고 엔진 블리드 공기 공급을 위해 필요한 여러 기계 부품들이 없어지기 때문에 무게와 설계가 간편해지는 장점도 있다.

또한 B787 환경제어 시스템은 thermal management system을 채택하여 운용함으로써 객실, 조종실, 조종사, 승무원용 휴식공간, 화물실 온도 및 여압 관리를 통합적으로 관리하고 있다. 전력전자 부품(power electronics)에 대해서는 물을 이용한 냉각 방법을 적용하고 있다.

기존의 민간 대형 항공기보다 B787이 가지고 있는 또 다른 장점은 최대 객실고도가 기존 항공기들보다 많이 낮아진 것이다. **그림 5.33**은 B787의 최대 객실고도를 타 항공기와 비교한 그림이다. 보통 타 항공기는 최대 객실고도가 8,000ft지만 B787은 6,000ft로 설정된 것을 알 수 있다. 즉, 최대 객실고도가 낮다는 의미는 그만큼 저고도에 해당하는 대기압

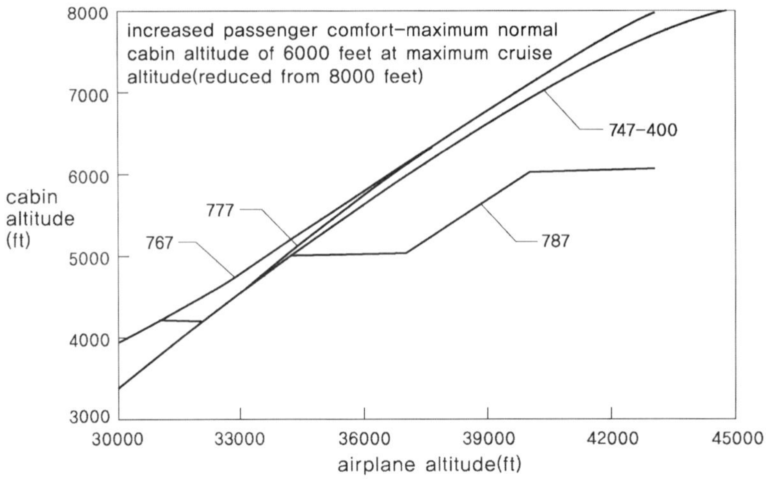

그림 5.33 B787 민간 항공기의 최대 객실고도

이 작용하기 때문에 사람에게 더 편안한 압력환경을 제공할 뿐만 아니라 기체구조 강도가 훨씬 좋아졌다는 것을 알 수 있다. 최대 객실고도가 낮아지면(객실 압력이 높아짐) 기체구조 강도가 그만큼 높아져야 하는데 아마도 복합재의 폭넓은 적용으로 가능해진 것으로 보인다.

5.7.3 군용기 환경제어 시스템

고온 고압의 엔진 블리드 공기를 이용한 냉방장치는 블리드 공기가 가진 에너지 일부만 냉방에 쓰이고 나머지 상당한 부분의 유용한 에너지까지 손실되고 있다. 일반적으로 블리드 공기가 가진 에너지와 열부하를 해결하는 데 사용되는 에너지의 비율을 보면 약 10 대 1 정도로 대부분이 쓸모없이 소모되고 있다고 볼 수 있다.

더욱이 램 공기를 이용한 열교환기에서 발생하는 공기저항을 엔진 추력이 감당해야 하는 문제가 생기게 된다. 이런 문제는 항공전자의 열부하가 계속해서 증가하는 군용기의 경우에 더 큰 문제가 되고 있다. 따라서 항공전자의 탑재가 많아질수록 환경제어 시스템의 중량증가로 인해 전체 항공기의 중량이 늘어나는 결과를 초래하게 된다. 더욱이 늘어나는 항공전자의 열부하를 해소하기 위해 더 많은 블리드 공기를 엔진으로부터 뽑아낸다면 엔진 성능에는 더욱 안 좋은 영향을 주게 된다.

군용기처럼 늘어나는 항공전자의 열부하는 앞으로 좀 더 효율적인 closed loop 형태 환경

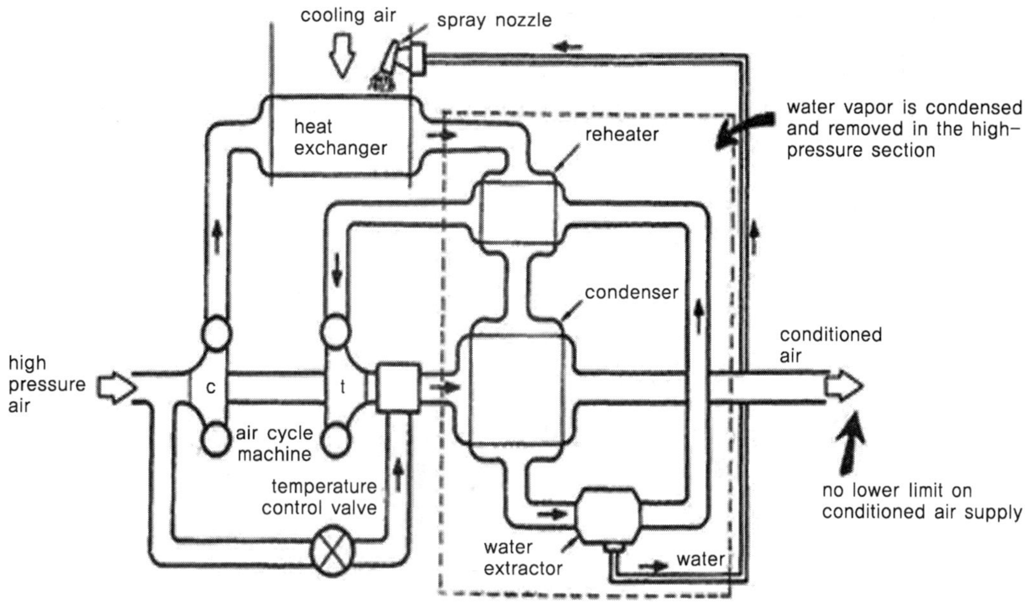

그림 5.34 고압형 수분분리기를 설치한 군용기 공기 사이클 사례

제어 시스템의 개발을 이끌어낼 것으로 보인다. 그 이유는 앞으로 엔진 블리드 공기의 요구량이 대폭으로 줄어들게 될 가능성이 있고, 엔진의 성능에 안 좋은 영향을 주는 open loop 형태가 가지는 문제점을 해결해야만 하기 때문이다.

향후의 발전 방향은 디지털 제어방식이면서 시스템 효율이 높고 경량화가 이루어질 것으로 예상되지만 전자 장비의 탑재가 늘어나면서 열부하가 증가하게 되어 더 큰 용량이 필요하게 될 것으로 보인다. 현대의 전투기(F22, F35 등)에서는 고집적 전자부품을 이용한 전자장비의 증가로 인해 기존의 공기 사이클 방식만으로는 한계가 있어 공기 사이클과 수냉식(liquid cooling)을 혼합한 방식을 사용하고 있다. 대형 민간여객기는 재료나 제조기술의 발달로 4-wheel bootstrap(압축기, 터빈 2개, 팬) cycle의 개발이 이루어졌다. 제어방식도 서보작동기(servo actuator)로 구성된 디지털 제어방식으로 발전되어 왔으며, 최근에는 핵이나 생화학 방지기술을 적용한 시스템들이 나오고 있다.

보통 수분 분리기(water separator)는 공기 사이클(Air Cycle Machine)의 터빈 후방에 설치되며 수분 분리기 내부의 coalescer에 수분이 집적되는 저압형을 사용한다. 저압형은 오염물질로 인한 성능저하 문제와 coalesce bag에 결빙되는 것을 방지하기 위해 보통 ACM의 출구 온도를 35°F 이상으로 제한해서 제어하게 된다. 이런 단점은 고압형 수분 분리기를 설치함으로써 해결하고 있다. 고압형은 열교환기를 거친 고압의 공기가 수분 분리기로 유입되는 방식이다. 건조한 공기가 터빈으로 유입되고 coalesce bag이 없어짐으로써 온도 제한 조건이 없어진다. **그림 5.19**는 고압형 수분 분리기가 설치된 사례이다. **그림 5.34**는 군용기 환경제어 시스템의 사례이며 열교환기를 거친 블리드 공기는 응축기를 거쳐 수분을 걸러내고 이 물은 열교환기 아래쪽에 분사하여 열교환기의 효율을 높이는 방식을 사용하고 있다.

06

전기 시스템 (electrical systems)

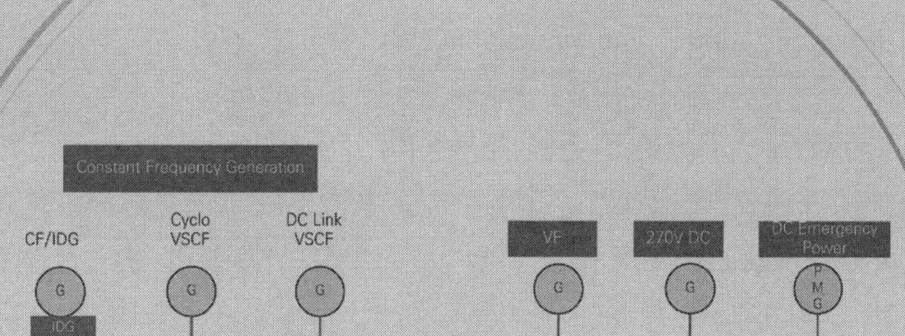

6.1 개요

항공기에는 전기를 사용하는 많은 장치가 설치되어 있으며, 사용하는 전원의 종류와 전압, 주파수가 다양하다. 최근에는 복잡한 공압 시스템(pneumatic system)이나 유압 시스템을 대신해서 전기를 동력으로 사용하는 장치들을 적용한 MEA(More Electric Aircraft) 개념의 항공기들이 개발되고 있다. 이 개념의 항공기들은 전기를 사용하는 시스템이 주로 장착되어 항공기 설계가 간단해질 수 있고, 무게 감소, 정비 용이성, 비용 등 유리한 장점들이 생기며, 최근 이슈화되고 있는 환경오염을 줄일 수 있는 대안으로도 고려되고 있다. 최근에 나온 A380, B787, F35 같은 항공기들이 이전의 항공기와 비교해 MEA 개념을 많이 적용한 항공기이다. 그러나 아직 전기를 사용하는 장치들의 신뢰성이 아주 높지 않은 경우도 있어 좀 더 많은 발전이 필요한 분야이며, 이런 문제점들이 해결된다면 실질적인 AEA(All Electric Aircraft) 개념의 항공기 시대가 올 것으로 보인다.

항공기 전기 시스템은 직류 혹은 교류발전기 같이 주전원(main electrical power)을 만드는 발전 시스템(power generation), 발전된 전원을 이용하여 직류나 교류로 변환시키는 전원 변환 시스템(power conversion), 전원을 제어하기 위한 제어 시스템, 전원을 분배해 주는 전원 분배 시스템(power distribution, control)으로 구성되어 있다.

- power generation(발전 시스템)
- power conversion(전원 변환 시스템)
- power distribution, control and protection(전원 분배 및 제어 시스템)

발전 시스템(power generation)은 운용개념에 따라 주발전기(main generator)인 주전원시스템과 주발전기의 고장일 때 전원을 공급하는 비상 전원(emergency generator) 시스템으로 나뉠 수 있으며, 배터리(battery) 장치 및 외부전원시스템도 설치되어 있다. 주전원 및 비상전원 모두 직류 혹은 교류전원을 만드는 직류/교류발전기가 있으며, 배터리 전원은 직류를 공급한다. 전원 변환 시스템(power conversion)을 구성하는 데 필요한 장치로는 직류를 교류로 전환하는 inverter나 교류를 직류로 전환하는 converter 혹은 TRU(Transformer Rectifier Units)가 있다. 전원 분배 시스템(power distribution)은 발전 시스템에서 공급하는 전원을 항공기 장비에 공급하는 장치로서 generator bus, essential bus, non-essential bus, battery bus 등으로 이루어진 power bus를 통해 공급한다. 전원 분배 시스템의 구성품에는 각종 relay와 power panel 등이 있다. 또한 전기를 사용하는 많은 장치는 특히, 비행제어 시

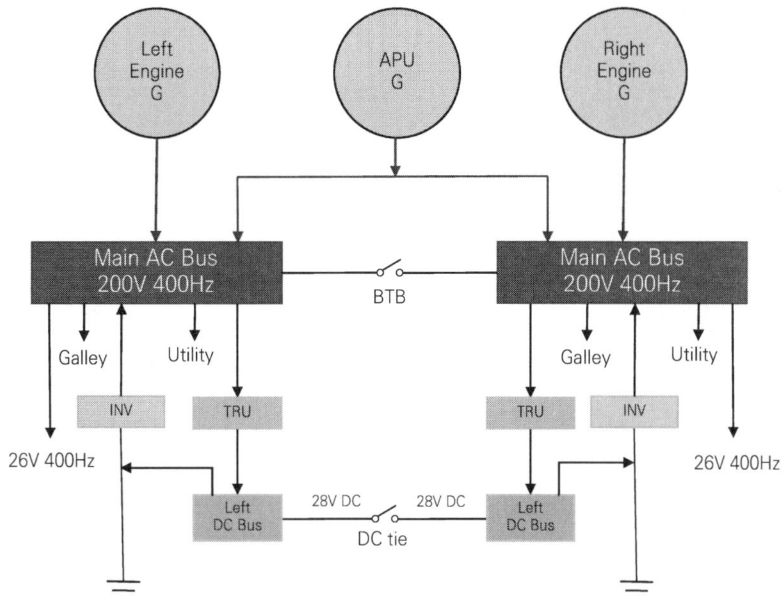

그림 6.1 항공기 전기 시스템 사례(B767)

스템의 경우 전기 공급이 차단되면 심각한 사고로 갈 수 있어서 어떤 경우에도 전기 공급이 될 수 있도록 다중의 전원 공급이 가능하도록 설계한다. **그림 6.1**은 항공기 전기 시스템의 사례로서 2대의 교류발전기에서 만든 전원을 이용하여 교류전원공급, 직류전원공급이 가능하며 필요하면 보조동력장치(auxiliary power unit)에서 만든 교류전원을 이용할 수도 있다.

6.2 항공 전기 시스템 설계 요구 조건

6.2.1 전기 시스템의 주요 설계 기준 문서

전기 시스템을 설계하는 데 참조해야 할 국내외 기술문서에는 다음과 같은 것들이 있다.

- 미국 군사 규격
  - MIL-B-5087, MIL-E-5400, MIL-E-6051, MIL-L-6503, MIL-Q-9358, MIL-E-7016F, MIL-HDBK-454A, MIL-HDBK-516B, MIL-STD-704F, MIL-HDBK-704, MIL-W-5088L, MIL-STD-7080, MIL-STD-461F

• 군용 항공기 표준감항인증기준(방위사업청)
• 민간 항공기 규격
 – FAR-23, 25, 27, 29, KAS-23 · 25 · 27 · 29

6.2.2 일반 요구 조건

(a) 이 비행기 감항기준에서 요구하는 전원을 필요로 하는 장비는 '필수 부하'라 한다. 전원 및 전원장치는 예상되는 운항상태의 조합과 예상되는 기간 동안에 다음의 부하에 전원을 공급할 수 있어야 한다.
 (1) 정상 작동하고 있는 시스템에 연결된 부하.
 (2) 한 조의 동력원, 전원 변환기 또는 에너지 저장장치의 고장이후 필수 부하.
 (3) 다음 사항의 고장 이후 필수 부하.
  (i) 쌍발기의 경우 1개 엔진의 부작동.
  (ii) 3발 이상의 다발기의 경우 2개 엔진의 부작동.
 (4) 이 비행기 감항기준에 의거 교류전원이 요구되는 경우 임의의 한 전원장치, 분배장치 또는 이용 시스템의 고장 이후 필수 부하.

(b) 발전계통은 전원, 주동력 버스, 송전 케이블 및 제어장치 그리고 조절 및 회로 보호장치를 말하며 다음 요건에 따라 설계하여야 한다.
 (1) 전원은 독립적 전원이든 타 전원과 조합으로 연결되었든 정상적으로 작동해야 한다.
 (2) 전력계통의 고장 또는 기능 불량으로 필수 부하에 공급하는 잔여 전원이 끊어지거나 기능을 손상시키는 일이 없어야 한다.
 (3) 필수 부하 장비의 단자에서 전원장치의 전압과 주파수는 예상 운용 조건하에서 장비의 설계규격 상한치를 넘지 않도록 설계하여야 한다.
 (4) 스위치의 조작이나 결함의 수정 또는 기타 다른 사유로 발생하는 시스템의 과도현상이 필수 부하를 작동하지 않는다든지 타거나 화재위험이 발생하지 않도록 하여야 한다.
 (5) 비행 중 임의의 승무원이 시스템의 전원을 개별로 그리고 전체적으로 차단하는 장치를 갖추어야 한다.
 (6) 시스템의 안전한 작동에 필수적으로 요구되는 각 발전기에서 공급되는 전압과 전류와 같은 전기계통의 총 용량을 임의의 승무원에게 지시해 주는 장치를 갖추어야 한다.

(c) 외부 전원: 비행기에 외부전원을 연결하는 장치가 있는 경우 이 외부전원은 엔진의 시동과 연관되지 않은 장비에 전기적으로 접속되어야 하며, 반대의 극성 또는 반대의 위상을 갖는 외부전원이 비행기의 전기계통에 공급되지 않도록 하는 장치를 갖추어야 한다.

(d) 정상 전원 상실상태에서의 운용: 비행기가 정상 전원(배터리 제외)을 상실하고 임계 연료(엔진 시동이 꺼지고 재시동하려는 관점에서)하에서 그리고 비행기가 최대 승인고도에 비행 중인 상태 하에서 시계비행규칙 조건으로 5분 이상 안전하게 비행할 수 있다는 것을 분석, 시험 또는 이 두 가지의 동시적 방법으로 입증하여야 한다. 전기계통의 부품은 다음 조건으로 존속하여야 한다.

  (1) 전선 뭉치 또는 접속함의 화재와 같은 단일 고장으로 인해 부품이 켜지거나 꺼진 상태에서 손실이 발생해서는 안 된다.

  (2) 켜진 상태에 있는 부품들은 꺼진 상태에 있는 부품들과 전기적 및 기계적으로 격리하여야 한다.

6.2.3 전기장비 및 장착관련 요구 조건

(a) 전기장비, 제어장치 및 배선은 임의의 한 단위 부품 또는 시스템이 안전 운항에 필수로 요구되는 다른 전기 단위부품 또는 시스템의 동시적 작동에 심각하게 영향을 주지 않도록 장착하여야 한다.

(b) 케이블류들은 과도한 전류가 흐르는 케이블에 결함이 발생할 경우 필수회로의 손상을 최소화할 수 있도록 집단화시키고 적절한 간격을 유지하여 배선하여야 한다.

(c) 배터리는 다음과 같은 요건에 의해 설계되고 장착하여야 한다.

  (1) 임의의 예상 가능한 충전 및 방전 과정에서 배터리의 단위 셀의 온도 및 압력은 안전하게 유지되어야 한다. 다음과 같은 조건으로 배터리를 재충전할 때 비정상적인 셀 온도의 증가 현상이 발생되지 않아야 한다.

    (i) 최대조정전압상태

    (ii) 최장시간의 비행 상태

    (iii) 운용 중에 발생하는 것으로 가장 불리한 냉각 상태

  (2) 상기 (c)(1)항의 적합성은 유사한 배터리의 사용 및 장착 경험으로 안전한 셀 온도가 유지되고 압력에도 문제가 없는 사례가 있는 경우를 제외하고는 시험에 의해 입증하여야 한다.

(3) 정상 운용 중에는 배터리로부터 폭발성 또는 유독 가스가 발생하여서는 안 되며, 충전 시스템상에 또는 배터리를 장착하는 과정에서 예상 가능한 고장으로 비행기 내에 유독 물질이 축적되지 않아야 한다.
(4) 배터리로부터 새어나 온 부식성 유체나 기체가 비행기의 기체 구조물이나 인접 필수 장비에 손상을 주어서는 안 된다.
(5) 비행기의 엔진을 시동하거나 보조동력장치로 이용되는 니켈-카드뮴 배터리를 장착할 시에는 배터리 또는 개별 셀의 단락으로 발생하는 열로 인해 기체구조나 필수 시스템에 해로운 영향을 주지 않도록 하여야 한다.
(6) 비행기의 엔진을 시동하거나 보조동력장치로 이용되는 니켈-카드뮴 배터리를 장착할 시에는 다음 사항들을 충족해야 한다.
  (i) 배터리가 과열되는 것을 방지하기 위한 충전율을 제어하는 장치를 갖춘다.
  (ii) 과열상태가 될 때 충전기로부터 차단하는 장치와 함께 배터리의 온도를 감지하고 온도를 경고하는 장치를 갖추어야 한다.
  (iii) 배터리가 작동불능 상태가 될 시에 충전기로부터 차단하는 장치와 함께 이 상태를 감지하고 경고하는 장치를 갖추어야 한다.

6.2.4 전원 배분장치 요구 조건

(a) 특정의 장비나 시스템에 두 조의 독립전원이 요구되는 경우에 한 조의 전원이 고장 시 다른 전원이 자동적으로 공급되게 하거나 수동으로 선택할 수 있어야 한다.

6.2.5 회로 보호장치 요구 조건

(a) 배선상의 결함이나 시스템 또는 연결 장비에 심각한 고장 발생 시 전기 계통의 재난과 비행기의 위험을 최소화하기 위하여 자동식 회로 보호장치를 갖추어야 한다.
(b) 발전계통의 회로보호 및 제어장치는 전압으로 인한 손상과 다른 고장 발생을 막기 위하여 신속하게 잘못된 상태의 전원을 차단하고 전력이 버스를 통해 장비로 전달되는 것을 막도록 설계하여야 한다.
(c) 원복이 되는 회로 보호장치는 과부하 또는 회로 결함 발생 시 운용 조작 위치에 관계없이 회로를 개방할 수 있도록 설계하여야 한다.
(d) 비행 중 회로 차단기를 원위치하거나 퓨즈를 교환하는 것이 안전에 필수적인 경우 회

로 차단기나 퓨즈를 비행기에 비치하고 표시를 해 놓아 비행 중 신속하게 원위치하거나 교환할 수 있어야 한다.

(e) 필수 부하 회로에는 고유의 회로 보호장치를 갖추어야 한다. 그러나 이 경우 시스템의 위치표시 등의 회로와 같은 필수 부하 시스템의 각 회로에 대한 보호장치는 필요치 않다.

(f) 퓨즈가 사용되는 경우 비행 중 사용을 위하여 총 사용 퓨즈의 50%에 해당되는 잉여퓨즈를 갖추어야 한다.

(g) 장비로 연결되는 케이블을 보호하는 회로 보호장치가 구비된 경우 전기장비에 대한 총체적인 보호기로서 자동 회복되는 열차단기와 같은 회로 차단기를 사용할 수 있다.

6.2.6 전기 시스템 주요 설계업무

설계 분야	설계 업무
1. 운용환경·전기 소요량 분석	1.1 비행 프로파일에 따른 전기 소요량 및 부하량 분석 1.2 주 발전기와 비상 발전기의 용량 예측 1.3 배터리 용량 분석 1.4 정전기 처리 및 접지방식 분석
2. 배터리·발전기 방식 선정	2.1 설계 요구도에 따른 배터리 정격용량 분석 2.2 다양한 종류의 배터리 성능 비교·분석 2.3 전압제어기 설계 2.4 주 발전기와 비상 발전기 설계 2.5 인버터, 컨버터, 정류기 설계
3. 주전원·예비전원 공급 설계	3.1 주전원에 대한 분석 3.2 예비전원에 대한 분석 3.3 전원분배 회로 설계 3.4 전원분배기(power panel)와 버스(bus)에 대한 분석 3.5 전원공급 장치 설계 3.6 전기부하 분석
4. 전원분배장치·규격 제정	4.1 전원분배에 대한 분석 4.2 필요한 규격 제정 4.3 전원전환장치와 과전류 차단장치 분석 4.4 역전류 방지소자 분석 4.5 EMI·EMC 분석
5. 제품규격·도면 작성	5.1 표준도면 작성 5.2 제품의 제작공정 파악 5.3 확장성을 고려한 제품규격서 작성

설계 분야	설계 업무
6. 도통·jig board 시험결과 분석	6.1 규격서의 성능요구도 해석 6.2 시험평가 계획 및 절차 수립 6.3 시험평가 기준 및 절차에 따라 전기계통에 대한 시험성적서 작성 6.4 계측 및 시험장비 운용

6.3 항공기 전원 시스템

항공기 전원 시스템(aircraft electric power generation system)을 살펴보자. 항공기에서 사용하는 전원은 보통 주발전기(main generator), 비상 발전기(emergency generator) 및 배터리(battery) 등을 통해 공급된다. 최근의 항공기는 고집적화되고 진보된 항공전자 장비와 비행조종컴퓨터, 그리고 전기장비를 사용하기 때문에 전원공급이 끊기면 항공기 사고로 이어질 수 있다. 따라서 주발전기의 고장으로 인한 전원 차단에 대비하기 위한 장치가 설치되어야 한다. 그 대표적인 장치로는 비상 발전기 혹은 배터리를 들 수 있다. 주발전기가 고장 나면 비상 발전기에서 전원을 공급하고 또한 연이어 비상 발전기가 고장 나면 배터리가 일정 시간 전원을 공급하게 되어 있다.

항공기에 탑재되는 주발전기는 직류발전기(DC generator)와 교류발전기(AC generator) 모두 가능하며, 소형 항공기에서는 직류발전기를 주로 사용하고, 전기부하가 많은 대형 항공기나 최근의 항공기에서는 주로 교류발전기를 이용하여 전원을 만들어낸다. 항공기의 전기부하에 따라 필요할 때는 주발전기를 여러 대 설치한다.

항공기에는 교류와 직류를 사용하는 장비들이 혼용되어 탑재되기 때문에 직류전원이 필요한 경우는 converter 혹은 TRU(Transformer Rectifier Unit)를 이용하여 교류전원을 직류로 만들어 사용한다. 반대로 교류전원이 필요한 경우에는 직류발전기의 직류를 교류로 전환하는 inverter를 설치한다. 항공기에서 2대 이상의 발전기가 운용되면 서로 병렬로 연결하여 사용한다. 이 경우 equalizer를 설치하여 각각의 발전기 부하를 균등하게 나누어 전력을 공급하다가 발전기 한 개가 고장이 나면 정상인 발전기가 고장 난 발전기가 공급하던 부하에 연결되어 지속해서 전원공급이 가능하게 한다.

항공기 주발전기는 엔진의 구동축과 발전기 회전자(rotator)를 맞물려 회전시킴으로써 발전하게 된다. 이때 엔진 회전수는 엔진의 출력에 따라 변하기 때문에 교류전압의 주파수를 일정하게 유지하기 위하여 별도의 정속 구동장치(constant speed drive)를 설치한다. 정속 구동장치를 발전기 내부의 구성품으로 통합한 IDG(Integrated Drive Generator) 형태도 많이 사용한다. 최근에는 복잡한 정속 구동장치를 제거하고 엔진 회전수에 따라 변하는 발전기 출력 주파수를 제어하여 일정한 출력 주파수를 발생시키는 VSCF(Variable Speed Constant Frequency) 발전기를 사용하고 있다. 또한 최근에는 발전기의 회전수에 따라 출력 주파수가 변하는 가변 주파수 발전기(variable frequency generator)의 사용이 늘고 있다.

항공기에서 사용하는 교류전원은 400Hz, 115/200V, 3상(3phase)가 주를 이루는데, 용량은 항공기에서 필요로 하는 전원 부하에 따라 결정하며 용량의 표시는 보통 KVA로 한다. 항공기 직류전원은 보통 28V를 많이 사용한다.

6.3.1 항공기 전원의 발전과정

항공기 전기 시스템은 최근 전기동력을 사용하는 장비의 적용이 증가하면서 중대한 발전들이 이루어졌다. **그림 6.2**는 항공기 전원의 발전과정을 보여준다. 1940년대, 50년대의 항공기는 일반적으로 28V DC 전원을 사용하였다. 항공기 전원은 엔진의 기어박스에 맞물린 발전기에 의해 만들어지기 때문에 엔진 회전수에 따라 영향을 받는다. 2개의 엔진이 달린 항공기의 경우 각 엔진이 28V DC 발전기를 작동시켰고 필요시에는 2개의 발전기가 부하를 분담하기도 하였다. 또한 1개 혹은 2개의 DC 배터리를 장착하였고, 115V AC를 사용하는 비행계기를 위해 inverter를 설치하여 직류(DC)를 교류(AC)로 변환시켜 사용하였다.

그러나 점차 전원요구량이 커지면서 28V DC 전원으로는 요구량을 맞추지 못하게 되어

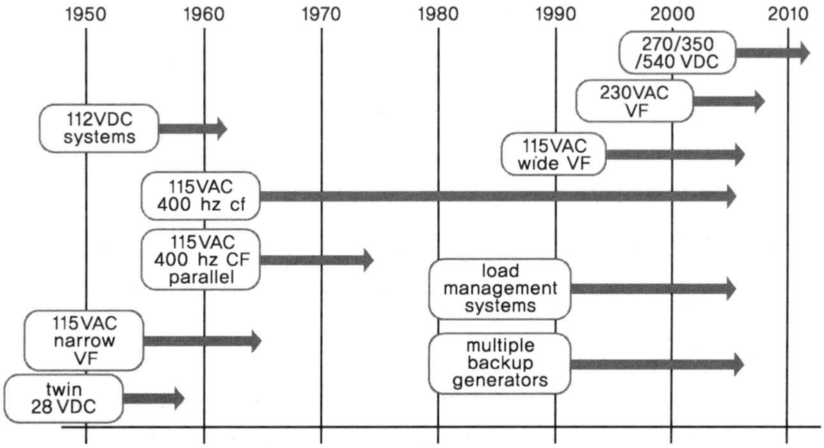

그림 6.2 항공기 전원의 발전과정

이를 대체하는 115V AC 400Hz 전원이 등장하였다. 1950년대와 60년대 영국 공군이 사용했던 V-bomber 항공기의 경우 전기에 의해 구동되는 landing gear와 높은 전원을 요구하는 radar, electronic warfare jamming 장치를 장착함으로써 이들의 전원을 공급하기 위해 4대의 115V AC 발전기를 설치하였다. 또한 단절 없는 연속적 전원공급을 위해서 많은 제어회로와 보호회로(protection circuitry)가 적용되었다.

맥도넬 더글러스(Mcdonell Douglas)사의 F-4 전폭기는 전투기로서 높은 용량의 교류발전기를 적용하였다. 그리고 400Hz의 일정한 주파수를 갖는 115V AC를 얻기 위해 정속구동장치인 CSD(Constant Speed Drive)를 설치하여 엔진 회전수에 따라 변하는 전원의 주파수를 일정하게 만들어 사용하였다. 그러나 정속구동장치(CSD)는 본래 매우 복잡한 hydro-mechanical 장치로서 그 신뢰성이 좋지 않았다. 그래서 일반적으로 임무 수행 중 엔진 회전수가 급격하게 변하는 전투기에는 충분한 신뢰성이 없는 일정한 주파수를 가진 교류발전기를 사용하지 않았다.

지난 몇십 년간 고용량의 반도체 고속 스위칭(switching) 기술과 전자제어 기술이 발전하면서 VSCF(Variable Speed Constant Frequency) 발전기가 개발되었다. 이 발전기는 신뢰성이 낮고 복잡한 CSD를 이용한 발전기를 대체하기 시작하였다. VSCF 발전기는 반도체를 이용한 VSCF converter를 사용하여 400Hz의 일정한 주파수를 갖는 115V AC 전원을 만들게 되었다. 현재 VSCF 발전기는 일반적으로 많이 사용하는 형태가 되었다. F-18 항공기가 처음으로 VSCF 발전기를 사용하였고, B737-500도 비슷한 형태의 장치를 탑재했으며, B777 같은 경우는 back-up 전원장치로써 사용하기도 한다.

최근엔 미 공군과 해군에 의해서 270V DC 전원장치가 개발되었다. 고용량의 발전기에서 270V DC 전원을 만들어 사용하고, 전원변환 장치를 사용하여 일부는 115V AC/400Hz나 28V DC 전원으로 변환하여 사용하기도 한다. 이 방식은 최근에 개발된 F-22와 F-35에 적용되었다. 270V DC 방식은 기존의 방식에 비해 매우 효율적이고 간단하여 장비 중량이 가벼운 장점이 있다. 이로 인해 현재 진행되고 있는 MEA(More-Electric Aircraft) 개념에 잘 부합하는 전원장치로 고려되고 있다. MEA는 기존의 유압(hydraulic system)이나 공압(pneumatic system)을 이용하는 장치들이 없어지고 전기로 구동되는 장비로 대체되는 개념의 항공기이다. 미래의 전투기는 현재의 전원용량보다 매우 큰 용량이 필요할 것이다. 270V DC의 채널당 예상 가능한 전원용량은 250~300kW이고 아마도 500kW까지 높아질 것으로 예측되는데 이는 현재의 채널당 50kVA의 10배까지 커지는 용량이다.

부품 레벨로 보면 고용량의 개폐기(contactors)와 반도체를 이용한 전원 전환장치(power-witching)가 개발되어 항공기의 주전원 및 보조전원에서 사용할 수 있는 단계까지 도달하였

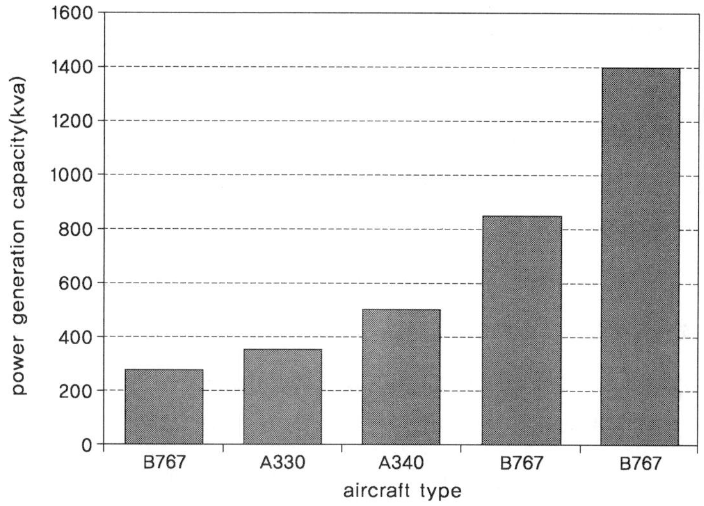

그림 6.3 항공기 발전용량 증가 추세 (출처: Flost & Sullivan)

다. 이런 기술발전은 전원공급, 전원 보호나 부하 전환(switching)과 같은 전원관리 장치에 마이크로 전자공학을 도입할 수 있는 계기가 되고 있다.

높은 교류전압을 사용하게 된 동기는 전원 채널당 생산해야 하는 전력량 때문이었다. 현재의 직류전원의 합리적인 전류 한계치는 400A로 이는 배전 장치와 개폐장치의 한계 때문이다. 그러므로 400A의 전류를 28V DC에 적용하면 12kW 정도의 전원을 만들 수 있는데 이 값은 현대 항공기의 요구값과 비교해 많이 낮은 수치이다. 이 정도의 수치는 범용 항공기(general aviation)나 소형 상용제트기 정도에 적용할 수 있는 용량이다. 현재 상용제트기, 대형 여객기의 경우 20~90kVA/channel 범위의 요구량이 필요하며, 이 수치는 군용기 영역에서도 적용 가능한 요구량이다.

최근의 항공기 중에는 VF(Variable Frequency) 발전기를 적용한 때도 많이 있다. 이 방식의 발전기는 발전방식으로는 가장 신뢰성이 있지만, 주파수 변화로 인한 효과를 완화하기 위해 모터 제어장치(motor controller)와 같은 추가의 장치가 필요할 수 있다.

그림 6.3에서 보듯이 최근에 개발되어 운용하고 있는 민간 대형 항공기는 MEA 개념을 도입한 장비들의 탑재가 대거 늘어나면서 요구 발전용량이 기존의 항공기에 비해 매우 커진 것을 알 수 있다. 이와 관련한 자세한 내용은 추후 다시 언급할 것이다. 앞으로 발전량은 점진적으로 계속 증가하는 추세이며 A380은 800kVA, B787은 1400kVA까지 발전용량이 증가하였다.

6.3.2 발전기 종류 및 기본원리

발전기는 자기장(magnetic field) 내에서 코일(coil) 같은 도체가 움직이게 되면 유도기전력이 발생한다는 것을 증명한 영국의 과학자 패러데이(Faraday)의 이론에 근거해서 만든 장치이다. 발전기의 종류는 크게 교류발전기와 직류발전기로 나뉠 수 있다.

6.3.2.1 교류발전기

항공기에서 사용하는 교류발전기(AC power generator)는 일반 발전기의 원리와 구조가 같다. 우선 교류발전기의 원리와 종류에 관해서 설명하기로 한다.

자기장 내에서 도체(코일)를 움직이면 플레밍(Fleming)의 오른손 법칙에 따라 도체의 움직이는 방향에 맞춰 유도기전력이 발생한다. **그림 6.4**는 플레밍의 오른손 법칙을 나타낸 것으로 발전기의 원리를 설명하고 있다. 엄지손가락은 도체의 운동 방향, 검지는 자기력선의 방향(N → S), 중지는 유도전류의 방향을 나타낸다. 반대로 플레밍의 왼손 법칙으로는 전동기(motor)의 원리를 설명할 수 있다.

일반적으로 도체의 운동은 직선운동이 아닌 원운동을 하게 되며 이 원운동은 엔진의 회전으로 만들어진다. 교류 발전기는 유도기전력을 발생시키는 전기자(Armature)와 자기장을 만드는 계자(Field), 코일 양단에 유기되는 전압을 외부와 결합하기 위해 축과 같이 회전하는 2개의 슬립링(slip ring)과 브러시(brush)로 구성되어 있다. **그림 6.5**는 교류발전기의 기본원리를 보여주고 있다. 그림에서 전기자는 회전자 코일, 계자는 고정자인 영구자석으로 구성되어 있다.

전기자인 코일이 시계방향으로 회전하고 있을 때 그림에서 (a) 위치를 회전각 0도라고 정

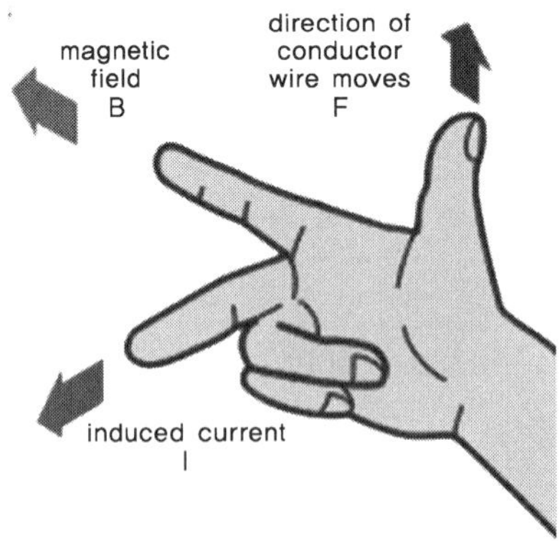

그림 6.4 플레밍의 오른손 법칙

의해 본다. 이 각도에서는 회전자 코일을 통과하는 자속(magnetic flux)은 최대이지만 순간적으로 자력선의 방향과 평행하게 움직이기 때문에 전기자인 코일이 자속의 변화를 일으키지 않아 유도기전력은 0이 된다. 회전각이 90도인 (b) 위치의 경우에는 N극에서 S극으로 나가는 자기력선을 순간적으로 직각 방향으로 자르며 지나가기 때문에 코일의 자속 변화율이 최대가 되고 유도기전력은 가장 크게 나온다. 이런 방식으로 전기자 코일이 한 바퀴 회전하면서 **그림 6.5**처럼 교류전원이 발생하게 된다.

교류전원의 장점은 28V DC와 115V AC의 차이에서 보는 것처럼 고전압을 이용할 수 있다는 점이다. 주어진 전원요구량을 맞추기 위해 고전압을 사용하면 낮은 전류를 사용할 수 있다. 전류를 낮추면 전압강하(전류에 비례)나 동력손실(전류의 제곱에 비례)이 낮아지는 장점이 있다. 또한 전류를 낮추면 전선의 무게를 줄일 수 있는데 이는 항공기에서 매우 중요한 문제이다. 그러나 고전압을 사용하면 절연을 잘 시켜야 하는 단점을 가지고 있다.

교류발전기의 종류는 내부구조에 따라 나뉠 수 있다. 첫 번째 방법은 계자와 전기자의 구성방식에 따라 계자극 방식, 회전-전기자 방식, 회전-계자방식으로 구분한다. 두 번째 구분방법은 전기자 코일의 개수에 따라 주로 단상(single phase)과 3상(3 phase)으로 구분한다.

• **계자극 방식**

계자는 자기장을 만드는 자석이라고 보면 된다. 계자극 방식은 움직이지 않는 고정자(stator)인 영구자석이 계자이고, 계자에 별도로 전기를 공급할 필요는 없다. 그 이유는 영구자석은 이미 자기장을 가지고 있기 때문이다. 하지만 이 방식은 영구자석을 이용하기 때문에 계자의 자기장 세기를 조절하기 어렵다는 단점이 있다.

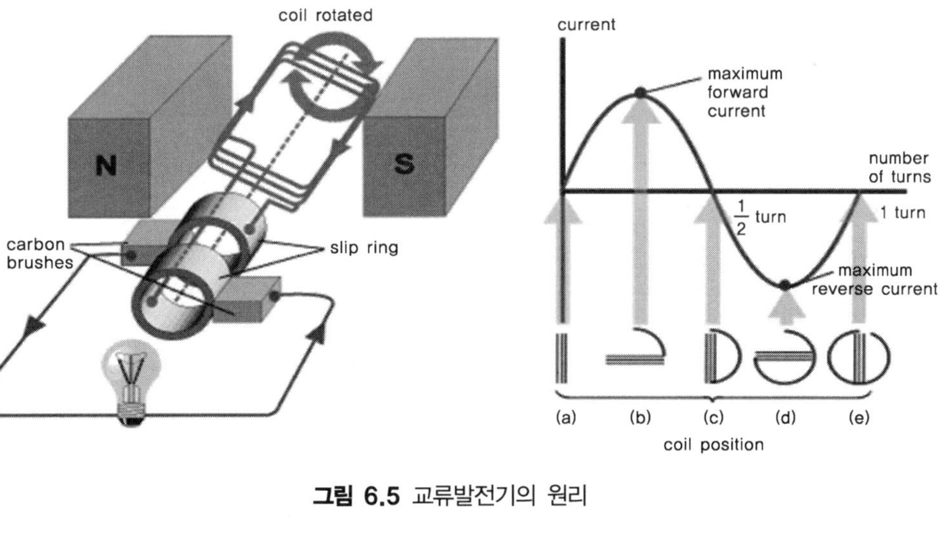

그림 6.5 교류발전기의 원리

• **회전-전기자 방식**

회전-전기자(rotating-armature) 방식은 자기장을 만드는 계자가 코일로 이루어진 전자석이며, 이 코일을 계자권선(field winding)이라 한다. 계자에서 자기장을 만들기 위해 직류전류를 공급해야 하는데, 이를 계자여자(field excitation)라 한다. 이 방식은 고전압일 경우 슬립링(slip ring)과 브러시(brush) 간에 스파크(spark)로 인한 손상이 일어날 수 있어 수리 비용이 많이 드는 단점이 있으며, 주로 저전압의 교류발전기에 사용한다.

• **회전-계자 방식**

회전-계자(rotating-field) 방식은 교류발전기에서 주로 사용하는 방식으로서 회전자를 계자로 하고 고정자를 전기자로 하는 방식이다. 이 방식은 자기장을 만들기 위한 계자여자 전압이 낮은 상태에서 슬립링을 통해 공급되므로 슬립링의 크기가 작아지고 회전자의 무게가 가벼워진다. 또한 고정자인 전기자에 코일을 많이 감을 수 있으므로 많은 전력을 공급할 수 있는 고전압 발전기에 주로 많이 사용하게 된다. 항공기의 교류발전기에 주로 쓰이는 방식이다.

교류발전기는 출력전압의 위상에 따라 단상, 3상(3 Phase) 발전기로 구분된다. 3상의 경우는 출력전압이 3개인 경우를 말한다. 또한 3상 발전기는 결선방식에 따라 Y 결선방식(혹은 star 결선)과 Δ(delta) 결선방식이 있다. 결선방식에 따라 선간전압과 선간전류의 값이 바뀌며 각 상에서 나오는 전류의 위상 차이가 발생한다. 항공기에서는 주로 Y 결선방식을 사용한다.

최근 항공기가 대형화되면서 전력 수요가 늘어나는데 많은 수요를 맞추려면 전압이 일정할 때 전류가 높아져야 한다. 따라서 높은 전류를 공급하기 위해서는 도선이 굵어지고 이는 항공기의 무게 증가를 초래한다. 실제 항공기에서 도선의 무게는 결코 무시하지 못할 요소

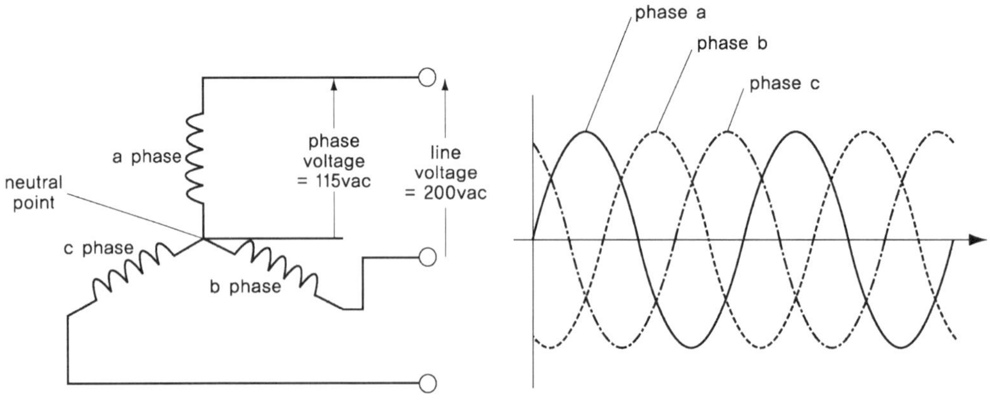

그림 6.6 Y(혹은 star) 결선 방식의 3상 전원

이다. 예컨대 대형 항공기에는 도선의 무게만 1,000kg이 넘는 일도 있으며, 최근에 개발된 A380 민항기 도선의 길이는 500km가 넘을 정도이다. 따라서 전류를 줄이기 위해 전압을 높이기 쉬운 교류를 많이 사용하게 되는데 특히 교류 중 3상 교류발전기를 주로 사용하게 된다. 항공기에서 사용하는 교류전원은 현재 400Hz, 115/200V를 주로 사용하고 있다.

교류발전기에서 출력전압과 출력주파수는 일정해야 한다. 보통 항공기에서 교류발전기의 회전 계자는 항공기 엔진의 회전축과 연결되어 있다. 엔진의 회전수는 엔진의 출력조건에 따라 변하는데 이는 교류발전기의 출력조건이 변하는 요인이 된다. 이것은 보통 엔진의 회전축과 발전기축 사이에 기어박스로 구성된 정속 구동장치(CSD, Constant Speed Drive)를 설치하여 엔진의 회전수와 관계없이 일정한 출력 주파수를 유지할 수 있게 해 준다. 보통 항공기에서는 400Hz 주파수를 주로 사용하는데 약 10% 정도의 주파수 변화가 발생하면 전기 시스템의 작동이 원활하지 않게 된다. 기계식 정속구동장치(CSD)는 자동차의 오토미션과 유사한 유압식 기계로서 구조가 복잡하여서 현재는 잘 사용하지 않으며, 최근에는 IDG, VSCF 방식과 같은 여러 가지 다양한 출력 조절 방식을 사용한다. 이 내용은 추후 별도의 절에서 다루기로 한다.

최근에는 브러시(brush)와 슬립링(slip ring)이 없는 brushless generator를 사용함으로써

- 마모로 인한 정비 수리 비용을 줄일 수 있고,
- 브러시가 없어 아크(Arc)가 발생하지 않으며 높은 고도 비행 시 우수한 기능을 낼 수 있으며,
- 브러시와 슬립링의 저항으로 인한 전도성의 변화가 없으므로 출력이 안정적이다.

6.3.2.2 직류발전기

직류발전기(DC power generator)는 항공기에서 사용하는 직류전압을 만드는 장치이다. 현재는 28VDC 전원을 많이 사용하고 있지만, 앞으로는 270V DC 전원을 많이 사용할 것으로 보인다. 발전기는 전압이 항상 일정하게 나와야 한다. 직류전원으로의 변환은 정류자(commutator)라 불리는 장치를 이용하여 이루어진다.

직류발전기는 전기자를 회전시켜 유도기전력을 발생시키게 된다. **그림 6.7**과 같이 2개의 영구자석(전자석) 사이에 회전하는 전기자인 코일을 넣고, 외부로부터의 기계 동력에 의해 코일을 회전시킨다. 이때 코일 속의 자기장에 변화가 생기고 코일의 양 끝에 유도기전력이 생겨 유도전류가 흐르게 된다. 교류발전기의 슬립링 대신 정류자를 설치하는데 정류자(commutator)는 2개의 금속 조각으로 구성되어 교류전압을 직류전압으로 변환시키는 작용을 한다.

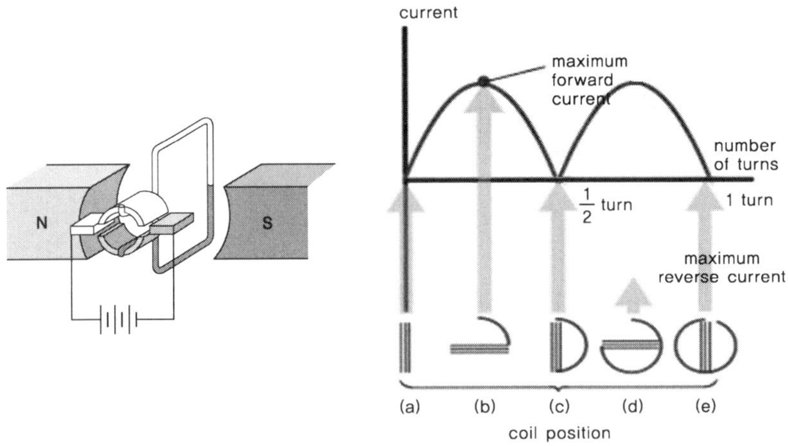

그림 6.7 직류발전기의 발전과정

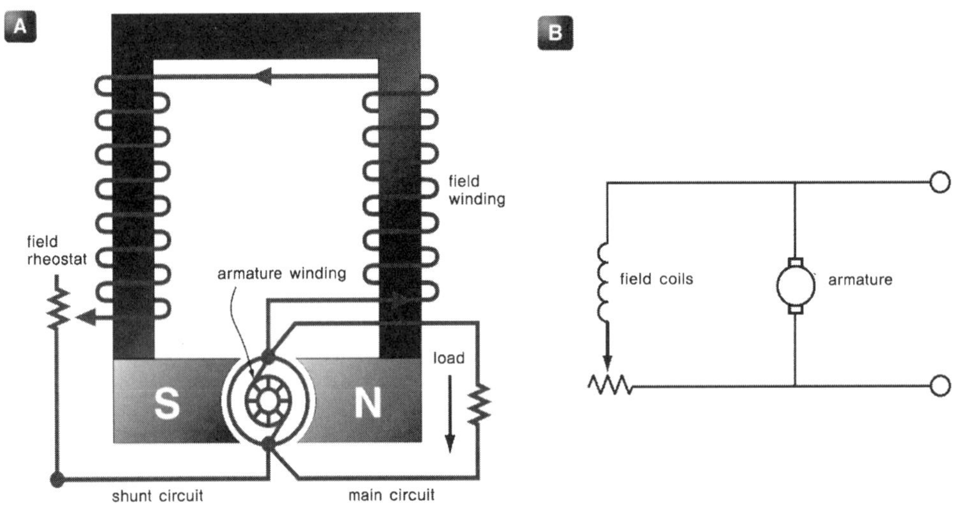

그림 6.8 분권 발전기의 구조

직류발전기에는 직권 발전기, 분권 발전기, 복권 발전기가 있다.

• 직권 발전기

직권 발전기(series wound DC generator)는 전기자 코일과 계자 코일이 부하와 함께 직렬로 연결된 발전기를 말한다. 전기자에 전류가 흐르면 이 전류에 의해 계자의 자속이 증가하여 출력전압이 증가한다. 증가한 전압은 다시 자속을 증가시키는 쪽으로 작용하여 전압이 증가하는 순환 작용을 일으킨다. 즉 부하전류에 의해 출력전압이 증가하는 현상이 발생한다.

이 순환 작용에 의해 계자의 자기가 포화상태가 될 경우, 에너지 손실을 유발하여 출력전압이 감소하게 된다.

• **분권 발전기**

분권 발전기(shunt wound DC generator)는 전기자 코일과 계자 코일이 부하와 함께 병렬로 연결된 발전기를 일컫는다. 부하전류가 정격 이하일 경우 출력전압은 일정하지만, 전격 이상이 되면 출력전압이 급격히 떨어진다. 이 발전기는 일정한 출력전압이 요구되는 시스템에 사용한다. 항공기의 직류발전기는 보통 분권 발전기 방식이다.

• **복권 발전기**

복권 발전기(compound wound DC generator)는 전기자 코일에 2개의 계자 코일을 직렬과 병렬로 연결한 발전기이다. 이때 직권과 분권 발전기의 효과가 동시에 발생한다. 직권 발전기는 부하전류에 따라 출력전압이 증가하고, 분권 발전기는 부하전류가 증가하면 출력전압이 감소한다. 즉 복권 발전기는 부하전류와 관계없이 일정한 출력전압을 발생시킨다.

6.3.3 항공기 발전기

이전에 비해 많은 항공전자 장비, 전기를 이용하는 장비들이 많이 탑재되면서 항공기의 요구 발전 용량은 점점 커지는 추세이며, 이에 맞춰 전원 발생방식도 다양하게 나오고 있다. **그림 6.9**는 현재 사용하고 있는 여러 가지 발전방식을 간략히 나타낸 그림으로서 크게 보면 3가지 방식으로 구분할 수 있다.

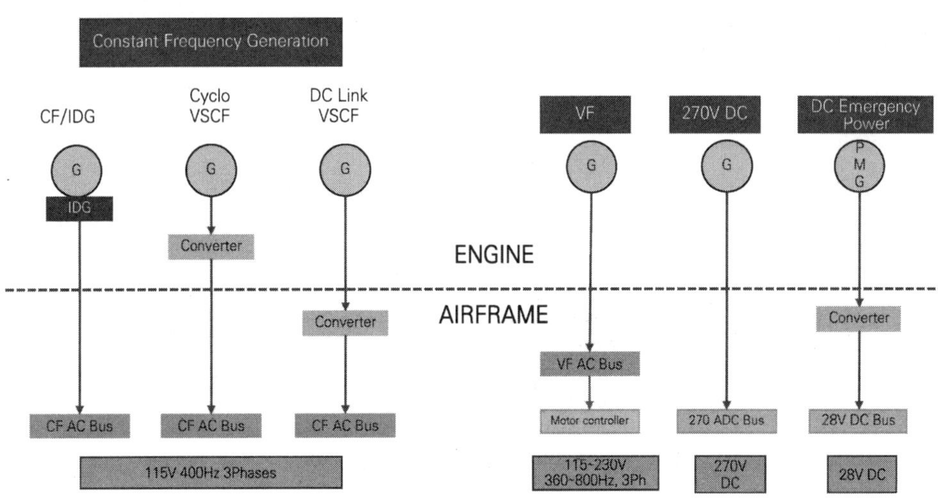

그림 6.9 현대 항공기의 전원 발생방식

- Constant frequency 115V AC/400Hz의 3상 전원
- Variable frequency 115V AC VF 3상 전원
- 270V DC/28V DC 전원

현재 항공기에서 많이 사용하고 있는 115V AC/400Hz의 3상 전원을 생산하는 방식에는 IDG(Integrated Drive Generator)를 이용하는 방법, DC links를 이용한 VSCF 방법, cyclo-converter를 이용한 VSCF 방법이 있다.

115V AC VF(Variable Frequency) 방식의 3상 전원은 'frequency wild' 전원이라고도 불리며 가장 최근에 사용하기 시작한 방식이다. 이 방식은 상대적으로 비용이 저렴하지만, 이 전원을 사용하는 모터는 별도의 모터 제어기가 필요한 단점을 가지고 있다.

DC 전원방식에도 몇 가지가 있는데 미국 군용 항공기는 최근 270V DC 시스템의 사용을 늘리고 있다. 270V DC와 그리고 PMGs(Permanent Magnet Generators)를 이용한 28V DC 비상 전원 등이 있다.

최근에는 구조가 간단하고 가격이 저렴하면서도 신뢰성이 우수한 switched reluctance generator에 관한 연구가 활발히 진행되고 있다. 이 내용에 대해서는 다른 절에서 설명하겠다.

6.3.3.1 constant frequency/IDG 방식

출력 주파수는 엔진의 회전수와 관계없이 정속구동장치(CSD)에 의해 400Hz로 일정하며 그 오차는 대략 10Hz 이내이다. 유압 기계로 구성된 정속구동장치(CSD)는 가격이 비싸고, 오일충전 수준, 오일 청결도를 유지하기 위한 정확한 정비가 요구된다. 또한 높은 신뢰성을

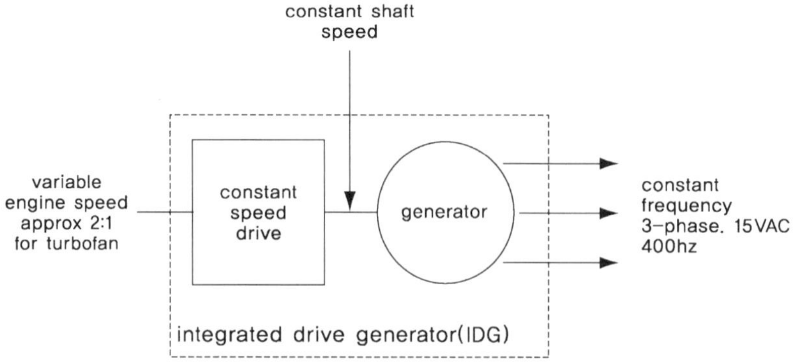

그림 6.10 IDG 방식 발전기

유지하기 위해 오버홀(overhauls) 정비를 자주 해야 한다. 현재 대부분의 민간여객기에서 채택하고 있는 방식이다.

▷ 특징

• 터보팬 엔진을 장착한 민간 항공기에서 가장 많이 적용
• CSD로 인해 구매/유지 비용이 높음
• 1개 공급업체가 독점 공급

6.3.3.2 variable frequency generator

이 방식은 가장 단순하고 신뢰성이 높은 방식이다. 엔진의 회전수 변화에 맞춰 대략 380~720Hz의 주파수를 갖는 전원을 발생시킨다. 이런 주파수 변화는 많은 항공기에서 사용하고 있는 AC 전기모터와 같이 일부 주파수에 민감한 장비에 영향을 줄 수 있는데, 특히 연료, ECS(Environmental Control System), 유압 시스템의 성능에 영향을 줄 수 있다. 따라서 주파수 변화로 인한 모터와 펌프의 성능변화를 막기 위해 별도의 motor controller를 장착해야 한다.

현재 VF generator는 상용제트기에 많이 적용되고 있으며, Global Ex는 장착 초기 단계며, Boeing의 F35에 적용하였고, 가장 최근에 나온 민간여객기인 A380, B787에도 적용하였다.

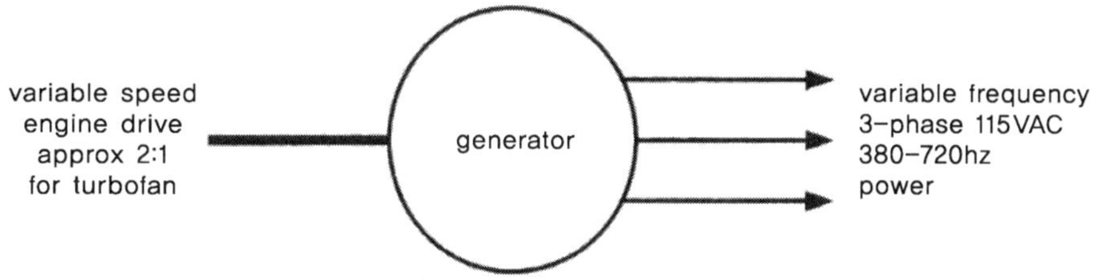

그림 6.11 VF generator

▷ 특징

• 가장 단순하고 저비용이면서 신뢰성이 좋음
• 주파수 변화로 인해 다른 세부 시스템에 영향을 줄 수 있음
• 일부의 장비에 전원을 공급하기 위한 motor controller가 필요할 수 있음
• 새로이 적용되기 시작한 방식이며 이점이 많음

6.3.3.3 VSCF generator

이 방식은 발전기에서 만든 가변 주파수(VF) 전원을 반도체 power-switching 기술을 이용한 converter로 일정한 주파수를 갖는 115V AC/400Hz 전원을 만드는 방식으로 두 가지 방식이 있다.

첫 번째 방식인 DC-link는 발전기에서 나온 전원을 우선 270V DC 직류로 만들고 나서 필요에 따라 교류로 전환하는 inverter를 이용하여 3상 교류전원으로 만들거나 270V DC 전압을 변환장치로 28V DC 직류전원을 만드는 방식이다. 이 방식은 B737, MD-90과 B777에 적용되었다. DC-link 방식은 미국 Westinghouse Electric사에서 만든 방식이다. 이 방식은 뒤에 설명할 cycloconverter보다는 간단한 구조와 원리로 되어 있다. 우선 발전기에서 나오는 가변 주파수의 전원을 정류기(rectifier)로 정류하여 직류전원으로 변환한 다음 inverter를 통해 일정한 주파수(400Hz)를 갖는 펄스로 바꾸고 이를 다시 400Hz 교류전원을 만드는 방식이다.

두 번째 방식은 cycloconverter를 사용하는 방식이다. 발전기에서 나오는 가변 주파수(VF) 교류전원을 반도체 스위칭기술을 이용하여 정류하여 3상의 400Hz 전원을 만들어낸다. 즉 cycloconverter는 AC/AC converter라고 볼 수 있다. 이 방식은 복잡하긴 하지만 성능이

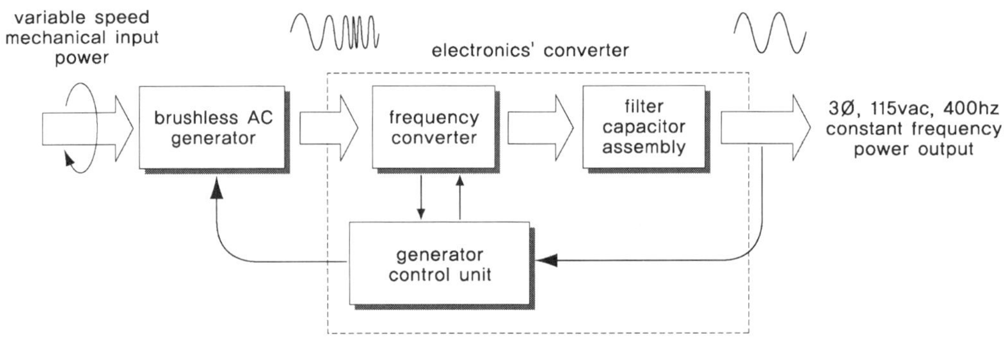

그림 6.12 VSCF generator

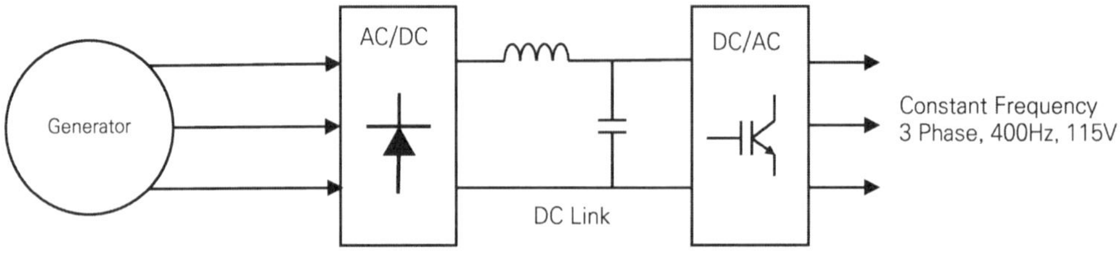

그림 6.13 DC link VSCF generator

매우 우수하여 현재 F-18 C/D, F-117A, TR-1, U-2 항공기에서 사용하고 있으며 가장 최근 개발된 장비는 F-18 E/F에서 운용되고 있다. 이 방식은 군용기에 많이 사용되고 있으며, 아직 민간 항공기에서는 사용되고 있지 않다.

안정된 115V AC/400Hz 교류전원을 만드는 방법 중 기존의 IDG 기술을 이용한 발전 방법보다 VSCF 방식은 많은 장점이 있다. IDG 방식에서 일정 주파수를 만드는 장치는 다른 장비들에 비해 신뢰성이 떨어진다. VSCF 방식 중에서 GE aviation 회사인 leland electrosystems에서 개발한 VSCF cycloconverter 방식 발전기는 가장 안정된 기술로 인정받고 있다.

cycloconverter VSCF 발전기는 브러시(brush)가 없는 발전기와 반도체를 사용한 frequency converter로 구성되어 있다. 발전기는 엔진의 기어박스에 의해서 구동되고 기어박스의 회전수에 비례하는 가변 주파수를 갖는 교류전압이 만들어진다. 이 전압을 받은 converter는 우선 SCR(Silicon Controlled Rectifiers) 반도체를 이용한 power-switching 개념의 cycloconverter에 의해 3상 400Hz의 일정한 주파수를 갖는 전원으로 변환된다. 또한 내장된 필터는 출력전압에 포함된 고주파수 파형(ripple) 성분을 제거하며, GCU(Generator Control Unit)는 출력전압을 조절하며 시스템을 보호하는 기능을 수행한다. cycloconverter

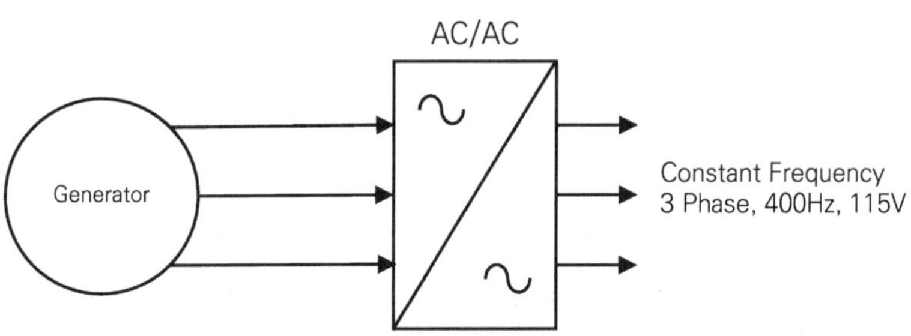

그림 6.14 Cycloconverter VSCF generator

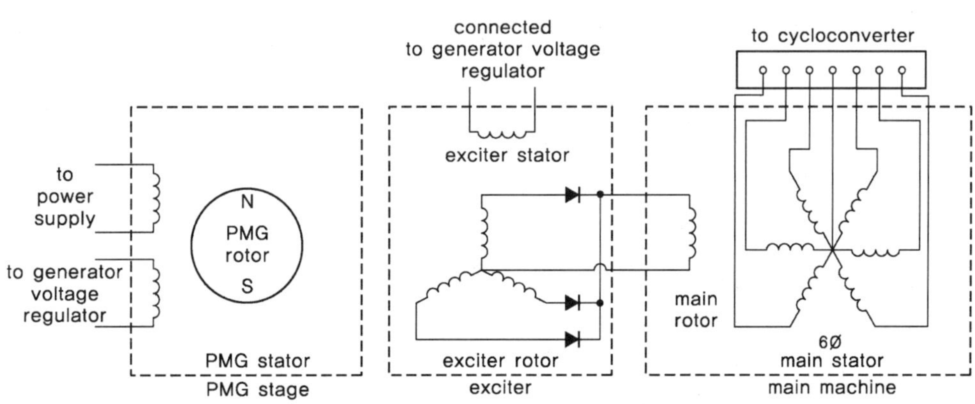

그림 6.15 VSCF generator electrical schematic

는 cycloinverter라고도 불리는데 일정 주파수와 전압의 교류를 주파수가 낮아진 교류로 직접 주파수를 변환하는 장치를 말한다.

• cycloconverter VSCF 발전기 전원 생성과정

VSCF 발전기는 브러시(brush)가 없는 자여자(self-excited) 발전기로서 **그림 6.15**에서 보듯이 내부는 PMG(Permanent Magnet Generator), exciter generator, main generator 등 3개의 장치로 구성된다.

PMG는 영구자석인 회전자가 최소 회전수에 도달하면서부터 여자기(exciter filed)와 모든 컨트롤 회로에 전원을 공급하고 공급한다. PMG 고정자에는 얇은 합판형태로 적층된 2개의 독립된 철 자성체에 코일이 감겨 있다. 따라서 PMG 회전자(rotor)가 고정자 주위로 회전하면 고정자(stator) 코일에 교류전원이 만들어진다. 이때 PMG 회전자는 엔진의 기어박스에 의해 회전한다.

PMG의 고정자에 설치된 2개의 코일에 유도된 교류전원 중 하나는 컨트롤 회로의 전원(power supply)으로 사용되고, 나머지 하나는 전압조절기(generator voltage regulator)로 들어가 정류 과정과 조절을 통해 적정한 전류를 가진 직류로 만들어 exciter generator의 고정자 코일(exciter stator)로 보내진다.

여자기(exciter generator)는 앞의 전압조절기로부터 직류전원을 받는 고정자(exciter stator)와 3상의 코일이 감긴 회전자로 구성되어 있다. 여기서 여자기 회전자(exciter rotor)가 고정자 주위로 회전하게 되면 회전자 내부에 설치된 3상의 코일을 통해 교류전원이 생성된다. 이때 발생하는 교류전원의 전압 크기는 기어박스 회전수와 PMG로부터 여자기 고정자 코일(exciter stator coil)에 공급되는 직류전원의 전류 값에 비례한다. exciter generator 출력 교류전원은 다시 여자기 내부에 설치된 3개의 실리콘 정류기로 직류로 정류된다. 이 정류된 출력 직류전류는 다음 단계인 주발전기의 회전자 코일로 보내진다.

주발전기는 16개의 극(pole)을 갖는 회전자(main rotor)와 6상의 고정자(main stator)로 구성되어 있다. 6상의 고정자 출력 코일은 성형결선으로 되어 있다. 여자기(exciter generator)에서 공급되는 직류전류를 받는 주발전기의 회전자 코일은 고정자와 회전자 사이에 자기장(magnetic flux)을 형성시킨다. 이 자기장은 6상의 고정자 코일에 교류전원을 발생시킨다. 이때의 전압 크기도 회전수와 여자기 회전자에서 주발전기 회전자 코일로 공급되는 직류전류의 크기에 비례한다. 이때 여자기 회전자의 직류전류는 전압조절기에 의해 여자기 고정자로 보내는 직류 여자전류의 크기에 관계된다. 그러므로 여자기 고정자의 전류 크기는 주발전기 고정자의 교류전압 출력 크기를 결정하게 된다. 주발전기 출력이 갖는 주파수는 기어박스 회전수에 비례한다. 16개의 극을 갖는 경우 기어박스 회전수가 12,450~26,250

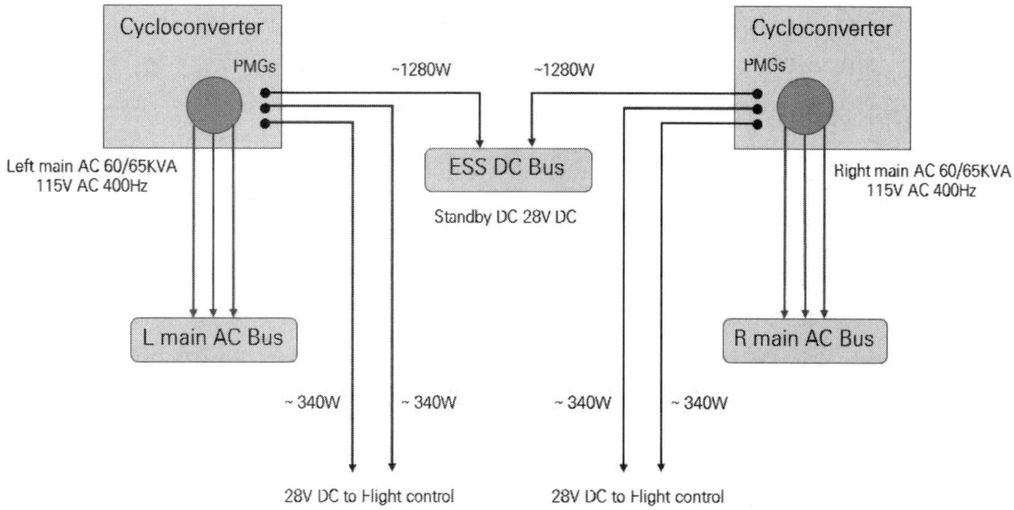

그림 6.16 VSCF 발전기 사례

rpm일 때 주발전기의 주파수는 1660Hz~3500Hz 범위에서 변하게 된다. 다음 단계로는 주발전기 출력인 주파수가 일정하지 않은 6상의 교류전원은 cycloconverter로 보내진다. 주파수 변환 시스템은 3개의 주파수 변환기(frequency converter)로 구성되어 있다. 주발전기에서 나온 6상의 가변 주파수 교류전원이 각 주파수 변환기로 들어간다. 각 주파수 변환기는 12개의 실리콘 제어 정류기(SCR: Silicon Controlled Rectifiers)로 구성된 cycloconverter로서 이 회로를 거쳐 항공기에서 원하는 일정 주파수의 교류전원을 얻게 된다.

6.3.3.4 270V DC 시스템

270V DC 전원장치는 발전기 종류가 아니긴 하지만 요즘 많이 채용하기 시작한 전원으로서 미군의 주도로 개발되었다. 그중에서도 미 해군이 주도적으로 하고 있으며 향후 미 공군, 해군, 육군의 차세대 전투기에 적용 가능한 수준까지 기술개발이 이루어졌다. 이 시스템을 장착한 항공기를 보면 미 공군의 Advanced Tactical Fighter 프로그램인 F-22 rapter, 미 해군의 Advanced Tactical Aircraft A-12 그리고 미 육군의 Light Helicopter RAH-64 comanche 헬리콥터가 있으며, 최근에는 F-35 lighting II에 장착되어 있다.

270V DC의 사용은 28V DC에서 115V AC로 변화되었던 이유와 같은 근거라 볼 수 있는데, 즉 낮은 전류를 사용함으로써 전선의 지름을 줄여 무게 절감이 가능하고 전압강하나 전력손실을 줄일 수 있기 때문이다. 그러나 단점으로는 사용할 수 있는 부품이 아주 제한적이며 아직도 가격이 비싸다는 점이다. 또한 지금까지도 많은 항공기에서 28V DC나 115V AC전원을 사용하고 있으며, 높은 전압을 위한 고도의 절연기술이 필요하다는 것이다. 그래

서 미군은 이러한 기술적인 문제들을 해결하기 위한 기술개발과 기술시범 프로그램에 많은 투자를 하고 있다. 이런 노력을 통해 궁극적으로 MEA(More-Electric Aircraft) 항공기로의 발전을 이끌어 내려 하고 있다.

카본 화이버 재질의 전투기의 경우 높은 직류전압은 화재의 위험성을 높이고 있다. 따라서 열대지방이나 해양 환경에서와 같이 공기 중 염분이 높거나 고고도에서 아크(arcing)가 발생할 수 있는 위험 요소에 대해 신경을 많이 써야 한다. 또한 지상 정비사들에게도 잠재적인 치명적 위험이 될 수 있다. 270V DC 전기 시스템으로 전환되는 데 있어 문제점은 현재의 115V AC와 28V DC를 요구하는 장비들이 여전히 많이 있다는 것이며, 따라서 당분간은 270V DC의 장점을 일부 손해 보더라도 이들이 혼용된(hybrid) 전기 시스템을 사용하게 될 것이다.

270V DC 전원의 사용은 높은 전기동력이 필요한 장비의 작동뿐만 아니라 다양한 전원 변환장치를 이용하여 항공기에서 요구하는 다양한 전원을 만들어낼 수 있다. 이런 개념은 전기장치를 이용하는 More-Electric Aircraft 항공기 적용에 유리하다. **그림 6.17**에서 보듯이 270V DC를 이용하여 115V AC, 115V DC, 270V DC, 28VDC 전원을 이용할 수 있어 multi-converter power system 구현이 가능하다.

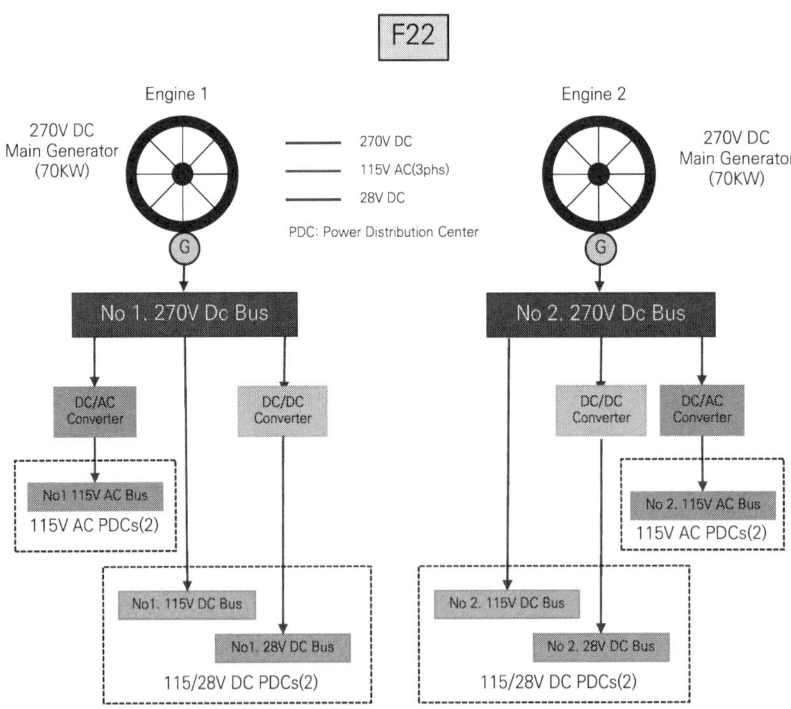

그림 6.17 270VDC를 사용한 전기 시스템 사례

6.3.3.5 switched reluctance generator

주 전원으로 사용하는 대부분의 교류발전기는 복합된 형태를 가지고 있다. 일정 주파수(CF) 발전기는 신뢰성이나 정비성의 한계를 가진 정속구동장치(CSD)와 조합됐고, VSCF 발전기는 반도체를 이용한 converter와의 조합, VF 발전기는 전력전자(power electronics) 혹은 motor controller와 조합된 복합형태를 가지고 있다. 그러면서 MTBF(Mean Time Between Failure) 25,000hr 정도의 상당한 신뢰성을 가지고 있다.

이런 복합형태의 발전기는 매우 복잡한 구조를 가지기 때문에 미래의 기술들을 접합시키는 데 한계가 생길 수 있다. 또한 발전기 내부의 회전체로 인해 속도와 중량의 제한조건이 생긴다. 또한 점차 전기를 사용하는 장비들의 적용이 증가하여(more-electric system) 전원 요구량이 커지면서 기존 방식의 발전기를 대체할 수 있는 다른 발전기가 필요하게 되었다. 이런 대안의 하나로 Switched Reluctance(SR) 발전기가 고려되고 있다. 최근 이 방식에 관한 많은 연구가 이루어졌다.

SR 발전기의 구조는 코일이 감겨 있는 고정자(stator)와 코일이 감겨 있지 않은 회전자(rotor)로 구성되어 있다. 코일이 없고 단순히 철을 적층해서 만들어지는 회전자로 인해 구조가 간단해서 제작하기가 쉽고 견고하다. 회전자가 코일이 감겨 있는 고정자 주위로 빠르게

표 6.1 항공기별 주발전기 방식

<table>
<tr><th>Generation type</th><th colspan="2">민간 항공기</th><th colspan="2">군용 항공기</th></tr>
<tr><td rowspan="7">IDG/CF
(115VAC/400Hz)</td><td>B777</td><td>2X120kVA</td><td colspan="2" rowspan="7">Eurofighter Typhoon</td></tr>
<tr><td>A340</td><td>4X90kVA</td></tr>
<tr><td>B737NG</td><td>2X90kVA</td></tr>
<tr><td>MD-12</td><td>4X120kVA</td></tr>
<tr><td>B747</td><td>4X120kVA</td></tr>
<tr><td>B717</td><td>2X40kVA</td></tr>
<tr><td>B767-400</td><td>2X120kVA</td></tr>
<tr><td rowspan="2">VSCF(cycloconverter)
(115VAC/400Hz)</td><td colspan="2" rowspan="2">N/A</td><td>F18 C/D</td><td>2X120kVA</td></tr>
<tr><td>F18 E/F</td><td>2X120kVA</td></tr>
<tr><td rowspan="2">VSCF(DC-Link)
(115VAC/400Hz)</td><td>B777(backup)</td><td>2X20kVA</td><td colspan="2" rowspan="2">N/A</td></tr>
<tr><td>MD-90</td><td>2X75kVA</td></tr>
<tr><td rowspan="3">VF
(115VAC/380~760Hz)</td><td>Cobal EX</td><td>4X40kVA</td><td rowspan="3">Boeing JSF</td><td rowspan="3">2X120kVA</td></tr>
<tr><td>Horizon</td><td>4X25kVA</td></tr>
<tr><td>A380</td><td>4X150kVA</td></tr>
<tr><td>VF(230VAC)</td><td>B787</td><td>4X250kVA</td><td colspan="2"></td></tr>
<tr><td>270V DC</td><td></td><td></td><td colspan="2">F22, F35</td></tr>
</table>

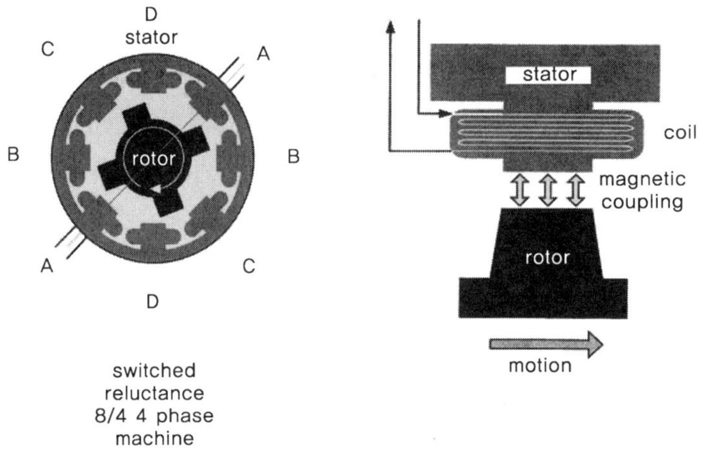

그림 6.18 SR 발전기의 구조

회전하면 자속의 변화(magnetic flux)가 발생하고, 이는 고정자(stator pole)에 감겨 있는 코일에 유도기전력을 만들어낼 수 있다. 만일 코일을 **그림 6.18**의 A-A처럼 대각선으로 연결하게 한다면 교류전원을 만들 수 있다. 여기에 전력전자 제어를 이용하여 항공기에서 사용할 수 있는 전원을 만들 수 있으며, 270V DC, ±270V DC 혹은 540V DC도 쉽게 만들 수 있다. 이 방식은 견고성, 간단한 구조 등의 장점이 있기 때문에 엔진의 기어박스에 연결해 발전하는 기존 방식을 대체할 수 있을 것으로 보고 있다. 장점을 간단히 정리해 보면 다음과 같다.

- 고정자에만 코일이 감기고, 회전자에는 코일이 없어 구조가 간단
- 영구자석을 사용하지 않기 때문에 가격이 저렴
- 회전자의 회전이 cooling source 역할을 하여 고온에서도 고속으로 작동 가능
- 고정자의 phase 코일은 전자기적으로 독립적이기 때문에 신뢰성이 우수
- 회전자에 코일이 없어서 inertia가 작아 저속에서도 운전 가능하며 반응이 빠름

SR을 이용한 장비는 **그림 6.19**에서 보는 것처럼 발전뿐만 아니라 시동/발전기(starter generator)로도 사용할 수 있다.

전원을 고정자의 코일로 보내면 이로 인해 생긴 유도자 기장이 회전자를 돌리게 된다. 이를 엔진의 구동축에 연결하면 엔진을 시동하는 시동기의 기능을 할 수 있다. 현재 270V DC starter/generator는 JIST 프로그램과 F-35 lightning II의 전기 시스템으로 적용되고 있다.

즉, 이 시스템은 하나의 고정자, 회전자와 권선으로 이루어진 전기장치로서 상반된 원리를 가진 모터와 발전기가 하나의 장치에서 이루어진다는 특징을 가진다. 모터로 작동할 때는

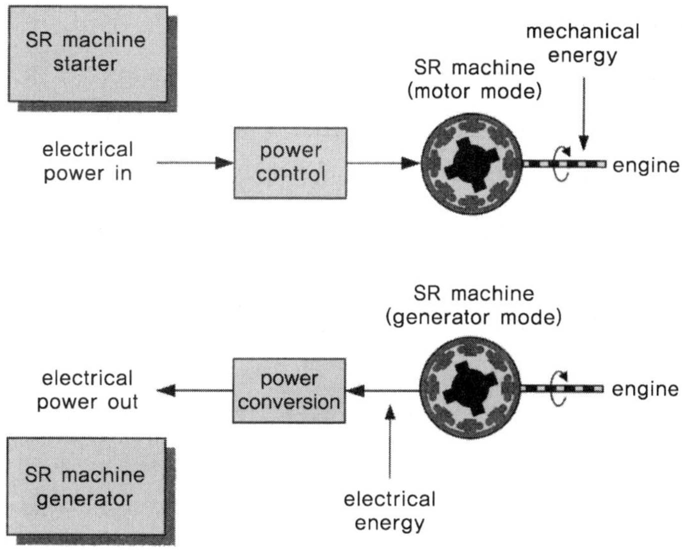

그림 6.19 SR 발전기의 작동 모드

엔진을 시동하는 데 사용하고, 자기장의 방향을 전환(switching reluctance)시켜 모터와 반대 원리인 발전기로 사용 가능하다는 것이다.

6.3.4 비상 발전

항공기 비상 발전기는 주발전기로부터 전원공급이 안 될 때 통신장치나 주요 항공전자 장비 등 필수적인 장비에 전원을 공급한다. 주발전기와 마찬가지로 직류 혹은 교류 비상 발전기를 설치하여 사용한다. 보통 비상 발전기는 비상 동력 시스템(emergency power system)의 한 기능으로서 보통 비상 유압 시스템도 같이 비상 동력 시스템의 일부로 설치되어 있다. 비상 동력 시스템은 전원의 끊김을 최소화하기 위한 빠른 작동(fast startup), 착륙할 때까지의 충분한 용량과 부하를 감당할 수 있어야 한다. 주발전기의 대체 전원장치의 다른 예는 항공기 배터리가 있으며 짧은 시간, 약 30분 정도만 전원을 공급할 수 있다. 즉, 배터리로는 충분히 긴 시간 비행이 가능하지 못하다. 두 개의 엔진을 가진 항공기의 경우 1개의 엔진에 의해 작동되는 전원시스템으로 대체 및 우회 항로로 변경하여 180분간 비행할 수 있도록 하는 사례도 있다. 이런 경우 충분한 안전 여유(safety margin)를 가지고 180분간의 비행이 가능하도록 전기 시스템을 포함하여 다른 모든 시스템의 설계가 이루어져야 한다. 현재 적용하고 있는 비상 전원장치에 대해 간단히 기술해 보겠다.

6.3.4.1 Ram air turbine

전원시스템이 고장 나거나 어떤 이유로든 전원공급이 안 되는 경우 RAT(ram air turbine)가 동체 밖으로 나오면서 전원을 만들어낸다. 보통 동체 아래 부분(ventral section)이나 앞부분에 설치되어 있고, 공기로 구동되는 터빈에 의해 비상 발전기를 가동하게 시킨다. 보통 이때 나오는 전원은 제한적인 용량을 가지며 비행에 필수적으로 필요한 비행계기나 장비에 전원을 공급하게 된다. 보통 발생시키는 전기용량은 항공기마다 다르지만 15Kva 정도이다. **그림 6.20**에서 보듯이 RAT는 또한 전기뿐만 아니라 유압펌프와 같은 비상 유압을 만드는 역할도 해야 한다. 한번 RAT가 전개되면 그 상태로 비행이 끝날 때까지 유지된다. 일반적으로 RAT는 장시간 운용할 수 있는 많은 동력을 발생시키려는 목적보다는, 대체항로를 설정하여 가장 가까운 공항까지 비행하거나 주발전기를 복원시키는 데 필요한 시간만큼의 동력을 제공하도록 설계된다. 보통 이 방식은 민간 여객기에서 많이 사용한다.

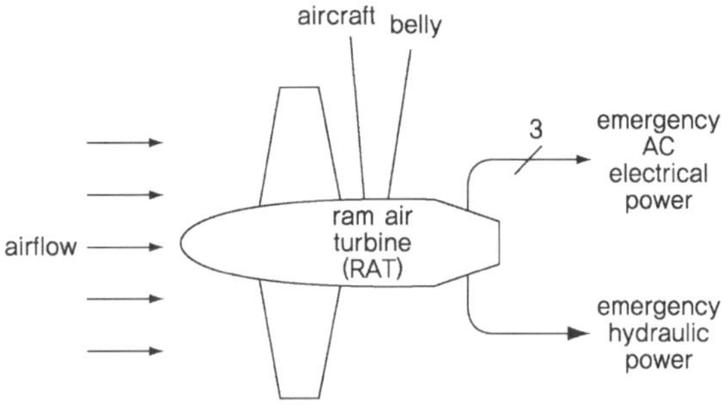

그림 6.20 ram air turbine

6.3.4.2 비상용 VF 발전기

앞에서 설명한 RAT는 짧은 시간 동안 사용하는 방법이기 때문에 대체 전원을 공급할 수 있는 다른 방법이 필요해진다. 그 사례로 **그림 6.21**의 B777의 경우를 살펴보자. 각 엔진의 기어박스에 장착된 IDG 주발전기 외에도 비상 발전기가 각각 설치되어 있다. 이 비상 발전기는 가변 주파수(VF) 발전기로서 엔진의 회전수에 비례하는 전원 주파수 변화가 생긴다. 이 전원은 VSCF converter 내부의 정류기(rectifier)에서 AC에서 DC로 변환되고 다시 반도체 전원 변환장치(VSCF converter)를 이용하여 3상의 115V AC/400Hz 전원을 만들어낸다. 이렇게 해서 상당 부분의 전기부하에 전원을 공급할 수 있다. 물론 항공기에서 상당한 부하를 차지하는 항공기 주방(galley)이나 non-essential bus에 연결된 장비에는 공급하지 않는다.

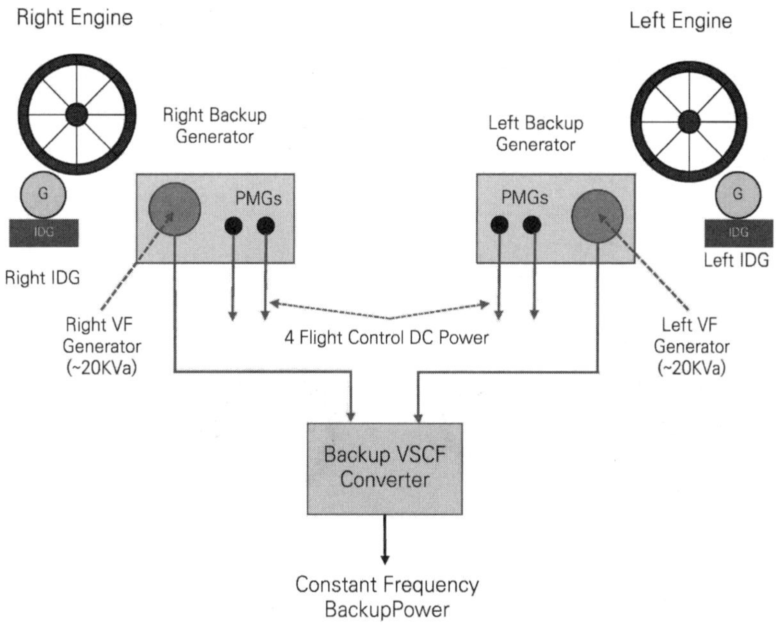

그림 6.21 비상용 VF발전기

6.3.4.3 영구자석 발전기

영구자석 발전기(Permanent Magnet Generators: PMGs)는 지난 몇십 년 동안 가장 널리 사용했던 비상 발전의 한 방법이었다. 단상 혹은 다상(multi-phase)의 전원을 만들어낼 수 있는데, 다상 전원이 28V DC로 변환하는 데 유리하다. 영구자석 발전기에서 나온 전원을 converter에 의해 DC로 변환시키면 보통 수백 watts의 용량을 만들 수 있고, **그림 6.22**에서 보듯이 이는 비행조종장치의 직류전원으로 사용하게 된다.

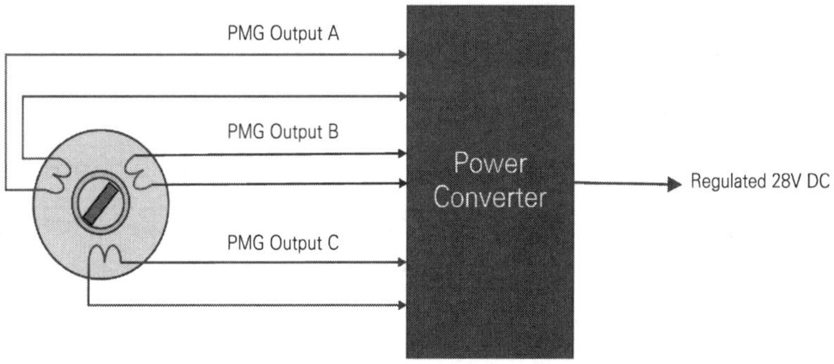

그림 6.22 3-phase 영구자석 발전기

PMA(Permanent Magnet Alternator)를 설치하여 1개의 엔진에서 2개의 독립적인 전원을 엔진의 FADEC으로 보내는 예도 있다. **그림 6.23**에서 보는 것처럼, B777의 경우 비행제어, 엔진제어나 전기 시스템 같은 주요 제어 시스템에 공급할 수 있는 크고 작은 총 13개의 전원 발생장치로 구성되어 있다.

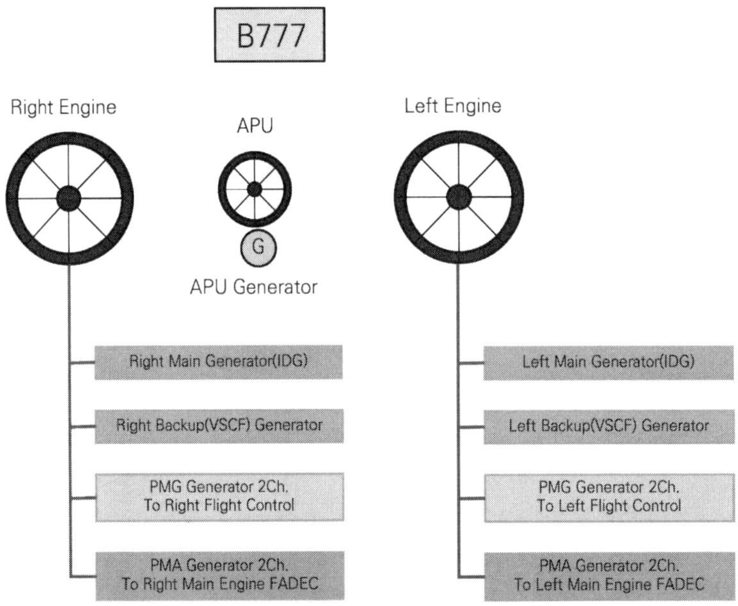

그림 6.23 Boeing 777 PMG/PMA를 포함한 전원장치

6.3.4.4 jp/air mode 비상 발전

군용기의 경우 fly-by-wire 형태의 비행제어 시스템을 사용하거나 불안정한 항공기(unstable aircraft)인 경우 어떤 상황에서도 전원공급이 연속적으로 이루어져야 한다. 군용기에서 많이 사용하는 비상 전원은 엔진 블리드 공기로 작동되는 장치(bleed air driven power system)나 연료와 같은 추진제를 이용하는 방법(propellent power system)에 의해 발생시킨다. 대표적인 추진제 방법은 H-70의 단일 추진제를 사용하는 시스템과 항공기 연료와 압축공기를 사용하는 방법이 있다. 현재 H-70은 독성이 있어 취급하기가 어려우므로 사용하지 않으며, 대신 항공연료와 압축공기를 이용한 방법을 많이 사용하고 있다. 이 방식을 적용한 항공기에는 F-16, F-2, F-22 등이 있다. **그림 6.24**는 이 방식의 한 사례를 보여주고 있다. 항공기 연료와 별도의 압축 용기에 보관된 압축공기를 연소기로 보내 연소시키면 이때 발생하는 고온 고압의 연소가스로 터빈을 구동하는 방식이다. 터빈의 구동으로 비상 발전기와 비상 유압펌프를 구동시켜 비상 전원을 얻는 방식이다. 혹은 엔진이 작동하고 있는 상황에서

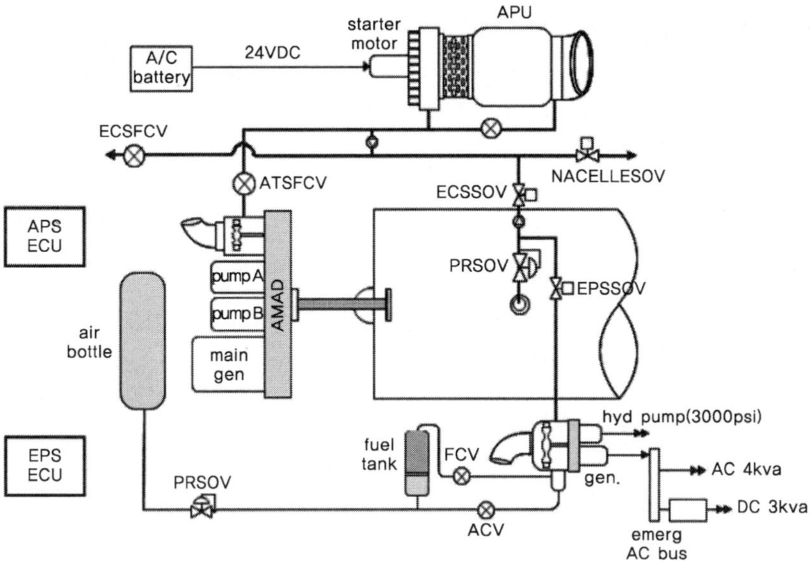

그림 6.24 jp/air emergency power system schematic

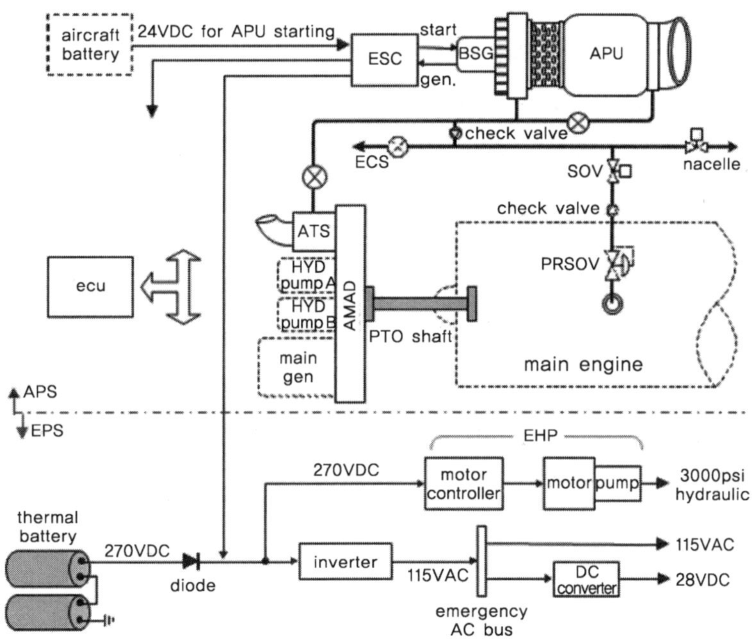

그림 6.25 T-50 thermal battery system schematic

는 주발전기가 전원 공급을 못 하면 엔진 블리드 공기로 터빈을 구동시켜 비상 동력을 얻을 수도 있다.

6.3.4.5 thermal battery

이외에 국내에서 개발된 T-50 항공기에 적용된 thermal battery system이 가장 최근에 개발된 비상 동력 시스템이다. 이 방식은 고체의 비전도성 전해질과 가열판이 셀(cell) 형태를 이루고 있으며 수십 개가 층층이 쌓이어 있다. 작동 시 가열판 온도에 의해 전해질이 용융되면서 전기가 생성되는 방식이다. **그림 6.25**에서 보듯이 이때 생성되는 270V DC 전원을 이용하여 비상 유압펌프를 가동하고 또한 inverter를 이용하여 115V AC 교류전원을 얻을 수 있다. 이 방식의 장점으로는 초기 작동시간이 빠르고, 에너지 밀도가 높고, 자가 방전(self-discharge)이 없고, 순기 비용이 낮으며(low life cycle cost), 신뢰성이 높고, 운용유지가 불필요한 장점이 있으나 일회용인 점, 배터리 작동 시 표면의 온도가 높고, 출력전압이 비선형(non-linear output)인 단점들이 있다.

6.3.5 배터리

항공기 배터리는 여러 가지 기능을 하며 주전원과는 독립적인 전원을 저장하는 장치이다. 엔진의 시동이나 지상 정비에도 활용하며 주발전기와 비상 발전기가 고장 나는 비상 상황이 발생하면 무정전 전원공급원(uninterrupted power supply)으로서 비행에 필수적인 일부 장비에 일정 시간 전원을 공급하게 한다. 배터리의 목적은 다음과 같다.

- 직류전원의 일시적인 부하 변화를 흡수
- 주전원이 없을 때 장비 시동 전원을 공급(예: 엔진 시동)
- 대체 전원이나 비상 전원이 없을 때 일시적인 전원공급

배터리는 내부 구성품 중 플레이트의 사용 재질에 따라 여러 가지 종류가 있다. 개인용 소형 항공기의 대부분은 납(lead-acid) 배터리를 사용하며, 대부분의 상용 항공기에서는 니켈-카드늄 배터리를 주로 사용한다. 가장 최근에 나온 B787의 경우에는 리튬이온 배터리를 적용하고 있다.

6.3.5.1 배터리 종류

항공기 배터리는 보통 니켈-카드늄 배터리를 많이 사용한다. 과거에 많이 사용했던 납(lead-acid) 배터리는 부식 효과 때문에 사용이 줄어들고 있다. 배터리를 잘 보존하기 위해서는 온도관리를 잘해야 한다. 아래의 종류는 플레이트 재질의 종류에 따른 분류이다.

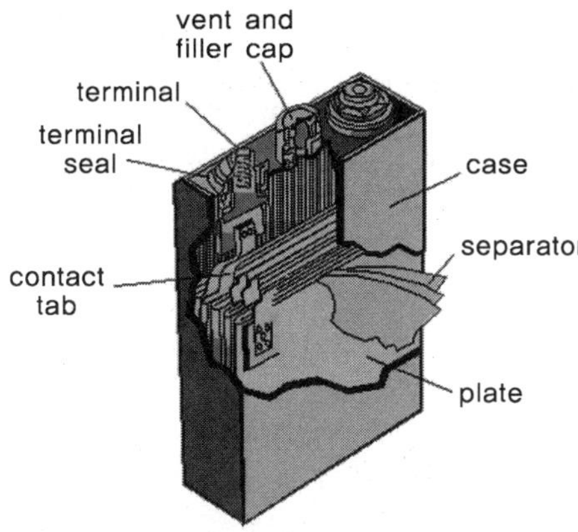

그림 6.26 배터리 구조

6.3.5.1.1 재료에 따른 분류

• 납 배터리

납 배터리(Lead acid battery)는 전류 용량이 커서 주로 대용량 전원으로 사용되지만 유해 물질인 납을 사용하고 성능 향상에 한계가 있어 현재는 거의 사용하고 있지 않다. 충전은 항공기의 28VDC 전압을 이용한 정전압 방식으로 충전한다. 주로 소형 개인용 항공기에서 많이 사용하고 있다. 납 배터리는 보통 6개에서 12개의 셀(cell)을 직렬로 연결하여 사용한다. 납 배터리에는 습식 배터리(wet battery)인 vented cell lead acid battery와 밀폐형 배터리(sealed battery)인 Valve-Regulated Lead-Acid battery(VRLA)가 있다. 습식 배터리는 사용할 때 전해질 용액을 첨가하여 사용하며 배터리 내부의 물이 줄어들어 주기적인 점검과 보충이 필요하다. 또한 전극의 양쪽 극에서 산소와 질소가 배출되기 때문에 환기가 잘 되는 곳에 설치해야 한다. 반면에 밀폐식 배터리는 밀폐된 상태로 사용하기 때문에 물을 추가할 필요가 없고 가스 방출이 적다.

납 배터리는 비용이 저렴하긴 하지만 동급의 성능을 가진 다른 배터리보다 무게가 무겁고 완전 방전이 되면 충전이 안 되는 단점이 있다. 또한 방전율이 높고 저온에서의 배터리 성능이 니켈-카드뮴 배터리에 비해 좋지 않다. 전해액의 비중은 중간 정도이며, 비중계로 충전 상태를 검사할 수 있다.

- 반응식: $Pb + PbO_2 + 2H_2SO_4 \rightarrow 2PbSO_4 + 2H_2O$ (방전, 역방향은 충전)
- 셀 전압: 2.0VDC

• 니켈-카드뮴 배터리

니켈-카드뮴 배터리(Ni-Cd battery)는 방전 시 전압 안정성이 뛰어나고 저온 특성이 좋은 장점이 있어 현재 운용되고 있는 민간/군용 항공기에서 널리 사용되고 있다. 반면 음극의 카드늄이 유해 물질이고 메모리 효과가 있어 충분한 용량이 나오지 않는 단점이 있다. 또한 안정적 충전을 위해 온도, 충전 시간, 최대전압을 고려한 충전 시스템도 필요하다. 그러나 최근에 나온 것은 메모리 효과가 없도록 개선되었고, 충전 시스템을 통해 배터리 온도에 따라 정전류 방식으로 충전되어 최대 전압 기준을 넘지 않도록 안정적인 운용이 가능하다. 보통 이 배터리를 장착한 항공기에는 배터리 상태를 감시하는 fault monitoring system을 구비하고 있다.

셀의 단락(short)이나 약화로 인한 배터리 손상이 발생할 수 있으나 셀을 교체하면 배터리 수명의 연장이 가능하다. 납 배터리와 달리 완전 방전이 되더라도 충전할 수 있지만 일부 셀의 손상이 발생할 수도 있다. 그리고 납 배터리와 달리 충전 상태에 따른 비중의 변화가 없어서 전해액의 비중을 측정하여 충전 상태를 점검할 수 없다. 따라서 배터리 충전기를 이용한 방전량 측정과 제작사의 지침에 따라 충전 상태를 파악해야 한다.

- 반응식: $2N_iO(OH) + Cd + 2H_2O \rightarrow 2N_i(OH)_2 + Cd(OH)_2$ (방전, 역방향은 충전)
- 셀 전압: 1.2VDC

• 니켈 금속 수소 배터리

니켈 금속 수소 배터리(Ni-MH battery)는 니켈-카드늄 배터리의 유해 성분인 카드늄 대신 수소화합물을 사용한 것이다. 니켈-카드늄 배터리보다 용량이 크고 내부저항이 작아 전압 변동이 적기 때문에 방전 특성이 좋다. 그러나 요즘 생산되는 리튬이온 배터리와 비교해 에너지 밀도가 낮고 자연 방전율이 높은 단점이 있다. 카드늄을 사용하지 않아 친환경 배터리이긴 하나 새로 개발된 리튬이온 배터리로 인해 항공기에는 적용할 기회가 없었고, 대신 전기 자동차용 배터리에 활용되고 있다.

- 음극: $H_2O + M + e^- \rightarrow OH^- + MH$ (충전, 역방향은 방전)
- 양극: $N_i(OH)_2 + OH^- \rightarrow N_iO(OH) + H_2O + e^-$ (충전, 역방향은 방전)
- 셀 전압: 1.2VDC

• 리튬 이온 배터리

리튬 이온 배터리(Li-ion battery)는 작고 가벼우면서도 에너지 밀도, 출력 특성, 장시간 사용 가능 등 성능이 우수하고 유해 물질을 사용하지 않기 때문에 친환경적이라는 좋은 평가를 받고 있다. 그러나 폭발위험이 있어서 별도의 BMS(Battery Management System)가 있어야 한다. 성능이 좋으므로 항공기에 적용하기 좋으며, 다양한 제품개발이 되고 있다. 현재도 음극 물질을 바꾸거나 폴리머를 적용하는 방법 등 다양한 제품이 나오고 있다. 리튬이온 배터리는 최근 나온 B787에 적용되어 사용 중이나 배터리 과열 결함으로 인해 항공기 운항이 중단된 바 있다.

- 반응식: $Li_{1-x}CoO_2 + LixC_6 \rightarrow C_6 + LiCoO_2$ (방전, 역방향은 충전)
- 셀 전압: 3.6/3.7VDC

6.3.5.1.2 배출 가스 처리 방법에 따른 분류

항공기에서 사용하는 배터리 분류 방법 중 배터리에서 배출되는 가스의 처리방법에 따라 나눌 수 있는데 여기에는 누출형(vented type)과 밀폐형(sealed type) 두 가지 종류가 있다. 배터리는 보통 충전과 방전 과정에서 화학작용으로 인한 가스를 배출하게 되며 이 가스는 보통 외부로 배출시키게 된다.

누출형은 수평 상태에서 밸브가 항상 열려 있어 배출 가스를 누출시키지만, 일정 각도 이상으로 기울어지면 밸브가 잠겨 전해액이 누설되는 것을 방지한다. 누출형 배터리를 설치할 때는 환기가 잘되는 곳에 설치해야 한다. 충전 방전 과정에서 발생하는 가스로 인해 전해액의 용량도 줄어들기 때문에 정기적으로 점검해야 한다.

밀폐형은 누출형의 단점을 보완하기 위해 배출되는 가스를 재조합하여 셀 내부의 압력을 낮추고 일정 이상 압력으로 상승하면 밸브를 통해 배출되도록 한다. 이 방식은 배출되는 가스의 양이 적기 때문에 항공기 장착에 유리하다.

6.3.5.2 배터리 용량

배터리의 용량(capacity)은 방전 특성에 맞춰 항공기 요구량을 고려하여 정하게 된다. 배터리를 엔진 시동과 비상 전원으로서 사용하게 된다면 엔진 시동에 따른 전압강하를 고려하고 비상 상황에서의 요구량을 함께 검토해야 한다. 용량표시 방법은 ampere-hours를 사용한다. 용량의 정의는 상온(room temperature)에서 특정한 방전율(specified discharge rate)로 방전되어 지정된 방전 말기전압(cut-off voltage)까지 도달하는 데 걸리는 시간을 표시하게 된다. 보통 방전 말기전압은 배터리의 셀당 1.0 전압으로 설정한다. 만일 40ampere-hours 용량의 배터리라면 1A의 부하로 방전 말기전압에 도달하는 시간이 40시간을 의미하며 혹은 40A의 부하에 1시간 동안 전원을 공급할 수 있는 용량을 의미한다. 대부분의 현대 항공기는 정상적인 비행 중에 배터리 충전장치를 이용해서 배터리를 재충전하게 된다.

6.3.5.3 배터리 충전

항공기 배터리는 정해진 주변 온도(ambient temperature)나 충전전압한계치를 벗어나는 조건에서 충전하게 되면 전해액이 끓게 되어 셀 온도의 과도한 상승, 셀 손상 및 배터리의 손상을 일으킬 수 있다. 납 배터리의 경우 셀(cell)당 2.35volt를 초과하면 안 되고, 니켈-카드늄 배터리는 설계나 제작에 따라 다르지만 셀당 1.4에서 1.5volt를 초과해서는 안 된다. 그러므로 충전 방법은 제작사의 지침에 따라 해야 한다. 충전 방법에는 정전압 충전과 정전류 충전 두 가지가 있다.

6.3.5.3.1 정전압 충전

정전압 충전(constant voltage charging)은 일정한 전압으로 충전하는 방식을 말하며 별도의 충전기가 필요하지 않다. 보통 항공기 배터리 충전 시스템은 정전압 충전을 사용한다. 엔진에 의해 구동되는 직류발전기는 항공기 배터리 충전을 위해 직접 연결되어 있다. 배터리 스위치가 설치되어 항공기를 운항하지 않을 때는 연결을 차단하게 된다.

전압조절기(voltage regulator)를 통해 발전기에서 나오는 전압을 조절하여 배터리를 충전하게 되는데 보통 약간 높은 전압을 공급하여 충전하게 된다. 12volt 시스템의 경우에는 대략 14.25volt로, 24volt 시스템의 경우는 28에서 28.5volt를 공급해서 충전하게 된다. 충전 초기에는 배터리의 전압이 낮아서 높은 전류로 충전되며 충전이 진행되면서는 배터리 전압이 올라가기 때문에 전류는 점차 낮아진다. 따라서 충전 초기에 과전류로 인한 과열에 주의해야 한다. 일정 전압 충전 방법은 보통 납 배터리의 충전에 많이 사용하는 방식이다.

6.3.5.3.2 정전류 충전

정전류 충전(constant current charging)은 일정한 충전 전류를 유지하며 충전하는 방식으로 별도의 충전기가 있어야 한다. 보통 정전류 충전 방법은 항공기 외부에서 충전하는 방법으로서 서로 다른 배터리 전압을 가진 배터리들을 직렬로 여러 개 연결한 다음 일정한 전류로 한꺼번에 충전시킬 수 있기 때문이다. 정전류 충전 시스템은 변압기(transformer)와 정류기(rectifier)를 가지고 있는데 발전기에서 나오는 교류전압을 원하는 전압으로 변화시켜 정류기로 보내면 교류를 직류로 변환시키게 된다. 보통 이 방법은 니켈-카드늄 배터리 충전에 주로 사용한다.

6.3.5.4 배터리 개발 추세

현재는 니켈-카드늄 배터리의 사용이 가장 많으나 **그림 6.27**에서 보는 것처럼 앞으로는 저중량, 고효율의 배터리 특성을 가진 리튬 계열의 배터리가 많이 적용될 것으로 보인다. 최근에 나온 전투기인 F-35에는 최초로 적용된 270V DC 리튬 계열 배터리와 28V DC 니켈-카드늄 배터리가 동시에 적용되었다. 현재 사용되고 있는 납 배터리와 니켈-카드늄 배터리는 향후 리튬 계열 배터리로 교체될 것으로 예상되며, 이를 위해서는 리튬 계열 배터리의 폭발특성과 같은 안전성 문제가 광범위하게 검증되어야 한다.

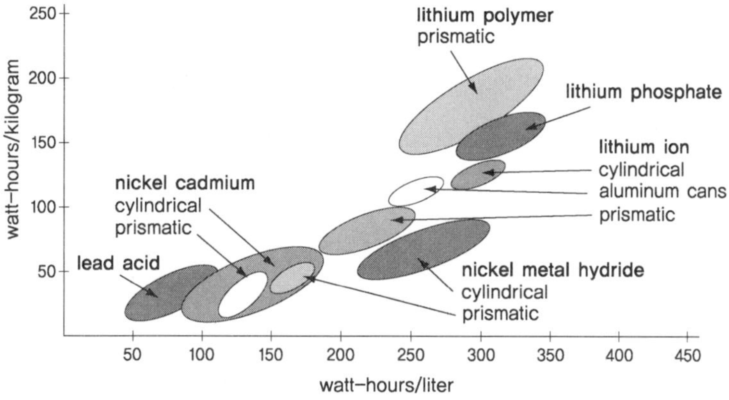

그림 6.27 배터리 종류별 용량

6.3.6 외부 지상 전원

항공기가 지상에 있을 때 정비의 목적으로 외부 발전기로부터 전원을 공급할 수 있다. 외부전원을 사용하는 이유는 주발전기는 엔진이 작동될 때만 전원을 만들기 때문에 정비할 때마다 엔진을 가동하는 불편함을 막을 수 있기 때문이다. 항공기 동체에는 외부전원을 공급받을 수 있는 전원 연결장치(receptacle)가 설치되어 있다. 또한 항공기 엔진을 시동할 때 배터리로도 사용할 수 있지만 외부전원을 이용하여 시동하는 경우가 많다.

그림 6.28 항공기 외부 지상전원

6.4 전원제어

전기를 사용하는 항공기 장비들은 정해진 전원 규격 내에서 작동되도록 설계되어 있다. 발전기는 엔진 회전수에 따른 변화와 다양한 전원 요구 조건에 맞춰 공급해야 하므로 전원을 적절하게 제어해야 하는 필요성이 있다. 전원시스템 제어의 주요 요소는 다음과 같다.

- 직류전원시스템
  - 전압조절
  - 발전기 병렬 운전
  - 회로보호 기능
- 교류전원시스템
  - 전압조절
  - 발전기 병렬 운전
  - 회로 감시 및 보호기능

6.4.1 직류전원 제어

6.4.1.1 직류 전압조절

항공기에서 사용하는 직류발전기는 분권식 발전기를 사용한다. 전압조절은 계자권선(field winding)에 직렬로 연결된 가변저항의 저항값을 변화시켜 가능하다. **그림 6.29**에서 보는 것처럼 가변저항의 값을 변화시키면 계자권선에 걸리는 전압과 전류가 변하게 된다. 전압조절 시

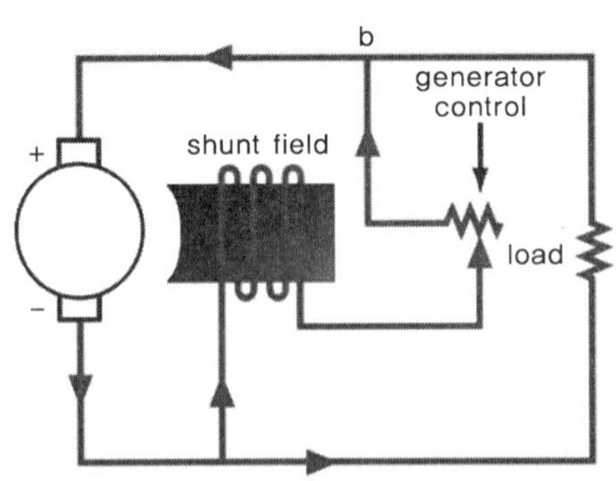

그림 6.29 rheostat를 이용한 전압조절

에는 전기부하와 엔진 회전수를 고려해서 자동조절이 가능하며 군용기의 경우 MIL-STD-704 규격을 따르게 되어 있다. 이 규격서에는 전원공급, 배분, 보호 및 배선 동안 허용되는 전압 강하 및 전압조절 방법에 대해 기술되어 있다. 직류 전원장치의 전류 한계치 400A/채널 혹은 12KW/채널은 다음과 같은 이유 때문이다.

- 전류가 흘러가는 전선과 개폐기의 크기 제한
- 전류 한계치 초과 시 직류발전기의 브러시(brush) 마모 발생

6.4.1.2 직류발전기 병렬 운전

여러 개의 엔진이 있는 경우 엔진별로 독자적인 발전기가 장착되며, 엔진이나 발전기 하나가 고장 나더라도 전원이 끊어지면 안 된다. 이는 일부 항공계기나 항법 장비는 전원이 일시적으로 끊기면 재시작 혹은 재시동이 발생하는 경우가 있기 때문이다. 따라서 여러 개의 발전기를 병렬로 연결하게 해 전기부하를 동일하게 부담하도록 해야 한다. 각 발전기는 개별적으로 자동 전압조절을 하며, 병렬연결이면 전압조절기를 서로 연결(interlink)해 계자 전류를 변화시켜 상호 같은 부하를 감당하도록 한다.

6.4.1.3 회로보호

직류전원 장치를 보호해야 하는 데는 몇 가지 이유가 있다.

- **역전류 보호**(reverse current protection)

직류전원은 발전기에서 bus를 거쳐 전원분배 장치로 보내진다. 만일 전원선 단락(short) 시 전류가 역으로 흘러가 주전원 장치에 고장을 유발할 수도 있다. 이를 방지하기 위해 re-

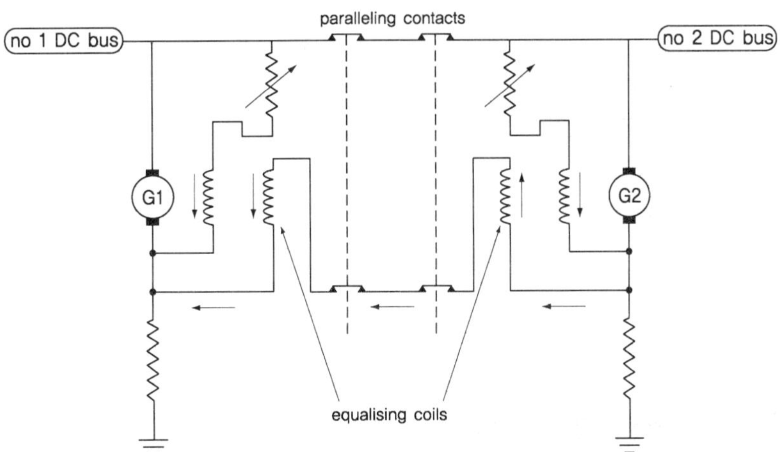

그림 6.30 직류발전기 parallel operation

verse current circuit-breaker나 relay를 설치해야 한다. 이 장치들은 효과적으로 역전류를 감지하여 주발전기의 손상이 없도록 회로를 차단한다.

- **과전압 보호**(overvoltage protection)

계자 여자(field excitation)가 잘못되는 경우 여자(excitation)를 위한 전압이 초과하여 공급되는 전원의 과전압이 발생할 수 있다. 과전압은 전기장치에 치명적인 영구 손상을 발생시킬 수 있다. 과전압을 감지하면 회로를 차단한다.

- **저전압 보호**(undervoltage protection)

단발 엔진 항공기에서의 저전압 상황은 앞서 설명한 역전류 현상과 유사한 고장 상황이 된다. 발전기에서 생성되는 전압이 고장으로 인해 일정 수준 이하로 내려가면 부하 장비의 기능 상실 및 오작동을 일으킬 수 있다. 여러 개의 엔진이 있는 항공기에서 발전기를 병렬로 운전할 때 어느 1개의 발전기에 저전압 고장이 발생하면 역전류와 같은 문제가 발생할 수 있다. 따라서 발전기에서 저전압 방지는 필수적인 기능이다.

- **과여자 방지**(overexcitation protection)

여러 대의 발전기를 병렬 운전하는 상황에서 그중 한 대의 발전기가 고장 나면 나머지 발전기는 전기부하를 추가로 담당하기 위해 과여자 상태로 들어가 높은 전류를 발생시킬 수 있다. 이런 상태는 발전기에 손상을 유발할 수 있다. 보통 이 기능은 과전압 방지 장치와 연동해서 사용하게 된다.

6.4.1.4 고출력 발전기의 전원제어

현대의 고출력 발전기는 대부분 터빈 엔진을 장착한 항공기에서 볼 수 있다. 요즘은 발전기 기능과 엔진 시동 기능을 같이 할 수 있는 시동 발전기(starter generator)를 많이 사용한다. 이 장치는 무게가 가볍고 부피가 작은 장점이 있고, 두 가지의 기능을 하나의 시스템에서 할 수 있어서 전원제어가 약간 복잡해진다.

간단히 설명하자면 **그림 6.31**에서 보는 것처럼 2개의 계자권선을 설치하여 각 권선은 엔진 시동과 발전을 위해 사용된다. 엔진 시동 기능을 할 때는 직권 계자(series fileld)와 전기자(armature)에 전원을 공급하면 마치 모터처럼 구동된다. 또한 발전 시에는 직권 계자를 차단하고 분권 계자(shunt field)에 전기를 공급하면 전기자에서 전원이 발생하며 이를 제어하여 발전한다.

6.4.1.5 저출력 발전기의 전원제어

저출력 발전기의 전원제어는 일반적으로 발전기의 계자에 보내는 전류값을 조절하여 전원

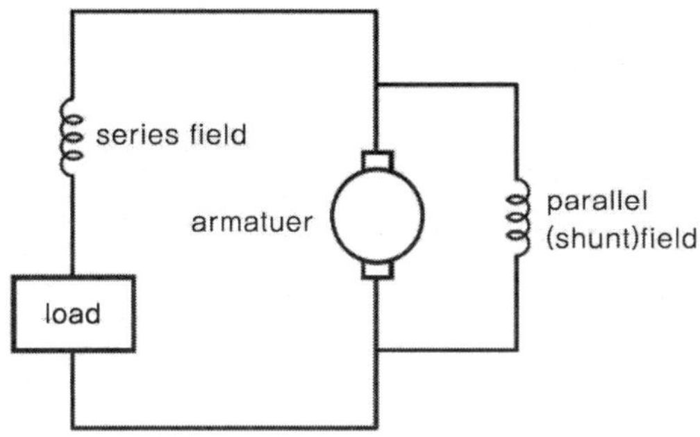

그림 6.31 starter generator schematic

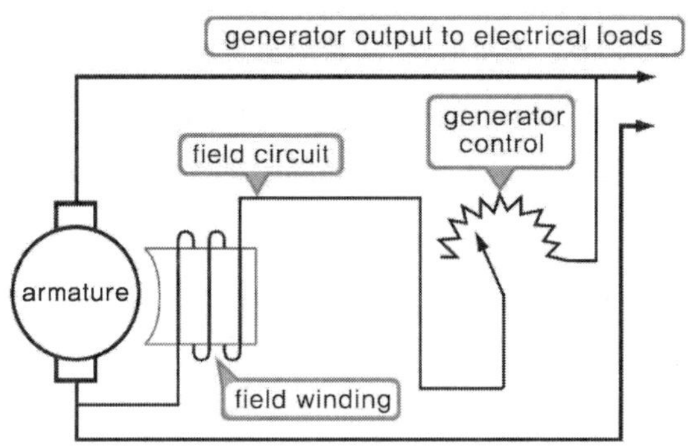

그림 6.32 저출력 발전기의 전압조절기 개념

을 조절하게 되어 있다. 비행에서 나오는 변수와 전기부하의 변화가 생기면 발전기의 제어 시스템이 이를 감시하여 적절한 조절을 한다. 저출력 발전기의 제어는 일반적으로 전압조절의 기능이라고 볼 수 있다.

가장 일반적인 전압조절 방법으로는 carbon pile regulator와 3-unit regulator가 있다. 두 가지 방법 모두 계자권선의 전류를 가변저항으로 조절하는 방식이다.

6.4.1.5.1 Carbon pile regulators

이 방식은 carbon pile(carbon disks)을 통해서 계자의 전류를 조절함으로써 직류발전기의 전압을 조절하는 방식이다. **그림 6.33**에서 보듯이 carbon pile은 자기장을 만드는 발전기 계자와 직렬(series)로 연결되어 있다. carbon pile의 저항이 커지면 계자 전류가 작아져 발전기의 출력이 낮아지고, 그 반대로 carbon pile의 저항이 작아지면 출력은 커지게 된다. 또한 전압코일(voltage coil)이 발전기 출력선과 병렬로 연결되어 있고 이 전압코일은 전자석(electromagnet)의 기능을 하게 된다. 발전기 출력전압의 변화에 따라 전압코일에 흐르는 전

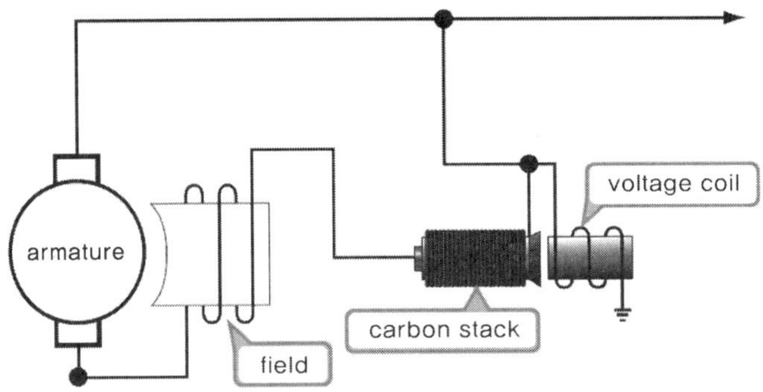

그림 6.33 carbon pile regulator

압의 세기가 조절되면, 전자석의 세기도 같이 변하고 전자석의 세기는 carbon pile에 작용하는 압력의 세기를 변하게 한다. 압력이 커지면 carbon pile 내부의 공기층이 적어져 저항이 작아지고 압력이 낮아지면 공기층으로 인한 저항이 커진다. 이 carbon pie의 저항은 직렬로 연결된 계자 전류값을 변화시켜 발전기의 출력전압을 조절하게 된다. 이 방식은 정확한 전압조절이 되는지를 주기적으로 정비해야 하므로 현대의 항공기에서는 잘 사용하지 않는다.

6.4.1.5.2 3-unit regulators

직류발전기에서 사용하는 3-unit regulator는 세 가지의 다른 장치들이 통합된 전압조절기이다. 각각의 장치는 서로 다른 기능을 수행하여 전압조절을 하는데 3개의 relay를 통해 제어하게 된다. 세 가지의 장치는 전압조절기(voltage regulator), 전류제한기(current limiter), 역전류 차단 relay(reverse current cutout relay)로 구성된다.

• 전압조절기

3-unit regulator의 전압조절기(volt regulator) 장치는 발전기의 출력을 모니터하여 발전기 계자의 전류 조절을 통해 전압을 조절하게 된다. **그림 6.34**에서 보듯이 전자석을 구성하는 전압코일(voltage coil)은 발전기 출력선과 병렬로 연결되어 있어 같은 전압을 가지고 전압코일로 흐르게 된다. 만일 전압이 규정치 이상으로 흐르면 전자석의 세기가 커져 접점(contact points)를 당겨 오픈시킨다(relay 원리). 이렇게 되면 계자회로로 가는 전류는 반드시 저항을 거쳐 가야 하므로 계자로 가는 전류의 세기가 낮아져 발전기 전압이 낮아진다.

전압조절기는 접점이 open/close 두 가지의 위치만 있으므로 정확한 전압조절을 위해 연속적인 접점 조절이 이루어진다. 정상상태에서는 이 접점은 주기적으로 open/close가 이루어지기 때문에 접점은 계속 진동하게 되어, 이 방식의 전압조절기를 진동형 조절기(vibration type regulator)라 부르기도 한다.

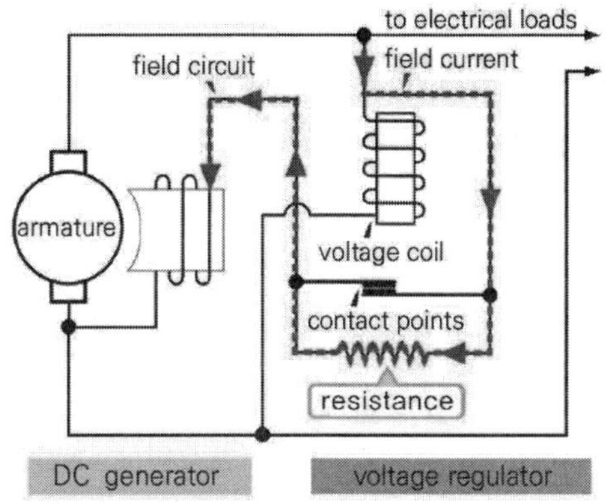

그림 6.34 3-unit regulator의 voltage regulator

• 전류제한기(current limiter)

3-unit regulator의 전류제한기는 발전기 출력 전류를 조절하는 기능이 있다. 전류코일(current coil)은 발전기의 출력선과 직렬로 연결되어 있어 발전기 출력 전류와 같은 전류가 전류코일에도 흐르게 된다. 만일 발전기 출력 전류가 규정치 이상으로 커지면 전류코일에 의한 전자석의 세기가 커지고 접점(contact point)을 오픈시킨다. **그림 6.35**에서 점선은 오픈된 상태에서 발전기 계자로 전류가 흐르는 모습을 보여주고 있다. 앞의 전압조절기와 달리 접점은 항상 닫힌(close) 상태를 유지하게 되며, 과전류가 되어 오픈되면 계자로 흐르는 전류가 낮아져 발전기 출력이 일정하게 유지되도록 할 수 있다.

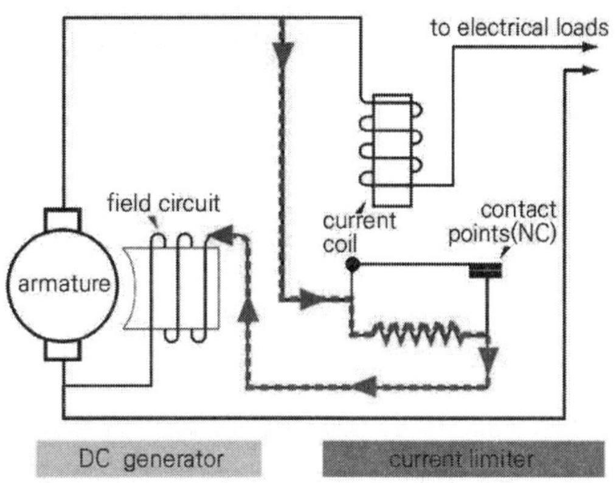

그림 6.35 3-unit regulator의 current limiter

• 역전류 차단 relay(reverse current cutout relay)

3-unit regulator의 역전류 차단 relay는 전원시스템의 고장으로 인해 발전기 쪽으로 역으로 들어올 수 있는 전류를 차단하기 위한 장치이다. 혹은 배터리로부터 역으로 전류가 흐르는

경우를 차단해 배터리 방전을 방지하기도 한다. **그림 6.36**에서 보는 것처럼 발전기 출력선에 relay(coil & contact point)가 설치되어 있고, 이 relay의 전자석은 접점(contact points)을 open/close 시키게 된다. 이때 전자석은 전류와 전압 코일(voltage coil)에 의해서 작동된다. 전압코일은 발전기 출력과 병렬로 연결되어 있어 출력과 동일한 전압이 코일로 흐르게 되며, 전자석의 작용으로 접점을 닫히게(close) 한다. 그림에서 점선은 이 상태를 나타낸 그림이다. 발전기에서 발생한 전류는 발전기 출력선과 직렬로 연결된 전류코일(current coil)를 거치게 되고, 전자석을 더욱 활성화해 접점이 닫힌 상태를 유지해준다. 만일 고장으로 인해 발전기 출력이 없어지면 전자석을 구성하는 전류코일과 전압코일에 전기가 흐르지 않기 때문에 접점을 오픈시켜 항공기 전기회로와 발전기 회로를 차단한다. 따라서 이 상태에서는 전류가 역으로 흘러 발전기 쪽으로 흐르지 못하게 된다.

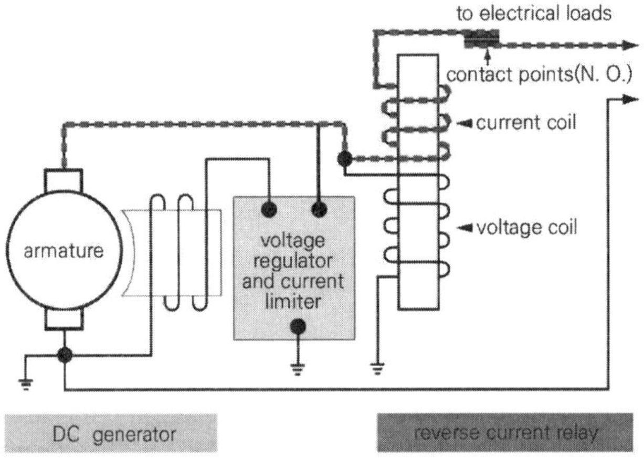

그림 6.36 3-unit regulator의 reverse current relay

6.4.2 교류전원제어

6.4.2.1 교류 전압 조절

교류발전기는 직류발전기와 구조가 다르고 전원 생성 방식이 다양하고 복잡하다. 계자의 경우 계자를 여자시키기 위해 간단히 직류전원을 공급하는 직류발전기와 달리 주파수 문제 등 교류발전기는 좀 더 어려운 문제가 있다. 따라서 에러 검출(error detection), 증폭기(amplifier) 같은 장치들이 설치된 좀 더 정교한 제어장치가 필요하게 된다.

6.4.2.2 교류발전기 병렬 운전

직류발전기에서 끊임없는 무정전 전원공급을 위해 운영하는 병렬 운전(parallel operation) 방법은 교류발전기에서도 비슷한 방법으로 적용할 수 있지만, 교류전원 방식 중에서 CF (Constant Frequency) generator에만 적용할 수 있다. 교류발전기를 병렬 운전하기 위해서는 실수 벡터(real vector)로 표시되는 유효전기와 허수 벡터(imaginary vector)로 표시되는 무효전기를 동기화시켜야만 효과적인 전기부하 분담이 가능해진다. 따라서 그 방법이 직류발전기와 비교해 매우 복잡하다. 유효 전기부하(real load)의 분담은 발전기의 회전수, 즉 교류전압의 위상(phase)과 밀접한 관계를 맺는다. 발전 기간에 위상이 불일치하게 되면 단락(short)이 발생하여 매우 위험한 상태가 되므로 일반적으로 교류발전기는 병렬 운용을 하지 않고 여러 개의 발전기가 각각 별도의 부하를 감당하게 하고 특정 발전기가 고장 났을 때 다른 정상인 발전기가 고장 난 발전기 부하에 전력을 공급하는 체계로 되어 있다.

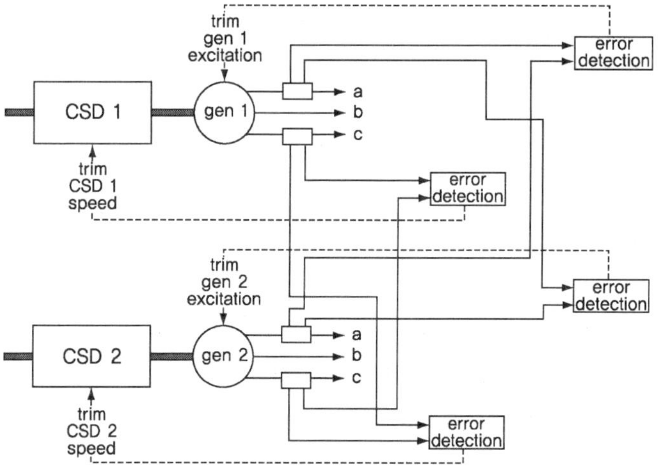

그림 6.37 AC 발전기 parallel operation

6.4.2.3 회로 감시 및 보호기능

AC 전원장치의 회로보호 기능에는 다음과 같은 것들이 있다.

- overvoltage
- undervoltage
- under/over-excitation
- under/over-frequency
- differential current protection

과전압(overvoltage), 저전압(undervoltage) 및 과여자(overexcitation), 저여자(underexcitation) 보호기능은 직류발전기에서 하는 방법과 비슷하다. under/over frequency 기능은 엔진 회전수와 관련되어 있으며, differential current protection은 단락된 버스(short-circuit busbar)나 혹은 전원 공급 라인의 손상을 감시하기 위한 기능이다.

6.5 전원 변환장치

항공기에는 지금까지 설명한 주전원 외에도 전원을 변환하거나 저장하는 장비들이 있다. 그 종류에는 DC를 AC로 전환하는 inverter, 115V AC를 28V DC로 전환하는 TRU (Transformer Rectifier Units 혹은 converter), AC 전압을 조절하는 장비(보통 115V AC를 26V AC로 전환), 115V AC를 28V DC로 변환하여 배터리로 충전하는 battery charging 및 F-22, F-35에 적용하고 있는 270V DC를 115V AC로의 전환 혹은 28V DC로 변환시키는 장비들이 있다.

6.5.1 인버터

전원 변환장치(power conversion devices) 중에서 인버터(inverters)는 12V DC, 24V DC, 28V DC, 270V DC와 같은 배터리 직류전원과 직류발전기의 직류전원을 115V AC/400Hz 3상 교류전원으로 변환시키는 장비이다. 교류 주전원이 고장 났을 경우 115V AC를 사용하는 장비에 전원을 공급하기 위해 사용된다. 종류에는 rotary inverter, static inverter가 있으며 현재는 static inverter를 주로 많이 사용한다. rotary inverter는 주로 소형 항공기에서 사용하며 모터와 발전기의 가변저항을 이용하여 전압과 주파수를 조절한다. static inverter는 배터리와 같은 비상 직류전원을 반도체 소자를 이용하여 교류전원으로 만들어 필수 장비에 공급한다. 주로 높은 전력을 사용하고 빠른 전환을 하는 SCRs(Silicon Controlled Rectifiers)을 사용해서 직류를 교류로 변환시킨다.

6.5.2 Transformer rectifier units(converter)

현재 가장 많이 사용하고 있는 전원 변환장치이다. 보통 converter라고도 불리는데 내부에 변압기(transformer)와 정류기(rectifier)로 구성되어 있고 TRU(Transformer Rectifier Unit)라고 불리기도 한다. 대부분 항공기는 115V AC 3상 전원을 가지고 있으며 전원의 상당한 부분을 TRU에 의해 28V DC로 변환하여 사용한다. 내부의 변압기는 115V AC를 28V AC로 변환시키고 정류기는 28V AC를 28V DC로 변환시키게 된다. B767의 경우 2개의 TRU를 장착하고 있고, 각 TRU에서 연속적으로 120A, 5분간 180A를 사용할 수 있는 용량을 변환시킨다. 따라서 많은 열을 내기 때문에 공기로 강제 냉각(forced cooling)시키거나 내부에 장착된 팬(fan)으로 냉각한다.

TRU는 부하가 증가하면 28V DC를 유지하지 못하고 'droop' 현상이 발생하는 특성이 있다. 이런 현상은 군용기에 적당하지 않아서 이를 조절할 수 있는 TRU를 설치하기도 한다. 이런 현상으로 인해 TRU는 보통 독립적으로 사용하지만, 부하와 관계없이 전압을 일정하게 제어할 수 있는 TRU인 경우는 직류발전기처럼 병렬로 연결하여 사용하기도 한다.

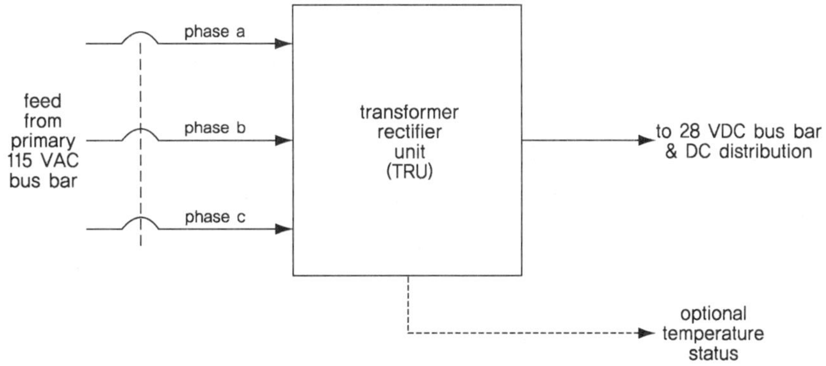

그림 6.38 transformer rectifier unit

6.5.3 Auto-transformers

간혹 간단한 auto-transformer를 설치하여 전압을 승압 혹은 강압시켜 사용하는 때도 있다. 그 예로 115V AC를 26V AC로 강압시켜 항공기 조명 장치에 공급하는 것이다.

6.5.4 Battery chargers

배터리 충전장치는 TRU로부터 전원을 공급받아 배터리를 충전하는 데 사용하는 장비이다. 보통 배터리 충전장치는 배터리 과열 발생이 없도록 충전시켜야 하며, 이로 인해 배터리 온도를 감시하는 장치가 내장되어 있다.

6.6 전원 배분 시스템

항공기에서 사용하는 전원의 종류에는 여러 가지 형태가 있는데 주발전기, 주발전기의 고장을 대체하는 비상 발전기, APU 발전기, 지상 전원, backup converter, RAT(Ram Air Turbine) 발전기 등이 있다. 항공기에 탑재된 많은 시스템은 장비별로 직류전원 혹은 교류전원을 사용하고 있어서 해당 시스템의 사양에 맞는 전원을 반드시 공급해 줄 수 있어야 한다. 보통 항공기에는 직류 혹은 교류발전기 중 한 가지 형태의 발전기를 탑재하게 된다. 따라서 직류를 교류로 혹은 교류를 직류로 변환시키는 inverter나 TRU를 반드시 설치해야 한다. 발전기에서 만든 전원은 해당 시스템으로 공급하는데 소형 경량 항공기의 경우, 전기를 사용하는 시스템도 많지 않고 간단한 전선 연결이나 terminal block, circuit breaker 등으로도 공급할 수 있다. 대형기의 경우 수많은 전선, 전원 보호장치, 전원공급을 위한 busbar, junction box 및 control panel 등을 구성하여 전원을 공급하고 있다.

최근의 항공기는 전원을 사용하는 많은 중요한 시스템을 사용하고 있어 전원공급이 차단되면 항공기 추락사고와 같은 대형 인명사고를 초래할 수 있다. 그러므로 주전원이 차단될 경우를 대비해서 반드시 이를 대체할 수 있는 비상 전원이 갖춰져야 한다. 보통 대형 항공기의 비상전원은 비상 발전기와 함께 배터리로부터 전원을 공급받을 수 있도록 multiple redundancy로 설계되어야 한다.

6.6.1 Power bus

항공기는 주전원, 비상 전원, 직류/교류 전원 변환장치 등 아주 복잡한 형태의 전원 공급장치가 필요하다는 것을 알 수 있다. 이런 복잡한 전원 공급장치의 전원공급은 주로 busbar system을 통해 구현하게 된다. 보통 busbar는 낮은 임피던스(impedance)를 가진 도체로 이루어져 있으며 junction box, panel에 설치된다. 전원공급의 주 기능은 전원을 해당 전기회로로 공급하는 간단한 기능이라고 볼 수 있지만, 정상 상태나 비정상 상태에서도 그 기능을 만족시키기 위해서는 아래의 요구 조건들을 만족하여야 한다.

• 전체 전원요구량이 가용 전원보다 크지 않는 한 전원 고장으로 인한 전기 공급이 차단

돼서는 안 된다.

- 전원공급 시스템에서 발생한 결함은 시스템 작동에 최소한의 영향을 주도록 하며, 화재 위험이 최소화되도록 한다.
- 전원을 사용하는 어떤 시스템의 손상이 다른 장치의 전원공급에 영향을 주면 안 된다.

이러한 요구 조건을 만족시키기 위해 전원을 사용하는 시스템을 중요도에 따른 그룹으로 분류하여 전원공급이 되도록 한다. 또한 여러 대의 발전기를 운용하는 경우, 병렬로 연결하거나 자동으로 비상 전원이 공급되도록 해야 한다. 고장분리(fault isolation) 및 회로 보호기능을 해야 하고, 불필요한 장비의 전원을 차단하는 자동 부하차단(automatic load shedding) 기능이 있어야 한다. 따라서 각 busbar는 명칭은 조금씩 다르지만, 전원을 사용하는 시스템의 중요도에 따라 몇 가지 busbar로 구분하여 전원을 공급한다.

6.6.1.1 battery bus

배터리 bus(vital service)에 연결되어 전원을 공급받는 시스템은 비상시에 항공기를 무사히 착륙시키기 위하여 필수적으로 필요한 시스템들이다. 예컨대 비행 조종 시스템, 착륙 및 제동장치, 통신장치, 엔진 조종을 위한 전원 등을 들 수 있다. 배터리 bus에 연결된 장비는 주전원이 정상 작동일 경우 주전원으로부터, 비상 전원이 가동될 경우는 비상 전원으로부터 전원을 공급받으며, 마지막 단계에서는 항공기에 탑재된 배터리로부터 전원을 공급받는다.

6.6.1.2 essential bus

essential bus에 연결된 장비는 주로 비행 중 비상 상황 시 안전한 비행을 유지하는 데 필요한 장비들이다. 이런 장비들에는 비행에 필요한 주요계기(속도, 비행자세, 엔진 계기 등), 주요계기 항법장치(VOR, ILS, TACAN 등), Life support equipment(ECS 등), 주요 외부등(항법등, 착륙장치등, 충돌방지등), 주요 외부 센서와 연료 관련 전원 등이 있다. 평상시에는 주전원에 연결되어 동작하다가 비상시에는 비상 전원으로부터 전원을 공급받는다. 비상 전원마저 고장 시에는 전원공급이 차단된다.

6.6.1.3 Non-essential bus

non-essential bus에 연결된 장비는 상대적으로 중요도가 떨어지는 장비들이다. 전원 차단으로 인한 장비 작동이 안 될 때도 비행하는 데 크게 중요하지 않은 장비들로서 내외부등(lights), radar 등이 이에 속한다. 주전원이 고장인 경우는 자동 부하차단(automatic load shedding)을 위해 전원이 자동 차단되도록 하고 있다.

위에 언급한 명칭 외에 generator bus, avionics bus 등이 있지만 기본적인 전원공급 개념

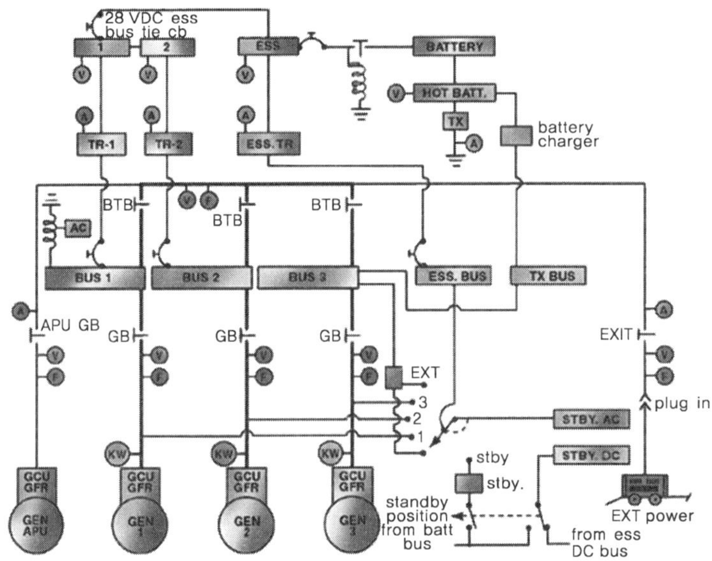

그림 6.39 항공기 bus system

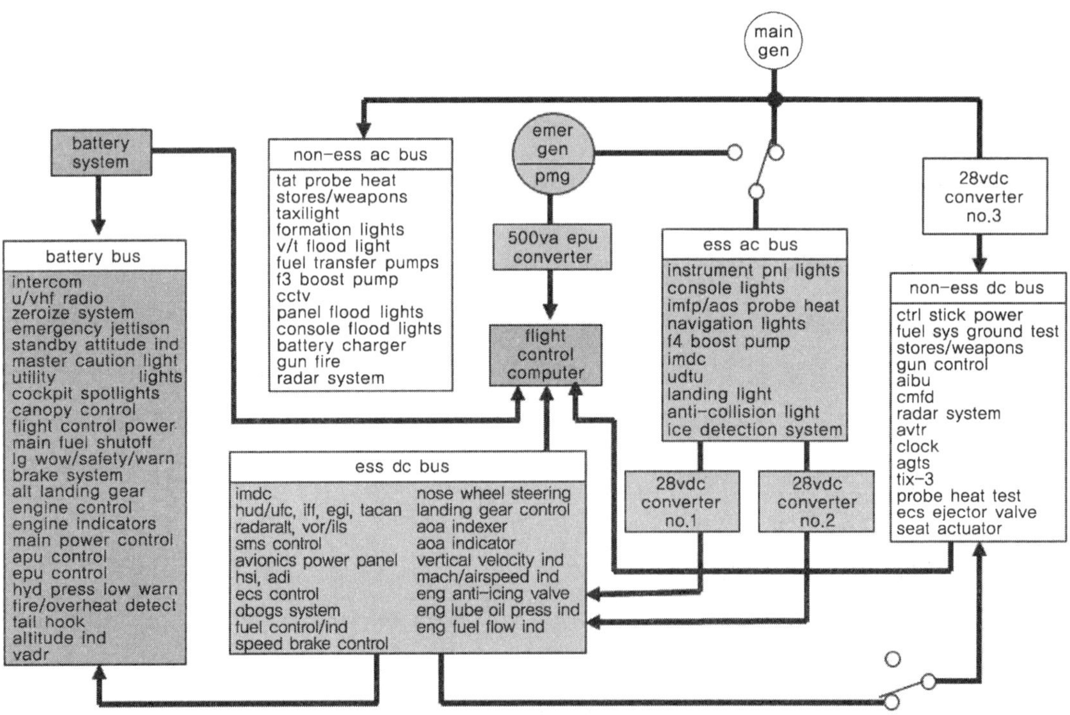

그림 6.40 전원 bus 할당사례

은 같다. 이러한 계층화된 bus system을 통해 항공기 안전을 위한 요구 조건이 만족하도록 전원 공급 시스템을 설계해야 한다. **그림 6.39**는 항공기 bus system의 한 사례와 전원공급 사례를 보여주는 그림이다.

그림 6.40은 항공기의 전원 bus의 할당 사례를 보여주고 있는 그림이다.

6.6.2 전원 보호 및 제어

6.6.2.1 전원 연결장치

전원 연결장치(power switching)는 보통 접촉기(contactor)로 이루어지는데, 높은 전류를 감당할 수 있는 전자기적으로 작동하는 접촉기를 사용한다. 이 기구는 수백 암페어의 전류에도 작동되며, 직류나 교류전원을 연결하는 데 사용할 수 있다. 전자기적 접촉기는 원하는 위치나 위치를 변경시키는 신호가 오기 전까지 열려 있다가 신호가 오면 자기력으로 닫힌다. 혹은 접촉기가 닫힌 상태를 유지하도록 계속 신호를 보내거나 신호를 제거해서 열리도록 할 수도 있다.

다른 방법으로는 릴레이를 사용하는 때도 있다. 이 방법은 앞의 작동방식과 유사하며 가볍고, 간단하며 가격도 저렴하다. 릴레이는 주전원 장치에서도 사용하긴 하지만 중간 혹은 2차 전원장치에 많이 사용한다.

6.6.2.2 전원 부하 보호

6.6.2.2.1 회로 차단기

회로 차단기(circuit breakers)는 회로에 전기 과부하가 걸리면 회로를 보호하기 위한 장치이다. 보통 bi-metal로 구성되어 기계적인 작동을 하며, 정상적인 부하에서는 회로가 닫혀 전원공급이 가능해지고, 과부하가 걸리면 회로를 열어 차단한다. 차단되면 푸시 버튼이 앞으로 튀어나오고, 누르는 경우 과부하 조건이 아니면 버튼은 다시 들어간다. 정비목적이나 수동으로 회로 차단을 위해 버튼을 당겨 회로를 열 수 있도록 한다. 회로 차단기는 규격 전류값을 설정할 수 있어 해당 회로에 맞는 용량을 선정해야 한다.

6.6.2.2.2 반도체 전원제어장치

큰 전력에 사용 가능하고 다양한 제품과 규격을 가진 반도체 전원제어장치(solid state power controllers)의 효용성이 최근 점진적으로 증가하고 있다. 최근에는 전원제어장치뿐만 아니라 회로를 보호하는 기능을 겸비한 제품들이 개발되고 있다. 보통 SSPCs(Solid State

Power Controllers)라 불리며 회로보호기와 릴레이 스위치의 기능이 같이 있다. 그러나 단점으로는 직류전원의 경우 22.5A 이하에서 사용 가능하고, 교류전원의 경우는 큰 전력손실과 낮은 규격 전류값을 가지고 있으며, 가격이 매우 비싸다. 그러나 기계적인 기존의 접촉기나 회로 보호기보다 중간 이하의 전원에서 신뢰성이 좋은 것으로 알려져 있다. 그리고 릴레이의 마모가 자주 일어나는 곳에 적용했을 경우 반복 사용수명(duty cycle)이 길다는 장점도 있다. 현재 28V DC와 270V DC의 전원제어에 사용 가능한 5, 7.5, 12.5, 22.5A의 규격을 갖는 제품들이 나와 있다.

6.6.3 항공기 전원 배분 시스템의 종류

6.6.3.1 split-bus power distribution system

그림 6.41은 엔진이 2개인 B737, B757, B777, A300, A320, A310 같은 현대의 항공기에서 적용되고 있는 전원 배분 시스템의 한 종류이다. 정상 작동 중일 때는, 각각의 엔진에 의해 구동되는 엔진 구동 교류발전기(engine-driven AC generator)는 오직 하나의 AC bus에만 전원을 공급하는 방식이다. 따라서 2개의 bus는 각각 독립적으로 분리되어 있으며, 2개의 발전기에 의해 동일한 bus에는 절대 동시에 전원공급이 안 된다. 2개의 발전기에서 나온 전류는 위상조절(phase regulation)을 하지 않기 때문에 만일 2개의 발전기에서 나온 전

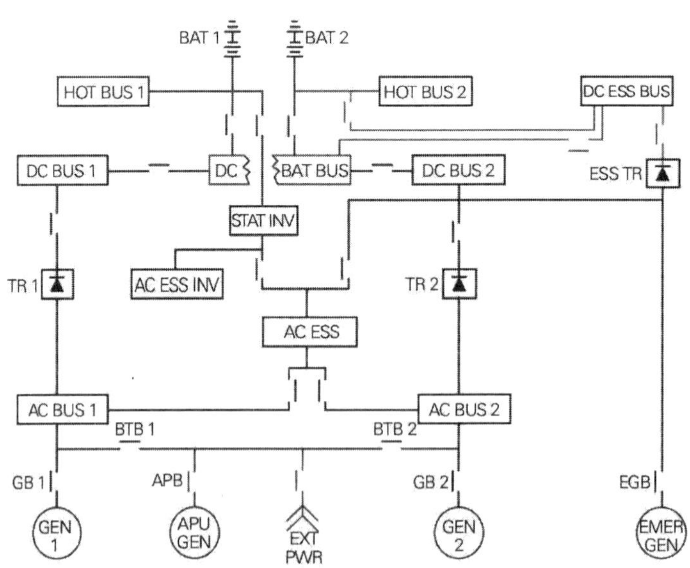

그림 6.41 split-bus power distribution system

원의 위상(phase)이 다른 상태에서 하나의 동일한 bus에 공급된다면 시스템에 손상이 발생한다. 또한 이 방식은 발전기 고장 시 정상인 발전기에서 양쪽의 bus에 전원공급이 가능하다. 전원의 분리 독립은 GCU(Generator Control Unit)와 BPCU(Bus Power Control Unit)에 의해 제어된다.

그림 6.41에서 보면 네 개의 발전기(GEN 1, 2, APU GEN, EMER GEN)가 설치되어 있고 정상작동일 때는 GEN 1, GEN 2 발전기는 GB(Generator Breaker) 1, 2를 거쳐 해당 bus인 AC BUS 1, 2를 통해 전원을 공급하고 APU GEN(APU generator)과 EMER GEN (Emergency generator)은 APB와 EGB에 의해 전원 공급선이 차단되면서 가동이 정지된 상태이다. 또한 이때 GEN 1과 GEN 2는 완전히 분리된 상태이다.

만일 GEN 1 발전기가 고장 났다고 가정하면 다음과 같은 과정이 전개된다.

- GCU에 의해 GB 1이 열리고(open) 고장 난 GEN 1 발전기의 연결이 차단된다.
- BPCU는 BTB(Bus Tie Breaker) 1, BTB 2를 닫아(close) GEN 2의 전원이 AC Bus 1을 거쳐 전원이 공급되도록 한다.
- 이때 APU를 시동하여 APU generator가 작동되면 BPCU와 GCU는 APB, BTB 1을 닫아 AC BUS 1을 통해 APU generator 전원이 공급되고, GEN 2는 AC BUS 2를 통해 전원을 독립적으로 공급한다.

만일 네 개의 발전기가 모두 고장 나면 HOT BUS(hot battery bus)의 직류전원을 받아 STAT INV(static inverter)에 의해 교류로 전환하여 AC essential bus를 통해 전원을 공급한다.

6.6.3.2 parallel bus power distribution system

엔진이 여러 개인 B727, MD11 같은 항공기는 parallel power distribution을 사용하고 있다. 엔진에 의해 구동되는 모든 발전기는 모두 병렬로 연결되어 전기부하를 담당한다. 이 방식에서 발전기의 모든 전류는 위상이 조절된(phase regulated) 상태여야만 된다. 또한 같은 bus에 연결되기 이전에 미리 전원 주파수가 반드시 일치되도록 해야 한다. 이 방식의 장점은 발전기 중의 일부가 고장 나면 해당 발전기만 bus에서 분리하고 나머지 발전기가 전기부하를 담당하게 할 수 있다. 발전기의 모든 전원은 paralleling bus(혹은 synchronizing bus)를 통해 연결되어 있다. 대부분의 이 방식은 자동화가 덜 되어 있어 조종사가 시스템을 모니터해서 필요한 조작을 수동으로 해야 하는 경우가 많다. 조종사는 BTB(Bus Tie Breaker)들을 전기제어 패널(electrical control panel)을 통해 수동으로 조작하여 모든 필요 bus들을 연결하게 된다.

그림 6.42는 세 개의 발전기와 1개의 APU 발전기가 적용된 parallel/power distribution system을 나타낸 것이다. 이 경우 APU 발전기는 비행 중에는 작동하지 못해 대체 전원(backup power)을 제공할 수 없고 단지 지상에서만 작동시킬 수 있다. 그림에서 세 개의 발전기인 GEN 1, 2, 3은 모두 각각의 AC bus에 연결되어 있고, 이 bus는 모두 SYNC BUS (synchronizing bus)에 연결되어 항공기의 전기부하를 공동으로 담당하게 된다. 물론 모든

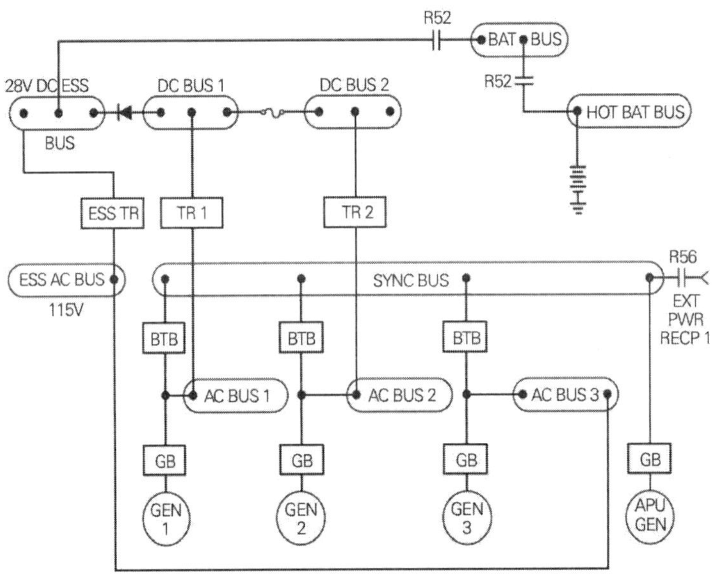

그림 6.42 parallel power distribution system

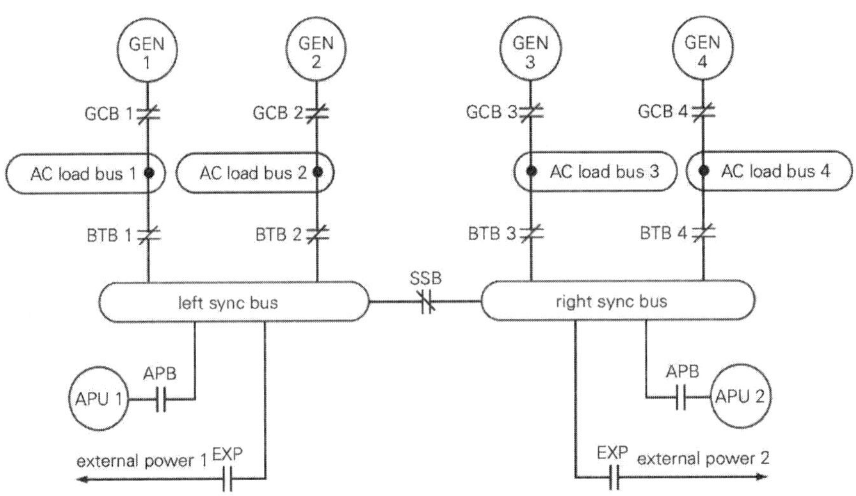

그림 6.43 split-parallel bus power distribution system

전류는 위상이 일치된 전원이어야 하며, 만일 일부 발전기가 고장 나면 그 발전기만 차단하면 된다. DC BUS 1, 2는 해당 AC BUS의 교류전원을 받아 TRU(Transformer Rectifier Unit)를 통해 직류로 전환된 전원을 받게 되며 battery bus는 TRU로부터 전원을 공급받을 수 있고 battery와 연결된다.

6.6.3.3 split-parallel bus power distribution system

이 방식은 split power distribution과 parallel power distribution의 장점을 혼용한 방식이다. 이 방식은 B747-400 항공기에서 채용하고 있는데 네 개의 엔진 구동 발전기와 2개의 APU 발전기가 장착되어 있다. 정상 작동일 때는 네 개의 발전기는 parallel distribution 방식으로 운용되고 있다가, 특정 발전기에서 고장이 발생하거나 외부전원을 사용하게 되면 split distribution 방식으로 전환된다. 네 개의 발전기는 2개씩 좌우의 SYNC BUS에 연결되어 parallel 방식으로 운용된다. 만일 특정 발전기가 고장 나면 해당 발전기의 GCB (Generator Control Breaker)를 열어 차단하고 해당 발전기로부터 전원을 공급받았던 부하들은 나머지 세 개의 발전기로부터 전원을 공급받을 수 있게 된다.

6.6.4 전기 배선

항공기의 전기배선(wiring)은 항공기의 전선, 전기/광학 케이블 등을 분류해서 하나로 묶은 형태인 wire harness와 terminal, connector 등의 관련 부품들을 이용해서 한다. 항공기에 적용되는 관련 규격은 군수용의 경우 MIL-W-5088 혹은 AS50881, 민간 상업용의 경우 AS50881이 있다.

6.6.4.1 전선의 형태(wire types)

일반적으로 전선은 1개의 도체를 절연체로 감싼 형태와 여러 가닥의 도체를 묶어 절연체로 감싼 형태(stranded type)가 있다. 항공기에서는 비행 중의 진동과 굽힘(flexing)으로 인한 피로 절단(fatigue breakage)을 최소화하기 위해 후자의 형태를 사용하고 있다. 또한 후자를 사용하는 경우 19가닥 이상의 연선을 묶어 사용해야 한다. 오랫동안 경량 항공기는 MIL-W-5086A 규격서에 명시된 전선을 사용하였는데 주석(tin)으로 코팅한 구리 선으로 만들어졌다(정격: 600volt, 105℃). 현재는 군용기와 FAA 규정을 따르는 민수용 항공기의 전선은 모두 MIL-W-22759 규격에 따라 제작된 전선을 사용하고 있다. 항공기에서 전선 선택은 운용환경에 적합하게 제작된 것을 사용해야 한다.

6.6.4.1.1 전선의 전도체

항공기 전선에서 사용하는 전도체(conductor)에는 구리(copper)와 알루미늄 두 가지가 있다. 이 두 가지 재료는 각각 장단점을 가지고 있다. 아래의 표는 장단점을 비교한 내용이다.

구리는 전도성(conductivity), 연성(ductile)이 좋고 장력(tensile strength)이 알루미늄에 비해 우수하다. 그러나 가격이 비싸고 알루미늄에 비해 무거운 단점을 가지고 있다. 알루미늄은 전도성이 구리보다 60% 정도밖에는 안 되지만 현재 항공기 전선의 재료로 널리 사용되고 있다. 알루미늄은 무게가 가볍고 같은 전도성일 경우 그 지름이 커지기 때문에 아크(arc)인 corona를 줄일 수 있는 장점이 있다. 최근에 나온 A380은 모든 전선의 전도체를 알루미늄으로 적용하였다.

표 6.2 aircraft electrical cable

특성	구리	알루미늄
tensile strength(lb-in)	55,000	25,000
tensile strength for same conductivity(lb)	55,000	40,000
weight for same conductivity(lb)	100	48
cross section for same conductivity(CM)	100	160
specific resistance(ohm/mil ft)	10.6	17

6.6.4.1.2 도금(plating)

피막이 없는 구리는 온도에 따라 구리 표면이 산화되기 쉽고 산화된 구리는 전도성을 나쁘게 한다. 그래서 모든 항공기의 전선은 산화가 느리게 일어나도록 표면을 주석(tin), 은(silver)이나 니켈(nickel)로 코팅한다.

- 주석으로 코팅된 구리 선이 일반적인 재료이다. 온도 한계는 150℃로써 고강도 구리합금 도체나 고온 환경에서는 적용할 수 없다.
- 은으로 코팅된 구리 선의 온도 한계치는 200℃이다. 고가의 제조 비용이 들며 접촉저항이 낮아야 하는 경우나 고주파 대역 신호전달이 필요한 경우에 적용한다.
- 니켈로 코팅된 구리 선의 온도 한계치는 260℃ 정도이다. 커넥터(connector) 접점과의 접촉저항이 높아지지 않도록 유의해야 하고, 납땜 적용이 어려워 제작성이 떨어진다.

6.6.4.1.3 절연체

절연체(insulation)의 기본적인 성질에는 절연저항(insulation resistance), 절연 강도(dielectric strength)가 있다. 이 두 가지는 완전히 다른 성질을 나타낸다.

절연저항은 절연체 물질을 통해 빠져나가는 전류에 대한 저항값으로 정의하고, 절연 강도는 일종의 절연체가 견딜 수 있는 전압으로서 절연이 손상되는 최대전압으로 정의된다.

절연체의 재료는 장착 형태나 운용환경에 따라 달라진다. 즉, 마모저항(abrasion resistance), 방전저항(arc resistance), 부식(corrosion) 등 여러 가지 주변 환경에 따라 선택하게 된다. 절연체 재료 중 PVC/nylon, Kapton®, Teflon®는 더 이상 새로운 항공기에는 적용하지 않지만, 과거의 오래된 항공기에서 사용되곤 했다. Teflon의 경우 유연성이 좋으나 강도가 떨어지고, Kapton은 기계적 마모 특성이 좋고 굵기가 가늘지만 뻣뻣한 성질로 인해 배치하기에 불편하고 절연 파괴로 인한 아크 발생 사례가 있었다. 현재는 앞에서 설명한 재질의 장점을 접목한 복합재 전선을 사용하는데, Tefzel®, Teflon®/Kapton®/Teflon®, PTFE/Polyimide/PTFE 같은 절연체 재질을 사용하고 있다.

전선을 선택할 때는 열 노화(heat aging) 특성을 고려해야 한다. 전선의 열에 대한 특성은 항공기 전선을 선택하는 데 가장 중요한 사항이다. 전선의 정격온도(temperature rating)는 절연체가 전선의 주변 온도(ambient temperature)와 전류에 의해 발생하는 전도체의 온도상승 조건에 견딜 수 있는 온도를 의미한다. 따라서 고온의 주변온도, 고전류(high current)가 흐르는 경우나 아니면 두 가지의 조건이 동시에 작용하는 조건인지를 고려하여 선택해야 한다.

6.6.4.1.4 전선의 차폐

전선의 적절한 차폐(wire shielding)는 현대의 항공기처럼 민감한 전자 장비를 많이 탑재하는 경우 매우 중요한 요소이다. 전선의 차폐는 전자파 장해(EMI: Electro Magnetic Interference)를 제거하기 위해 일종의 금속 재질로 전선이나 장비를 감싸는 것을 말한다. 전자파 장애 문제는 전자기장(electromagnetic fields)으로 인해 전선이나 관련 부품에 고주파를 갖는 전압(high frequency voltage)이 발생할 때 일어나는 현상을 말한다. 이 전압은 장비의 손상이나 부정확한 작동을 유발할 수 있다. 항공기에서 사용하는 대부분 케이블에 차폐를 시켜야 하며 차폐선은 보통 항공기 구조물에 접지시킨다.

6.6.4.2 전선의 크기

전선의 지름은 게이지 번호(gauge number)로 표시하는데 한 자리 혹은 두 자리의 짝수로 나타내며 게이지 번호가 클수록 전선의 지름은 작아진다. 전선의 크기(wire size)를 선택하는 데는 몇 가지 요소들을 반드시 고려해야 한다.

- 충분한 기계적 강도를 가져야 한다.
- 허용 가능한 전력손실(allowable power loss)을 고려해야 하는데 전도체의 굵기가 클수

록 저항은 작아져 전력손실이 줄어든다. 그러나 전선이 굵어지면 가격이 비싸고 무거워지며 지지대가 필요하다.

- 전선의 입력 전압이 일정하다면 전선의 부하에 따라 전류의 크기가 변하고 따라서 전압손실이 발생하게 된다. 전압손실의 변화가 크면 부하에 걸리는 전압의 조절이 어려워진다. 이를 해결하기 위해서 저항을 줄이거나 전류를 줄이는 방법이 있는데, 전류를 감소시키려면 전원에 연결된 부하의 양을 줄여야 하고, 저항을 작게 하려면 전선의 크기와 무게가 커지게 된다. 따라서 반드시 적절한 타협점을 찾아야 한다.
- 전도체로 전류가 흐르게 되면 반드시 열이 발생하게 된다. 또한 전선을 절연체로 피복하게 되면 발생한 열의 발산이 늦어지기 때문에 절연체의 손상을 유발할 수 있다. 따라서 전류는 전선에 규정된 한계치 이하로 흐르도록 해야 한다.

6.7 전기부하

항공기에서 전원을 공급해야 하는 전기부하(electrical loads)는 몇 가지 부류로 구분할 수 있다.

1) 모터(motors)
2) 조명 시스템
3) 난방 시스템
4) 항공전자 장비 및 세부 시스템의 controller

6.7.1 모터 및 작동기

항공기의 밸브나 작동기(actuator)를 구동시키기 위한 원동력을 만드는데 모터(motors)가 사용될 수 있다. 전형적인 모터의 사용 사례는 다음과 같다.

- linear actuation: 엔진조절을 위한 position actuator나 비행 조종시스템의 trim actuator에 사용한다.
- rotary actuation: flap/slat의 작동을 위한 position actuator에 사용한다.
- control valve 작동: 연료조절 밸브, 유압조절 밸브, 공기조절 밸브, 기타 여러 가지 조절

밸브에 사용한다.

- starter motor: 엔진을 시동시키기 위한 시동기에 사용한다. APU 같은 경우 APU를 시동시켜 스스로 작동될 때까지 일정 수준 이상으로 작동시키는 역할을 한다.
- gyroscope motor: 비행계기에 사용되는 gyroscope를 구동시키기 위해 사용된다. 최근에는 대부분 반도체를 사용하는 장비로 대체되어 AC 전원 공급이 필요 없어졌다.
- pumps: 연료펌프, 유압펌프, 기타 보조장비의 펌프류 등에 사용하는 대체 동력원으로 사용된다.
- fan motors: 승객이나 장비 냉각을 위해 냉각 공기를 만들기 위한 냉각팬의 동력으로 사용된다.

대부분 전기모터를 사용하는 장비는 연속적으로 사용되는 경우는 드물고, 일정 시간만 작동되는 경우가 많다.

6.7.1.1 직류 모터

모터의 구조는 발전기의 작동 개념과 반대라고 보면 된다. 모터의 주요 특성은 회전수의 변화와 부하 발생할 때의 토크라고 볼 수 있다. 직류 모터(DC motors)의 종류에는 직권식(series-wound motor), 분권식(shunt-wound motor), 복권식(compound-wound motor) 모터로 나뉜다. 직권식 모터는 계자권선(field windings)과 전기자 권선(amarture windings)이 직렬로 연결되어 있고, 기동토크가 크고 부하에 따라 회전수가 변하게 된다. 속도의 변화 때문에 제어 목적으로는 사용하지 않는다. 분권식 모터는 계자권선과 전기자 권선이 병렬로 연결되어 있고 부하에 따른 회전수 변화가 적은 정속도 회전 특성이 있다. 복권식 모터는 계자권선과 전기자 권선이 직렬 및 병렬로 연결되어 있다. 직권식 모터 중에서 특별한 한 형태로서 split field motor가 있다. 2개의 계자권선이 전기자 권선과 직렬로 연결되고 각 계자권선은 병렬로 연결된 구조를 가진다. 각각의 계자권선에 전원이 공급되면 각각 다른 방향으로 회전이 일어난다. 이 형태의 모터는 밸브의 위치가 여러 번 변하는 연료 시스템의 밸브에 아주 유용하다. 혹은 actuator의 이동 끝 지점에 limit switch를 설치하여 원하는 지점에 actuator가 이동하면 over-running을 방지하기 위한 신호를 모터로 보내 작동을 중지시킨다. split-field motor는 일반적으로 위치신호를 feedback시켜 작동되는 linear/rotary position actuator에 많이 사용한다. 항공기에서 직류모터는 현재 DC brushless motor 형태를 많이 사용하며 연료밸브나 장비의 시동기 등에 많이 적용된다.

6.7.1.2 교류 모터

항공기에 사용하는 대부분의 교류 모터(AC motors)는 유도 모터(induction motor)를 사용한다. 고정자인 계자권선이 단상과 3상(3 phase)으로 연결되어 있으며 보통 3상 유도 모터를 많이 사용한다. 계자권선에 교류가 공급되면 회전자기장이 형성되어 토크가 발생하게 된다. 이 토크에 의해 모터가 회전하게 된다. 보통 직류 모터에서 많이 쓰는 브러시(brush)나 슬립링(slip ring)이 없어 구조가 간단하고 공급되는 교류의 주파수나 권선의 극(pole) 수에 따라 회전수가 변한다. 따라서 항공기에서 유도 모터의 장점은 항상 일정한 주파수의 교류전원이 공급되어 일정한 회전수를 얻을 수 있고 이는 매우 비용 측면에서 효과적인 선택이 될 수 있다.

교류 모터는 비행 중에도 계속해서 작동되는 장비에 사용된다. 이런 장비에는 연료 booster 펌프, gyroscope, 공기조화를 위한 냉각팬과 같은 것들이 있다.

6.7.2 조명 시스템

조명 시스템은 항공기의 전기부하 중에서 아주 중요한 부분이다. 현대의 많은 항공기는 야간이나 시야가 좋지 않은 조건에서 비행하는 시간이 많다. 따라서 적절한 조명은 필수적이며, 외부조명 및 내부 조명 시스템으로 나뉠 수 있다.

▷ 내부조명 시스템(internal lighting systems)

- cockpit/flight deck lights
- passenger information lights
- passenger cabin/personal lights
- emergency/evacuation lights
- bay lights

▷ 외부조명 시스템(external lighting systems)

- navigation lights
- anti-collision lights(strobe lights/high intensity strobe lights)
- landing/taxi lights
- inspection lights
- emergency evacuation lights
- logo lights

그림 6.44 조종실 실내조명등

• search lights

조명 장치는 28V DC나 AC bus에서 자동으로 변환(auto-transformer)시켜 사용한다. 보통 조명용 전구는 일반적인 필라멘트 전구를 사용하며 착륙등의 경우 600watts 전력, 조그만 내부 조명등은 수 watts를 사용한다. 어떤 항공기에서는 양 전극 사이에 놓인 인광층(phosphor layer)에 의해 발광하는 전자발광 장치를 쓰는 예도 있는데 이 경우는 AC 전원을 사용한다.

항공기의 조명 시스템은 비행에 필요한 내부 조명(internal light)과 외부 조명(external light)으로 구성되어 있다. 내부조명은 조종실 내의 계기 및 판넬(panel)의 인식, 조종실, 객실, 화물실 등을 조명하기 위한 것이다. 외부 조명에는 항공기의 위치 및 비행 방향을 알려주기 위해 설치하며 착륙 및 활주(taxiing)를 위한 조명 및 로고(logo)등이 있다. 또한 민간 항공기에는 비상시 안전하게 승객들을 대비시키는데 필요한 비상등(emergency light)을 설치해야 한다.

6.7.2.1 내부조명 시스템

항공기 내부조명은 민항기 혹은 군용기에 따라 몇 가지 차이점이 있을 수 있다. 주로 민간 항공기는 승객을 수송하기 때문에 승객들의 편의를 위한 여러 가지 내부조명을 갖추고 있는데 조종실 조명(flight compartment lights), 객실조명(passenger compartment light)으로 구분할 수 있다.

그림 6.45 계기등 사례

6.7.2.1.1 조종실 조명(flight compartment lights)

- **조종실 실내 조명등**

  조종실을 조명하기 위한 실내 조명이 있으며 항공기 외부가 조종실 내부와 비교해 너무 밝았을 때 조종실이 잘 보이도록 조절 스위치가 있는 때도 있다. 주로 백색 조명이 일반적으로 사용된다.

- **계기등(instrument light)**

  야간 비행 및 조종실이 어두워져 조종석 계기와 장비의 인식이 어려울 때 사용한다. 계기등은 계기 내부에서 조명되어 눈금판의 지침이 잘 보이게 되어 있다. 필요 시 스위치를 작동시켜 점등시키며, 밝기를 조절할 수 있는 밝기조절 장치(dimmer)가 설치되어 있다.

- **콘솔등(console lights)**

  군용기 조종실의 경우에는 조종석 좌우 console을 비추는 console light가 있다.

- **보조조명등**

  군용기의 경우 전/후방석 조종실의 계기 판넬을 조명할 수 있는 flood light, 조종실 내의 일부 조명이 불충분한 장소를 점검하기 위한 utility light, 조종사가 지도나 서류를 보는 데 필요한 map light 등이 있다.

6.7.2.1.2 객실조명(passenger compartment lights)

전체적으로 간접조명을 이용하며 쾌적한 분위기를 내기 위해 사용하며, 식사, 영화상영, 수면 등 상황에 따라 달리 사용한다. 또한 독서등처럼 필요한 부분을 직접 조명하는 장치도 있다. 객실 내에 설치된 light panel에서 조절할 수 있고, 객실 승무원이 조작하게 되어 있다.

그림 6.46 객실 실내 조명등

- **객실 실내 조명등**

  천정의 반사를 이용한 간접조명으로 객실 전체를 조명하는 ceiling light, 항공기 벽면을 조명하는 sidewall light, 창을 비추는 window light, 출입구를 조명하는 cove light 등이 있다.

- **cabin entry light**

  승객 탑승시에 출입구 부근을 특히 밝게 비추는 조명이다.

- **reading light**

  승객들의 독서를 위해 각 좌석의 상부에 설치되어 있고 승객들이 필요에 따라 조작할 수 있다. 이것은 spot lighting으로 되어 있어 주변 승객들의 불편을 최소화하도록 설치한다.

- **기타 실내 조명등**

  승객의 안내를 위한 passenger sign등이 있으며 'No Smoking', 'Fasten Seat Belt' 등의 안내를 승객에게 알리는 표시등으로서 조종실에서 조작한다. 화장실에는 lavatory light가 있으며, 문을 닫고 잠그면 자동으로 조명된다. 그 외 승객이 승무원을 부르는 call light, 화물실등, galley light 등이 있다.

6.7.2.2 외부 조명 시스템(external lighting system)

항공기 외부에는 많은 조명등이 설치되어 있으며, 이 중에는 법규에 따라 의무적으로 장착해야 하는 조명과 운항상의 안전을 위해 설치하는 조명이 있다. 외부 조명에는 항법/위치등(navigation/position light), 충돌방지등(anti-collision light), 착륙등(landing light) 등이 기본적으로 장착되어 있고, 그 외 항공기 기종에 따라 추가로 몇 가지 조명등이 설치되어 있다.

그림 6.47 항공기 외부 조명등

6.7.2.2.1 항법/위치등

이 항법/위치등(navigation/position light)의 목적은 항공기의 비행 방향을 알려주고 야간 조명이 없는 상태에서 항공기를 주기할 때, 항공기의 위치를 알리기 위한 것이다. 이 조명은 위치와 조명등의 색깔이 규정되어 있다. 왼쪽에는 적색등, 오른쪽에는 녹색등을 반드시 설치하고 항공기 꼬리 쪽에 백색등을 설치하게 되어 있다. 반사경이 달린 전구나 할로겐전구를 많이 사용하며 최근에는 고휘도의 LED를 추가로 설치하는 예도 있다. 다른 이름으로 navigation/formation light라고도 불린다. 기종에 따라서는 동체 위아래에 추가로 설치하기도 한다.

6.7.2.2.2 충돌방지등

충돌방지등(anti-collision light)의 목적은 항법등의 영역보다 먼 거리의 항공기에 위치를 알려줌으로써 충돌을 방지하기 위한 것이다. 이 등은 항공기의 존재를 잘 인지시키기 위하여 동체의 상하면에 설치하거나, 수직 꼬리날개 끝에 설치할 때도 있다. 조명등의 색깔은 고휘도의 백색등 혹은 적색광을 점멸시키며, 조명원은 LED 또는 strobe light을 사용한다.

그림 6.48 착륙등

그림 6.49 활주등

6.7.2.2.3 착륙/활주등

착륙/활주등(landing/taxi light)은 날개 또는 wing root 부근 그리고 landing gear에 장착하며, 이/착륙 그리고 taxing할 때 활주로를 비추는 조명등이다. 항공기 기종에 따라 고정식과 사용 시에만 전개되는 인입식이 있다. 조명원은 LED 혹은 할로겐전구를 사용한다.

6.7.2.2.4 기타 외부조명등

주로 민간 항공기에 설치된 기타 외부조명등에는 여러 가지 조명등이 있다. 지상 선회 중에 착륙등으로서는 좌/우 장애물을 확인하기 어려우므로 좌/우를 비추는 선회등이 있다. 날개의 leading edge, engine nacelle를 조명하는 wing illumination light, 날개의 결빙 여부를 식별하기 위한 등, 수직꼬리 날개의 양면에 그려진 항공사 로고를 비추는 logo light, 화물기의 경우 화물 탑재 시에 화물실 입구를 비추는 cargo handling area light가 있다.

6.7.2.2.5 비상조명등

이 외에도 민간 항공기에는 비상 상황 시 승객들의 안전한 탈출을 돕기 위해 설치된 비상조명등(emergency lights)이 있다. 비상탈출 경로를 비춰주는 비상등, 항공기 문을 열었을 때 비상 탈출로를 비춰주는 조명등이 있다.

6.7.3 난방 및 열원

항공기에서 heating을 위해 전기동력을 이용하는 경우는 아주 많은 부분에서 이루어지고 있다. 한 예로 전기를 이용한 방빙/제빙장치의 경우 수십 KVA의 아주 큰 전기용량을 사용한다. 그러나 이 장비는 주파수가 일정하지 않아도 되기 때문에 아주 쉽고 저렴하게 전원을 만들 수 있다. 방빙/제빙장치는 항공기의 tail plane, fin leading edge, intake cowls, propellers, spinners에 많이 적용되고 있다. 보통 방빙/제빙을 하기 위해서 전기나 엔진 블리드 공기를 이용하는 방법을 조합해서 사용하며, 그 방식은 항공기 별로 다양하다. 보통 전기를 이용한 방빙/제빙장치는 높은 전류를 사용하기 때문에 국부적인 과열이나 최적으로 heating을 하기 위해 전류를 변화시키거나 시간(time), 주기(cycle)를 조절시켜야 한다. 또한 윈드실드(windshield)의 창을 가열시키는 것도 중요한 부하 중의 하나이다. 창문 내부에 heating elements와 온도조절장치가 포함되어 있다.

6.7.4 각종 장비의 제어장치 및 항전 장비

현대의 항공기가 점점 복잡해지면서 탑재된 관련 장비들도 좀 더 정교한 기능을 수행해야만 하는 상황이 되었고, 많은 장비가 해당 장비의 controller를 장착하고 있다. 최근엔 항공전자 장비, 관련 시현 장비, 통신이나 항법 장비들이 하나의 장비로 통합된 LRU(Line Replaceable Units)인 IMA(Integrated Modular Avionics) 개념으로 나오고 있다. 이는 하나의 컴퓨터로 여러 장비들을 운용할 수 있고, 고속의 네트워크를 이용한 데이터 교환이 가능하고, 고장이 발생하면 신속하게 교체할 수 있기 때문이다. 따라서 각종 controller도 하나의 LRU 안에 포함되고 있으며, 기능이나 작동 모드에 따라 직류 혹은 교류전원이 공급된다. 많은 장비가 장치 내부에 전원 공급장치를 가지고 있는데, 이 장치는 보통 ±15V DC나 ±5V DC를 요구하는 장비 요구 조건에 맞게 항공기 전원을 변환시키는 기능도 있다. 장비의 안전한 작동을 위해 두 가지 정도 고려되어야 하는 변수들이 있다. 첫째는 직류와 교류 양 전원으로부터 공급받는 여러 개의 bus를 통해 주요 LRU에 전원이 독립적으로 공급되도록 해야 한다. 둘째는 고장이 발생했을 경우 항공기가 안전하게 귀환할 수 있는 충분한 전원을 공급하는 비상전원이 있어야 한다.

6.7.5 전기부하 해석

항공기에서 필요로 하는 전기부하의 해석(electrical load analysis)은 전기 시스템을 설계할 때 선행되어야 하는 작업이다. 전기를 필요로 하는 부하의 종류별 직류나 교류전원의 종류, 운용조건별 부하, 전기부하별 사용 시간(duration) 등을 고려해야 한다. 또한 향후 항공기에 장착될 수 있는 추가 장비를 고려해서 전기부하를 해석해야 한다. 예측된 결과를 이용하여 발전기의 종류와 용량의 결정, 배터리 용량, 교류를 직류로 변환하는 converter, 직류를 교류로 변환하는 inverter의 용량을 결정하게 된다. 또한 전원을 분배하기 위한 버스(bus)의 할당, 각종 전원 공급장치의 결정 및 배치 그리고 전선의 규격을 결정할 수 있게 된다.

6.8 항공기 전기 시스템 사례

최근 항공기 발전기, 전원변환 장치 또는 회로 보호장치 분야에 진보된 신기술의 접목으로 많은 발전이 있었다. 이런 신기술들을 이용하여 새로운 장치들이 개발되고 이 장비를 이용하여 과거에는 적용할 수 없었던 새로운 설계개념이나 최소한 새롭고 앞선 설계를 만들 수 있는 실마리를 제공하고 있다.

과거 20여 년 동안 미국은 All-Electric Aircraft에 관한 많은 연구를 수행하였다. 이는 유압(hydraulic)이나 공압(pneumatic)시스템을 제거하고 대부분 장비를 전기로 구동하는 시스템을 적용한다는 개념이다. 영국에서는 V-bombers와 같이 1940년대와 50년대 초반에 당시의 비행기보다 더 많은 전기를 사용하는 항공기들을 개발하였다. 1980년대에는 미국의 NASA, 미 공군, 미 해군의 주도로 이 분야에 관한 연구가 깊이 있게 수행되었다. AEA의 목적은 많은 분야에서 전기동력을 가장 효율적인 방법으로 전환하여 사용함으로써 항공기 성능에 아주 큰 영향을 가져다주는 것이다. 현재 이 분야의 연구는 아주 많은 분야에서 광범위하게 이루어지고 있다.

6.8.1 B777 전기 시스템

B777 항공기에는 GE aviation사가 개발한 ELMS(Elecric Load Management System)가 탑재되어 있다. 이 장치는 항공기 전기부하를 관리하는 새로운 표준이라고 볼 수 있는데 민간 항공기에 적용한 최초의 통합 전원분배 및 부하관리 시스템(integrated electrical power distribution and load management system)으로 볼 수 있다. 이 시스템은 총 7개의 전원 판넬(panel)로 구성되어 있으며, 이 중에서 3개는 주전원(primary power)을 분배(distribution)하기 위한 판넬, 4개는 2차 전원(secondary power)을 공급하기 위한 판넬(panel)로 구성되어 있으며, 해당 회로를 보호하는 기능도 있다. 7개의 판넬을 통해 주전원, 비상 전원, APU 전원 및 지상 전원을 모두 관리하게 된다.

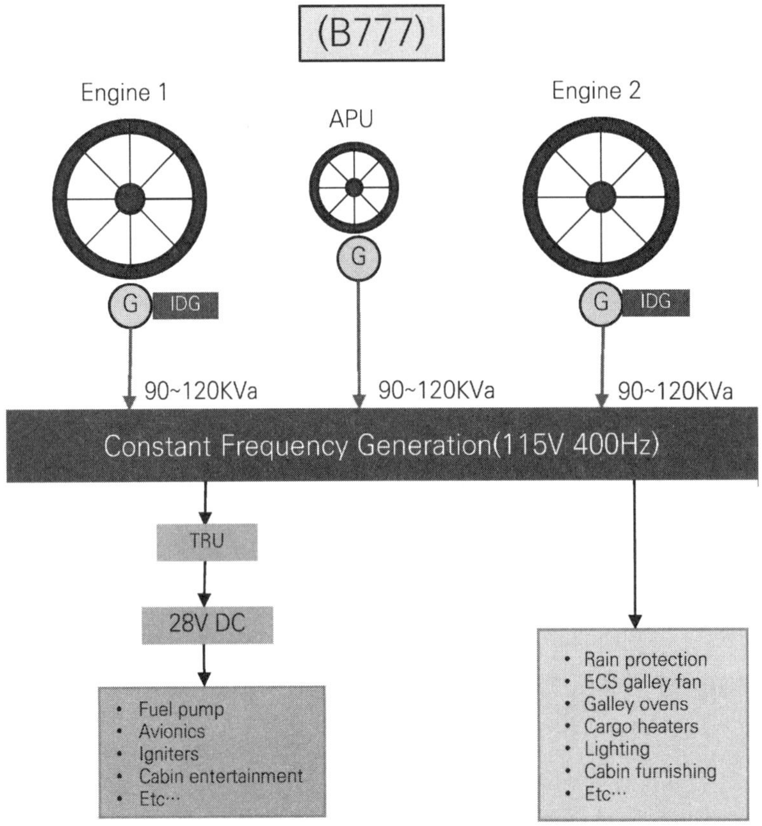

그림 6.50 B777 전기 시스템

그림 6.51에서 P110, P210, P310 전원관리 판넬에 장착된 EUs(Electronic Units)에 의해서 전기부하 관리와 지원 장비의 제어가 이루어진다. 각 EU는 좌·우측 ARNIC 629 data bus에 연결되어 있고, 대체 가능한 2개의 data bus(dual redundant architecture)로 구성된다. 각 EU에는 제어장치가 LRM(Line Replaceable Modules) 개념의 모듈식으로 구성되어 쉽게 교체할 수 있다. 이런 모듈식 구성으로 모듈을 공용해서 사용할 수 있어서 개발위험도를 줄이고 기술성숙도를 빠르게 진전시킬 수 있었다. LRM의 MTBF(Mean Time Between Failure)는 200,000시간 정도로 보고되고 있다.

ELMS에 의해 제공되는 기능은 오늘날 동급의 어떤 기술보다도 진보된 기술로서 그중에서도 전원이 고장 나거나 공급이 안 되는 상황에서도 아주 정교한 부하 배분과 최적의 관리가 가능하다는 점이 큰 장점이라 할 수 있다. 또한 가용할 수 있는 전원을 최적으로 배분될 수 있도록 부하를 변경할 수 있고, 전원이 다시 복구될 때는 원상태로 복귀시킨다. 비상 상황 시 단순히 부하를 배분하는 데 그치지 않고 항상 전원을 최적으로 사용하도록 한다.

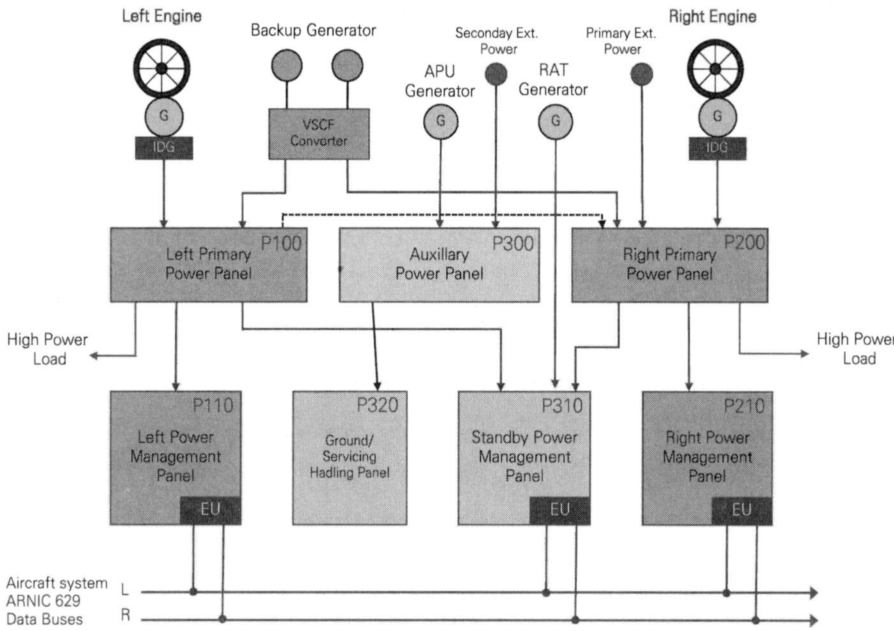

그림 6.51 B777 ELMS 사례

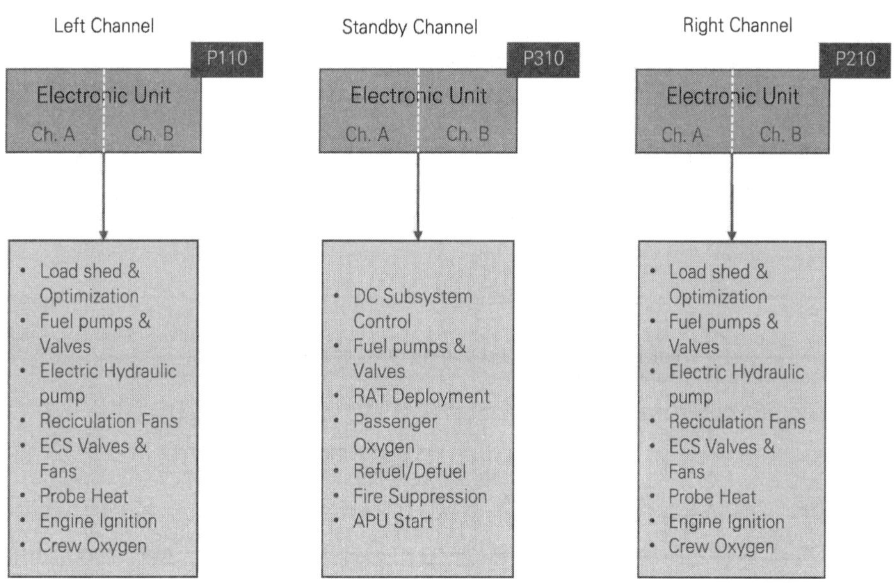

그림 6.52 B777 ELMS 기능

또한 ELMS가 주는 이점으로는 항공기 장착 체적, 중량, 배선, connectors, relay, 회로 차단기가 실질적으로 많이 감소할 수 있다는 점이다. ELMS가 가지는 디지털 data bus, 정비 특성과 폭넓은 자가 진단시험기능(Built In Test) 등은 시스템 구성 및 항공기 장착시험 시간을 현재의 기술 대비 30% 정도로 줄일 수 있게 된다. 부가적으로 많은 관련 지원 관리 기능들은 단순한 전원 배분 외에도 실질적인 부하관리가 가능하도록 도와준다.

6.8.2 B787 전기 시스템

그림 6.53은 B787의 전체 전기 시스템을 보여주고 있다. 주요 특징으로는 기존의 3상 115V AC를 사용하지 않고 3상의 230V AC 전원을 적용한 점이다. 전압을 높이면 전원 공급할 때 그만큼의 전력손실이 줄어들 수 있으며, 이 경우 2:1의 비율로 손실감소와 배선을 상당히 줄일 수 있다. 그러나 높은 전압을 가지는 시스템을 설계할 때는 'corona'라 불리는

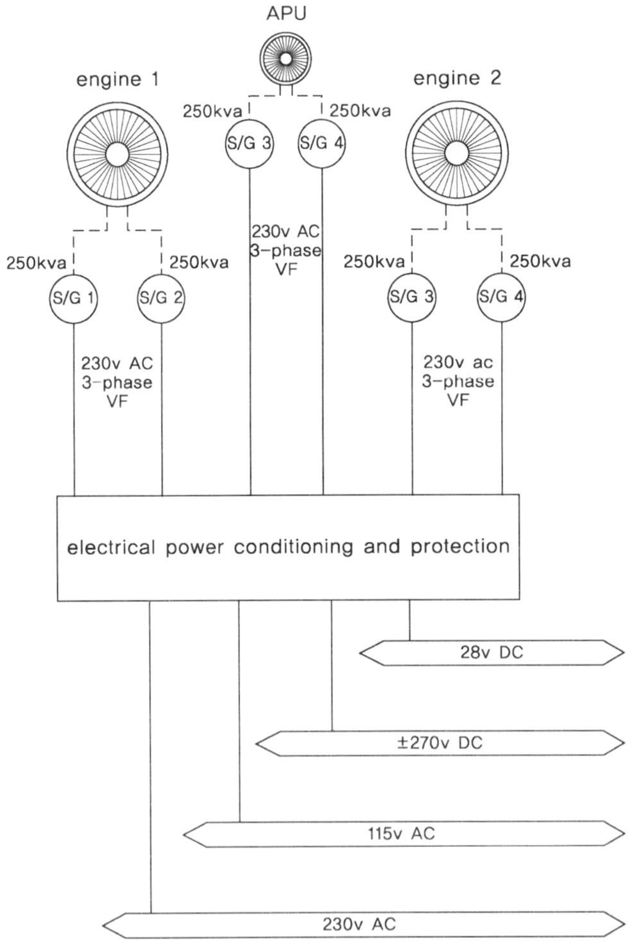

그림 6.53 B787 전기 시스템

부분방전(partial discharge)에 의한 영향을 피해야 한다.

B787 전기 시스템의 핵심적인 특징은 아래와 같다.

- B787의 경우 엔진이 2대 장착되어 있는데, 엔진당 2개의 250kVA VF generator가 장착되어 엔진당 500kVA의 전원을 생성한다. CF(400Hz) generator를 포기하려는 최근의 동향을 반영해서 VF generator를 설치하였다.
- 225kVA의 용량을 만드는 2대의 APU starter/generator를 설치하였다. 각 starter/generator는 1대의 APU에 의해 구동된다. 전원은 230VAC뿐만 아니라 전원변환을 통해 기존에 많이 사용하고 있던 115VAC, 28VDC 전원도 만들어낸다.

그림 6.54는 B787의 전기부하를 요약해서 나타낸 그림이다. B787에서 기존과 달리 전기에 의해 동력을 받는 전기부하는 다음과 같다.

- Environmental Control System & Pressurization: 기존의 블리드 공기 대신 전기로 작동되는 압축기에서 압축공기와 여압을 위한 압력제공을 하며, 이를 위해 주전원을 사용하는 4대의 전기구동 압축기를 설치하였다.
- Wing anti-icing: 기존에는 너무 많은 요구 전기용량으로 인해 날개의 방빙에는 고온의 블리드 공기를 많이 사용했다. 그러나 B787에서는 날개 앞전에 전기매트를 설치하여 전기에 의한 방빙을 하였으며, 대략 100kVA의 전원을 사용한다.
- Electric motor pumps: 기존의 엔진 구동 유압 펌프(hydraulic engine driven pumps)

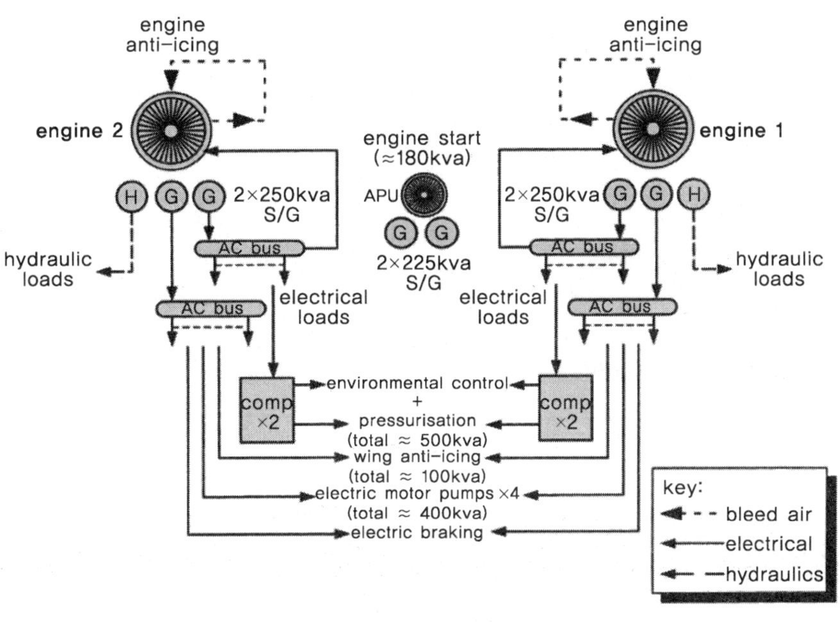

그림 6.54 B787 전기부하

대신 전기모터에 의해 구동되는 4대의 전기 펌프를 적용하였다. 각 전기 펌프의 요구 전기용량은 100kVA 정도로 총 400kVA를 사용한다.

- 또 다른 특징으로는 엔진의 시동을 위해 보통 고압 공기를 사용했는데 이를 대신해서 starter/generator를 사용하고 있으며 대략 180kVA의 용량이 엔진 시동을 위해 사용한다.

위와 같이 매우 큰 전원을 사용하는 전기 시스템의 적용은 항공기의 전원 공급장치에 매우 큰 영향을 줄 수 있다. 주전원은 4개의 전원공급 판넬에서 이루어진다. 2개는 전방에 2개는 후방의 electrical equipment bay에 설치되어 있다. 후방의 판넬에는 4대의 전기 펌프의 제어를 위한 컨트롤러, 4대의 엔진시동기 컨트롤러 그리고 1대의 APU starter motor 컨트롤러가 같이 설치되어 있다. 높은 수준의 전원과 그에 따른 전원손실은 많은 열을 발생시키기 때문에 주전원 공급판넬은 액랭식 냉각(liquid cooled)을 하도록 되어 있다.

6.8.3 A380 전기 시스템

A380 항공기는 1950년대와 60년대 일부 터보프롭(turbo prop) 항공기에서 적용했던 VF(Variable Frequency) 발전기를 다시 적용한 최초의 대형 민간여객기이다.

주요 AC 전원시스템의 구성은 다음과 같다.

- 4대의 150kVA VF generator(370~770Hz)
- 2대의 120kVA CF APU generator(nominal 400Hz)

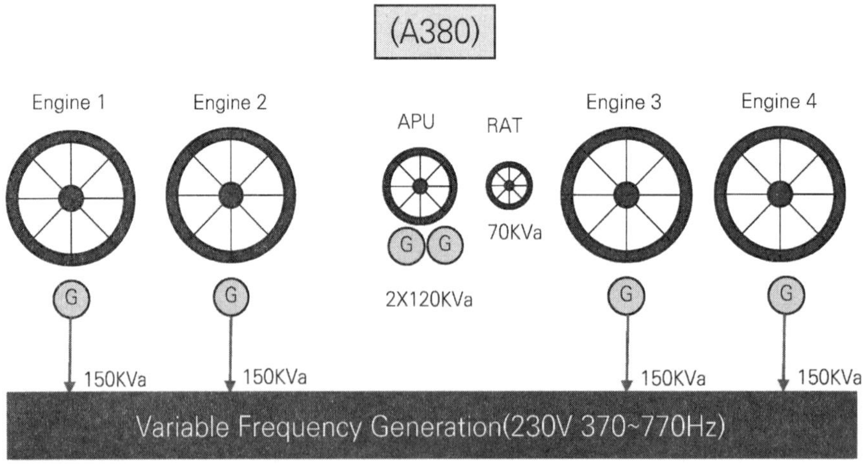

그림 6.55 A380 전기 시스템

• 4개의 지상 외부전원 접속부(400Hz)
• 1대의 Ram Air Turbine(비상 전원)

주전원으로서 엔진당 150kVA의 용량을 가진 주발전기가 4대 설치되었다. **그림 6.50**에서 보듯이 B787 이전에 가장 큰 용량을 가졌던 B777의 경우 2개의 엔진에서 각 엔진당 120kVA의 주전원의 용량과 20kVA(VSCF backup)의 비상 전원을 가진 것에 비하면 매우 큰 전원증가가 생긴 것을 알 수 있다. 주전원인 교류발전기는 해당 엔진에 의해 구동되었으며, 2대의 APU 발전기도 각 APU에 의해 구동되었다. 또한 AC bus에는 지상 외부전원을 접속시켜 공급하도록 하여 정비와 같은 지상운용 시 사용하였다. VF발전기 형식으로 인해 엔진의 회전수에 따라 교류 전원의 주파수가 변하고, 이로 인해 발전기를 병렬 운전할 수 없게 되어 있다. 그리고 전원부하가 많은 항공기의 주방(galley)전원은 각 AC bus에 분리하여 연결하였다.

주요 직류전원시스템의 구성은 다음과 같다.

• 3대의 300A Battery Charge Regulator Units(BCRU): TRU의 일종
• 1대의 300A TRU(Transformer Rectifier Unit)
• 3대의 50 AH 배터리
• 1대의 static inverter

직류전원 장치는 어떤 상황에서도 연속적인 전원공급(no-break power)이 이루어져야 한다. 대부분의 제어 컴퓨터와 항공기 내 실시간 네트워크 컴퓨터인 IMA(Integrated Modular Avionics)장비는 직류전원을 사용하는데, 병렬 직류전원 공급기술은 이런 장비들의 연속적인 전원공급을 가능하게 한다.

RAT(Ram Air Turbine)도 AC 1, AC 4 전원이 AC essential bus에 공급되는 것과 같게 공급되고, AC essential bus는 AC emergency bus로 공급한다. AC bus 전원은 교류를 직류로 변환하는 BCRUs에 의해 28VDC로 변환되어 DC bus로 공급된다. 또한 각 DC bus는 50AH 배터리와 연결되어 직류전원을 공급할 수도 있다. 이때 배터리는 BCRU에 의해 충전된다. APU 시동을 위해 300A APU TRU, 300A APU TRU 등 2개의 전원이 공급된다.

전기 시스템의 제어는 관련 전용제어 장비나 요즘 전장비의 추세인 IMA CPIOMs (Core-Processing & Input/Output Modules)의 조합으로 이루어진다. 여기서 전기부하 관리기능, 2차 전원의 분배상태를 감시하는 부하 감시기능을 한다.

전배분을 위해 전원 연결장치(power switching)와 회로보호 장치는 아래의 판넬에 구성된다.

- 1 X Integrated Primary Electrical Power Distribution Center(PEPDC)
- 2 X Secondary Electrical Power Distribution Centers(SEPDCs): 이 판넬은 15A 이하 혹은 5kVA 이하의 작은 부하에 전원공급
- 6 X Secondary Electrical Distribution Boxes(SEPDBs): 항공기 탑장비가 아닌 승객과 승무원의 편의를 위한 장비(domestic load)에 전원을 공급하는 판넬로서 항공기 내부에 산재해 있어서 전원공급을 위한 전선의 무게를 최소화시킬 필요가 있음.
  Domestic load: 객실조명~15kVA, 주방~120-240kVA, 주방 냉방~90kVA, In flight entertainment~50-60kVA 혹은 좌석당 100watts
- Solid State Power Controllers(SSPCs): 2차 전원 공급장치에 설치된 circuit breaker에 사용
- Power distribution functions @ IMA CPIOMs:
  - 가용한 전원용량과 적절한 부하 배분에 맞춰 electrical bus마다 최적의 부하를 담당하게 하는 electrical load management function
  - 회로 차단기(circuit breaker)를 감시하는 기능
- 전선은 기존의 구리로 된 전선을 사용하지 않고 알루미늄 전선을 사용해서 중량을 줄였다.
- 기존의 power contactors나 circuit breaker 대신 solid state devices를 사용하여 성능과 신뢰성을 향상시켰다.

6.8.4 B737 전기 시스템 사례

그림 6.56은 B737 전기 시스템을 보여주고 있다. 주 전원은 항공기 엔진으로 구동되는 115V/400Hz 3상 발전기 2대에서 만들어진다. 정상일 때는 각 발전기는 해당 지정 버스(bus)를 통해 전원공급을 하지만 발전기 하나가 고장 나면 자동으로 다른 버스로부터 전원공급이 가능해진다. 혹은 수동 스위치로 전환 릴레이(transfer relay)를 조작하여 제너레이터 버스(generator bus)의 전원을 전환할 수 있다. 낮은 전압의 교류를 사용하는 조명 장치, 계기등은 전압을 강하시켜 공급하며, TRU를 통해 직류로 전환하여 공급한다. 보조동력장치(APU)로 지상에서 전원공급이 가능하고 비행 중에 주 발전기 대신에 전원을 공급할 수 있다. 지상에서는 외부 교류전원을 항공기에 연결하여 사용할 수도 있다. 보통 대형 민간여객기의 주방(galley)은 소비 전력량이 크기 때문에 만일 발전기 하나가 고장 나면 동작 중인 발전기의 과부하를 방지하기 위해 자동으로 주방에 공급하는 전원을 줄여 공급하는 기능(electrical load shedding)이 있다.

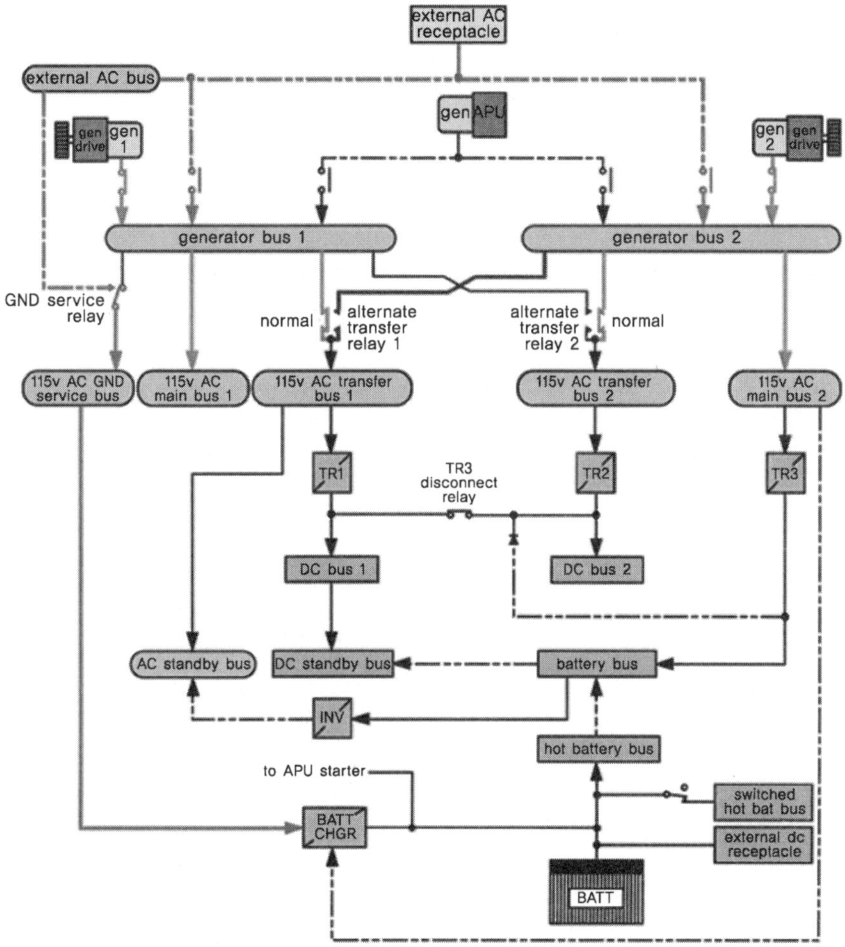

그림 6.56 B737 electrical system

07

방빙, 제빙 및 제우 시스템

(anti/de-icing & rain protection systems)

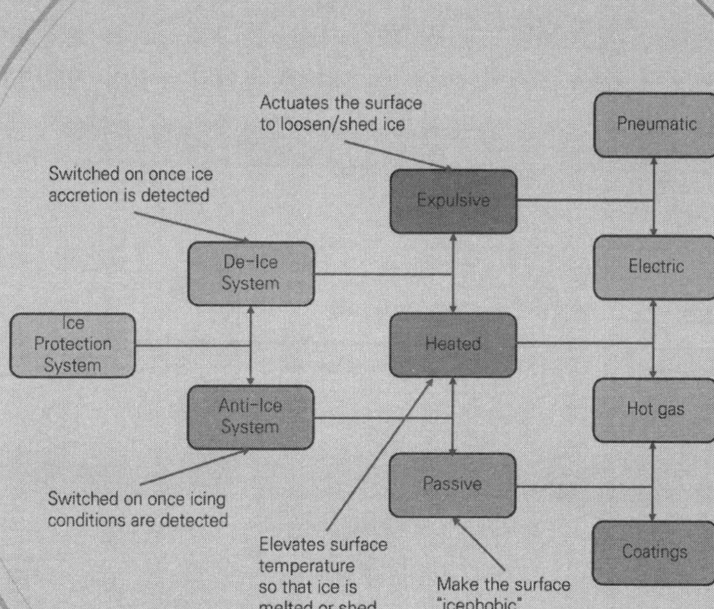

7.1 개요

항공기에 발생하는 결빙은 항공기의 안전에 심각한 문제를 일으킬 수 있는 요인이다. 그러나 큰 노력에도 불구하고 여전히 결빙 현상을 충분히 방지하지 못해 사고는 계속 발생하고 있다. 1990년부터 1999년까지 미국의 민간 항공기 사고조사 결과 약 1.7%가 결빙으로 인한 사고로 밝혀져 있다. 항공기에서 발생할 수 있는 결빙은 아래와 같이 몇 가지 형태를 가지고 있다.

• rime ice

거칠고 서리 같은 형태로서 우윳빛이면서 일반적으로 표면을 따라 밀접하게 형성된 얼음으로 깨지기(brittle) 쉬운 성질을 가진다. 이슬비나 층운(stratified clouds)과 같이 작은 물방울로 인해 발생한다. 불규칙적이고 거친 형태이기 때문에 항공기의 공력 특성에 좋지 않은 영향을 준다.

• clear/glaze ice

얼음이 투명(clear)하고 때로는 에어포켓(air pocket)을 포함하고 있어 반투명한 덩어리 형태로도 형성되며 밀도가 높고, 단단하고 질기며 rime ice보다 깨기가 힘든 형태이다 큰 물방울이 표면을 따라 흘러가면서 표면에 얇게 얼음으로 변한 경우로서 비나 적운 구름(cumuliform clouds) 조건에서 발생한다.

• rime/clear mixed ice

rime ice와 clear ice의 혼합된 형태로서 물방울의 크기가 다양한 경우나 물방울이 눈이나 얼음과 혼합되면 발생한다. 얼음 조각이 clear ice 내부에 혼합되어 있어 거칠면서 크기가 큰 얼음으로 형성되며 심하면 날개의 앞전(leading edge)에 버섯 모양의 얼음이 형성되기도 한다.

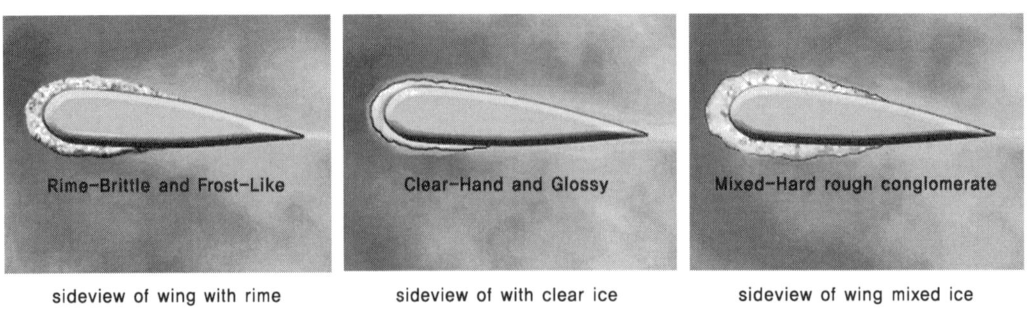

그림 7.1 얼음의 형태

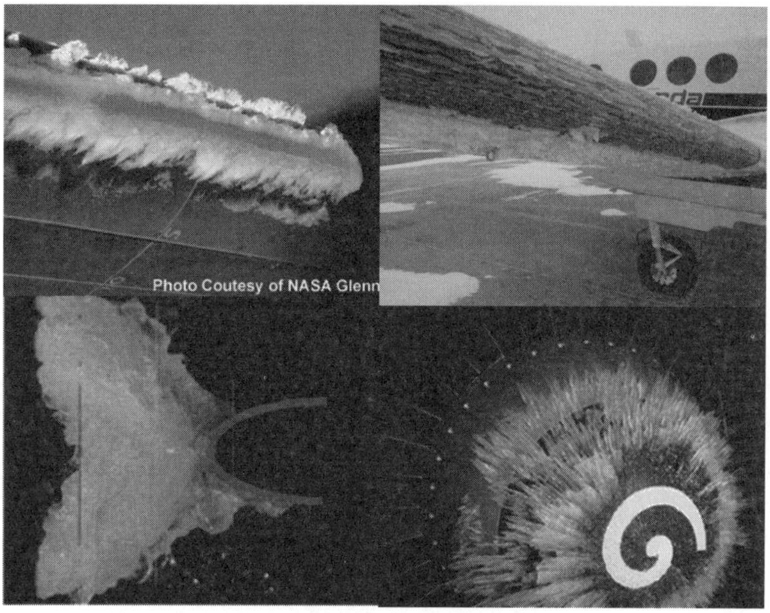

그림 7.2 항공기에 발생한 결빙의 사례

결빙은 공기흐름의 정체점(stagnation point) 부근의 항공기 구조물에서 발생한다. 즉, 날개나 꼬리날개의 앞전(leading edge), 엔진 흡입구나 헬리콥터 로터 블레이드의 앞전 부분에서 잘 발생한다. 얼음의 결빙 적층률(rate of accretion)을 결정하는 요인은 매우 복잡하며, 기체 표면온도, 표면의 반경(radius)과 빗김정도(sweep), 물방울 온도와 크기 및 항공기 고도 등과 관련이 있다. 미국 FAR25 문서에는 물방울의 크기와 구름에 포함된 물의 양을 가지고 판단하기도 하며, 설계나 시험 과정의 기준으로 사용하기도 한다.

7.2 결빙의 영향

항공기에 형성된 얼음의 영향은 다음과 같은 것들이 있다.

- 날개 표면의 공기흐름이 매끄럽지 못해 양력이 감소하고 항력이 증가한다.
- 공기흡입구(inlet) 주위에 형성된 얼음은 엔진으로 유입되는 공기의 질을 나쁘게 하거나 막음으로써 엔진의 성능을 감소시킨다.
- 결국 엔진 성능과 항공기 공력 성능이 떨어지면 항공기 성능(이착륙 거리 증가, 기동성

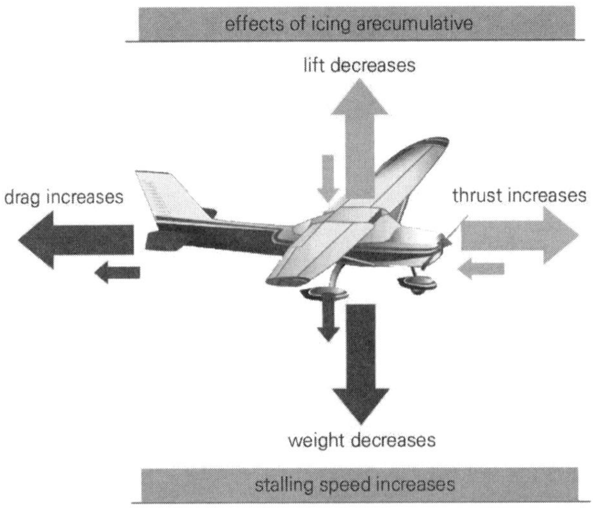

그림 7.3 결빙으로 인한 공력 특성의 변화

등)이 떨어진다.

- 항공기 조종성에 중요한 역할을 하는 비행조종면(flight control surfaces) 표면의 불평형 현상이나 작동불능 혹은 오작동으로 인해 비행 안정성, 조종성에 안 좋은 영향을 준다.
- 외부에 장착된 안테나의 손상을 유발하여 통신 장애를 일으킨다.
- 얼음으로 인해 항공기 구조물이 파손되거나, 파손된 구조물이 엔진으로 유입되어 엔진의 손상을 일으킬 수 있다.
- 진동이 심해지고 조종사의 계기 판독에 방해를 준다.
- 감소한 양력을 보완하기 위해 날개의 받음각(angle of attack)을 증가시키면 날개 아래쪽 표면에 얼음이 더욱 적층될 수 있다.

7.3 방빙, 제빙 시스템의 설계 요구 조건

7.3.1 방빙, 제빙 시스템의 주요 설계 기준 문서

방빙, 제빙 시스템을 설계하는 데 참조해야 할 국내외 기술문서에는 다음과 같은 것들이 있다.

- 미국 군사 규격
  - MIL-A-8243, MIL-T-18607, MIL-S-6625, MIL-E-18927, MIL-D-83411, JSSG-2007, JSSG-2009
- 군용 항공기 표준감항인증기준(방위사업청)
- 민간 항공기 규격
  - FAR-23, 25, 27, 29, 33.7, 33.66, KAS-23 · 25 · 27 · 29, FAA AC20-73
- 미국자동차협회 규격
  - AMS 1424, AMS 1428, ARP 4737, ARP 197, ARP 5149, AIR 9968, ARD 50102, AS5635

7.3.2 방빙, 제빙 시스템의 주요 설계 요구 조건

결빙으로 인해 안전이나 성능에 영향을 미치는 모든 장비에는 방빙이나 제빙장치를 설치하고 검증해야 한다. 대부분 항공기에서 날개, 수직 및 수평 안정판, 엔진 및 엔진 흡입구, 외부에 장착된 주요 센서 등에 방빙/제빙 시스템을 설치한다. 국내의 KAS part 25에 언급된 결빙 및 제빙에 관한 요구 조건에는 다음과 같은 것들이 있다.

(a) 운용한계에 의거 착빙 기상 상태로의 야간운용이 금지된 경우를 제외하고 주익이 결빙의 축적 때문에 위험을 초래할 수 있는 부분을 조명하는 장치 또는 다른 착빙의 여부를 감시하기 위한 장치를 갖추어야 한다.

(b) 항공기는 연속 최대 결빙상태 및 불연속 최대 결빙상태 아래에서 안전하게 운항할 수 있어야 한다(KAS part 29 부록 C 참조).

(c) 방빙장치 또는 제빙장치가 정상적으로 작동하지 않을 때 이를 승무원에게 알리는 호박색의 경고등 또는 이와 동등한 경고장치를 갖추어야 한다.

(d) 결빙이 예상되는 곳에서 사용하고자 하는 비행기에는 결빙이 되면 엔진을 위험한 상태에 빠뜨릴 수 있는 보기나 프로펠러에 결빙이 일어나지 않게 하거나 결빙을 제거하는 수단이 갖추어져 있어야 한다.

(e) 왕복 엔진. 피스톤 엔진의 흡기시스템에는 방빙 또는 제빙의 방법이 있어야 한다.

(f) 터빈 엔진과 그 공기취입시스템은 아이들을 포함해서 엔진의 전 비행 동력 범위에서 작동하여야 하며 KAS part 29의 부록 C에 규정하는 빙결 조건에서 엔진의 작동에 악영향을 주거나 동력에 과도한 손실을 일으키는 얼음이 엔진이나 공기흡입 시스템의 구성부품에 축적되지 않아야 한다.

7.4 결빙의 방지

7.4.1 지상에서의 결빙방지

항공기가 이륙하기 전에 표면이 결빙되면 항공기를 이륙시킬 수 없기 때문에(clean aircraft concept: FAR 121.629 혹은 FAA AC 120-60) 이륙하기 전에 제/방빙액을 항공기 표면에 분사시켜 제/방빙작업을 해야 한다. 보통 de-icing pad로 항공기를 옮기고 de-icing truck을 이용하여 제/방빙액을 기체에 분사시킨다. 이때 hold-over time이란 개념이 적용되는데 용액을 분사시킨 이후의 방빙 유효 지속시간을 말하며 이 시간 내에 반드시 이륙해야 하나 만일 초과하면 다시 제/방빙 처리를 해야 한다. 제/방빙에 사용하는 용액은 SAE type I, II, III, IV를 사용하는데 에틸렌글리콜(ethylene glycol), 이소프로필알콜(isopropyl alcohol)과 물의 혼합물이다. SAE type I 용액은 여기에 방청체, 습윤제를 첨가하게 되며 제빙 성능은 좋지만 hold-over time이 짧다. Type II, III, IV 용액도 글리콜과 물의 혼합물에 점성증진제를 첨가함으로써 높은 점성으로 방빙성능은 좋지만, 제빙성능은 떨어진다. 제/방빙 용액은 색깔로 구분할 수 있는데 type I은 오렌지색, type II은 옅은 노란(white/pale yellow), type IV는 녹색(green)이며 type III는 아직 색깔이 결정되지 않았다. 날씨 조건, 관련 장비, 용액과 방빙 유효시간에 따라 1단계 혹은 2단계로 나눠 처리한다. 2단계 방식은 우선 가열된 type I 용액으로 제빙한 후 type II~IV 용액으로 방빙 처리하는 방식으로 hold-over time이 길다.

항공기 부위별로 용액을 분사하면 안 되는 곳이 있는데 전선과 리셉터클과 같은 전기부품, 제동장치, 배기구, 역추력장치, 동압/정압 구멍, 받음각 센서, 엔진의 입구/출구 등이 있다.

7.4.2 비행 중의 결빙방지

비행 중의 결빙은 앞 절에서 설명한 바와 같이 비행 안전에 위험한 요소가 될 수 있다. 따라서 모든 항공기에는 방빙이나 제빙을 위한 장치들이 설치되어야 한다. 결빙을 막는 방법에는 여러 가지가 있는데 결빙방지(anti-icing)와 제빙(de-icing)의 구분에 따라 달라지며 결빙감지 센서(ice detector)를 같이 설치한다. 현재 많이 사용하고 있는 방빙/제빙 방법으로는 공압으로 작동하는 de-icing boots, thermal anti-icing, electric heating, 화학약품 외에 전자기 효과를 응용한 다양한 방법들이 사용되고 있거나 개발되고 있다. 또한 비행 중에 결빙에 의한 위험을 피하는 방법에는 항공기 운용조건을 제한하는 방법도 있을 수 있다.

- 결빙 보호가 필요한 항공기 같은 경우는 비행 중 결빙조건이 되는 대기 중으로는 비행을 금지하거나 군용기같이 비행운용이 자유로운 항공기에서는 해당 지역을 회피해서 비행할 수도 있다.
- 또한 결빙이 안 되도록 온도를 높일 수 있는 속도(ice free speed)나 그 부근의 속도로 비행하는 방법도 있을 수 있다.

아래의 **그림 7.4**는 항공기에서 방빙이나 제빙장치가 있어야 하는 관련 시스템을 정리한 것이다. 항공기 날개, 엔진, 항공기 외부에 장착된 여러 가지 센서, 조종실 윈도 및 각종 드레인 및 물이 통과하는 곳에 방빙/제빙 시스템이 설치되어 있는 것을 볼 수 있다.

항공기 방빙/제빙계통을 설치하는 주요 부위는 다음과 같다.

- 날개 앞전(leading edge)
- 수직 및 수평 안정판(vertical/horizontal stabilizer) 앞전
- 엔진 카울(engine cowl) 앞전
- 프로펠러와 프로펠러 스핀너(spinner)
- 공기 자료 감지기(air data probe) 및 외부의 주요 센서(pitot, static probe 등)
- 안테나(antenna)

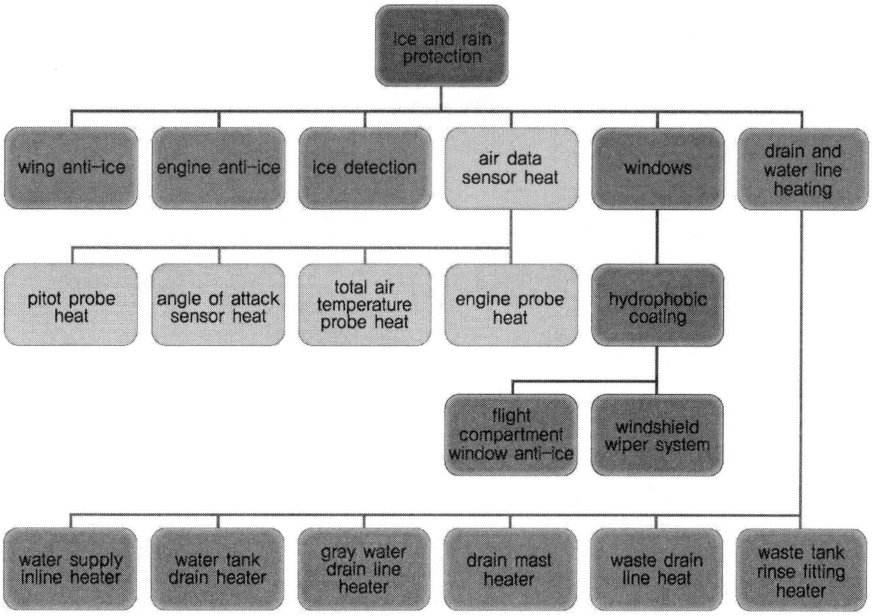

그림 7.4 항공기 방빙/제빙 시스템 및 제우 시스템

• 조종실 창문
• 급수/배수계통과 배출구

7.5 방빙/제빙 시스템

항공기에서 사용하고 있는 방빙 및 제빙 시스템(anti/de-icing systems)은 여러 가지 방법이 있으며 목적에 따라 방빙(anti-icing) 시스템과 제빙(de-icng) 시스템으로 구분할 수 있다. 이 절에서 설명할 여러 가지 방법들은 현재 상업적으로 사용하고 있는 시스템도 있지만, 지금까지 좀 더 연구가 필요한 시스템들도 있다. 하지만 앞으로 이런 장비들이 상용화될 것으로 보이며 관련 기술 내용을 간단히 소개할 것이다.

7.5.1 Thermal pneumatic(hot bleed air) system

주로 결빙이 쉬운 날개의 앞전(leading edge) 안쪽으로 고온의 엔진 블리드 공기를 공급하여 결빙을 방지하는 방법이다. **그림 7.6**에서 보듯이 날개 앞전 안쪽에 스팬 방향(spanwise)으

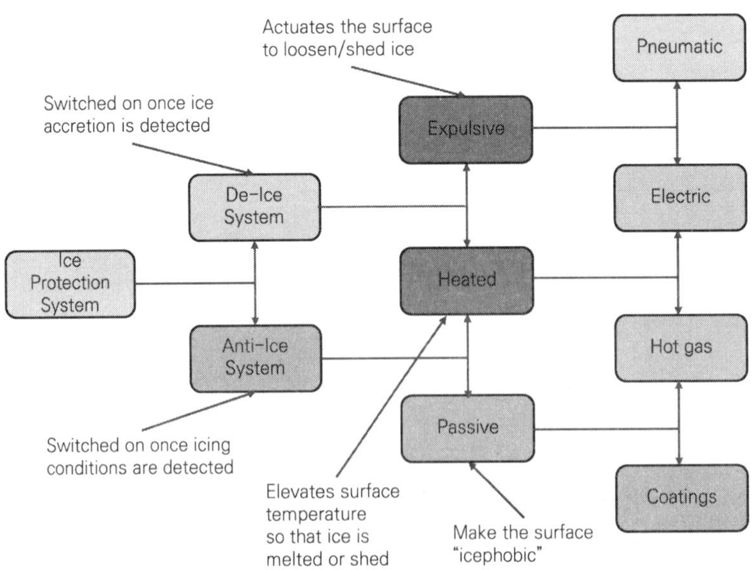

그림 7.5 항공기 방빙/제빙 방법의 종류

로 고온 공기가 흘러가는 덕트(duct)를 설치하고 날개의 안쪽 표면(inner surface)에 공급하는 방식이다. 주로 제/방빙 영역이 큰 부위에 사용되며, 블리드 공기가 충분히 공급될 수 있는 대형 항공기에서 주로 사용된다.

항공기에서 이 방식을 사용하는 곳은 주로 날개, 앞전 슬랫(leading edge slats), 수직/수평 안정판(horizontal/vertical stabilizer), 엔진 흡입구(inlet) 등이 있다. 고온 공기의 공급원은 터빈 엔진 압축기(engine compressor)에서 추출한 엔진 블리드 공기를 주로 사용하고 있

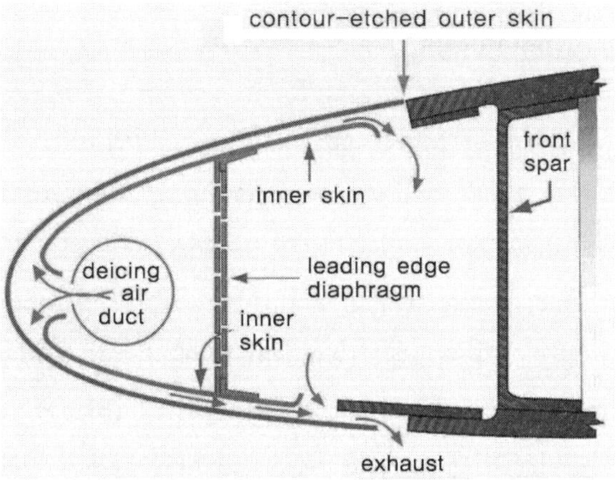

그림 7.6 thermal pneumatic system

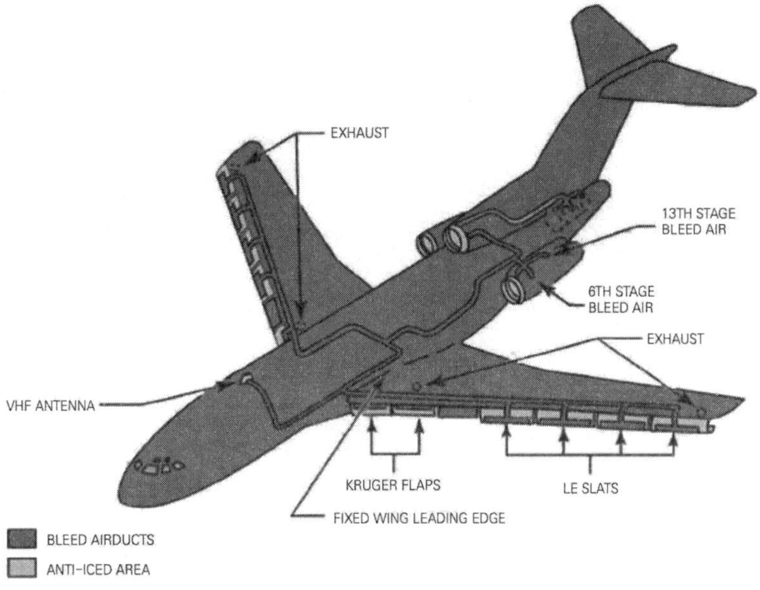

그림 7.7 날개에 설치된 thermal pneumatic system

으며, 그 외에도 exhaust heat exchangers, combustion heater를 이용하여 ram air의 온도를 높여 사용하기도 한다. **그림 7.7**은 엔진의 블리드(bleed) 공기를 이용하여 날개에 적용한 사례를 보여주고 있다. 또한 공기 온도가 규정 이상으로 올라가는 경우를 감지하기 위한 과열 스위치(over temperature switch)를 설치한다. 고온 공기를 공급하기 위한 덕트는 보통 알루미늄 합금, 티타늄, 혹은 섬유유리(fiberglass) 튜브를 사용하며 내열 및 단열재로 싸게 된다.

7.5.2 Electrothermal system

전기코일에 전기를 공급하면 발생하는 열을 이용하는 방법이다. 이 방법은 많은 전류를 사용하기 때문에 항공기 중 TAT(Total Air Temperature), AOA(Angle Of Attck) probe와 같은 air data probe, ice detector, engine P2/T2 sensors 등 주로 작은 부품의 방빙/제빙에 사용한다. 또한 water line, waste water drain이나 터보프롭(turboprop) 항공기의 inlet cowl, 여객기나 고성능 항공기의 윈드실드(windshield)에 사용하기도 한다. 또한 헬리콥터의 경우 주로 주로터(main rotor)/꼬리로터(tail rotor) 블레이드(blade), 윈드실드 등에 사용된다. 최근 B787 여객기는 이전의 대형 여객기에서 사용하던 날개의 방빙/제빙 방법으로 고온의 블리드 공기를 사용하는 대신에 주익에 전기매트(electric mat)를 최초로 적용했다.

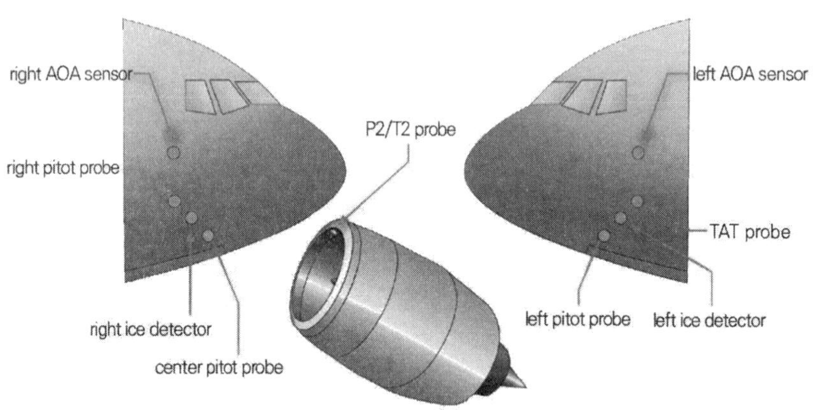

그림 7.8 thermal electric system을 적용한 각종 probe 및 sensor

7.5.3 Chemical anti-icing system

이 방법은 날개, 안정판, 윈드쉴드 그리고 프로펠러 앞전을 방빙하기 위해 일부 항공기에서 사용하고 있다. 프로펠러 앞전이나 날개 표면에 설치한 미세한 구멍들을 통해 에틸렌 글리콜(ethylene glycol) 같은 화학약품을 분사시켜 빙점을 낮추는 방법이다. 이런 방식을 적용한 날개를 weeping wing이라고도 불린다. 보통 AL-5라는 화학약품을 많이 사용하는데 화학적 구성은 ethylene glycol 85%, isopropyl alcohol 5%, de-ionized water 10%로 되어 있다. 비행 중 이 용액이 구름 속의 과냉각된 물방울 입자(supercooled liquid water droplets)와 혼합되어 빙점이 낮아져 결빙되지 않은 액체 상태로 대기 중으로 쓸려나가는 방식이다. weeping wing의 경우 1 square inch당 0.0025inch diameter의 구멍이 약 800개 정도 뚫려 있으며, 레이저를 이용하여 구멍을 뚫고 티타늄 판넬로 제작한다.

그림 7.9 weeping wing

7.5.4 Pneumatic de-icing boots

결빙이 쉬운 날개나 안정판(stabilizer)에 강화 합성 고무 부츠(boots)를 설치하고, 고압의 공기를 이용하여 주기적으로 수축, 팽창시켜 얼음을 제거하는 방법으로서 보통 프로펠러 항공기의 날개에 많이 사용한다.

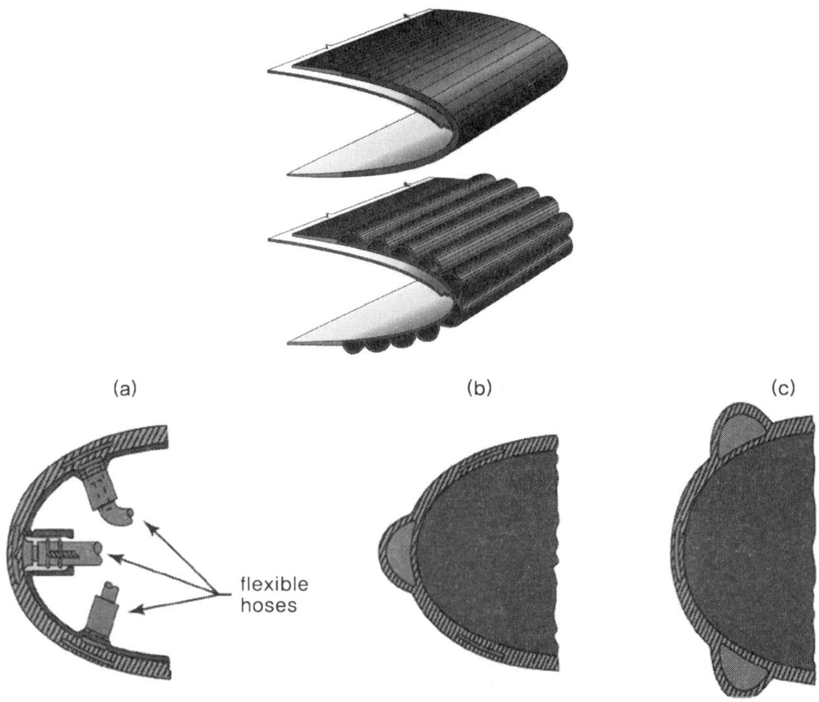

그림 7.10 pneumatic de-icing boots

7.5.5 Electromagnetic de-icing system

7.5.5.1 electro-magnetic impulse system

날개의 앞전 구조물에 코일를 직접 설치하면 날개 금속 표면에 와전류(eddy currents)가 발생하고 이로 인해 날개 표면의 미세한 진동을 발생시킴으로써 얼음을 제거하는 방법이다. 이 방식의 단점은 전자기 간섭현상이 발생하고 구조물의 피로(fatigue)가 쌓이며 승객들이 진동을 느낄 수 있다는 점이다. 와전류는 금속과 같은 도체에 자기장의 변화를 주면 금속에 소용돌이 전류가 발생하며 이 와전류의 방향은 자기장이 변할 때마다 변한다. 이런 현상은 금속인 도체에 작용하는 힘의 방향도 바꾸게 된다(플레밍의 왼손법칙).

7.5.5.2 Sonic Pulse Electro-Expulsive System(SPEED)

electro-impulse system 중 코일 부분을 개선한 시스템으로써 좀 더 빠른 진동을 일으킨다. IDI(Innovative Dynamic Inc.)사의 icing onset 센서를 날개 표면에 설치하여 얼음의 적

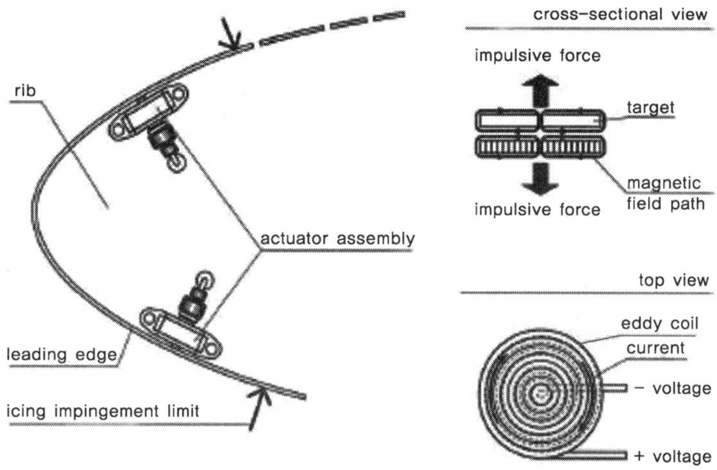

그림 7.11 electro-magnetic impulse system

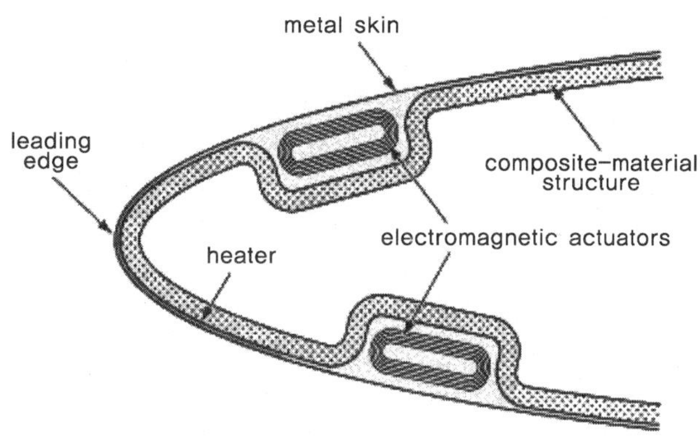

그림 7.12 sonic pulse electro-expulsive system

층 시작부터 적층 과정을 계속 감시할 수 있다. 이 과정을 통해 일정 두께 이상의 얼음이 적층되면 자동으로 작동된다. 또한 계속해서 적층 여부를 감지할 수 있어서 얼음 제거가 되었는지도 알 수 있으며 필요하면 재차 작동하여 얼음을 제거할 수 있다. 이 방식의 특징은 전원사용이 적고, 부식에 강하며 가격이 저렴하고 신뢰성이 좋다. 현재 Raytheon사의 Premier I 항공기에 적용하고 있다.

7.5.5.3 Electro-Expulsive Separation System(EESS)

날개 표면 가까이에 붙어 있는 탄성체 내부에 위아래 두 줄의 전도체가 설치되어 있고 전도체 사이에 공간을 두고 장착되어 있다. 전류를 보내면 두 전도체에서 인력(attractive force)과 척력(repulsive force)이 반복해서 발생한다. 진동 힘을 받으면 위에 있는 전도체가

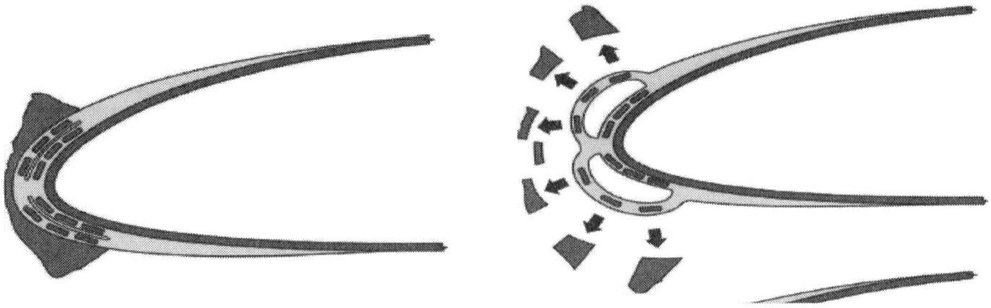

그림 7.13 electro-expulsive separation system

바깥쪽으로 밀려 나가 전도체 사이의 공간이 늘어나게 되어 얼음을 제거하는 방식이다.

지금까지 설명한 방법들은 각 장단점을 가지고 있으며 방빙(anti-icing)과 제빙(de-icing) 시스템으로 분리해서 사용한다. 방빙 시스템에 사용하는 방법은 thermal pneumatic, thermal electric, chemical system이며, 제빙 시스템은 보통 thermal electric system, pneumatic de-icing boots 그리고 electromagnetic system을 사용한다. 또한 시스템의 선정은 항공기의 운용 요구 조건과 항공기 특성에 맞게 해야 한다. 보통 결빙 보호가 필요한 부분을 찾아내기 위해 정교한 컴퓨터 해석 프로그램을 사용하고 있으며, 풍동시험이나 얼음 풍동시험(ice tunnel test) 그리고 결빙조건에서의 비행시험 등을 통해 입증해야 한다. 또한 결빙에 취약한 부분에 얼음이 부착된 조건으로 항공기 조작성(handling quality)을 비행시험을 통해 입증해야 한다.

7.5.6 윈드실드 성에, 제빙 시스템

윈드실드(windshield)의 성에(frost), 김(fog), 얼음의 제거는 전기, 공압 혹은 화학적인 방법으로 한다.

• **전기식 장치**

고성능의 민간여객기 윈드실드는 유리(glass), polycarbonate의 적층 구조로 되어 있으며 성능 향상을 위해 투명한 비닐을 포함한다. 광범위한 온도와 압력 조건에 노출되고 새와 충돌 가능성이 있는 윈드실드는 적층 구조로 강도나 충격에 대한 성능을 향상시킬 수 있다. 이런 적층 구조는 내부에 저항선(resistance wire)이나 투명한 전도체 물질 설치가 쉬워 전기를 가하면 발생하는 열로 인해 성에, 김, 얼음을 제거할 수 있다.

• **공압식(pneumatic) 장치**

일부 항공기의 윈드실드는 적층 구조 내부에 간격이 있어 그 사이로 따뜻한 공기를 공급

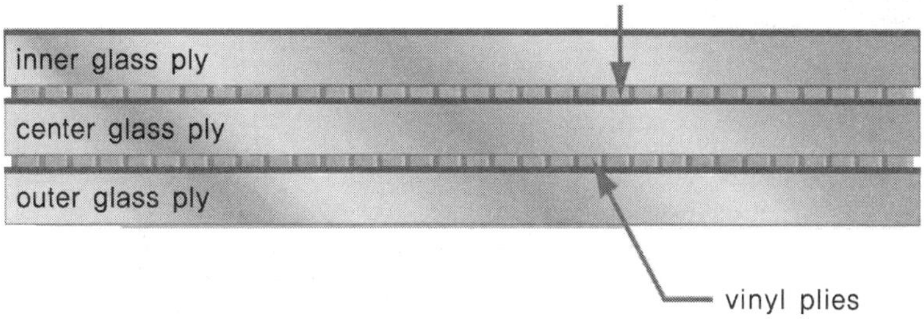

그림 7.14 적층식 윈드실드의 내부 단면

하는 방법이나 자동차의 경우처럼 내부에서 따뜻한 공기를 윈드실드에 공급하는 방법을 사용하고 있다.

- **화학적 방법**

앞에서 설명한 방빙/제빙 시스템 중 화학약품을 이용한 방법을 윈드실드에도 적용하고 있다. 윈드실드의 바깥쪽에 노즐을 통해 화학약품을 분사시킨다.

7.6 결빙감지장치

현재 항공기에서 사용하고 있는 결빙감지기(ice detector)에는 몇 가지가 있다. 결빙감지기는 결빙으로 인한 위험성을 사전에 감지해서 조종사에게 알려줘야 하는 중요한 목적이 있다. 이는 조종사가 해당 항공기의 제빙에 관련된 조작을 통해 결빙되지 않도록 조치를 해야 하기 때문이다, 결빙감지기의 설치는 아주 중요한데 위치 선정에 따라 잘못된 경고나 아니면 이미 결빙된 이후에 뒤늦은 경고를 할 수 있기 때문이다.

7.6.1 Hot rod ice detector

결빙감지기는 우선 시각적으로 판단할 수 있게 하는 hot rod ice detector가 있다. **그림 7.15**에서 보듯이 조그만 에어포일 형태로 되어 있고 조종사가 창문을 통해 볼 수 있어야 하며 야간에도 확인할 수 있도록 조명 장치가 있어야 한다. 내부에 열선이 있어 제빙 이후에도 결빙이 되는지 확인할 수 있다. 이 방식은 hot rod ice detector의 결빙 여부가 곧 날개의 결

그림 7.15 hot rod ice detector

빙 여부를 나타낼 수 있어야 한다. 즉 조종사는 시각적으로 이 감지기에 결빙이 없다면 날개에도 결빙이 없다는 것으로 간주해야 한다는 의미이다. 또한 날개 특정 부위에 결빙이 의심되는 부위가 있다면 조명 장치를 설치해야 한다.

7.6.2 Serrated rotor ice detector

이 결빙감지기는 **그림 7.16**에서 보듯이 톱니 형태의 로터(rotor)와 cutter로 구성되어 있고 약 0.05mm 정도의 간격을 가지고 있다. 로터는 전기모터에 의해 계속 회전하고 정상 상태일 때는 로터를 회전시키는 데 필요한 토크(torque)가 크지 않다. 그러나 비행 중 이 간격 사이에 얼음이 형성된다면 로터를 회전시키는 데 필요한 토크가 증가하게 되는데 이 값을 감지하여 경고장치를 작동시킨다.

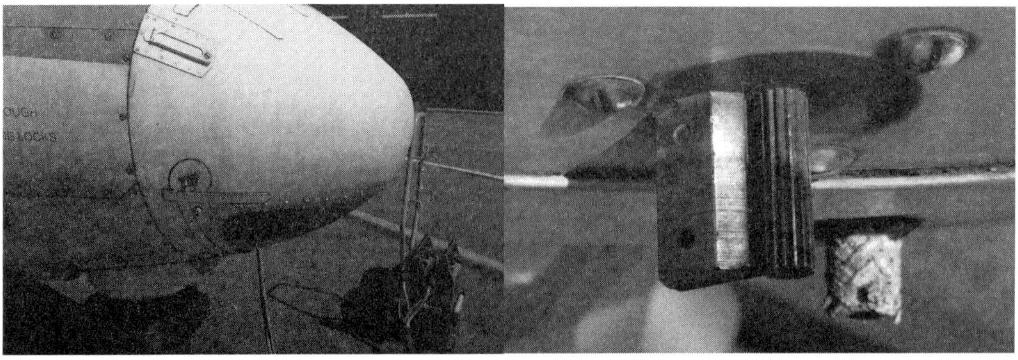

그림 7.16 serrated rotor ice detector

7.6.3 Pressure operated ice detector

그림 7.17에서 보듯이 이 결빙감지기는 프루브(probe) 앞전(leading edge)에 4개의 구멍, 뒤쪽에 2개의 구멍이 뚫려 있다. 프루브 내부에는 열선이 설치되어 있고, 내부에 작용하는 압력에 반응하는 압력 캡슐(pressure capsule)과 압력 캡슐에 의해 작동하는 릴레이 스위치가 설치되어 있다. 항공기가 비행하게 되면 앞전 4개의 구멍을 통해 공기가 유입되며 뒤쪽 2개의 구멍을 통해 빠져나가게 되어 있다. 그러나 공기가 유입되는 구멍이 더 많아서 프루브 내부의 압력은 올라가고 이 압력은 압력캡슐을 팽창시키게 된다. 만일 얼음이 형성되어 앞전 4개의 구멍이 막히게 되면 프루브 내부의 압력이 감소되고 압력 캡슐은 수축한다. 이때 압력캡슐의 수축은 경고장치를 작동시키는 릴레이 스위치를 동작시키고, 동시에 열선을

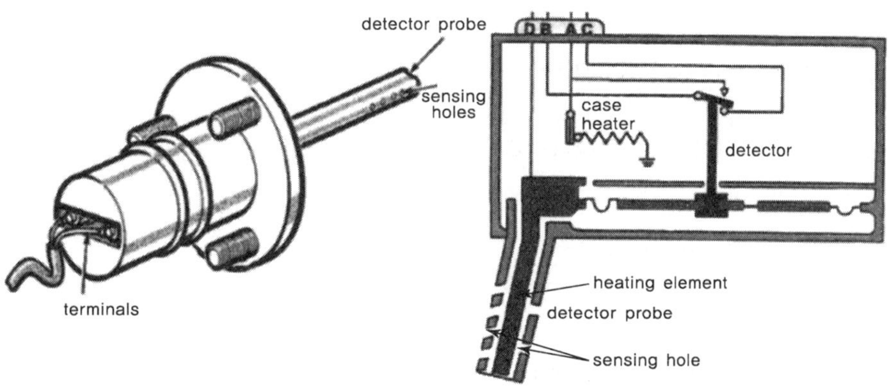

그림 7.17 pressure operated ice detector

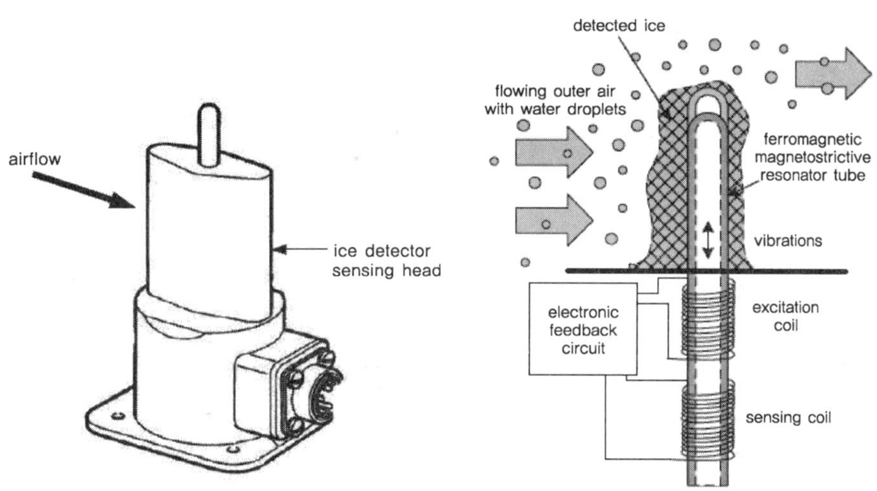

그림 7.18 ultrasonic vibrator ice detector

가동시켜 프루브에 형성된 얼음을 제거한다.

7.6.4 Ultrasonic vibrator ice detector

이 방식은 프루브가 약 40KHz의 주파수로 진동하게 되어 있다. 비행 중에 프루브에 얼음이 형성되면 프루브의 질량이 커져 진동수가 떨어진다. 미리 설정된 진동수 이하로 내려가면 경고장치가 작동하며 동시에 내부에 설치된 열선을 작동시켜 얼음을 제거한다. 얼음을 감지하면 30초 정도 경고장치를 작동시키고 이 시간 안에 계속 얼음이 형성된다면 연속적으로 앞의 과정을 반복한다. 보통 얼음을 더 확실하게 제거하기 위해 열선의 작동은 30초보다 더 긴 시간 동안 작동하게 된다.

7.6.5 Inferential ice detector

이 방식은 2개의 센서를 설치하는데 하나는 공기에 노출하고, 다른 하나는 공기에 노출하지 않게 설치한다. 만일 공기에 노출된 센서에 얼음이 형성되면 온도가 내려가고 다른 센서와 온도 차이가 발생한다. 온도 차이가 설정된 제한치를 벗어나면 경고장치가 작동한다.

7.6.6 Fiber optic ice detector

이 방식은 **그림 7.19**에서 보듯이 적외선(IR)을 내보내는 광섬유가 있고 적외선을 감지하는 광섬유로 구성되어 있다. 광섬유 위에는 투명한 윈도가 설치되어 있다. 만일 광섬유 위의 윈도에 얼음이 형성되면 이 얼음에 의해 적외선이 반사되어 주변의 광섬유로 적외선이 가게 되고, 이것을 이용하여 경고장치를 작동시키도록 한 방식이다.

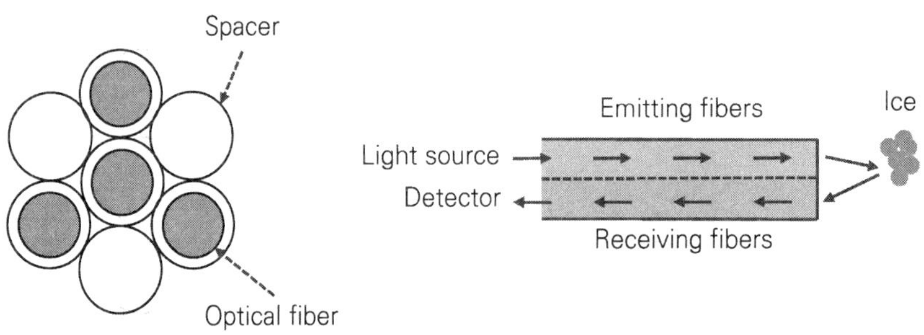

그림 7.19 fiber optic ice detector

7.7 제우장치

이 절에서는 제우장치(rain dispersal systems)를 살펴보겠다. 조종사는 어떠한 기상 조건에서도 조종실 창문을 통해 좋은 시야를 가져야 하는데 특히 착륙과정에서는 시야 확보가 더욱 중요하다. 항공기에서 시야를 방해하는 여러 가지 요인 중 빗물로 인한 요인을 제거하는 방법에는 몇 가지가 사용된다. 대부분 항공기는 여러 가지 방법 중 1개 혹은 몇 가지의 조합으로 사용하고 있다.

그림 7.20 B747 windshield wiper

• wiper system

특히 넓은 윈드실드에 사용하기에 적당하며 고 아음속(high subsonic speeds) 속도영역까지 효과적으로 사용할 수 있다. 자동차처럼 불순물, 벌레 조각, 먼지 등을 제거하기 위해 와이퍼와 세정제를 같이 사용할 수 있다. 그러나 플라스틱으로 된 창문에는 긁힘 자국을 내기 때문에 사용하면 안 되며, 고속에서는 공기저항이 커지는 단점이 있다. 보통 전기모터에 의해 구동되며 최소한 1개 이상의 윈드실드 시야를 확보하기 위해 조종석과 부조종석의 와이퍼 시스템을 독립적으로 설치하는 항공기도 있다.

• hot air jet blast

조종실 윈드실드 외부의 아랫부분에 설치된 노즐을 통해 약 100℃ 정도의 고온 공기를 고속으로 분사시키는 방법이다. 이 방법은 플라스틱이나 유리로 된 창문에 모두 사용이 가능하다. 고온 고속의 공기는 환경제어 시스템부터 공급받는다. 설계 시에는 손상이 발생하지 않도록 창의 온도가 일정 이상 올라가지 않도록 해야 한다. 특히 아크릴(acrylic) 창은 120℃에서 변형이 생길 수 있다. 이 방식은 창에 서린 안개를 제거하거나 방지하는 데도 사용할 수 있다.

• chemical rain repellent

보통 물이 윈드실드에 닿으면 윈드실드 경사각이 크거나 항공기 속도가 크더라도 얇은 막의 형태로 남게 된다. 그러나 화학약품을 사용하면 물의 표면장력이 커져 물방울 형태로 되고 물방울이 없는 윈드실드는 건조한 상태로 남게 된다. 이 물방울은 비행 중에 고속의 공기 흐름에 의해 날아가 버린다. 그러나 비가 오지 않는 날씨에 이 화학약품을 사용하면 오히려 윈드실드의 시야를 방해하는 잔류물이 남을 수 있다.

• seal coating

일부의 항공기에서는 hydrophobic coating이라 불리는 seal coating을 윈드실드 외부에 한다. 이 코팅을 하면 빗방울은 물방울의 형태로 되어 윈드실드를 굴러서 날아가 버린다. 이 장치를 사용하면 와이퍼 장치의 필요성이 줄어들고 많은 강우 조건에서도 좋은 시야를 확보할 수 있다. 최근에 나오는 항공기들은 보통 이 장치를 설치하고 있다.

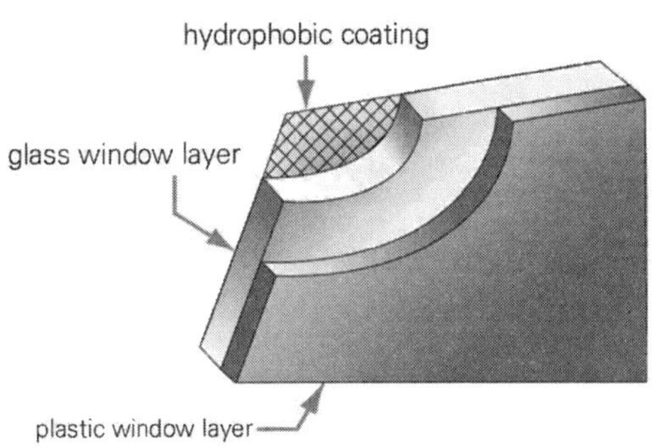

그림 7.21 windshield hydrophobic coating

7.8 김 서림 방지장치

조종실의 투명창(tranparency)에 생기는 김 서림(mist)은 조종실 투명창 표면의 온도가 주변 공기의 이슬점(dew point) 온도 이하로 떨어질 때 발생한다. 이슬점 온도 이하로 낮아지면 공기 중의 습도가 포화상태로 되면서 김이 서림으로 나타나는 현상이다. 일반적으로 항공기에서 김 서림은 공기 온도가 낮고 건조한 고고도에서 주로 발생한다. 항공기가 온도가 높아지고 습도가 커지는 대기조건으로 하강하기 시작하면 조종실 투명창에 김 서림이 발생하기 시작하는데, 이는 투명창 표면의 온도가 낮은 온도에서 공기의 이슬점 온도 이상으로 올라갈 시간적 여유가 없었기 때문이다.

김 서림 방지 장치(anti-misting system)는 투명창 표면의 온도를 이슬점 온도 이상으로 유지해 김 서림을 방지해준다. 조종실 투명창 하단부의 노즐에서 분사되는 100℃ 정도의 고온 공기를 사용하는 방법도 있고, 혹은 전기적으로 가열되는 금속 산화막(oxide film)을 투명창 표면에 설치하는 방법이 있다.

7.9 항공기 방빙/제빙 시스템 사례

보통 대형 민간여객기 날개에 적용된 방빙/제빙 시스템은 엔진 블리드 공기를 날개 앞전에 설치된 덕트를 통해 공급하는 thermal pneumatic 방법을 사용하고 있다. 넓은 면적의 날개에 적용하기 좋은 방법이긴 하나 많은 블리드 공기를 뽑아내기 때문에 엔진 성능에 좋지 않은 영향을 준다. 가장 최근에 나온 B787 항공기 사례를 보면 기존의 비행기에서 사용하는 방빙/제빙 시스템뿐만 아니라 환경제어 시스템에서 사용하던 엔진 블리드 공기를 전혀 사용하지 않는 설계를 적용하였다. 따라서 날개의 방빙/제빙은 기존의 방식과는 다른 electro-thermal 방법을 사용하는데 날개의 방빙/제빙이 필요한 부위에 thermal blanket를 설치하였다. 이 방식은 이전에 주로 사용했던 thermal pneumatic 방법과 비교해 동력 사용이 절반으로 줄었고, 블리드 공기를 외부로 내보내기 위한 구멍이 없어 항공기 저항과 소음이 줄어드는 효과도 있다.

08

화재/과열 감지 및 소화 시스템

(fire detection & fire suppression systems)

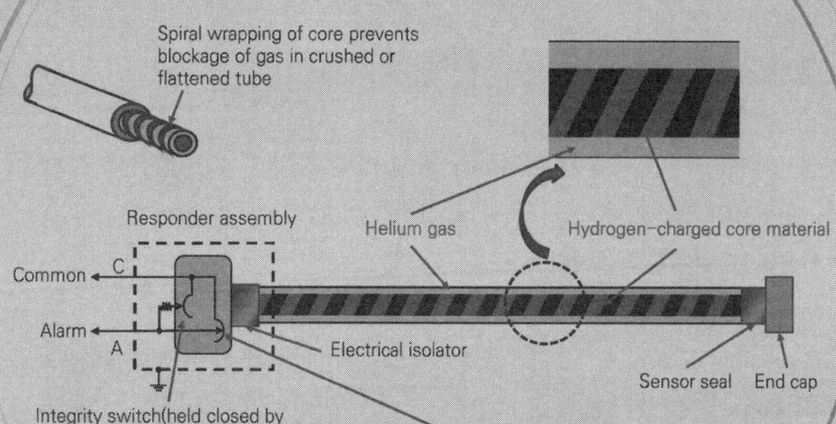

8.1 개요

항공기에서 화재가 발생하면 연속적인 화염이나 고온의 가스로 인해 기체 구조물이 정상적으로 유지될 수 없으므로 매우 치명적인 결과를 가져온다. 화재가 시작될 수 있는 가장 첫 번째 장소는 엔진 주위이다. 화재는 엔진의 파손이나 과열을 유발할 수 있고 파이프나 엔진 케이스의 파열은 누설된 연료가 고온의 기체 구조물과 접촉하여 화재가 발생할 수 있다. 항공기에는 많은 양의 연료와 풍부한 공기(산소) 그리고 고온의 구조물 등과 같이 화재를 유발할 수 있는 충분한 요인들을 가지고 있다. 따라서 항공기에는 반드시 화재의 위험을 줄이고, 연료가 누설되는 것을 방지하는 여러 가지 조치를 해 놓고 있다.

화재가 발생하려면 연료(특히 연료 증기), 산소와 발화원(ignition source)이 필요하다. 이런 요소들을 고려해 화재 위험도 분석을 통하여 화재구역(fire zone) 및 잠재적 화재구역(potential fire zone)을 선정하여 그에 따른 화재 방지 설계개념이 적용된다. 화재구역에는 화재 감지 및 소화장치를 반영하고 잠재적 화재구역에는 화재 감지장치가 반영된다. 항공기에서 화재 감지장치는 보통 다음과 같은 지역에 설치되어 있다.

항공기에서 화재 감지장치는 보통 다음과 같은 지역에 설치되어 있다.

- 항공기 연료를 사용하는 엔진이나 보조동력장치(APU) 주변
- 화물, 수화물 적재공간(cargo and baggage compartments)
- 여객기의 화장실(lavatory)
- 전자장비실(electronic bays)
- 착륙 기어실(wheel wells)
- 블리드 공기 덕트(bleed air ducts)
- 주 기어 박스(main gear box)

항공기에서는 화재나 과열 조건을 감지하기 위해 여러 가지 다양한 종류의 감지장치를 사용하고 있다. 항공기의 엔진이나 크기에 따라 장착하는 감지장치는 달라질 수 있다. 다음은 항공기에서 사용하는 감지장치들이다.

- Rate-of-temperature rise detectors
- Radiation sensing detectors
- Smoke detectors
- Overheat detectors

- Carbon monoxide detectors
- Combustible mixture detectors
- Optical detectors
- Flame detectors

8.2 화재등급

항공기에서 발생할 수 있는 화재의 등급(classes of fire)은 미국 NFPA(National Fire Protection Association)에서 다음과 같이 규정하고 있다. 화재의 등급은 화재를 제압하는 데 사용할 수 있는 소화제의 종류가 구분되어 있다. 이 내용은 소화제의 종류에서 설명하도록 하겠다.

- Class A-목재, 천, 종이, 고무나 플라스틱 같은 일반적인 인화물질에 의한 화재
- Class B-flammable liquids, petroleum oil, greases, tars, oil-based paint, lacquers, solvents, alcohols과 flammable gases에 의한 화재
- Class C-전기적 부전도체(nonconductive) 재료로 제작된 소화제의 사용이 필요한 전기장치에 의한 화재
- Class D-magnesium, titanum, zirconium, sodium, lithium, potassium 같은 가연성 재료에 의한 화재

8.3 화재 및 과열 감지장치의 설계 요구 조건

8.3.1 화재 및 과열 감지 시스템 주요 설계 기준 문서

군용 항공기의 화재 감지 및 소화 계통의 설계 요구 조건은 소요군의 요구 조건에 따라 설계하지만, 보통은 MIL-spec.에 기술된 내용을 기준으로 한다. 민간 항공기는 미국의 FAA에서 발행한 FAR Part 23, 25, 29의 1195 Fire extinguishing systems, 1197 Fire extinguishing agents, 1199 Extinguishing agent containers, 1201 Fire extinguishing materials 의 소화 계통 소화약제 소화 용기 및 소화 계통 재료 관련 내용을 참고한다. 화재 및 과열 감지 시스템을 설계하는 데 참조해야 할 국내외 기술문서에는 다음과 같은 것들이 있다.

- 미국 군사 규격
  - MIL-HDBK-516B, MIL-HDBK-221, JSSG-2009
- 군용 항공기 표준감항인증기준(방위사업청)
- 민간 항공기 규격
  - FAR-23, 25, 27, 29, KAS-23·25·27·29

8.3.2 화재 및 과열 감지 시스템 주요 설계 요구 조건

화재 및 과열보호 장치가 가져야 할 요구 조건은 다음과 같다.

- 지상 및 비행 중에 잘못된 경고 발령(no false warning)을 하지 않아야 함
- 화재 및 정확한 화재 발생 위치의 지시(경고등 및 음성경고 장치 설치)
- 화재가 제거된 상황의 정확한 지시
- 화재 재발을 감지 및 지시
- 화재가 발생하는 동안의 계속된 지시
- 조종실에서 감지장치의 작동 여부를 판단할 수 있는 전기적 테스트 기능
- 항공기 동력장치로부터 직접 전원을 받아 작동하는 회로구성
- 가급적 최소 전류 사용(minimum electrical current requirements)
- 엔진별로 독립적인 화재 감지장치 설치

특히 화재가 일어날 수 있는 가장 위험한 지역은 연료를 사용하는 엔진 주위이다. 엔진 주위에 설치해야 하는 화재 및 과열 감지 시스템의 설계 요구 조건 몇 가지를 보면 우선, 각 지정 화재 위험 구역 및 터빈엔진 설비의 연소실, 터빈 및 테일 파이프(tail pipe)에는 신속히 작동하는 승인된 화재 또는 과열 감지기를 갖추어야 한다. 이들의 수량 및 위치는 해당 구역의 화재를 신속히 탐지할 수 있도록 설정되어야 한다. 지정 화재 위험 구역 내의 센서 또는 이와 관련된 배선이 한 곳에서 단선되었을 때 이를 승무원에게 알려주기 위한 수단이 있어야 한다. 단, 단선된 후에도 해당 계통이 충족할 수 있는 탐지계통으로서 계속하여 작동할 경우에는 예외이다. 승무원이 비행 중에 화재 또는 과열 탐지기 전기회로의 기능을 점검할 방법이 있어야 한다.

8.4 화재 및 과열 감지 시스템의 종류

화재 감지장치는 항공기에서 화재 위험성이 높은 지점에 설치하며 주요 설치지점은 앞 절에서 설명하였다. 보통 화재 감지장치는 개별형(discrete type)으로 thermal switch, thermocouple, 그리고 연속형(continuous type)으로 continuous loop 장치를 가장 많이 사용한다. 감지장치의 구성은 보통 개별형 혹은 연속형 온도 측정장치, 제어장치와 항공기의 경고장치로 되어 있다. 온도 측정장치는 여러 지점에 개별적으로 설치하여 화재가 난 장소를 쉽게 인지할 수 있도록 설치하게 된다.

8.4.1 개별형 감지장치

8.4.1.1 thermal switch system

오래된 항공기에서 아직도 사용하고 있는 방식이다. 온도 감지 센서는 **그림 8.1**에서 보듯이 바이메탈로 구성되어 있어 화재가 나서 설정된 온도 이상으로 올라가는 경우 바이메탈이 서로 접촉하게 된다. 센서의 배치는 **그림 8.2**에서 보는 것처럼 센서를 원하는 지점에 병렬로 설치하고 경고등과 센서는 직렬로 연결해 놓는다. 이때 설치지점에 따라 설정 온도를 달리할 수 있다. 만일 화재가 나면 해당 지역의 센서 바이메탈이 접촉하게 되면서 경고등이 점등되도록 전기회로가 구성된다. 센서별로 경고등을 설치하거나 하나의 경고등에 여러 센서를 연결하기도 한다.

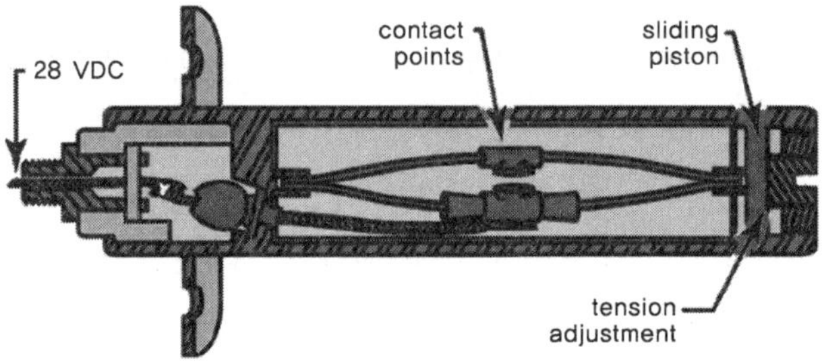

그림 8.1 thermal switch sensor

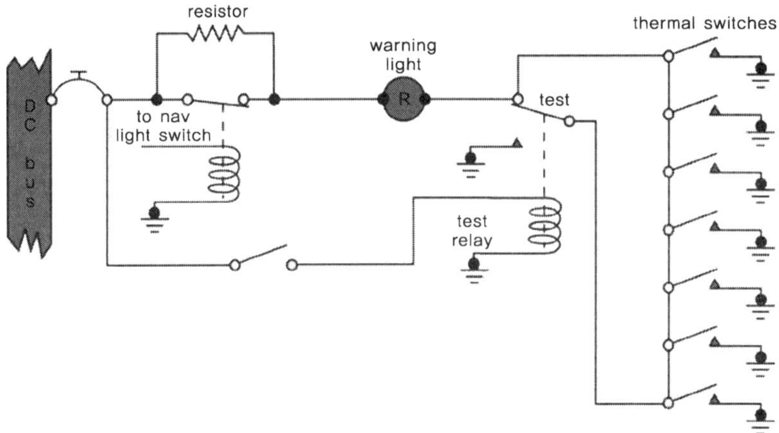

그림 8.2 thermal switch system의 구성

8.4.1.2 thermocouple system

열전쌍은 물리학자인 제베크(Thomas John Seeback)가 2개의 금속을 접합하고, 양 접점에 온도를 달리하면 전압이 유도되는 현상을 발견하여 이를 응용한 센서이다. 한쪽을 기준 접점으로 하고 다른 접점을 실제 온도를 측정하는 접점으로 한다. 열전쌍을 구성하는 2개의 금속 종류에 따라 측정 가능한 온도의 범위가 달라진다. 접합된 금속의 종류에 따라 J, K, E, T type이 보통 많이 쓰이며 그 외에 R, S, B type 등이 있다. 접합하는 금속에는 백금-백금로듐(1,400℃까지), 크로멜-알루멜(1,000℃까지), 철-콘스탄탄(600℃까지), 구리-콘스탄탄(300℃까지) 등이 사용된다. 열전쌍은 -200~1700℃까지 넓은 범위의 온도 범위를 0.1~1%의 오차로 측정할 수 있고, 사용 부위에 따라 적합하게 바꿀 수 있다. 하지만 측정하려는 곳에 따라 사용할 수 있는 열전대의 종류에 제한이 있고, 측정온도의 정확한 정밀도를 얻는 것이 힘들다.

열전쌍 방식은 특정 온도 이상의 조건에서 감지하는 thermal switch system과 달리 온도의 상승률(rate of temperature rise)을 기준으로 화재 감지를 하게 된다. 이 시스템의 구성은 **그림 8.3**에서 보듯이 relay box, 경고등, 열전쌍으로 이루어져 있다. 그리고 relay box에는 sensitive relay와 slave relay로 구성되어 있다. 일반적으로 열전쌍은 2개의 다른 금속의 접합체로 이루어져 있으며 2개의 접점(junction)으로 구성된다. 2개의 금속이 접합되는 지점인 측정 접점(hot junction)은 화재에 직접 노출되어 온도를 측정하는 역할을 하고 기준 접점(reference junction)은 단열된 별도 공간에 설치된다. 만일 화재가 발생하여 온도가 급격하게 상승하면 측정 접점(hot junction)과 기준 접점(reference junction) 사이에 온도 상승률 차이가 발생하고 이로 인해 전압이 발생한다. 이때 차이가 발생하는 이유는 기준 접점은 단

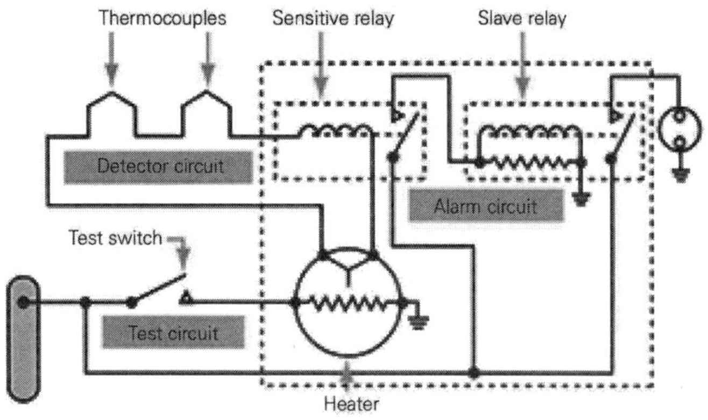

그림 8.3 thermocouple system의 구성

열 장소에 설치되어 온도 변화가 상대적으로 완만하게 일어나기 때문이다. 유도된 전압은 화재 감지장치 회로에 전류를 유발한다. 전류의 크기가 4mA보다 크면 sensitive relay가 작동하고 이는 slave relay 쪽으로 전원공급이 가능하게 만든다. 이때 slave relay가 동작하여 스위치가 닫히면 경고등을 점등시킨다. 만일 2개 접점의 온도 상승률이 같다면 전압은 발생하지 않는다.

열전쌍 센서의 개수는 화재지역의 크기와 회로의 저항값에 따라서 결정하며, 회로의 저항(total circuit resistance)값은 보통 5옴(ohms)이 넘지 않는다. 그리고 slave relay의 두 끝단을 연결하는 저항을 설치하는데, 이는 relay coil에서 유도되는 전압(self-induced voltage)을 흡수하여 sensitive relay에서 발생할 수 있는 아크(arcing)에 의한 손상을 방지하기 위함이다.

두 접점 사이의 온도 차이로 인한 유도전압(기전력)을 이용해 온도 차이를 알 수 있고 기준 접점의 온도와 비교하여 온도를 측정할 수 있다. 보통 기준 접점은 온도가 일정하여 기준 접점이라고 한다.

8.4.2 연속 루프형 감지장치

이 방식은 대부분 현대의 민간 상업용 항공기와 군용 항공기에서 사용하는 방식이다. 연속 루프형 감지장치(continuous loop system)에는 온도 변화에 따라 변하는 전기저항을 이용하는 방식과 압력을 이용하는 두 가지 방식이 있다. 앞서 설명한 개별형 감지장치와 비교해 더욱 넓은 화재 가능지역을 감지할 수 있으며, thermistor type detector(Kidde, Fenwall사 제품)와 pneumatic pressure detector(Systron-Donner 혹은 Meggitt safety systems사 제품)와 같은 두 가지 형태의 감지 센서가 대표적으로 많이 사용되고 있다.

8.4.2.1 연속 루프형 저항식 감지 센서

연속 루프형 저항식 감지 센서(continuous loop type sensor)는 둥근 튜브 형태의 금속 동축 센서이며 외관상 하나의 굵은 철사선 형태를 가지고 있다. 이 감지 센서를 엔진 주변에 설치하고 화재로 인해 온도가 상승하면 센서의 전기적 저항 특성이 변한다. 이 방식의 센서는 감지 성능이 우수하고 현대의 터보팬 엔진 항공기의 가혹한 운용조건에서도 잘 작동하는 장점이 있으나 정비에 불편한 점이 있다.

• Fenwal system

Fenwal사에서 제작하는 센서는 **그림 8.4**에서 보듯이 inconel(니켈 80%, 크롬 14%, 철 6%로 구성되어 고온, 부식에 강한 합금)로 된 튜브형의 가느다란 와이어(wire) 형태로써 안에는 니켈 동축 와이어(coaxial wire)가 있고 동축 와이어와 바깥 inconel 피복 사이에는 온도에 민감하게 변화는 저항값을 갖는 공융염(eutectic salt)으로 채워져 있다. 일반적인 물질은 온도와 물질의 저항값이 비례하는 데 반해 이 물질은 음의 온도저항계수(negative temperature coefficient of resistance)를 가지고 있어 온도가 상승하면 저항값이 작아진다. 이 센서는 하나의 와이어로 구성되면서 센서 길이 방향으로 온도설정이 다른 개별 센서 요소를 연결하여 구성할 수 있다. 특정 지역에서 화재나 과열이 발생하면 해당 지점의 eutectic salt 저항이 급격하게 떨어지고 이때 중심의 니켈과 바깥쪽의 inconel 피복 사이로 전류가 흐르게 된다. 이 전류는 제어장치로 전달되고 화재 경고를 발령시킨다. 만일 화재가 진압되거나 온도가 센서의 설정 온도 이하로 내려가면 자동으로 원래의 상태로 복원되어 다시 화재를 감지하는 상태가 된다.

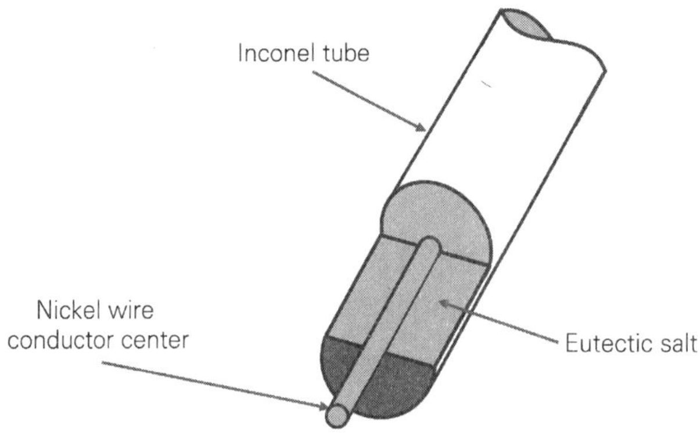

그림 8.4 fenwal system

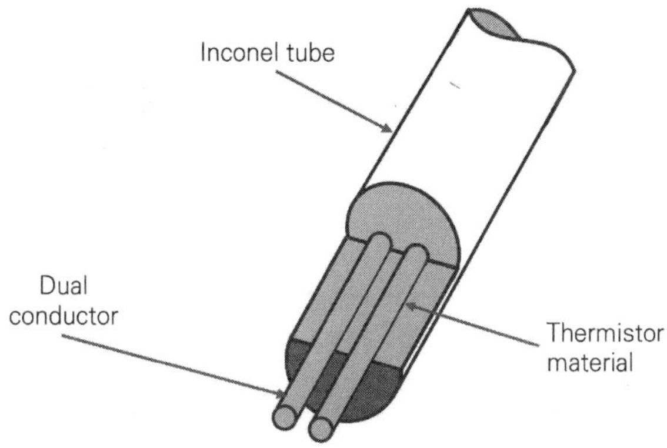

그림 8.5 Kiddie system

• Kidde system

그림 8.5에서 보는 것처럼 Kidde사에서 제작한 센서는 튜브 형태이며, 안쪽에는 와이어 형태의 2개의 전도체(conductor)가 있고, 이 사이에는 세라믹(ceramic) 형태의 서미스터(thermistor)가 채워져 있다. 서미스터 물질은 평상 온도에서는 저항이 매우 크지만, 온도가 상승하면 급격히 저항이 작아진다. 이런 온도에 따른 저항의 변화를 제어장치가 감지하여 경고 회로를 작동시킨다. 2개의 전도체 중 하나는 튜브에 연결되어 접지(ground connection)되고, 다른 하나는 제어장치에 연결되어 있다. 화재나 과열로 인해 온도가 올라가면 서미스터 저항이 감소하면서 접지 쪽의 저항이 감소한다. 제어장치는 감소한 저항을 감지하여 설정된 값보다 낮아지면 과열 경보를 내고 저항이 더 낮아지면 화재 경보를 발생시킨다. 일반적으로 과열 경보를 발령하는데 10초 정도 지연된다. 저항의 변화율로 회로의 단락(short)과 화재를 구분할 수 있는데 전기적 단락의 경우 저항의 감소율이 화재의 경우보다 매우 크다. 어떤 항공기에서는 이 센서 원리를 이용하여 엔진 나셀(nacelle)의 온도를 측정하여 항공기 상태를 감시하는 기능(airplane condition monitoring)에 사용되기도 한다.

8.4.2.3 Pressure type continuous loop systems

감지 센서는 기체법칙의 원리(principles of gas law)를 이용한 것으로 밀폐된 튜브 형태를 가지고 있다. 온도가 올라가 내부의 기체 압력이 올라가면 경고 회로가 작동하게 설계되어 있으므로 별도의 제어장치는 필요하지 않다. 이 감지 센서는 제작사의 이름으로 널리 알려져 있으며, 제작사의 명칭은 Lindberg, Systron-Donner 혹은 Meggit safety system이다. 이 센서는 신뢰성이 우수한 것으로 알려져 있으며 MTBF(Mean Time Between Failure)가 대략 500,000시간 정도라고 한다. 현재 Airbus A320, 330, 340, 350, 380, Boeing 737, 767에 장

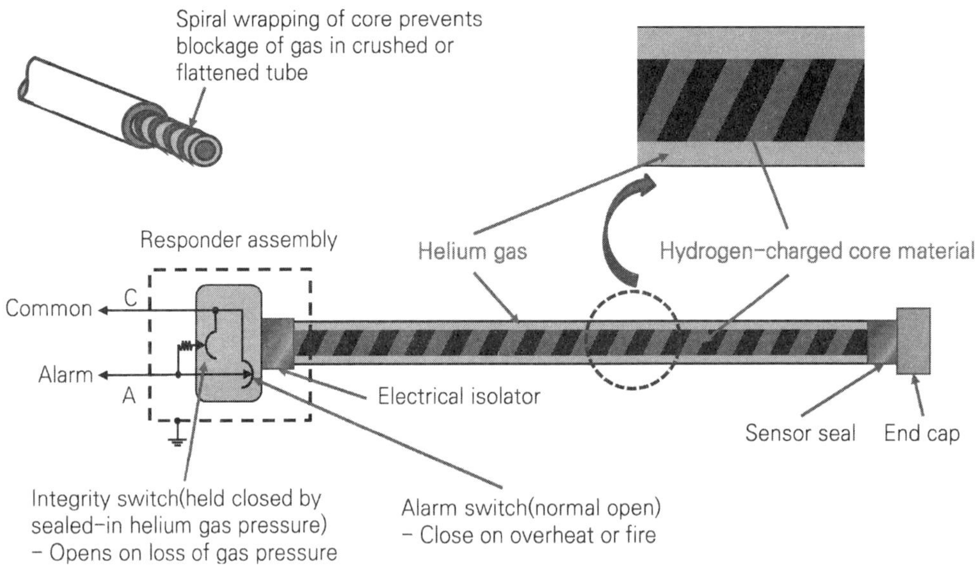

그림 8.6 pressure type sensor

착되어 있다.

그림 8.6에서 보듯이 센서 구조는 스테인리스 튜브(stainless teel tube) 내부에 수소가스를 충전 및 방전할 수 있는 티타늄 와이어와 스테인리스 튜브 사이에 헬륨 가스로 충전되어 있다. 이 센서에는 두 가지의 작동모드(operation mode)가 있는데 전체 센서에 걸리는 평균 온도에 따라 작동하는 기능(averaging function)과 특정 지점(local point)에서의 온도로 작동하는 기능(discrete function)이 있다.

- **평균 온도에 의한 작동**(averaging function)

센서 전체의 평균 온도를 측정하여 작동하는 기능으로써 온도가 올라가면 헬륨의 압력이 올라가고 높아진 압력은 responder assembly의 pressure diaphragm을 움직여 알람 스위치를 연결한다. 보통 설정 가능한 평균 온도는 200°F(93℃)에서 850°F(454℃) 범위이다. 온도가 내려가면 압력이 낮아져 알람 스위치는 원래의 상태로 복원된다.

- **국부 온도에 의한 작동**(discrete function)

이 기능은 특정 위치에서 화재나 과열로 인해 센서에 설정된 온도 이상으로 온도가 상승하면 core material에서 수소가 발생한다. 이 수소는 센서 내부의 압력을 상승시켜 앞의 설명처럼 pressure diaphragm을 움직여 알람 스위치가 작동하게 된다. 반대로 온도가 내려가면 방출됐던 수소가 다시 core material로 다시 충전되면서 압력이 내려가고 알람 스위치는 원래의 상태로 복원된다.

지금까지 설명한 개별형이나 연속형 루프 센서 모두 과열이나 화재를 감지할 수 있으나 손상되기 쉬운 민감한 센서이다. 화재나 고온의 가스로 인해 센서나 회로선이 쉽게 타 버릴 수 있는데, 이런 경우가 발생하더라도 경고 회로는 꺼지지 않도록 해야 한다. 또한 반대로 화재가 나지 않았다면 경고 회로는 작동하지 않아야 한다. 이렇게 하는 이유는 전자의 경우 화재로 인한 센서의 손상으로 인해 경고 회로가 꺼진 것임에도 불구하고 조종사가 화재가 진압된 걸로 착각할 수 있기 때문이며, 후자는 거짓 화재에 경고 회로가 작동되는 경우 실제 화재가 났을 때도 이를 무시할 수 있는 상황이 올 수 있기 때문이다.

8.4.3 Smoke, flame, carbon monoxide detection system

8.4.3.1 smoke detector

이 센서는 주로 기내 화장실이나 화물칸에 화재를 감지하기 위해 설치한다. 이 센서는 설치된 장소의 공기를 채취하여 스모크의 여부로 화재를 감지하는데 보통 화재로 인해 화재 감지 장치가 작동하는 온도상승 이전에 이미 스모크 발생이 많이 발생할 수 있는 지역에 화재 감지 목적으로 설치한다. 두 가지 형태의 센서를 사용하는데 light refraction type과 ionization type이 있다.

• light refraction type smoke detector

그림 8.7에서 보듯이 센서 안에 공기를 통과시키고 beacon lamp에서 나오는 빛이 공기 중의 스모크 입자에 반사되어 photoelectric cell로 가면 경고등이 들어오도록 한 방식이다. 만일 스모크가 없다면 lamp에 직각 위치에 있는 photoelectric cell로 빛이 가지 않도록 하며, 점검할 때는 photoelectric cell의 반대쪽에 있는 test lamp의 빛을 보내 smoke detector가 정상 작동하는지를 점검할 수 있다.

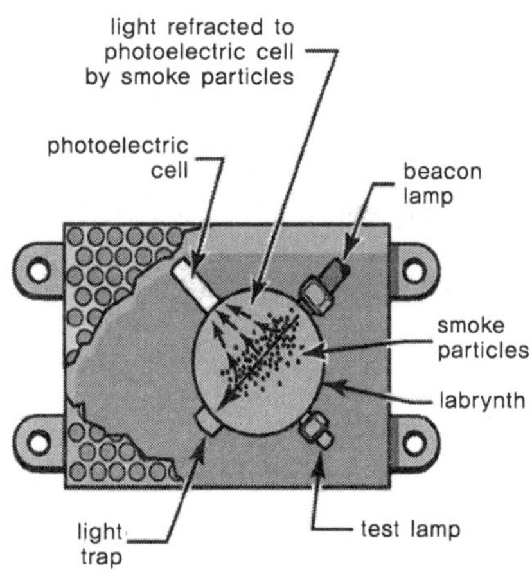

그림 8.7
light refraction type smoke detector

• ionization type smoke detector

일부 항공기에서 ionization type smoke detector를 사용하고 있다. 공기 중의 스모크 입자로 인해서 변하는 공기의 이온밀도(ion density)를 이용하여 감지하는 방식이다.

8.4.3.2 flame detectors

화염 감지기(flame detectors)는 주로 광학센서(optical sensor)를 사용하는데 hydrocarbon flame에서 방출되는 주요 방사선의 파장(wavelength)을 이용하여 측정하는 방식이다. 적외선 방식(infrared)과 자외선 방식(ultraviolet) 두 가지가 있으며 주로 적외선 방식을 사용한다. 주로 경량 터보프롭(turboprop) 항공기 엔진과 헬리콥터 엔진에서 많이 사용하며 신뢰성과 경제성이 있는 것으로 알려져 있다. 적외선 방식의 경우 화염에서 방출되는 방사선의 파장이 4.3micrometers 중심으로 감지되도록 한다.

8.4.3.3 carbon monoxide detectors

일산화탄소(carbon monoxide)는 무색, 무취의 기체로서 불완전 연소 때문에 주로 만들어진다. 인간이 일산화탄소를 흡입하는 경우 심하면 죽음에까지 갈 수 있으며, 승객이나 승무원의 안전을 위해 객실이나 조종실에 설치한다. 보통 엔진 배기가스를 이용한 난방장치를 갖춘 왕복 엔진 항공기와 별도의 연소기로 난방을 하는 항공기에 설치하며 엔진 블리드 공기로 난방을 할 때는 엔진 연소실 앞에서 블리드 공기를 뽑아 쓰기 때문에 일산화탄소에 의한 영향이 적다.

이 센서에는 전자식(electronic detector)과 chemical color-changed type이 주로 많이 사용된다. 후자의 방법은 일산화탄소를 감지하는 화학약품을 이용하는 것으로 일산화탄소에 노출되면 회색이나 심하면 검은색으로 변한다.

8.5 소화제 및 소화기

화재가 발생하면 조종사는 화재를 진압하는 절차를 신속하게 진행해야 한다. 우선 엔진을 정지하고 연료를 차단하면서 소화제(extinguishing agent)를 분사시킨다. 소화제는 보통 할론(halon) 종류로써 BCF(BromcoChloro-diFluoro-methane) 물질이며 한 번만 사용한다. 따라서 사용 후에는 보충해야 한다. 소화제 분사 후에도 화재 경고가 계속된다면 민간 항공기의 경우에는 시각적으로 엔진을 살펴보고 군용기 같은 경우는 주변의 항공기에서 판단해서 알려주어야 한다.

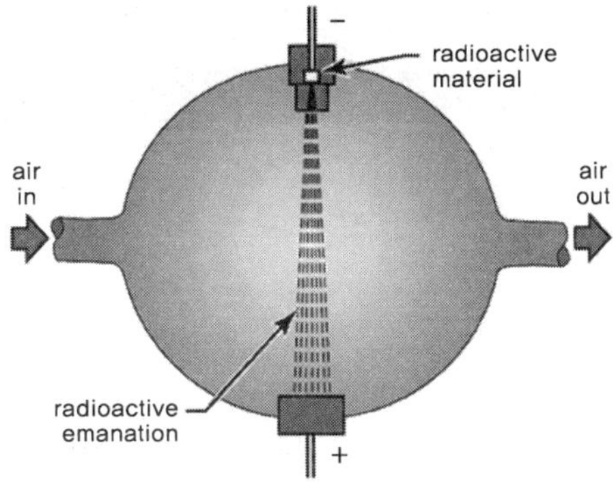

그림 8.8 ionization type smoke detector

8.5.1 소화 시스템 설계 요구 조건

8.5.1.1 소화 시스템 설계 기준 문서

소화 시스템을 설계하는 데 참조해야 할 국내외 기술문서에는 다음과 같은 것들이 있다.

- 미국군사 규격
  - MIL-F-23447, MIL-E-22285, MIL-F-87168, JSSG-2009
- 군용 항공기 표준감항인증기준(방위사업청)
- 민간 항공기 규격
  - FAR-23, 25, 27, 29, KAS-23·25·27·29
- 미국자동차협회 규격
  - AIR 1076

8.5.1.2 소화 계통 주요 설계 요구 조건

휴대용 소화기는 조종사가 앉은 자세에서 쉽게 꺼내 사용할 수 있는 소화기가 최소 1개 이상 설치되어 있어야 하며, 여객기의 경우 승객 수에 따른 휴대용 소화기 설치 개수가 정해져 있다. 객실에는 사용에 편리한 위치에 적어도 **표 8.1**에 표시된 수량의 휴대용 소화기가 구비되어야 한다. 또한 승무원실에는 사용에 편리한 위치에 적어도 한 대의 소화기가 갖춰져 있어야 한다. 소화제의 종류는 소화기를 사용하려는 곳에서 발생 가능한 화재의 종류에 적당한 것이어야 한다.

고정 소화장치의 경우 객실에 침투할 것으로 예상되는 소화제는 인체에 해를 미치지 않는 것으로 해야 한다. 소화제를 발사하였을 때 구조물에 손상을 주지 말아야 한다. 그리고 소화

표 8.1 승객 수에 따른 휴대용 소화기 설치 요구 조건

승객수	소화기 대수
7~30명	1
31~60명	2
61~200명	3
201~300명	4
301~400명	5
401~500명	6
501~600명	7
601~700명	8

장치는 장소의 용적 및 환기율을 고려해서 그 장소에서 발생할 수 있는 모든 종류의 화재에 대항할 수 있을 만한 충분한 능력을 갖춘 것이어야 한다.

조종실이나 객실 이외에도 화장실, 화물실에도 소화장치의 설치에 관한 요구 조건들이 정해져 있으며, 단열재료에 관한 규정도 마련되어 있다. 특히 화물기의 화물실은 비행 중에 접근하기 힘들어서 화재 감지 시스템 설치가 아주 중요하여 등급을 정해 등급별로 설계 요구 조건을 달리 규정하고 있다.

- A급 화물실: A급 화물실이란 다음의 조건에 적합한 것을 말한다.
  (1) 그 장소에 화재가 발생하면 승무원이 좌석에 앉은 상태로 쉽게 발견할 수 있을 것.
  (2) 비행 중 화물실의 모든 장소에 용이하게 도달할 수가 있을 것.
- B급 화물실: B급 화물실이란 다음의 조건에 적합한 화물실을 말한다.
  (1) 비행 중 승무원이 휴대용 소화기를 가지고 화물실의 모든 장소에 도달해서 소화작업이 행해질 수 있는 충분한 통로를 가질 것.
  (2) 실내의 통로에서 작업 중 위험한 양의 연기, 화재 또는 소화제가 승무원 또는 승객이 사용하는 통로에 침입하지 않을 것.
  (3) 조종사 또는 기관사에게 화재의 발생을 경고하기 위해서 각각 별개 계통의 승인된 연기탐지기 또는 화재탐지기가 장착되어 있을 것.
- C급 화물실: C급 화물실이란 A급 화물실 또는 B급 화물실의 요건에 적합하지는 않지만 다음의 조건에 합치한 화물실을 말한다.
  (1) 조종사 또는 기관사에게 화재의 발생을 경고하기 위해서 각 별개 계통의 승인된 연기탐지기 또는 화재탐지기가 장착되어 있을 것.
  (2) 조종실로부터 조작이 가능한 승인된 고정소화장치 또는 화재진압계통이 장착되어 있

을 것.

(3) 위험한 양의 연기, 화재 또는 소화제가 승무원 또는 승객이 사용하는 곳에 침입하는 것이 없도록 설비되어 있을 것.

(4) 소화제가 C급 화물실에서 발생하는 어떠한 화재도 억제할 수 있도록 각 실내에서 환기 및 통풍의 조작이 가능하도록 설비되어 있을 것.

• E급 화물실: E급 화물실이란 화물의 운반에만 공급되는 비행기의 화물실이며 다음의 조건에 적합한 화물실을 말한다.

(1) 조종사 또는 기관사에게 화재의 발생을 경고하기 위해서 각각 별개 계통의 승인된 연기탐지기 또는 화재탐지기가 장착되어 있을 것.

(2) 당해 화물실 내 또는 당해 화물실 내에서의 환기용 기류를 차단하기 위한 설비를 장착하고 있을 것. 또한, 이 장치의 조작장치는 승무원실 내에서 승무원이 용이하게 조작 가능한 위치에 설치되어 있을 것.

(3) 위험한 양의 연기, 화염 또는 유해 가스를 조종실로부터 방출하는 장치가 구비되어 있어야 한다.

(4) 요구되는 승무원 비상탈출구들은 어떠한 화물적재조건 하에서도 접근할 수 있어야 한다.

8.5.2 소화제의 종류

8.5.2.1 할론 가스

아주 오랫동안 민간여객기에서 주로 사용했던 소화제이다. 할론 가스(halogenated hydrocarbons) 소화제는 연소를 억제하는 불활성가스이다. 그러나 할론 가스는 지구의 오존층을 파괴하고 지구 온난화를 유발하는 물질이기도 하다. 비록 할론 가스가 일반적으로 사용이 금지되고 있지만, 항공 분야의 경우에는 예외 사항으로 인정받아 아직도 사용하고 있다. 그 이유는 할론 가스가 유일하게 항공기 안전 요구 조건에 부합하는 물질이기 때문이다. 할론 가스는 잔류물이 남지 않는 기체이며, 전기적으로 비전도체(electrically nonconducting)이며 상대적으로 독성(toxicity)이 낮은 물질이다.

항공기에서 주로 사용하는 할론의 형태는 두 가지가 있는데, Halon 1301($CBrF_3$)과 프레온 가스의 일종인 Halon 1211 혹은 Freon 12b1($CBrClF_2$)이다(프레온 가스는 듀폰사의 브랜드 이름). 민간 항공기에서 주로 많이 사용하고 있는 것은 Halon 1301로써 소화능력이 우수하고 독성이 낮으며 부식성이 없는 특징을 가진다. 앞 절에서 설명한 화재등급에서 class A, B, C에 사용 가능하고 타고 있는 금속과 할론이 활발하게 반응하기 때문에 class D에는 사용하지 않는다. 할론 가스의 대체 가능한 물질로는 HCFC Blend B, HFC-227ea, HFC-236fa 등이 있다. 일부 군용기에서는 HCl-125를 사용하고 있으며, 민간 항공기의 경우는 FAA에서 사용 여부를 시험하고 있다.

8.5.2.2 이산화탄소

이산화탄소(carbon dioxide)는 화재등급 class B, C에 가장 효율적인 소화제로 사용하고 있으며, 오일 같은 인화성 액체(flammable liquids)나 전기장치에 의한 화재에 사용됐다. 이산화탄소는 불연성 기체이고, 다른 물질과의 화학적 반응이 거의 없는 특성이 있다. 또한 공기보다 1.5배 정도 무거워서 화재지역을 덮어 공기로부터 분리할 수 있고, 공기를 희석해 산소량을 줄여주는 효과가 있다. 보통 용기에 저장하고 압력을 이용하여 분출하게 된다. 이산화탄소에 노출되면 저산소증에 걸릴 우려가 있어 밀폐된 장소에서는 사용하지 말아야 한다. 오래된 왕복 엔진 항공기에서 사용하였고, 현대의 터빈엔진 항공기에서는 할론 계통을 사용하고 있다.

8.5.2.3 분말 소화제(dry powder)

화재등급 class A, B, C에 효과적인 소화제로서 잔류물이 남아 소화 후에는 청소해야 하는 단점이 있다. 소화제가 가열되면 이산화탄소를 발생시켜 화재를 진압하게 되어 있다.

8.5.2.4 물(water)

화재등급 class A에 가장 적합한 소화제로서 기름이나 전기에 의한 화재에 사용해서는 안 된다.

8.5.3 소화기

소화기(fire extinguisher)는 실린더(cylinder) 형태의 휴대형과 구형(spherical) 형태의 고정형이 일반적이다. 고정형의 경우 HRD system(High Rate of Discharge System)으로 구성하는데 용기에 할론(Halon 1301) 소화제를 저장하고 보통 질소가스(N_2)를 이용하여 가압하여 분출압력으로 이용한다. 용기의 재질은 보통 스테인리스강(stainless steel)으로 제작하고 티타늄(titanium)을 사용하기도 한다. 압력계가 설치되고 과도한 온도상승으로 인한 압력상승을 막기 위해 temperature/pressure relief valve를 설치한다. 화재등급별로 적합한 소화기의 식별을 위해 아래와 같이 별도의 표시를 한다.

- class A용 소화기는 녹색(green)이고 삼각형의 표시 안에 글자 A로 표기
- class B용 소화기는 적색(red)이고 사각형의 표시 안에 글자 B로 표기
- class C용 소화기는 푸른색(blue)이고 원형의 표시 안에 글자 C로 표기
- class D용 소화기는 노란색(yellow)이고 별모양의 표시 안에 글자 D로 표기

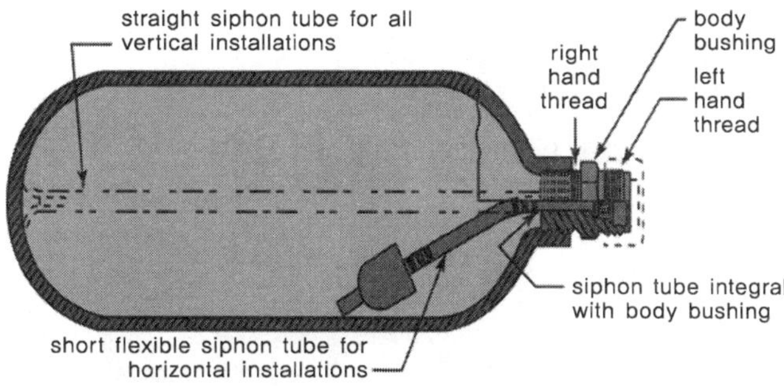

그림 8.9 휴대형 소화기

8.6 항공기 화재/과열 시스템 사례

그림 8.10은 B737의 화재/과열 감지 시스템 및 소화장치에 관한 사례를 보여주는 그림이다. B737은 엔진, APU, 화물실, 착륙장치 베이(wheel well), 그리고 화장실에 화재/과열 감지장치와 소화장치가 설치되어 있다.

엔진의 경우 2개의 루프로 구성된 화재 및 과열 감지장치가 설치되어 있다. 설정된 온도 이상 올라가면 우선 과열로 감지하고 그 이상 더 높은 설정 온도로 화재를 감지하게 된다. 감지장치의 작동은 보통 2개의 루프 중 하나로 작동하는 방법(loop A 혹은 loop B)과 2개의 루프를 동시에 사용하는 방법(normal)이 있다. 조종실에서 원하는 방법으로 설정할 수 있으며, 감지 시스템에는 고장을 지켜보는 장치(fault monitoring)가 설치되어 있다. 만일 normal(2개의 루프 사용) 모드 상태에서 1개의 루프가 고장이 나면 자동으로 고장이 나지

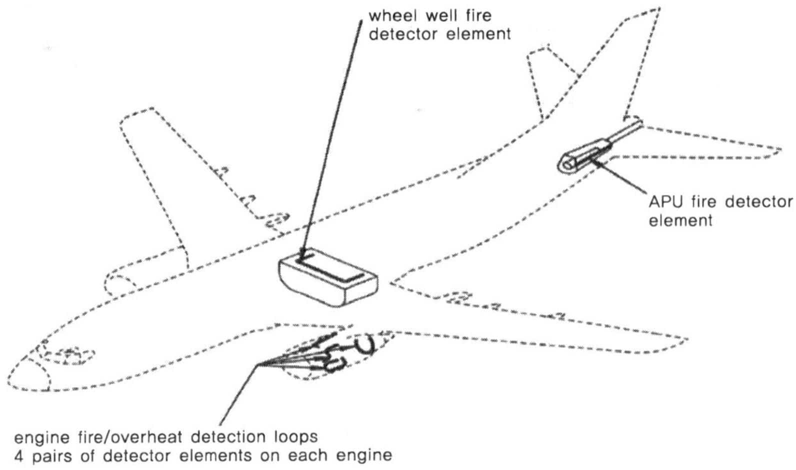

그림 8.10 B737 화재 감지 시스템 구성

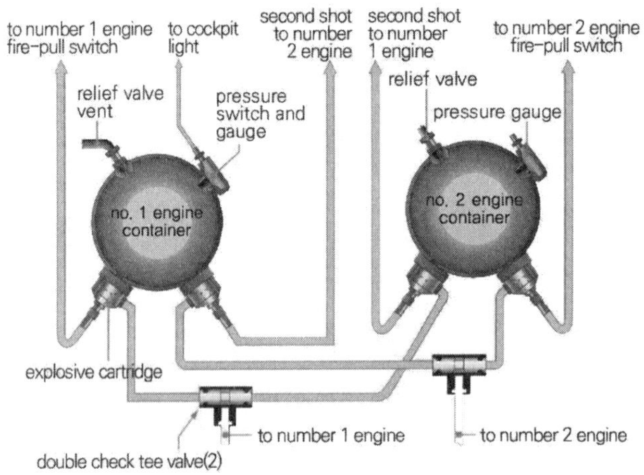

그림 8.11 B737 고정형 엔진 화재 소화기 장치

않은 루프로 전환되어 1개의 루프로 작동하는 모드로 작동된다. 이때 조종실에는 FAULT light는 점등되지 않는다. 또한 loop A 혹은 loop B 중 1개의 루프로 작동하는 모드로 설정했을 경우 다른 하나의 루프는 화재 및 과열 감지를 하지 않으며, 만일 선택된 루프가 고장 날 때 조종실에는 FAULT light가 점등되고 더 이상 화재 감지기능은 하지 않게 된다.

엔진에서 화재가 발생했을 경우를 대비해서 2개의 소화장치가 설치되어 있다. **그림 8.11**은 엔진 소화장치의 구성을 보여주고 있는 것으로 엔진별로 지정된 소화장치가 있지만, 비상시에는 지정된 엔진 이외의 엔진으로도 소화제를 공급할 수 있게 되어 있다. 조종실에는 **그림 8.12**에서 보듯이 엔진 화재 경고등이 점등된다.

그림 8.12 조종실의 엔진화재 경고등

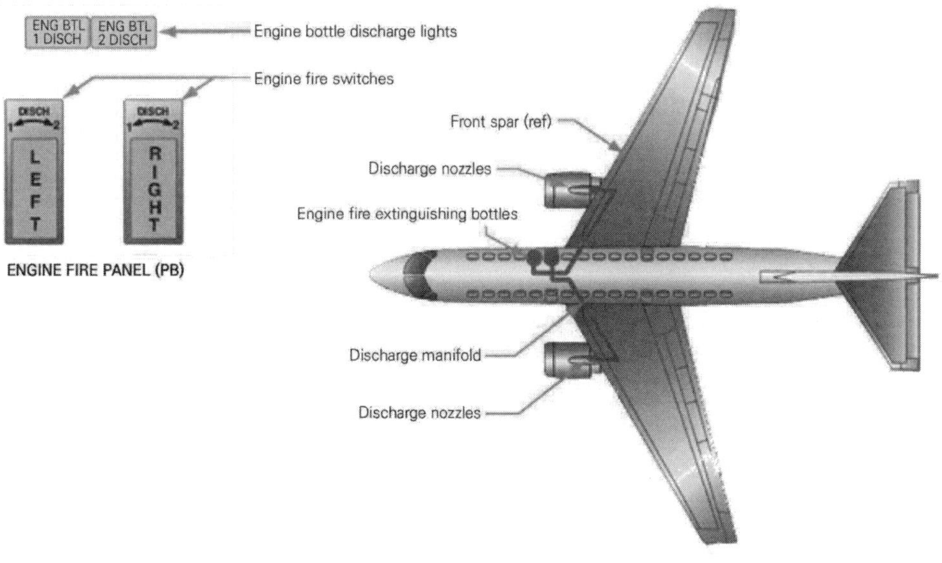

그림 8.13 B777 소화장치 구성

그림 8.13은 B737의 화물실에 설치된 스모크 감지기와 소화장치의 구성을 보여준다. 화물실은 보통 비행 중에는 접근하기가 쉽지 않기 때문에 화재나 과열 감지보다는 스모크 감지기를 설치한다. 그 이유는 화재감지기가 스모크를 가장 먼저 화재 위험성으로 인지할 수 있기 때문이다. 화물실에는 2개 루프의 스모크 감지기와 소화장치가 설치되어 있다.

09

산소 공급 시스템
(oxygen systems)

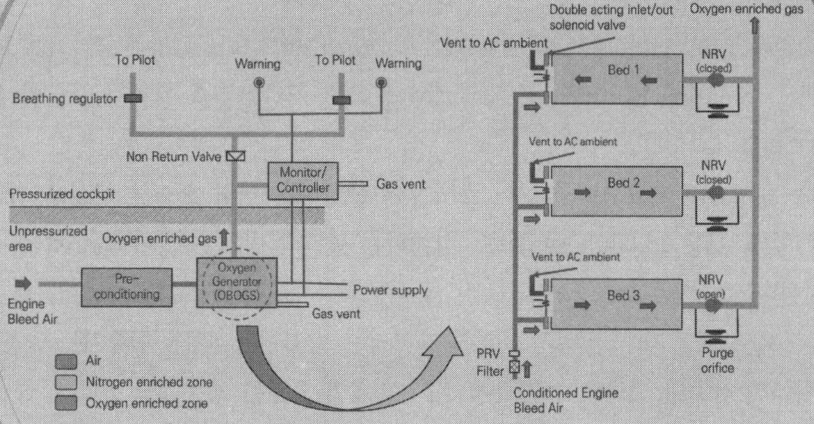

9.1 개요

산소는 생명 유지에 필수적이며 만일 두뇌에 산소 공급이 끊긴다면 바로 의식불명 상태로 가게 되며 4~5분 후에는 두뇌가 죽게 된다. 대기압보다 낮은 압력에서 호흡하게 되면 폐산소압력(alveolar oxygen pressure)이 떨어지고 이는 곧 신체와 두뇌 조직으로 산소 공급이 결핍되는 결과를 초래한다. 이런 현상을 저산소증(hypoxia)이라고 한다. 공기 중의 산소 함유량은 21% 정도이며, 고도가 올라갈수록 대기압이 감소할 뿐만 아니라 산소의 절대량도 감소한다. 고도 10,000ft 이상을 비행하는 민간 항공기는 객실여압을 해야 하며, 만일 여압이 되지 않으면 반드시 산소를 공급해야 한다. 승무원들은 산소마스크로부터 가압된 산소를 공급받고, 승객들은 자리 위 선반 부근에서 산소마스크가 자동으로 펼쳐 나오는 것을 이용한다. 이 상황에서 항공기는 산소가 충분해 정상적인 호흡이 가능한 고도까지 하강하게 된다. 보통 고도 5,000ft가 되면 시력이 떨어지고, 10,000ft가 되면 판단력이 떨어진다고 한다. 그러나 15,000ft에 도달하면 어떤 사전경고 없이 신체활동이 눈에 띄게 둔해지며 정교한 작업 능력이 떨어지게 된다. 고도 20,000ft에 도달하면 신체활동은 완전히 둔해지며, 사고능력은 떨어지고, 계산능력은 신뢰성이 없어진다. 특히, 조종사에게 이러한 결과가 생기면 안전운항에 매우 치명적인 결과를 가져온다.

미국 연방 항공청(FAA)에서는 높은 고도를 비행하는 항공기는 최대 객실고도 8,000ft에 상당하는 기압인 약 10.92psi로 유지할 수 있는 여압 계통을 갖출 것을 형식 증명의 조건으로 하고 있다. 또, 어떤 불의의 사태로 작동이 원활하지 못할 때라도 객실고도는 15,000ft를 초과하지 못하고, 그것이 불가능한 경우를 대비하여 승무원과 승객을 위하여 100% 산소를 공급할 수 있도록 산소마스크를 비치하고 있다.

저산소증에 대한 대비 없이 급격한 고도 상승이 일어나면 어떠한 저산소증 사전 징후도 없이 바로 의식불명 상태로 갈 수 있다. 항공기에서 이런 저산소증을 경감시키기 위해서 두 가지 방법을 고려할 수 있다.

- 대기압보다 낮은 압력에서 산소흡입이 줄어들어 발생하는 위험 요소는 객실을 여압시켜 완화할 수 있다. 보통 25,000ft 이상으로 비행하는 민간 항공기는 최대 8,000ft의 객실고도를 유지한다.
- 다른 방법으로는 객실 내의 산소농도를 증가시키는 방법이다. 민간 항공기는 보통 급격한 객실 압력의 감소나 스모크나 연기에 의해 객실이 오염된 경우에만 산소를 공급한다. 급격한 압력감소가 발생하면 비상절차를 통해 조종사나 승무원 혹은 자동조절 장치로

빠른 조치가 취해져야 한다. 왜냐하면 보통 저산소증은 완만하게 고도가 상승될 때보다 급격하게 고고도에 노출되었을 때 더 심하게 발생하기 때문이다.

위 두 가지 방법은 인체 내부의 폐 속으로 산소를 공급하기 위해선 폐 속의 압력보다 큰 산소 분압으로 공급해야 한다는 것을 의미한다. 산소 분압이 낮으면 산소 농도가 100%라 하더라도 폐로 공급이 되지 않는다. 따라서 대기압이 낮고 산소량이 희박한 높은 고도에서는 산소 농도를 높이고 압력을 높여 공급해야 한다.

여압 장치가 있는 항공기일지라도 높은 고도에서 비행할 때는 비상시를 대비하여 산소 공급장치를 갖추어야 한다. 산소는 저장과 공급 방식에 따라 기체 산소 계통, 액체 산소 계통, 고체 산소 계통으로 나눈다. 한편, 최근에 적용되기 시작한 방법으로서 엔진 블리드 공기로부터 산소와 아르곤 이외의 질소 등의 가스를 분리해 산소 농도 95%의 가스를 만들어 공급하는 산소 발생 장치(OBOGS: On-Board Oxygen Generation System)가 사용되고 있다. 일반적으로 항공기에는 압축된 기체 산소가 많이 사용되지만, 고체 산소도 사용되고 있고 액체 산소는 특수한 군용기에만 사용되고 있다.

산소 공급장치는 기본적으로 산소통, 산소 공급관, 산소 압력 조절기, 산소마스크, 압력 게이지, 압력 릴리프 밸브와 각종 밸브 등으로 구성되어 있다. 또한 반드시 용량 게이지와 유량 지시계가 있어야 하며, 고장 상황을 알리는 경고등을 갖추고 있어야 한다. 대형 민간 항공기의 산소 공급장치는 조종실 계통과 객실 계통으로 분리함으로써 한쪽에 이상이 생기더라도 다른 쪽에는 영향을 끼치지 않게 한다. 그 밖에 승무원을 위하여 이동 가능한 비상용 산소 실린더를 비치해야 한다. 그리고 군용전투기면 정상적인 산소 공급이 안 되면 조종사는 사출좌석 밑에 있는 산소 탱크로 변경해서 사용할 수 있으며, 산소 공급 가능량은 기지로 복귀할 수 있는 제한적인 시간 동안 사용할 수 있는 용량이다. 비상 산소를 선택해서 사용하는 경우는 조종사의 조작과 관계없이 100% 순수 산소를 공급하게 된다. 조종사가 사출좌석을 이용하여 비상 탈출을 할 때도 산소를 공급하게 되어 있다.

산소 공급관에는 다른 관과 쉽게 구별할 수 있도록 산소 식별 테이프를 붙인다. 식별 테이프는 초록색으로 되어 있는데, 오른쪽에는 흰색 바탕에 검은색 사각형 표시가 있고, 왼쪽에는 글씨가 쓰여 있다.

9.2 산소 시스템의 설계 요구 조건

설계 요구 조건은 KAS Part 25에 명시된 조건 중 주요 설계 요구 조건에 대해 기술하였다.

9.2.1 산소 공급 시스템 주요 설계 기준 문서

소화 시스템을 설계하는 데 참조해야 할 국내외 기술문서에는 다음과 같은 것들이 있다.

• 미국 군사 규격
  - MIL-O-87226, MIL-S-1330, MIL-DTL-5886, MIL-DTL-7891, MIL-PRF-7891, MIL-P-27456, MIL-O-37997, JSSG-2009, JSSG-2010

• 군용 항공기 표준감항인증기준(방위사업청)

• 민간 항공기 규격
  - FAR-23, 25, 27, 29, KAS-23·25·27·29

• 미국자동차협회 규격
  - AIR 822, AIR 825

9.2.2 산소 장비와 공급에 관한 설계 요구 조건

(a) 산소 시스템에는 승무원이 각 공급원으로부터 가용한 산소량을 비행 중에 쉽게 확인할 수 있는 장치를 갖추어야 한다.

(b) 승무원용으로 연속공급형 산소 장비가 사용되는 경우, 인당 필요한 보조산소의 최저유량은 15ℓ/min, 최소한 기관지 내의 평균 산소 분압을 149mmHg 이상으로 유지할 수 있는 양이어야 한다.

(c) 승무원용으로 요구성 산소장비가 사용되는 경우, 인당 필요한 보조산소의 최저유량은 20ℓ/min, 객실 압력 고도 10670m(35000ft)까지는 최소한 기관지 내의 평균 산소 분압을 122mmHg 이상으로, 10670m(35000ft)에서 12200m(40000ft)에서는 95%까지 유지할 수 있는 양이어야 한다. 이에 부가하여 승무원이 희석하지 않은 산소를 임의대로 선택하여 사용할 수 있도록 해야 한다.

(d) 승객 및 객실 승무원에 대해 여러 가지 여압 고도에서 인당 필요한 보조산소의 최저

유량은 산소장비(마스크 포함)를 사용하고 호흡 중일 때 아래에서 정하는 기관지 내의 평균 산소 분압을 유지하기 위한 양보다 적지 않아야 한다.

(1) 여압 고도가 3050m(10000ft)에서 5640m(18500ft)까지는 15ℓ/min BTPS로 호흡하고 일정한 호흡간격에서 최대 1회 호흡량이 700cc일 때의 기관지 내 평균 산소 분압 100mmHg

(2) 여압 고도가 5640m(18500ft)에서 12200m(40000ft)까지는 30ℓ/min BTPS로 호흡하고 일정한 호흡 간격에서 최대 1회 호흡량이 1100cc일 때의 기관지 내 평균 산소 분압이 83.8mmHg

(e) 구급용 산소 공급장치를 사용하는 경우 각 사용자에게 공급되는 산소의 최저유량은 4ℓ/min STPD 이상이어야 한다. 단, 어떠한 여압 고도에서도 이 유량이 2ℓ/min STPD 이하까지 저하되지 않도록 하는 장치가 필요할 수도 있다. 구급용 산소로 필요한 양은 인당 평균 3ℓ/min를 기준으로 정한다.

(1) 근무 위치의 승무원을 위한 공급원과 승객 및 그 외의 승무원을 위한 공급원을 별도로 하여야 하거나,

(2) 공급원은 공통으로 만드나 근무 중의 승무원을 위한 최소공급량은 별도로 확보하여야 한다.

9.2.3 산소 공급장치의 설계 요구 조건

(a) 보조산소의 공급은 공급을 받는 사람별로 개별적으로 이루어져야 한다. 공급장치는 코와 입을 덮고 사용하는 중에 안면 위에 잡아둘 수 있어야 한다. 승무원용 마스크에는 통신장비를 사용할 수 있는 장치가 있어야 한다.

(b) 7620m(25000ft)까지의 비행고도에서의 운항 허가를 받고자 하는 비행기에는 승무원이 신속하게 접근하고 이용할 수 있는 위치에 산소 공급 단말장치 및 산소분배 장치를 두어야 한다. 다른 탑승자의 경우 해당 운용 규정의 요건에 따라 산소 공급 단말장치 및 산소분배 장치를 이용할 수 있는 위치에 두어야 한다.

(c) 7620m(25000ft) 이상의 비행고도에서의 운항 허가를 받고자 하는 비행기에는 다음 사항들을 충족하는 산소 공급장치를 탑재해야 한다.

(1) 비행기의 어느 좌석에서도 탑승자가 즉시 사용할 수 있는 산소 공급장치가 산소 공급 단말장치에 연결되어 있어야 하며, 화장실에는 최소한 두 조의 산소 공급장치가 산소 공급 단말장치에 연결되어 있어야 한다. 객실 내에 탑재한 산소 공급장

치의 총 수량은 총 좌석 수보다 최소한 10% 이상 많아야 한다. 잉여 장치는 객실 내에 될 수 있는 대로 고르게 분포시켜 두어야 한다. 9140m(30000ft) 이상의 비행고도에서의 운항 허가를 받고자 할 때는 여압 고도가 4570m(15000ft)를 초과하기 전에 필요한 산소 유량을 공급하는 공급장치가 자동으로 탑승자 앞으로 나오도록 해야 한다. 자동장치가 고장이 나는 경우 승무원이 즉각적으로 수동적인 방법으로 산소 공급장치를 가용상태로 만들 수 있게 하여야 한다.

(2) 근무 위치에 있는 승무원을 위해서는 신속히 착용할 수 있는 산소 공급장치, 산소 공급 단말장치에 연결되어 있어야 한다. 이러한 공급장치는 승무원이 착석한 상태에서 즉각적으로 사용할 수 있어야 하며, 다음 사항을 충족하도록 장착되어 있어야 한다.

(i) 안경을 건드리거나 비상 임무의 수행에 지연을 가져오지 않으면서 한 손으로 얼굴 위에 바로 놓아 적절히 고정하고 밀폐하여 5초 이내에 필요한 산소를 공급받을 수 있어야 한다.

(ii) 장착 중에도 통상적인 의사소통이 가능하여야 한다.

(3) 승무원을 위한 산소 공급장치는 다음 사항들을 충족해야 한다.

(i) 7,620m(25,000ft)까지의 고도에서 운항하는 항공기의 경우 희석형 또는 가압형(희석형 압력호흡 조절기가 달린 가압형 마스크) 형식 또는 동등한 수준의 방호효과를 보인다고 인증된 다른 형식의 산소 공급장치를 갖추어야 한다.

(ii) 10360m(34000ft) 이상의 여압 고도에서 운항하는 항공기의 경우 마스크에 조절기가 장착된 가압형(희석되는 압력 흡입 조절기를 가진 가압 마스크) 형식 또는 동등한 수준의 방호효과를 보인다고 인증된 다른 형식의 산소 공급장치를 갖추어야 한다.

(4) 휴대용 산소 공급장치는 객실 승무원이 즉시 사용할 수 있어야 한다.

9.3 기체 산소 계통

산소 가스(GOX)를 압축하여 가스 용기에 보관한 것으로, 충전 압력이 1200, 1800, 2,400psi의 것을 고압형, 300~425psi의 것을 저압형이라고 한다. 보통 압력은 온도와 관련 있기 때문에 70°F를 기준으로 한다. 고압 산소 용기는 충전 압력이 1,800psi 정도로, 표면은 녹색으로 칠해져 있으며, 높은 압력에 견딜 수 있도록 강한 재질로 만든다. 저압 산소 용기는 고압 산소 용기와 구분하기 위해 노란색으로 칠해져 있으며, 스테인리스강 또는 저합금강(low alloy steel)으로 만든다. 기체 산소 용기는 항공기의 축 방향에 대하여 직각이 되도록 기체 구조에 직접 장착시킨다. 탑승자의 후방에 항공기의 축 방향으로 장착할 때는, 산소 용기가 사고로 전방으로 튀어 나가는 것을 방지하는 장치가 필요하다.

용기 내의 고압 기체 산소는 차단 밸브를 지나 감압 밸브에서 약 400psi로 감압되고 압력 조절기에서 약 70psi로 다시 조절된 후에 흡입 장치에 공급된다. 산소 용기에는 산소 용기 내의 압력이 비정상적으로 높아지는 위험을 막기 위하여 압력 릴리프 밸브가 설치되어 있다. 산소를 방출하게 되면, 외부의 방출구에 부착된 녹색의 원판인 그린 디스크가 빠져나가게 되어 있어 항공기 밖에서 산소가 방출된 것을 확인할 수 있다. 또한, 산소를 공급하고 있을 때 산소의 온도 상승을 막기 위하여, 배관 내부에 온도 보정기를 장치하고 있다.

항공기가 이륙할 때 보유하는 산소의 양은 비행 계획이나 승객 수를 고려하여 법적으로 정해진 필요량으로 산출되며, 구급용 산소도 마찬가지로 고려해야 한다. 산소의 사용 가능한 압력 한계는 고압이나 저압 모두 완전 충전압의 약 10% 정도로서, 고압에서의 충전 최저 압력이 1,800psi라면 150psi 정도이고, 저압에서의 충전 압력이 400psi라면 50psi까지가 사용 압력이다. 이것은 용기 내의 산소가 완전히 방출하면 공기가 흡입되어, 다시 용기에 산소를 재충전하는 것이 불가능하기 때문이다. 따라서 이런 경우에는 용기를 교환하거나 정해진 절차에 따라 용기를 세척해야 한다.

9.4 액체 산소 계통

액체 산소 계통은 산소를 저온의 액체 상태로 저장하고 있다가 필요할 때 기화시켜 공급하는 방식이다. 기체 산소와 비교할 때 같은 체적의 용기에 약 5배 많은 산소를 저장할 수 있어서 산소통이 작아도 된다는 이점이 있는 반면에, 산소의 보급과 취급이 번거로워서 민간 항공기에서는 거의 사용하지 않고 있으며, 군용 항공기에서도 특수한 용도에만 사용된다. 대부분 전투기는 액체 산소(LOX) 탱크로부터 공급되는 산소가 마스크를 통해 공급된다. 1개 혹은 2개의 산소탱크가 탑재돼 있고 압력조절밸브를 통해 산소 공급이 되며, 조종사는 조절기를 통해 산소와 공기의 혼합 혹은 순수 산소를 선택해서 호흡할 수 있게 되어 있다. 2개의 1400리터 용량의 탱크는 35,000ft 고도에서 순항하는 경우 산소와 공기를 혼합해서 사용 시에는 최대 5시간, 100% 순수 산소를 사용하는 경우는 약 3시간 정도 사용할 수 있다.

산소는 −180°F 이하로 유지하여 액체 그대로 단열성이 우수한 용기에 보관한다. 매우 고밀도로 저장되어 있지만, 장시간의 보존이 어렵고 사용에 적합하도록 기화시켜야 한다. 액체 산소의 취급은 극저온이기 때문에 인체에 위험성이 있고, 기화에 의하여 이상 압력이 생길 때에는 특히 주의해야 한다. 취급을 더 쉽게 하도록 액체 산소가 들어 있는 용기 전체를 교환하는 방법이 이용되기도 한다.

조종석에 설치되어 있는 산소 계통의 가압 및 배출밸브 핸들(build-up and vent handle)을 'ON' 위치에 놓으면 용기의 압력이 상승하기 시작하여, 액체 산소는 **그림 9.2**와 같이 용기를 빠져나와 가압 코일을 통과하게 된다. 이때, 액체산소는 가압 코일을 지나는 동안 열을 흡수

그림 9.1 휴대용 기체 산소장치

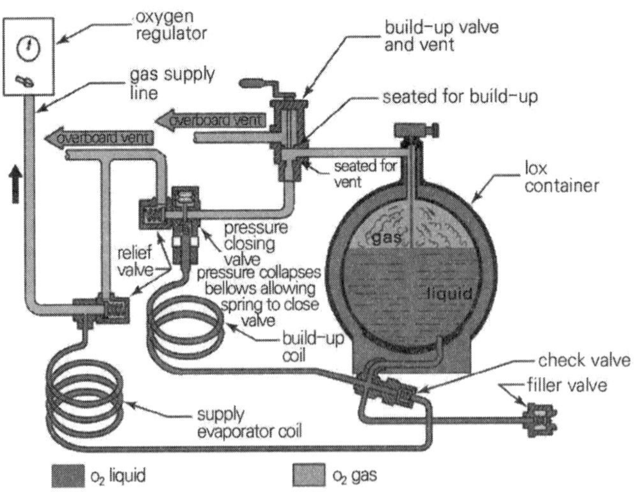

그림 9.2 액체 산소 공급장치

하게 되므로 기체 상태로 변한다. 가스 상태의 산소는 압력 폐쇄 밸브를 통하여 승압 및 벤트 밸브를 거쳐 다시 용기 속으로 들어가는데, 기체로 된 산소의 압력이 계통에서 요구되는 압력에 도달할 때까지 승압과정은 계속된다. 이렇게 되는 동안 용기 위쪽의 기체 산소 압력이 액체 산소에 힘을 가하게 되어, 액체 산소 쪽의 체크 밸브를 통과하여 기화 코일에 액체 산소를 공급시킨다. 기화 코일을 통과하면서 액체 산소는 완전히 기체화되어 공급된다.

9.5 고체 산소 계통

산소를 많이 함유한 고체 화합물(염산나트륨, 염소산칼륨 등)을 용기에 넣어두고, 부분적으로 가열하면 화학반응을 일으켜 산소 가스를 발생시킨다. 화합물도 안정되어 있고, 반응 후에 남는 것은 소금뿐이므로 해가 없다. 일단 화학반응을 시키면 반응이 종료할 때까지 멈출 수 없는데 이를 화학 산소 발생기라고도 한다.

그림 9.3을 보면, 금속 용기에 염산나트륨(N_aCIO_3)을 넣고, 중심부에는 부분적으로 가열시켜 화학반응을 일으키기 위한 점화 장치가 있다. 점화 장치에는 화약으로 된 신관을 쳐서 점화시키는 폭발식 점화 방식과 전기적으로 가열하여 점화시키는 전기식 점화 방식이 있다.

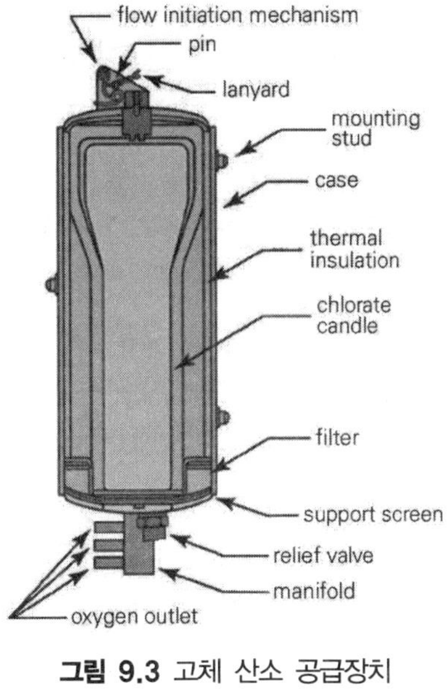

그림 9.3 고체 산소 공급장치

부분적으로 가열되면 화학반응이 시작되고, 반응열의 발생으로 화학반응이 지속되어 화학물질 전체가 반응이 종료될 때까지 계속된다. 산소가 분리된 후에는 식염과 같은 것이 남지만, 별로 해롭지는 않다. 이때의 화학 방정식은 다음과 같다.

$$2NaClO_3 + 2Fe \rightarrow 2NaCl + 2Fe + 3O_2$$

고체 산소 계통의 특징은 발생 산소의 압력이 70~100psi로 낮고, 설치할 때 배관이 불필요하며, 화학적으로 안정되어 있다는 것이다. 용기의 보존 기간은 이론적으로 영구적이지만, 유효 보존 기간은 10년으로 되어 있다. 사용하지 않을 때는 보급 및 교환할 필요가 없는 것이 다른 것에 비하여 유리하다. 그러나 화학반응이 진행되는 동안에는 용기 전체가 상당히 고온이기 때문에 주의해야 한다. 일단 용기 내에서 반응이 시작되면 도중에 멈출 수 없고, 작동 시험이 불가능하므로 신뢰성이 높은 장치를 갖추지 않으면 안 된다. 이 방식은 최근 민간 대형기의 승객용 보충 산소 공급장치에 많이 사용되는데, 용적이 작고 가벼워서 휴대형 구급용 산소 공급장치로도 사용된다.

9.6 OBOGS

최근까지도 비행 중에 산소를 공급하는 방법은 산소를 가스 형태로 저장하거나 액체산소 혹은 고체산소로 만들어 저장용기에 담아서 사용하는 방법이었다. 그러나 이런 방법들은 몇 가지 단점을 가지고 있다. 특히 공중 재급유가 가능한 군용기의 경우에는 가용한 산소량의 부족으로 비행시간에 제한을 줄 수 있고, 산소 탑재 장치의 중량이 무겁고 사용 후에는 보충해줘야 한다는 것이다. 이러한 단점들을 없애고 최근에 사용하기 시작한 첨단 방식은 군용기에 적용하는 방식으로 공기 중의 대부분을 차지하는 질소를 제올라이트(zeolite)라는 물질을 이용하여 걸러내어 산소만 추출하는 방식이다. **그림 9.4**에서 보듯이 이 방식의 원리는 공기 중의 분자들의 대부분이 산소분자보다 크다는 사실을 응용한 것으로 이 크기 차이를 이용하여 제올라이트 물질을 이용하여 산소만 걸러내서 사용하는 방식이다. 이 장비의 명칭은 OBOGS(On-Board Oxygen Generation System) 혹은 분자를 여과한다는 의미로서 MSOC (Molecular Sieve Oxygen Concentrators)라고도 불린다. 블리드 공기를 제올라이트로 채워진 컨테이너로 통과시키면 질소만 제올라이트에 흡착되고 산소와 아르곤이 포함된 가스가 추출된다. 이때 산소는 약 95% 정도이고, 아르곤은 인체에 영향을 주지 않는 물질이다. 시

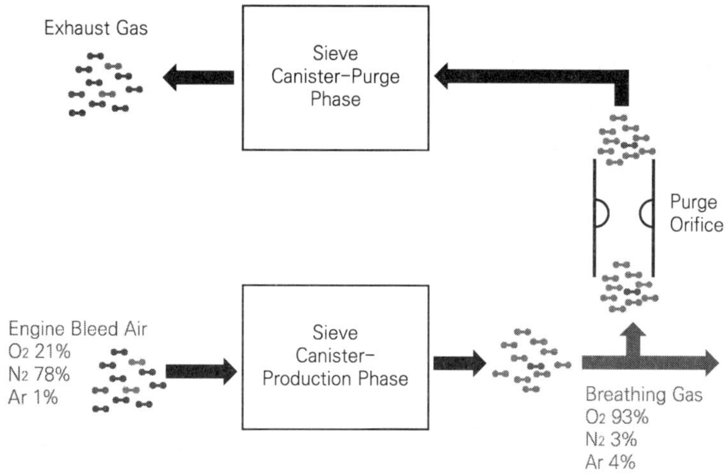

그림 9.4 OBOGS의 원리

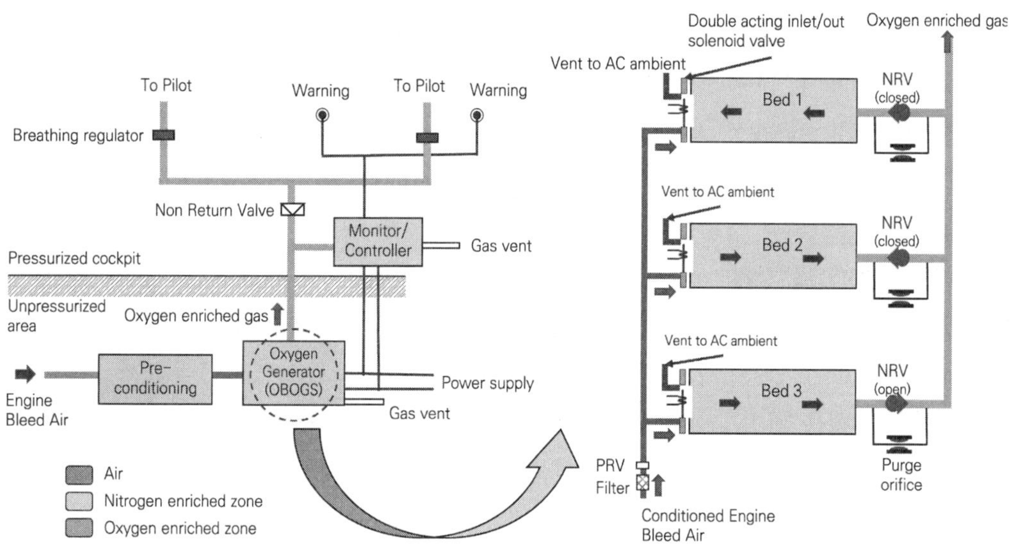

그림 9.5 OBOGS의 구조

간이 지나서 제올라이트에 흡착되는 질소가 포화상태가 되면 다른 컨테이너에서 같은 방식으로 산소를 만들어 내면서 기존의 컨테이너 질소는 외부로 방출시키게 된다.

이 방식은 블리드 공기를 이용하기 때문에 엔진이 정상 작동되는 동안에는 블리드 공기가 환경제어 시스템을 통해 공급되어 연속적으로 사용 가능하다는 것이다. 이 방식의 단점으로는 엔진 블리드 공기가 차단되면 더는 작동이 되지 않는다. 이런 경우를 대비해서 비상용 산소를 설치해야 한다. 현재 군용기용으로는 개발이 완료되어 많은 항공기에 적용되고 있으며 민간 항공기에도 적용 가능한 시스템이 개발되고 있다.

이 방식과 유사한 장치로는 OBIGGS를 들 수 있는데 공기 중의 산소를 제거한 나머지 부분에서 질소만 걸러내서 사용하는 장치이다. 이 질소는 연료탱크를 가압시키고 화재를 억제하도록 연료탱크로 보내진다.

고도 50,000ft 이상을 비행하는 군용기에서는 저산소증을 완화하기 위해 객실여압과 산소 장치를 적용하고 있다. 객실의 압력이 저하되는 경우엔 조종사가 될 수 있는 대로 신속하게 안전한 고도로 하강해야 한다. 고도 33,000ft까지 올라갈 때까지는 호흡 공기의 산소농도를 증가시킴으로써 폐(lung) 산소압력을 지상 수준으로 증가시킬 수 있다. 그러나 100% 순수 산소가 공급된다고 하더라도 폐 산소압력은 점차 낮아지게 될 것이다. 그러나 이 문제는 폐에 주위 압력보다 높은 압력을 준다면 해결할 수 있다. 즉, 가압식 호흡(positive pressure breathing)을 시키면 된다. 고도 40,000ft 이상에서는 신체 외부보다 상대적으로 폐의 압력이 증가하면 혈액순환에 아주 안 좋고 호흡하기가 힘들어진다. 고도 40,000ft 이상에서 가압식 호흡의 문제를 잠깐 해결해줄 수 있는 부분 여압복(partial pressure suits)을 착용할 수 있는데 이 복장은 신체 일부분에만 압력을 가하도록 설계되어 있다. 이 복장은 보통 압력헬멧(pressure helmet), 신체 몸통과 상반부 다리를 감싸주는 bladder garment로 구성되어 있다. 전여압복(pull pressure suits)은 신체의 전 부분을 가압시키는 복장이다. 이 복장은 고고도에서의 체공시간을 연장해 줄 수 있지만, 10분을 초과하는 경우 감압증(decompression sickness)이나 고고도의 저온에 노출 시 생기는 문제들을 반드시 극복해야만 한다.

전형적인 OBOGS 장치의 사례를 **그림 9.5**에 나타내었다. 그림의 사례는 2인승 항공기 사례로서 Honeywell Aerospace사의 제품을 보여주고 있다. 엔진 블리드 공기는 산소발생기(oxygen generator)로 들어가기 전에 약 70℃ 이하의 온도로 감소시키고, 되도록 모든 수분을 제거하는 과정을 거치게 된다. 또한 이 단계에서 수분뿐만 아니라 가능한 오염물질을 제거하는 필터를 통과시키게 된다. 또한 산소발생기로 유입되는 공기의 압력을 대략 35psig 정도로 감소시키는 감압 밸브가 설치되어 있다. 산소발생기는 산소가 풍부한 기체를 발생시키는 여러 개의 제올라이트(zeolite beds)로 구성되어 있다.

9.7 산소 공급 방법

산소를 공급하기 위한 기본 조건은 사람 폐 내부로 산소 공급이 되기 위해선 충분한 산소 분압이 있어야 한다. 만일 폐 속의 압력이 29.92in.Hg(inch of mercury)고 공기 중의 산소가 21%라면 산소의 분압은 21.92*0.21로 계산한 6.28in.Hg 이상이어야 폐 속으로 공급된다. 산소 분압을 높이기 위해선 공급되는 산소 비율을 증가시키는 방법과 공급 압력을 높이는 방법이 있다. 고도가 높아질수록 대기압이 낮고 산소량이 적기 때문에 충분한 산소 분압을 얻기 힘들어진다. 따라서 항공기의 비행고도와 상황에 맞춰 공급하는 방법도 함께 고려해야 한다. 산소의 공급 방법에는 연속 유량형, 요구 유량형, 압력형 세 가지로 나눌 수 있다.

- **연속 유량형**

연속 유량형은 호흡과 관계없이 연속적으로 공급하는 방식으로써 수동 및 자동조절기능에 의해 고도에 따른 산소압을 조절하여 공급하게 된다. 유량은 고도에 따라 필요한 산소 분압이 나오도록 자동 조절된다. 고도 25,000ft 이하에 사용된다.

- **요구 유량형**

요구 유량형은 호흡할 때만 산소가 공급되는 방식으로 산소와 공기를 적절하게 혼합하여 공급하거나 100% 순수 산소를 공급해줄 수 있다. 고도 25,000ft에서 40,000ft 사이에서 사용한다. 객실고도(cabin altitude)에 맞춰 필요 산소 분압을 맞추기 위해 희석식과 100% 산소를 공급하는 방식이 있다.

- **압력형**

압력형은 고고도에서 산소 분압이 충분하지 않을 때 압력을 가해 공급하는 방식으로 폐 내·외부의 압력 차이로 인해 특별한 호흡 훈련이 필요하다. 객실고도가 35,000ft 이상이면 100% 산소를 공급해도 충분한 산소 분압이 나오지 않는다. 그래서 산소 분압을 유지하는데 필요한 압력을 산소마스크에 공급한다. 이 방식은 폐의 내·외부 압력 차이가 반대로 되어 내부 압력이 높아서 특별한 호흡 훈련이 필요하다. 압력형은 40,000ft 이상의 고도로 올라가는 군용기에서 주로 사용한다.

그림 9.6은 산소 공급 방법을 나타낸 그림으로써 연속유량 공급 방법, 요구 유량형 방법과 공기와 희석 혹은 100% 산소를 공급하는 모든 기능이 가능하다. 우선 왼쪽에 있는 산소 선택 밸브 레버를 이용하여 'normal'로 놓으면 산소와 공기가 혼합되어 공급되는데 왼쪽에 있는 inlet air cover를 통해 들어오는 공기와 오른쪽 아래의 산소 흡입구(oxygen inlet)를 통해 들어오는 산소가 혼합된다. 저고도에서는 외부 압력이 높아 demand diaphram 오른쪽에 작용하는 외부 압력이 왼쪽의 압력보다 높아 diaphram이 왼쪽으로 밀리면서 demand valve가 닫힌다. 이때 demand valve를 거쳐 들어오는 산소는 막히게 되고 객실 공기만 공급된다. 고고도에서는 압력이 낮아 벨로(bellow)가 팽창하면서 air metering valve를 왼쪽으로 이동

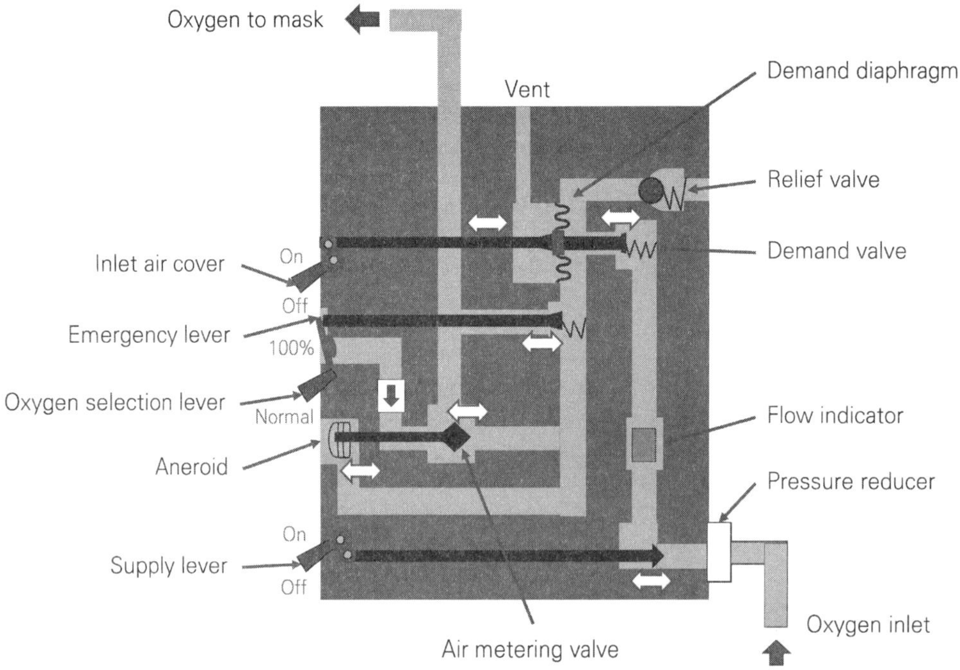

그림 9.6 희석 요구 산소 유량 조절기(diluter demand flow regulator)

시켜 객실 공기를 차단하고 산소를 공급하게 된다. 만일 산소 선택 밸브 레버를 '100%'로 놓으면 inlet air cover가 닫히고 100% 산소만 공급된다.

왼쪽의 비상용 레버는 'normal'로 놓으면 호흡 시에만 산소 공급이 되는데 마스크를 통해 호흡하면 낮아진 내부 압력이 demand diaphram 우측에 작용하여 diaphram을 왼쪽으로 밀면서 demand valve가 열리게 된다. 또한 'emergency'로 레버와 연결된 demand valve를 오른쪽으로 이동시켜 열면 산소가 연속으로 공급된다.

Lever	ON/OFF	Supply
Oxygen selection lever	Normal	Oxygen + Air
	100%	Oxygen
Emergency lever	Normal	Oxygen when Breathing
	Emergency	Continuous Oxygen

9.8 항공기 산소 시스템 사례

그림 9.7은 객실로 공급하는 민간 항공기 산소 공급장치의 사례이다. 기체로 저장된 산소는 압력조절을 하여 조종사와 객실로 공급할 수 있다. 반드시 flow indicator, pressure gauge가 설치되어야 하며 조종사의 산소마스크에는 통신을 위한 마스크를 설치해야 한다. 또한 필요시에 마스크를 빠르고 쉽게 연결하기 위해 quick disconnector로 연결하도록 해야 한다.

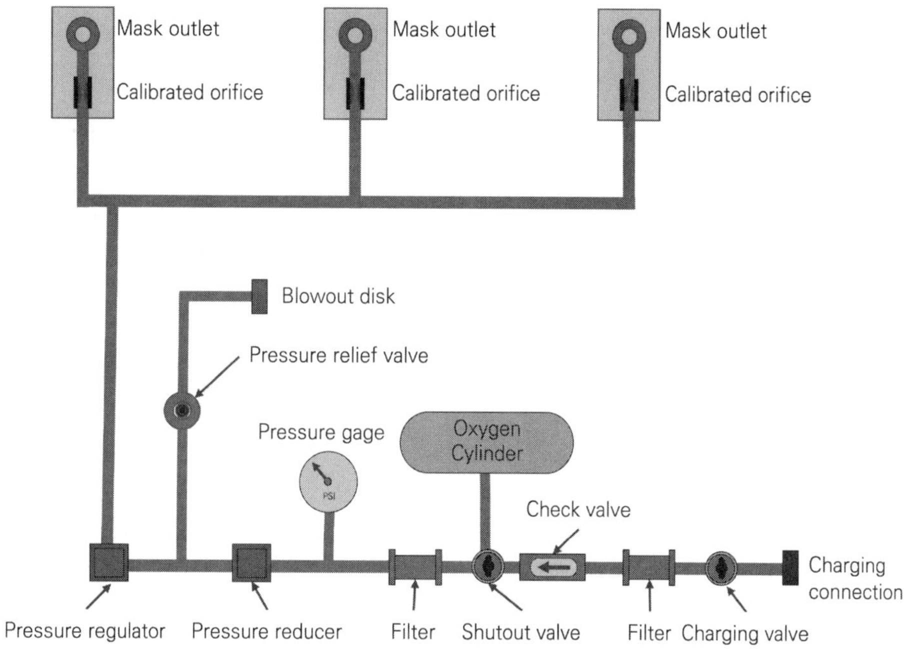

그림 9.7 객실 산소 공급장치 사례

10

착륙 시스템
(landing gear systems)

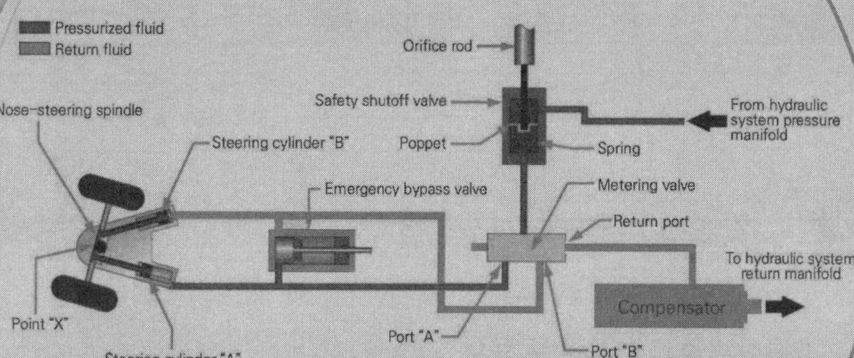

10.1 개요

항공기 착륙장치는 이륙하거나 착륙할 때, 지상에서 무게를 지탱하는 목적 이외에도 항공기를 제동하기 위한 제동계통(Brake System)과 지상 이동 시 방향 전환에 필요한 조향장치(Steering System) 등으로 구성된다. 지상에서 원활한 이동을 위해 바퀴가 사용되고, 헬리콥터, 벌룬(Balloon)에서 볼 수 있는 스키드(Skid) 형태와 고정익 항공기에서도 눈 및 결빙된 지역에 사용할 수 있는 스키(Ski) 형태의 착륙장치, 그리고 수상 비행기가 호수, 바다와 같은 곳에 착륙하기 위한 플로트(Float) 착륙장치가 있으며, 수륙 양용 비행기에서 플로트와 바퀴(Wheel)를 장착한 형태 등이 있다.

그림 10.1 착륙장치의 종류

10.2 착륙장치 설계 요구 조건

10.2.1 착륙장치 주요 설계 기준 문서

항공기 착륙장치의 설계, 제작, 시험평가를 할 때는 아래와 같은 문서들을 기준으로 한다.

• 미국 군사 규격
  - MIL-L-87139, MS26566, MIL-J-26016, MS24453, MIL-A-8862, MIL-S-8698, MIL-L-8552, MIL-T-6053, ADS 29, AR 56, JSSG-2009
• 군용 항공기 표준감항인증기준(방위사업청)
• 민간 항공기 규격
  - FAR-23, 25, 27, 29, KAS-23·25·27·29

10.2.2 착륙장치의 설계 요구 조건

항공기 인증과 관련된 KAS part 25에 언급된 착륙장치의 설계 요구 조건은 아래와 같다.

• 일반

(a) 주착륙장치는 이착륙시의 과부하(상방향 및 후방향에 작용하는 과부하를 가정)에 의해 손상되는 경우 다음을 유발하지 않도록 설계하여야 한다.

(1) 조종사 좌석을 제외한 승객 정원이 9인 이하인 비행기의 경우 기체 내부의 모든 연료계통에서 충분한 연료누출이 있을 때 화재발생.

(2) 조종사 좌석을 제외한 승객 정원이 10인 이상인 비행기의 경우 모든 연료계통에서 충분한 연료누출이 있을 때 화재발생.

(b) 조종사 좌석을 제외한 승객 정원이 10인 이상인 비행기의 경우 하나나 혹은 그 이상의 착륙장치가 펴지지 않은 상태로도 화재를 유발하는 충분한 연료누출이 발생할 수 있는 구조부위의 파손 없이 비행기가 포장된 활주로에 착륙할 수 있도록 설계되어야 한다.

(c) 이 절의 기준에 적합함은 분석이나 시험 또는 두 가지 모두를 사용하여 입증하여야 한다.

• 인입장치(Retracting mechanism)

(a) 일반: 인입식 착륙장치를 가진 비행기는 다음 사항이 적용된다.

(1) 착륙장치 인입장치, 착륙장치 바퀴집 및 그 지지구조는 다음 i)항에서 iii)항까지의 하중을 고려하여 설계하여야 한다.

(i) 착륙장치가 접힌 위치에 있을 때, 비행상태에서 발생하는 하중

(ii) 1.6VS1(설계착륙중량으로 플랩은 진입 위치)까지의 모든 비행속도에 있어서 착륙장치를 올림과 내림으로 발생하는 하중과 차륜이 1.3Vs(설계착륙중량으로 플랩은 진입위치)와 동일한 속도로 회전하기 때문에 생기는 마찰하중, 관

성하중, 제동장치 비틀림 하중, 공기하중 및 회전하중을 조합한 하중

(iii) 플랩을 내린 상태에서 25.345(a)항에서 규정하는 하중계수까지의 하중

(2) 착륙장치, 인입장치 및 착륙장치 바퀴집을 포함한 비행기의 구조는 0.67Vc까지의 모든 비행속도에서 착륙장치를 내릴 때 발생하는 비행하중에 견디도록 설계하여야 한다. 단, 해당 속도로 비행 중에 비행기를 감속하기 위한 다른 수단이 있는 비행기에는 적용되지 않는다.

(3) 착륙장치 바퀴집 및 그 작동장치와 그것들을 지지하는 구조는 상기 (1)항 및 (2)항에서 규정하는 비행속도와 하중계수, 그리고 해당 비행기에 인가되는 요우 기동을 고려하여 설계하여야 한다.

(b) 착륙장치의 잠금: 비행 중이나 지상에 있을 때 착륙장치를 내린 상태로 유지하는 확실한 수단이 있어야 한다.

(c) 비상조작: 다음의 (1)항 또는 (2)항의 고장이 생긴 경우에도 착륙장치를 내리기 위한 비상조작 수단이 있어야 한다.

(1) 인입장치 계통에서 통상적으로 발생할 수 있는 고장

(2) 유압, 전기 또는 그것과 동등한 동력원중 한 개의 고장

(d) 작동시험: 인입장치의 적절한 기능성을 작동시험으로 증명하여야 한다.

(e) 위치 표시기 및 경보장치: 인입장치를 가진 비행기는 바퀴위치 표시기(표시기를 작동시키기 위해 필요한 스위치 포함) 또는 착륙장치가 내림(또는 올림)의 위치로 고정된 것을 조종사에게 알려주는 장치가 있어야 하며, 이 장치는 다음 기준에 따라 설계하여야 한다.

(1) 스위치가 사용되는 경우에는 착륙장치가 완전히 내려지지 않았을 때 「내린 상태로 고정됨」, 또는 착륙장치가 완전히 접히지 않았을 때 「올린 상태로 고정됨」 과 같은 잘못된 표시를 하지 않도록 착륙장치의 기계적인 계통에 배치하고 연결하여야 한다. 스위치는 실제 착륙장치의 잠금걸쇠나 잠금장치에 의해 작동되는 곳에 배치할 수 있다.

(2) 착륙장치가 내린 상태로 고정되지 않았을 때 착륙을 시도하면 계속해서 또는 주기적으로 반복해서 운항승무원에게 청각적인 경고를 주어야 한다.

(3) 경고는 착륙을 포기하고 재 상승하거나 착륙장치가 고정될 때까지 충분한 시간 동안 계속되어야 한다.

(4) 상기 (2)항에서 규정된 경고는 운항승무원이 본능적으로 부주의한 조작이나 습관적인 행동 등에 의해 인위적으로 차단하는 수단이 없어야 한다.

(5) 청각신호를 발생하는 장치는 오작동이나 결함이 없도록 설계하여야 한다.

(6) 경고장치의 작동을 방해할 수 있거나 착륙장치 청각경고를 못하게 하는 계통들의 결함은 발생하지 않아야 한다.

(f) 바퀴집 내부의 장비 보호: 비행기의 안전한 운항에 필수적인 장비품이 바퀴집에 위치하였다면, 다음과 같은 손상효과로부터 보호되어야 한다.

(1) 과열에 의해서는 타이어가 파열되지 않음이 입증되지 않은 경우: 타이어 파열

(2) 벗겨진 스레드에 의해서는 손상되지 않음이 입증되지 않는 경우: 타이어 스레드 손실

• **차륜**(Wheel)

(a) 각각의 주륜(主輪)과 전륜(前輪)은 승인된 것이어야 한다.

(b) 아래의 상태에서 각 차륜의 정격 최대 정하중은 정적 지면반력 이상이어야 한다.

(1) 설계최대중량 상태

(2) 임계중량중심 상태

(c) 각 차륜의 정격 최대 제한하중은, 적용되는 기술기준 part 25의 지상하중 요구 조건으로 결정된 방사선방향의 최대 제한하중 이상이어야 한다.

(d) 과압으로 인한 파열방지: 차륜 및 타이어 조립체에 대한 과도한 압력으로 인하여 생길 수 있는 차륜결함 및 타이어 파열을 방지할 수 있는 장치가 각 차륜에 대하여 있어야 한다.

(e) 제동차륜: 각 제동차륜은 25.735항의 적용규정을 만족하여야 한다.

• **타이어**

(a) 착륙장치 축에 한 개의 차륜 및 타이어가 장착되어 있는 경우, 다음과 같을 때 승인된 정격하중을 초과하지 않고 임계조건에서 승인된 정격속도를 초과하지 않는 적절한 타이어를 차륜에 장착하여야 한다.

(1) 주륜 타이어는 비행기중량(최대중량까지) 및 중량중심위치가 가장 불리한 조합일 때의 하중

(2) 전륜 타이어는 (b)(1)항에서 규정하는 지면반력에 상당하는 하중

(b) 전륜 타이어에 적용되는 지면반력은 다음과 같이 규정된다.

(1) 비행기 중량(최대 주기장 중량까지) 및 중량중심위치가 가장 불리한 조합이고, 중량중심에 1.0g의 힘을 아래방향으로 가할 때, 타이어의 정적인 지면반력. 이 하중이 타이어 정격하중을 초과하지 않아야 한다.

(2) 비행기 중량(최대 착륙중량까지) 및 중량중심위치가 가장 불리한 조합이고, 중량

중심에 아래방향으로 1.0g의 힘과 전방으로 0.31g인 힘을 가할 때, 타이어의 지면반력: 이 경우 반력은 정역학 법칙에 의해 이러한 지면 반작용을 발생할 수 있는 제동장치를 가진 각 차륜에서 수직하중의 0.31배인 항력 반작용이 전륜과 주륜에 분배되어야 한다. 이러한 전륜 타이어 하중은 타이어 정격하중의 1.5배를 초과하지 않아야 한다.

(3) 비행기 중량(최대 주기장 중량까지) 및 중량중심위치가 가장 불리한 조합이고, 중량중심에 아래방향으로 1.0g의 힘과 전방으로 0.20g인 힘을 가할 때, 타이어의 지면반력: 이 경우 반력은 정역학 법칙에 의해 이러한 지면 반작용을 발생할 수 있는 제동장치를 가진 각 차륜에서 수직하중의 0.20배인 항력 반작용이 전륜과 주륜에 분배되어야 한다. 이러한 전륜 타이어 하중은 타이어 정격하중의 1.5배를 초과하지 않아야 한다.

(c) 이중식 또는 이중복식과 같이 착륙장치 축에 한 개 이상의 차륜 및 타이어가 장착되어 있는 경우, 다음과 같을 때 승인된 정격하중을 초과하지 않고 임계조건에서 승인된 정격속도를 초과하지 않는 적절한 타이어를 차륜에 장착하여야 한다.

(1) 각 주륜 타이어는 (a)(1)항에서 규정하는 하중의 1.07배

(2) 각 전륜 타이어는 (a)(2)항, (b)(1)항, (b)(2)항 및 (b)(3)항에서 규정한 하중

(d) 인입식 착륙장치에 장착한 각각의 타이어는 사용 중 예상되는 해당 형식의 최대 크기에서 타이어와 주변의 구조 또는 계통이 접촉하지 않도록 주위의 구조 및 계통들과 충분한 간격이 있어야 한다.

(e) 승인된 최대이륙중량이 34,000kg(75,000lbs)를 초과하는 비행기의 경우, 제동장치가 있는 차륜에 장착되는 타이어는 건조한 질소 또는 불활성임이 입증된 다른 기체로 충진시켜야 하며, 이때 타이어 내의 혼합기체에 포함된 산소의 체적비율은 5% 이하가 되어야 한다. 단, 타이어가 열을 받더라도 내부 재질이 휘발성 기체를 생성하지 않거나, 타이어의 온도에 의해 불안전한 상태가 발생하지 않는 수단이 있음이 입증된 경우에는 해당되지 않는다.

• **제동장치 및 제동계통**

(a) 승인: 차륜 및 제동장치로 구성되는 각 조립체는 승인을 받은 것이어야 한다.

(b) 제동계통 용량: 제동계통 및 그 관련 계통과 구성품은 다음을 만족하도록 설계하고 제작하여야 한다.

(1) 전기식, 공압식, 유압식 또는 기계식 연결요소나 전달요소에 결함이 발생하는 경우 또는 하나의 유압원 혹은 기타 제동장치를 구동하도록 에너지를 공급하는 공

급원을 상실한 경우에 25.125항에서 정해지는 착륙거리의 2배 미만인 제동 롤 정지거리에서 비행기가 멈출 수 있어야 한다.

(2) 제동장치나 그 부근에서 결함이 발생한 후에 제동유압계통의 유체 손실은 지상에서나 비행 중에 위험한 화재를 일으키거나 지속하게 하는 정도의 양이 되지 말아야 한다.

(c) 제동장치의 조작: 제동장치의 조작은 다음을 만족하도록 설계하고 제작하여야 한다.

(1) 조작 시 과도한 조작력을 요구하지 않을 것.

(2) 자동제동계통이 장착되어 있다면 다음과 같은 장치가 있어야 한다.

(i) 해당 계통을 작동시키고 작동해제 시키는 장치

(ii) 조종사가 수동 제동장치를 사용하여 자동제동계통의 작동을 멈출 수 있는 장치

(d) 주차 제동장치: 한 개 엔진은 최대추력 상태이고 나머지 엔진 하나 혹은 모두가 지상에서 최대 공회전 추력인 상태가 가장 위험한 상태로 상호 조합되었을 때 비행기는 건조하고 편평한 포장 활주로에서 구르는 것을 방지할 수 있도록 주차 제동장치를 가지고 있어야 한다. 주차 제동장치는 조작장치를 주차 위치로 놓았을 때 추가적인 조작이 없어도 구름을 방지할 수 있어야 한다.

(e) 미끄럼 방지계통: 미끄럼 방지계통을 장착한 경우에는 다음을 만족하여야 한다.

(1) 추가 조작 없이도 예상되는 모든 활주로 상태에서 원활하게 작동하여야 한다.

(2) 자동제동계통이 장착된 경우에 항상 이에 우선하여 작동하여야 한다.

(f) 운동에너지 용량

(1) 설계착륙정지: 설계착륙정지는 최대착륙중량에서의 착륙정지를 의미한다. 각 차륜, 제동장치 및 타이어 조립체에 대해서 설계착륙정지 시의 제동 운동에너지 흡수 요건을 결정하여야 한다. 제동장치에 대해 정해진 마모범위에 걸쳐서 운동 에너지 수준보다 작지 않은 흡수 능력을 차륜, 제동장치 및 타이어 조립체가 가지고 있음을 동력계 시험으로서 실증하여야 한다. 비행기 제조업체의 제동 요구 조건으로부터 산출한 에너지 흡수율이 만족되어야 한다. 평균 감속은 $3m/sec^2(10ft/sec^2)$보다 작지 말아야 한다.

(2) 최대 운동에너지 가속-정지: 최대 운동에너지 가속–정지는 비행기의 이륙중량과 속도가 가장 치명적인 상태로 조합되어 있을 때의 이륙단념을 의미한다. 각 차륜, 제동장치 및 타이어 조립체에 대해 가속-정지 제동 운동에너지 흡수 요건을 결정하여야 한다. 제동장치에 대해 정해진 마모범위에 걸쳐서 운동 에너지 수준보다 작지 않은 흡수 능력을 차륜, 제동장치 및 타이어 조립체가 가지고 있음을

동력계 시험으로서 실증하여야 한다. 비행기 제조업체의 제동 요구 조건으로부터 산출한 에너지 흡수율이 만족되어야 한다. 평균 감속은 1.8m/sec^2(6ft/sec^2)보다 작지 말아야 한다.

(3) 가장 엄격한 착륙정지: 가장 엄격한 착륙정지는 비행기의 착륙중량과 속도가 가장 치명적인 상태로 조합되어 있을 때의 정지를 의미한다. 각 차륜, 제동장치 및 타이어 조립체에 대해 가장 엄격한 착륙정지 제동 운동에너지 흡수 요건을 결정하여야 한다. 제동장치의 열 싱크가 완전히 마모되는 한계로 정해진 값에서 운동에너지 수준보다 작지 않은 흡수 능력을 차륜, 제동장치 및 타이어 조립체가 가지고 있음을 동력계 시험으로서 실증하여야 한다. 가장 엄격한 착륙정지는 발생 가능성이 아주 없는 결함 상태에 대해서 또는 최대 운동에너지 가속-정지 에너지가 더 엄격한 경우에는 고려할 필요가 없다.

(g) 고 운동 에너지 동력계 정지 후의 제동장치 조건: (f)항에서 요구하는 고 운동 에너지 정지에 대한 실증에 이어, 3분 동안 주차 제동장치가 즉시 그리고 완전히 작동할 때 주차 제동장치를 적용하고 최소 5분간 타이어나 차륜 및 제동장치 조립체에 대한 화재를 포함하여 비행기의 안전과 완전한 탈출을 저해할 수 있는 어떠한 상태도 발생하지 않음을(또는 정지 중에 발생하지 않음을) 실증하여야 한다.

(h) 저장 에너지 계통: (b)(1)항의 규정에 적합함을 입증하기 위하여 저장 에너지 계통을 사용하는 경우에는 사용 가능한 저장 에너지를 비행 승무원에게 지시하여 주는 장치가 있어야 한다. 사용 가능한 저장 에너지는 다음의 조항을 실행하기에 충분한 양이어야 한다.

(1) 미끄럼 방지 계통이 작동하지 않을 때 최소 6개의 제동장치를 완전히 작동시켜야 한다.

(2) 비행기운용을 인가 받은 모든 활주로 표면 조건에서 미끄럼 방지 계통이 작동할 때 비행기를 완전히 정지시킬 수 있어야 한다.

(i) 제동장치 마모 지시계: 열 싱크가 허용 가능한 한계까지 마모되었을 때 각 제동장치 조립체에 이를 지시하여 주는 장치가 있어야 한다. 이 장치는 신뢰성이 있고 쉽게 볼 수 있는 것이어야 한다.

(j) 과열 파열 방지: 제동장치 온도 상승으로 인한 차륜의 결함, 타이어 파열 또는 이 모두를 방지할 수 있는 장치가 각 제동 차륜에 있어야 한다. 또한 모든 차륜은 25.731(d)항의 요건을 만족하여야 한다.

(k) 호환성: 비행기 및 해당 계통과의 차륜 및 제동장치 조립체 호환성이 실증되어야 한다.

10.2.3 착륙장치의 주요 설계업무

설계 분야	설계 업무
1. 하중·성능 분석하기	1-1. 착륙장치 정적 및 동적 하중 분석과 충격흡수 성능 분석 1-2. 항공기 감항인증 요구도 분석 1-3. 항공기 운용에 따른 피로하중 스펙트럼 도출 1-4. 착륙장치 조향 및 제동거동과 접개성능 분석
2. 설계 요구도 분석	2-1. 착륙 침하율 및 지상 감속도 요구도 분석 2-2. 기동력 및 공력에 따른 항공기 영향 분석 2-3. 접개 및 펼침 요구도와 최대 지상 반발력 분석 2-4. 주요 부품의 감하인증 요구도 분석
3. 부품선정·구성도 작성하기	3-1. 착륙장치 세부계통 구성 및 구성품 기능과 성능 파악 3-2. 임무 비행 프로파일에 따른 부품 수명 분석 3-3. 착륙장치 구성품의 국내·외 기술수준 파악

10.3 착륙장치의 구조

10.3.1 주 착륙장치

주 착륙장치(main landing gear)는 항공기 착륙 시 충격하중을 대부분 흡수하고 지상에서 항공기 무게를 주로 지탱하는 장치이다. 경비행기에서는 고정식을 주로 사용하며 현대의 대부분 항공기에서는 비행 중 공기 저항을 감소하기 위한 접이식(retraction과 extraction system)을 채택하고 있다.

- **완충 스트럿**

  완충 스트럿(shock strut)은 항공기 무게를 지지하는 주요 부재이며 이륙과 착륙 시에 충격 흡수를 위한 실린더 구조로 되어 있다. 대부분 올레오(oleo) 완충 장치가 있다.

- **드래그 스트럿과 사이드 스트럿**

  드래그 스트럿(drag strut)은 완충 스트럿의 전후 움직임을 지지하는 역할을 하며, 사이드 스트럿(side strut)은 완충 스트럿의 좌우 움직임을 지지하는 역할을 한다. 드래그 스트럿과 사이드 스트럿은 펼쳐진 상태에서 접히지 않도록 잠금 역할을 하고 접힐 경우는 관절처럼 꺾여 완충 스트럿이 접힐 수 있도록 도와준다.

• 트러니언

트러니언(trunnion)은 항공기 동체 구조물에 착륙 장치를 장착하는 부위이다. 트러니언의 양 끝은 베어링으로 되어 있어 착륙장치가 접히거나 펼쳐질 때 피벗(pivot) 역할을 한다.

• 토션 링크

토션 링크(torsion link, torque link)는 중앙 연결 부위가 힌지 축으로 되어 있다. 위 토션 링크는 완충 스트럿의 외부 실린더와 체결되어 있고 아래 토션 링크는 완충 스트럿의 내부 실린더와 체결되어 있다.

10.3.2 전방 착륙장치

주 착륙장치에 비해 구조가 단순한 전방 착륙장치(nose landing gear)는 착륙 중에 충격 흡수 및 지상에서 항공기 무게를 일부 지탱하고 있으며, 항공기가 지상에서 활주 중 항공기

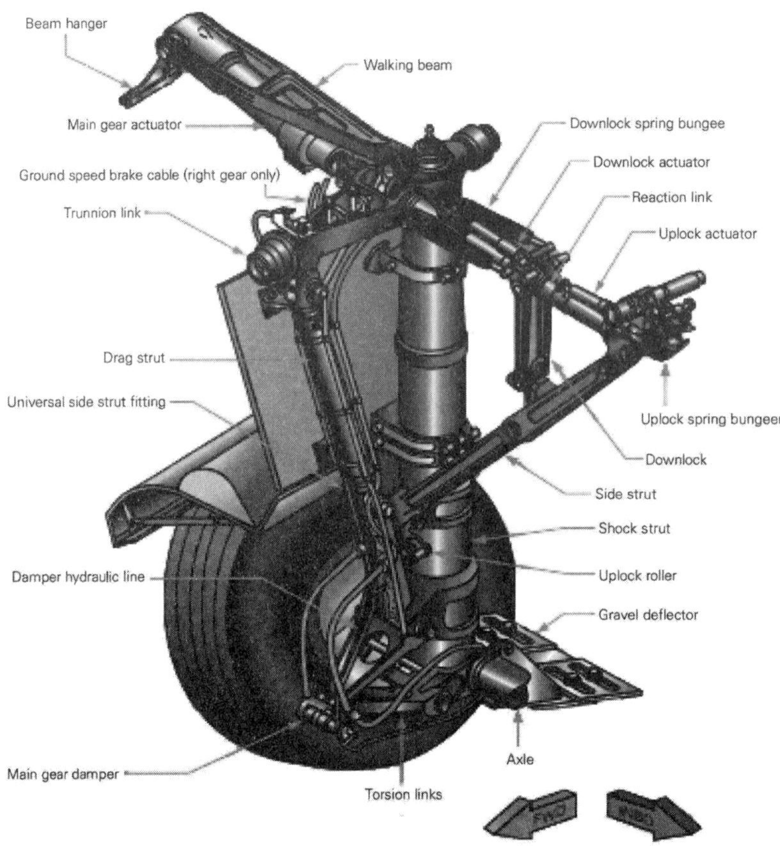

그림 10.2 착륙장치 구성

의 방향을 치를 가지고 있다.

- **시미 댐퍼**

  시미란 앞 착륙장치에 항공기가 지상 활주 중 지면과 타이어 사이의 마찰에 의해 타이어 밑면의 가로축 방향의 변형과 바퀴의 선회축 둘레의 진동과의 합성된 진동으로 앞 착륙장치가 좌우 방향으로 진동하는 현상이다. 시미 현상을 감쇠, 방지하기 위해서 시미 댐퍼(shimmy damper)가 있으며, 시미 댐퍼는 완충 장치의 실린더와 연결되어 있다.

- **조향장치**

  조향장치(steering system)는 지상에서 항공기의 진행 방향을 바꾸는 장치로 일반적으로 전방 착륙장치(nose landing gear)가 담당한다.

10.4 착륙장치의 종류

10.4.1 착륙장치의 배열에 따른 종류

착륙장치의 배열(landing gear arrangement) 형태에 따라 후륜식 착륙장치, 전륜식 착륙장치, 종렬식 착륙장치의 세 가지 종류가 있다.

10.4.1.1 후륜식 착륙장치

후륜식 착륙장치(tail wheel type landing gear)는 초기의 항공기가 이 배열(arrangement)을 주로 사용했기 때문에 전통적인 기어로서 알려져 있다. 두 개의 주 착륙장치가 항공기 무게 중심의 앞쪽에 있고, 작은 바퀴나 스키드가 장착된 후방 착륙장치로 되어 있다.

이 방식의 장점은 몇 가지가 있는데, 주 착륙장치가 무게 중심 앞쪽에 있어 후방 착륙장치는 항공기 무게의 작은 부분만 지지하므로 구조가 간단하여 무게 감소와 유해항력(parasitic drag)을 줄일 수 있다. 동체 전방이 들려서 생기는 여유 공간은 포장되지 않은 불균일한 활주로에서도 기체 손상 없이 사용할 수 있다. 기체 구조 하중의 배분이 노면이 거친 활주로에서도 오래 운용할 수 있다.

단점으로는 급격한 브레이크 조작을 하면 동체 꼬리 쪽이 들려 프로펠러가 지면을 치는 nose-over 현상이 발생하기 쉽다. 전방 시야가 좋지 않아 전방을 주시하기 위해 때때로 s자

활주를 해야 할 수도 있다. 지면에서 기수를 드는 형상으로 프로펠러의 P-factor 영향이 크다. P-factor는 아래로 내려가는 쪽의 프로펠러 받음각이 더 커지는 현상으로 자이로의 세차성 효과가 나올 수 있다. 그리고 강풍이 부는 조건에서 한쪽 날개의 받음각이 커지기 쉬워 양력의 비대칭으로 제어하기 힘든 상황이 발생할 수 있다. 또한 활주 중에 교란으로 인해 기수가 틀어지면 바퀴의 제동력과 관성력에 의한 모멘트 방향이 불안정한 상태를 만들어 기수가 더욱 틀어지는 현상을 만들 수 있다.

10.4.1.2 전륜식 착륙장치

가장 일반적으로 사용하는 착륙장치(landing gear)의 배열은 전륜식 착륙장치(tricycle-type landing gear)이다. 이 방식은 두 개 이상의 바퀴가 있는 주 착륙장치(main gear)와 하나의 전방 착륙장치(nose gear)로 이루어져 있다. 주 착륙장치는 항공기 무게 중심보다 약간 뒤쪽에 있다. 전륜식 착륙장치는 다음의 장점이 있어 대부분 대형 항공기와 소형 항공기에 사용된다.

- 빠른 착륙속도(landing speed)에서 제동 시 전복 위험 없이 큰 제동력을 사용할 수 있다.
- 착륙 및 지상 이동 시 조종사의 시계가 좋다.
- 항공기의 무게 중심이 주 착륙장치의 앞에 있어서 착륙 활주 중 그라운드 루핑(ground-looping)의 위험이 없다.
- 무게 중심이 주 착륙장치의 앞쪽에 있어 활주 중에 교란이 생기면 제동력과 관성력에 의한 모멘트 방향이 기수를 원래 상태로 되돌리려는 안정한 상태를 가진다.

전륜식 착륙장치 배열에서 주 착륙장치는 보강된 날개구조 또는 동체 구조에 부착된다. 주 착륙장치에서 바퀴의 수와 위치는 다양하며, 대부분 주 착륙장치는 두 개 이상의 바퀴를 가지고 있다. 다수의 바퀴는 항공기 무게를 분산 지지하며, 만약 한 개의 타이어가 손상되어도 안전여유(safe margin)를 갖는다. 무거운 대형 항공기는 각각의 주 착륙장치에 4개 이상의 바퀴 어셈블리를 사용하며, 두 개 이상의 바퀴가 착륙장치 버팀대(landing gear strut)에 부착됐을 때, 이 착륙장치를 보기(Bogie)라고 부른다. 전륜식 착륙장치는 많은 부품과 조립품으로 이루어진다. 이들은 공기·오일 완충 버팀대(air/oil shock strut), 기어 정렬 장치(gear alignment unit), 지지대, 접개들이 및 안전장치(retraction and safety device), 바퀴 또는 브레이크 어셈블리 등을 포함한다.

10.4.1.3 종렬식 착륙장치

일부의 항공기는 종렬식 착륙장치(tandem landing gear)를 사용한다. 명칭에서 암시하듯이 이 형태의 착륙장치는 항공기 세로축(longitudinal axis)에 주 착륙장치와 후방 착륙장치를 가지고 있다. 고성능 활공기(sailplane)는 일반적으로 종렬식 착륙장치를 사용한다. B-47과 B-52와 U2 정찰기 같은 일부의 군용기는 종렬식 착륙장치를 갖추고 있다. 수직이착륙기(VTOL, vertical take off and landing)인 Harrier는 종렬식 착륙장치를 갖추고 있지만, 날개 아래쪽에 날개를 받치는 지주기어(outrigger gear)를 사용한다.

10.4.2 고정식과 접이식 착륙장치

항공기 착륙장치의 장착 방법에 따라 두 가지로 분류할 수 있는데, 고정식(fixed)과 접이식(retractable)이다. 많은 소형, 단발경항공기(single-engine light aircraft)는 일부의 경 쌍발 항공기(light twin aircraft)처럼 고정식 착륙장치를 가지고 있다. 고정식은 비행 중 외부에 노출되어 풍압을 받게 되고 그로 인해 항공기의 속도가 커질 때 유해항력도 증가하며, 접이식은 유해항력을 줄이기 위해 착륙장치를 동체 안으로 접어 들이는 기계장치로 인해 항공기의 무게를 증가시킨다. 접이식 착륙장치는 비행 중 동체 격실(fuselage compartment) 또는 날개 격실(wing compartment) 안으로 집어넣는다. 항공기의 속도가 증가할 때, 착륙장치에 의해 발생한 항력은 매우 커서 접이식(retraction) 기계장치의 무게에도 불구하고 유해항력을 줄이기 위해 접이식을 사용한다. 경항공기 착륙장치에 의해 발생한 유해항력은 가능한 공기역학적으로 기류를 유선형으로 하기 위해 유선형 덮개(fairing) 또는 바퀴씌우개(wheel pants)를 추가함으로써 줄일 수 있다.

10.4.2.1 소형 항공기의 접이식 시스템

경항공기도 속도가 증가하면 착륙장치로 인한 유해항력(parasite drag)이 접이식 착륙장치를 적용했을 때의 무게 증가로 생기는 유도항력(induced drag)보다 더 커진다. 그러므로 대다수 경항공기도 접이식 착륙장치를 적용하고 있다. 가장 간단한 방식은 기계식 방식으로 조종실 레버(lever) 조작으로 착륙장치를 접어 들인다. 전기식 접이 방법은 소형 항공기에서 찾아볼 수 있는 비교적 경량의 착륙장치에서만 가능하다. 전기방식은 전동기(motor)와 감속 기어를 사용하며, 전동기의 회전운동은 착륙장치를 작동시키기 위한 직선운동으로 전환된다. 또 다른 방식은 유압을 이용하는 것으로 일반적인 유압 시스템의 구성을 두며, 방향 전환이 가능한 전기식 유압펌프를 이용한다.

10.4.2.2 대형 항공기의 접이식 계통

대형 항공기 접이식 착륙장치는 필요한 힘이 매우 커서 보통 유압에 의해 작동된다. 보편적으로 유압펌프는 엔진 구동 펌프를 사용하며, 고장을 대비한 보조 전기 유압펌프가 있다. 유압식 접이 장치의 구성품은 작동기, 선택 밸브, Up-lock, Down-lock, 시퀀스 밸브, 우선 선택 밸브(priority valve), 배관, 그리고 그 외 일반적인 유압 계통 부품으로 구성된다. 이들 구성품은 착륙장치와 착륙장치 도어(door)의 Up/Down이 순차적인 작동이 가능하게 한다.

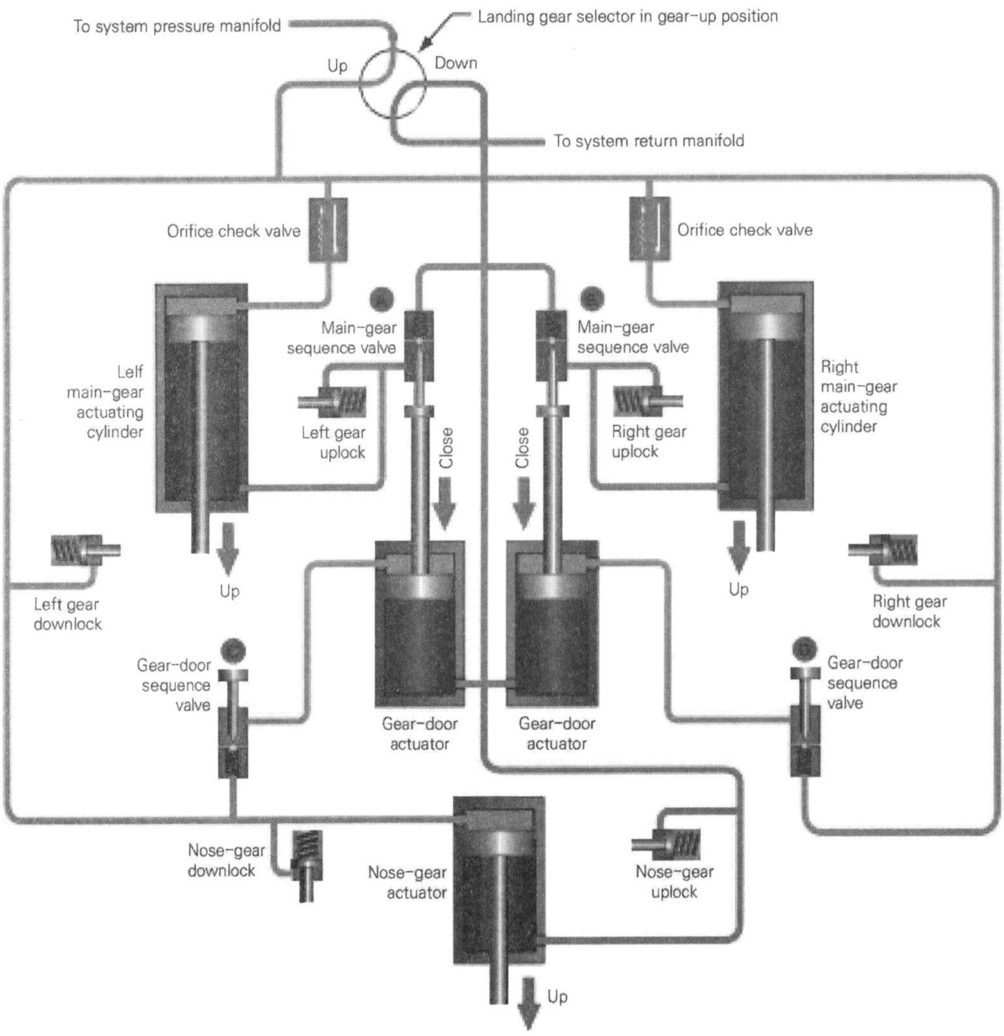

그림 10.3 대형 항공기의 유압식 착륙장치

10.4.3 충격 흡수 방법

지상 활주 시 항공기의 하중 지지와 착륙 시 지면과의 충격은 착륙장치로 흡수해야 한다. 이것은 두 가지 방법으로 이루어지는데, (1) 충격에너지가 기체 전체에 걸쳐서 전달되는 방법이고, 그리고 (2) 충격에너지를 열에너지(heat energy)로 전환하여 흡수하는 방법이다.

10.4.3.1 판 스프링형 착륙장치(leaf-type spring gear)

많은 경항공기는 착륙 충격으로부터 손상되지 않는 범위에서 기체로 하중을 전달하는 방법을 사용한다. 유연 스프링(flexible spring) 강관 버팀대, 알루미늄 버팀대 또는 복합소재 버팀대 등을 이용한다. 착륙장치는 초기 단계에서 하중에 의해 휘어지고, 재료의 탄성에 의해 원위치로 복원된다. 이것은 비 충격 흡수 착륙장치(non-shock absorbing landing gear) 중 가장 일반적인 형태이다. 보통 세스나 항공기 같은 단발 왕복 엔진 항공기에서 주로 사용한다. 세스나는 복합재료로 제작된 착륙장치 버팀대를 사용하는데 유연성이 크고 가벼우며, 부식되지 않는다.

10.4.3.2 경식 착륙장치

많은 초기 항공기는 경식(Rigid) 용접 강관 착륙장치 버팀대를 사용했으며, 충격하중은 기체로 전달되도록 설계되었다. 스키드형의 착륙장치를 사용하는 항공기는 큰 문제 없이 경식 착륙장치(rigid landing gear)를 이용한다. 예를 들어, 회전익항공기는 전형적으로 경식 착륙장치, 즉 스키드를 통해 기체로 하중이 흡수되도록 한다.

10.4.3.3 완충 고무 형식 착륙장치

비 충격 흡수 착륙장치로서 완충 고무 다발(Bungee Cord) 방식은 많이 사용되고 있다. 착륙장치의 구조상 버팀대 어셈블리(strut assembly)는 접지 충격에 휨이 발생한다. 신축성 있는 고무 다발 묶음은 이륙하중과 그리고 충격하중을 기체에 전달하기 위해 기체 구조와 유연성이 있는 착륙장치 사이에 설치한다.

10.4.3.4 공기와 유압을 이용한 완충 버팀대

적절한 충격 흡수(shock absorption)는 완충 버팀대(shock strut)와 같이 접지 시 충격에너지를 열에너지로 전환됐을 때 일어난다. 완충 버팀대는 지상에 있는 동안 항공기 무게를 지탱하고, 착륙 시 구조물을 보호하기 위해 자체 유압장치(self-contained hydraulic unit)를 가지고 있다.

전형적인 공기·유압 완충 버팀대(pneumatic/hydraulic shock strut)는 충격하중을 흡수하기 위해 공기 압축성과 유압유 흐름 조절 방법을 사용하며, 공기·오일 버팀대(air/oil strut) 또는 올레오 버팀대(oleo strut)라고 부른다. 완충 버팀대는 실린더와 피스톤으로 구성되는데 내부에는 상하 두 개의 공간으로 구분되어 있고, 위쪽에는 공기나 질소가 아래쪽에는 유압유가 항상 채워져 있다. 실린더 내부에는 orifice plate가 있고 가운데 구멍이 있으며, 피스톤에는 유압유 흐름양을 조절하기 위한 metering pin(taper pin)이 장착되어 있다. 항공기가 접지하기 시작하면 하중에 의해 완충 버팀대가 압축되면서 위쪽의 공기가 압축되고, 또한 피스톤이 압축과정에서 위로 움직일 때 아래쪽의 유압유는 오리피스(orifice) 구멍을 통해 위쪽 실린더로 이동하기 시작한다. 이때 metering pin이 오리피스 구멍을 통과하면 유압유가 흐르는 오리피스 구멍의 면적이 좁아지면서 통과하는 유압유 유량 속도가 감소하면서 완충 효과를 얻어낸다. 이 과정에서 많은 열이 만들어진다. 충격에너지를 공기의 압축과정과 유압유의 운동으로 바꾸면서 열 에너지로 흡수되는 것이다. 반대로 압축으로부터 팽창할 때 완충 버팀대는 신속히 움직이려는 경향이 있어서 행정(stroke)의 끝단에서 급격한 충격과 버팀대에 손상을 줄 수 있다. 이것을 방지하기 위해 충격 흡수장치(damping device) 또는 완충장치(snubbing device)가 있다. 판스프링과 완충 고무 형식의 착륙장치 효율은 대략 50% 내외이고, 올레오 형식은 대략 70~80%의 완충 효율을 가지고 있다.

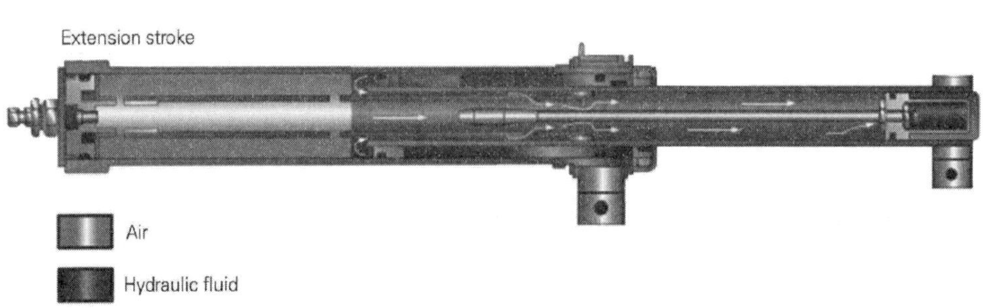

그림 10.4 올레오 버팀대 내부 구조

10.4.4 타이어 수에 의한 종류

착륙장치에 부착된 타이어의 숫자에 따라 분류할 수 있다. 단일식(single type)은 완충 장치에 1개의 타이어가 부착된 종류로 충격하중이 적은 소형 경량 항공기에 사용한다. 타이어가 2개 부착된 이중식(dual type)은 대형 항공기의 전방 착륙장치에 주로 사용한다. 보기식(bogie)은 완충 버팀대에 바퀴가 4개 이상으로 한 조가 되어 장착된 방식으로 대형 항공기의 주 착륙장치에 사용하며 트럭식(truck type)이라고도 한다. **그림 10.1**의 (A)가 보기식 착륙장치이다.

10.5 비상 내림 장치

비상 내림 장치(emergency extension systems)는 착륙장치를 작동시키는 동력장치가 고장났을 때 착륙장치를 내리기 위한 장치로서, 몇 가지 방법이 적용되고 있다. 일부 항공기는 잠금장치(gear up-lock)에 기계식 연동장치를 통해 연결된 비상 내림 핸들(emergency release handle)이 조종실에 있다. 핸들을 동작하여 잠금장치를 풀어주면 착륙장치 자중으로 자유낙하 방식으로 내려진다. 다른 항공기는 착륙장치의 잠금장치를 풀기 위해 공기압과 같은 비기계적 방법을 사용하기도 한다.

보편화된 소형 항공기는 비상 착륙장치 내림을 위해 유압 시스템의 자유낙하 밸브(free-fall valve)를 이용한다. 조종사 조작으로 자유낙하 밸브가 열렸을 때, 주 유압 시스템과는 독립적으로 유압유를 작동기의 gear-up 쪽에서 gear-down 쪽으로 흐르도록 한다. 이때 gear-up을 유지하는 압력은 감소하고, 착륙장치는 자체 중량으로 인하여 내려간다. 또한 내려가는 과정에 착륙장치로 흘러가는 공기로 인해 생기는 공기 저항은 착륙장치 전개에 도움이 된다.

대형 고성능 항공기는 비상 상황에 사용하는 대체 유압 시스템을 갖추고 있다. 만약 착륙장치가 정상적인 기능을 하지 않는다면 다른 유압 공급원을 통해 비상 내림을 시도할 수 있다. 때로는 유압 동력이 아니고 압축 공기 동력을 이용하는 방법도 있는데, 별도의 압축공기 탱크를 설치한다.

10.6 착륙장치 안전장치

착륙장치에는 여러 가지 안전장치(landing gear safety devices)를 갖추고 있다. 가장 보편적인 것은 항공기가 지상에 있을 때 착륙장치가 접히거나 혹은 접히는 상황을 막기 위한 것이다.

10.6.1 안전 스위치

착륙장치 안전 스위치(safety switch)는 대부분 항공기에서 찾아볼 수 있다. 주 착륙장치 완충 버팀대는 항공기 무게에 의해 신장(extension) 또는 압축(compression)되는데, 이를 닫힘(close)과 열림(open) 전기신호로 만들어 안전장치를 작동시키는 스위치이다. 이 스위치는 WOW(Weight On Wheel) 스위치 혹은 스쿼트(squat) 스위치라고도 불린다. 전기신호는 지상에서 착륙장치가 접히거나 접히는 것을 막기 위한 잠금 핀(lock pin)을 작동시키는 솔레노이드(solenoid) 신호로 이용한다. 항공기가 지상에 있으며 항공기 무게로 인해 착륙장치가 압축되어 안전 스위치가 열림(open)이 되면 솔레노이드 축은 착륙장치가 up position으로 이동할 수 없도록 잠금 핀(lock pin)을 밀어서 잠근다. 반대로 이륙하면 완충 버팀대는 신장(extent ion)하여 안전 스위치는 닫힘(close) 신호를 만들고 이 신호로 솔레노이드는 잠금 핀을 빼내어 착륙장치가 접혀 들어갈 수 있게 한다. 항공기에서 안전 스위치 신호는 착륙장치 외에도 항공기가 지상에 있는지를 판단해서 작동해야 하는 여러 장치의 입력 신호로 사용된다. 한 예로 항공모함에 이착륙하는 항공기는 갑판에 착륙하자마자 나오는 안전 스위치 신호를 엔진 출력 제어장치로 보내 엔진 추력을 빠르게 감소시키도록 한다. 국내에서 개발된 T50의 경우는 이륙 후 보조동력장치를 끄는 기능을 구현하는 데 이 신호를 이용한다.

고성능 항공기에서는 전자기를 감지하는 근접감지기(proximity sensor) 센서의 사용이 일반적이다. 스위치와 착륙장치 위치에 따라 변하는 자기장은 유도전압 크기를 변하게 한다. 이 형태의 감지기는 특히 가동부를 가지고 있는 스위치가 활주로와 유도로의 이물질과 습기에 오염될 수 있는 환경에 유용한 방식이다.

10.6.2 지상 잠금장치

지상 잠금장치(ground locks)는 항공기가 지상에 있는 동안 착륙장치가 down and locked

를 유지하기 위한 추가의 보완 장치로써 사용한다. 지상에서 착륙장치가 움직이는 것을 막기 위해 착륙장치 외부 구성품에 구멍을 내고 고정핀(pin)을 꽂아 놓는다. 고정핀에는 빨간색 깃발이 있어 시각적으로 잘 보이게 한다.

10.6.3 앞바퀴 중립 장치

대부분 항공기는 지상에서 방향 전환을 위한 조향장치가 있는 앞바퀴(nose gear wheel)를 가지고 있으며 이륙 후에 착륙장치가 접혀 들어가기 전에 앞바퀴를 정렬시키기 위한 수단이 필요하다. 또한 착륙장치가 중립이 아닌 상태에서 착륙하면 위험한 상황이 발생하기 때문에 조향장치를 중립으로 유지해줘야 한다. 이런 기능을 하기 위해 보통 완충 버팀대(shock strut) 구조 내부에 설치된 centering cam에 의해 앞 바퀴(nose gear)를 중립에 오도록 만든다.

10.7 앞바퀴 조향장치 계통

대부분 항공기의 앞바퀴(nose wheel)에는 조향장치가 있어 지상에서 항공기가 활주(taxi)하면서 방향 전환할 수 있게 한다.

대부분 소형 항공기 조향장치는 방향타(rudder) 페달에 연결된 기계식 연동장치를 이용한

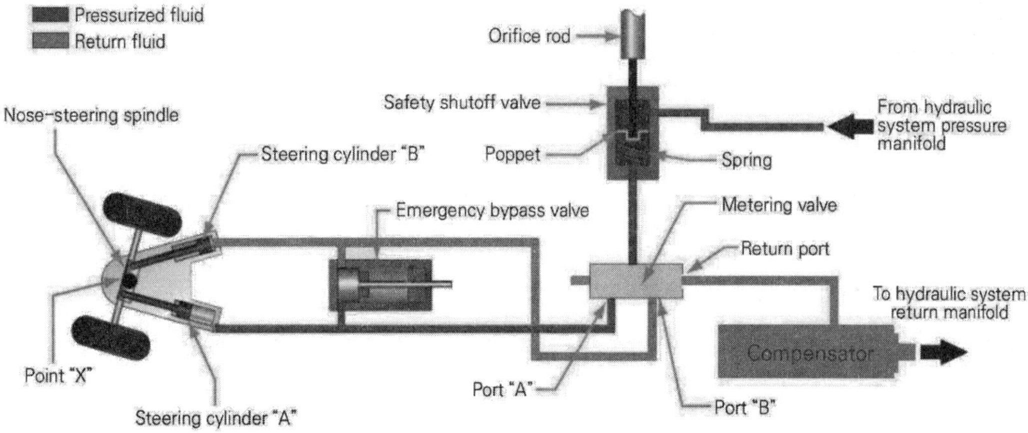

그림 10.5 대형 항공기 앞바퀴 조향장치 계통(nose wheel steering system) 사례

다. 페달에 연결된 밀고 당기는 튜브(push-pull tube)가 조향장치 작동기(strut steering cyclinder)에 연결된다. 페달을 밟으면 그 움직임이 지지대 축과 바퀴 구조에 전달되어 좌우 방향으로 회전이 가능해진다. 대형기의 앞바퀴 조향장치(nose wheel steering)는 유압 동력을 활용한다. 대형 항공기 앞바퀴 조향장치는 기종에 맞게 모두 다른 설계개념으로 이루어져 있다. 대부분은 유사한 특징과 구성요소를 갖고 있으나, 조향장치는 일반적으로 왼쪽 옆벽에 설치된 휠, 조이스틱(joystick)으로 조종한다. 기계식연결, 전기식연결, 또는 유압식연결 방식은 모두 조향 제어장치로 입력 신호를 보내 유압 미터링 밸브(hydraulic metering valve) 또는 제어밸브(control valve)를 작동시킨다. 바퀴를 회전시키기 위한 링크(linkage)를 작동시키기 위해 밸브를 작동시켜 1개 또는 2개의 유압 작동기에 유압유를 공급할 수 있다. 축압기(accumulator)와 릴리프 밸브(relief valve)와 같은 장치들은 작동기와 시스템 내부의 유압 압력을 유지해 주기도 하지만, 부가적으로 시미 댐퍼의 기능도 하게 된다. **그림 10.5**에서 보면 항공기 유압 시스템으로부터 유압유가 안전개폐 밸브(safety shut-off valve)를 거쳐 유압유 양을 조절하는 미터링 장치(metering unit)로 가서 최종적으로 조향장치 작동기(steering cyclinder)로 보내진다. 만일 그림에서처럼 항공기가 오른쪽으로 방향을 바꾸려면 조향장치 작동기 A로 유압유가 공급되어 작동기 로드가 길어지면서 앞바퀴를 오른쪽으로 회전시킨다. 이때 작동기 B에 있던 유압유는 보상기(compensator)를 거친 후에 귀환관(return line)을 통해 항공기 유압 시스템으로 흘러간다. 보상기는 조향장치 작동기 내부의 압력을 유지해 주는 역할을 한다.

10.8 시미 댐퍼

앞바퀴 착륙장치는 지상 활주 중 지면과 타이어 사이의 마찰로 인해 타이어 밑면의 가로축 방향의 진동과 바퀴의 선회축 둘레의 진동과의 합성된 진동이 좌우 방향으로 발생하는데 이러한 진동을 시미(shimmy)라 하고, 이와 같은 시미 현상을 감쇠, 방지하기 위해 시미 댐퍼(shimmy damper)를 설치한다. 댐퍼는 앞바퀴에 장착될 수 있지만, 그러나 대부분 상부 완충 버팀대와 하부 완충 버팀대 사이에 부착된다.

10.8.1 조향 감쇠기

앞에서 설명한 바와 같이, 유압식 조향장치를 갖춘 대형 항공기는 조향장치 실린더(steering cylinder, actuator)에 압력을 유지하여 시미 댐퍼의 기능도 같이한다. 이것을 조향 댐퍼(steering damper)라고 한다. 일부 구형 운송용 항공기는 베인 형태(vane-type)로 된 조향 댐퍼를 가지고 있으며, 진동을 감쇠시킬 뿐만 아니라 앞바퀴(nose wheel)를 조향하기 위해 작동한다.

10.8.2 피스톤형(piston-type)

그림에서 보듯이 유압식 앞바퀴 조향장치를 갖추지 않은 항공기는 추가의 외부 시미 댐퍼(shimmy damper unit)을 활용한다. 댐퍼 케이스(case)는 상부 완충버팀대 실린더에 부착되고, 댐퍼 축은 하부 완충 버팀대 실린더와 시미 댐퍼 내부의 피스톤에 부착된다. 하부 완충버팀대 실린더가 시미 현상으로 진동하면, 유압유는 피스톤에 있는 좁은 면적의 블리드 홀(bleed hole)을 통해 빠져나가게 된다. 그러나 좁은 면적으로 인해 제한된 유압유 흐름이 발생하면서 진동을 흡수한다. 유압유를 보충하기 위한 충진구를 포함하거나 밀봉된 상태이며, 적절한 작동을 위해서는 최대용량으로 채워져야 한다.

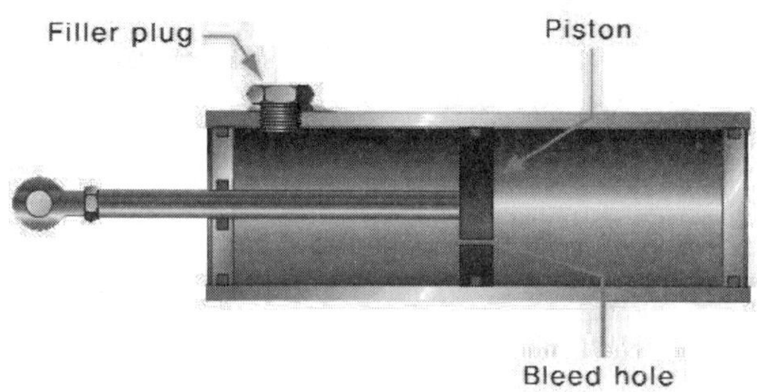

그림 10.6 피스톤형 사미 댐퍼(Piston type shimmy damper)의 내부 구조

10.8.3 베인형

베인형 시미 댐퍼(vane-type shimmy damper)가 때때로 사용되기도 한다. 중앙축에 있는 베인 오리피스에 의해 분리된 Vane에 의해 유압유 챔버(chamber)가 만들어지는데, 시미 현

상이 발생할 때 베인은 유압유로 채워진 챔버의 크기를 변화시키기 위해 회전한다. 챔버 크기는 오직 유압유가 오리피스(orifice)를 통해 흘러가는 속도 만큼 변화시킬 수 있다. 그러므로 시미 현상은 유압유 흐름의 비율에 따라 소멸된다.

10.8.4 비유압식 시미 댐퍼

비유압식 시미 댐퍼(non-hydraulic shimmy damper)는 현재 많은 항공기에서 인증을 받았다. 피스톤 형태의 시미 댐퍼와 비슷한 구조이지만 내부에 유압유가 없다는 차이점이 있다. 피스톤형 시미 댐퍼에 사용되는 내부의 금속 피스톤 대신에, 고무 피스톤을 사용하며 아주 얇은 그리스(grease) 피막을 사이에 두고 고무 피스톤과 케이스 사이의 마찰 작용이 댐퍼 기능을 한다. 이 방식은 내부의 유압유가 없고 수명이 길다는 장점이 있다.

10.9 항공기 바퀴

항공기 바퀴(aircraft wheels)는 착륙장치의 중요한 구성요소이다. 항공기 바퀴에 장착한 타이어는 지상 활주, 이륙, 그리고 착륙 시에 항공기의 무게와 충격을 흡수한다. 일반적으로 항공기 바퀴 재료는 튼튼한 경량 알루미늄합금으로 만들어지며, 일부 마그네슘합금 바퀴도 있다. 초기 항공기 바퀴는 자동차 바퀴와 같은 일체형 구조(one piece construction)를 가졌다. 항공기 타이어의 성능이 개선되면서 펑크 또는 바퀴에서 타이어 이탈 없이 착륙과정의 하중을 더 많이 흡수하기 위해 더 견고하게 만들었다. 이런 타이어의 견고함 때문에 일체형 구조 바퀴에 타이어를 장착하는 것이 매우 어렵게 되어 두 개의 조각으로 된 바퀴(two-piece wheel)가 개발되었다. 초기의 two-piece wheel은 타이어 장착이 쉽도록 바퀴 테두리(rim)가 분리되는 구조였으나, 지금은 거의 모든 항공기에서 대략 대칭의 구조를 가진 two-piece wheel이 사용되고 있다.

두 개의 구조가 합쳐진 two-piece wheel은 볼트(bolt)로 체결되고, 두 부분이 맞닿는 부분에 O-ring을 설치할 수 있는 홈(goove)이 파여 있어 현대 항공기가 사용하는 튜브리스(tubeless)타이어를 밀봉할 수 있다. 보통 two-piece wheel의 재질은 알루미늄합금 또는 마그네슘합금으로서 주조(casting) 또는 단조(forging)로 제작되며, 두 개의 바퀴 조각 구조는 완

그림 10.7 two-piece wheel의 구조

벽한 대칭구조는 아니다. 두 개의 바퀴 조각 중에서 안쪽 바퀴 조각(inboard wheel half)에는 안전장치로서 한 개 이상의 열 플러그(thermal plug)와 안전 플러그(safety plug)가 설치되어 있다. 제동장치(brake)를 심하게 작동시키면 타이어 온도와 압력은 바퀴와 타이어가 폭발할 수 있는 조건까지 올라갈 수 있다. 열 플러그는 녹는 온도가 낮은 합금(low melting point alloy)으로 된 중심부 코어를 갖고 있어서 바퀴와 타이어가 폭발하는 온도와 압력까지 상승하기 이전에 코어가 녹아내려 타이어 공기가 빠지도록 한다. 안전 플러그(safety plug)는 타이어에 과도한 공기압이 채워지지 않도록 플러그가 파열되면서 타이어 공기를 빼주는 역할을 한다. 바깥쪽 바퀴(outboard wheel half) 조각에는 안티 스키드(anti-skid) 장치에 필요한 바퀴 회전수 측정센서(wheel-spin transducer)를 설치한다.

10.10 항공기 제동장치

아주 초기의 항공기는 속력을 늦추고 정지시키기 위한 제동장치(aircraft brakes)를 갖추지 않았다. 대신에 낮은 운용 속도, 충격이 적은 부드러운 활주로 사용, tail skid와 활주로 간의 마찰에 의존했다. 그러나 현대의 모든 항공기는 제동장치를 갖추고 있으며, 항공기의 속력을 늦추고 일정 시간 안에 정지시킨다. 또한 지상 엔진 작동(engine run-up)할 때 항공기를 정지시켜 주고, 활주 시에 항공기의 방향을 조절한다. 대부분 항공기에서, 주 착륙장치 바퀴에는 각각 제동장치를 갖추고 있으나, 앞바퀴(nose wheel) 또는 꼬리 바퀴(tail wheel)는 브레이크를 갖추지 않는다.

일반적으로 방향타 페달(pedals)에 기계식 연동장치 또는 유압식 연동장치를 통해 조종사가 제동장치를 제어하게 한다. 오른쪽 방향타 페달의 위쪽을 밟으면 오른쪽 주 바퀴(main wheel)에 브레이크를 작동시키고, 왼쪽 방향타 페달 위쪽을 밟으면 왼쪽 주 바퀴에 브레이크를 동작시킨다. 제동장치의 기본 작동은 운동 에너지(kinetic nergy)를 마찰을 통한 열에너지(heat energy)로 전환하는 과정이어서 고온의 열이 발생한다.

10.10.1 조향 감쇠기

10.10.1.1 항공기 브레이크의 형식과 구조

일반적으로 최신의 항공기는 제동장치로써 디스크브레이크를 사용한다. 디스크는 바퀴와 함께 회전하며 브레이크 유압장치인 캘리퍼(caliper)의 유압으로 브레이크 패드(pads)나 라이닝(linings)을 디스크 양쪽에 밀착시켜 생기는 마찰로 제동하는 장치이다. 항공기 크기, 무게, 그리고 착륙속도는 제동장치의 설계와 밀접한 관계를 갖는다. 종류로는 단일 디스크브레이크(single disk brake), 이중 디스크브레이크(dual disk brake), 그리고 멀티 디스크브레이크(multi disk brake) 형식이 있으며, 현재 고성능 대형 항공기에서 주로 사용하는 세그먼트 로터 디스크브레이크(segmented rotor brake), 구형 대형 항공기에서 사용했던 팽창 튜브 브레이크(expander tube brake)가 있다. 최근에는 카본디스크(carbon disc)의 사용이 많이 늘어나고 있다.

단일 디스크브레이크는 대체로 소형, 경항공기에서 사용하는 제동장치로서 바퀴와 함께 회전하는 디스크의 양쪽에 마찰을 발생시키는 방식이다. 브레이크가 가해졌을 때 유압 압력으로 피스톤은 디스크 쪽으로 마찰력을 제공하는 브레이크 패드 또는 브레이크라이닝을 밀어넣는다. 방향타 페달에 연결된 유압 마스터실린더는 방향타 페달을 밟았을 때 압력을 공급한다. 이중(dual) 디스크브레이크는 단일(single) 디스크브레이크로 충분한 제동력을 공급하지 못하는 항공기에 사용되며, 1개 대신에 2개의 디스크가 있다. 멀티 디스크브레이크는 대형 및 중형 항공기에서 사용하며 디스크가 여러 개가 있어 강력한 제동력을 만들어 낼 수 있다. 고성능을 가진 대형, 중량형 항공기에서 사용하는 세그먼트 로터 디스크브레이크(segmented rotor-disc brakes)는 제동하는 동안 발생하는 대량의 열을 적절히 발산시키기 위한 구조로 되어 있다. 세그먼트 로터 디스크브레이크도 멀티 디스크브레이크의 한 종류이며, 다양한 형상들이 있는데 공통으로 열을 발산하고 조절하기 위한 특징을 가지고 있다. 보통 높은 유압을 사용하는 동력 브레이크에 적용되어 큰 하중을 담당할 수 있다. 회전하는 디스크에 압착하여 큰 마찰력을 만드는 고정자(stator)에 있는 브레이크 라이닝을 사용하며 여러 개의 세트로 구성된다. 회전하는 디스크에 열을 발산하기 쉽게 긴 홈(slots)과 공간(space)을 설치한 형태이며, 유압에 의해 작동하는 강력한 제동장치이다. 보통 고성능 항공기, 대형 항공기에 기본으로 적용되는 방식이다. 카본브레이크(carbon brakes)는 재질이 탄소섬유 재료를 사용한다. 세그먼트 디스크브레이크는 오랜 기간 신뢰성 있는 제동장치로 사용되었으며, 빠르고 안전한 제동장치의 경량화와 마찰열을 발산시키기 위한 많은 시간과 노력이 투입되면서 발전했다. 카본브레이크는 전통적인 금속 브레이크보다 거의 40% 더 가벼워서 대형 운송용 항공기에서 이것만으로 항공기 무게 수백 pound를 줄일 수 있다. 금속제 브레이크보다 50% 더 높은 온도에 견딜 수 있으며, 더 빠르게 열을 발산시킨다. 또한 카본브레이크는 금속제 브레이크보다 20~50% 더 긴 수명을 가지고 있다. 단점으로는 현재 제조 비용이 많이 드나, 앞으로 기술력이 향상되고 더 많은 항공기가 사용하게 된다면 더 낮아질 것으로 기대된다.

10.10.2 브레이크 작동 계통

앞에서 언급한 여러 가지 제동장치는 모두 유압 동력을 사용하며, 세 가지 기본 방식이 있다.

(1) 항공기 주 유압 계통의 일부가 아닌 독립적 방식

(2) 항공기 주 유압 계통을 사용하면서 필요할 때 작동하는 booster system 방식

(3) 압력 공급원으로서 오직 항공기 주 유압 계통을 사용하는 방식

10.10.2.1 독립된 마스터 실린더

일반적으로 소형 경량 항공기와 주 유압 계통이 없는 항공기는 독립된 유압식 제동장치를 사용한다. 독립적 제동장치는 항공기 주 유압 계통에 어떤 방법으로도 연결되지 않는다. 마스터실린더가 제동장치를 동작시키기 위한 유압을 발생시킨다. 이것은 자동차의 제동장치와도 유사한 개념이다. 대부분의 제동장치에서 조종사는 브레이크를 작동시키기 위해 방향타 페달을 밟는다. 페달을 밟았을 때, 마스터실린더에 있는 피스톤은 브레이크 어셈블리에 있는 유로를 통해 유압유를 밀어낸다. 피스톤은 제동 시 마찰을 일으키기 위해 회전하는 브레이크 디스크 방향으로 브레이크 라이닝을 밀어 움직인다. 보통 브레이크 유압유를 저장하는 저장소(reservoir)를 가지고 있는데, 내장된(built-in reservoir) 저장소 혹은 독립적으로 떨어져 있는 원격저장소를 가지고 있다. 앞바퀴 조향장치가 있는 몇몇 경항공기는 양쪽 주 바퀴 브레이크를 작동시키는 하나의 마스터실린더를 가지고 있다. 방향타 페달을 밟았을 때 피스톤 암(piston arm)은 마스터실린더 안에서 앞쪽으로 기계적으로 피스톤을 밀어준다. 이 피스톤은 유압유를 제동장치로 보낸다. 페달을 풀면 피스톤은 스프링에 의해 제자리로 돌아간다.

10.10.2.2 승압식 브레이크

독립된 제동장치(independent braking system)에서 제동장치에 가해진 압력은 오직 조종사가 밟는 압력만큼만 제동장치로 보내는 데 반해, 승압식 브레이크 작동장치(boosted brake actuating system)는 필요할 때 항공기 주 유압 계통 압력이 전달되어 조종사가 가한 압력보다 큰 압력을 만든다. 승압식 브레이크는 보통 급제동 시 쓰이며, 주 유압 계통을 이용하는 동력 브레이크가 필요하지 않은 중형 항공기와 대형 항공기에서 사용된다.

10.10.2.3 동력 브레이크

대형 항공기와 고성능 항공기에서 주로 사용하는 동력 브레이크(power brakes)는 제동장치에 필요한 유압을 항공기 주 유압 계통에서 공급받는다. 조종사가 방향타 페달을 밟으면 동력 브레이크 제어밸브 또는 브레이크 미터링(metering) 밸브는 직접 또는 링크(linkage)를 통해 브레이크 페달 입력을 받는다. 밸브는 페달에 가해진 압력에 해당하는 유압유만큼을 제동장치에 보낸다. 대형 항공기 제동장치는 보통 미끄럼 방지 탐지장치(anti-skid detection system)와 보정(correction)장치를 결합한다.

10.10.3 비상 브레이크 계통

항공기 주 유압 계통은 보통 독립된 두 개 이상의 시스템으로 구성되어 있다. 각각의 유압 계통은 지정된 각 바퀴의 제동장치로 독립적으로 유압을 공급하고, 바퀴가 두 개라면 안쪽과 바깥쪽 바퀴도 별도로 유압유를 공급받는다. 만일 한 개의 유압 계통이나 제동장치가 고장이 나더라도 정상의 유압유 공급이나 제동장치 작동이 가능하다. 다른 비상 브레이크 계통(emergency brake systems)으로는 주 유압의 공급이 안 되면 독립된 유압유 축압기(accumulator)로부터 유압을 받아 작동시킬 수도 있다. 축압기는 항공기 주 유압 계통의 축압기와 같은 형태로서 내부에 다이아프램으로 분리되어 한쪽은 기체인 공기나 질소로 채우고, 반대쪽은 유압유가 채워져 있다. 기체의 압축으로 에너지를 저장하고 있다가 필요하면 밸브를 열면 기체가 팽창되면서 유압유를 제동장치로 보낸다. 또 다른 형태의 비상 제동장치에는 유압유 공급이 안 되는 경우 별도의 압축된 공기를 저장한 탱크로부터 고압 공기를 공급받아 제동장치를 작동시키는 방식도 있다.

10.11 안티 스키드

항공기 주 유압 계통의 유압을 이용하는 동력 브레이크(power brake)를 사용하는 대형 항공기는 안티 스키드(anti-skid; 바퀴 미끄럼 방지) 장치가 있어야 한다. 항공기 바퀴의 미끄럼(skid)은 브레이크를 밟았을 때 바퀴의 회전은 멈추지만, 활주로에서 바퀴가 미끄러지는 현상을 말한다. 특히 여러 개의 바퀴로 구성된 주 착륙장치(multiple-wheel main landing gear assembly)를 가진 항공기에서 바퀴가 회전을 멈추고 미끄러는 현상을 조종실에서 즉시 확인하는 것은 가능한 일이 아니다. 따라서 안티 스키드 장치가 없다면 항공기 손상을 일으킬 수 있는 타이어 펑크가 일어날 수 있고, 항공기의 제어가 안 될 수도 있다.

10.11.1 안티 스키드 시스템의 작동

안티 스키드 장치는 바퀴의 미끄러짐 현상과 미끄러짐으로 인한 위급상황도 감지한다. 만일 미끄러짐이 감지되면 자동으로 유압유 귀환라인(return line) 쪽으로 유압 브레이크의 유압유를 보내서 미끄러짐이 의심스러운 바퀴의 브레이크 압력을 낮춘다. 압력을 낮추면 바퀴는 다시 회전하게 되고 미끄러짐 현상은 사라진다.

브레이크의 최대제동효율은 미끄러짐이 없는 상태에서 바퀴의 회전속도가 최대비율로 감속할 때 나온다. 만일 바퀴 감속이 너무 빠르면 바퀴는 미끄러짐이 시작되는 전조라고 볼 수 있다. 이런 현상이 일어나지 않도록 각각의 바퀴 감속 비율이 미리 규정된 값보다 커지는지 감시해야 한다. 과도한 감속이 감지되면 바퀴의 브레이크 압력을 감압시킨다. 항공기가 착륙한 후 조종사가 페달을 최대로 밟은 상태로 유지하면 안티 스키드 장치가 자동으로 작동한다. 항공기 속도가 일정 이하로 내려가면 비로소 수동으로 제동하여 속도를 낮추고 활주하게 된다.

안티 스키드 장치는 설계 방식이 항공기 별로 다른데 보통 기본 구성은 세 가지의 중요한 구성품으로 이루어진다. 구성품에는 바퀴 속도 감지기(wheel speed sensor), 안티 스키드 제어밸브(anti-skid control valve), 그리고 제어장치(control unit)이다. 이들은 조종사의 입력 없이도 작동하며 일부 항공기는 완전 자동 제동장치를 설치하여 페달 조작 없이도 안티 스키드 기능과 제동을 자동으로 한다.

10.11.2 바퀴 속도 감지기

바퀴 속도 감지기(wheel speed sensors)는 발전기 구조와 유사하며 교류형과 직류형이 있다. 교류형 바퀴 속도 감지기는 고정자에 코일이 감겨있고, 고정자 안에 있는 회전자는 바퀴와 같은 속도로 회전한다. 이 회전으로 인해 주변의 자기장을 변화시키고, 이 변화는 고정자 코일에서 가변주파수를 갖는 교류가 발생한다. 이 주파수는 바퀴의 회전수와 직접적인 관계가 있다. 다른 형태로 직류형 바퀴 속도 감지기는 회전속도와 비례해서 직류의 크기가 변한다.

10.11.3 제어장치

안티 스키드 제어장치(control units)는 모든 바퀴의 속도 감지기의 신호를 받아서 신호를 비교하여 어떤 신호가 미끄럼을 지시하는지 혹은 위급한 상황인지를 판단한다. 이 판단을 근거로 신호를 제어밸브로 보내 해당 바퀴의 브레이크 압력을 조절한다.

10.11.4 안티 스키드 제어밸브

안티 스키드 제어밸브(anti-skid control valves)는 제어장치로부터 들어온 입력 신호에 따라 작동하는 전기제어식 유압 밸브이다. 각각의 바퀴마다 제어밸브(control valve)가 있다. 제어밸브에 의해 브레이크 압력이 조절되면 감속은 미끄러짐 없이 제동하기 시작한다.

10.11.5 착지와 바퀴 고정에 따른 보호

항공기가 착륙할 때 활주로와 접촉하는 순간은 브레이크가 아직 걸리지 않은 상태이며, 이는 타이어 펑크가 발생할 수 있는 상황이다. 이런 상황을 막기 위해 착지 보호 모드(touchdown protection mode)가 있으며 보통 안티 스키드 장치와 연동된다. 일반적으로 바퀴 속도 감지기와 착륙장치 버팀대에 있는 air/ground safety switch(squat switch, WOW switch: Weight On Wheel switch)의 신호를 이용한다. 항공기가 착지하기 전에는 WOW 스위치 신호는 닫혀있고(close), 이 닫힘 신호(close signal)는 안티 스키드 제어밸브로 입력되어 브레이크와 유압 귀환라인(return line) 사이의 유압유 유로를 개방한 상태로 유지한다. 이렇게 하면 브레이크 압력형성이 안 되어 브레이크가 작동하지 않는다. 그러나 항공기가 착지하면 항공기 무게로 인해 WOW 신호가 열림 신호(open)로 바뀌면, 안티 스키드 제어장치는 제어밸브로 신호를 보내 브레이크 압력이 만들어지도록 유압유를 공급한다. 만일 항공기가 지상에 있는데도 불구하고 착륙장치 버팀대가 충분히 압축되지 않아 WOW 신호가 열림 신호를 보내지 않는 상황을 막기 위해 백업(backup)으로 최소 바퀴 속도 신호(minimum wheel speed sensor signal)를 이용하여 브레이크를 작동시킨다. 또한 안티 스키드 장치가 작동함에도 바퀴가 회전이 안 되는 상황에서는 고정 바퀴 보호기능(locked wheel protection)이 작동하여 안티 스키드 제어밸브를 완전히 개방하도록 한다. B737의 경우 안쪽과 바깥쪽 바퀴(inboard/outboard wheel)중 한쪽의 바퀴 회전수가 25% 이상 작으면 작동한다.

10.11.6 자동 브레이크

일반적으로 자동 브레이크(auto brakes)를 장착한 항공기는 주 브레이크 제어밸브(brake control valve) 또는 브레이크 미터링 밸브(brake metering valve)를 무시하고, 독립된 자동 브레이크 제어밸브(auto brake control valve)를 사용하여 제동한다. 자동 브레이크도 안티 스키드 장치와 연동하여 바퀴 미끄러짐을 감지하면 브레이크 압력을 조절한다.

10.12 항공기 타이어와 튜브

항공기 타이어는 튜브형 또는 튜브리스(tubeless)형이 있다. 타이어는 지상에 있는 동안 항공기 무게를 지탱하고 제동과 정지를 위해 필요한 마찰을 만든다. 타이어는 또한 착륙 충격을 흡수하고, 이륙, 착륙 후의 활주, 그리고 활주 조작할 때 발생할 수 있는 진동을 완화해준다. 항공기 타이어는 다양한 정적 응력(static stress)과 동적 응력(dynamic stress)이 발생하며, 광범위한 운전조건에서도 신뢰할 수 있어야 한다.

항공기 타이어는 형식(type), 플라이등급(ply rating), 튜브형 또는 튜브리스형 여부, 그리고 바이어스 플라이 타이어(bias ply tire) 또는 레이디얼 플라이 타이어(radial ply tire) 여부 등 여러 가지 방법으로 분류할 수 있으며, 또한 타이어의 크기(dimensions)로도 구분할 수 있다.

10.12.1 형식

항공기 타이어의 형식 분류는 US Tire and Rim Association의 기준에 의해 분류된다. 아홉 가지 형식(type)이 있지만, 이 중에서 현재 Type Ⅰ, Ⅲ, Ⅶ, 그리고 Ⅷ이 생산 중이다.

Type Ⅰ 타이어는 생산은 되고 있지만, 이제는 개선이나 개량을 위한 추가 설계는 진행되고 있지 않다. 이 타이어는 고정식 착륙장치 항공기에서 사용하고 있으며, 바퀴 직경을 inch 단위로 공칭 표시하여 구분하고 있다. 현대 항공기에서 사용하기엔 시대에 뒤처진 매끄러운 타이어로서 오래된 항공기에서만 사용한다.

Type Ⅲ 타이어는 일반적인 범용 항공기용(general aviation) 타이어이다. 이 타이어는 160mph 이하의 착륙속도를 가진 경항공기에 사용된다. 타이어의 전폭(overall width)과 비교해 림 직경(rim diameter)이 작은 비교적 저압의 타이어이다. 두 자리 숫자로 구분하는데, 첫 번째 숫자는 타이어의 전폭(width), 두 번째 숫자는 타이어가 장착되는 림(rim)의 직경을 표시한다.

Type Ⅶ 타이어는 제트항공기에서 사용하는 고성능 타이어이다. 보통 고압으로 충전하며, 때로는 아주 높은 하중을 견딜 수 있도록 설계되어 있다. 타이어 전폭(width)은 Type Ⅲ 타이어 전폭보다 좁다. Type Ⅶ 타이어의 식별은 두 자리 숫자 체계를 사용하며, 두 개의 숫자 사이에 X를 명기한다. 첫 번째 숫자는 타이어의 공칭 직경(nominal dverall diameter)을 표시하고, 두 번째 숫자는 전폭을 나타낸다.

Type Ⅷ 타이어의 분류는 3개 부분으로 된 명칭(3-part nomenclature)으로 표시한다. 이 타이어는 아주 큰 고압으로 충전하며 고속, 고 하중의 고성능 제트항공기에 사용된다. 현재 사용하는 타이어 중에서 가장 최근에 개발된 타이어이다. 타이어 분류는 3개의 부분 명칭으로 구성되며, 첫 번째 부분 명칭은 타이어 직경, 두 번째는 전폭, 그리고 세 번째 부분 명칭은 림 직경을 나타낸다. 이 명칭은 결국 Type Ⅲ와 Type Ⅶ 명칭의 조합이며, X와 "-" 부호는 3개 부분 명칭을 구분하는 역할을 한다. 타이어 치수는 inch 또는 millimeter를 사용하고, 바이어스 타이어(bias tire)는 앞에서 언급한 지정 명칭에 따르고, 레이디얼 타이어(radial tire)는 "−" 대신에 대문자 R로 표기한다. 예를 들어, 30×8.8R15는 15inch wheel rim, 30inch 타이어 직경, 8.8inch 전폭을 가진 Type Ⅷ 레이디얼 항공기 타이어를 명시한다.

10.12.1 플라이 등급

타이어 플라이(ply, 겹)는 강도를 높이기 위해 타이어 안에 깔아놓은 고무에 직물을 보강한 층을 말한다. 초기의 타이어에서 플라이 수는 타이어가 견딜 수 있는 하중에 직접적인 연관이 있었다. 그러나 오늘날의 타이어는 구조 보강의 정교한 기술과 최신 재료의 사용으로 타이어 강도를 판단할 때 플라이 수는 직접적인 관련성이 없다. 그러나 플라이 등급(ply rating)은 항공기 타이어의 상대적 강도를 나타내는 데 사용된다. 고 플라이 등급(high ply rating)으로 분류된 타이어는 실제 사용된 플라이 수와 관계없이 높은 하중을 견딜 수 있는 고강도 타이어를 말한다.

10.12.3 튜브 형식과 튜브리스

항공기 타이어는 튜브 또는 튜브리스형이 있으며, 타이어 분류의 수단으로써 사용되기도 한다. 튜브리스타이어는 내부에 삽입된 튜브가 없어서 공기를 충전하기 위해 특별히 설계된 안쪽 라이너(liner)를 가지고 있다. 튜브형 타이어는 튜브에 공기를 충전하기 때문에 라이너는 없다. 튜브리스타이어는 타이어 측면에 'Tubeless' 단어를 명기해야 한다.

10.12.4 바이어스 플라이 혹은 레이디얼

항공기 타이어에는 타이어에 적용된 플라이의 방향에 따라 바이어스 플라이(bias ply) 타이어 또는 레이디얼 플라이(radial ply) 타이어가 있다. 바이어스 플라이 타이어는 플라이 층을 타이어 회전 방향에 대해 30~60° 각도 사선 방향으로 쌓은 구조이다. 전통적인 항공기 타이어는 주로 바이어스 플라이 타이어를 사용한다. 레이디얼 플라이 타이어는 플라이를 타이어 회전 방향에 직각으로 적층해서 만든 타이어이다. 현대의 항공기는 주로 레이디얼 플라이 타이어를 사용한다. 레이디얼 플라이 타이어는 신축성이 없는 섬유직물(fabric) 플라이 층을 타이어 측면과 회전 방향에 직각으로 쌓기 때문에 타이어 강도가 커서 높은 하중을 견디는 장점이 있다.

11

비상 시스템 (emergency systems)

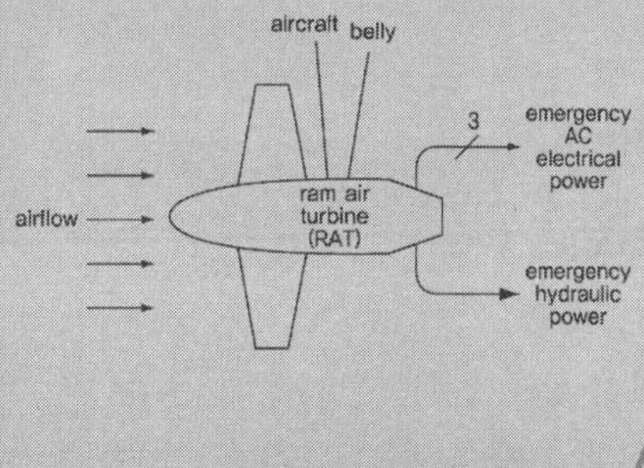

11.1 개요

설계자, 제작자, 조종사, 정비사 등 많은 전문가의 노력에도 불구하고 항공기의 안전 운항을 막는 고장이나 사고는 끊이지 않고 있다. 그 결과는 항공기의 파손이나 인명의 손상 및 경제적 손실로 이어진다. 항공기를 설계할 때 설계자가 예측할 수 있거나 그렇지 못한 모든 상황을 다 고려하기는 힘들어도, 최소한 특정 상황의 고장이나 사고에 대해서는 예측이 가능할 수도 있다. 만일 그런 예측의 결과가 발생 확률이 높거나 그 결과가 무척 심각한 경우에는 분야별 설계자들은 항공기와 탑승 인원들의 생존성(survivability)을 높이기 위한 비상 시스템(emergency system)를 반드시 설계해야 한다.

비상 시스템은 항공기, 승무원과 승객들에게 마지막 생존 수단이기 때문에 장비의 건전성(integrity)이 매우 높아야 한다. 따라서 비상 시스템은 항공기 주장비(primary system)와는 분리되어 설계함으로써 주장비의 고장이 비상 시스템으로 전파되지 않도록 해야 한다. 또한 별도의 동력원을 사용하고 서로 다른 작동 방법을 가져야 하며 명확한 비상 경고 지시를 해줘야 한다.

많은 비상 시스템들이 한번 혹은 비상시에만 가동되도록 설계하기 때문에 매번 시험하는 것은 불가능하다. 따라서 상당 부분 신뢰에 기반을 둔 설계에 의존하는 수밖에 없다. 그 예로, 낙하산, 승객 도피용 미끄럼틀(passenger escape slides)과 사출좌석(ejection seats) 같은 것들이 있다. 이런 것들은 실제 사용 전까지 전혀 시험해 볼 기회가 없으므로 높은 신뢰성을 가지도록 설계되어야 한다.

시스템별로 적용된 비상 시스템의 기술은 해당 절을 참고하기를 바라며, 이 절에서는 언급되지 않은 몇 가지 사항들에 대해서 정리하였다.

11.2 비상동력

현대의 최신 항공기에는 전기동력, 유압동력, 엔진 그리고 비행제어와 같은 주요 시스템의 고장 혹은 다중 고장(multiple failure) 상황에서도 안전하게 비행할 수 있도록 다중 대체 시스템(multiple redundancy)이 설치되어 있다. 민간 항공기의 경우 다중 대체 시스템은 4중 대체 시스템(quadruple redundancy)까지 나와 있는데, 보통 군용기는 이 정도 수준까지 적용된 경우는 드물다. 그러나 어떤 형태로든 고장을 대체할 수 있는 비상 시스템들이 장착되어 있다. 특히 동력 손실이 곧 항공기 전체의 손실과 직결될 수 있는 엔진의 FADEC(Full Authority Digital Electronic Control)과 비행제어 시스템은 더욱 비상 대체 시스템이 필요하게 된다.

고 받음각으로 비행하는 항공기에서 엔진 흡입구로 유입되는 공기흐름은 비행 중 엔진정지(flame out)를 유발할 수 있다. 비행 중에 엔진이 정지되면 추력뿐만 아니라 전기동력과 유압동력이 상실되기 때문에 항공기 자세를 잡아 엔진의 공중재시동을 시도할 수 있도록 대체 시스템의 작동이 필요하다.

엔진의 고장으로 인해 잃어버리는 전기동력과 유압동력을 발생시키는 대체 시스템에는 몇 가지가 있으며 항공기 기종마다 다른 시스템을 장착하고 있다. 비상 전기동력에 관해서 자세한 내용과 그림은 6.3.4절에 설명하였다. 비상 유압동력은 아래에서 설명하는 몇 가지 비상 동력 시스템을 이용하여 비상 유압장치를 작동시킨다.

• APU

항공기 엔진의 추력을 제외한 나머지 전기, 유압, 공압동력을 발생시키는 장치를 보통 이차동력장치(secondary power system)라고 하는데 여기에는 보조동력장치(APU; Auxiliary Power Unit), 비상동력장치(EPU; Emergency Power Unit)가 있다. 보통 보조동력장치는 엔진을 시동시키는 것이 첫 번째 목적이다. 정지 상태의 가스터빈(gas turbine) 엔진 압축기(compressor)가 스스로 회전해서 유지될 수 있는 회전수 상태(self-sustaining operation)까지 보조동력장치가 돌려준다. 소형 비행기는 전기모터(electrical motor), 대형 항공기에서는 공기터빈 모터(air turbine motor)에 의해서 엔진 시동을 한다. 엔진 시동을 하기 위해 보조동력장치가 먼저 작동되는데 이때 보통 배터리 전원이나 유압 축압기(hydraulic accumulator)의 동력을 이용한다. 보조동력장치가 시동이 되고 나면 여기서 만들어지는 전기, 공압, 혹은 유압동력을 이용하여 항공기 엔진을 시동시킨다. 엔진 시동이 주목적인 보조동력장치는 엔진이 비행 중에 정지 혹은 엔진 동력계통이 고장 날 때에 비상 전기, 유압동력을 제공하는 기능을 할 수 있다. 또한 지상에서 엔진 시동을 하기 전에 객실의 냉난방을 위한 공압을 제공하기도 하며, 유압 작동기를 구동시켜 비행 전 비행조종면의 기능을 확인할 수 있다. 보통 민간여객기는 꼬리 날개 쪽 동체에 보조동력장치를 설치하고 있다.

• EPU

비상동력장치(EPU)는 터빈과 기어박스로 구성되며, 기어박스에 비상 발전기와 비상 유압펌프가 장착된다. 터빈이 구동되면 터빈과 물려 있는 기어박스에 의해 유압펌프와 발전기를 가동할 수 있게 된다. 터빈을 구동시키는 방법은 여러 가지가 있을 수 있는데 우선 별도의 탱크에 저장된 hydrazine과 물의 화학반응으로 생기는 고압의 기체(gas) 압력을 사용해서 터빈을 구동시키는 방법이 있으며, 이 방법은 F-16, concord 시제기 그리고 tornado 시제기에 적용되었다. 그러나 hydrazine의 유독성 때문에 현재는 잘 사용하지 않고 있으며, 다른 대체 방법으로는 별도의 고압 탱크에 저장된 고압 기체와 연료를 혼합 연소시켜 터빈을 구동시키는 방법이 있다. 터빈의 작동은 비행 중 엔진의 회전수가 일정 이하로 떨어지거나 엔진의 정지(flame out) 혹은 발전기 고장과 같이 비상 상황 감지 시 자동 혹은 수동으로 작동시킬 수 있다.

• thermal battery

국내에서 개발된 T-50 초음속 훈련기의 경우, thermal battery을 적용한 전기식 비상 동력계통을 가지고 있다. 항공기 비상 상황 시 thermal battery가 작동되면 270VDC가 생성되며, 이를 전기 구동 유압펌프(electric motor driven hydraulic pump)와 inverter에 공급하여 비상용 유압과 전기를 생산한다. 이처럼 저장된 에너지를 사용하는 이유는 항공기의 고도, 속도 등 외부조건과 관계없이 즉시 동력을 공급할 수 있는 장점이 있기 때문이다. 다만 사용시간에 제한이 있어서 APU 등을 활용하여 비상동력계통 작동 시간을 늘리기도 한다. 이 방식은 제한된 시간 동안만 사용할 수 있긴 하지만, 항공기 자세를 회복하고 엔진을 재시동시키기에 충분한 동력을 가지고 있다.

• RAT

RAT(Ram Air Turbine)는 항공기가 비행하면서 블레이드(blade)로 유입되는 공기의 에너지를 이용하여 터빈이 돌아가게 되며 이를 이용해 비상 유압펌프나 비상 발전기를 가동시킨다. RAT에서 제공하는 동력은 제한된 동력만 제공할 수 있으며 항공기 동체 속에 있다가 엔진 회전수가 규정 이상으로 떨어지는 비상시에 자동 혹은 수동으로 동체 밖으로 나오게 된다. 대부분의 민간 항공기에서 많이 사용하며 군용기에서는 ADV Tornado와 Hawk 항공기에 장착되어 있다. 특히 Hawk기의 경우 RAT가 보통 동체 밑에 있는 것에 비해 동체 위에 설치되어 있다.

11.3 승객 대피 시스템

민간 항공기나 군용 수송기는 모든 탑승 인원들이 정해진 시간 내에 탈출하는 방안이 마련되어 있어야 한다.

- 비상 탈출구는 가장 탈출이 쉬운 지점에 설치하고, 도어는 탈출용 미끄럼틀과 연결되어 승객들이 탈출할 수 있어야 한다.
- 탈출용 미끄럼틀은 자동 혹은 수동으로 작동되도록 설계되어 있고, 신속하게 펼쳐져야 한다.
- 도어는 바깥 방향으로 열리도록 설계하며 신속하게 탈출할 수 있도록 충분한 도어 너비를 가져야 한다.
- 모든 도어는 조명등을 갖춰 쉽게 인식할 수 있어야 한다.

A380 항공기는 비상 상황 시 모든 도어를 통해 탈출할 수 있도록 설계되어 있다. 탈출용 미끄럼틀은 항공기 내부 배터리 전원에 의해 펼쳐진다. 특히 A380은 555명의 많은 인원이 탑승 가능하므로 항공기 1, 2층 모두 16개의 비상 탈출용 미끄럼틀이 배터리 전원을 받아 동시에 펼쳐지도록 하였다. 구명용 조끼는 각 좌석 아래에 비치되어 있고, 구명 고무보트와 위치발신기를 장착하고 있다.

11.4 조종사 탈출장치

민간 항공기의 조종사는 승객용 비상 탈출구를 통해 탈출하거나 구명 로프를 이용해서 조종실의 측면 창으로 내려올 수도 있다. 그러나 전투기 조종사는 고고도, 고속 혹은 속도 '0', 고도 '0'(zero-zero)인 모든 비행 조건에서도 탈출 가능한 사출좌석이 설치되어 있다. zero-zero 상태는 고도 0에서 전진 속도가 0인 조건으로서 지상에서 정지해 있거나 활주 상황에서도 사출할 수 있다는 의미이다. 사출좌석에는 팔다리가 움직이지 않도록 하고, 부상 방지를 위해 팔과 다리를 안쪽으로 당겨주는 각종 벨트와 고정장치가 있으며, 또한 낙하산, 소형 고무보트, 산소 공급장치 및 위치발신기(locator beacon)도 설치돼 있다. 사출좌석은 사

그림 11.1 승객 비상 탈출용 슬라이드

출 시 미리 정해진 경로로 조종실에서 위쪽으로 사출되도록 슬라이드 레일(slide rail)에 장착되어 있다. 또한 부상 방지를 위해 조종실 판넬과 사출좌석 사이에 충분한 간격을 가지고 사출되도록 한다. 조종사는 사출용 핸들을 잡아당겨 로켓 모터(rocket motor)를 작동시키면 사출좌석이 미끄러져 위로 분출되어 올라가게 된다.

또한 캐노피(canopy)도 동시에 조종실로부터 떨어져 나가도록 동기화시키거나 혹은 사출좌석이 캐노피에 도달하기 직전 폭발로 부서지도록 하거나 혹은 사출좌석의 위쪽 부분이 캐노피를 물리적으로 부수는 방법도 있다. 폭발에 의해 캐노피를 부수기 위해 아크릴 캐노피 안쪽에 소형 도폭선(detonating cord)을 설치한다. 이 도폭선은 하나로 연결된 루프(loop)로서 작은 직경을 가진 선 모양이며, 그 안에 폭발물질로 채워져 있다. 이 도폭선은 캐노피가 작은 파편 조각으로 부서질 수 있도록 캐노피에 부착되어 있다. 또한 이 도폭선은 외부에서도 폭발시켜 조종사가 탈출할 수 있게 되어 있다. 폴리카보네이트(polycarbonate) 재질의 캐노피는 작은 파편 조각 형태로 부서지지 않기 때문에 캐노피가 잘려져 나가 공기력에 의해 날아갈 수 있도록 폭발물을 설치한다.

사출좌석은 조종사에게 가속에 의한 영향이 적어지도록 정해진 방법으로 사출되며 낙하산이 펼쳐져 감속되고 난 후 자세를 안정화한다. 이후 일정 시간이 지나면 조종사와 사출좌석이 분리되고 개인용 낙하산이 펼쳐지게 된다. 사출 과정의 모든 단계는 자동으로 이루어지며 낙하산이 펼쳐지기까지 약 2.5초 정도 소요되며, 대기 정압 측정장치를 이용하여 고도 10,000ft 이하에서 조종사와 사출좌석이 분리되도록 설계되어 있다. 조종사 좌석이 둘인 경우는 어느 좌석에서든 사출 핸들을 잡아당기면 작동되며 후방석부터 사출된다.

보통 사출이 이루어지면 캐노피가 먼저 제거되고, 후방 조종석 사출, 전방 조종사 사출, 사출좌석 분리, 위치신호기(locator beacon) 작동, 낙하산(parachutte) 전개의 순으로 진행된다.

현재 캐노피의 분리와 좌석 사출 간의 시간 간격(delay time)은 보통 고정되어 있는데 캐노피와 후방좌석 사이, 후방과 전방 좌석 사이 대략 0.3초 내외로 설정되어 있다. 최근에는 실제 진행 상황을 반영해서 가변 지연시간(variable delay time)을 적용한 좌석이 개발되어 타이푼(typoon)이나 F-35 전투기에 이 시스템이 적용되어 있다.

11.5 경고 시스템

최근의 민간 항공기는 대형화되면서 다양한 시스템을 장착하고 있다. 군용기도 과거와 비교해 더 다양하고 정교한 항전 장비(avionics system)들을 탑재하고 있다. 기술의 발달로 인해 많은 시스템이 전자 장비들을 적용하고 있으며, 기계 시스템이라 할지라도 그 시스템을 제어하기 위한 제어 시스템(control system)은 하나의 전자 장비로 이루어진다. 또한 현재는 과거보다 각 시스템의 정상 및 비정상 상태 혹은 고장 여부를 신속히 판독하고, 대체할 수 있는 fault detection/isolation logic이 많이 발전되고 있다. 이러한 시스템 중에는 비행에 필수적으로 필요하거나 화재와 같은 비행안전에 영향을 주는 시스템이 있다. 따라서 시스템들이 고장 나거나 안전을 해치는 상황이 발생했을 때는 신속하고 정확하게 조종사에게 알려줌으로써 적절한 조치를 마련하도록 해야 한다. 이때 필요한 시스템이 항공기의 warning/caution system이다. 과거에는 많은 시스템의 경고 장치들이 조종실 여기저기 산재해 있었고 개별 시스템별로 경보 시스템을 갖췄으나, 최근에는 경보 시스템을 한곳에 모아 설치한 중앙 집중식 통합경보장치(central master warning/caution panel)들을 장착하고 있다. 또한 항공기 엔진은 별도의 지시 장치를 설치하는 경우도 있다. 과거의 대형 민간 항공기는 항공기관사(flight engineer)를 동승해서 각 시스템의 적절한 작동여부를 판별하는 임무가 있었으나, 최근의 민간 항공기에는 항공기관사가 함께 타지 않는다. 따라서 이러한 통합경보장치의 필요성이 더욱 커지고 있다. 경보장치는 비행 전에 통합경보장치뿐만 아니라 각각의 관련 시스템 경보장치도 반드시 작동상태를 확인해 두어야만 한다.

11.5.1 경고 내용의 전달방식

경보방식은 주로 경고등의 점등을 통해 알려주는 시각적인 지시방식과 사람의 음성으로 해당 내용을 알려주는 음성전달방식(aural message)이 있다. 어떤 경우는 진동과 같은 촉감으로 알려주는 방식도 있다. 경고등의 경우 해당 시스템에 이상이 발생하면 관련 경고등이 모두 점등되고, 음성전달방식의 경우 중요도를 정해 중요도 순서에 따라 음성으로 전달하게 되어 있다. 또한 경고등은 경보 내용의 중요도 및 긴급도에 따라 warning, caution 및 advisory light로 구분하여 경고등의 색깔을 다르게 한다. 조종사가 시각적으로 바로 판단할 수 있도록 일반 계기등과는 다르게 등의 밝기를 조절하지 않게 되어 있다. 최근에는 비행 중에 경보가 발생했을 경우 경보장치가 발령됨과 동시에 해당 고장의 구체적인 내용을 저장/기록 및 지시해 주는 별도의 장치들을 갖추고 있어 비행 중에 적절한 조치를 취할 수 있도록 하고, 착륙 후에는 해당 시스템의 정비를 좀 더 용이하게 해주고 있다.

- 주의등

  주의등(Caution Lights)은 시스템의 작동이 비정상적이나 비행에 치명적인 위험을 주지 않는 상황에 점등된다. 장시간 이런 상황을 유지할 경우에는 비행안전에 영향을 줄 수도 있어서 가급적 신속한 조치가 필요하다. 주의등 색깔은 보통 황색(amber)으로 지시한다.

- 경고등

  경고등(Warning Lights)은 비행안전에 직접 영향을 줄 수 있는 상황에 켜지며, 즉각적인 대응조치를 해야 한다. 경고등 색깔은 적색(red)으로 지시한다.

그림 11.2 central master warning/caution panel 사례

• Advisory Lights

Advisory Lights는 시스템의 동작 여부, 작동상태를 지시하며 안전한 상태임을 알려준다. 주로 녹색(green) 이나 청색(blue)으로 점등된다.

11.5.2 항공기의 주요 경고 시스템 사례

주로 항공기 비행안전에 중요한 시스템은 대부분 공통으로 적용하고 있는데, 항공기 엔진(engine), 연료 시스템(fuel system), 유압 시스템(hydraulic system), 화재 및 과열 경보장치(fire & overheat detection system), 실속 감지장치(stall detection system), 방빙장치(anti-icing system), 착륙장치(landing gear system) 등이 있다.

11.5.2.1 항공기 엔진

항공기에 탑재된 장비 중 엔진은 가장 중요한 장비 중 하나이다. 엔진은 항공기 비행에 필요한 추력(thrust)를 제공하는 것뿐만 아니라 항공기에 필수적인 전원을 공급하는 발전기와 유압을 생성하는 유압펌프를 구동시키는 역할을 한다. 따라서 비행안전에 매우 중요하기 때문에 엔진의 상태를 감시하고, 고장 발생 시에는 신속 정확하게 그 상황을 조종사에게 알리고 적절한 조처를 해야 한다. 조종실에는 엔진 관련 계기, 앞 절에서 설명한 중앙 집중식 통합경보 시스템 및 별도로 엔진 관련 계기 및 고장 내용을 지시해 주는 판넬을 설치하는

그림 11.3 EICAS(Engine Indication & Crew Alerting System)

경우도 있다. **그림 11.3**은 EICAS(Engine Indication & Crew Alerting System)를 보여주는 것으로 엔진과 관련된 통합 계기판의 하나이다. 최근 엔진은 자체적으로 엔진의 상태를 모니터링하기 위한 장비를 설치하고 fault detection/isolation 기능이 매우 강화된 엔진제어 시스템을 구비하고 있다.

11.5.2.2 실속 감지장치

항공기 실속(stall)은 항공기의 비행안정성에 좋지 않으며, 항공기의 추락으로 이어질 수 있다. 실속이 발생하면 양력이 급격히 감소하고 저항이 증가하는 현상으로 항공기가 급격하게 불안정한 상태로 진입할 수 있다. 따라서 항공기가 실속 받음각(stall angle) 이상으로 비행할 때는 조종사에게 적절한 경보를 제공해야만 한다. 그림은 실속 감지 센서의 한 종류를 나타낸 그림으로써 슬럿(slot)을 통해 유입된 공기가 paddle를 회전시키고 이는 센서의 저항값을 변하게 하여 받음각으로 변환하도록 한다.

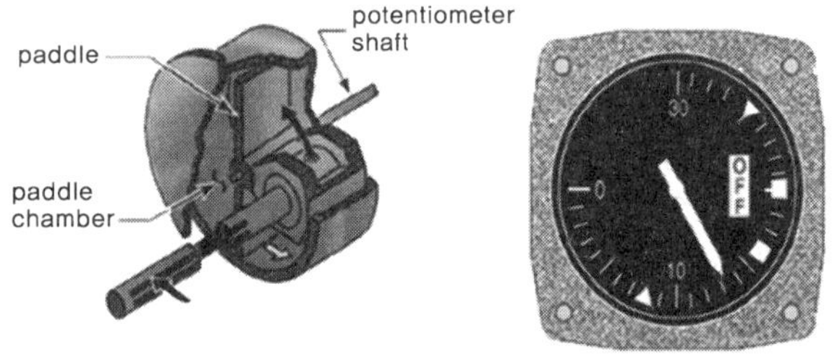

(a) angle of attack probe (b) angle of attack indicator

그림 11.4 실속 감지 센서

11.5.2.3 대지 접근경보장치

항공기 사고의 원인 중 가장 많은 부분을 차지하는 것은 주로 조종사의 판단 실수나 조종미숙으로 인한 것으로 나타나 있다. 특히 이/착륙할 때 많이 발생한다. 착륙 중에 기체의 고장 없이 발생하는 사고 대부분은 주변 상황을 잘못 판단하여 규정된 항로를 벗어나거나 지상과의 의사소통이 제대로 이루어지지 않은 것이 원인이다. 항공기 사고의 가장 흔한 형태인 지형과의 충돌사고는 좋지 않은 기상 상황(구름, 안개, 돌풍, 뇌우 등)에서 착륙을 감행하기 때문에 발생한다. 이런 사고를 방지하기 위해 대지 접근경보장치(GPWS; Ground Proximity Warning System)가 개발되어 1975년부터 모든 항공기에 장착하도록 의무화되어 있다. 다른 명칭으로는 Terrain Proximity Warning System이라고도 불린다. 대지 접근경보장치에서 발령하는 경보는 7가지 mode로 구분되어 있다. 각 mode의 내용은 다음과 같다.

Mode 1: 과도한 강하율

Mode 2: 과도한 지면 접근율

Mode 3: 이륙 후의 과도한 고도 감소

Mode 4: 활주로에 진입하지 않은 경우(착륙준비가 안 된 상황) 과도한 고도 하강

Mode 5: Glide Slope 이하의 강하

Mode 6: 전파고도계의 음성메시지 기능등 비행 상황별 경고

Mode 7: Windshear 경고

그림 11.5는 대지 접근경보장치의 한 사례를 보여주는 그림이다. 경보장치와 함께 관련 기능을 선택하는 스위치가 설치되어 있다. 최근에는 좀 더 개선된 Enhanced GPWS를 개발하여 사용하고 있다. 과거의 대지 접근경보장치에 공항 항법장치의 정보를 받아 컴퓨터에 내장된 디지털 지도(digital map)와 비교하여 충돌을 예측하는 기능도 포함하고 있다.

대지 접근경보장치와 함께 공중에서의 항공기 충돌을 예방하기 위한 공중 충돌 회피장치(Traffic Alert and Collision Avoidance System 혹은 Airborne Collision Avoidance System)이다. TCAS I, TCAS II로 구분하여 선택된 거리 내에 있는 모든 항공기를 식별하

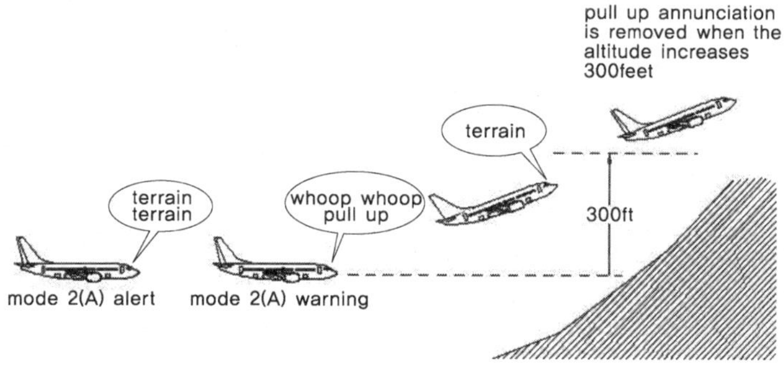

그림 11.5 GPWS mode 2(A)

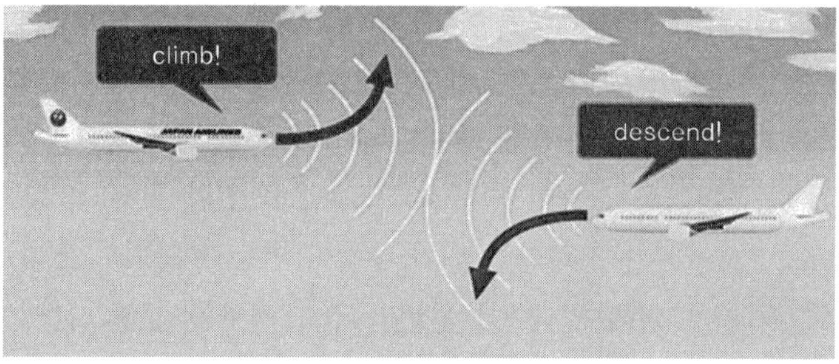

그림 11.6 TCAS의 충동회피 기능

여 위협 가능성을 알리는데(TCAS I), 이와 함께 조종사에게는 회피 지시를 내리는(TCAS II) 기능이 있다.

11.5.2.4 이륙 관련 경고

B737 항공기의 경우 이 장치가 설치되어 있다. 항공기가 지상에 있고 2개의 추력 레버(thrust lever) 중 하나 혹은 2개 모두가 이륙을 위한 추력 조건으로 앞으로 전진하여 있는 경우와 뒷전 플랩(trailing edge flap), 앞전 플랩(leading edge flap), stabilizer, speedbrake, parking brake 등이 적절한 위치에 있지 않은 경우가 되면 소리로 경고 메세지를 전달해 준다.

11.5.2.5 착륙장치 관련 경고

B737에는 랜딩 기어에서 오는 신호, 랜딩 기어 레버(landing gear lever) 위치, 추력 레버(thrust lever) 위치 신호를 이용하여 landing gear indication lights가 점등된다. 우선 랜딩기어 위치와 랜딩 기어 위치 레버 위치가 서로 일치하지 않는 경우와 랜딩기어 downlock이 되지 않았을 경우 붉은색(red)등이 점등된다. 랜딩 기어가 내려와 downlock이 걸리면 초록색(green)등이 들어온다. 또한 추력 레버의 위치와 플랩의 위치(각도)와 연관해서 몇 가지 경우에 대해서 음성 메시지(aural mes sage)가 발령된다.

11.6 비행기록장치

민간 공역(airspace)에서 운항하는 모든 민간 항공기와 군용기는 반드시 사고 후에 사고원인 규명을 위한 각종 비행 관련 정보들을 기록하는 비행기록장치(flight data recorder)를 장착하게 되어 있다. 이 장치는 여러 가지 이름으로 불리는데 crash recorder, accident data recorder, flight recorder 혹은 잘 알려진 black box recorder 등으로 알려져 있다. 이 장치는 항공기 사고가 발생하더라도 작동이 되어야 하고, 무선 전파 발신기(radio locator)나 수중 음파 발신기(sonar locator)가 장착되어 위치 추적이 가능하게 되어 있다. 기록되는 정보는 비행 조건에 관련된 정보 외에도 비행에 관련된 주요 정보를 일정 시간 연속해서 저장한다. 기록되는 비행 조건 정보에는 고도, 속도, 항공기 자세, 현재 위치와 시간 정보가 있으

그림 11.7 Flight data recorder

며, 조종간, 추력 조절 장치의 위치, 비행조종면 위치, 엔진 회전수, 온도와 압력 같은 정보들이 함께 저장된다. 일부 장비에서는 조종실 내부의 대화와 외부와의 통신내용을 기록하거나 조종실 내부의 화면 자료도 저장하는 장치가 있다. 이 모든 정보는 사고 후에 사고 원인을 해석하는 데 사용하고 있다.

11.7 충돌 스위치

많은 군용기에서는 매우 위험한 조건에서도 착륙할 수도 있다. 조종사는 항공기에서 신속하고 안전하게 탈출해야 하고 가능하면 화재 위험성을 줄이는 조치를 해야만 한다. 보통 이런 비상 상황에서 여러 가지 필요한 조치를 한 번의 조작으로 가능하게 하는 충돌 스위치(crash switch)를 설치한다. 엔진정지, 연료차단, 배터리 분리, 엔진실소화제 방출 같은 일련의 조작들이 이 스위치를 한 번 조작함으로써 가능해진다. 이런 일련의 예방책들은 수동 혹은 자동으로 이루어지며 수동 동작을 위해 조종실에 스위치를 설치한다. 그리고 자동 동작은 항공기 추락조건에서 작동하는 관성 스위치(inertia switch)에 의해서 가능해진다.

12

회전익기 시스템 (rotary wing systems)

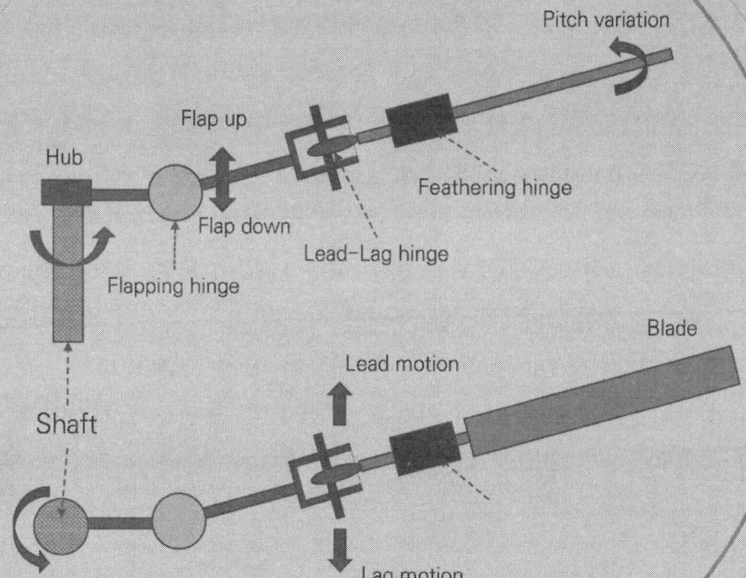

12.1 개요

헬리콥터는 고정익과 비교해 개발 역사에서 매우 나중에 등장하게 된다. 몇몇 개발자들이 1920년대와 30년대에 들어와 오토자이로(autogyro)를 개발하고 나서, 30년 중반에 와서야 실제 현대의 헬리콥터를 개발하게 된다. 1940년대 초반 Sikorsky사의 R5가 나오기 전까진 일반적으로 헬리콥터는 시대착오적인 것으로 간주하였다. 1950년 한국전쟁에 헬리콥터가 대규모로 참전하여 인원 및 물자 수송, 의료용 등 그 가치를 인정받게 되었으며, 1960년대에 비로소 전투성능을 가진 헬리콥터가 등장하게 된다. 특히 최근의 걸프전쟁에서는 중무장 헬리콥터(Apache)와 미사일이 장착된 헬리콥터(Lynx)까지 등장하게 되었다.

최근 헬리콥터의 역할이 점차 커지면서 헬리콥터도 좀 더 정교해지고 복잡해지기 시작하였다. 더 많고 어려워진 임무를 달성하기 위해 더 많은 시스템이 장착되었고, 이것은 곧 더 많은 추진력과 엔진을 요구하는 상황으로 전개되었다. 한 예로 1950년대 Dragonfly 헬리콥터는 최대중량 5,500lb에 550마력 엔진을 장착하고 있었으나, 1990년대 EH101 헬리콥터 같은 경우 30,000lb 중량에 1,437마력을 가진 T700 엔진 두 개를 장착하고 있다.

헬리콥터의 크기와 엔진의 수가 증가하면서 시스템은 더욱 복잡해지고 소모되는 전기용량은 불과 몇 년 전의 전투기에서 소요되는 용량과 동등하게 되었다. 또한 전기동력과 유압동력은 높은 수준의 대체 시스템(back-up)이 장착되고, 전자 장비 탑재의 증가, 복잡한 자동 비행(autopilot)과 비행제어 시스템의 장착이 늘어나고 있다.

일반 고정익과 다른 헬리콥터 고유의 특성은 항공기 시스템에도 특별한 관심을 가지게 할 수밖에 없다. 비록 시스템의 원리는 같을지라도 수직으로 이착륙하는 특징은 설계상 또 다른 관점을 가지게 한다. 수직으로 이륙할 때 높은 중량 대 동력비가 필요하며, 일반적으로 적절한 마진을 가지고 수직으로 이착륙하려면 중량 대 추력비가 1.25대 1은 돼야 한다. 이 수치에는 엔진 동력전달장치(transmission)에서 발생한 손실을 고려한 수치이다. 여유 추력 성분은 헬리콥터 수직 방향으로 가속할 수 있고 기동할 수 있는 능력을 갖추게 한다.

헬리콥터 비행제어는 고정익의 그것과는 아주 매우 다르다. 또한 정지비행(hover), 제한된 장소에서의 수직 착륙과 같은 고유 특성은 특이한 시스템 요구 조건이 필요하다. 예로, 고정익에서는 없는 자동 정지비행(auto-hover) 같은 기능이 있어야 한다.

본 절에서는 회전익기 시스템에 대해 기술을 할 것이며, 고정익기 시스템과 같은 내용이 많아서 특별히 헬리콥터의 특징이나 차이점에 관한 내용에 주안점을 두도록 하겠다.

12.2 헬리콥터 비행 원리

헬리콥터는 고정익 항공기와 달리 동체 상부에서 수평으로 회전하는 메인 로터 블레이드(main rotor blade)로부터 양력과 추력을 얻는다. 헬리콥터 로터 블레이드(rotor blade)도 하나의 날개꼴(airfoil)로서 고정익 날개와 같이 공기역학 힘을 발생시키고 이 힘이 중량에 대응하는 양력과 추력으로 분력이 된다. 즉, 헬리콥터 엔진은 추력을 만드는 장치가 아니고 로터 블레이드를 회전시키는 동력을 만들어 낸다. 헬리콥터의 추진 시스템이 로터를 회전시키면, 뉴턴의 작용, 반작용의 원리에 의해 동체는 로터의 회전 방향과 반대로 회전하는 현상이 생긴다. 이 현상은 보통 헬리콥터의 테일 로터(tail rotor)에서 나오는 양력(이 경우는 수평 방향)을 이용해서 회전 토크(anti-torque)를 제어하게 된다. 만일 이러한 기능이 없다면 메인 로터의 회전 방향과 반대 방향으로 헬리콥터가 회전하는 결과를 초래한다. 헬리콥터를 수직 방향으로 비행하려면 전체적으로 메인 로터의 피치각을 변화시키고, 엔진 출력을 적절히 변화시켜 로터의 회전수(RPM)를 일정하게 유지해야 한다. 수평 방향으로 비행하려면 블레이드가 360° 회전하는 동안 블레이드의 피치각이 개별적으로 변화되도록 사이클릭(cyclic)을 변화시켜 원추형 로터 회전면(plane of rotation)을 요구되는 방향으로 기울어지게 해야 한다. 방향 조종(yaw)은 엔진 동력을 적절히 변화시켜 메인 로터의 회전수를 일정하게 유지하면서 테일 로터인 안티토크(anti-torque) 로터의 블레이드 피치각을 변화시켜 제어한다. 헬리콥터 성능은 고도와 대기 온도에 의해 성능이 크게 제한되는데 고도와 대기 온도가 증가하면 공기밀도가 감소하고, 이에 따라 양력도 감소하기 때문이다. 최신 헬리콥터의 최대 운용 고도는 통상적으로 7,000~10,000피트 범위이나 헬리콥터의 총 중량과 대기 조건에 따라 이보다 훨씬 더 낮아질 수 있다. 헬리콥터의 성능은 추력을 충분하게 발생시키는데 필요한 엔진 토크와 메인 로터의 회전수에 따라 달라진다.

헬리콥터는 제자리 비행(hovering)과 수직 상승비행을 위해 강력한 엔진 동력이 필요하다. 양력 발생을 위해 메인 로터 블레이드의 피치각을 증가시키는 경우 메인 로터의 항력도 증가되므로 이에 대응하면서 메인 로터의 회전수도 일정하게 유지하려면 더 많은 엔진 토크를 발생시켜야 한다.

최근에는 NOTAR(No TAil Rotor) 시스템이 개발되어 테일 로터가 없이도 동체가 회전하는 현상을 제어할 수 있다. 이외에도 주 로터가 앞뒤 혹은 좌우에 2개 달린 헬리콥터, 같은 축에 2개의 로터가 달린 일도 있는데 모두 로터의 회전을 서로 반대 방향으로 돌림으로써 토크를 상쇄시킨다. 때로는 회전 방향을 반대로 해서도 제어가 안 되는 경우는 로터의 회전

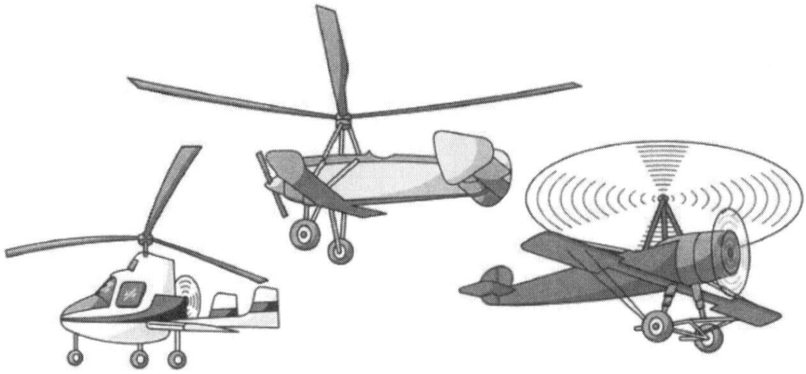

그림 12.1 오토자이로(autogyro)

면을 약간 기울임(differential cyclic)으로써 해결할 수도 있다.

헬리콥터와는 다른 형상을 가는 오토자이로(autogyro) 회전익기가 있다. 현대의 헬리콥터가 나오기 이전에 먼저 개발된 것으로 **그림 12.1**과 같다. 헬리콥터와 달리 메인 로터는 엔진에 의해 구동되지 않고 자동으로 회전하며, 공기가 로터 디스크를 통과 후 양력을 발생시킨다. 이러한 효과를 “오토로테이션(autorotation)”이라 부른다. 메인 로터 조립체는 엔진 동력을 받지 않는 자유 회전 휠(free wheel)이므로 토크 반작용이 없으며, 따라서 안티 토크(anti-torque) 테일 로터가 필요하지 않다. 추력은 엔진에 돌아가는 프로펠러에 의해 만들어지고, 추력에 의해 전진 비행을 하면 메인 로터에 공기가 유입된다. 승강타(elevator) 및 방향타(rudder)로 피치와 방향을 제어하면서 로터 헤드(rotor head)를 경사지게 하면 기동 비행을 할 수 있다. 오토자이로는 제자리 비행(hovering)이나 수직 비행을 할 수 없다. 스페인의 시에르바가 오토자이로에 적용한 플래핑 힌지(flapping hinge)는 그 이전까지 헬리콥터 개발에 어려움을 주었던 문제를 해결하여 현대의 헬리콥터 개발이 가능하게 되었다.

12.3 로터 시스템

헬리콥터 로터 시스템은 양력을 만들어 내는 부분으로 회전축인 마스트(mast), 허브(hub)와 로터 블레이드(rotor blade)로 구성된다. 마스트는 엔진 동력을 전달하는 트랜스미션과 연결되어 회전하는 축을 말하며, 마스트의 맨 위쪽에서 로터 블레이드와 연결되는 지점을 허브라고 한다.

12.3.1 로터 블레이드의 운동

헬리콥터의 로터 시스템을 이해하기 위해서는 비행 중 회전하는 로터의 움직임에 대해 이해해야 한다. 메인 로터는 플래핑(flapping), 리드-래그(lead-lag), 페더링(feathering) 세 가지 운동을 한다. 비행하는 로터에 작용하는 공기 속도는 헬리콥터 전진 속도와 로터 회전에 의한 선속도(linear velocity)의 벡터(vector) 합으로 정해진다. 만일 로터를 위에서 볼 때 반시계 방향으로 회전하는 헬리콥터는 3시 방향 로터(전진익, advancing blade)는 전진 비행 속도와 선속도가 같은 방향이라 합쳐진 공기 속도이고, 9시 방향의 로터(후퇴익, retreating blade)는 비행 속도와 선속도의 방향이 반대여서 공기 속도가 작아진다. 이 속도의 차이로 로터에서 나오는 양력의 크기가 달라져 롤링 모멘트(rolling moment)가 발생한다. 이를 막기 위해 플래핑 힌지(hinge)를 로터 허브(hub)에 설치하면 전진익은 로터가 위쪽으로(flap up), 후퇴익은 로터가 아래쪽으로(flap down) 움직이는 플래핑(flapping) 운동이 일어난다. 플래핑 운동이 일어나면 로터를 위에서 볼 때 로터의 무게 중심과 로터 회전 중심과의 거리가 플랩 업일 때 가까워지고, 플랩 다운일 때 멀어진다. 회전체에서 반경 방향의 무게 중심 변화는 국소적인 moment of inertia가 달라지고 이는 코리올리(coriolis) 효과로 로터의 회전 속도가 가속 혹은 감속 현상이 일어난다. 이런 운동을 로터의 리드-래그라 하고 이를 흡수해주는 힌지를 리드-래그 힌지(lead-lag hinge, drag hinge)라고 한다. 마지막으로 로터는 사이클릭(cyclic)과 컬렉티브(collective) 제어를 하면 회전하면서 피치(pitch)가 변하는 운동을 하고 이 운동을 페더링(feathering)이라 한다. 이 운동을 가능하게 해주는 힌지를 페더링 힌지(feathering hinge)라고 한다. 힌지는 로터 허브에 작용할 수 있는 모멘트가 걸리지 않도록 해주는 장치이며, 만일 힌지가 없다면 모멘트를 흡수하지 못해 로터 허브가 파손될 수 있다.

12.3.2 주 로터 시스템 종류

• **완전 관절식 로터**

이 방식은 플래핑, 리드-래그, 페더링 힌지를 모두 가지고 있는 로터를 완전 관절식 로터(fully articulated rotor)라고 한다. 각 로터 블레이드는 독립적인 운동을 할 수 있다. 조종사의 입력 신호인 cyclic, collective control에 맞춰 각 로터 블레이드는 플래핑, 리드-래그, 페더링 운동을 하게 된다. 로터 블레이드의 피치각(pitch angle)이 커져 양력이 커지면 플랩 업이 되면서 가속에 의해 동시에 리드(lead) 운동이 일어난다. 반대로 플랩 다운이 되면 래그

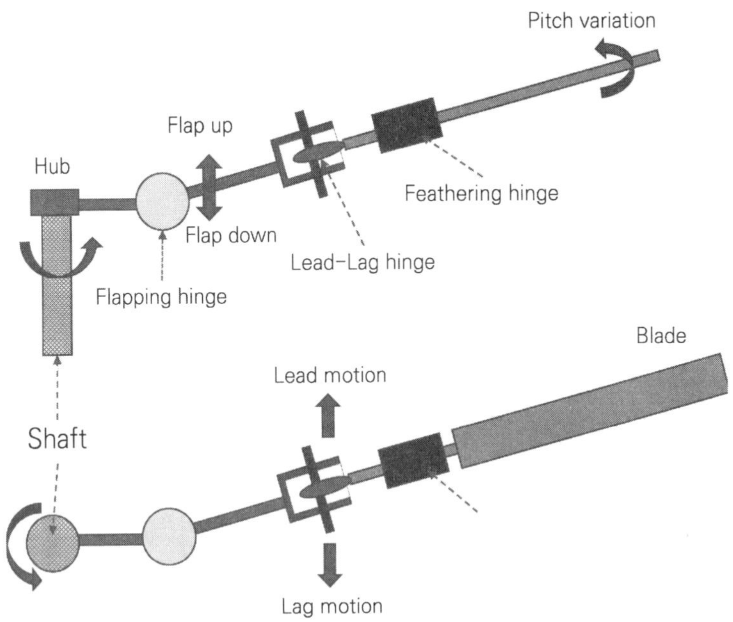

그림 12.2 Fully articulated rotor

(lag)운동이 일어난다. 또한 로터 블레이드는 질량을 가진 회전체이기 때문에 자이로의 섭동성(gyro precession)이 발생한다. 섭동성은 회전체에 어떤 방향으로 힘을 가하면 그 힘에 대한 반응이 회전방향의 90도 전진된 위치에서 발생하는 현상이다. 항공기에서는 이런 자이로 현상을 이용하여 항공기 자세에 관련된 정보를 만들기도 한다. 따라서 설계할 때 조종사의 입력신호에 맞게 로터 블레이드의 위치가 맞춰져야 한다.

• 무힌지 로터

플래핑, 리드-래그 힌지를 없애고 허브와 로터를 연결하는 신축성 재질 구조물(flexture)의 변형(굽힘)으로 플래핑과 리드-래그를 하는 로터를 무힌지 로터(hingeless rotor 혹은 rigid rotor)라 한다. 무힌지 로터는 페더링 힌지는 있고, 로터 블레이드가 허브에 강체(rigid) 구조로 연결되어 있어 강성(rigid rotor) 로터라고도 한다. 힌지가 없어 기계적으로 간단하지만, 힌지 대신 구조물의 굽힘(bending)으로 흡수하기 때문에 로터 시스템 구조는 복합하다. 이 방식은 제어 명령에 대한 반응이 좋으며, mast bumping 현상은 거의 없다. 복잡한 힌지가 없어 로터 시스템 신뢰성(reliability)이 좋고 정비성도 좋아진다. 단점으로는 로터와 기체 구조물이 하나의 몸체처럼 붙어있어 비행 중에 난류(tubulance)나 돌풍(gust)을 만나면 승차감이 떨어지고, 다른 형식에 비해 진동을 많이 느낄 수 있다.

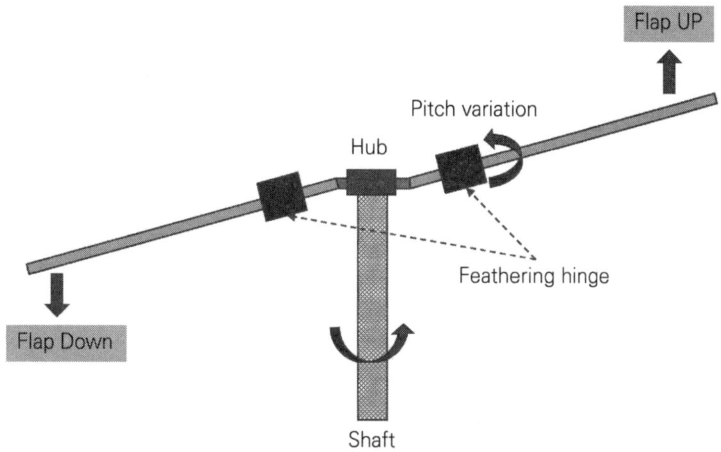

그림 12.3 반강성 로터

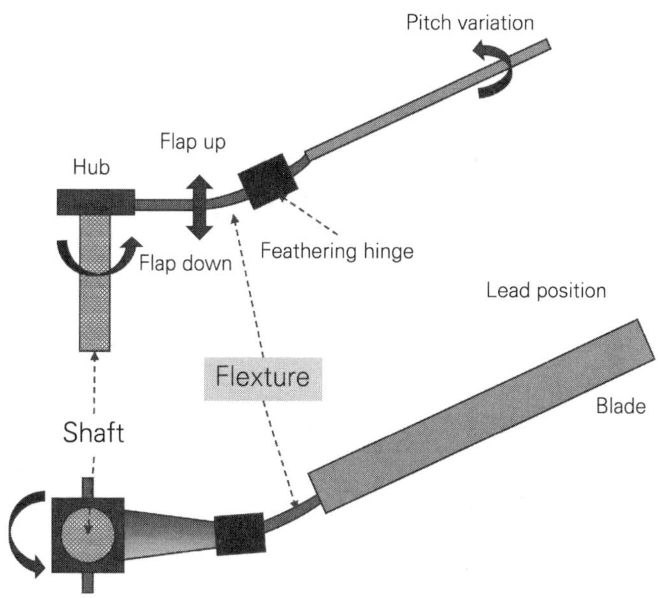

그림 12.4 Hingeless(Rigid) rotor

• 반강성 로터

반강성(semi-rigid) 로터는 마치 시소(seesaw) 같은 놀이 기구처럼 두 개의 블레이드가 로터 허브에 teetering 힌지로 연결되어 플래핑을 한다. 주 로터 허브는 이 힌지로 회전축에 대해 허브의 움직임이 자유롭다. 한쪽이 플랩 업(flap up)하면 반대쪽 블레이드는 플랩 다운(flap down)하는 시소처럼 운동하는 로터이다. 이 로터는 페더링 힌지는 있어 블레이드 피치각을 조절할 수 있으며, 리드-래그 힌지가 없어서 허브와 로터의 구조가 코리올리힘이 최소가 되도록 하는 형상을 하고 있으며 블레이드의 굽힘으로 흡수한다. 보통 허브보다 낮은 위치에 블레이드가 부착되도록 하는 형태(underslang rotor)를 가지고 있어 플레핑을 할 때 블레이드 무게중심의 위치변화가 최소화되도록 하여 리드-래그 운동을 줄이게 된다. 반 강성 로터는 로터 블레이드가 두 개인 헬리콥터에 사용하는 방식이다. 반강성 로터는 과도한 플래핑이 발생하는 mast bumping 현상이 생길 수 있어 플래핑 각도에 제한을 두는 장치(static stop)가 설치되어 있다. 이 현상은 저속의 로터 회전수, 높은 밀도 고도(density altitude), 무게가 큰 조건에서 전진 비행속도가 증가할수록 일어나기 쉽다.

• 무베어링 로터

최근에는 모든 힌지를 없애고 대신 탄성을 가지는 신축성 구조물(flexture)과 기계 베어링(mechanical bearing) 대신 탄성중합체 베이링(elestomeric bearing)으로 대체한 로터를 사용하고 있다. 이 베어링은 고무와 금속 재질을 같이 배치하여 플래핑과 리드-래그 운동을 굽힘 변형으로 흡수하고, 허브와 로터 블레이드 사이에 토크 튜브(torque tube) 같은 구조를 설치하면 비틀림에 의해 페더링 운동도 가능하게 할 수 있다. 탄성중합체 베어링을 사용하는 로터를 무베어링 로터(bearingless rotor)라고도 부른다. 보통 허브의 재질은 섬유 복합재(fiber composite)를 사용한다. 탄소중합체 베어링은 fail-safe개념으로 제작하며, 사용에 의한 마모는 점진적이며 육안으로 확인할 수 있다. 기계식 베어링에서는 윤활이 필요없다.

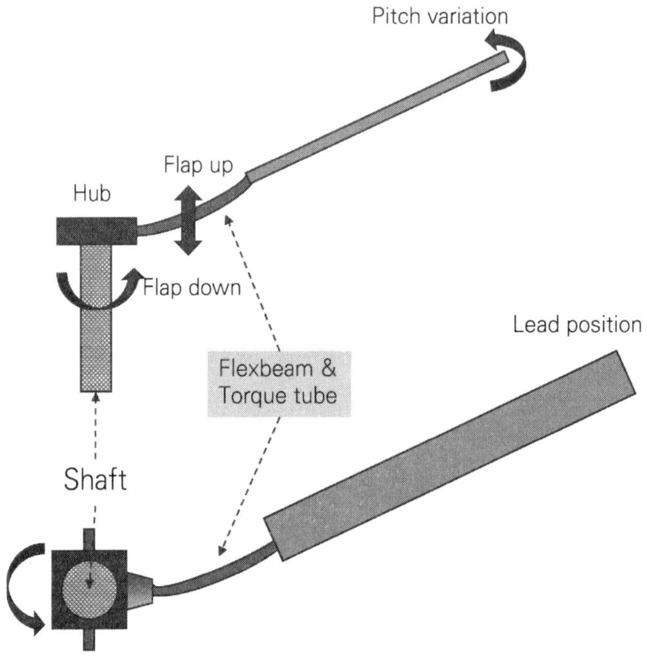

그림 12.5 무베어링 로터

12.3.3 Swash plate

이 swash plate는 조종사의 압력 신호를 로터 블레이드에 최종적으로 전달되는 장치이다. 조종사의 비행조종장치인 cyclic과 collective control stick으로 만든 입력을 헬리콥터가 비행하는데 필요한 주 로터(main rotor)의 움직임으로 만들어 낸다. 두 개의 부분으로 구성되며 stationary swah plate, rotating swash plate가 있다.

Stationary swah plate는 회전축인 마스트 주위에 설치되며, 푸쉬 로드(push rod)로 인해 cylcic, collective control과 연결되어 있어 이 입력 신호에 맞춰 모든 방향으로 기울어질 수 있으며 수직 방향으로 움직이게 된다. 이런 움직임으로 로터 블레이드의 피치각과 로터 블레이드 회전면을 변화시켜 원하는 방향으로 비행할 수 있도록 한다. rotating swash plate는 stationary swahw plate 위에 설치되며 링크(link)로 마스트(mast)에 연결되어 마스트 회전에 맞춰 같이 회전한다. 피치 링크(pitch link)에 의해 피치 혼(pitch horn)과 연결되어 로터 블레이드 피치각을 조절한다. 두 개의 swash plate는 하나의 몸체로 경사가 지도록 기울여지거나, 상하 방향으로 움직인다. swash plate가 기울어지면 로터 회전면도 같은 방향으로 기울어지면서 로터 블레이드에서 나오는 양력도 기울어진다. 기울어진 양력의 분력 중에 기울어진 방향의 추력이 발생하여 헬리콥터가 swash plate가 기울어진 방향으로 비행하며, 상하로 움직이면 헬리콥터가 상승 혹은 하강 비행을 하게 되는 것이다.

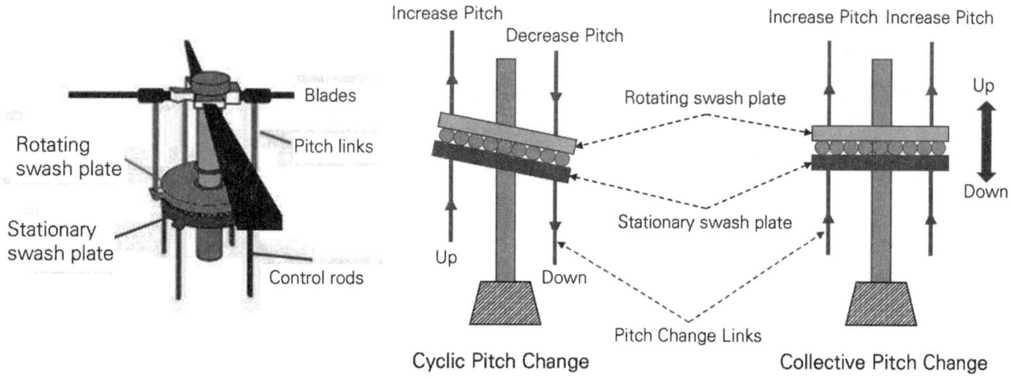

그림 12.6 Helicopter swash plate

12.3.4 테일 로터의 종류

주 로터가 회전하면 반작용으로 동체가 주 로터 회전방행과 반대 방향으로 회전하는 현상

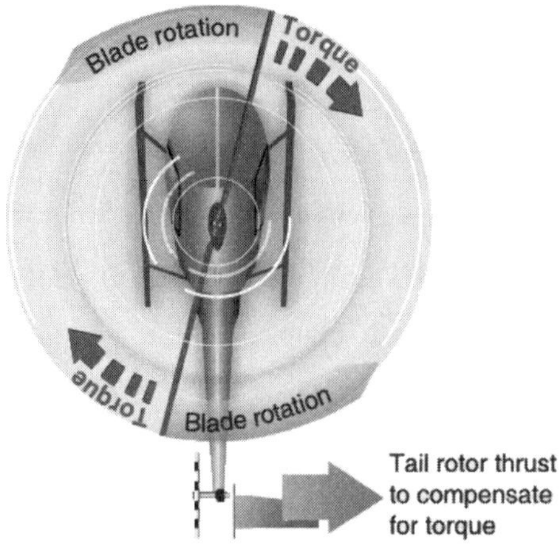

그림 12.7 테일 로터의 역할

이 필연적으로 발생한다. 이를 방지하기 위해 테일 로터를 설치하여 여기서 나오는 힘의 크기를 조절하여 토크를 조절한다. 이런 기능 때문에 테일 로터는 tail rotor라고도 하지만 anti-torque rotor라고도 불린다. 꺼리 로터는 주 로터처럼 날개꼴(airfoil)이기 때문에 가변 피치를 하면 공기력(테일 로터 입장에서는 양력) 크기도 조절할 수 있다. 따라서 주 로터의 토크가 변하면 이에 맞춰 테일 로터의 피치각을 조절하며, 토크 조절뿐만 아니라 테일 로터에서 나오는 힘의 크기를 조절(피치각 조절)하여 헬리콥터의 방향도 조절할 수 있다. 테일 로터는 종력전달장치에 주 로터와 함께 연결된다. 테일 로터의 종류에는 주변에서 흔히 보는 노출형 테일 로터, fenestron, NOTAR 방식이 있다.

fenestron 방식은 fan-in-tail이라고도 하며 수직 꼬리 동체 쪽에 로터 블레이드를 선풍기처럼 감싸고 있는 형태이다. 안쪽 덕트에 있는 여러 개의 블레이드와 가변 피치 팬으로 구성

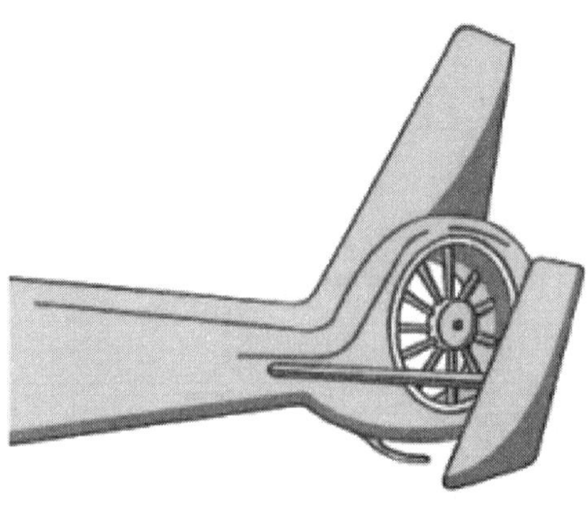

그림 12.8 fenestron tail rotor

되어 있다. 블레이드 팁과 덕트 벽 사이의 작은 틈은 끝 와류를 줄이고, 따라서 소음을 감소시키며, 공기역학적 효율을 증가시킨다. 테일 로터가 감싸져 있어서 사람이나 물체에 닿지 않는 안전한 형상이다. 그리고 로터가 덕트 안에 설치되어 있어 전진 비행속도가 로터에 영향을 주지 않기 때문에 추력의 비대칭이 거의 없어 플래핑 힌지(flapping hinge)가 필요하지 않다.

NOTAR는 No-Tail-Rotor의 약자로서 테일 로터가 없는 형상이며 토크 조절과 방향 조절은 테일 붐의 공기제트(air jet)와 회전노즐(rotating nozzle)에서 나오는 공기제트에 의해 가능해진다. 테일 로터와 동체를 연결하는 구조물인 테일 붐(tail boom) 내부에 가변 피치 블레이드 팬(variable pitch balde fan)을 설치하여 압력은 높지 않지만, 유량이 많은 공기를 테일 붐 내부로 흐르게 한다. 공기 유량 중 일부는 테일 붐 길이 방향으로 뚫어 놓은 두 개의 슬롯(slots)을 통해 공기제트 형태로 빠져나간다. 이 공기는 경계층 제어(boundary layer control)의 하나인 코안다 효과(Coanda effect)로 테일 붐 표면을 따라 흐르게 되고 주 로터에서 나오는 downwash 후류와 합쳐져 마치 날개에서 양력을 만들어 내는 형상과 같아진다. 이 힘은 제자리 비행에서 필요한 토크값의 60% 정도를 만들어 낸다. 나머지 필요한 토크는 테일 붐 끝에 설치된 노즐을 통해 블레이드 팬 공기제트가 나가면서 만들어 낸다. 전진 비행일 때는 필요한 토크값의 대부분은 수직안정판(vertical stabilizer)에서 만들고 일부의 토크가 앞서 설명한 방법으로 만들어져 방향 조절 기능을 한다.

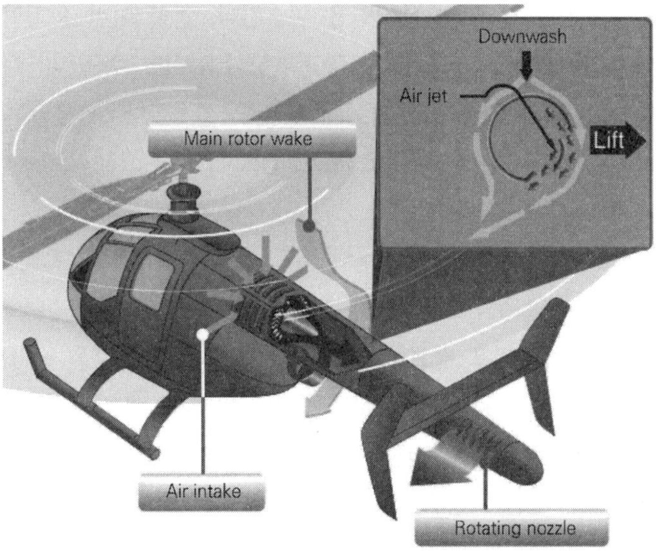

그림 12.9 NOTAR의 개념

12.3.5 주 로터의 배치 형상

주 로터의 배치 형상(main rotor configurations)에 따라 헬리콥터 형상도 달라진다. 흔히 보는 헬리콥터는 한 개의 주 로터와 한 개의 테일 로터 시스템으로 되어 있다. 주 로터 시스템이 두 개인 헬리콥터 형상도 많은데 두 개의 로터가 헬리콥터를 정면에서 볼 때 좌우 양쪽에 설치된 side-by-side 형상, 두 개의 로터 시스템이 동체 앞뒤에 설치된 tandem 형상이 있으며, 흔하게 보기 어려운 intermesh 형상의 헬리콥터가 있다. 또한 두 개의 로터 시스템이 하나의 마스트에 설치된 coaxil 형상이 있다. 두 개의 주 로터가 설치된 경우는 모두 기본적으로 테일 로터가 없으며, 토크 조절을 하기 위해 로터 회전 방향을 서로 반대로 해야 한다. 방향 조절을 위해 두 개의 로터에서 만드는 토크를 차이 나게 한다. 여러 향상에서 현재 side-by-side 형상은 거의 사용하지 않고 있으며 헬리콥터 개발 초기 단계에서 개발되었던 형상이다. 2차 세계대전 기간에 독일에 의해 처음으로 개발되었던 형상이며 실전에서 임무도 수행했다.

12.3.6 댐퍼

완전 관절식 로터(fully articulated rotor)의 리드-래그 힌지는 코리올리스 효과에 의해 로터 회전방향에 대해 전진 혹은 지연 움직임을 일으킨다. 만일 이런 움직임이 과도하면 로터가 불균형해져 심한 진동을 일으키고, 지상 공명현상이 일어날 수 있다. 이런 움직임을 조절하기 위해 로터 허브(hub)와 블레이드 사이에 댐퍼를 설치한다. 사용되는 댐퍼의 종류에는 유압 댐퍼(hydraulic damper), 마찰 댐퍼(friction damper), 탄성 댐퍼(elestomeric damper)가 있다.

유압 댐퍼는 리드-래그 힌지의 연장선상에 유압 실린더, 피스톤, 로터 허브와 연결된 로드로 구성된다. 내부에 유압유의 흐름을 줄이는 오리피스에 의해 댐핑(damping) 기능을 하고, 로터 속도가 빨라지면 릴리프 밸브(relief valve)가 열려 흐름양을 증가시킨다. 마찰 댐퍼는 로터 디스크에 마찰판이 끼워져 있어 로터 움직임에 의한 충격을 흡수한다. 탄성 댐퍼는 댐퍼 실린더 내부가 탄성체 재료로 만들어진 피스톤 역할의 장치와 로드로 구성된다. 탄성체는 수축이나 팽창하면서 면 모양을 바꾸지만, 가해지는 힘이 없으면 원래의 모양으로 돌아간다.

12.4 동력전달장치

동력전달장치(Transmission system)는 정상 비행 조건에서 엔진 동력을 주 로터(main rotor), 테일 로터(tail rotor), 기타 보조장치에 전달하는 장치를 말한다. 이 장치에는 보통 주 로터와 테일 로터에 엔진 동력을 전달하는 주 동력전달장치(main transmission), 클러치(clutch), freewheeling unit로 구성된다.

12.4.1 주 동력전달장치

주 동력전달장치의 주목적은 엔진 출력 회전수를 주 로터와 테일 로터의 적정 회전수로 감소시키는 것이다. 보통 메인 로터 기어 박스(MGB: Main Rotor Gear Box), 중간 기어 박스(IGB: Intermediate Gear Box), 테일 로터 기어 박스(TGB: Tail Rtor Gear Box), 메인 또는 테일 로터 구동축으로 구성되어 있다. MGB에는 직류 혹은 교류발전기(alternator), 유압펌프, 오일펌프를 위한 보조 드라이브 장치가 있다. MGB, TGB의 베벨기어를 통해 메인 로터와 테일 로터 구동축을 회전시키며, IGB는 테일 로터를 구동하기 위해 MGB에서 나오는 축과 TGB의 각도가 변경되는 지점에 설치된다.

로터 구동축, 보통 엔진 회전수와 주 로터(main rotor) 회전수를 측정하기 위한 회전수 측

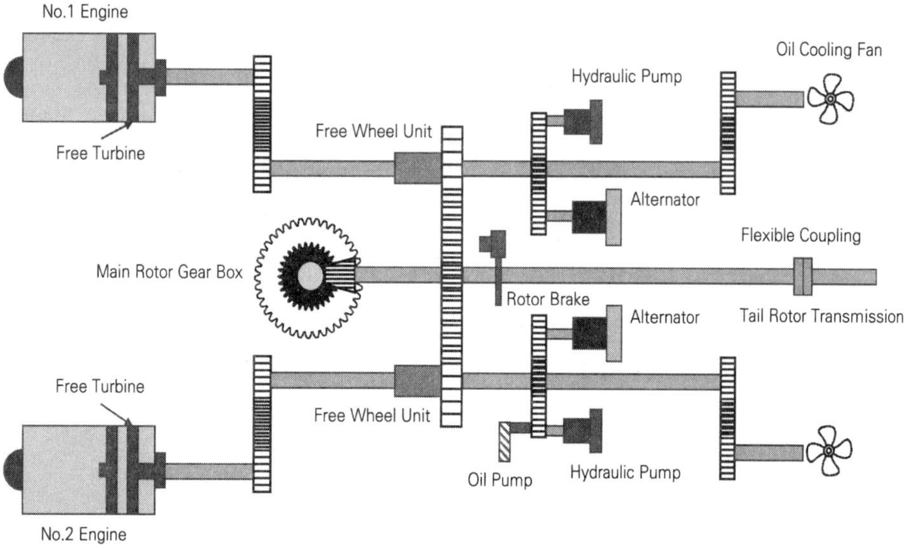

그림 12.10 주 동력전달장치의 시스템 개략도

정 센서(tachometer)와 별도의 계기가 있으며, 퍼센테이지(%) 비율로 표시한다. 로터 회전수 계기판은 클러치(clutch)가 연결되고 난 후 로터가 가속되는 과정과 autorotation 상황에서 제한치 회전수 범위에 있는지를 확인하는 데 사용한다. 두 개의 회전수 중에서는 주요 관찰 대상은 로터 회전수이고 엔진 회전수는 이차적인 관찰 대상이며, 로터 회전수 측정 센서가 고장이 났을 때는 엔진 회전수를 이용하여 간접적으로 계산할 수 있어야 한다.

또 다른 기능으로는 보통 수평 방향의 엔진 회전축의 동력을 로터를 회전시키기 위해 수직 방향의 회전축으로 변환시키는 것이다.

12.4.2 클러치

보통 고정익 비행기에서는 엔진과 프로펠러가 영구적 연결 형태를 가지는 데 반해, 헬리콥터는 엔진과 회전축이 필요할 때 연결된다. 고정익에서 엔진의 동력 대비 프로펠러의 무게비율 보다 헬리콥터에서 엔진의 동력 대비 로터 시스템의 무게비는 매우 크다. 그래서 엔진 부하를 줄이기 위해 엔진 시동이 시작될 때는 클러치(clutch)에 의해 로터와 엔진은 분리된 상태가 된다. 이후 엔진 회전수가 일정 수치에 도달하면 클러치는 분리된 로터와 엔진을 연결하여 엔진 시동이 걸리도록 하며 점진적으로 로터 하중을 부담하도록 해준다. 보통 벨트에 의해 구동되는 belt drive clutch와 원심력에 의해 연결되는 centrifugal clutch가 있다.

12.4.3 Freewheeling unit

헬리콥터는 엔진 동력으로 회전하는 날개인 로터 블레이드에서 양력을 만들기 때문에 엔진이 고장 나면 로터 블레이드는 회전으로부터 자유로워야 한다. 만일 그렇지 못하면 엔진 고장과 함께 로터 블레이드의 회전도 정지되어 급격한 추락으로 이어질 수 있다. 이런 기능을 위해 엔진과 동력전달장치(transmission) 사이에 freewheeling unit를 설치하여 로터의 회전수보다 엔진 회전수가 낮을 때 자동으로 엔진과 로터를 분리해 준다. 엔진 회전수는 정상 작동일 때 최소한 로터 블레이드의 회전수보다는 항상 큰 값을 가진다. 엔진과 로터가 분리되면 로터 블레이드는 autorotation하면서 양력을 발생시켜 착륙을 시도할 수 있다. autorotation 중에는 메인 로터의 자전으로 MGB를 통해 테일 로터 및 필수 장비에 전원을 공급할 수 있어야 한다.

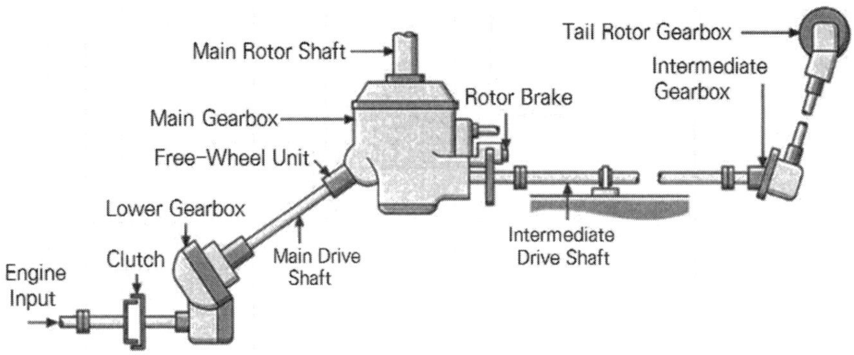

그림 12.11 Gear box & drive shaft

12.4.4 로터 브레이크

로터 브레이크(rotor brake)는 엔진이 정지될 때 로터 회전이 점차 감속되면서 정지되도록 하며, 주기 중에 로터를 정지 상태로 유지하여 풍차(windmilling) 현상을 방지하는 데 사용된다. 엔진 시동 과정에서는 정해진 엔진 회전수에 도달하는 동안까지 로터를 정지 상태로 유지하는 데 사용될 수도 있다. 유형에 따라 로터 브레이크는 전체적으로 기계식 또는 유압식으로 구분할 수 있다. 브레이크는 일반적으로 메인 기어 박스와 가까운 메인 또는 중간 구동축에 있는 디스크형 브레이크이다. 엔진과 MGB 사이에서 프리휠(freewheel) 장치와 MGB 사이에 위치해야 한다. 그렇지 않으면 프리휠 장치가 브레이크 작동을 방해하고 로터가 고정되지 않는다.

12.5 비행조종 계통

헬리콥터도 고정익 항공기와 마찬가지로 3축에 대해 운동을 한다. 롤(roll)은 세로축(longitudinal axis), 피치(pitch)는 가로축(lateral axis) 그리고 요(yaw)와 헤딩(heading)은 수직 축(vertical axis)에 대해 조종이 된다. 이 롤과 피치 움직임은 메인 로터(main rotor)의 회전면(rotating plane)을 원하는 방향으로 기울이기 위한 사이클릭 조종간(cyclic control stick)을 사용하며, 어떤 경우에는 가변 안정판(variable stabilizer)을 사용해서 피치 자세(pitch attitude)를 조절할 수도 있다. 요(yaw)와 방향(directional) 조종은 발로 조작되는 요 페달(yaw pedal)을 사용하여 테일 로터의 피치 각(pitch angle)을 변화시켜 토크값을 조절를 통해 얻을 수 있다. 상승이나 하강에 따른 수직(vertical) 움직임은 컬렉티브 레버(collective lever)를 사용하여 메인 로터의 피치 각을 변화시켜 그에 따른 양력(lift) 변화를 통해 얻을 수 있는데, 이때 메인 로터 피치 각 변화에 따른 항력(drag) 증가는 메인 로터의 회전수(RPM)를 감소시킬 수가 있다. 따라서 메인 로터의 회전수를 보상하기 위해 컬렉티브 레버(collective lever) 사용과 동시에 엔진 동력(engine power)도 조정해야 하며, 또한 테일 로터(tail rotor)의 경우에도 똑같이 엔진 동력의 조정이 필요할 수도 있다.

12.5.1 Cyclic pitch control

Cyclic pitch stick은 조종사의 가운데 위치하며 전후좌우로 움직일 수 있다. 움직이는 방향에 맞춰 로터 회전면이 기울어져 그 방향으로 헬리콥터가 움직이게 된다. 앞으로 밀면 전진 비행, 좌로 밀면 좌측으로 비행한다. 이때 로터 회전면이 기울어지는 것은 swash plate에 의해 가능해진다. 로터 회전면의 기울기에 따라 각 로터 블레이드는 swash plate에 의해 회전하면서 위치별(azimuth angle)로 피치각이 증가 혹은 감소가 주기적으로 발생한다. 로터 블레이드는 회전체로서 자이로 섭동성 효과가 나기 때문에 사이클릭 조종간을 리깅(rigging) 해야한다. 섭동성은 자이로에 작용하는 힘의 효과가 회전 방향으로 90도 전진된 위치에서 나온다. 따라서 로터 회전면을 원하는 방향으로 기울이고 싶다면 조종간의 입력 효과가 기울이고 싶은 방향보다 90도 이전에 나와야 한다. 예를 들어 반시계 방향으로 회전하는 로터를 가진 헬리콥터에서 전진 비행을 하려면 사이클릭 조종간을 앞으로 밀어야 하고 그 효과는 회전면이 앞으로 기울어져야 한다. 이런 결과가 나오기 위해서는 90도 이전인 조종사의 오른쪽에서 블레이드 피치각이 감소하여야 하고 왼쪽 로터 블레이드는 피치각이 증가하여야 한다. 증가한 피치각의 결과인 양력 증가로 로터 블레이드가 들리는데 그 현상은 90도 이후인 조종사 뒤쪽에서 나와 블레이드가 들린다. 반대로 피치각이 감소한 결과인 양력 감소로 오른쪽 블레이드가 90도 이후인 앞쪽에서 로터 블레이드가 내려간다.

12.5.2 Collective stick control

Collective stick은 조종사의 좌 혹은 우측에 위치하게 되는데 위아래로 움직일 수 있다. 조작 방향에 맞춰 헬리콥터가 움직이며 수직상승 혹은 하강비행을 할 수 있다. 위로 당기면 모든 로터 피치각이 동시에 같은 크기로 증가하면서 양력이 증가하여 헬리콥터는 상승하며, 반대로 내리면 하강하게 된다. 피치각이 커져 양력이 증가하지만 동시에 항력도 증가하여 로터의 회전수가 감속된다. 반대로 컬렉티브 조종간을 내리면 피치각이 줄어드는 대신에 항력도 줄어들어 로터 회전수가 증가한다. 헬리콥터 로터 회전수는 일정해야 하므로 보통 항력의 비율에 비례해서 엔진 동력도 자동으로 변하게 조정하는데 엔진의 출력조절장치(throttle)나 거버너(governor)를 이용한다.

12.5.3 Pedals

패달(Pedals: yaw & direction control)은 조종사 발밑에 있어 두 개의 pedal을 양발로 조작하게 되며, 패달을 밟는 방향에 맞춰 헬리콥터 yaw가 발생한다. 즉, 오른쪽을 밟으면 오른쪽으로 방향 전환이 된다. 페달을 밟아 테일 로터의 피치각이 변하면 전진 비행에서는 가로방향 트림(longitudinal trim)을 맞춰주며, 제자리 비행인 경우는 방향을 360도 회전시킬 수 있다. 양(positive)의 피치각은 보통 헬리콥터를 오른쪽으로, 음(negative)의 피치각은 왼쪽으로 움직인다. 보통 반시계 방향으로 로터가 회전하는 헬리콥터에서 테일은 시계방향으로 회전하므로 이를 막기 위해서는 테일이 오른쪽으로 가는 힘을 만들어 내야 한다. 그래서 보통 양의 피치각 최대 값은 음의 피치각 최대 값보다 크다. 그리고 autorotaion에서는 헬리콥터의 기수가 왼쪽으로 가기 때문에 음의 피치각에서도 테일 로터의 양력이 발생해야 한다. 페달을 양쪽 모두 밟지 않으면 수평 순항 속도에서 메인 로터 토크를 상쇄하는 토크가 테일 로터에서 발생한다.

12.5.4 Trim

고정익에서의 트림 장치처럼 헬리콥터에도 트림 장치가 있다. 수평 또는 제자리 비행을 유지하기 위해 조종사가 지속해서 조종간을 조작한다면 조종사 부하가 커지게 된다. 필요에 따라 조종간의 중립 위치를 선택적으로 바꿀 수 있도록 포스 트림 장치(force trim system)를 사용한다. 조종간에 있는 트림 스위치를 조작하면 포스 트림 장치의 스프링을 압축하거나 팽창시켜 조종간 트림 상태를 유지한다. 조종사는 조종간의 움직임에 비례하는 스프링 힘을 느끼게 되며 조종간을 놓으면 스프링 장치는 다시 중립 위치로 돌아온다. 조종사가 트림을 적용하기 위해 브레이크를 풀고 조종간을 원하는 트림 위치로 조작한 후 브레이크를 다시 작

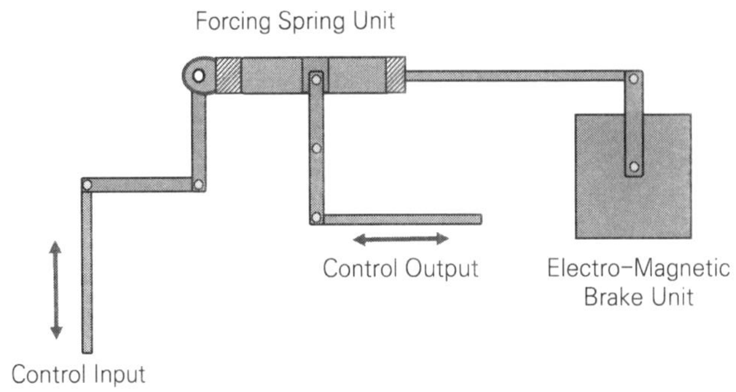

그림 12.12 Force trim control

동시키면 조종간은 이제 새로운 트림 위치에서 중심을 잡게 된다. 헬리콥터 트림은 사이클릭과 컬렉티브 조종간에 트림 스위치가 설치되어 있다.

12.5.5 Throttle twist grip

Throttle twist grip은 엔진의 동력을 변화시키기 위한 것으로 collective sick에 같이 있으며 grip을 돌려서 동력조절을 한다. 보통 collective stick을 움직이면 로터 피치각을 변화시켜 양력 크기를 변화시키는데 양력뿐만 아니라 로터 항력도 변하기 때문에 엔진의 동력을 변화시켜야 한다.

12.6 헬리콥터 비행제어 작동기

12.6.1 Primary flight control actuation

헬리콥터의 pitch, roll control은 로터 회전면을 적절하게 기울임으로써 가능하다. 이 회전면의 기울임은 120° 같은 간격으로 설치된 3개의 작동기(actuator)로 한다. **그림 12.13**에서 보듯이 중앙선을 기준으로 한 개는 중앙선상의 가운데 뒤쪽에 있고 나머지 2개는 앞쪽으로 중앙선 좌우측에 설치되어 있다.

헬리콥터가 pitch up을 하기 위해서는 로터 회전면이 앞쪽이 올라가고 뒤쪽은 내려가는

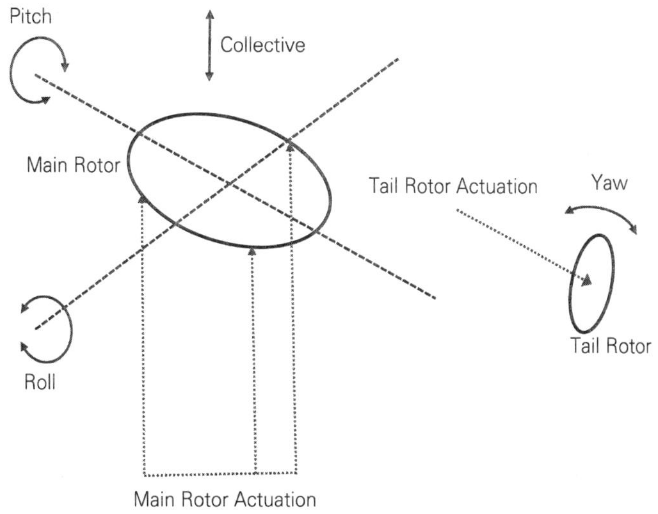

그림 12.13 Main rotor and tail rotor actuation

형태를 해야 한다. 이 형태를 가지기 위해 뒤쪽의 중앙선상의 작동기는 로터를 당기고, 앞쪽 중앙선 좌우에 있는 2개의 작동기는 밀어 올리면 가능해진다. 반대의 경우는 앞쪽 2개의 작동기가 내리고 뒤쪽의 작동기가 올리면 로터의 회전면은 앞쪽으로 기울어져 pitch down이 된다. 또한 좌우로 roll을 원한다면 3개의 actuators는 각각 다르게 올리거나 내려서 회전면을 해당 방향으로 기울이면 가능해진다.

헬리콥터에서 3개의 actuator의 움직임은 swash plate를 통해서 구현된다. 즉, swash plate의 기울임은 로터 회전면을 평행하게 기울어지게 한다. 또한 swash plate의 기울임은 각 로터 블레이드의 pitch가 회전하면서 변하는 cyclic pitch를 유발하여 블레이드에서 나오는 양력이 주기적으로 변하게 된다. 결국 이는 블레이드의 플래핑(flapping)을 일으키고, 자이로(gyroscope)의 세차운동(precession)으로 플래핑(flapping)은 cyclic pitch가 90° 지연되는 현상이 발생한다.

헬리콥터의 yaw control은 페달(pedal)을 밟으면 변하는 테일 로터의 피치(pitch)변화로 조정할 수 있다.

그림에서 믹싱 유닛(mixing unit)은 사이클릭(cyclic)과 컬렉티브(collective) 입력신호를 혼합하여 작동기의 입력으로 만드는 기구이다. 보통 사이클릭과 컬렉티브 입력은 비행하면서 동시에 일어날 수 있으므로 두 개의 입력값을 하나의 작동기 입력으로 변환시킬 필요가 있다.

12.6.3 Manual control

그림 12.14는 비행제어와 이에 관련된 유압 작동기(actuators)들을 간단히 나타낸 그림이다. 메인 로터(main rotor)와 테일 로터(tail rotor)는 2개의 명령 입력(duplex command inputs)

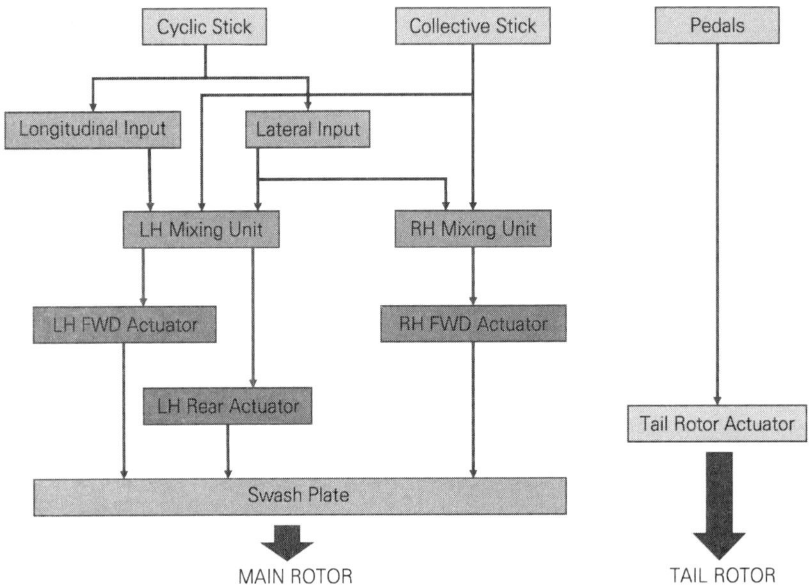

그림 12.14 Primary control actuation 개념

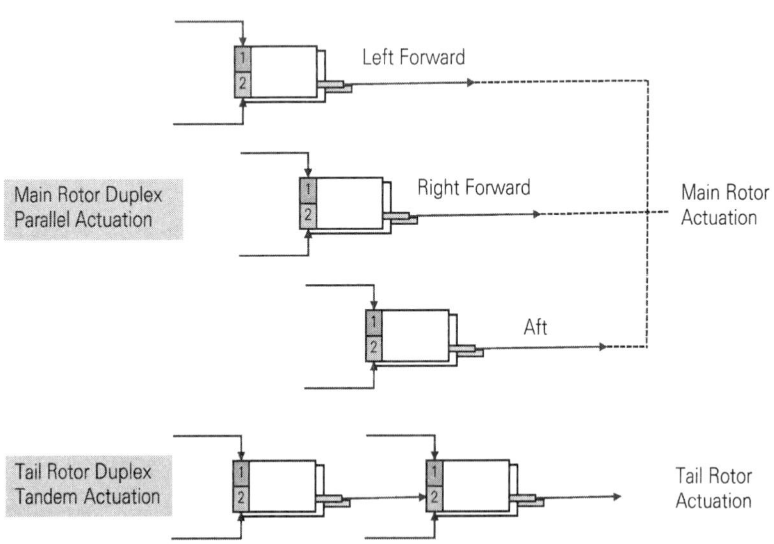

그림 12.15 Helicopter main and tail rotor actuation

을 받지만, 작동기 배치는 직렬 혹은 병렬배치로 각각 다르게 되어 있다.

• Main rotor actuation

앞서 설명한 것처럼 3개의 작동기에 의해 메인 로터가 작동된다. 각 작동기는 2개(duplex)의 servo-valve 명령을 받아 각 해당 위치로 독립적인 병렬 작동을 하게 되는데, 이런 방식은 명령 신호와 작동의 redundancy를 확보하게 되어 작동기의 움직이는 거리와 반응속도(rate of response)에 제한이 되지만 하나의 작동기가 고장 나더라도 작동할 수 있다.

• Tail rotor actuation

테일 로터도 2개의 servo-valve 명령을 받으며 작동기는 직렬로 배치된 형태이다. 이 경우 하나의 작동기가 완전히 고장 나더라도 작동할 수 있어 충분한 작동기 이송 거리를 확보할 수 있다.

12.6.3 Auto-stabilization

헬리콥터는 고정익과 비교해 매우 불안정하므로 비행제어 시스템에 추가적인 기능들이 포함되어야 한다. 특히, 돌풍이나 난류 상황에서는 발생하는 문제를 해결하기 위해 auto-stabilization, multi-mode autopilot 기능이 들어가 있다.

일반 고정익처럼 헬리콥터도 조종사의 조종 부하(work load)를 감소시키고 조작성(handling qualities)을 향상하기 위해 auto-stabilization 시스템을 적용하고 있다. 이 시스템은 항공기의 자세, 속도, 가속도와 air data 입력값을 이용하여 항공기 반응(response)을 제어한다. 계산된

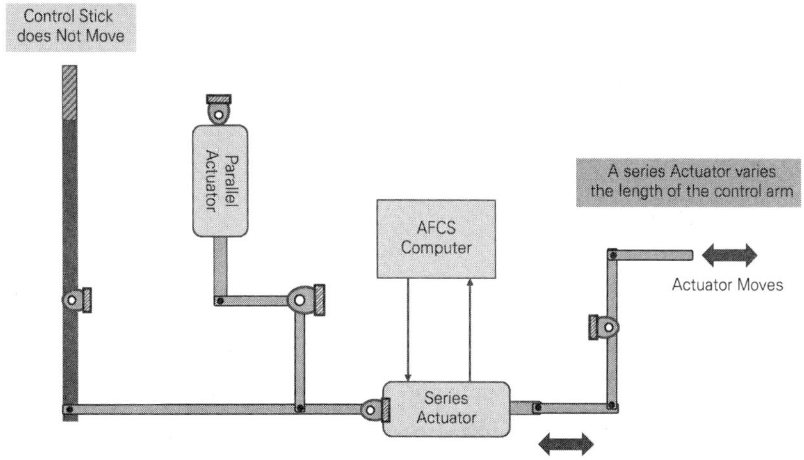

그림 12.16 Series actuation-auto stabilization

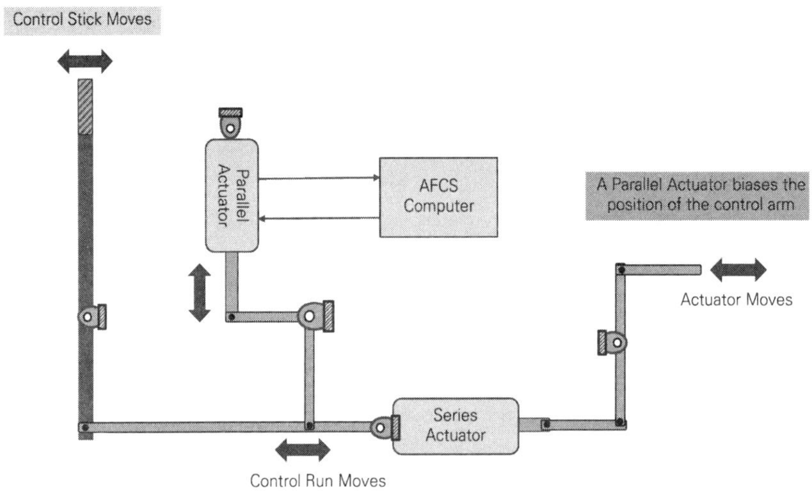

그림 12.17 Parallel actuation-autopilot functions

수정 입력값은 헬리콥터 작동기에 전달되어 closed loop control이 될 수 있도록 한다.

Auto-stabilization은 전기 신호로 구동되는 series actuator에 의해서 작동되며, pitch, roll, yaw, collective 4개의 채널로 구성된다. Series actuation인 경우 조종사의 조종간을 움직이지 않고 비행제어 컴퓨터의 입력을 받아 작동한다. 제어값은 매우 빠른 주기로 피드백 되며, 조종실 feel units 이후로 제어값이 입력되기 때문에 조종사는 제어되고 있는 사실을 인지하지 못한다. 컴퓨터의 명령을 받아 헬리콥터를 무게중심 주위로 안정화 시키거나 내부 회로에서 입력된 비행경로를 유지하게 해준다. 작동기는 인가된 조종 구간의 약 10~20% 정도로 움직이며 작은 흔들림을 빠르게 수정하기 위해 빠른 속도로 작동하고 전체 작동 구간을 움직이는 데 1초도 걸리지 않는다. 자동 비행제어(AFCS:Automatic Flight Control Systems) 컴퓨터는 각 제어 채널의 입력을 계산해서 각 series actuator로 보내며, series actuator는 빠르면서 미세한 작동(high frequency/low amplitude actuation)을 한다.

12.6.4 Autopilot modes

Auto-stabilization 기능이 high frequency/low amplitude로 작동되는 반면에 auto-pilot 기능은 헬리콥터의 비행경로 요구 조건을 만족시키도록 low frequency로 입출력되어 작동한다.

Auto-stabilization 기능에서 series actuator 출력인 작동기 이송 거리가 비행제어 작동기에 직접 작용하는 것에 비해 auto-pilot에서 사용하는 parallel actuator는 AFCS에서 받은 입력값에 맞도록 작동기가 이송하면 이 이송 거리는 series actuator에 연결된 linkage의 움직

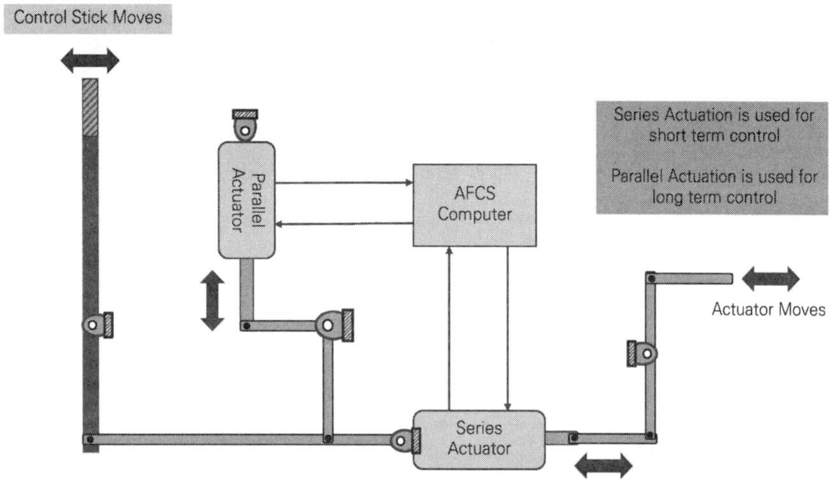

그림 12.18 Series and parallel actuation-AFCS

임으로 전달되고 이것으로 최종 비행제어 작동기가 작동되는 방식이다. 따라서 parallel actuation은 조종사가 아무런 조치를 하지 않아도 조종간(control stick)이 같이 연동해서 움직인다.

실제 AFCS에는 위의 두 가지 기능이 동시에 구현되어 있어서 실제는 **그림 12.18**과 같이 구성된다.

12.7 안정판

헬리콥터는 전진 비행을 할 때 로터의 회전면이 앞쪽으로 기울어져 기수가 내려가는 형태로 비행하게 되는데 이런 자세는 로터의 항력을 키우는 문제가 있다. 고정익의 안정판과 같이 헬리콥터에도 후방 동체에 수평안정판(horizontal stabilizer)을 설치하여 여기서 만들어지는 양력방향을 아래쪽으로 향하게 하여 기수가 피치업 모멘트(pitch up moment)를 만든다. 동체가 피치 업(pitch up) 혹은 피치 다운(pitch down)하면 자동으로 수평안정판의 피치각을 변화시켜 동체 움직임을 안정화한다. 일부는 사이클릭 조종과 연계되어 동시에 자동으로 움직여 피치 자세를 수정하는 가변 수평안정판이 설치되기도 한다. 수직안정판(vertical stabilizer)은 메인 로터의 토크를 일부 상쇄시켜 테일 로터의 부담을 줄여주는 역할을 한다.

12.8 헬리콥터 시스템

헬리콥터에 장착된 많은 시스템의 기본 원리와 부품, 시스템 구성은 고정익 시스템과 거의 동일하다. 즉, 고정익의 유압, 전기, 연료, 환경제어, 방빙/제빙, 화재 감지 시스템 등 모두 같은 개념의 시스템이 헬리콥터에도 장착된다. 이 절에서는 이미 앞 절에서 설명한 시스템에 대한 설명보다는 헬리콥터 시스템에 관해서만 설명하도록 한다.

12.8.1 헬리콥터 엔진

헬리콥터 엔진(engine)은 소형 헬리콥터에서 주로 쓰는 왕복 엔진과 높은 동력을 만들어 낼 수 있어 다양한 헬리콥터에 사용하는 가스터빈 엔진인 터보 샤프트 엔진(turbo shaft engine)을 사용한다. 현대의 많은 헬리콥터는 로터와 트랜스미션을 구동시키기 위한 원동력을 공급하기 위해 여러 개의 엔진을 장착하고 있다. 보통은 2개를 장착하지만, 대형 헬리콥터의 경우 3개의 엔진을 장착하는 예도 있다. 여러 개의 엔진을 장착하는 이유는 헬리콥터의 양력은 로터 회전수에 비례하는데 이 회전수는 엔진 동력과 관계되어 있기 때문이다. 엔진 하나가 고장 나더라도 로터를 돌릴 수 있는 가용 동력이 필요하여서 복수의 엔진장착을 요

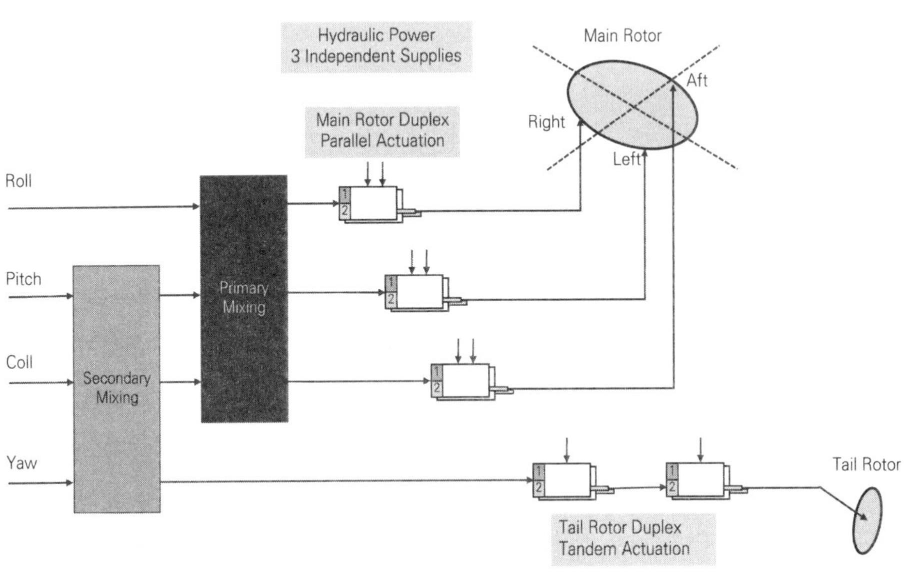

그림 12.19 Helicopter Hydraulic Power Actuation

구하게 된다. 단발 엔진을 장착한 경우에도 엔진이 고장 나면 autorotation으로 착륙할 수 있지만, 안정화할 시간이 필요하고, 500ft 이하의 저고도에서는 착륙하기가 쉽지 않다. 보통 엔진이 고장 나더라도 중량이 매우 크거나 고온/고 고도 같은 악조건 비행이 아닌 경우에는 나머지 엔진을 이용하여 일정 시간 비행할 수 있도록 엔진 크기를 결정하게 된다.

최근에 나오는 대부분 헬리콥터는 내연기관인 왕복 엔진보다는 가스터빈(gas turbine) 엔진을 장착하고 있다. 또한 대부분 엔진은 컴퓨터를 사용해서 전기적으로 제어하는 방식이며 최근에는 FADEC(Full Authority Digital Engine Control)을 적용하고 있다. FADEC은 보통 엔진 별로 2개의 제어 채널을 가지고 있어 채널 하나가 고장 나더라도 대체할 수 있게 되어 있다. 단발 엔진의 경우에는 2개의 제어 채널과 함께 hydro-mechanical backup이 더 추가되어 있다. 일반적으로 엔진 제어에는 다음과 같은 기능들이 포함되어 있다.

12.8.2 유압 시스템

헬리콥터에서 유압 시스템은 비행제어를 위한 주동력을 제공하는 시스템이다. 유압 시스템의 개수는 헬리콥터마다 다르지만 보통 3개의 유압 시스템이 장착된다. 유압 시스템은 3개의 duplex 메인 로터와 1개의 duplex 테일 로터를 구동시키는 것이 주요 목적이지만, 그 외에도 착륙 장치(landing gear), 종향장치(steering), 제동장치(wheel brakes), 로터 브레이크(rotor brake) 혹은 짐이나 인명구조에 필요한 윈치(winch) 장치를 구동하는 데 사용한다.

12.8.3 전기 시스템

헬리콥터 전기 시스템은 고정익과 같은 개념으로 설계된다. 엔진의 보조 기어박스(accessory gear box)에 연결된 주발전기(main generator)로 전원 공급을 하고, 보조동력장치(APU)에 의한 전원 공급, 지상에서 외부 전원 공급이 모두 가능하다. 보통 주발전기는 교류발전기이며 직류전원 공급을 위해 변환장치인 TRU(Transfer Rectifier Unit)을 사용하고, 전원 공급 개념도 고정익과 같다. 배터리에 의해 보조 동력장치를 가동해 엔진 시동을 하며, 보조 동력장치에 연결된 발전기는 3중의 전원 공급장치가 고장이 나면 비상 전원을 공급한다.

12.8.4 연료 시스템

헬리콥터 연료 시스템은 연료공급과 엔진 연료 제어 시스템으로 되어 있다. 연료 공급시스템은 고정익과 개념이 같으며 연료탱크, 연료량 게이지, 각종 밸브, 펌프, 연료 배관으로 구성된다. 연료탱크는 보통 헬리콥터 무게중심(center of gravity) 부근에 설치하여 연료 사용에 따른 무게중심 변화를 최소화한다. 연료탱크는 동체 바닥에 주로 설치하고, 내충격 연료탱크를 사용하여 사고 후의 이차적인 화재로부터 인명 손상을 줄인다. 연료 펌프도 고정익처럼 주 펌프인 엔진 구동 펌프와 백업인 전기동력 펌프를 사용한다. 저연료 경고는 14CFR section 27.1305에 규정된 10분 정도의 사용 가능 연료량이 남을 때 작동한다.

12.8.5 수명관리 시스템

헬리콥터처럼 진동에 노출된 상태로 엔진 동력을 기계적인 기어 장치로 전달하는 시스템 구조상 파손 위험이 매우 크고, 파손의 결과는 헬리콥터의 손실과 인명피해가 커질 수밖에 없다. 따라서 엔진과 동력전달장치(transmission)의 수명관리는 매우 중요한 요구 조건이 될 수밖에 없다. 기어 박스의 진동, 과도한 토크 상태의 운용은 기계적 파손을 유발하기 때문에 사전에 감지하여 대처하는 행위는 매우 중요하므로 수명관리 시스템(health monitoring system)은 부품의 위험 상태(criticality)와 비행안전(fight safety)에 관련된 자료를 감시하고, 저장된 자료를 해석하여 부품의 수명을 관리해야 한다. 또한 관리를 통해 파손이 발생하기 전에 부품 교체와 수리를 하여 전체 운용 비용을 줄일 수 있도록 해준다. 이런 수명관리 시스템은 일부 국가에서 반드시 갖춰야 할 장비로서 인증을 받게 한다. 엔진, 기어 박스와 로터의 형상에 따라 감시하는 변수는 달라질 수 있지만, 대략 부품의 회전수, 온도, 압력, 가속도와 입자의 감지(particle detection) 등이 있다. 이런 자료들을 기록 저장하여 비행 후에 다운 로드를 받아 부품별 수명을 해석할 수 있다.

12.8.6 헬리콥터 전용 시스템

일부 시스템은 고정익에 없는 헬리콥터에만 장착되는 시스템(specialized helicopter systems)이 있다. 이런 시스템에 대해 간략히 기술하였다.

• **능동 진동제어 시스템**(Active Vibration Control System)

헬리콥터에서 진동을 유발하는 주요 발생원은 엔진, 메인 로터, 테일 로터, 유압 펌프 및 각종 회전 장치가 있는데, 그중에서 주요 발생 요인은 메인 로터이며 진동은 조종사, 승객의 안락함을 보장하기 위해 해결해야 할 중요한 문제이다. 테일 로터의 진동은 메인 로터와 비교해 주파수 대역이 높고 진폭이 작아서 통상 메인 로터 진동에 집중하게 된다. 헬리콥터는 전진 비행 시 메인 로터에 작용하는 힘과 모멘트는 주기적으로 변화하고 메인 로터의 후류(wake)는 후방 동체에 하중을 주며 이런 환경은 복잡한 진동을 일으킨다. 메인 로터의 진동은 허브(hub)를 통해 동체로 전달된다. 진동 제어 시스템은 수동형과 진동형 제어 시스템이 있으며, 전자는 외부의 에너지 없이 진동에 반대되는 힘이나 운동을 하도록 하는 장치이며, 후자는 외부 에너지를 이용하는 방법이다. 수동형은 특정 주파수에만 연계되어 있고, 중량과 항력이 증가하는 단점이 있다. 능동형은 수동형과 비교해 중량이 적고 좀 더 넓은 주파수 영역에서 우수한 진동 감소 성능을 가지고 있다. 능동형은 메인 로터의 회전수와 연계해서 진동 특성에 따른 하중을 발생시켜 헬리콥터 진동을 능동적으로 감소시키는 장치이다. 이 장치는 진동을 감지하는 가속도 센서(sensor), 진동을 줄이기 위해 발생시키는 하중을 계산하는 장치와 하중 발생장치로 구성된다. 주로 메인 로터 블레이드, 주 기어 박스 지지대, 조종실, 승객실과 조종 좌석에 적용하고 있다. 과거 진동제어 시스템이 없었던 시절에는 로터에 흡진기(absorber)를 장착하는 방법, 하중 전달 경로상에 절연기(isolator)를 설치하는 방법과 동체 특정 지점에 흡진기를 설치하는 방법들이 사용되었다.

• **윈치 시스템**

헬리콥터가 제자리 비행을 할 수 있다는 것과 하중을 들어 올려 조작하거나 인명을 구조하기 위한 구조 케이블을 운용하는 윈치 시스템(winch system)이 있다면 여러 가지 특수 임무를 가능하게 할 수 있다. 윈치 시스템은 전기동력, 유압동력 혹은 두 가지 동력을 모두 사용할 수 있다. 또한 케이블이 특정 위치에 고정될 수 있도록 해야 하며, 비상 상황에서 헬리콥터의 안전을 위해 케이블을 절단시킬 수 있는 기능이 있어야 한다. 윈치 시스템을 제어하는 장치는 조종실이나 윈치 시스템 근처의 도어에 설치한다.

• Deck-locking system

일부 헬리콥터에는 움직이는 바다 위의 선박에 착륙해서 고정하는 장치를 설치하는 경우도 있다. 선박에 고정하기 위한 바닥 구조물이 있어서 헬리콥터에서 착륙을 시도할 때 고정을 위한 장치를 내려보내고 나면, 선박 바닥 구조물에 고정하고 착륙하게 되어 있다.

12.9 틸트로터 시스템

틸트로터(tilt rotor) 항공기는 고정익과 회전익기인 헬리콥터의 장점을 조합한 개념의 항공기이다. 고정익 비행기는 추력과 공기역학적 형상이 최적화되는 순항(cruise) 비행 조건에서 가장 효율적이지만, 저속의 이륙 조건과 착륙 조건에서 단점이 있다. 특히 이착륙 조건에서는 플랩, 슬랫과 같은 고양력장치(high lift devices)가 있어야만 한다. 반대로 헬리콥터는 고정익과 반대인 현상이 있다. 제자리 비행이 가능하고 수직으로 이착륙할 수 있지만, 고속 비행에 제한이 있다. 로터의 팁(tip)에서의 실속이나 충격파의 영향으로 로터 회전수를 올릴 수 없기 때문이다. 틸트로터 항공기는 따라서 수직 이착륙과 저속에서는 헬리콥터, 순항 비행에서는 고정익처럼 운용하기 위해 로터 시스템이 회전하여 고정익과 헬리콥터 형상을 구현할 수 있다.

12.9.1 틸트로터 비행제어 시스템

틸트로터 비행제어 시스템은 헬리콥터와 고정익 비행기의 비행제어를 혼합한 형태로서 헬리콥터 모드에서는 사이클릭(cyclcic), 컬렉티브(collective), 페달(pedals)을 이용해 조작하고 고정익 모드에서는 조종간과 페달의 작동으로 에일러론(alileron), 플랩(flap), 러더(rudder), 엘리베이터(elevator)를 작동한다. 대표적 틸트로터인 V-22 Osprey의 비행제어 시스템 사례로 설명해 본다.

- **헬리콥터 모드**

피치 제어는 사이클릭 스틱을 사용한다. 전진 비행을 위해 사이클릭을 앞으로 밀면 두 개의 틸트로터가 앞으로 기울어져 피치 다운(pitch down)되면서 전진 비행을 하며, 사이클릭을 뒤로 당기면 틸트로터는 뒤로 기울어져 피치 업(pitch up)되면서 속도가 줄어든다. 롤 제어는 사이클릭 스틱을 좌우로 움직이면 양쪽 틸트로터의 켈렉티브 피치(collective pitch) 차이(한쪽은 증가, 반대쪽은 감소)가 발생하면서 틸트로터가 스틱 방향으로 기울어져 롤링(rolling)이 발생한다. 방향 제어인 요는 페달 조작으로 양쪽 틸트로터의 사이클릭 피치가 차이 나게 해서 조절한다. 즉, 왼쪽으로 방향을 전환하고 싶으면 왼쪽 틸트로터의 회전면을 뒤로 기울게 하고, 반대로 오른쪽 틸트로터의 회전면을 전진 비행하듯이 앞으로 기울이면 양쪽 틸트로터에서 발생하는 힘의 크기 차이로 요 모멘트(yaw moment)가 발생한다. 추력은 추력조절

레버를 조작하여 틸트로터의 컬렉티브 피치를 조절한다. 이러면 양력의 크기를 조절할 수 있어 상승 혹은 하강할 수 있다. 좌우 이동 비행은 사이클릭 스틱 상단의 조절레버를 조금씩 조작하면 사이클릭 피치에 의해 양쪽 틸트로터가 동일 방향으로 기울어져 해당 방향으로 이동한다.

• **고정익 비행 모드**

피치 제어는 조종간을 앞으로 밀면 엘리베이터가 작동하여 피치 다운하면서 고도가 줄면

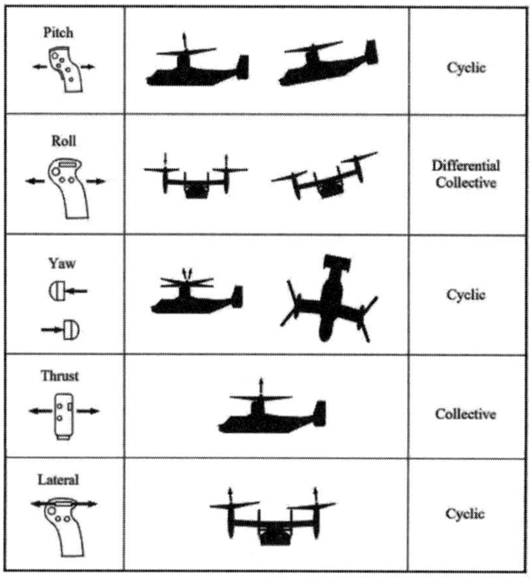

그림 12.20 헬리콥터 모드 비행제어

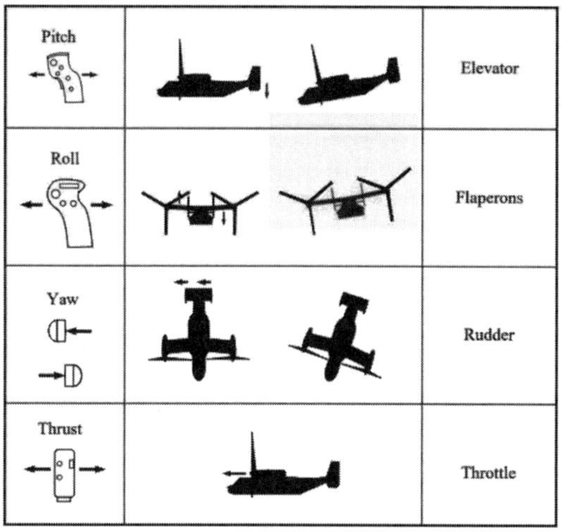

그림 12.21 고정익 모드

서 속도가 증가한다. 반대로 조종간을 뒤로 당기면 피치 업하면서 고도는 올라가고 속도는 감소한다. 롤(roll) 제어는 조종간을 좌우(lateral)로 조작하여 에일러론과 같은 플랩퍼론(flaperon)이 작동한다. 왼쪽으로 롤링하고 싶으면 왼쪽 플랩퍼론은 올라가고, 왼쪽 플랩퍼론은 내려간다. 요 제어는 페달을 밟아 고정익과 동일하게 러더가 움직인다. 추력은 추력 조절 레버를 조작하면 엔진 회전수와 로터 블레이드 피치각이 조절되면서 발생한다.

13

친환경 비행기
(green aircraft)

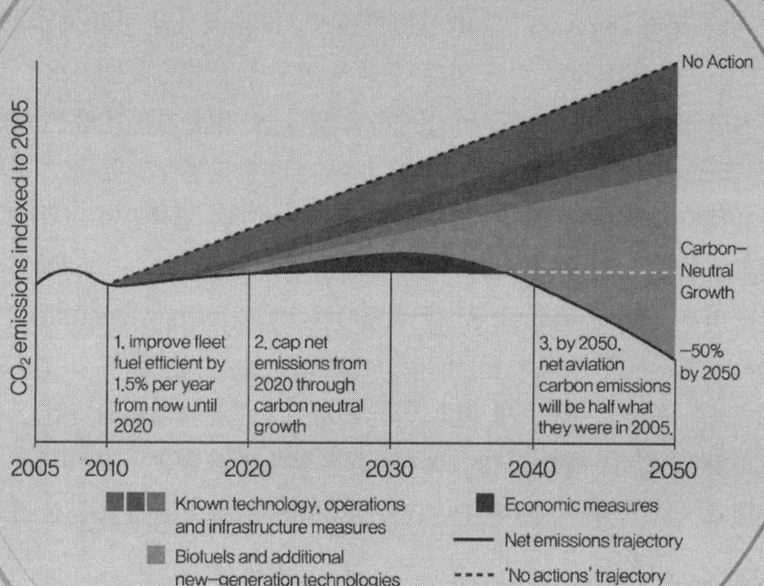

환경오염으로 인해 지구 온난화, 생태계 파괴, 사막화가 빠르게 진행되고 있다. 특히 온실가스의 증가로 인한 지구 온도 상승은 인류를 위협하는 상황까지 오게 되었다. 특히, 여러 가지 온실가스 중에서도 화석 연료를 사용하면서 발생하는 이산화탄소가 가장 큰 위협이 되는 것으로 알려져 있다. 현재 항공 분야에서 발생시키는 이산화탄소의 배출량은 공장, 지상 운행차량에서 발생시키는 양에 비해 적지만 폭발적으로 증가하는 항공 수요로 인해 증가율이 빠르게 늘어나고 있다. 따라서 다른 분야와 마찬가지로 항공 분야도 기후 변화나 환경오염에 대처하기 위한 여러 가지 계획들이 항공 산업 분야와 관련 기관들의 협력하에 전 세계적으로 진행되고 있다. 미래의 비행기는 궁극적으로 화석 연료를 사용하지 않음으로써 온실가스의 배출을 없애는 방향으로 발전될 것으로 보인다. 이런 목표를 달성하기 위한 분야별 장단기 기술개발 계획을 세웠으며 우선 가능한 기존 기술을 개선하여 효율을 높이면서 화석 연료 소비를 줄이고 결국에는 화석 연료 사용을 하지 않는 방향으로 기술개발이 진행될 것으로 보인다.

13.1 세계적 기후 변화

기후 변화의 양상은 지구 평균 기온의 상승으로 인해 해수 온도 및 해수면의 상승, 홍수, 가뭄 및 사막화, 계절의 불규칙한 변화, 생태계 이상과 같은 이상 징후로 나타나고 있다. 기후 변화는 지구 내부의 작용이나 외부의 요인(예를 들면, 태양 복사의 변화)에 의한 것일 수도 있고, 인간의 활동에 의한 것일 수도 있다. 근래의 연구에 따르면, 온실가스로 인한 온실효과로 인하여 지구 표면의 온도는 꾸준히 상승하고 있다. 이러한 기온 상승은 북반구 고위도로 갈수록 더 크게 나타나고, 해양보다는 육지가 더 빠르게 진행되고 있다. 지구의 연평균 기온은 400~500년을 주기로 약 1.5℃의 범위에서 상승과 하강을 반복하며 변화했다고 한다. 15세기에서 19세기까지는 기온이 비교적 낮은 시기였으며 20세기에 들어와서는 기온이 계속 오르고 있다. 기후 변화에 관한 정부 간 협의체인 IPCC(Intergovernmental Panels on Climate Change)는 보고서를 통해 이상 기후로 나타나고 있는 가뭄, 홍수, 폭설, 혹한, 태풍 등과 같은 자연재해의 원인을 산업혁명 이후 인간의 활동으로 급격하게 증가한 온실가스 배출량 때문이라고 보고 있다. 예를 들면 2004년의 온실가스 배출량이 1970년과 비교하여 70% 이상 증가했고, 산업혁명이 시작된 1850년부터 2018년까지 온실가스로 전 세계 기온은 평균 1~1.2℃ 상승했다고 한다. 인구가 많고 활동이 많은 북반구는 1.4℃, 상대적으로 인구가 적은 남반구는 평균 0.8℃ 상승했다고 한다. 과거의 기온 상승은 지구의 자연적 기후 시스템에 의해 일정한 패턴으로 상승한 것이라면, 지금의 기온 상승은 인간의 활동으로 배출한 온실가스로 인해 증가하고 있다.

• **지구 온난화**

지구 온난화는 지표 부근의 대기와 바다의 평균 온도가 장기적으로 상승하는 현상이다. 지난 산업혁명 이후 지속해서 온실가스가 대기로 배출되면서 온실가스 농도가 증가하였고 지구 표면의 온도가 과도하게 증가하는 형상을 초래하였다. 지구 표면의 온도 상승은 해수면이 상승하고, 이는 다시 강수량의 양과 패턴을 변화시켜, 가뭄, 홍수 등의 기상이변을 일으킨다. 빙하의 해빙과 기후의 변화는 생태계를 변화시키는 등 인류를 포함한 지구상 생물의 생존에 위협이 되고 있다(출처: 기후 변화 홍보 포털). 이런 지구 온난화에 의한 피해를 감지할 수 있는 대표적 사례를 들자면 해수면 상승과 이상 기후 현상을 들 수 있다. 위성 관측 결과 지표면의 눈은 1960년대 이래 약 10% 감소했으며, 온도 상승이 심한 북반구에는 봄, 여름 동안의 빙하가 1950년대와 비교해 10~15% 줄었다. 또한 빙하가 녹으면서 해수면은 약 17cm 가량 상승했고, 특히 2003년까지 지난 10년간 해수면의 상승 속도가 2배가량 상승했다고 한다(출처: 한국에너지기술원).

• **해수면 상승**

기온이 상승하면 북극이나 남극에 있는 빙하가 녹는다. 만약 3℃ 정도의 기온이 상승할 경우, 북극에 있는 빙하는 대부분이 물에 뜬 빙산이 되며 그것들이 녹더라도 해수면에는 영향이 없다고 한다. 하지만 남극에 있는 빙하는 대륙 빙하로서 그것들이 녹으면 약 7m 정도의 해수면이 상승한다고 한다. 그럴 경우, 각 대륙의 해안가를 따라 실제 물속에 잠기는 면적은 약 3%에 불과하지만, 전 세계의 대도시들 대부분이 해안가에 발달해있고 인류의 약 1/3이 해안 지역에 거주하는 것을 고려하면 그 재앙은 엄청난 것이라고 한다. 지난 20세기 동안에 해수면은 평균 10~20cm 높아졌고, 앞으로도 해수면 상승이 지속해서 나타날 것이 예상된다. 만약 해수면이 크게 상승할 때 방글라데시와 같이 인구가 해변에 밀집한 국가에서는 바닷물 범람에 의한 피해가 우려된다. 또한 몰디브와 같은 작은 섬나라는 사라지게 될 것이다. 또한 해수면 상승으로 인해서, 수십억 인구가 사용하는 물을 오염시키고, 대규모 인구의 이주를 유발할 것이다.

• **생태계 파괴**

온실가스의 증가로 인한 다양한 전 지구적 변화는 생태계와 인간에게 큰 영향을 준다. 환경의 변화로 인해, 생물 종의 생존을 위협하고 멸종이 가속된다. 온도의 변화에 적응이 빠른

생물 종들은 이동을 통한 생존이 가능하겠지만, 식물 종은 쉽게 이동할 수 없다. 따라서 많은 식물 종이 멸종될 수 있다.

• **홍수**

지구 온난화의 또 다른 영향으로 1966년 및 1997년 라인강 홍수, 1995년 중국 홍수, 1998년 및 2000년 동유럽 홍수, 2000년 모잠비크 및 유럽 홍수, 그리고 2004년 방글라데시 우기 홍수(전 국토의 60% 침수) 등 전 지구적으로 홍수가 빈발하고 있다.

• **가뭄 및 사막화**

홍수와 더불어 가뭄 현상도 지구 온난화의 중대한 영향 중의 하나인데 특히 아프리카에서 아주 심각하게 발생하고 있다. 니제르, 챠드호 및 세네갈 지역에서는 전체 이용 가능한 물의 양이 40~60%나 감소하고 있고, 일부 아프리카에서는 연평균 강수량이 감소함으로써 사막화 현상이 가속하고 있다. 이는 생태적 문제뿐만 아니라 인간의 식량문제와 밀접한 관계가 있다.

13.2 온실가스

온실가스(green house gases)는 자연적인 혹은 인위적으로 발생한 지구 대기 기체의 구성 물질을 말한다. 지구 대기에 가장 풍부한 온실가스로는 수증기, 이산화탄소, 메탄, 아산화질소, 오존, CFCs, HFCs, PFCs, SF6 등이 있다. 이 기체들이 지구에 도달하는 태양 복사 에너지를 흡수거나 복사에너지에 영향을 미치는 요소들을 고려하여, 각 기체가 온실가스로서 온실 효과에 미칠 수 있는 영향을 보면 다음과 같다고 한다.

기체	영문명	원소기호	기여(%)
수증기	Water Vapor	H_2O	72%
이산화탄소	Carbon Dioxide	CO_2	9%
메탄	Methane	CH_4	4%
오존	Ozone	O_3	3%

현대에 문제가 되는 온실가스는 수증기와 같은 자연적인 온실가스가 아니라 산업화 시대에 화석연료의 과도한 사용으로 발생한 이산화탄소와 같이 인위적으로 발생한 온실가스이다. 온실가스의 성분 중 가장 중요하게 생각되는 것은 이산화탄소인데, 인위적으로 발생한 이산

화탄소의 배출은 1970~2004년 사이에 80%나 증가했다.

대기 중에 존재하는 기체 이외에도 지구의 온실 효과에 영향을 미치는 요소가 있는데, 그 중에 구름에 의한 영향이 가장 크다. 구름도 온실가스와 마찬가지로 적외선 복사를 흡수하고 방출하기 때문이다. 그래서 구름 또한 온실가스의 특성을 보인다. 기체에 의한 온실 효과의 기여도는 각 기체의 특성과 양에 큰 영향을 받는다.

온실가스는 화합물이 가지고 있는 구조와 종류에 따라 열을 축적하고 재방출하는 능력이 모두 다르고, 이로 인하여 온실 효과를 일으키는 기체의 잠재력이 달라진다. 이 온실가스가 온실 효과에 미치는 기여도를 숫자로 표현한 것이 지구 온난화 지수(Global Warming Potential: GWP)이다. 대표적인 온실가스들의 지구 온난화 지수는 이산화탄소를 1이라고 하면 메탄 21, 아산화질소 310, 수소불화탄소(HFCs) 1300, 과불화탄소(PFCs) 7000이다. 지구 온난화 지수가 가장 낮은 이산화탄소의 영향이 가장 큰 것은 다른 기체들에 비해 그 양이 절대적으로 많기 때문이다.

많은 물리적·화학적 반응요소에 대한 영향을 고려하더라도, 대기의 주요 구성성분인 질소와 산소, 아르곤은 온실가스가 아니라고 한다. 그 이유는 산소와 질소는 안정한 이원자 분자이고 아르곤은 안정한 단원자 분자이기 때문에 태양 복사 파장과 만나게 되었을 때 정전기적 전하를 띄지 않고, 전반적으로 복사에 의한 영향을 받지 않는다. 그 결과 이들 기체는 온실 효과에 영향을 미치지 않고, 이로 인하여 온실가스에 포함되지 않는다.

13.2.1 온실 효과의 메카니즘

1822년 프랑스 수학자인 장 푸리에는 지구의 대기가 온실 효과를 초래할 수 있음을 최초로 언급했으며, 1896년 스웨덴의 아레니우스는 대기 중 이산화탄소가 온실 효과를 일으킬 수 있다는 것을 처음 지적했다. 그 후 1938년 영국의 캘린더가 인간의 화석 연료 사용으로 발생한 이산화탄소가 온실 효과를 더욱 가속할 수 있다는 구체적인 메커니즘을 밝혀냈다.

태양에서 지구로 오는 복사에너지 중에서 약 34%는 구름이나 먼지 등에 의해 반사되고, 지표면에는 44% 정도만 도달한다고 한다. 지구는 도달한 태양 에너지 중 일부를 적외선 형태로 방출하는데, 이 과정에서 온실가스가 적외선 파장의 일부를 흡수한다. 적외선을 흡수한 온실가스 내 구성 분자는 에너지가 높아진 상태가 되고, 안정 상태로 돌아가기 위해 높아진 에너지를 다시 지구로 방출하는데 이 에너지에 의해 지구의 온도가 올라가는 것이다. 사실 이런 작용으로 온실가스는 지구의 기온을 적절한 상태로 유지해 주는 이로운 기능을 가지는데 이런 온실가스가 없다면 지구 온도는 −18℃로 떨어져서 인간이 살기에 너무 추워진다고 한다. 그러나 지금은 온실가스양이 필요 이상 증가하여 지구 온난화의 원인이 되고 있다. 지구 대기의 99%는 질소(78.1%)와 산소(20.9%)로 이루어져 있으며, 그리고 나머지 1%인 이산화탄소, 메탄, 수증기 등이 지구를 따뜻하게 감싸 인류가 살기에 적당하게 유지해 주고 있다. 온실처럼 지구를 감싸고 있다고 해서 온실가스(Green House Gases)라고 부른다. 이 성분 중에 주로 수증기에 의하여 자연적인 온실 효과가 발생하게 되는데, 이는 지구의 기온 유지에 필수적인 작용이다. 비록 태양이나 물의 순환과 같은 많은 요소에 의하여 지구의 날씨와 에너지 균형이 유지되지만, 온실가스가 없다면 지구의 평균 기온은 상당히 낮아지게 될 것이다.

13.2.2 6대 온실가스

인간 활동이 대기 중의 온실가스 농도를 현저히 증가시켜 지구 생태계와 인류에게 부정적인 영향을 미칠 수 있음을 우려하여 국제사회는 기후변화협약을 맺었다. 기후변화협약을 구체적으로 실행하고자 2005년 교토 의정서가 발효되어 선진국에서 먼저 온실가스에 대한 감축목표를 세우고 그 의무를 이행하도록 하였다. 교토 의정서에서는 온실가스 중에서 6개의 기체를 규정하고 이 6대 온실가스에 대해 감축할 것을 국제적으로 합의하였다. 교토 의정서에서 규정하고 있는 6대 온실가스는 이산화탄소(CO_2), 메탄(CH_4), 아산화질소(N_2O), 수소불화탄소(HFCs), 과불화탄소(PFCs), 육불화황(SF_6)이 있다. 우리나라에서도 온실가스에 대해 '저탄소녹색성장기본법'에서 다음과 같이 정의하고 있다.

"온실가스"란 이산화탄소(CO_2), 메탄(CH_4), 아산화질소(N_2O), 수소불화탄소(HFCs), 과불화탄소(PFCs), 육불화황(SF_6) 및 그 밖에 대통령령으로 정하는 것으로 적외선 복사열을 흡수하거나 재방출하여 온실 효과를 유발하는 대기 중의 가스 상태의 물질을 말한다(저탄소 녹색성장 기본법 제2조 9항).

즉, 지구상에서 온실 효과를 일으킬 수 있는 온실가스는 여러 종류가 있을 수 있으나, 그 중 비교적 큰 영향을 미치는 것으로 판단되는 6개 온실가스에 대해 감축 규제를 적용하도록 하는 것이다.

• 이산화탄소(CO_2)

이산화탄소가 지구 온난화의 주범이라는 증거는 지구가 아닌 다른 행성의 이산화탄소량과 기온을 비교해 보면 알 수 있다. 화성은 대기 중 95%가 이산화탄소로 구성되어 있으나 대부분 고체인 드라이아이스로써 온실 효과가 생성되지 않아 대기 평균 온도가 영하 50℃이지만, 금성은 96%가 기체 상태의 이산화탄소로 구성되어 있어 대기 평균 온도가 420℃라고 한다. 초기 지구 대기의 이산화탄소는 화산활동에 의해서 발생하였으며, 이것은 따뜻하고 안정적인 기후 형성에 필수적인 요소였다. 현재 화산활동으로 인해 연간 약 145~225만 톤의 이산화탄소가 발생한다고 한다. 이것은 인간의 활동으로 발생하는 이산화탄소의 약 1%에 지나지 않는다고 한다. 이산화탄소는 다양한 자연적 발생원에 의하여 대기 중으로 배출되는데, 배출된 전체 이산화탄소 중 약 95%가 인간의 활동으로 발생한다고 한다. 예를 들어, 숲이나 목초지에 존재하는 죽은 나무들과 같은 유기물질의 자연적 분해로 인해 발생하는 이산화탄소는 연간 약 220기가톤이며 이 양은 인간에 의해 배출되는 양에 약 8배에 해당한다. 비록 자연적 발생원에 의해 이산화탄소 대부분이 발생하지만, 자연적 발생으로 인한 이산화탄소는 최근의 농도 증가에 영향을 미치지 않는다. 왜냐하면 자연적 발생원은 대기 중에 이산화탄소를 제거하는 자연적 흡수계와 균형을 이루고 있기 때문이다. 자연적 탄소의 순환과정을 통한 이산화탄소의 증가는 산업화 이후 수십 년에 걸쳐 연간 3~4기가톤 이상의 대기 중 이산화탄소 농도 증가를 설명해 줄 수가 없다. 광합성, 부패, 바다 표면의 기체 교환과정과 같은 자연적 과정은 대지와 대기, 대양과 대기 등과 같은 자연계의 거대한 탄소 순환 과정이다. 인간에 의해 발생한 탄소가 자연적 흡수계를 통해 거의 절반 가까이 흡수되지 않았다면, 현재 대기 중 이산화탄소의 농도는 기하급수적으로 증가한다고 한다. 2007년까지 지구 대기의 이산화탄소 농도는 약 384ppm이었다. 이것은 1832년 아이스코어 조사를 통해 알게 된 이산화탄소의 농도 284ppm과 비교해 보면 100ppm이 증가한 것을 알 수 있다.

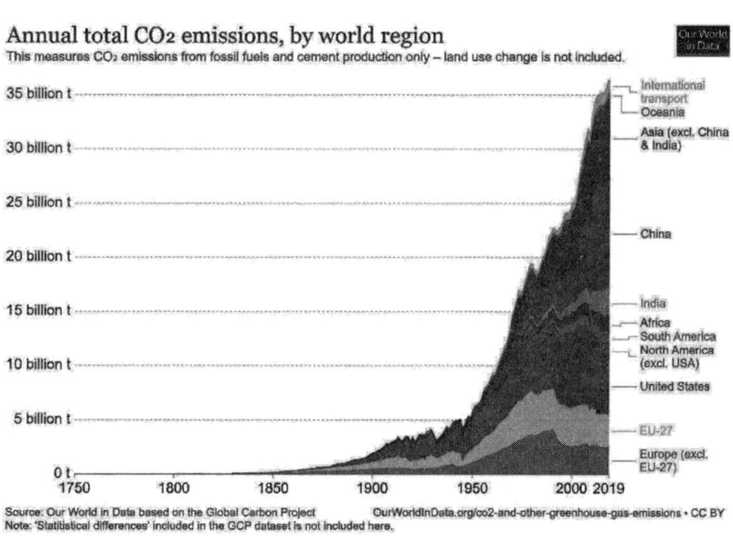

그림 13.1 전 세계 이산화탄소 배출량 추세

(출처: ICAO Homepage)

산업화와 더불어 대기 중에 급증하게 된 이산화탄소는 화석 연료의 과도한 사용이 주된 원인이다. 이 화석 연료 중 주로 연료로 쓰이는 석유와 석탄을 비교해 보면, 석유보다는 석탄이 이산화탄소 방출을 더 많이 하고, 석탄 중에서도 무연탄은 92%의 탄소로 구성되어 이산화탄소 방출을 가장 많이 한다. 석탄은 자동차와 같은 동력기관의 연료로 사용되지는 않지만, 아직도 전력 생산에 큰 비중을 차지하는 발전방식이 화력발전이고 바로 이 화력발전의 연료로 석탄이 차지하는 비율이 아주 높은 것은 문제가 되는 것이다.

이산화탄소가 온실 효과에 미치는 영향이 가장 큰 이유는 이 기체가 대기 중에서 열에너지를 저장하는 능력이 뛰어나서가 아니다. 온실가스로서 이산화탄소는 같은 농도의 메탄과 비교해 보았을 때 약 20배 정도로 온실 효과에 미치는 영향이 약하지만, 다른 온실가스에 비해 대기의 성분 중에 차지하는 절대량이 많기 때문이다. 또한 이산화탄소는 바다에 흡수되어 해수의 산성화를 일으킨다고 하며 그로 인한 바다 생태계의 변화를 일으키는 것으로 알려져 있다.

온실가스 중에서 산업시설에서 배출되는 가스는 어느 정도는 통제할 수 있고 포집 후 다른 물질로 전환하거나 분해할 수 있으나, 이산화탄소는 화학적으로 안정한 물질이기에 다른 물질로 전환하기 위해서는 더 많은 에너지가 필요하기에 이산화탄소를 없애기 위해 이산화탄소를 더 배출하는 역설적인 현상이 발생한다고 한다. 다만 전체 온실가스 배출량 중 이산화탄소는 80%를 차지하고 있어서 배출량을 줄이기 위해 에너지를 절약하거나 우수한 이산화탄소 포집 기술을 개발한다면 배출량을 줄일 수 있다. 따라서 온실가스를 줄이는 것은 곧 이산화탄소 발생량을 낮추는 것과 같다고 볼 수 있다.

• 메탄(CH_4)

메탄은 현재 연간 2억 5천만 톤가량이 대기 중으로 배출된다고 한다. 온실가스로서의 메탄은 같은 농도의 이산화탄소에 비해 21배 정도 그 효과가 강하다. 메탄의 주요한 자연적 발생원은 습지이고, 그 외에 메탄은 유기물이 미생물에 의해 분해되는 과정에서 만들어지는데, 비료나 논, 쓰레기 더미 심지어는 동물이나 곤충의 소화과정에서도 상당한 양의 메탄이 배출된다. 또한 화석 연료를 태우는 과정에서도 메탄이 발생하게 된다. 산업혁명 이후 석탄으로부터 에너지 생산, 천연가스, 매립지에서의 폐기물 배출, 소와 양과 같은 반추동물 사육의 증가, 벼농사와 바이오매스의 연소와 같은 인간의 활동이 늘어남에 따라 메탄의 발생이 증가해왔다. 또한 이 밖에도 아직 명확하게 입증되지는 않았지만 여러 이론이 메탄의 증가 이유에 대해 말하고 있다. 그 중 대표적인 것이 툰드라 지방의 땅이 온난화로 인해 따뜻해지면서 메탄을 방출하리라는 것과 해저에서 발생할 수 있다는 것이다. 일단 메탄이 배출되면 주로 대류권의 화학적 산화작용으로 인해 제거되기까지 약 8.4년 동안 대기 중에 존재한다고 한다.

• 아산화질소(N_2O)

아산화질소는 질산암모늄을 열분해할 때 생기며 투명한 기체이다. 석탄을 캐거나 연료가 고온 연소할 때와 질소비료를 통해 발생하며 소량으로 사용하면 진정 효과가 있어 병원에서 사용되기도 하였으며 흡입하면 얼굴에 경련이 일어난다고 한다.

• 수소불화탄소(HFCs)

수소불화탄소는 오존층을 파괴하는 물질인 프레온가스로, CFC(염화불화탄소)의 대체물질로 개발되었다. 불연성, 무독성이 특징이고, 냉장고나 에어컨 등 냉매로 사용되고, 발포, 세정, 반도체 에칭가스 등 다양하게 사용된다. 주로 인공적으로 만들어 산업공정의 부산물로 많이 쓰이고 있다.

• 과불화탄소(PFCs)

과불화탄소는 탄소(C)와 불소(F)의 화합물로 전자제품, 도금산업, 반도체의 세척용, 냉매, 소화기, 폭발 방지물, 분무액, 발포제 등으로 사용되는 가스이다. 과불화탄소 또한 CFC(염화불화탄소)를 대체하여 쓰고 있으나 온실가스 중 차지하는 비중이 해마다 늘고 있다.

• 육불화황(SF_6)

육불화항은 대기 중 양이 이산화탄소의 1% 미만이지만 지구온난화 지수는 매우 높은 기체이다. 전기를 통과시키지 않는 특성 때문에 반도체 생산공정에서 많이 사용되고, 전기제품, 변압기 등 절연가스로도 사용된다.

6대 온실가스는 아니지만, 수증기는 온실 효과에 가장 큰 영향을 미치는 인자로 보고 있다. 수증기는 적외선을 잘 흡수하고 대기 중에 대단히 많은 양이 존재한다. 수증기는 그 자체로 약 36~66%, 구름에 의한 영향을 더해 66~85% 가까이 온실 효과에 영향을 미친다. 수증기의 농도는 지역에 따라 일정하지 않으며, 인간에 의한 수증기 농도 변화는 소규모의 지역적인 영향을 제외하고 그리 크지 않다. 기체는 주위의 온도가 높아질수록 단위 부피당 저장할 수 있는 수증기의 양이 많아진다. 수증기로 인한 온실 효과는 지구의 자연적인 작용이지만, 온실가스로 인한 기온 상승으로 대기의 수증기 농도가 증가함으로써 본래 대기가 수행하는 수증기의 온실 효과보다 훨씬 큰 작용을 하게 된다. 그러나 수증기는 구름을 이루어 태양 빛을 반사할 수도 있어서 실제로 수증기가 온실 효과에 미치는 정확한 영향은 완벽하게 알 수 없다. 다만 겨울에는 흐린 날씨에 더 따듯하고, 여름에는 흐린 날씨에 더 시원한 것으로 보아, 열대지방에서는 반사로 인한 냉각 효과가 강하고, 한대지방에서는 온실 효과가 더 강하다고 한다.

13.3 지구 온난화 방지를 위한 국제적 노력

지구 온난화는 1972년 로마클럽* 보고서에서 처음 공식적으로 지적됐다. 이후 1985년 세계기상기구(WMO)와 유엔환경계획(UNEP)이 온실가스 중 이산화탄소가 온난화의 주범임을 선언했다. 1988년에는 WMO와 UNEP가 기후 변화에 관한 정부 간 협의체(IPCC)를 공동으로 설립하여 기후 변화에 관한 조사와 연구가 시작되었고, 미국항공우주국(NASA)에서 미국 의회에 지구 온난화에 관해 발언한 것을 계기로 일반인에게도 알려졌다. 현재 기후 변화에 관한 국제적 대응에 가장 영향력이 높은 기관이 IPCC이며, 국제적 노력을 인정받아 2007년 노벨 평화상을 수상하였다. 이후 IPCC의 기후 변화에 관한 평가서가 이후 교토 의정서와 파리 협정에서 공식적인 보고서로서 채택되었다.

이후 1992년 6월, 브라질의 리우 회의에서 지구 온난화에 따른 이상 기후 현상을 예방하기 위한 목적으로 '기후 변화에 관한 국제 연합 기본협약(United Nations Framework Convention on Climate Change, 유엔기후변화협약, UNFCCC 혹은 FCCC)'이 채택되었다. 이 협약은 온실가스에 의해 벌어지는 지구 온난화를 줄이기 위한 국제협약이다. 이 기후변화협약은 선진국들이 이산화탄소를 비롯해 각종 온실가스의 방출을 제한하고 지구 온난화를 막는 게 주요 목적이었다. 이 협약 자체는 각국의 온실가스 배출에 대한 어떤 제약을 가하거나 강제성을 띠고 있지는 않다는 점에서 법적 구속력은 없었다.

1995년 3월 베를린에서 개최된 총회에서 협약상 감축의무만으로는 지구 온난화 방지가 불충분함을 인정하고, 1997년 12월 교토에서 개최된 총회에서 2000년 이후 선진국의 감축목표를 주요 내용으로 하는 교토 의정서가 채택되었다. 교토 의정서는 온실가스 감축에 관한 법적 구속력이 있는 국제협약으로 전 세계 국가들이 지구 온난화 방지를 위해 노력하겠다는 기후변화협약과 달리 감축 목표 수준 및 설정 방식을 도입한 구체적인 국제협약이었다.

- **교토 의정서**

전 세계의 지구 온난화 방지를 위해 1997년 일본 교토에서 열린 기후변화협약 총회에서 합의된 교토 의정서가 2005년 2월 16일 발효되었다. 이에 따라 각국은 본격적인 교토 의정서 체제로 돌입하게 되었다.

---

* 1968년 이탈리아 사업가 아우렐리오 페체이의 제창으로 지구의 유한성이라는 문제의식을 느낀 유럽의 경영자, 과학자, 교육자 등이 로마에 모여 회의를 가진 것에서 붙여진 명칭이다. 천연자원의 고갈, 환경오염 등 인류의 위기 타개를 모색, 경고·조언하는 것을 목적으로 했다.

의정서에서는 이산화탄소를 비롯한 모두 6종류의 감축 대상 가스(온실가스)의 법적 구속력을 가진 배출 감소목표를 국가별로 지정하고 있다. 교토 의정서 제3조에는 2008년부터 2012년까지의 기간에 선진국 전체의 온실가스 배출량을 1990년 수준보다 적어도 5.2% 이하로 감축할 것을 목표로 하고 있다. 감축 대상 가스는 CO_2, CH_4, N_2O, PFC, HFC, SF_6 등 6개 가스로 지정하였다. 의정서 서명 당시 미국은 7%, 유럽연합(EU)은 8%, 일본과 캐나다는 6%를 감축하기로 합의하는 등 국가별로 차별화하기로 했다. 한국은 당시에 개도국으로 인정돼 교토 의정서 1차 공약 기간(2008~2012년)에는 온실가스 감축 대상에 포함돼 있지 않지만, 2차 공약 기간(2013~2017년)부터는 이산화탄소 배출량이 세계 9위, GDP 규모 세계 10위국으로서 온실가스 감축 의무를 이행하도록 했다. 그러나 아쉽게도 이후 온실가스의 상당한 부분을 배출하는 미국이 탈퇴를 선언하면서 연이어 다른 여러 국가도 탈퇴하여 그 실효성이 없어졌다.

• **파리 협정**

실효성이 떨어진 교토 의정서 이후 전 세계는 다시 파리 협정(Paris Agreement)을 체결하는데 2015년 유엔 기후 변화 회의에서 채택된 조약이다. 2016년 11월 4일부터 포괄적으로 적용되는 국제법으로서 효력이 발효되었다.

파리 협정은 선진국만이 온실가스 감축의무를 부담토록 한 기존의 교토 의정서(2020년 만료)의 한계를 극복하고 선진국과 개도국 모두가 온실가스 감축 노력에 참여하는 보편적이고 포괄적인 신기후체제의 근간을 마련한 다자조약이다. 지구 평균 온도 상승 폭을 산업화 이전 대비 2℃ 이하로 유지하고, 더 나아가 온도 상승 폭을 1.5℃ 이하로 제한하기 위해 함께 노력하기 위한 국제적인 협약이다. 각국은 온실가스 감축 목표를 스스로 정해 국제사회에 약속하고 이 목표를 실천해야 하며, 국제사회는 그 이행에 대해서 공동으로 검증하게 된다. 파리 협정은 2016년 기후 변화 당사국 총회에서 195개국의 만장일치로 채택되었다. 온실가스 감축목표를 각 국가가 자발적으로 정하는 NDC(National Determined Contribution)을 제출하도록 하였다. 미국은 2025년까지 26~28% 감축, 유럽연합은 40% 감축, 중국은 2030년까지 국내총생산 대비 배출량 기준 60~65% 감축, 한국은 2030년 목표연도 배출전망치 대비 37% 감축목표를 제출하였다. 그러나 2017년 6월 미국의 탈퇴 선언과 2020년 11월 4일 미국의 공식 탈퇴에도 불구하고, 여전히 세계 탄소배출의 87%에 달하는 200여 개 국가가 협정을 이행 중이다. 미국은 바이든 대통령이 취임하면서 2021년 파리 협정에 재가입하게 되었다.

13.4 항공 분야의 기후 변화에 대한 대처

13.4.1 항공 분야의 환경오염 요소

전 세계에서 제조된 수출품 가치의 1/3 이상이 항공으로 운송된다고 한다(Penner et.al. 2001). 또한 항공 산업은 전 세계적으로 3,200만 개의 일자리를 창출하고 세계의 국내 총생산에 거의 8%를 이바지한다(IATA, 2008). 항공운송이 경제적으로 크다는 것은 말할 필요도 없지만 그만큼 많은 온실가스 배출도 증가하고 있다는 사실이 중요하다. 산업으로서의 운송은 전 세계 에너지 공급의 약 20%를 소비하며 그중 80%는 화석 연료에서 비롯되며, 운송과 관련된 온실가스 배출의 80%가 도로 운송에서 발생하고 7%는 해상 운송과 관련이 있고 0.5%는 철도와 관련이 있다고 한다. 즉, 항공운송은 전체 운송 분야 온실가스 배출량의 13%를 차지하는 두 번째로 큰 규모이다(Kirby, 2008; pp.35~36).

화석 연료를 사용하는 항공기 엔진은 여러 종류의 가스, 배기가스 열, 소음, 미립자를 방출하므로 환경에 영향을 미치고 있다. 항공기 엔진을 통해 배출되는 물질에는 CO_2, 수증기, 질소산화물, 일산화탄소(방출 시 산소와 결합하여 CO_2가 됨), 미립자(황산화물, 그을음, 불완전 연소한 탄화수소)가 있다. 1990년과 비교해서 그동안 이룬 기술 발전, 운용 측면의 개선을 통해 연료의 사용이 50% 정도 줄어드는 등 전체 항공 산업의 효율이 개선되었지만 폭증하는 항공 수요로 인해 배기가스의 양은 늘어가고 있다고 한다.

• 이산화탄소(CO_2)

이산화탄소가 기후 변화에 가장 중요하다는 것은 알려진 사실이고 항공기 운항뿐만 아니라 승객과 직원이 공항에 접근하는 데 사용하는 공항 지상 차량, 공항 건설 및 항공기 제조에서 발생하는 이산화탄소 배출량도 고려해야 한다. 이산화탄소 배출이 많이 증가한다는 사실은 여러 조사 결과로부터 알 수 있다. GLOBE-Net(2007)에 의하면 국제 항공 여행 증가로 인한 온실가스 배출량이 1990년과 2002년 사이에 거의 70% 증가하였고, 1990년과 2006년 사이에 유럽 연합에서는 87% 증가했다고 한다. 2017년 승객 1인당 평균 항공사 연료 소비량은 3.4L/100km로 2005년보다 24% 줄었지만, 교통량(RPK)이 60% 증가하면서 이산화탄소 배출량은 16% 증가하였다고 한다. 여기서 RPK(Revenue Passenger Kilometers)는 유상 탑승객 수와 운송 거리의 곱으로서 항공사의 여객 수송실적을 나타내는 용어이다. 이 수치는 승객당 99.8g/km CO_2를 배출한 수치라고 한다. 2018년 이산화탄소 배출량은 여객 운송에서 총 7억 7,500만 톤으로 8.5조 RPK에 해당하여 RPK당 평균 88g CO_2를 배출했다고 한다. 승객 킬로미터당 배출량은 항공기 크기와 항공기의 유형, 고도, 화물 및 승객 점유율, 비행 거리와 경로에 따라 달라진다. 특히 고도가 높을 때 온실 효과가 큰 것으로 알려져 있다. 대략 1.5~2톤의 이산화탄소는 유럽인이 1년 동안 난방 및 전기를 위해 가정에서 생성하는 대략적인 양과 같다고 한다.

• **질소산화물(NO_x, 산화질소 및 이산화질소)**

대류권계면에서 배출된 질소산화물(NO_x)은 대략 8~13km의 고도인 대류권 상층부의 오존(O_3)층을 지표면에서 질소산화물에 의한 오존층에 비해 더욱 강화하는 것으로 알려져 있다. 오존은 매우 불안한 기체로서 지구의 복사 에너지를 흡수했다가 다시 지구로 내뿜어 온실 효과를 내는 것으로 알려져 있다. 오존은 또한 태양의 자외선을 차단해 주는 좋은 작용도 하고 있다. 보통 지표면 근처의 오존은 지엽적으로 작용하지만, 대류권에 있는 오존은 편서풍과 같은 기류를 타고 전 세계적으로 확산하는 것으로 알려져 있다. 질소산화물은 또 다른 온실가스인 메탄의 양을 감소시켜 오히려 기후 냉각 효과를 내지만, 오존층 강화로 인한 온난화 효과를 상쇄하지는 않는다고 한다.

• **비행운과 권운 구름**

높은 고도를 비행하는 항공기는 엔진의 연소가스에 포함된 수증기가 응축하여 비행운이라는 것을 발생시킨다. 보통 대류권에서 비행운은 기후 변화에 별 영향을 주지 않지만, 성층권에서는 기후 변화에 영향을 주는 것으로 알려져 있다. 항공기가 만들어 내는 비행운의 지속 시간은 수분에서 최대 수 시간에 이른다. 또한 비행운의 수증기와 질소산화물은 고고도에서 권운 구름 형성을 유발하는 것으로 알려져 있다. 권운 구름은 지속적인 비행운이 형성된 후에 만들어질 수 있고 권운 구름은 온난화 효과를 가져다줄 수 있는 것으로 알려져 있다. 성층권에서 형성된 비행운이 지구 온난화에 미치는 영향은 이산화탄소의 3~4배에 이르며, 지구 복사열 방출을 억제해 기후 변화를 더욱 악화시킨다고 한다.

• **미립자**

다른 배출물에 비해 황산화물 및 그을음 입자는 직접적인 영향이 적다. 황산화물 입자는 냉각 효과가 있고 복사를 반사하는 반면, 그을음은 온난화 효과가 있고 열을 흡수하고 구름의 특성과 형성은 미립자의 영향을 받는다.

미립자는 택시, 이륙, 상승, 하강 및 착륙을 포함하여 게이트 및 유도로의 공회전 중에서 항공기 엔진에서 방출된다. 미립자의 다른 요인으로는 터미널 영역 주변에서 작동하는 지상 지원 장비가 있다. 2014년 대기질 연구에 따르면 로스앤젤레스 국제 공항의 바람으로 인해 이착륙할 때 발생하는 미세입자의 영향을 받는 지역이 이전에 생각했던 것보다 훨씬 더 큰 것으로 나타났다고 한다.

• 납 배출

미국 민간 항공기의 약 3/4을 차지하는 피스톤 엔진 항공기는 납이 함유된 항공 연료를 사용하기 때문에 납(Pb)을 대기로 방출한다. 미국 환경 보호국(EPA)에 따르면 1970년부터 2007년까지 일반 항공 항공기(General aviation aircaft)는 대기로 34,000t의 납을 배출했다고 한다. 납은 인체에 해로운 물질로서 흡입 또는 섭취하면 신경계, 적혈구, 심혈관 및 면역 체계에 악영향을 야기하기에 미국 연방 항공국에서는 심각한 환경 위협으로 인식하고 있다.

13.4.2 항공 수요의 증가

국제민간항공기구(ICAO)에 따르면 2018년까지 항공 교통량은 43억 명의 승객에 도달했으며 3,780만 회의 출발, 한 편당 평균 114명의 승객, 8.26조 RPK(평균 1,920km의 여정)에 도달했다고 한다. 유럽의 에어버스사는 연평균 4.3%의 성장률을 기록할 것으로 예측하였고, 이런 예측 수치는 그동안 항공기 탑승 수요가 15년마다 2배씩 증가했던 자료를 바탕으로 예측한 것이다.

또한 이런 추세를 고려할 때 항공운송에서 배출하는 이산화탄소는 현재, 과거 전체 배출량의 2%에서 조만간 5%까지 증가할 것으로 예측하고 있다. 여기에 군용 항공기 배출량은 포

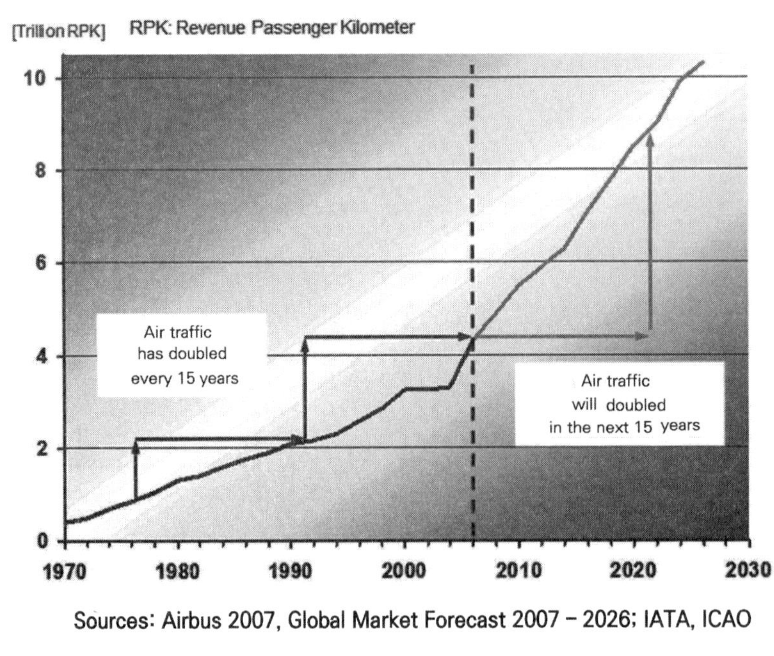

Sources: Airbus 2007, Global Market Forecast 2007 – 2026; IATA, ICAO

그림 13.2 전 세계 총 누적 탑승거리 연도별 예측

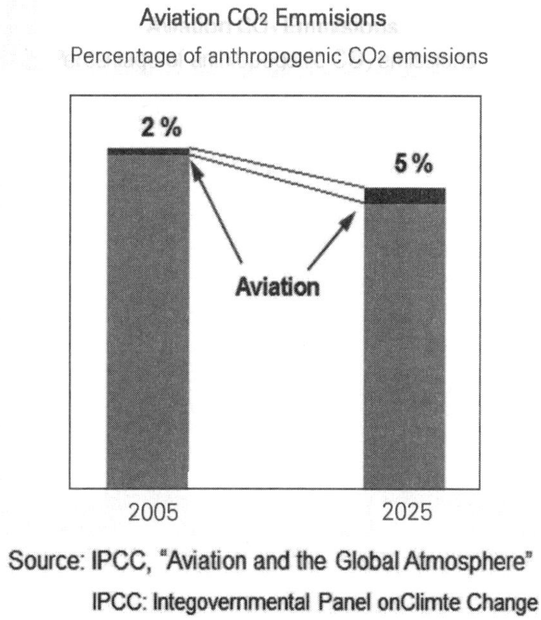

그림 13.3 항공기 이산화탄소 배출 비중

함하지 않았기 때문에 더 많을 것으로 보인다. IATA 〈Economic Performance of the Airline Industry〉 보고서에 따르면, 2018년 한 해에 9.05억 톤의 CO_2가 배출되었고, 2019년 9.15억 톤, 2020년 9.36억 톤을 전망하였다. 이 수치는 제트유의 양으로 따지면 2018년 한 해에만 3,590억 리터가 사용되었고, 화석연료(fossil fuel)인 제트유의 주원료가 케로신(kerosene) 계열이므로 케로신 연소 시 중량의 3배 정도가 되는 CO_2양을 배출한다고 하면, 제트유 부피와 밀도 그리고 3배수를 고려해보면 CO_2 9억 톤 배출은 근거가 있는 예측이라고 볼 수 있다. 환경오염 물질의 배출뿐만 아니라 항공 분야에서는 항공기 소음 증가로 인한 각종 민원이 끊이지 않고 있다. 따라서 항공 분야도 환경오염에 대한 책임이 있어서 절대 방관해서는 안 되는 상황에 있다.

13.4.3 항공 분야의 노력

전 세계 차원에서 지구 온난화 방지를 위해 노력하는 국제기구는 유엔환경계획(UNEP), 유엔기후변화협약(UNFCCC), 기후 변화에 관한 정부 간 협의체(IPCC)이며, 이들 기관이 내놓은 다양한 정책자료들이 산업별 정책 수립의 기초가 되고 있다. 항공 분야에서 지구 온난화 방지를 위해 노력하는 기관은 국제민간항공기구(ICAO: International Civil Aviation

Organization), 유럽연합, 국제항공운송협회(IATA: International Air Transport Association) 등이 대표적이다. 지구 온난화에 대한 전 세계의 노력에 동참하기 위해 항공운송, 항공기 제조사, 관련 산업을 포함한 모든 항공 분야의 합의안이 만들어졌다. 이 안은 2009년 덴마크 코펜하겐에서 열린 제15차 유엔기후변화협약 당사국 총회에서 유엔의 산하 기구인 국제민간항공기구인 ICAO가 주도하여 만든 협정이다. 이 협정의 내용에는 국제선 운항 항공기에 대해 이른바 '기후 변화 항공세'를 부과하여 조성된 기금을 빈곤국의 기후 변화 대책을 돕자고 의결하였고, 세계 항공업계가 2050년까지 이산화탄소 배출량을 현재의 절반으로 줄이는 방안을 추진하기로 하였다. 구체적으로 2050년까지 이산화탄소 배출량을 2005년 대비 50% 감축하고 향후 10년간 매년 이산화탄소 배출량을 1.5%씩 줄인다는 내용을 담고 있다.

국제민간항공기구(ICAO)는 2016년 10월 6일 캐나다 몬트리올 회의에서 향후 국제 항공사들의 탄소 배출량을 2020년 수준으로 동결하는 내용에 합의했다. 2020년 이후, 항공사들의 온실가스 허용 배출량이 결정되며 이 합의에 따라 정해진 배출 한도를 초과하는 항공사는 탄소배출권을 구매하는 방식으로 초과 온실가스 배출량을 상쇄(offset)해야 한다. 이 규제는 2026년까지는 항공사의 자율적인 시행에 맡기지만 2027년부터는 의무적으로 규제를 따라야 한다. 이제 항공사들은 탄소 배출량 한도에 따라 요금이 부과되거나, 매년 수익의 2%를 산림 지역과 탄소 감소 활동에 투자하는 탄소상쇄 제도에 참여하게 된다.

이전에 체결된 파리 기후변화협정에서는 비행기 등의 국가 간 이동 수단에 대해서 규제사항에 포함하지 않기로 했었다. 그러나 전 세계 항공 산업에서 국제선 항공 노선이 60%를 차지하기에 이번 협의를 통해 65개국이 기후변화협정에 참여하기로 했다. ICAO는 2020년까지의 온실가스 배출은 허용하지만, 그동안의 배출에 대해서 숲 조성 기금 출연 등을 통해 보상하는 방안을 내놓기도 했다. ICAO에 따르면 이번 협정으로 인해 항공사들은 2035년이 되면 한화로 약 6조에서 약 27조 원까지의 비용을 추가로 부담해야 할 것으로 예상했다. 이에 각 항공사는 에코 플라이트(Eco Flight)의 노력으로 이산화탄소 배출량을 줄이는 데 힘을 쏟고 있다. 연료 효율성이 높은 항공기를 도입하기도 하며 승객 1인당 CO_2 배출량을 공개해 구체적인 온실가스 감축 기준을 세우는 탄소성적표지 인증을 받기로 하였다. 또한, ICAO는 2017년 2월, 최초로 신형 항공기에 대한 글로벌 이산화탄소 인증 표준을 채택하여, 항공기의 크기와 중량에 따라 이산화탄소 배출 한도를 설정하였다.

13.5 항공 분야의 이산화탄소 감축 목표

13.5.1 이산화탄소 감축을 위한 목표설정

유엔기후변화협약에 부합하는 목표를 제시하기 위해 ICAO의 주도하에 2009년 모든 항공 산업 분야는 최초로 공통의 목표에 대한 합의에 이르게 된다.

- 2009년에서 2020년까지 항공기 연료의 효율을 매년 1.5%씩 향상
- 2020년부터는 탄소 발생과 제거량이 같게 유지하는 탄소 중립(net carbon neutral growth) 상태 유지
- 2050년까지 2005년의 탄소 배출량 대비 50% 감축

위와 같은 도전적 목표를 달성하기 위해 항공업계는 단기로는 연료 효율을 향상하는 노력과 ICAO가 주관하는 CORSIA(Carbon Offset and Reduction Scheme for International Aviation) 제도를 채택하였다. 이 제도는 국제선의 이산화탄소 배출을 전 세계적으로 절충하는 제도이다. 이 제도하에서는 2019년 1월부터 모든 항공운송업자는 국제선 항공기의 이산화탄소 배출을 감시, 보고, 확인하도록 하였다. 이러한 목표와 제도를 통해 탄소 중립을 달성하고, 궁극적으로 항공업계의 가능한 모든 노력을 통합시켜 50% 탄소 감축목표를 달성하고자 하는 세부 계획을 세우게 되었다. 목표 달성을 위해서는 항공기 기체, 엔진 설계 개선, 대체 연료의 개발, 항공기 운용 측면의 조치 및 관련 인프라들을 개선하기 위한 혁신적 기술개발이 복합적으로 이루어져야 한다. 그래서 이러한 목표를 달성하기 위한 로드맵을 ICAO가 주관하고 국제항공운송협회(IATA: International Aviation Transport Association)가 주축이 되어 만들게 되었다.

13.5.2 국제 항공 탄소상쇄감축 제도

국제 항공 탄소상쇄감축 제도(CORSIA)는 기존의 이산화탄소 배출 감축을 위한 주요 전략이 기술과 관련된 내용에서 정책적인 내용을 보완하기 위한 제도이다. 기존의 주요 전략을 보면, 첫 번째는 신기술 개발 항목으로서 평균 15~20%의 연비 향상을 위한 신기술을 적용하고, 지속해서 대체 가능한 대체 연료의 개발과 사용을 추진하는 내용이다. 바이오 연료(Bio fuel)와 같은 대체연료 사용을 통해 배출을 최대 80% 감소시키는 목표도 가지고 있다.

두 번째, 운용 효율화 측면으로 현재 운항 중인 항공기 중량을 줄여 연비를 향상하는 내용이다. 현재 진행되는 내용은 저중량 좌석으로 교체하고, 기내 용품 무게 절감, 비행 매뉴얼 책자의 전자화 등이 있다. 또한 교통관제의 효율화를 통해 불필요한 이착륙 시간을 줄여 연비를 개선하려는 내용이 담겨있다. 세 번째, 인프라 개선으로 항법 개선을 통해 공역과 항로를 효과적으로 이용하여 연비를 향상시키고, 관제 시스템의 현대화도 포함되어 있다. 이런 3가지 기술 전략과 함께 CORSIA의 내용은 GMBM(Global Market Based Measure)라는 키워드로 정책적인 제도를 도입하고자 하는 것이다. 대표적으로 온실가스 감축을 위한 부담금, 이산화탄소 배출거래(emission trading), 절충(offset) 등이 있다. 즉, 국제선의 이산화탄소 배출을 글로벌 탄소 절충으로 다루기 위한 제도로서 2019년 1월부터 모든 항공 운송업체는 국제선의 이산화탄소 배출을 감시, 보고, 확인해야 한다는 내용이다. 또 다른 사례는 항공사 이익의 일정 분량을 나무를 심어 이산화탄소 흡수량을 늘리고, 또한 타 산업과의 탄소거래제도를 통해 항공 분야의 이산화탄소 배출량을 유지하려는 정책들을 포함하고 있다.

2019년 기준으로 총 130개국이 참여 중이며, 16개 기여국(donor state)과 114개 수취국(reciepient state)이 있다. 기여국은 수취국에게 기술전문가를 제공해 주고 수취국 인원들의 현장 훈련 등을 제공하고 있다. 참고로 한국은 기여국으로 라오스, 몽골, 파키스탄, 필리핀, 베트남 등 수취국을 지원해 준다. ICAO의 CORSIA는 3단계로 구분되며, 시범단계(pilot phase)는 2021~2023년, 1단계(1st phase)는 2024~2026년, 2단계(2nd phase)는 2027~2035년이다. 사실 시범단계와 1단계 참가국은 자원(voluntary)에 의한 것이지만 2단계부터는 2018년 기준 국제항공운송업 활동의 개별 점유율이 0.5% 이상인 모든 국가가 참여해야 한다.

13.5.3 이산화탄소 감축을 위한 로드맵

전 세계 항공 분야가 2050년까지 달성하려는 이산화탄소 배출 목표는 2005년 배출량의 50%로 감축하는 것이다. **그림 13.4**는 ICAO가 목표를 달성하기 위해 추진하려는 야심찬 로드맵이며 이산화탄소 감축 프로그램별로 2050년까지의 예측자료이다. 로드맵의 주요 내용은 우선 현재 운용되고 있는 기술의 효율을 증대시키고, 신기술의 개발과 지상 및 비행운용의 효율을 높이면서 항공 인프라를 개선하는 것이다. 또한 2020년의 배출량을 일정 기간 유지하면서(Carbon Neutral Growth), 이전의 개발내용과 대체 연료를 사용하여 궁극적으로 2050년의 목표를 달성하려는 로드맵을 구상하였다. 지금까지 진행된 효율성 개선의 사례를 보면, 엔진 기술은 제트 엔진 시대로 들어오면서 지금까지 70% 정도의 연료 사용을 줄였다고 한다. 또한 대체 연료는 기존의 화석연료보다 생애주기 동안 약 80%의 이산화탄소를 줄일 수 있을 것으로 보고 있다. 현재도 다양한 바이오 대체 연료를 사용하는 방안이 개발되었고, 다른 형태인 power-to liquid 연료에 대한 개발이 진행되고 있다. 그러나 기술개발은 짧은 시간 이뤄지는 것이 아니기 때문에 앞서 설명한 ICAO의 CORSIA라는 정책 프로그램을 병행해서 달성하려는 계획이 들어 있다. **그림 13.4**를 보면 이산화탄소 감축을 위한 어떤 실행도 하지

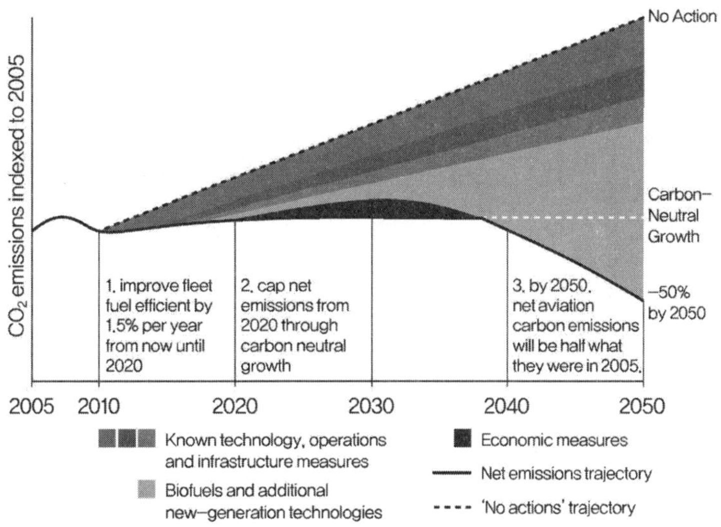

그림 13.4 이산화탄소 배출 감소를 위한 로드맵
(출처: IATA, Aircraft Technology roadmap to 2050, 2020)

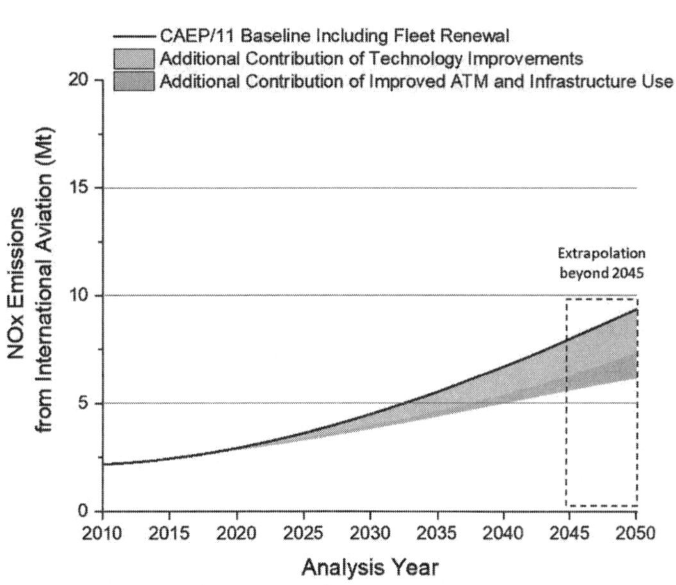

그림 13.5 질소산화물 배출량, 2010~2050 (출처: ICAO Home page)

않았을 경우(그림에서 No Action)와 분야별로 달성하기 위한 목표치들이 표시되어 있다. 특히, 눈여겨 봐야할 항목은 대체 연료가 이산화탄소 감축을 위한 가장 큰 요소로 나와 있는 것이다. **그림 13.5**는 ICAO가 이산화탄소 외에 질소산화물의 연도별 배출량을 예측한 자료이다. 이산화탄소 외에도 질소 산화물도 지구 온난화를 유발하는 요인이기 때문에 향후 기술개발에 감안할 내용 중 하나이다.

13.6 이산화탄소 감축을 위한 기술 분야

그림 13.6은 ICAO가 이산화탄소 감축을 위해 설정한 장기 계획을 보여주고 있다. ICAO의 기술 분야 계획을 보면 크게 지상 및 비행운용(operation) 효율성 향상, 새로운 기술개발, 대체 연료의 3가지 분야에 중점을 두고 있다. 운용 효율성 향상은 지상 및 비행 관련 임무, 항로, 관제 등 운용을 최적화시켜 불필요한 연료 소비를 줄이려는 내용이고, 기술개발은 항공기 엔진, 동체, 에너지 관리, 탑재 장비 등의 신기술개발을 통해 연료 사용을 줄이며 마지막으로 수소, 바이오 연료 등 대체 연료를 사용하여 이산화탄소 배출량을 줄이려는 내용이다.

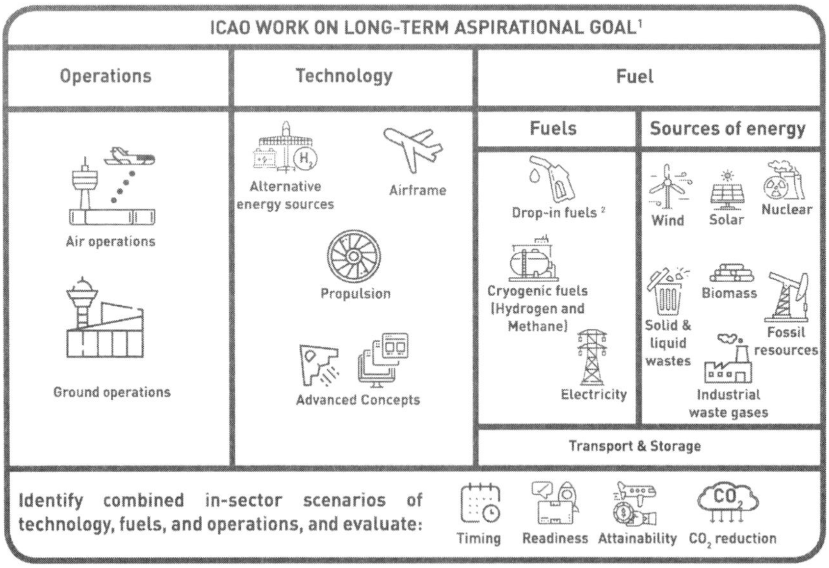

그림 13.6 이산화탄소 감축을 위한 프로그램 종류

(출처: ICAO Homepage)

13.6.1 지상/비행 운영 효율성

항공사와 공항 여건에 맞춰 지상 운용 및 공항 정체 요소의 개선, 직선 항로 같은 최적화된 비행 항로 개발, 관제 방법과 운용 장비(Air Traffic Control)의 개선은 항공기 연료 소비를 줄일 수 있는 여지가 많은 것으로 파악되고 있다. 보통 착륙을 기다리며 공중에서 대기하는 항공기는 시간당 항공기 중량의 대략 4%에 해당하는 연료를 소모한다고 한다. 또한 활주로에서 이륙 대기 중 공회전하는 B747기 한 대는 5분마다 225kg의 연료를 소모한다고 한다. 엔진을 정지하고 보조동력장치인 APU 전원을 사용하는 전기 구동 장치로 비행기 앞바퀴를 구동하면 연비 효율을 높이고 소음을 줄여서 활주(taxi)할 수 있다. 항공사와 공항은 개선된 운영 절차를 통해 배기가스와 연료 소비를 줄이는 방법을 모색하고 있다. 현재 운영 중인 가장 일반적인 두 가지 방법에는 활주할 때 한 개의 엔진만 가동하는 방법과 연속하강 접근방식(Continuous Descent Approach)을 사용하는 것이다. 이 방식은 optimized profile descent라고도 한다. 기존의 활주로 접근 방법은 순항 고도에서 단계적으로 고도를 줄이고 그때마다 관제탑의 승인을 받아야 하는데, CDA는 착륙하기 전 항공기 고도를 순항 고도에서부터 활주로까지 일정한 각도를 유지하며 연속적으로 고도를 줄이며 하강하는 방법으로 연료 소비와 소음을 줄일 수 있다고 한다.

국내 항공사의 사례를 보면, 지구 온난화 문제에 대한 심각성을 인식한 조종사들이 자발적으로 탄소배출 감축에 앞장선 사례가 있다. 이륙을 위해 활주로에 진입할 때 정지하지 않고 이미 확보한 동력을 활용하는 '활주 이륙', 활주로의 끝까지 가지 않고 활주로 어느 지점에서든지 이륙을 시작하는 '중간이륙(intersection take off)', 착륙 후 지상 이동할 때 2개의 엔진 중 1개의 엔진만을 사용하는 방안, 연료 효율을 최적화할 수 있는 최적고도 요청 등 다양한 방법을 실행해 이산화탄소 배출량을 줄이고 있다고 한다. 정부와 국적 항공사들은 2010년부터 항공 분야 온실가스 자발적 감축 협약을 체결하고 있다. 이를 통해 기후 변화 및 국내외 온실가스 배출규제에 대응하고 있는 것인데 국내 노선은 배출권거래법에 따라 국가 배출권거래제 적용 대상이고, 국제노선은 업계가 자발적으로 참여하고 있다. 온실가스 감축에 항공사들이 참여하면서 연료 효율이 좋은 최신형 항공기 도입, 주기적인 엔진 세척, 객실 카트 등 기내 탑재물 경량화 등의 개선이 이뤄질 것이라며, 지상 이동 시 엔진출력 낮추기, 지상 조업 시 항공기 자체 전원 대신 연료 효율이 높은 지상 전원 이용하기 등의 수단으로 연료 효율을 높이고 이산화탄소 배출량을 줄여나가고 있다.

스칸디나비아 항공은 배기가스 배출을 7~8% 줄이기 위해 이전보다 낮은 순항 속도로 보잉 737 항공기를 운항하고 있다고 한다. 보잉사의 ecoDemonstrator 프로그램과 같은 연구

프로젝트는 상업용 항공기 운영의 효율성을 개선하는 방법을 모색하고 있으며, 미국 정부는 FAA의 CLEEN(Continuous Lower Energy, Emissions and Noise) 프로그램 및 NASA의 ERA(Environmental Responsible Aviation) 프로젝트를 포함한 보조금 프로그램을 통해 이러한 연구를 장려하고 있다.

13.6.2 대체 연료

대체 연료(Sustainable Aviation Fuels)나 에너지를 사용하는 방법으로서 2세대 바이오 연료, 태양광 발전, 연료 전지는 모두 항공 산업과 자동차 산업에서 연구되고 있다. 국제항공운송협회(IATA)는 바이오 연료를 이산화탄소 배출량을 줄이는 핵심 요소의 하나로 간주하고 있다. 검토하고 있는 방안은 다음과 같다.

- 2세대 바이오 연료: 보잉, 버진 애틀랜틱과 GE 항공은 2008년 2월에 기존의 석유 기반 연료와 바이오 연료를 혼합 사용하는 최초의 상용 비행을 실시
- 태양 전지: 태양광을 전기로 변환
- 연료 전지: 수소를 연소 없이 열과 전기로 변환하여 기존 연료의 필요성을 줄이고 배출 가스를 제거

항공기의 대체 연료 사용에 관한 연구는 많은 분야에서 진행되고 있으며, 대체 연료는 이산화탄소 배출 목표를 달성하기 위한 중요한 요소라고 인식하고 있다. 바이오 연료는 식물 및 폐기물과 같은 바이오매스 물질에서 파생된 연료이다. 식물이 광합성 작용으로 흡수하는 이산화탄소에 비해 식물에서 추출한 바이오 연료로 인한 이산화탄소 배출 감소 효과가 매우 크다고 한다. 바이오 연료는 Jet-A1과 비교해 이산화탄소 배출량을 50~80% 낮출 수 있다고 한다. 기존 연료와 혼합된 바이오 연료를 사용한 첫 번째 시험 비행은 2008년이었고 2011년에는 50% 바이오 연료를 함유한 혼합 연료가 상용 비행에 허용되었다.

에어버스사는 대체 연료의 하나인 2세대 바이오 연료를 개발하기 위해 Honeywell Aerospace, International Aero Engines 및 Jet Blue Airways와 제휴하고 있다. 에어버스사는 기체에서 액체 등유를 사용하는 시험 비행을 하였으며 이는 제트 연료와 비슷하지만, 배기가스 배출이 적고 훨씬 깨끗한 연료 공급원으로 보고 있다. 에어버스사는 다른 유형의 대체 연료도 연구하였는데, 예를 들어 바이오매스에서 액체로, 석탄에서 액체로 그리고 2008년에는 Airbus 380(Shell International 및 Rolls Royce와 협력)의 엔진 중 하나에서 액체 등유로 테스트 비행을 수행하였다. GE Aviation 및 Virgin Fuels 회사는 제트 항공기에 사용하

기 위한 바이오 연료 기술을 연구하고 있다. 2행정 디젤 엔진인 Wilksch WAM120과 같은 일부 항공기 엔진은 식물성 기름으로 작동할 수 있다. 또한 많은 Lycoming 엔진이 에탄올에서 잘 작동한다고 한다.

애틀랜틱(Virgin Atlantic) 항공사는 한 개의 엔진에서 20% 코코넛 오일과 80%의 기존 제트 연료를 혼합하여 비행한 사례가 있고 Continental 항공사는 44% 자트로파(Jatropha) 오일, 6%의 해양 조류에서 추출한 오일과 50%의 기존 제트 연료를 혼합한 연료로 비행한 사례가 있다. 2009년 Continental 항공사 테스트에서 부분적으로 바이오 연료로 작동하는 엔진은 같은 양의 기존 연료보다 더 많은 추력을 생성하면서 1시간 반 동안 연료를 46kg 적게 연소했다고 한다(출처: Wikipedia Environmental impacts of aviation).

2011년 6월 현재 개정된 국제 항공 연료 표준은 공식적으로 상용 항공사가 기존의 제트 연료를 최대 50%의 바이오 연료와 혼합할 수 있도록 허용하고 있다. 이 내용은 ASTM D7566, 합성 탄화수소를 포함하는 항공 터빈 연료에 대한 사양(specification)에 기술되어 있으며 기존의 상업용 및 군용 제트 연료와 혼합할 수 있다.

마지막으로 액화 천연가스는 일부 항공기에서 사용되는 또 다른 연료이다. 낮은 온실가스 배출량(천연가스를 얻는 위치에 따라 다름) 외에도 비행기 운영자에게 또 다른 주요 이점은 항공유 가격보다 훨씬 낮은 가격이다.

13.6.3 혁신적인 기술개발

2050년까지의 이산화탄소 배출 목표를 달성하기 위한 중요한 요소는 혁신적인 기술개발이다. 항공 분야에서 이산화탄소 감축 계획에 주도적으로 참여하고 있는 국제항공운송협회(IATA)나 국제적 컨설팅 기관의 보고서에 의하면 기술의 발전은 단기간 내에 이뤄지지 않기 때문에 현재 단계에서 점진적으로 적용할 수 있으면서 개선할 수 있는 기술과 장기간의 계획하에 진행될 미래의 혁신적인 기술개발로 구분하고 있다. 현재도 궁극적으로는 전기 비행기로 가기 위한 중간단계로써 다양한 분야에서 개발을 진행하여 적용하고 있다. 특히 최근엔 MEA(More-Electric Aircraft)란 개념으로 엔진뿐만 아니라 탑재 장비의 변화가 활발히 이루어지고 있으며 개발된 기술들이 최신 항공기에 적용되고 있다. 목표 달성을 위해 2035년까지의 중단기적인 계획에는 전통적인 기존의 항공기 기체와 대체 연료 사용이 가능한 터보팬 엔진이 적용된 새로운 상업용 항공기가 도입되어야 하며, 그 이후 2050년의 목표를 달성하기 위해서는 새로운 항공기 기체와 엔진을 장착한 항공기 개발이 필요하다. 대표적인 혁신적 항공기 기체 형상으로는 blended wing bodies, strut-braced wings, hybrid/battery-electric aircraft 등을 고려하고 있으며, 엔진 분야에는 open rotors, boundary layer ingestion, electric propulsion 등이 있다. 현재의 기술로는 순수 배터리만을 사용하는 항공기는 좀 어려워 보이지만 여러 다양한 hybrid electric aircraft propulsion들이 검토되고 있다. **그림 13.7**과

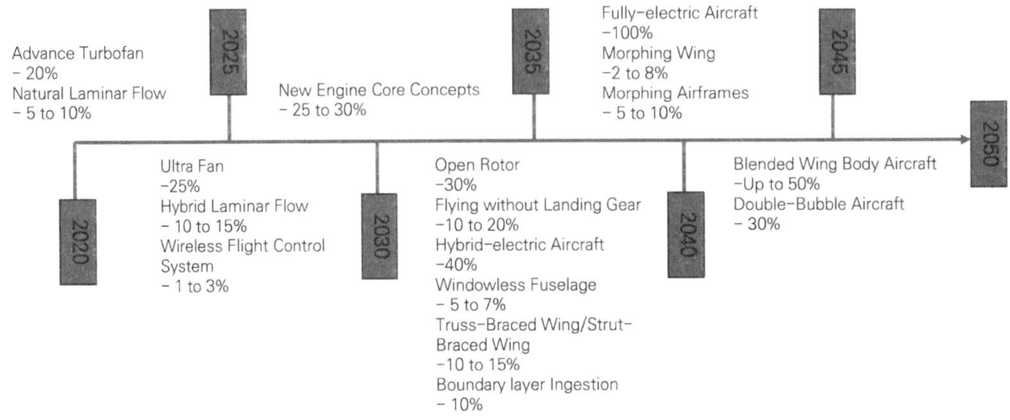

그림 13.7 연료 효율을 향상하기 위한 기체와 엔진 개발 계획
(출처: IATA, Aircraft Technology roadmap to 2050, 2020)

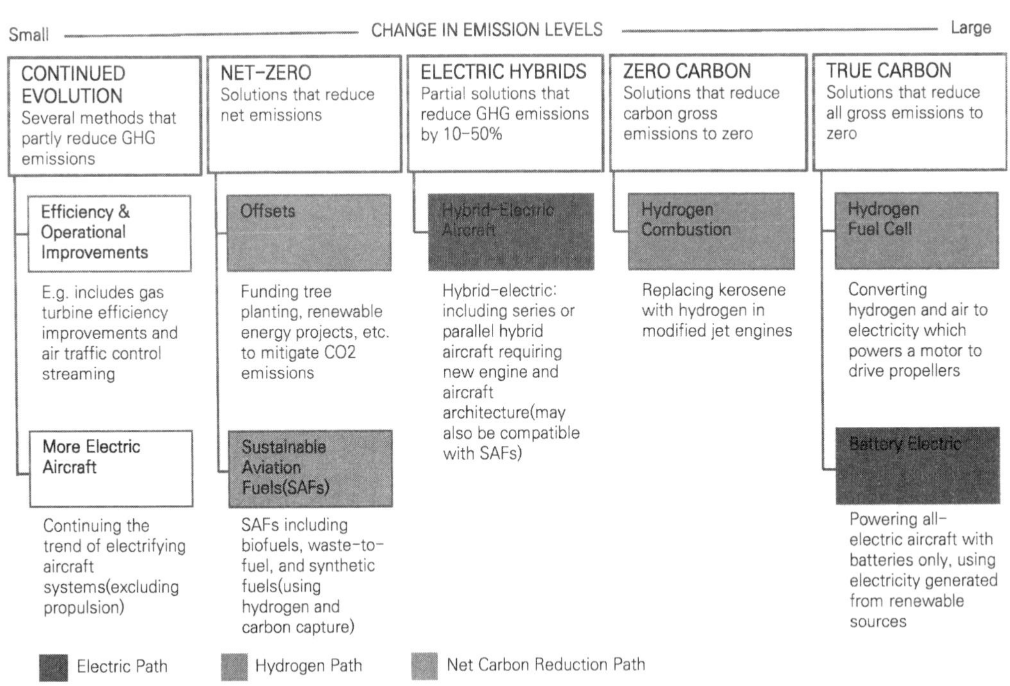

그림 13.8 온실가스 감축을 위한 분야별 미래 기술
(출처: FOCUS Roland Berger Hydrogen: A Future Fuel for Aircraft?)

그림 13.8은 기술개발 계획과 개발 기술 분야를 구분해 놓은 것이다.

항공기의 연료 소비를 줄이는 것은 온실가스 배출을 줄이는 가장 직접적이고 확실한 방법이다. 현대의 항공기들은 100명의 승객이 킬로미터당 평균 3.5ℓ의 연료를 소모하고 있는 것으로 알려져 있다. 차세대 항공기들은 이 수치를 3ℓ 이하로 감소시키는 것을 목표로 하고 있는데 이 수치는 소형차보다 연료 효율성이 우수한 것이다. Giovanni Bisignani에 따르면 1977~2007년에 걸쳐 상업용 제트 여객기는 연료 효율이 70% 더 높아졌고 2025년까지 25% 더 연료 효율이 높아질 것으로 보고 있다. 최근에 운영되기 시작한 Boeing 787 Dreamliner, Airbus A350 및 Bombardier Cseries를 포함한 차세대 항공기는 이전 세대 항공기보다 승객 킬로미터당 연료 효율이 20% 더 높다. 이는 주로 연료 효율이 더 높은 엔진과 복합 재료로 만들어진 가벼운 기체를 통해 달성되었지만, 이외에도 공기 역학적 형상, 날개, 항공기의 비행경로와 적재를 최적화해서 가능하였다.

표 13.1, **표 13.2**는 국제항공운송협회(IATA)가 조사한 기존의 항공기를 개량해서 장착될 기술과 현재 진행되고 있는 새로운 기술내용들이다. 엔진, 항공기 탑재 장비, 항공기 재료 및 구조 및 항공역학을 고려한 설계개념들로 이루어져 있다.

표 13.1 List of retrofits and upgrades for aircraft before 2030

Group	Concept	Type of Technology	Fuel Reduction Benefits
Aerodynamics	Variable Camber	Retrofit	1 to 2%
	Riblets	Retrofit	1%
	Raked Wingtip	Retrofit	3 to 6%
	Winglets	Retrofit	3 to 6%
Cabin	Lightweight Cabin Interior	Retrofit	1 to 5%
Material & Structure	Advanced Materials	Production Upgrade	1 to 3%
	Active Load Alleviation	Production Upgrade	1 to 5%
	Composite Primary Structures	Production Upgrade	1 to 3%
	Composite Secondary Structures	Production Upgrade	<1%
System	Adjustable Landing Gear	Production Upgrade	1 to 3%
	Taxi Bot	Retrofit	1 to 4%
	Advanced Fly-by-Wire	Production Upgrade	1 to 3%
	Structural Health Monitoring	Retrofit	1 to 4%
Advanced Engine Components	Fan Component Improvement	Production Upgrade	2 to 6%
	Very High BPR Fan	Production Upgrade	2 to 6%
	Advanced Combustor	Production Upgrade	5 to 10%

표 13.2 List of new technology concepts(2020~2035)

Group	Concept	EIS	TRL	Fuel Efficiency Benefits
New Engine Architecture (Ultra- High Bypass Ratio: UHBR)	Advance Turbofan	2020	8	20%(Trent 700)
	Ultrafan	2025	7	25%(Trent 700)
	GE9X	2020	8	10%(GE90-115B)
	Counter Rotating Fan	after 2020	3	15 to 20%
	Ultra-High Bypass Ratio Engine	2025	5	20 to 25% (5 to 10% re LEAP)
Advanced Engine	Zero Hub Fan	2020	7	2 to 4%
Engine Cycle	Adaptive/Active Flow Control	after 2020	2	10 to 20%
	Ubiquitous Composites(2nd Gen)	after 2020	3	10 to 15%
Aerodynamics	Natural Laminar Flow	after 2020	8	5 to 10%
	Hybrid Laminar Flow	after 2020	7	10 to 15%
	Variable Camber with New Control Surfaces	after 2020	5	5 to 10%
	Spiroid Wingtip	after 2020	7	2 to 6%
Systems	Electric taxiing system with Auto	2020	8	3%
	Transformer Rectifier Unit			
	Fuel Cells	2020	8	1 to 5%

13.6.3.1 항공역학

이 분야는 과거 수십 년 전부터 항공기의 항력을 획기적으로 줄이려는 많은 연구가 진행되었다. 그런 결실의 하나는 층류 제어(laminar flow control) 기술로서 항공기 표면에서 유체의 흐름이 난류로 변하지 않도록 하여 공기 저항을 줄이려는 기술이다. 이 중에서 natural laminar flow control 기술은 항공기 날개와 항공기 동체의 공기흐름을 층류(laminar flow)가 되도록 설계하는 것이다. 이 형상은 실제 A340 여객기의 날개 일부에 적용하여 800마일의 비행 동안 4.8%의 연료 소비를 줄이는 결과를 얻었다고 한다. 층류 공기흐름을 만드는 또 다른 방법으로 경계층(boundary layer)의 흡입(suction)을 통해 층류 흐름을 유지하도록 하는 기술인 hybrid lamiar flow control도 개발하고 있다. 특히 이 기술은 swept wing, fin에 적용할 수 있다.

13.6.3.2 항공기 탑재 장비

항공기에 탑재된 시스템은 연료의 소비를 줄일 수 있는 다양한 기술과 방법들이 개발되어 적용되고 있다. More-Electric Aircraft란 개념으로 항공기 엔진에서 소비되는 연료량을 줄이기 위해 엔진이 항공기로 제공하는 2차 동력원인 유압, 전기, 기계, 공압 사용을 없애고 전기를 사용하는 장비로 바뀌는 추세이다. 항공기 2차 동력은 엔진에서 공급하기 때문에 이들의 사용을 줄이면 엔진의 연료 소비를 줄일 수 있기 때문이다. 실제로 B787은 2차 동력 중 하나인 공압을 위한 엔진 블리드 공기를 사용하지 않는 최초의 항공기이다. 엔진과 항공기 탑재 장비는 MEA/AEA 즉, 항공기의 전기화(aircraft electrification)란 개념으로 현재 활발히 개발되고 있는 분야로, 다음 절에서 별도로 좀 더 상세히 기술하겠다.

13.6.3.3 항공기 기체 형상

• Strut-Braced Wing (SBW)

SBW 개념은 기체구조 무게를 증가시키지 않고 더 큰 날개 스팬(span)을 만들기 위해 날개 지지대를 이용한 날개 구조다. 스팬을 늘리면 유도 항력(induced drag)이 줄어들고 그만큼 필요 추력이 줄어들어 더 작고 가벼운 엔진을 설치할 수 있다. 기존 항공기 날개 길이를 기준으로 한 기존 공항 표준에 맞추기 위해 접히는 윙팁(wing tip) 설계도 갖추고 있다. 추가적인 장점은 동체 상부에 설치된 고익(high wing)으로 지면과의 간격이 높아져 연료 효율이 좋은 개방형 로터(open rotor) 엔진을 장착할 수 있다. 이 개념을 적용한 Boeing의 'Subsonic Ultra Green Aircraft Research'(SUGAR) 항공기는 154석의 좌석, 높은 종횡비(aspect ratio), 낮은 유도 항력을 가지도록 설계되었다. 터보팬 엔진을 장착한 첫 번째 형상은 2030~35년에 서비스를 시작할 예정이다. 현재 해석으로는 CFM56 엔진이 장착된 737-800 항공기와 비교

그림 13.9 Open rotor가 장착된 SBW (출처: IATA roadmap to 2050)

해 연료 효율이 약 29% 더 높은 것으로 나와 있다(900마일 비행 조건). 개방형 로터 엔진이 장착된 다른 형상에 관한 연구도 진행 중으로 날개 무게 최적화를 통해 기존 항공기들보다 최대 53%의 연료 절약이 가능할 것으로 예측되며 2040년경에 운항할 목표로 개발하고 있다.

• Blended Wing Body (BWB)

BWB는 Hybrid Wing Body(HWB)라고도 불리는데 동체와 날개가 하나의 큰 비행 날개 형태(flying wing)로서 중앙에 여객실 또는 화물실이 배치된 형상이다. 과거에 이런 형상은 Northrop B-2 폭격기와 같은 군용 항공기에 사용되었으며, 민간 항공기에서 BWB는 수십 년 후에나 운항할 예정이었다. 동체와 날개가 하나의 대형 날개처럼 되어 있어 기존의 튜브 형태의 동체 및 날개로 구성된 기존 비행기(tube-and-wing aircraft)와 비교해 더 큰 양력을 만들어낼 수 있는데 이는 날개 외에도 전체 항공기에서 양력을 발생시키기 때문이다. 민간 항공 응용 분야를 위해 매우 크고 장거리 비행이 가능한 비행기에 적용할 예정인데, 그 이유는 순항(cruise) 임무에서 양력 및 항력의 공기 역학적 이점이 크고 적재 하중(payload)이 위치한 중앙 부위의 면적을 크게 설계할 수 있기 때문이다. 그러나 최근에는 단거리 노선에서 약 100명의 승객을 위해 설계된 더 작은 크기의 BWB도 최적화하는 연구가 진행되고 있다. 다양한 BWB 개념 중에서 전형적인 예는 독일 항공 우주 센터(DLR)에서 개발된 500석의 비행기로 2040년에 비행할 계획이다. 다양한 대형 BWB 설계에 대한 연료 효율 예측 결과는 유사한 크기의 항공기와 운항 거리의 현재 항공기보다 27%에서 약 50% 좋을 것으로 예측하고 있다.

그림 13.10 DLR사가 개발한 BWB (출처: IATA roadmap to 2050)

소형 BWB의 경우 연료 효율 추정치는 현재 동급 항공기보다 약 30% 좋은 것으로 나타났다. 소형 BWB 사례에는 DZYNE Technologies와 NASA가 협력하여 기본 설계 용량이 120석인 소형 BWB 항공기를 개발한 적이 있다.

• Flying-V

최근 상당한 주목을 받는 또 다른 비행 날개형 개념은 Flying-V 비행기로서 V자 모양의 highly-swept double wing 형태를 가지고 있다. 두 개의 날개에 객실, 화물칸 및 연료탱크가 있는 형상이다. BWB와 유사하게 Flying V는 공기 항력(drag)이 낮으며 동급의 기존 항공기 형상보다 연비가 20% 더 높다. 에어버스사에서 개발한 초기 아이디어를 기반으로 네덜란드 델프트 공과 대학이 이 개념을 더욱 발전시키고 있다.

• Double-Bubble Fuselage(DBF)

DBF 동체의 형상은 기존 튜브 형태의 동체 2개를 나란히 붙여 넓은 동체와 평평한 형태를 가지고 있으며 기존 항공기보다 더 많은 양력을 만들 수 있다. 따라서 날개는 더 작고 가볍게 설계할 수 있으며, 이는 기존 형상에 비해 상당한 연료 감소로 이어질 수 있다. 이 개념은 NASA의 X-플레인 프로젝트의 하나로 Aurora Flight Sciences가 D8이라는 항공기를 설계하였고, 특징으로는 항공기 동체 상단으로 흐르는 공기를 동체 후면에 부착된 엔진으로 유입시켜 고속의 공기를 배출시켜서 전체 항력을 줄이도록 하였다. 이 개념은 나중에 설명할 Boundary Layer Ingestion 개념이다. D8 비행기는 A320 neo에 비해 최대 20%까지 연료 소비를 줄일 수 있는 것으로 예측하고 있다.

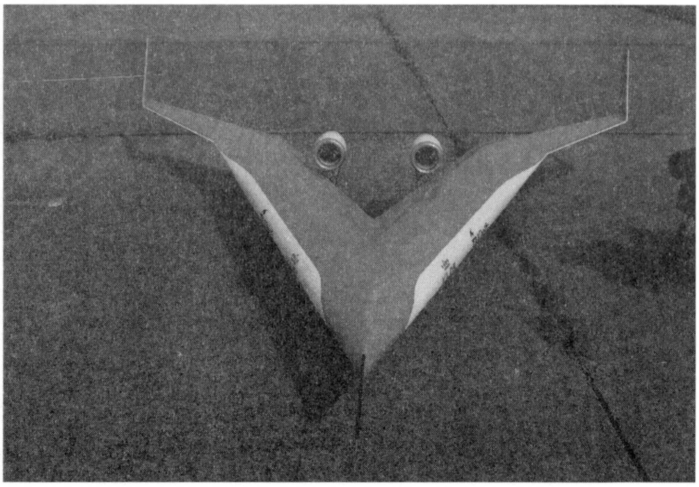

그림 13.11 Flying-V

(출처: https://newseu.cgtn.com/news/2020-09-12/Futuristic-Flying-V-takes-off-in-first-successful-flight-THKoOA6nkY/index.html)

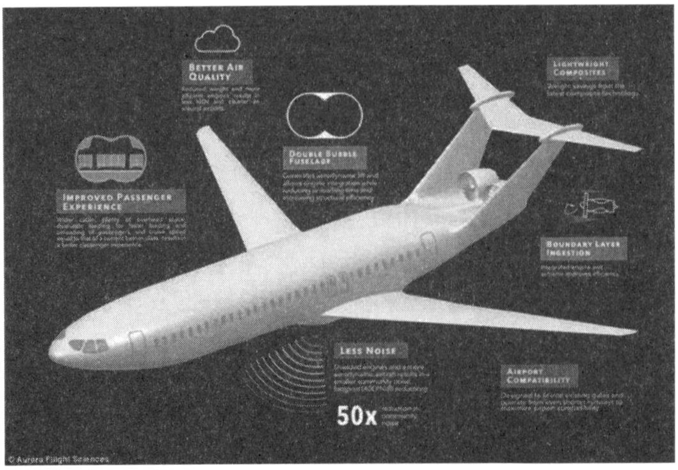

그림 13.12 D8 항공기
(출처: https://www.pinterest.co.kr/pin/19703935680324357)

• Box/Joined-Wing

1924년 Ludwig Prandtl이 처음 제안한 box-wing 구성은 두 개의 수평 날개로 구성되어 날개 끝을 서로 연결한 형상이다. 이 형상은 주어진 양력 및 날개 길이에 대해 유도 항력을 최소화하고 기존 항공기보다 연료 소비를 절감할 수 있다. 피사 대학이 공동으로 진행한 연구 프로젝트인 Parsifal은 A320 또는 B737과 같은 날개 길이를 가지면서 상급의 더 큰 항공기인 A330 또는 B767과 같은 용량을 가진 항공기를 설계하는 것을 목표로 하고 있다.

그림 13.13 Box wing aircraft
(출처: https://www.pinterest.co.kr/pin/540361655260938766/)

• Morphing wing

모핑(morphing) 날개는 향후 유망한 기술로서 비행 중에 날개 형상을 변경할 수 있는 이 새로운 날개 구조는 날개의 공기 역학 특성을 개선하여 연료 소비를 줄일 수 있다. 모핑 날개는 날개 표면에 슬롯(slot)이나 계단(step)진 곳이 없이 비행 조건에 맞춰 매끄럽게 변형이 가능한 형상으로서 공기 저항, 양력, 조종력을 최적화할 수 있다. 항공기는 특정 속도, 고도에서 최적의 효율이 나도록 설계되어 있어서, 비행 조건이 바뀌면 항공기 성능, 연료 효율이 달라진다. 만일 비행 중 공기 역학 성능에 주요 영향을 미치는 날개 형상을 변경할 수 있다면 전체 비행 임무, 즉 이륙에서 착륙까지 효율성이 크게 향상될 수 있다.

현재 사용되는 가변익기는 모핑 기술의 초기 단계라고 볼 수 있다. F-14는 가변익 날개로 저공 침투 능력(넓은 날개면적과 사각형태 날개)과 고고도 고속 비행(작은 날개와 큰 후퇴각)을 모두 가능케 하였다. 하지만 가변 날개를 구현하기 위해 설치된 장치로 인해 무게 증가, 정비 같은 운영비용이 증가하는 단점이 있다. 초기 왕복엔진 항공기 관점에서 보면 현대 항공기에 설치된 다단식 플랩, 접이식 착륙장치도 일종의 모핑 기술이다. 현재 개발 중인 모핑 기술은 아예 플랩, 에일러론 등을 위한 유압 작동기를 제거하고, 날개 받음각, 모양 등을 일정 범위 내에서 변형할 수 있다. 이는 부품 수를 줄여 항공기 무게를 줄이고 연료 사용을 감소시키므로 운영비용과 환경오염을 줄일 수 있다.

13.6.3.4 혁신적인 재료

복합 재료와 경금속 합금의 사용을 통해 상당한 중량 감소가 이루어졌지만, 여전히 더 나은 중량 효율성과 향상된 항공기 성능을 제공할 혁신적인 재료를 찾고 있다. NASA가 진행하고 있는 SAW(Spanwise Adaptive Wing) 프로젝트에서 현재 무게와 항력을 줄이고 연비를 개선하기 위해 날개 모양을 각 비행 단계별로 변화시킬 수 있는 항공기 날개(morping wing)를 연구하고 있다. 이 목표를 달성하는 데 혁명적인 재료가 중요한 역할을 하는데 현재 형상 기억 합금(Shape Memory Alloy)을 적용하려고 한다.

13.6.3.5 엔진 기술

혁신적인 엔진과 전기 항공기의 구현은 상당한 연료나 배기가스 절감을 가능하게 할 것으로 예상된다. 현재 개방형 로터, Boundary Layer Ingestion 및 전기 항공기는 항공기 추진 기술과 관련하여 가장 눈에 띄는 혁신들이다.

13.6.3.5.1 기존 엔진의 성능개선

이미 취항했거나 곧 취항이 시작될 최근의 항공기에서 연료 소비를 줄이는 가장 중요한 요인은 다른 무엇보다 새로운 엔진 기술의 적용이다. 대표적으로는 바이패스비가(bypass ratio) 9에서 12인 고 바이패스비 엔진으로 기존의 5에서 6 정도의 바이패스 엔진 대비 약 15%의 연료 소비를 줄이는 결과를 가져왔다. 이런 엔진은 현재 B737 Max, A220, A320 neo, Embraer E2 등에 장착되어 있다. A320 neo, B777-9엔진은 이전의 엔진에 비해 10% 연료 소비가 줄어들었다.

유럽에서는 Clean Sky 2 프로그램 내에서 새로운 엔진 형상이 개발되어 단기적으로 생산에 들어갈 예정이다. 예를 들어, Rolls-Royce는 2020년과 2025년에 각각 출시될 새로운 효율적인 설계인 Advance 및 UltraFan 엔진을 준비하고 있다. Advance 엔진은 새로운 고압 코어가 있는 3축 아키텍처를 가지고 있고, UltraFan은 Advance 코어에서 한 단계 더 나아가 기어 터보팬에 연결된 2축 구성을 사용하고 있다. Advance 엔진은 기존의 Trent 800에 비해 연료 연소 및 이산화탄소 배출량이 최소 20% 감소할 것으로 예상된다. UltraFan 엔진은 Advance 엔진을 더욱 발전시킨 엔진으로 연료 소비 및 이산화탄소가 Trent 800엔진에 비해 최소 25% 개선될 것으로 예상되고 있다.

엔진 제작사인 Safran은 바이패스 비율이 15 이상인 UHBR(Ultra-High-Bypass Ratio) 터보팬 엔진을 개발하고 있다. 이 엔진에는 경량 복합 재료를 광범위하게 적용하고 있다. UHBR은 LEAP 엔진보다 5~10%의 연료 효율이 높을 것으로 예상되고, A320 neo 제품군, 또는 narrow body 카테고리의 기존 엔진보다 20~25% 정도 개선되었다.

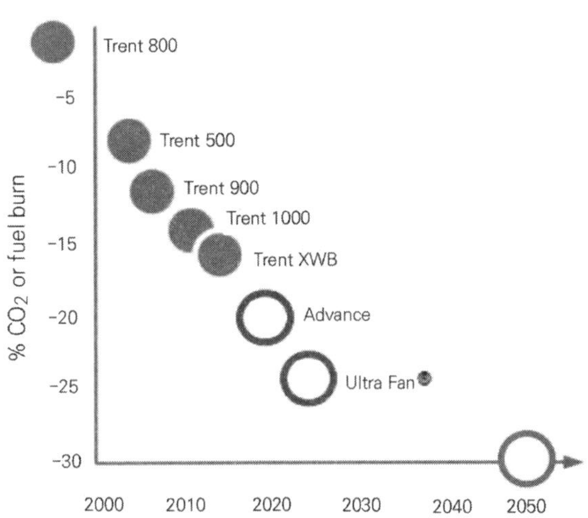

그림 13.14 Rolls-Royce 엔진의 이산화탄소 배출감소량
(출처: Rolls-Royce Homepage)

미국에서는 CLEEN II 국가 연구 프로그램에 따라 새로운 엔진 디자인이 생산되고 있다. Boeing의 새로운 777X 항공기에 장착될 GE9X 엔진은 GE90-115B 엔진보다 연비를 10% 향상했다고 한다.

13.6.3.5.2 Open Rotor

개방형 로터(open rotor)는 프로펠러와 터보 팬 엔진 사이의 하이브리드 형태로서 연료 절약형 엔진 형상이며 두 개의 팬이 서로 반대 방향으로 회전하고 덮개가 없는 팬이 특징이다. CFM56과 같은 기존 터보 팬 엔진에 비해 일반적으로 30%의 연료 연소 및 이산화탄소 배출량을 줄일 수 있다고 한다. 개방형 로터 엔진이 2030년경에 서비스에 들어갈 것으로 예상하고 있다.

13.6.3.5.3 Boundary Layer Ingestion(BLI)

BLI 개념은 항공기 전체 동체 주위로 흐르는 공기를 이용하여 추진력을 만들어내는 개념이다. 그래서 Propulsive Fuselage Concept(PFC)이라고도 불리고 있다. 이 방식은 동체 둘레를 따라 흐르는 공기를 동체 후방에 설치된 엔진이나 팬으로 유입시켜 가속함으로써 추진력을 만들어낸다. 일반적으로 동체를 따라 흐르는 공기는 후류(wake)의 형태로 동체 후방으로 떨어져 나간다. 이때 후류의 공기흐름은 속도 손실로 나오고 이 손실은 모멘텀 손실(momentum loss)로 이어진다. 통상 모멘텀 손실량은 동체에 작용하는 항력(drag)과 관련이 된다. 이러한 모멘텀 손실을 줄여 항력을 줄이고 더 나아가 반대로 추력으로 변화시키기 위해 모멘텀 손실을 내는 공기 속도의 손실을 없애기 위해 후류로 떨어져 나가기 전에 후방동체에 설치된 별도의 엔진이나 전기에 의해 구동되는 팬에 의해 가속해 배출한다. 이 속도의

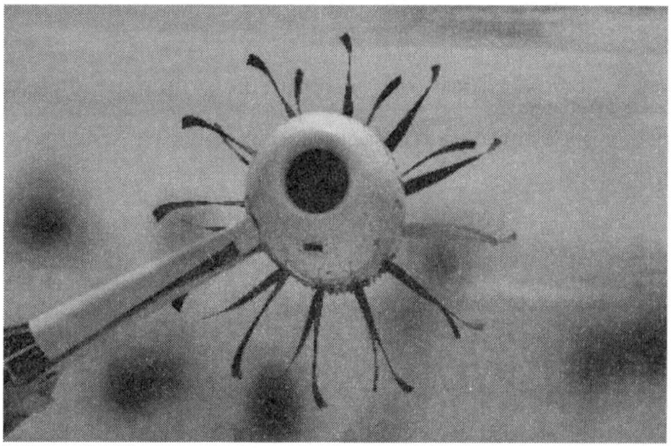

그림 13.15 Clean Sky 프로그램를 통해 개발한 Safran사의 Open Rotor
(출처: IATA roadmap to 2050)

그림 13.16 BLI개념의 CENTERLINE 항공기
(출처: IATA roadmap to 2050)

가속은 모멘텀 손실이 아닌 모멘텀 이득이 되어 추력으로 작용하게 된다. 동체를 따라 흐르는 공기의 경계층을 후방의 엔진으로 유입시킨다는 의미로 BLI라는 명칭을 사용하게 된 것이다. NASA의 연구에 따르면 BLI 기술은 오늘날 운항하는 항공기에 비해 항공기 연료 연소를 8.5%까지 줄일 수 있다고 한다. 별도의 후방 엔진을 장착하기 때문에 무게 증가라는 점이 있으나 추가의 추력 발생으로 좀 더 작고 가벼운 주 엔진을 장착하고 그에 따른 구조 무게를 고려하면 오히려 이득이 된다고 볼 수 있다.

관련된 연구는 여러 기관에서 진행 중이며 대표적으로 NASA의 "FuseFan", Bauhaus Luftfahrt "Claire Liner", MIT "D8" 개념 및 NASA "STRAC-ABL" 등이 있다.

유럽연합이 지원하는 Horizon 2020 프레임 워크 프로그램의 일환으로 CENTRELINE (ConcEpt validatioN sTudy foR fuselagE wakefilLIng propulsioN integration)이라는 PFC 개념의 검증이 진행되고 있다. 이 프로젝트는 후미 동체 BLI 추진기를 사용하면서 2개의 터보 전기 엔진을 장착한 PFC 시스템 설계를 하고 있다.

(참조: https://www.bauhaus-luftfahrt.net/en/topthema/propulsive-fuselage/),
http://www.aerospacengineering.net/revealed-a-new-propulsive-fuselage-hybrid-electric-concep/)

13.7 항공기 전기화

전기화란 개념은 간단하게, 이전의 여러 동력 방식을 대신해서 전기 동력을 사용한다고 이

해하면 쉽다. 특별히 항공기에서는 기존의 화석 연료나 유압, 공압, 기계 동력을 사용하던 시스템을 전기 동력을 사용하는 시스템으로 대체하는 개념이다. 사실 항공 분야 외에도 많은 산업에서 전기화가 이미 이루어지고 있으며, 특히 수송 분야에서는 자동차가 가장 앞서가고 있다. 전기 자동차는 최근에 나온게 아니고 사실 19세기에 전기택시, 전기버스가 미국에서 운영된 적이 있다. 모든 산업의 전기화는 여러 요인에 의해서 진행되었지만, 현재는 지구 온난화를 유발하는 화석연료를 대신해서 전기 동력을 사용함으로써 환경오염을 줄이고자 하는 것이 가장 중요한 요인이다. 항공기 엔진은 고유의 1차 동력인 추력을 만들지만 2차 동력을 제공하는 기능 때문에 연비에 안 좋은 영향을 끼친다. 따라서 엔진 동력에 의해 만드는 유압, 공압의 2차 동력을 없애고 전기 동력을 이용하는 장비로 대체하면 연비가 좋아진다. 이런 개념이 최근 MEA, AEA라는 용어로 지칭되고 있고 많은 탑재 시스템들이 변화하고 있다. 또한 엔진의 기술개발로 연비를 향상시킬 수 있지만, 항공기 엔진의 연비 개선으로는 이산화탄소 배출을 모두 없앨 수 없어서 앞서 설명한 여러 분야의 신기술개발을 계획하고 있고, 또한 전기 추진(electric propulsion) 방식의 개발도 진행되고 있다.

13.7.1 MEA/AEA(All Electric Aircraft) 개념

MEA((More Electric Aircraft) 개념은 최근에 와서 많은 관심을 받고 있으며, 과거 몇십년간 MEA를 위한 여러 가지 연구개발 활동이 있었다. 사실 MEA는 최근의 추세가 아니라 1941년 독일의 Fokke-Wulf 190A 항공기에 처음 시도되었다. 당시 이 비행기는 전기로 작동하는 랜딩 기어(landing gear), 서보모터를 사용하는 플랩과 꼬리날개, 전기 동력으로 프로펠러의 피치(pitch)를 조절하는 기술들이 적용되었다. 그리고 2차대전 이후 1950년대에 들어서도 몇몇 시도가 있었는데 당시의 주된 목적은 전기 동력을 이용함으로써 설계의 이점을 얻고자 하였고, 유압 오일의 누설로 인한 화재 위험성을 감소시키기 위함이었다. 1980년대 와서 미국 NASA의 지원으로 Lockheed L1011에 대해 MEA를 시도한 적이 있으며, 당시에 적용했던 기술들을 보면, 엔진 블리드 공기와 유압 사용을 최소화하고 효율적인 전기 동력을 엔진에서 뽑아내는 방안 및 새로운 전기 동력 생성, hydromechanical actuation 대신에 electromechanical actuation 같은 것들이 있었다. 최근에는 상업용 항공기에도 MEA개념의 도입이 시작되어 가장 최근에 나온 A380은 MEA개념을 적용한 최초의 민간 항공기라고 볼 수 있으며, 이후에 나온 B787은 A380보다 더 많은 MEA개념을 적용하였다. 또한 미 공군에 의해서 전투기, 대형 수송기에 MEA를 적용하려는 노력을 많이 하였다. 1990년대에 와서는 중앙집중식인 기존 유압장치들을 제거하고 전기동력으로 교체하려는 시도들이 많이 이루어졌다.

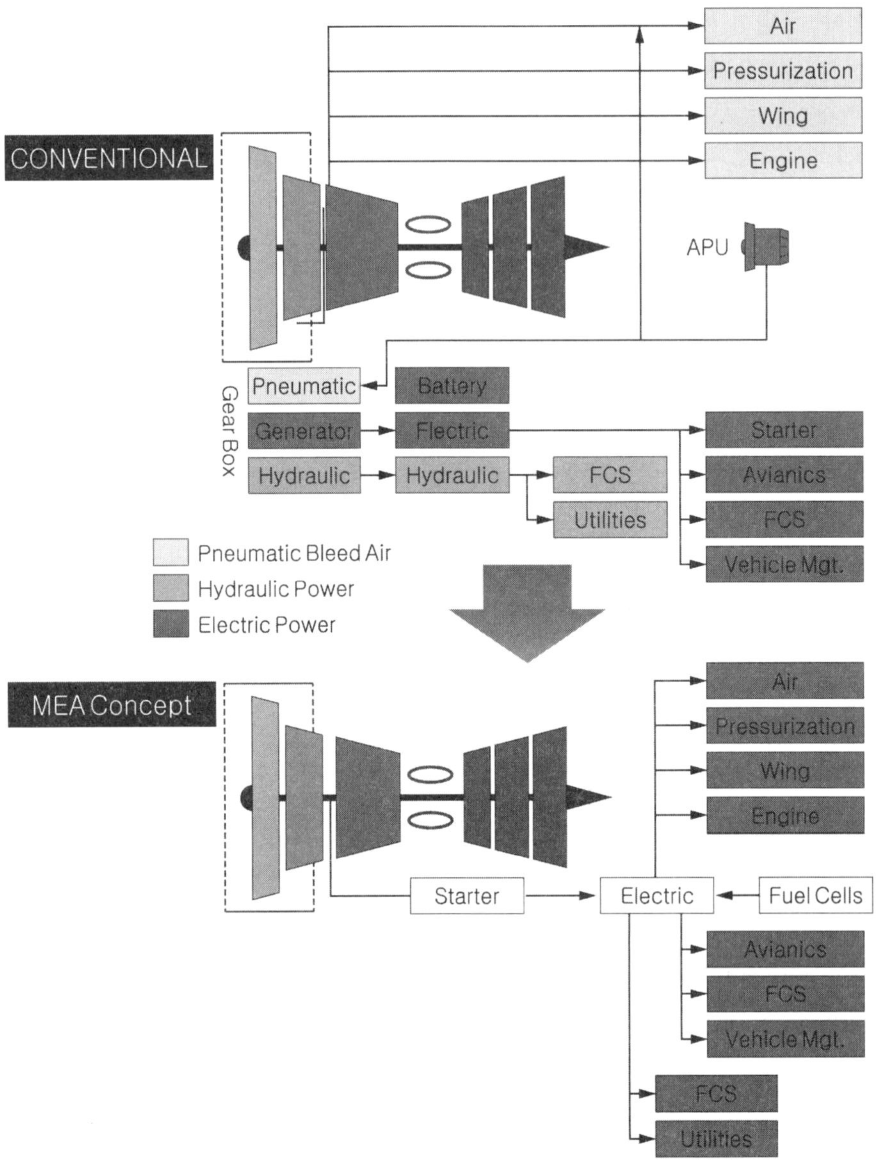

그림 13.17 탑재 장비의 MEA/AEA 개념

그림 13.17에서 보듯이 기존 항공기에서 사용하는 2차 동력원은 유압 동력(Hydraulic power), 기계 동력(Mechanical power), 공압 동력(Pneumatic power) 및 전기 동력(Electrical power)으로 구분할 수 있다. 이 모든 동력은 모두 엔진의 동력을 이용하기 때문에 엔진의 연료 소모와 엔진 성능에 영향을 준다. 연료의 에너지는 항공기 엔진에 의해서 대부분이 추력의 형태로 전환되고 나머지는 위에 언급한 4가지 형태의 동력으로 전환되어 사용된다. 만일 이 동력들을 전기동력으로 통일시키면 엔진의 연료 소비를 줄일 수 있다는 것이 탑재 장비

의 MEA 기본 개념으로서 현재 많은 기술개발이 진행되고 있다.

- 공압 동력(pneumatic power)은 가스터빈 엔진 압축기에서 뽑아낸 고온, 고압의 공기 에너지를 이용하는데, 여압(pressurization)과 냉난방을 하는 환경제어 시스템(environmental control system)과 날개의 anti-icing 계통에 주로 사용된다. 비효율적이고, 공기 덕트를 설치해야 하고, 누설(leakage)이 발생했을 경우 발견하기가 쉽지 않고 고온이기 때문에 위험성이 있다.
- 기계 동력(mechanical power)는 엔진의 gearbox를 통해 동력이 전달되며 유압펌프나 발전기, 연료펌프의 동력으로 사용된다.
- 유압 동력(dydraulic power)은 유압펌프를 통해 만들어져 유압 작동기(actuator)를 작동시켜 비행조종면(flight control surfaces), 랜딩기어 및 제동장치 등에 사용된다. 이 동력의 특징은 high power density를 가지기 때문에 매우 큰 동력을 만들 수 있다. 반면에 매우 무겁고, inflexible piping작업이 필요하고, 부식성이 있는 유압유 누설로 인한 위험성이 있다.
- 전기 동력(electrical power)은 엔진의 기계 동력으로 작동되는 발전기에서 생성된 전원을 이용한다. 특징은 무겁지 않은 구조물과 매우 유연한(flexible) 전선으로 이루어진다. 반면 회로의 단락으로 인한 화재의 위험성이 매우 크다는 특징을 가지고 있다.

기존 항공기들은 이러한 동력원들을 동시에 혼용해서 사용하고 있고, 각각의 동력원들은 더욱 복잡해지고, 무게가 증가하고, 누설로 인한 위험성이 커지며, 동력원을 상호 연동하여 작동하는 경우 효율이 떨어지는 문제점이 있다. 또한 정비나 후속 군수지원 측면에서 매우 비효율적이다.

엔진은 추력 발생이 주목적이기 때문에, 압축기로부터 블리드 공기를 뽑아냄으로써 발생하는 추력 손실은 블리드 공기량 비율(엔진 코어로 유입되는 공기 유량 대비)과 비교해 그 손실 비율이 더 크다. 이 추력 손실 비율은 엔진의 바이패스비(bypass ratio)가 커질수록 커지게 된다. 기존의 터보팬 엔진의 경우 바이패스비가 1.4:1 정도, 비교적 최신 엔진은 4:1 정도이지만 가장 최근 엔진인 GE사의 GEnex, Rolls-Royce사의 Trent 1,000엔진의 경우 10:1 정도로 커진다. 또한 현대의 엔진은 압축비(pressure ratio)가 30에서 35:1 정도로서 뽑아내는 블리드 공기량에 매우 민감한 특성을 가진다. 또한 발전기와 유압펌프를 작동시키기 위한 엔진의 기계적 동력은 엔진 성능에 큰 영향을 준다. 실제 국내에서 개발된 T-50 고등훈련기의 경우 엔진 기계 동력의 과도한 추출 요구량으로 인해 추가의 개발비를 들여 엔진제어 방법의 변경을 하게 된 예도 있었다. 엔진이 두 대인 일반 민간 대형 항공기의 최대 추력 요구

조건은 이륙 과정에서 엔진 하나가 고장 나더라도 다른 엔진의 추력만으로도 이륙할 수 있어야 하므로 정상적으로 순항 비행할 때 엔진이 저 출력조건에서 주로 작동되고 이 상태에서 엔진에서 동력을 뽑아내는 것은 엔진 안정성에 나쁜 영향을 준다.

따라서 최근의 MEA/AEA 개념을 적용한 항공기는 **그림 13.17**에서 보듯이 기존 항공기의 유압 동력, 공압 동력을 사용하는 대신에 필요한 동력 대부분을 전기동력을 이용하는 설계개념을 적용하고 있다. 이 개념을 적용하면 유압과 공압 동력을 사용할 때 필요한 각종 배관 덕트를 제거하여 항공기 무게를 줄일 수 있고, 내부 구조설계가 간단해지는 장점이 있다. 실제 무게 절감 정도에 관한 몇 가지 조사 결과에 의하면 200석 정도의 여객기 경우 항공기 무게를 약 1~3% 정도 줄일 수 있으며, 13%의 엔진 요구 추력의 감소, 9%의 연료 절감이 가능한 것으로 조사되었다. 또 다른 사례는 3개의 엔진을 장착한 여객기의 경우 약 1,300lb의 엔진 무게 절감이 가능하고, 2,540lb 정도의 배관 덕트 무게를 절감할 수 있는 것으로 조사되었다. 전기동력은 다양한 전원 변환장치를 이용하여 필요 장비의 전원 요구 조건에 맞게 공급할 수 있어서 효율적인 관리가 가능해진다. 또한 지상 정비 시 여러 동력원에 맞는 각종 지상 지원 장비들이 하나의 전기동력 공급장치로 통일시킬 수 있는 장점이 있다. 이런 설계개념은 현재 진행형으로서 가장 최근에 나온 A380, B787 항공기에 폭넓게 적용되었다. 현재 전기를 사용하는 장치로 대체된 대표적 장치로는 기존 유압작동기를 대체한 EHA(Electro Hydrostatic Actuator)나 EMA(Electro Mechanical Actuator), electrical brake system, electrical anti icing, electrical ECS 등이 있다. 또한 전원요구량이 증가하면서 새로운 개념의 전원장치(발전기) 개발이 함께 이뤄지고, 무게 절감을 위해 고전압(저전류) 시스템이 적용되고 있다.

13.7.2 B787의 MEA 개념 탑재 장비

최근에 나온 일부 민간 항공기와 전투기에서 MEA/AEA 개념을 적용하기 시작하였다. 그 중에 대표적인 몇 가지 항공기에 관해서 설명하겠다.

B787은 이전의 어떤 항공기에 비해서 MEA(More-Electric Aircraft) 개념의 시스템을 많이 적용한 항공기이다. 따라서 모든 시스템이 전기에 의해 작동되는 All-Electric Aircraft에 한 걸음 더 다가서는 비행기라는 데 의미가 있다고 볼 수 있다. 그 예로 공압 시스템의 공급원인 엔진 블리드 공기의 사용은 이제는 없으며, 유압 작동기는 여전히 사용하고 있긴 하지만 일부 전기동력을 사용하는 작동기가 탑재되고 있다. **그림 13.18**에 기존의 B767과 MEA개념이 적용된 B787 항공기의 동력 발생 방법을 비교해 보았다.

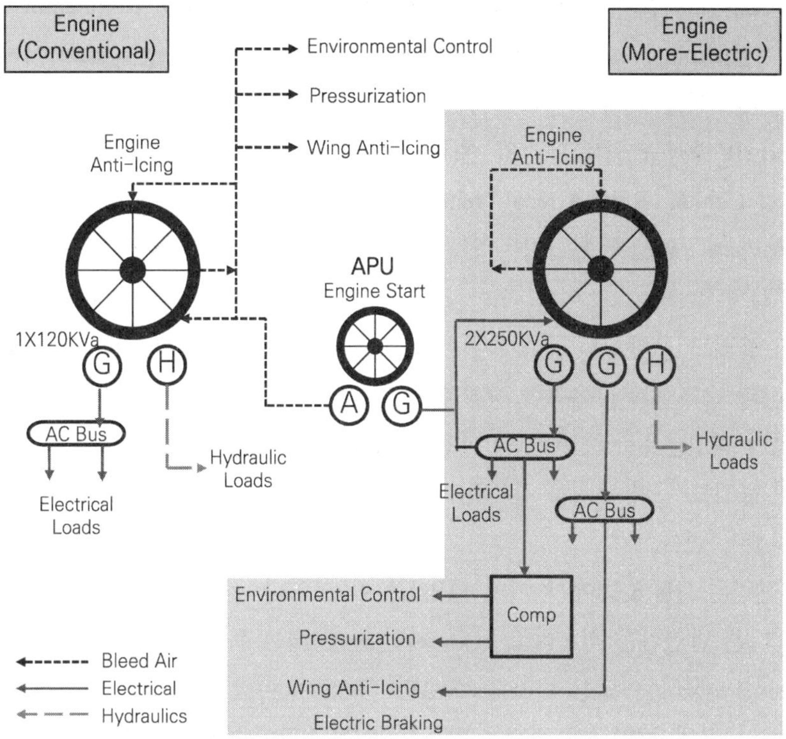

그림 13.18 B787 MEA 개념

두 항공기의 주요 차이점은 다음과 같다.

▷ **블리드 공기량의 감소**

B787의 경우 엔진 블리드 공기는 엔진 카울(cowl)의 방빙장치에만 사용된다. 더구나 저압의 엔진 팬에서 뽑아내기 때문에 엔진 성능에 미치는 영향이 압축기에서 뽑을 때보다 적다. 반면에 기존의 B767은 엔진 카울 외에도 날개의 방빙장치, 냉난방 및 여압(pressurization)을 위해 블리드 공기가 사용된다.

▷ **전원발생량 증가**

기존의 B767 발전기는 엔진당 120kva의 전원을 생산한 것에 비해 B787은 500kva를 생산하고 있다. 전원요구량이 증가한 주요 원인은 전기로 구동되는 시스템의 적용이 많아졌기 때문이다.

▷ **전기 동력에 의한 엔진 시동**

기존의 B767은 APU의 블리드 공기를 사용하는 데 비해 B787은 전기에 의해 엔진을 시동하는 개념으로 변했다.

그림에서 보듯이 객실과 항전 장비의 냉난방을 위한 환경제어(environmental control system), 객실 여압(cabin pressurization), 날개의 방빙 시스템(anti-icing system)이나 기타 공기로 구동됐던 시스템을 위해 사용하던 엔진 블리드 공기는 이제는 사용하지 않는다. 단지 엔진의 카울(cowl) 방빙을 위해 엔진의 팬(fan)에서 저압의 블리드 공기를 뽑아내는 정도이다. 특히 GE사의 GeNex, Rolls-Royce Trent 1000 엔진과 같이 엔진 압축비(pressure ratio)와 바이패스비(bypass ratio)가 높아지는 최근 엔진의 경우에는 압축기에서 블리드 공기를 뽑아내는 것은 매우 큰 낭비 요소이다. 또한 블리드 공기를 사용하지 않음으로써 얻는 다른 장점으로는 엔진 블리드 공기를 공급하기 위한 각종 배관을 제거할 수 있다는 것이다. 이는 항공기 중량 절감과 구조설계에 유리한 장점을 줄 수 있다. 보통 엔진에서 기체로 블리드 공기를 보내는 배관의 직경은 8inch, APU의 배관은 7inch를 요구한다. 또한 블리드 공기를 사용할 때는 고온의 블리드 공기 누설을 감지하기 위한 과열 감지장치(overheat detection system)를 추가로 설치해야 한다.

B787의 전원은 **그림 6.53**에서 이미 설명했듯이 다양한 전원 요구 조건을 가지며 기존의 항공기와는 다른 발전기를 적용하고 있다. 가장 눈에 띄는 특징으로는 현재까지 대부분의 기존 항공기에서 사용하는 고정 주파수(constant frequency)를 갖는 3상(3 phase)의 115VAC 발전기 대신에 3상의 230VAC 전원을 만드는 가변 주파수(VF: Variable Frequency) 발전기를 가지고 있다. 전원의 주파수는 360~800Hz이며 고정 주파수를 만드는 IDG(Integrated Drive Generator)가 없어서 구조가 간단하고, 신뢰성, 정비성이 좋으면서 비용이 낮은 장점이 있다. 전원 중에서 115VAC와 28VDC는 기존의 항공기에서 많이 사용하는 전원이며, 230VAC와 ±270VDC 전원은 엔진 블리드 공기를 사용하지 않는 MEA 개념의 적용에 필요한 전원이라고 볼 수 있다. 여기서 ±270VDC 전원은 230VAC 전원이 4대의 자동 정류장치(auto transformer rectifier)를 통해 만들어낸다.

B787의 MEA 개념을 요약하면 다음과 같다.

- Pneumatic bleed system 제거
- Electric air conditioning 및 cabin pressurization system 적용
  - 과거 50년의 기술을 넘어 보잉사는 객실의 환경제어를 위해 사용하던 과거의 엔진 블리드 공기 대신 전기 모터 구동 압축기(electrical compressor)를 사용함으로써 많은 것을 절약할 수 있다는 것을 알게 되었다.
- Electric driven hydraulic pump motors 적용
  - 각종 actuator, electric brake 동작
- Electric engine start

- Electric wing ice protection
- Nitrogen-generation-system compressor
- Electric cabin window system

13.7.3 A380 MEA 개념 탑재 장비

A380은 B787보다 제한적이긴 하지만 B787보다 먼저 MEA 개념을 도입한 민간여객기라고 볼 수 있다.

- 기존 에어버스 항공기의 비행조종면은 3개의 개별 중앙 유압 시스템으로 구동됐지만 1개의 유압 시스템을 없애고 2개의 유압 시스템과 2개의 전기동력원으로 구동되는 작동기(EHA, EBHA)들로 교체되었다. 주동력은 유압이지만 유압 시스템이 고장 나는 경우 전기구동 작동기가 기능을 대체하도록 하였다. 대체 가능(redundancy) 동력이 유압 시스템 3개에서 총 4개(유압 2개, 전기 2개)로 늘어나 안전성이 좋아졌고, 1개의 유압 시스템이 없어져 약 1,000lb 무게가 감소하였다. 그리고 전기 구동 작동기가 적용된 최초의 대형 민간여객기이다.
- 기존 RAT(Ram Air Turbine)의 유압 동력이 전기 RAT로 변경되어 엔진 고장시 EHA, EBHA로 전기 공급
- 최초로 엔진의 역추력장치(thrust reverser)를 EMA로 구동
- EHA로 구동되는 landing gear brake
- 기존의 thermal circuit breaker 대신 electric breaker로 변경
- 가변 주파수 발전기 적용

13.7.4 기타 항공기의 MEA 개념 탑재 장비

민간 항공기인 Vickers VC10은 비행조종면의 작동을 기존의 유압 작동기 2대와 함께 전기 구동 작동기(electrical actuation) 2대를 적용하였으며, 최신 전투기인 F35의 경우 군용기로서는 MEA 개념이 많이 적용된 항공기이다. 최초로 270VDC 전원을 사용하며, 전기 구동 작동기(Electric actuation systems)를 적용하고 있다. 또한 최초로 80kW 용량의 switched reluctance generator를 적용한 것은 물론 고속의 전자회로를 이용하는 전원 변환장치(power conversion)를 적용하였다.

13.7.5 MEA/AEA 개념의 구성품

13.7.5.1 MEA 작동기

기존에 사용하던 유압 시스템에 의해 구동되는 비행조종면 작동기 대신 전기로 구동되는 EHA(Electro Hydrostatic Actuator), EMA(Electro Mechanical Actuator)가 적용되기 시작하였다. 기존 유압 시스템은 유압 동력 발생이 중앙에 집중되어 있어 배관을 통해 필요한 장치로 유압을 공급하는 중앙 집중식(centralized systems)이다. 반면에 EHA, EMA는 작동기를 구동시키기 위한 동력이 각 작동기에 개별적으로 있는 분산 시스템(de-centralized systems)이다. 보잉사는 A380과 F-35처럼 분산 시스템을 적용한 것과는 대조적으로 중앙 집중식 유압 시스템을 고수하고 있다. 또한 A380 항공기는 EHA(electro-hydrostatic actuators)와 EBHA(electric backup hydrostatic actuators)를 1차 비행조종면에 직접 사용한 데 비해 B787은 재래식 유압작동(hydraulic actuation) 방법을 아직도 적용하고 있다. B767, B787 항공기 모두 3개 채널의 유압 시스템 개념을 적용하고 있다. 일반적으로 B787에 적용한 3개 채널의 유압 시스템은 A380에 적용한 2개 채널에 2개의 electrical backup이 장착되었을 때보다 더 보수적인 개념으로 볼 수 있다. 두 항공기 모두 5,000psi 유압 압력을 사용하고 있다. **표 13.3**은 EHA, EBHA를 적용한 항공기들의 사례를 보여주고 있다. 이미 군용기인 F35는 기존의 유압 시스템은 사라지고 EHA, EBHA만 적용하고 있으며, 앞전 슬랫의 작동은 전기식으로 적용하였다.

표 13.3 기존 항공기의 EHA, EBHA 적용 사례

Aircraft	Airbus A380	Airbus A400M	Airbus A350	Gulfstream G650	Lockheed F35
Entry in service	2007	2013	2015	2012	2015
Type	Commercial	Military (Transport)	Commercial	Business	Military (Fighter)
Operating pressure	350	210	350	210	280
Actuation Numbers indicate the use of HSA/EHA/EBHA					
Ailerons	8/4/0	2/2/0	6/2/0	2/0/2	0/2*/0(Dual)
Elevators	4/4/0	2/2/0	2/2/0	2/0/2	0/2*/0(Dual)
Rudder	0/0/4	0/0/2	2/1/0	1/0/1	0/2/0
Spoilers	12/0/4	8/0/2	8/0/4	4/0/2	
Total	24/8/8	12/4/4	18/5/4	9/0/7	0/6/0

▷ EHA 장착 항공기

- A380: ailerons(4), elevator(4), rudder EBHA(4), spoiler EBHA(4)
- F35: primary control surfaces(5)

▷ EMA 장착 항공기

- UK more-electric helicopter demonstrator program(HEAT)
- Refuelling boom ruddervator

13.7.5.2 전기식 제동장치

일반적인 제동장치(braking systems)는 유압에 의해서 구동되며 항공기의 주 유압 시스템으로부터 유압 덕트를 통해 공급된다. 유압 시스템은 누설이나 화재가 날 우려가 있다. 현재 전기식 제동장치(electric braking)는 좀 더 효율적이며 B787에 적용되고 있으며 에어버스사의 A330에 시범 적용할 예정이다.

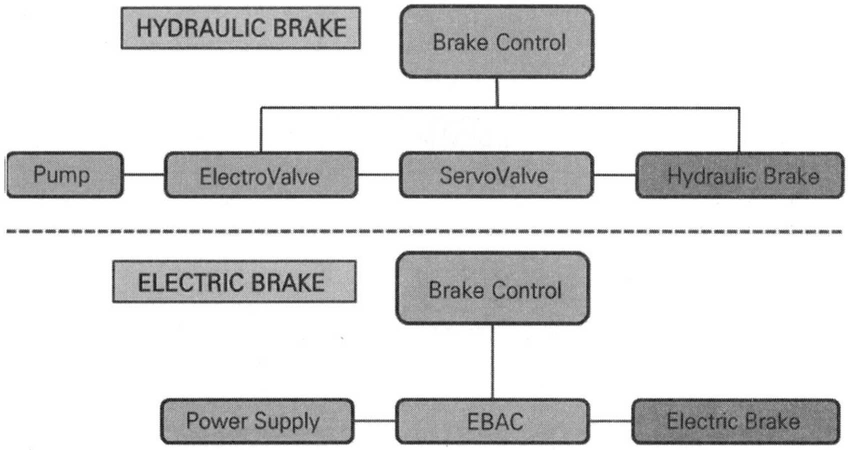

그림 13.19 유압식과 전기식 제동장치 비교

전기식 제동장치의 장점으로는 복잡한 유압 덕트가 없어져 설계 및 정비가 쉬워지고, 제동장치의 핵심부품인 carbon disk의 마모를 실시간 측정할 수 있다.

13.7.5.3 전기식 ECS

이 방식은 블리드 공기를 사용하지 않고 대신에 전기로 구동되는 압축기가 환경제어 시스템과 객실 여압을 위한 압축 공기를 공급한다.

동급의 대부분 항공기처럼 B787도 2개의 공조 시스템(air conditioning packs)을 갖추고 있으며 다른 항공기와 달리 전기로 구동되는 시스템이다. 각 공조 시스템에는 2개의 전기 모터로 구동되는 압축기가 설치되어 있고, 각 영구자석 모터는 125kVA의 전원용량을 소모한다. 2개의 압축기에서 나온 압축 공기는 열교환기로 유입되기 전에 하나의 매니폴드(manifold)로 유입된다. 이 공기는 환경제어 시스템의 ACM(Air Cycle Machine)에 의해 온도가 내려가고 객실로부터 재순환된 공기와 혼합하여 적절한 온도의 공기를 만들어 객실로 공급한다.

비록 전기식 환경제어 시스템에서 소모하는 전원이 상당히 크긴 하지만, 블리드 공기 사용으로 인한 엔진 성능 손실 보다는 장점이 있다. **그림 13.20**은 기존의 시스템과 새로운 전기식 환경제어 시스템을 간략히 비교한 그림이다.

두 시스템의 압축 공기 특징을 비교해 볼 때 기존 시스템(conventional ECS)의 엔진 블리드 공기 온도는 약 400°F, 압력은 약 30psi지만 전기 구동 압축기에서 나오는 공기 온도는 200°F, 압력이 15psi 정도이다. 그런데 객실의 온도 및 여압을 위해 필요한 공기는 결국 60°F, 객실고도(cabin altitude) 6,000ft 압력인 13.8psi 정도로 조절된다. 따라서 기존의 시스템이 에너지 손실이 많은 것을 알 수 있다.

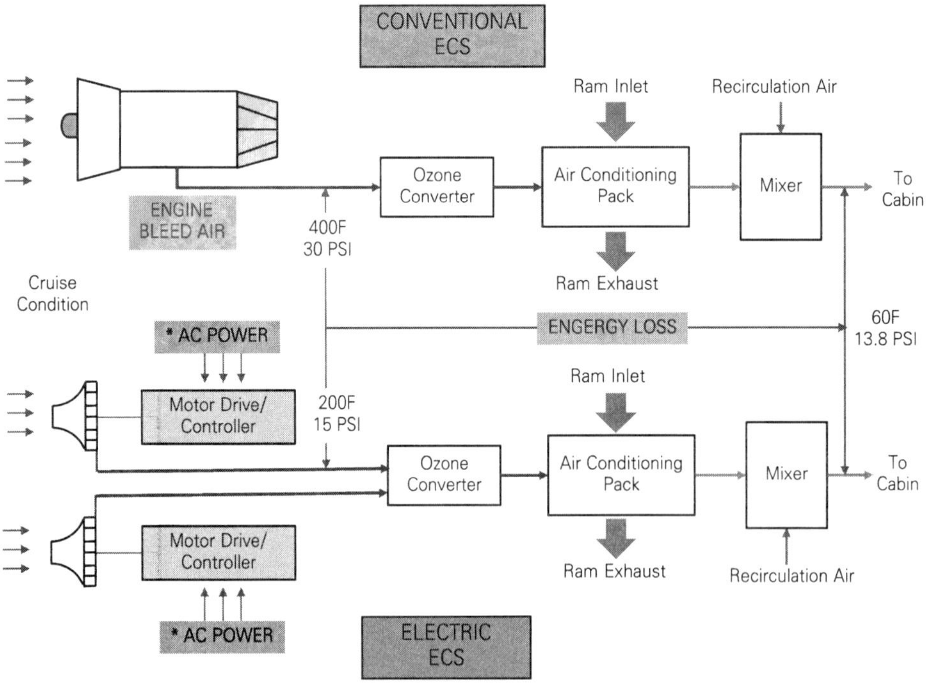

그림 13.20 기존 방식과 전기식 ECS 비교

13.7.5.4 전기식 착륙장치 바퀴

항공기 착륙장치 바퀴를 전기 모터로 구동할 수 있다면 지상에서 활주(taxi) 중에 엔진을 사용하지 않아도 된다. 이는 상당한 연료 사용을 줄일 수 있는 항목이다. 엔진 제작사인 Safran은 주 엔진이나 견인 트랙터를 사용하지 않고 활주할 수 있도록 전기 모터로 구성된 전기 유도 시스템(EGTS, Electric Green Taxiing System)을 개발하였다. EGTS에 전원을 공급하기 위해 ATRU(Auto Transformer Rectifier Unit)가 개발되었고, 이 장치는 항공기의 보조 동력 장치(APU)에서 만든 115VAC를 EGTS 모터에 필요한 540VDC로 변환하는 EGTS용 저중량 전원 공급 장치이다. 주 엔진을 사용하지 않고 보조 동력 장치를 이용해 EGTS를 작동시키기 때문에 연료 소비와 소음을 줄이는 방법이다.

13.7.5.5 연료 전지의 동력 사용

연료 전지는 공기에 포함된 산소와 기체 수소로부터 전기 에너지를 만든다. 소음이나 오염물질을 배출하지 않고 깨끗한 물만 배출하므로 환경친화적인 장치이다. 연료 전지는 APU를 대체하고 엔진 시동, 환기, 비행제어, 조명, 식사용 오븐, 기내 엔터테인먼트와 같은 다양한 탑재 시스템에 전력을 공급할 수 있다. 엔진 제작사인 Safran은 현재 이 기술의 개발을 위해 노력하고 있으며, 2019~2020년까지 상용 비행 응용 프로그램에 적용할 것으로 예상되며, 운영 조건에 따라 연료 절감은 1~5% 사이로 예상된다. 그러나 연료 전지는 정기적으로 수소를 연료로 공급해야 한다는 점을 고려해야 하며, 따라서 미래 항공기의 전원 공급을 위한 연료 전지의 구현은 다양한 산업 분야의 청정 에너지원으로 전 세계 수소 공급 구조가 구축되어야만 가능할 것으로 보인다.

13.7.6 전기 엔진

전기기술(more-electric technology)을 이용한 엔진은 여러 가지 장점이 있다.

• 블리드 공기량 감소

엔진의 바이패스비가 클수록 블리드 공기량은 엔진 성능을 감소시키고 연료 소모량을 증가시킨다. 따라서 블리드 공기량을 줄이면 상당한 개선 효과를 만들 수 있다.

• 보조 기어박스의 제거

현재 기어박스를 통해 유압펌프와 발전기가 연결되는데 엔진의 기어박스는 매우 복잡하므로 이를 제거할 수 있다면 구조가 간단해지고 중량을 줄일 수 있다.

• 오일 사용이 없는 엔진

엔진의 오일 시스템은 펌프, 필터장치, 냉각기와 같은 복잡한 구성을 하고 있다. 엔진의 발전기에서 발전 혹은 전원변환 과정은 많은 열을 발산시킨다. 만일 엔진의 회전체(rotating engine assemblies)를 지지해 주는 다른 방법을, 즉, 전자기 베어링(electromagnetic bearing)을 적용할 수 있다면 오일 시스템을 제거할 수 있게 되고 그에 따른 많은 장점이 생길 수 있다. 현재 전자기 베어링에 관한 연구가 미국과 유럽에서 많이 진행되고 있으며, 완전히 이 기술이 적용되기 위해서는 아직도 많은 새로운 기술들이 개발되어야 한다. 만일 이 기술이 성공적으로 엔진에 적용되면 오일 시스템, 기어박스와 관련 동력장치들을 제거할 기회가 올 것이다. 현재 전자기 베어링(active magnet bearing) 기술의 수준은 상용화되기에는 좀 더 기술개발이 필요하다. 그 예로서 엔진 작동 중 블레이드가 이탈되는 조건에서 회전하는 팬을 지지해 줄 수 있는 정도는 안 된다. 그러나 이 조건은 엔진의 품질 요구 조건 중의 하나로서 반드시 충족해야 할 조건이다.

• IGV/VSV 제어

대부분 엔진이 엔진으로 유입되는 공기량과 흐름을 조절하기 위해 IGV(Inlet Guide Vane)와 VSV(Variable Stator Vanes)를 제어해야 하며 이 제어는 유압, 공압(pneumatic)이나 연료 압력에 의해 이루어진다. 현재 기존의 방식 대신에 전기로 구동되는 방식으로 대체하려는 연구들이 진행되고 있다.

• 전기 구동 연료펌프

현재 엔진 연료는 엔진에 의해 구동되는 고압 펌프(engine driven pump)에 의해서 공급된다. 이 펌프의 크기는 보통 엔진 회전수가 낮은 엔진 시동 조건을 기준으로 결정하는데, 만일 엔진 회전수가 매우 높은 작동조건에서는 연료공급량이 엔진 요구량을 초과하여 남는 연료는 다시 펌프 입구로 돌려보내야 한다. 특히 순항 조건에서는 펌프의 공급량이 요구량과 비교해 매우 많아 펌프의 에너지 낭비가 매우 크게 된다. 따라서 만일 전기구동 펌프를 사용한다면 엔진의 작동조건에 최적화시킬 수 있게 된다.

그림 13.21은 기존 엔진과 MEE(More-Electric Engine)을 비교한 그림이다. 엔지의 시동은 기존의 APU 공압을 이용하는 대신 전기구동 방식으로 변경되었고, 2차 동력인 유압, 공압은 거의 없어지고 전기동력만 공급하며, 엔진 기어박스(engine acessory gear box)가 사라진 것을 볼 수 있다. MEE(More-Electric Engine)의 특징을 설명하기 위해서 실제 Trent 500엔진의 특징을 열거하면 아래와 같다.

• 엔진 블리드 공기는 engine anti-icing 장치로만 공급
• 150kva를 생산하는 HPSG(High Pressure Starter Generator) 적용

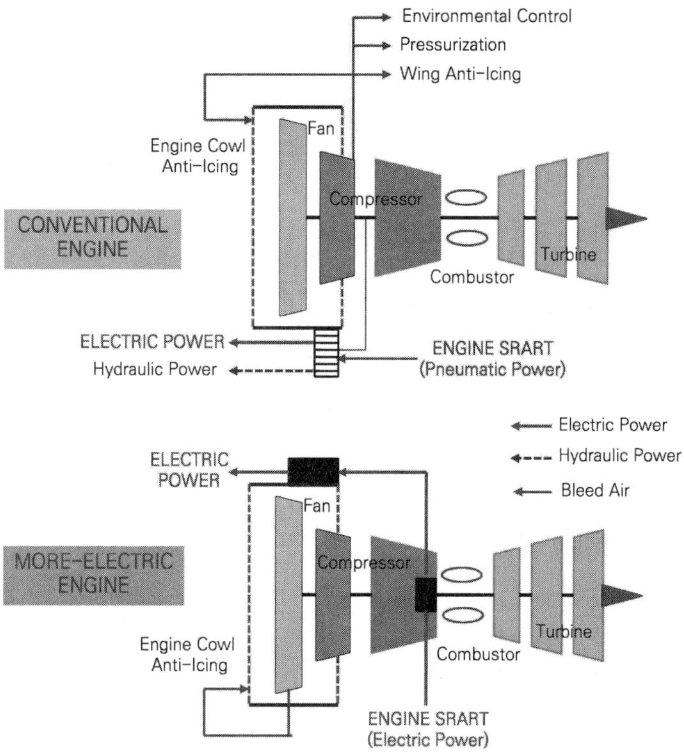

그림 13.21 More-Electric engine과 기존 엔진 비교

- 150kva를 생산하는 FSDG(Low Pressure Fan Shaft Drive Generator) 적용
- 350VDC 전원을 엔진과 항공기에 공급하는 PEM(Power Electric Module)
- 연료펌프는 전자 장비로 구성된 EFPMS(Electric Fuel Pump and Metering System)을 적용하여 기존보다 매우 정교한 연료량 측정이 가능해지고, 펌프의 에너지 낭비가 없고 열(heat) 발산이 적으며 정확한 요구량만큼 엔진에 공급
- 전기로 구동되는 오일펌프(electric oil pump) 적용
- 기존의 공유압으로 작동하는 VSVs(Variable Stator Vanes), 역추력장치(thrust reverser) 대신 전기로 구동되는 작동기를 적용
- VSVs는 EMA 작동기를 사용하였고, 2개를 설치하여 redundancy 확보
- 역추력장치는 스크루 형태(screw type)의 linear actuator 적용하였음. 현재 A380은 최초로 EMA로 역추력장치를 구동하는 항공기임
- Active magnet bearing을 엔진에 적용
- 350VDC 전원을 공급

엔진의 HP 축에 연결된 HPSG(High Pressure Starter Generator)는 150kVA의 전원을 발생시키는 영구자석 형식의 시동 발전기이다. 여기서 생성된 전원은 350VDC로 변환되어 항공기와 엔진에 공급한다. 팬의 테일콘(tailcone)에 설치된 FSDG(Low Pressure Fan Shaft Drive Generator)도 역시 150kVA의 전원을 생산하며 switched reluctance machine 형식을 가지며, 특히 비상 상황에서 상당한 전원을 공급할 수 있는 중요한 장점이 있다. 윈드밀(wind-milling) 상태로 들어가면 엔진 회전수는 최대 회전수 대비 약 8% 정도이다. 이 상황에서 FSDG는 RAT(Ram Air Turbine)을 대체하여 전원 공급이 가능하다. 특히 RAT에 비해 다른 장점으로는 추가의 장비 설치 없이도 엔진에 통합해서 설치할 수 있으며, 일회성 비상 시스템인 RAT에 비해 항상 사용할 수 있다.

13.7.7 MEA 개념의 발전기

MEA/AEA는 모든 동력을 전기로 통합하는 개념이기 때문에 **그림 13.22**에서 보듯이 높은 전기부하가 발생한다. 또한 다양한 장치의 전원요구 조건을 맞추기 위해 전원을 변환시켜야 한다.

이런 요구에 맞는 몇 가지 전원과 발전기 형태가 최근에 적용되고 있다. 자세한 발전기 기술내용은 5장의 내용을 참조하기를 바라며 간단히 그 종류에 관해서 설명하면 다음과 같은 것들이 있다.

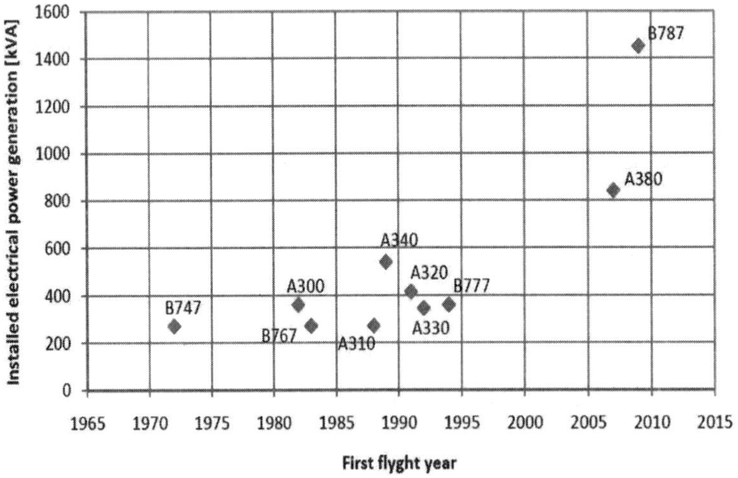

그림 13.22 민간여객기의 전기발전 용량

1) CSD가 장착된 IDG

일정한 주파수를 가지는 AC 전원을 공급하기 위해서 CSD(Constant Speed Drive)는 가장 일반적으로 많이 사용하는 장치이다. 하지만 이 장치는 기계적으로 매우 복잡하고, 신뢰성이 떨어지는 데다 특정 업체가 독점적인 공급체계로 이루어져 있다. 따라서 현재는 CSD와 발전기가 하나로 통합된 형태인 IDG(Integrated Drive Generator)형태가 적용되는 추세다. Boeing 777의 경우, 120kVA IDG가 2대 장착되어 있다.

2) VSCF 발전기

VSCF(Variable Speed Constant Frequency) 발전기의 electrical power는 가장 저렴하면서도 신뢰성 있는 장치이나, 40~50kVA 이상의 동력은 만들지 못하는 단점이 있었다. 그러나 최근에 A380을 개발하면서 150kVA 용량의 VFCF 발전기 4대가 장착되었다.

3) 230VAC 전원

230VAC 전원은 3상 교류전원을 대신할 방법의 하나로 제안됐다. 장점은 전선의 크기와 손실을 줄일 수 있다는 것이다. 단 현재의 단점은 기존 대부분 항공기는 115VAC/400Hz의 교류전원을 사용하기 때문에 바로 적용할 수 없다는 것이다. 그러나 이런 단점도 전압을 강하하여 해결할 수 있다.

4) 270VDC 전원

270VDC 전원의 사용은 미국 해군의 주도하에 시작되었다. 이는 현재의 항공모함에서 사용하는 200VAC/60Hz 전원에서 쉽게 만들 수 있기 때문이다. 일반적으로 직류(DC)의 장점은 교류(AC)전원보다 병렬로 연결하기 쉽고, 효율적이면서 일정한 전원 공급이 가능하다는 장점이 있다. 최근에는 미국 공군의 Wright Research and Development Center의 지원으로 많은 시도를 하고 있다. 항공기에서 270VDC의 사용은 EHA(Electro Hydrostatic Actuator)와 같은 power-by-wire 기술이 가능하다는 점이다. 이는 복잡하고 무거운 기존의 유압장치를 대체할 수 있도록 하며, 최근의 F35는 270VDC를 이용한 power-by-wire 비행제어를 사용하고 있다. 최근에 이 기술을 적용한 사례는 F35 외에 F22(Raptor)와 Sikorsky사의 RAH-22 comanche 헬리콥터를 들 수 있다. 그러나 현재 이 기술의 단점은 대부분의 정속회전 모터 대부분이 교류전원(AC power)을 사용하고 있고, 현재의 contactor나 relay와 같은 switching device가 고전압에서도 견딜 수 있도록 교체되어야 한다는 것이다.

5) switched reluctance generator

SR 발전기는 항공기 전기동력을 만드는 또 다른 가능성의 하나라고 볼 수 있다. SR 발전기는 엔진 시동할 때는 엔진 starter로서 작동하고, 시동 후에는 발전기로 전환하는 장치를 말한다. 하나의 기계장치에서 2가지 요구를 해결할 수 있는 이점이 있다. 미국 공군에 의해서 주도되고 있고 IPU(Integrated Power Unit)로 불리며, 기존 APU를 대체할 수 있는 장치의 하나로 볼 수 있다. 이 장치는 F35에 처음 장착되었으며, 270VDC와 SR 발전기 도입을 위한 기술검증을 위해 NASA Dryden Advanced Fighter Technology Integration F-16에 장착하여 시험하였다. 기술검증을 위해 270VDC 80kW의 switched reluctance 시동 발전기(starter/generator)를 장착하였고, 비상 전원으로 270VDC 15kW 비상 발전기를 장착하였다. 시동 발전기에서 생성된 전원은 2개의 컨버터를 이용하여 270VDC 전원으로 변환시키고 이 전원은 비행조종면에 설치된 270VDC EHA(Electro-Hydrostatic Actuator)에 공급되어 비행조종면을 작동시킨다.

13.7.8 MEA/AEA 제어 시스템의 통합

최근 전자기술의 발전이 빠르게 진행되면서 항공기 주요 시스템의 제어는 전자기술을 적용하게 되었다. 과거의 제어 시스템은 오로지 기계적인 제어나 전자 기계 제어(electro- mechanical control)를 사용하고 있었다. 더욱이 전자기술의 성숙도와 가용성이 높아지면서 전자기술을 항공기에 통합시키기 위한 요구 조건을 만족시키고 있다. 기계 시스템에 디지털 전자제어를 적용함으로써 얻을 수 있는 장점은 좀 더 정밀해지고, 성능저하나 고장을 예측할 수 있고 측정할 수 있다는 것이다. 가장 전형적인 사례로서 비행제어와 엔진제어 시스템을 통합시킨 경우를 들 수 있다. 이 사례를 통해 실질적인 성능과 신뢰성이 높아진 것을 발견했으며, 중량 절감과 시스템 통합 면에서 여러 가지 사항들이 개선되었다.

비행제어와 엔진제어의 통합뿐만 아니라 다른 여타 시스템까지 통합된 항공기 관리 시스템을 개발하고 있다. 비행제어와 엔진제어 시스템의 통합 외에 추가로 통합이 시도되는 시스템은 연료 시스템, 유압 시스템, 2차 동력, 전기계통 및 환경제어 시스템 등이 포함된다. 이러한 시스템들은 과거와 달리 전자제어를 적용함으로써 성능이 더욱 개선됐다. 실제 영국에서 시도됐던 EAP(Experimental Aircraft Programme)에는 여러 개의 주요 개별 시스템들의 제어기능을 Utility Management System에 통합하였고, 추후에는 Eurofighter 전투기에 Utility Control System이란 이름으로 실제 적용되었다. 여러 개의 개별 제어 시스템을 하나의 디지털 제어 시스템(digital control system)으로 통합하여 운용함으로써 시스템 상호 간에 데이터 버스(data bus)를 통해 통신을 할 수 있는 장점이 있다.

13.7.9 MEA/AEA 개념 장비의 장점

현재까지 적용된 MEA/AEA 개념의 기술을 요약해 보면 아래의 표와 같다.

표 13.4 MEA/AEA 적용기술 요약

분야	현재 적용기술
Actuation	- 전기구동 actuator(비행조종면, 도어, 브레이크, 랜딩기어등) - reverse operating mode
Power generation	- 유압/공압 대신 전기동력 사용 - High electrical power 발전 및 다양한 power 제공
Engine	- 유압/공압을 bleed 최소화 - 발전기를 위한 동력공급 - 전기구동 악세사리(펌프 등)
ECS	- 전기구동 compressor motor
De/Anti icing	- heating carpet & vibrating device

복잡한 유압 시스템과 공압 시스템을 없애고 전기동력을 이용하는 MEA/AEA의 장점은 다음과 같다. 물론 아직 기술적으로 해결해야 할 문제는 남아 있지만 가까운 미래에는 모두 해결될 것으로 보인다.

1) 연료 소비 감소

- 유압 시스템과 공압 시스템의 제거로 인한 무게 절감(A380 경우 1,000lb 절감)
- 엔진 블리드 공기를 최소화하여 엔진 성능 개선
- 전기를 이용하면 필요할 때만 전원 공급하여 구동 가능(power on demand)
- B787의 경우 연료 소비 약 5% 개선

2) 정비유지비 감소

- 다양한 지상 지원 장비가 필요 없어지고 전기 공급 지원 장비만 필요
- 유압과 공압 시스템의 제거로 정비가 간단
- Built-in test와 자가 진단기능(self-diagnosing)의 향상

3) 신뢰성 및 안전성 향상

미래의 항공기는 이제 **그림 13.23**에서 보듯이 궁극적인 AEA 항공기로 전개될 것으로 보인다. 현재는 B787이 가장 많은 MEA 개념을 적용한 항공기이지만 현재보다 폭넓은 전기 동력과 연료 전지 사용을 향해 많은 연구가 진행되고 있다.

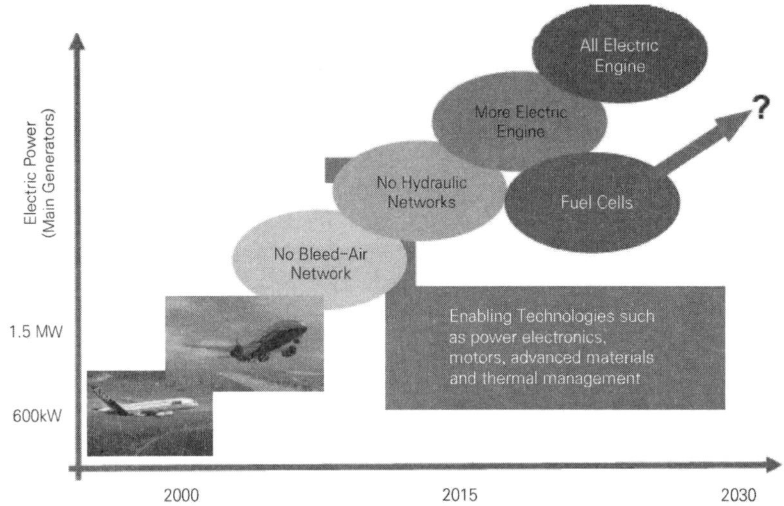

그림 13.23 MEA/AEA 추세 (출처: GE Homepage)

13.8 전기 추진

전기를 항공기의 청정 추진 에너지로 사용하려는 계획은 최근 많은 발전을 이루었다. 전기 모터는 작동 중에 배출물을 생성하지 않으므로 2050년 이산화탄소 감축 목표를 달성하는 데 중요한 기술 요소가 된다. 오늘날 전력 생산단계에서 분명히 배출물이 없는 것은 아니지만 관련 배출량은 상당히 줄어들 것으로 예상할 수 있는데, 이는 지금부터 2050년 사이에 세계 경제의 모든 부문에서 관심이 있는 새로운 청정 대체 에너지의 개발이 이루어질 예정이기 때문이다. 항공기 제조업체는 관련 업체와 협력하여 현재 추진 에너지 역할로서 전기를 이용하려는 기술을 개발하고 있다. 전기를 이용한 추진은 기존의 가스터빈 엔진과 비교해 정비비용과 정비성이 좋아진다. 특히 전선은 여러 장소에 분산된 전기 모터에 쉽게 전원을 공급할 수 있다. 전기 추진방식은 앞서 설명한 BLI(Boundary Layer Ingestion)를 위한 설계 옵션에 포함되어 개발되고 있다. 미래 항공기에 대해 고려되고 있는 다양한 전기 추진 중에서 주요 6가지 분야가 있다.

- All-electric systems
- Hybrid-electric systems
  1) Parallel-hybrid system

2) Series-hybrid system

3) Series/Parallel partial hybrid system

• Turbo-electric systems

1) Full turbo-electric system

2) Partial turbo-elctric system

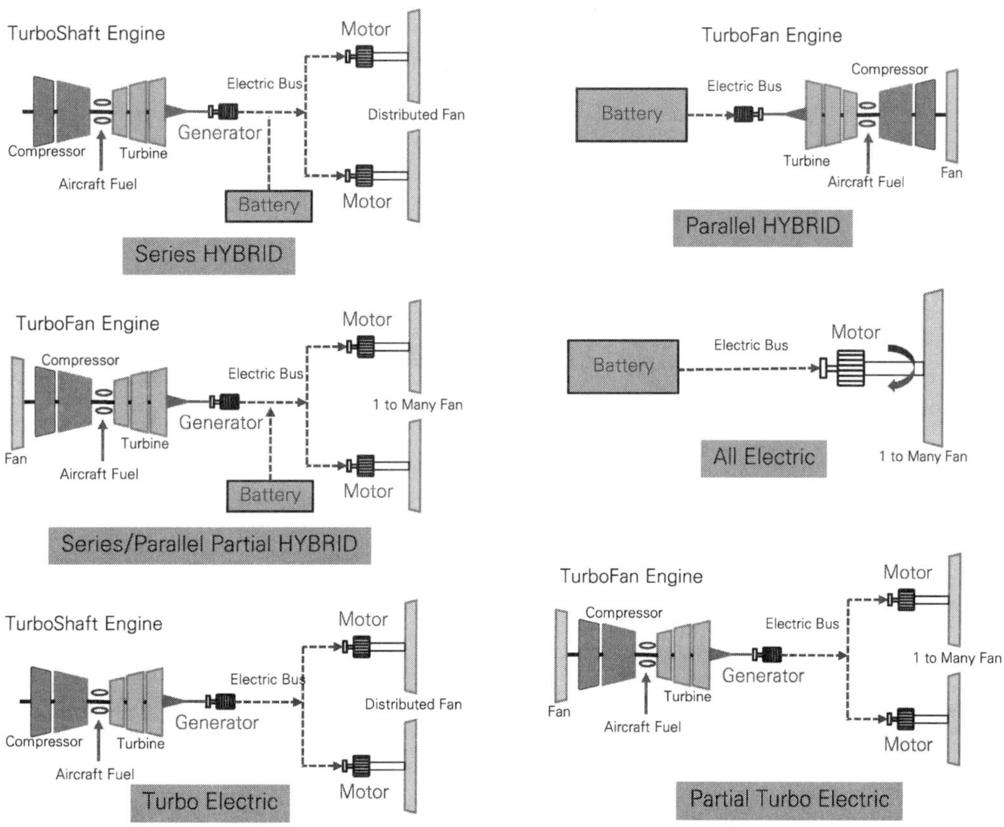

그림 13.24 Electric propulsion atchitectures

13.8.1 All-electric systems

이 개념은 항공기 추진을 위한 에너지로써 전기만을 사용하는 것이다. 기존의 배터리를 사용할 수도 있고 hydrogen fuel cell을 이용한 배터리를 사용할 수도 있다. 궁극적으로 후자의 방식으로 추진될 것으로 보인다.

13.8.2 Hybrid-electric systems

하이브리드 전기 시스템은 항공기 추진을 만들기 위해 기존의 가스터빈(Gasturbine) 엔진을 사용하면서 필요한 비행 단계에서는 배터리 전원을 이용해서 추진을 얻기 위한 동력으로 사용하는 방식이다. 이 방식에는 3가지 종류가 있다.

• **병렬 하이브리드**(Parallel-hybrid system)

이 시스템은 기존의 가스터빈 엔진 방식과 배터리 전원을 이용하는 전기 모터 모두 가스터빈 엔진의 팬(fan)을 구동시킬 수 있는 방식이다. 어느 한쪽 혹은 양쪽 모두에서 팬을 구동시키기 위한 동력을 제공할 수 있다.

• **직렬 하이브리드**(Series-hybrid system)

이 방식은 전기 모터로만 가스터빈 엔진의 팬을 작동시킨다. 가스터빈 엔진의 기능은 발전기를 구동하는 것이며 이 발전기는 전기 모터를 구동시켜 팬을 돌리거나 배터리를 충전하는 기능을 가진다. 이 방식은 여러 개의 소형 모터와 팬을 사용하는 분산 추진 개념(distributed propulsion concept)으로 적용할 수 있다.

• **직렬/병렬 부분 하이브리드**(Series/Parallel partial hybrid system)

이 방식은 가스터빈에 의해 직접 구동될 수 있는 하나 이상의 팬이 있고, 다른 팬은 전기 모터로 구동될 수 있다. 전기 모터는 가스터빈 엔진에 의해 구동되는 발전기 또는 배터리로 구동된다.

13.8.3 터보 전기 시스템

터보 전기 시스템은 비행의 모든 단계에서 추진 동력원으로 배터리에 전혀 의존하지 않고 오히려 가스터빈 엔진에 의해 구동되는 발전기에 의해서만 전기 모터를 구동하여 팬을 작동시킨다.

• **완전 터보 전기 시스템**(Full turbo-electric system)

이 방식은 터보 샤프트 엔진에 적용되는 것으로 터보 샤프트 엔진의 동력은 발전기를 돌리고 발전기는 인버터에 전원을 공급하여 직류전원을 만든다. 이 직류전원은 결과적으로 개별 분산 전기 구동 팬을 구동하는 개별 직류(DC) 모터를 구동하는 데 사용된다. 오로지 추진은 전기 모터에 의해 구동되는 팬에 의해서만 만들어진다.

• **부분 터보 전기 시스템(Partial turbo-electric system)**

이 방식은 완전 터보 전기 방식의 변형으로 볼 수 있는데 추진력 중의 일부는 전기 모터로 구동되는 팬에 의해서 만들어지고 나머지는 가스터빈 엔진에 의해 만들어지는 방식이다.

13.9 전기 항공기

현재 기술개발로 인해 전기만으로 비행할 수 있는 순수 소형 전기 비행기가 가능해졌다. 현재 항공기용 배터리인 리튬이온 배터리의 최대 에너지 밀도(energy density)는 화석 연료보다 매우 작고, 화재 위험성이 있고, 사용할수록 성능저하가 일어나는 단점이 있어, 현재는 이 배터리를 사용하면 장거리 여객기의 역할을 할 수 없다. 전문가들은 전기 비행기가 장거리 운항을 하기 위해서는 2040년 이후에나 가능할 것으로 보고 있으며 아마도 2070년에 가서도 완전한 전기 비행기는 기술적으로 힘들 수 있다고 보고 있다. 이점은 전기 비행기는 기술적으로 아주 도전적인 목표라는 것을 의미하며 현재도 기술개발을 달성하기 위한 다양한 전기 비행기들이 개발되고 있다(출처: Journal of Technology Management & Innovation v.5 n.2 Santiago ago. 2010).

13.9.1 전기 항공 택시

전기 항공 택시(Electric air taxi)는 몇몇 신생 기업과 항공기 제조업체의 노력으로 점차 현실화하고 있다. 대표적인 사례 2가지에는 두 개의 독일 신생 기업이 승객을 태운 채 도시 사이를 이동할 수 있는 항공 택시를 개발하였다. Volocopter사는 2016년에 최초의 유인 비행을 시작했으며 독일 및 국제 안전 인증서를 획득하였다. 이 항공 택시는 최대 2명이 탑승하고 최대 27km까지 70km/h로 비행할 수 있다. 또 다른 신생 기업인 Lilium은 최대 2명을 태우고 1시간에 최대 300km를 비행할 수 있는 전기 VTOL(수직 이착륙) 항공기를 개발하고 있다. 무인 프로토 타입(prototype)은 이미 2017년에 첫 비행을 마쳤으며, 더 큰 5인승 버전은 2019년 5월에 처음으로 비행하였다.

13.9.2 하이브리드 전기 항공기

앞서 설명한 다양한 하이브리드 전기 추진시스템을 장착한 하이브리드 전기 항공기(Hybrid-electric aircraft)는 가까운 장래에 기존의 단거리 및 중거리 항공기를 대체할 것으로 보인다. Airbus, Siemens, Rolls-Royce, Boeing 등과 같은 항공 우주 및 전기 장비 부문의 많은 대기업이 이 기술에 투자하고 있다. 독일항공우주센터(DLR) 연구에 따르면 모든 100석 이하 항공기의 60~70%를 하이브리드 항공기로 대체하는 것이 완벽하게 가능할 것이라고 예측하고 있다. 2017년에 Airbus, Rolls-Royce 및 Siemens는 하이브리드 전기 항공기인 E-Fan X를 개발하려는 파트너십을 맺었다. 장기적인 목표는 50~100명의 승객을 태우고 지역 및 단거리 노선을 비행할 수 있는 E-Fan X 기술이 장착된 상용 항공기를 구축하는 것이며 2035년경에 서비스에 들어갈 것을 목표로 하고 있다. 2019년에 SAS와 Airbus는 하이브리드 전기 항공기를 상용 서비스에 도입하기 위한 운영 및 인프라 구축에 관한 연구를 위한 양해 각서에 서명하였다. SAS는 2030년까지 온실가스 25% 배출량 감축을 목표로 하고 있다. 미국에서는 신생 기업인 Zunum Aero이 세계 최초의 상업용 하이브리드 전기 여객기 개발을 목표로 하고 있다.

13.9.3 배터리 구동 항공기

배터리 구동 항공기(Battery-powered aircraft)는 이산화탄소와 오염 물질의 배출이 없는 가장 친환경 항공기이며 항공기의 소음도 기존 항공기와 비교해 매우 낮을 것이다. 그러나 배터리를 충전시키는 데 필요한 전기를 생성하는 과정에서 배출하는 이산화탄소는 여전히 문제로 남아 있다. 그러나 오늘날의 전력 생산과정에서 배출하는 이산화탄소량은 2009년 기준으로 세계 평균 약 0.6kg CO_2/KWh라고 하는데 향후 수십 년 동안 현저하게 낮아질 것으로 분석하고 있다. 국제에너지기구인 IEA(International Energy Agency)의 세계 에너지 전망에서 가장 낙관적인 시나리오는 2040년 이후 이산화탄소 발생이 없는 전기가 80% 이상 차지할 것으로 예측하고 있다.

2020년 5월 현재, 성공적인 비행(30분 기준)에 성공한 가장 큰 비행기는 9명의 승객과 1명의 조종사를 수송할 수 있는 개조된 Cessna 208B Caravan이다. 비행을 위한 전기 비용은 6달러이고, 30분 비행을 위한 일반 화석 연료 비용은 300~400달러라고 한다. 그러나 현재 리튬 이온 배터리의 최대 에너지 밀도는 킬로그램(kg) 당 250와트시(Wh)이고, 등유(제트 연료)의 에너지 밀도는 kg 당 약 12,000Wh이다. 이것은 전기 비행기가 상대적으로 무거운 배터리를 운반해야 하므로 화석 연료 비행기보다 훨씬 짧은 비행 거리를 가지고 있음을 의미한다. 따라서 현재는 장거리 여객기의 옵션이 아니며, 또한 리튬이온 배터리는 취약하고 최근 나트륨이온 배터리와 같은 다른 배터리 형식에 관한 연구가 진행되고 있다.

표 13.5 연료별 에너지 밀도

	GRAVIMETRIC ENERGY DENSITY [KWH/KG]	VOLUMETRIC ENERGY DENSITY [KWH/L]
Fuel	12.0	10.4
Jet fuel + storage system	~8.9	~9.5
Current batteries	~0.3	~0.8
Hydrogen(Liquid)	~33	~2.4

(출처: Roland Berger: Hydrogen: A future fuel for aviation?)

13.9.4 수소 동력 항공기

배터리 구동 항공기는 이산화탄소와 오염 물질의 배출이 적은 친환경 형상이지만 앞서 설명한 것처럼 에너지 밀도가 충분하지 않아 대형 장거리 항공기에 적용하기엔 오랜 시간이 필요한 것으로 보고 있다. 따라서 그 대안으로 수소(hydrogen)로 만드는 동력을 이용하는 개념에 관해 많은 연구가 진행되고 있다. 수소를 이용하는 방법에는 두 가지를 고려해 볼 수

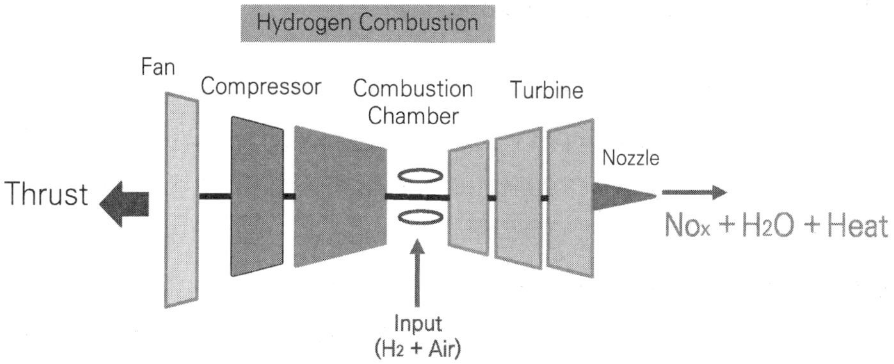

그림 13.25 Hydrogen combustion

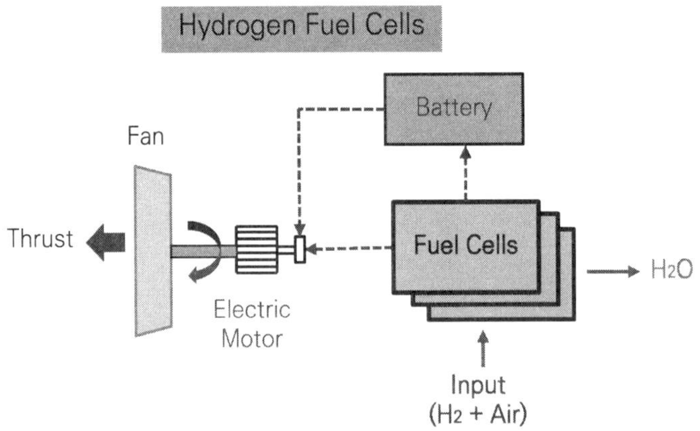

그림 13.26 Hydrogen fuel cells

있는데 기존 화석 연료 엔진의 형상을 일부 개조하여 화석 연료 대신 수소와 공기를 연소시켜 동력(hydrogen combustion)을 얻는 수소 연소 방법으로 약간의 질소산화물과 물이 배출된다. 다른 방법으로 수소와 공기를 이용한 수소연료전지(hydrogen fuel cell)를 이용하는 방법이 고려되고 있는데 순수한 물만 배출되는 가장 이상적인 방법이면서, 에너지 밀도가 높아 배터리 구동 방식이 갖는 낮은 에너지 밀도로 인한 제약이 없어지는 장점도 있다. 현재 자동차도 이 방식에 대한 진행이 많이 이루어져 가격이 비싸긴 하지만 이미 상용화되고 있다.

13.10 이산화탄소 감축을 위한 국가적 항공 프로그램

13.10.1 Clean Sky Program(유럽연합)

Clean Sky 프로그램은 유럽연합과 유럽의 항공 관련 업체, 대학교 등 민간분야와의 합작으로 진행되는 프로그램이다. Clean Sky 1은 2008년부터 시작하여 2017년까지 진행되었고, 뒤를 이어 Clean Sky 2 프로그램은 2014년 시작되어 2024년까지 진행될 예정이다. 이 프로그램에 필요한 예산은 유럽연합과 민간분야가 공동으로 출자하여 진행하고 있다. 2050년까지의 목표를 달성하기 위하여 2000년 탄소 배출량 수준과 비교해 약 75% 정도 감축하는 계획을 수립하였으며, 이 계획은 유럽항공 연구자문회의인 ACARE(Advisory Council for Aviation Reserch and Innovation in Euroe)가 주도하여 목표 달성을 위한 전략적인 연구개발 및 혁신방안을 수립하였다. 친환경 항공기를 목표로 탄소 배출량을 2014년 여객기 대비

2020년까지 20%, 2035년까지 30% 줄이는 기술개발과 기술 시범을 계획하였다. 현재 Clean Sky 2까지 진행되었고 계속해서 후속적으로 진행할 예정이다. Clean Sky 프로그램은 그동안 유럽에서 진행했던 공공분야와 민간 항공 분야가 공동 진행한 프로그램 중에서도 가장 큰 연구개발 프로그램이다. 이 프로그램을 통해 친환경 항공기 개발을 위한 각종 기술개발 프로그램을 진행하여 궁극적으로 소음과 유해 배출물이 적으면서 연료소모율이 낮은 항공기 개발을 이루고자 하는 것이다. 구체적으로 클린스카이 공동사업인 Clean Sky Joint Undertaking(CSJU)을 통해 2008년부터 유럽의 항공 분야 및 관련 산업체로 구성된 Clean Sky JTI(Joint Technology Initiative)라는 협약체를 운영하고 있다. CSJU는 6개의 기술 분야를 지정하여 분야별로 시범기 개발사업(ITD: Integrated Technology Demonstrators)을 진행하고 있다. Clean Sky 1, 2 프로그램의 목표는 다음과 같다(2000년 대비).

또한 항공기 공항 관제 시스템의 개선으로 기후조건과 관계없이 99%의 정시 운항률(계획대비 15분 이내 이착륙)을 달성하도록 하고 있다. 이외에도 별도로 엔진의 연료소비율에 대한 로드맵도 같이 운영되고 있는데 향후 2020년까지 이산화탄소 배출은 20%, 질소산화물 배출은 80% 줄이는 것을 목표로 설정하고 있다. CSJU가 설정한 목표 중에서 기술 분야별 예상되는 이산화탄소 배출 감소치를 제시했는데 정리하면 표와 같다. 이중에서 이 책의 항공기 장착시스템과 깊이 관련 있는 내용이 바로 More-Electric Aircraft 항목이다.

표 13.6 Clean Sky 1, 2 프로그램의 목표

	Clean Sky 1 목표	Clean Sky 2 목표
CO_2 emissions	50% 감소	75% 감소
NOx emissions	80% 감소	90% 감소
Noise perception	50% 감소	60% 감소

표 13.7 기술 분야별 이산화탄소 감소목표

항공기체 개발분야	CO_2 감소 목표
Composite Materials	-4%
Aerodynamics - passive & active flow control - laminar flow fuselage	-15%
More Electric Aircraft - Decentralized hydraulics - Electric ECS % Anti Ice - New power management	-3% (plus significant reduction in operating costs)

출처: ACARE(Advisory Council for Aeronautics Research in Europe)

참조로 Clean Sky 1 프로그램에서 2020년까지의 목표 달성을 위해 계획한 6개의 개발 시범기(Integrated Technology Demonstrator)와 Clean Sky 2 프로그램에서는 9개의 기술과제를 도출하여 운영되고 있다. Clean Sky 1 프로그램 내용을 정리하면 다음과 같다. 이외에 Clean Sky 2에서는 고속의 rotorcraft, hybrid-electric aircraft와 같은 과제들이 포함되어 있다.

1) **스마트 고정익 항공기**(smart fixed wing aircraft)
   - 층류 항공기 시연기
   - 능동 날개 기술 및 새로운 항공기 형상
2) **녹색 지역 항공기**(green regional aircraft)
   - 스마트 구조를 사용한 저중량 항공기
   - 낮은 외부 소음 및 다른 ITD에서 개발된 기술의 통합, 에너지 관리 및 새로운 시스템 아키텍처
3) green rotorcraft
   - 소음 감소, 낮은 기체 항력, 유압 시스템의 제거와 연료 소비를 줄이기 위한 디젤 엔진 기술과 첨단 전기 시스템의 통합을 위한 혁신적인 로터 블레이드 및 엔진 장착
4) **지속 가능한 친환경 엔진**(sustainable and green engines)
   - 저소음 및 경량 저압 시스템, 고효율, 저 NOx 및 저중량 코어 및 개방형 로터 및 인터쿨러와 같은 새로운 기술을 통합하는 5개의 엔진 시연
5) **친환경 운용을 위한 시스템**(systems for green operations)
   - 모든 항공기가 Single European Sky의 이점을 충분히 활용할 수 있도록 모든 전기 항공기 장비와 시스템 아키텍처, 열 관리, 친환경 비행 궤도, 임무 및 향상된 지상 운용
6) Eco-Design
   - 원자재와 에너지를 최적으로 사용하여 항공기의 친환경 설계 및 생산, 폐기 및 재활용에 주력하여 전체 제품 수명주기의 환경 영향을 개선

13.10.2 CLEEN Program

여기서 CLEEN은 "Continuous Lower Energy, Emissions and Noise"의 약어이다. 말 그대로 미국의 연방 항공청인 FAA의 주관으로 진행되는 프로그램으로서 친환경 항공기와 친환경 엔진, 연료개발을 목표로 두고 소음, 유해 배출물 및 연료 소모를 줄이고자 하는 것이다. 이 프

로그램 진행을 위해 FAA와 미국의 민간 항공 산업체가 협약을 맺어 비용을 분담하여 진행되고 있다. 협약을 맺은 주요 회사는 Boeing, General Electric, Honeywell, Pratt & Whitney, 그리고 Rolls-Royce들이 있다. CLEEN 1 프로그램에서 설정된 목표는 다음과 같다.

• Fuel burn 33% 감소

• NOx emissions 60% 감소

• Noise perception 32dB 감소

CLEEN 프로그램은 2010년 1차로 진행되어 5년간 진행하였고 후속으로 2차 프로그램이 2015년에서 2020년까지 진행되어 앞으로 3차 CLEEN 프로그램이 진행될 예정이다.

이외에 미국의 NASA는 차세대 항공기의 탄소배출, 소음, 질소산화물의 배출을 감소시키기 위한 신기술 개발 목표를 설정하여

- 2020년까지 기존 B777-200 여객기와 비교해 50%의 연료 소비를 줄이는 기술개발을 통해 2030~2035년 이내에 취항을 시작하고,
- 2025년까지는 기존 B737-800 여객기와 비교해 60%의 연료 소비를 줄이는 기술개발을 통해 2035~2040년 이내에 취항을 목표로 설정하였다.

참고문헌

1. "Aircraft Systems: Mechanical, Electrical and Avionics Subsystems Integration," Ian Moir and Allan Seabridge, Jun. 3, 2008
2. "Aviation maintenance technician handbook airframe," Vol. 1, 2, FAA
3. "Aircraft Fuel Systems," Roy Langton, Chuck Clark, Martin Hewitt and Lonnie Richards, Jul. 21, 2009
4. "Boeing 737 operations manual," Boeing
5. "실전 항공전기," 김맹곤, 이진표, 손영석, 장준영, 김재정, 윤근수(KAI), 청문각, 2009
6. "Aircraft electrical systems," E. H. J. Pallett, 3rd ed., 1987
7. "Aircraft electrical and electronics systems: Principles, operation and maintenance," David Wyatt and Mike Tooley, Dec. 10, 2008
8. "Aircraft System Identification: Theory And Practice," Vladislav Klein and Eugene A. Morelli, Aug. 14, 2006
9. "Aircraft system safety: Military and civil aeronautical applications," Duane Kritzinger, Jul 26, 2006
10. "Aircraft Instrument Integrated Systems," E. H. J. Pallett, Nov 1992
11. "Recent developments in aircraft emergency power," Mike Koerner, AIAA 2000-2802, pages 12-19
12. "Advanced emergency power system using thermal battery for future aircraft," 4th International Energy Conversion Energy Conference and Exhibition, June 2006, AIAA 2006-4161, pages 1-11
13. "Electrical distribution power systems of modern civil aircraft" Reyad Abdel-Fadil, Ahmad Eid, Mazen Abdel-Salam, 2nd International conference on energy systems and technologies 18-21 Feb. 2013, Cairo, Egypt
14. "Flight control actuation technology for next generation All-Electric Aircraft" Stephen L. Botten, Chris R. Whitley, and Andrew D. King(TRW Aeronautical Systems)
15. "Reliable electro-mechanical actuators in aircraft," A. garcia, J, Cusido, J.A. Rosero, IEEE A&E systems magazine, Aug., 2008
16. "Switched reluctance generator-modeling, design, simulation, analysis and control a comprehensive review," D. Susitra, E.A. Elisabeth Jebaseeli, International journal of computer applications, Vol. 1, pp. 10-16, 2010

17. “A380 flight controls overview,” Xavier Le tron(Airbus), Sep. 27, 2007
18. “항공기 연료탱크 폭발방지를 위한 방안 연구,” 김성겸, 항공우주기술 제3권, 제1호, KARI, pp. 272-276
19. “T-50 비상동력계통에 적용된 JP/Air EPS와 Thermal battery EPS 비교,” 한국항공 우주학회 2011 년도 추계학술대회, 2011.11, pages 943-946
20. “A review of More-Electric Aircraft,” A.A. AbdElhafez, A.J. Forsyth, 13th International conference on aerospace science & aviation technology, May, 2009
21. “항공기 전기식 비행제어장치(FBW) 개발 기술동향,” 박무혁(KARI), 3권 1호 pp. 27-34, 2005
22. “Aircraft power systems: Technology, State og the art, and future trends,” A. Emadi and M. Ehsani, IEEE AES systems magazine, pp. 28-32, Jan., 2000
23. “Moving toward a More Electric Aircraft,” J.A. Rosero, J.A. Ortega, E. Aldabas, L. Romeral, IEEE AES systems magazine, pp. 3-9, Mar., 2007
24. “787 dreamliner electric brake,” www.messier-bugatti.com
25. “The new-technology Boeing 787 dreamliner,” Aviation week & space technology market supplement, Mar. 14, 2005
26. “787 No-bleed systems: saving fuel and enhancing operational efficiencies,” www.boeing.com/commercial/aeromagazine, 2007
27. “787 systems and performance,” Tim Nelson, Boeing, 2005
28. “Future aircraft power systems-Integration challenges,” Kamiar J. Karimi, Boeing, 2007
29. “Introducing the 787,” Tom Dodt, Boeing, 2011
30. “The A380 flight control electrohydrostatic actuators, achivements and lessons learnt,” Dominique van den Bossche, Airbus, 25th ICAS, 2006
31. “A380 flight controls overview,” Xavier Le tron, Airbus, Sep., 2007
32. A380 brochure, Honeywell
33. “A380 Integrated Modular Avionics,” Jean-Bernard, Airbus,
34. “An overview of the deicing and antiicing technologies with prospects for the future,” Zdobyslaw Goraj, 24th ICAS 2004
35. Ice detector model 0871LH1, UTC aerospace systems
36. “Ice detection systems: A historical perspective,” Darren G. Jackson, Joshua I. Goldberg, Goodrich, 2007
37. “State of the art of switched reluctance generator,” Amissa Arifin, Ibrahim Al-Bahadly, Subhas C. Mukhopadhyav, Energy and power engineering, pp. 447-458, 2012
38. “Aircraft electrical power systems-Charged with opportunities,” Balaji Srimoolanathan, Aerospace & defense, Frost & Sullivan, 2008
39. “Aircraft hydraulic system design,” Peter A. Stricker, EATON, Aug., 2010
40. OBOGS brochure, Honeywell
41. F16 OBOGS, www.cobham.com/lifesupport

42. "All-Electric vs Conventional Aircraft: The production/operational aspects," Michael J. Cronin, Journal of Aircraft, Vol. 20, No. 6, June, 1983
43. "The prospects and potential of All Electric Aircraft," M.J. Cronin, 1983
44. "Beyond the More Electric Aircraft," Aerospace America, Sep., 2005
45. "Clean SKY JTI systems for green operation," THALES, June, 2006
46. "Clean SKY systems for green operation," Transportforum Jan., 2009
47. "Aviation and the environment," Martin Otzik, World aviation training conference, Apr., 2009
48. "Environmental impact of aviation-Are We doing enough?," Gerhard Huttig, European aviation training symposium, Nov. 11, 2008
49. "The electric aircraft," Dassault, July, 2011
50. "All/More Electric Aircraft engine & airframe systems implementation," Ilan Berlowitz, 9th Israel symposiums on jet engines and gas turbines, Oct. 7, 2010
51. NCS 항공기설계, 항공기시스템 설계 내용(한국산업인력공단)
52. KAS part. 25(국토 교통부)
53. "Aircraft systems & components," D. F Garrett, Jeppesen
54. "Aviation and global climate change in the 21st century," David S. Lee, David W. Fahey ,Piers M. Forster, Peter J. Newton,, Ron C.N. Wit, Ling L. Lim,, Bethan Owen, Robert Sausen, Atmospheric Environment 43 (2009) 3520-3537
55. Electrified future of aviation:batteries or fuel cells?, Grigorii Soloveichik, March 13, 2018
56. Clean Sky 2 Joint Undertaking DEVELOPMENT PLAN, December 2017
57. Environmental impact of aviation, Wikipedia
58. HYDROGEN GAS TURBINES, ETN GLOBAL | THE PATH TOWARDS A ZERO-CARBON GAS TURBINE
59. REGULATORY AND ORGANIZATIONAL FRAMEWORK TO ADDRESS AVIATION EMISSIONS, ICAO
60. Aircraft Electrical Propulsion - The Next Chapter of Aviation?, Roland Berger, Sep. 2017
61. Hydrogen - A future fuel for aviation?, Roland Berger, Mar. 2020
62. Aircraft Technology Roadmap to 2050, IATA, 2020
63. "국제민간항공분야의 기후변화 대응 전략 연구," 유광의, Journal of Climate Change Research 2018, Vol. 9, No. 4, pp. 313-318
64. "글로벌 상용항공기 전기화 동향," 김명집, 항공우주산업기술동향 17권 2호 (2019), pp. 20-35
65. https://www.icao.int/environmental-protection/Pages/LTAG.aspx
66. ICAO homepage
67. https://www.icao.int/environmental-protection/Pages/ClimateChange_Trends.aspx
68. https://newseu.cgtn.com/news/2020-09-12/Futuristic-Flying-V-takes-off-in-first-successful-flight-THKoOA6nkY/index.html
69. FAA-H-8083-31-AMT-Aiframe-Vol1, 2

찾아보기

〈ㅈ〉

〈ㅊ〉

〈ㅋ〉

〈ㅌ〉

〈ㅍ〉

〈ㅎ〉

〈기타〉

〈A〉

〈B〉

〈C〉

〈D〉

〈M〉
MSOC(Molecular Sieve Oxygen Concentrators) 384
MSOV(Modulating Shut-Off Valve) 63

항공기 세부계통

지은이　이부일
펴낸이　조경희
펴낸곳　경문사
펴낸날　2021년 10월 28일　1판 1쇄
등　록　1979년 11월　9일　제1979-000023호
주　소　04057, 서울특별시 마포구 와우산로 174
전　화　(02)332-2004　팩스 (02)336-5193
이메일　kyungmoon@kyungmoon.com

값 32,000원

ISBN 979-11-6073-471-3